国家自然科学基金面上项目(51278239、40871261、40371038、49671055)
联合资助出版

智慧城市规划方法

——适应性视角下的空间分析模型

徐建刚　祁　毅　张　翔
胡　宏　石　飞　梁　健　著

东南大学出版社
SOUTHEAST UNIVERSITY PRESS
·南京·

内容提要

本书由研究范式引领、信息技术支撑、分析模型建构和规划实践创新等4个有机关联的篇章组成。从信息时代时空大数据技术驱动可能带来的城市发展模式变革的现实背景入手，系统地探讨了城市复杂系统理论引领下的、以适应性空间分析模型构建为关键技术的一种智慧型城市规划的方法体系。

第一篇首先引入了第三代系统科学理论——复杂适应系统(CAS)作为智慧城市规划的基本认识论和方法论，探析了如何在复杂性科学范式引领下，通过对国际上城市规划范式演进分析，提出了具有东方智慧的、适合于中国新型城镇化发展的城市规划基本范式。

第二篇则引入信息科学的本体论范畴，以RS和GIS为技术平台，初步提出了城市规划空间要素的数据与信息表达的基本本体模式，作为本书理论与方法的技术支撑。

第三篇是本书的主体，以系统适应性内涵为主旨，重点探讨了面向解决城市规划重大问题的6大类19个空间分析模型构建方法及其应用实现的关键技术。模型以空间关系分析为抓手，分为宏观、中观和微观3个层次。涵盖了城市人口与用地规模的适量调控、区域资源环境支撑城市生态功能的适宜平衡、区域城市交通网络承载城市发展的适应优化、城市功能空间拓展中社会需求与物质供给的适度均衡、市区公共服务配置与居民需求的适中耦合以及历史城区的文化内涵与景观环境的适当协调等范畴。

第四篇作为模型的规划实践应用，以国家历史文化名城南京与长汀为两类实证对象，分别从城市规划编制中如何应用空间模型分析结果来支撑方案设计，以及城市规划管理中如何构建项目管理的分析评估模型和决策支持的过程化模拟，来探讨信息化支持下的城市规划智慧创新途径。

本书可作为全国城乡规划建设系统的规划师、工程师和管理者的参考资料，也可作为高等院校相关课程的教材。

图书在版编目(CIP)数据

智慧城市规划方法：适应性视角下的空间分析模型/徐建刚等著. —南京：东南大学出版社，2016.5

ISBN 978-7-5641-5208-6

Ⅰ.①智… Ⅱ.①徐… Ⅲ.①现代化城市-城市规划-研究 Ⅳ.①TU984

中国版本图书馆CIP数据核字(2014)第220896号

智慧城市规划方法——适应性视角下的空间分析模型

出版发行 东南大学出版社
出 版 人 江建中
社　　址 南京市四牌楼2号
邮　　编 210096

经　　销 江苏省新华书店
印　　刷 扬中市印刷有限公司
开　　本 787 mm×1092 mm　1/16
印　　张 29.75　彩插　16页
字　　数 749千字
书　　号 ISBN 978-7-5641-5208-6
版　　次 2016年5月第1版
印　　次 2016年5月第1次印刷
定　　价 98.00元

(本社图书若有印装质量问题，请直接与营销部联系，电话：025-83791830)

序　言

进入21世纪以来，随着信息化、全球化和城市化的浪潮不断高涨，人类社会真真切切地进入了信息时代。信息在成为每一位地球公民信手可得的同时，知识的掌握、运用和创新能力却成为地球上的国家、区域和城乡发展差异的根本所在。我国的城市规划领域在引领中国走过30余年举世无双的高速城镇化光阴后的今天，面对着扑面而来的城市问题，愕然回首，突然发现，我们多少个发育不良的病态城镇是由于规划者、决策者和建设者的知识缺陷造成的！今天，规划界的同仁们多已深刻地体会到城市规划，抑或城乡规划，可能是一门人类教育和知识领域中最为综合的应用型学科。当我们着手梳理造成城市问题的相关因素，并试图深究其产生的内在根源时，可能会发现一个令人极为困惑的问题：我们到底需要掌握多少相邻学科的理论、方法、技术和应用的知识？目前来看，已有的规划学科知识体系和科学范式没有涉及这个问题。因此，本书开篇就大胆地提出了城市(乡)规划学科亟须建立一种新的科学研究范式的观点，并认为在认识论、本体论和方法论上需要进行系统性的重构，即需要建立一种智慧型城市规划范式。

基于上述认知，本书以4篇12章的结构探讨了以适应性空间分析模型构建为关键技术的一种智慧城市规划方法。其中，第一篇首先提出了基于中国传统哲学整体观的城市复杂系统的认识论框架，将城市系统划分为物质和非物质两大对立统一的类型，并由用地、建筑、交通、基础设施和园林等5大物质子系统和社会、经济、文化、管理和生态等5大非物质子系统组成；第二篇则引入信息科学的本体论范畴，以RS和GIS为技术支撑，初步构建了城市规划空间要素的数据与信息表达的基本模式；第三篇作为本书的主体，以第三代系统理论——复杂适应系统的适应性内涵为主旨，重点探讨了面向解决城市规划重大问题，从宏观、中观到微观的6大类空间分析模型构建方法及其应用实现的关键技术；最后，第四篇从规划实践应用方面，以国家历史文化名城南京与长汀为两类实证对象，分别从城市规划编制中如何应用空间模型分析结果来支撑方案设计，以及城市规划管理中如何构建项目管理的分析评估模型和决策支持的过程化模拟，来探讨信息化支持下的城市规划智慧创新途径。

这里需要说明的是，与国内外现有城市规划模型研究思路不同，本书致力于探寻城市规划领域的知识挖掘与信息化共享途径，采用了信息本体论的形式化表达方法，从概念、关系、函数和实例4个方面进行规范化描述，这种方法正切合了科学泰斗钱学森院士提出的定性、定量相结合的系统集成方法。本书的第2章首先提出了将定性、定量和定位(空间)3个层面的综合集成方法作为城市规划领域建模的基本方法论。进而在第三篇的6个章节中，按照城市规划编制体系和城镇空间发展的内在逻辑，针对从规划实践中梳理出的区域、城市和街巷3个空间尺度上近20个独立的分析模型，界定了每个模型所关联的主要城市要素特征的基本概念和本质内涵。然后，从城市 10 大子系统的要素间关联性出发，着力探析了自然环境支撑、物质资源供给与城市社会活动需求的空间适应性耦合关系，本书的空间分析模型具体探讨的内容包括：(1) 在区域发展规划、城镇体系规划、城市总体规划和详细规划中，区域（流域）、城市和街区的人口密度分布与建设用地规模的适量关系。(2) 在区域发展规划、城市总体规划和生态规划中，区域（流域）资源环境对城市生态支撑、服务和安全的适宜平衡关系。(3) 在区域发展规划、城市总体规划和综合交通规划中，"城市－区域"的路网交通体系与城市群体活动的需求、区域可达性改善和城市经济发展的适应优化关系。(4) 在城市总体规划中，城市整体空间拓展过程中的用地功能组织、城市增长边界控制及地块三维空间开发容量控制中的自然基底、交通、建筑和绿地等物质要素和人口、商业经济、公共服务与安全、历史文化保护等非物质要素的适度平衡关系。(5) 在城市总体规划、详细规划和服务设施专项规划中，城市内部各种公共服务设施的空间配置与布局能否满足市民在一定生活可达圈中公平地共享和高效便捷地使用，形成一种均衡适中的供需耦合关系。(6) 在城市总体规划、名城保护规划和历史地段详细规划与设计中，城市内部的老（古）城区、历史街巷地段和建筑文物保护点的景观风貌和文化内涵的提升。这些方面建模涉及传统社区复兴、城市色彩景观风貌整治和城市公共设施的文化地标重塑等存量型的专项规划设计内容，分析研究则需要厘清所涉及的用地、建筑、公共设施、交通等物质要素和文化、社会、管理等非物质要素之间错综复杂的适应协调关系。通过运用信息本体论和软件工程的框图设计手法，本书第三篇探索性地建立了每一模型要素指标间的空间内在逻辑关系框架，从而在概念模型层面上定性地阐明了城市规划要素的空间复杂性、关联性和适应性特征。

城市规划空间分析模型的核心是对城市系统要素间相互作用过程的空间化定量表达。本书初步建立了城市规划空间信息本体的函数表达模式，即在对每一模型表达的现实世界进行概念和关系描述的基础上，将模型的空间要素抽象量化表达为统一的数学公式形式，即函数表达式。从理论层面上分析，第三篇 19 个模型函数所揭示的城市系统空间作用机制，包含了顾基发教授提出的"物理－事理－人理"（WSR）系统方法论的三大层面规律：(1) 第一类是以牛顿万有引力定律为基础的地表物质运动的自然重力作用规律，即物理规律，其涵盖了城市所依托的地球表层自然环境在地球重力作用下地貌形态、气候气象、水土资源和植被生境等演变规律对城市生态支撑与服务、洪涝灾害安全、用地空间拓展等方面的重大影响。这一方面的空间定律分析是以自然地理学和生态学理论为基础的，必须借助 GIS 技术建立栅格化地面数据模型，定量或分类表达高程、坡度、雨量、水系、流量、植物、土壤、用地等各种因子分布模型，进而运用重力作用下地表物质由高到低运动规律进行自然生态环境变化和洪水过程对城市发展的影响分析与评价。本书构建的该方面的模型包括第 6 章区域生态支撑与洪水安全、第 8 章城市用地拓展和增长边界划定的 6 个适宜评价模型。(2) 第二类是以人类在地球表层空间的社会经济活动中由于集聚规模效应而产生的空间相互作用规律，即事理规律，其基本原理来自于人文地理学和区域经济学的引力势能经典理论，即市场经济活动中产品供给方的吸引力和产品需求方的可达能力间的相互影响规律。近年来，随着经济全球化和地域城市化的迅猛推进，国际上的经济贸易活动出现了向几个大城市密集区域高度集聚的现象，诺贝尔经济学奖得主格鲁克曼等发展的新经济地理学理论在经济全球化领域诸多应用中取得了重大的成功，所建立的贸易引力模型对这种集聚效应做出了有力的解释。因此，本书借助 GIS 栅格化成本加权距离法建模技术，选择构建了第 5 章城市－区域经济腹地划分的场强模型、第 7 章区域重大交通设施变化对城市可达性改变所带来的发展潜力评估模型、第 8 章城市存量土地改造中交通承载力下的适宜容积率评估模型以及第 9 章对城市公共服务设施、消防设施和职居分布平衡三方面的空间供给吸引力与市民需求可达性进行适应性和可靠性评估等 6 个模型。(3) 第三类则是以市民个体进行生产、消费和文化等活动在城市道路广场、山水园林等组成的网络交通下,各种公共服务功能空间节点对环境的可识别性和愉悦性等方面的体验和感知规律,即人理规律。这种市民体验的好坏感知反映了城市的宜居程度和文化品位,这应是城市可持续发展所追求的最高目标。因此,本书第 10 章以行为认知科学和城市意象理论为依据,以城市空间历史文化特色重塑为切入点,借助 GIS 技术,运用空间句法、点密度法和空间格局判别函数法等建模方法,构建了基于街巷轴线的历史街区空间功能优化模型、基于建筑分区的城市色彩敏感性评价模型和基于点位分布特征的城市文化地标意象空间影响评价模型。此外,由于城市规划涉及的要素间关系极为复杂,在函数和模型构建时需要对要素分类分层归纳。因此,在对空间问题的社会调查研究中,还引入了系统科学的德尔菲法、层次分析法和情景分析法等定性与定量相结合的综合分析方法,运用于第 5 章流域城市群适宜人口规模预测模型、第 6 章生态敏感性分析模型、第 7 章城市交通发展模式分析模型、第 8 章用地适宜性评价模型和第 10 章色彩敏感性评价模型等 5 个模型中。

本书还以大量的篇幅阐述了模型在具体规划实践中的技术实现与应用模式。在第三篇每一模型的实例一节,以长汀、福州、南京和洛阳等城市为例,通过大量的数据处理技术路线框图、重要的数据表格和统计图、每一关键步骤所获得的分析地图表达与文字说明,较为全面地反映了模型的应用目标、技术关键和实现过程。在第四篇中,第 11 章从规划编制层面归纳了基于长汀系列法定规划和专项规划的模型应用总结,系统地阐述了面向环境友好、资源节约、生态安全和服务公平等多目标下的山地城市适应性理念主导下的规划方法体系,重点介绍了以第三篇主要模型建构为基础的规划专题研究中如何实现对城乡适宜人口规模估算与调控、古城宜居宜业下的人口疏散、乡镇发展空间优化、流域生态导向的空间管制和景观格局优化、"区域一城市"可达性改变下的交通综合和中心城区道路系统优化、城市适宜用地空间拓展及其增长边界的划定等规划问题的综合分析与辅助方案设计。此外还介绍了公共服务设施布局、消防布局和历史文化名城保护等专项规划以及历史街区控制性详细规划中的相关模型应用成果。第 12 章则从信息化规划管理角度,以规划支持系统(PSS)方法与技术发展脉络为主线,以南京市为实证对象,较为系统地探讨了规划编制管理、规划项目决策支持和规划公众参与等智慧城市规划发展前沿的方法创新研究。该研究以复杂适应系统理论为指导,通过对南京市规划编制案例的集成建模分析以及对该城市总体规划用地方案实施过程的主体驱动空间增长模拟,构建了一种基于城市微观动力系统的多主体相互作用驱动的城市空间增长的模拟仿真系统,研究展现了在大数据和数据挖掘技术迅猛发展背景下的城市规划信息化管理方法的智慧创新途径和应用价值。

本书的撰写经历了近 8 年的酝酿阶段,是南京大学数字规划团队从 2000 年组建起长达 15 年在城市规划领域辛勤耕耘的结晶。书中的学术探索可追溯到 1990 年代初我在华东师范大学参与的上海市航空遥感综合调查与应用研究项目,1994 年我运用该项目土地利用分类面积和人口普查统计数据进行多元回归分析,建立了一种城市居住人口密度估算模型,并以此研究为基础,于 1996 年申请获得国家自然科学基金面上项目《城市居住人口的遥感三维定量估算模型》。该研究进一步提出了基于高精度遥感调查获得的地块建筑容积率,建立了居住建筑面积与社区人口统计的线性相关估算模型。在此研究成果基础上,我于 2003 年又获一国家自然科学基金项目《基于数据挖掘的城市化测度及其时空演进研究》，该研究以 GIS 空间数据挖掘技术为支撑，构建了用地结构和居住人口高度关联的城市空间数据仓库原理，从城市系统的整体性和复杂性角度初步建立了以功能地域特征识别城乡边界为统计口径的城市化水平测度方法，并将测度成果应用于内涵式城市化时空演进规律探索。这两个基础课题为本书研究从城市规划空间数据分析技术层面奠定了坚实的基础。其中，构建的三维居住人口估算模型被作为本书第三篇的第一个模型的理论基础，所建立的城市系统中人与地两个核心要素的空间定量关系模式成为后几章城市内部物质系统与非物质系统相互作用定量关联分析的基础。2007 年，我在参与国家重大水专项《淮河水污染控制与治理》立项研究中，发现了一种应用于社会科学研究的分层线性统计方法可能对流域社会经济与水环境的复杂关系分析有效，通过初步研究于 2008 年第 3 次获得了国家自然科学基金项目《基于分层线性模型的流域社会经济与水环境耦合关系研究》，该课题提出的将流域水环境与社会经济要素作为一个动态的复杂系统考察，并在城市层面上开展耦合关系模型研究，部分研究成果被引入本书第三篇第 2 个模型中，该模型从流域层面对城市群规划中人口规模的协调评估与预测成为本书 19 个模型中最具战略性和前瞻性的独特模型方法。2012 年，我第一次尝试将学术视角从地理学的城市与区域分析转向对城市规划本体的方法研究，所撰写的《基于 CAS－CA 建模的山地城市适应性规划分析方法研究》申请书幸运地又一次获得了国家自然科学基金委工程部的资助。本书所建立的理论与方法框架，正是在该基金的研究设想基础上发展起来，所以说，本书所建立的模型体系是该基金研究的重要成果，也可以说，本书所建立的城市系统认识论、本体论和方法论的框架正是上述 4 个自然科学基金学术研究过程中学术视野逐步变宽、学术认知逐步深化和学术能力逐步提高的结果。值此机会谨对国家自然科学基金委给予的支持和帮助表示崇高的敬意！

本书的写作是在南京大学数字城乡规划与支撑技术团队近 30 位师生通力合作下历时 18 个月辛勤耕耘才得以完成。全书由我拟定 4 篇 12 章的总体结构，然后由胡宏、祁毅、张翔三位老师和我分别进行第一～第四篇的章节组织，并进一步由多位师生参与具体章节的撰写。由于参与人员众多，特将每一章节的统稿与参写人员名单列表如下：

章节			标　题	统稿人	参写人员
篇	章	节			
第一篇 研究范式引领篇	1　智慧城市规划导论	1.1	智慧城市概述	徐建刚	徐建刚、王培震、蒋金亮、孙小涛
		1.2	适应性与城市复杂系统	胡　宏	胡宏、徐建刚、李弘正
		1.3	城市规划的智慧转型	徐建刚	徐建刚、梁健
	2　智慧城市规划方法论	2.1	城市规划方法论基础	徐建刚	徐建刚、王培震
		2.2	城市复杂系统空间组织模型	徐建刚	徐建刚、张翔、王培震
		2.3	城市规划的系统分析方法框架	徐建刚	徐建刚、张翔、孙小涛、梁健
		2.4	智慧城市规划方法的技术途径	徐建刚	徐建刚、祁毅、张翔、许丰功、王培震

续　表

章节			标　题	统稿人	参写人员
篇	章	节			
第二篇 信息技术支撑篇	3　城市规划数据特征及获取	3.1	城市规划数据特征和概念模型组织	祁　毅	祁毅、徐建刚
		3.2	城市规划数据的一般形式和信息获取渠道	祁　毅	祁毅、蒋金亮、李弘正、张翔
		3.3	常用遥感影像数据获取	祁　毅	祁毅、林蔚、孙小涛
	4　城市规划数据对象模型与建库	4.1	数字城市规划的一般过程分析	祁　毅	祁毅、李弘正
		4.2	城市规划数据结构设计	祁　毅	祁毅、蒋金亮
		4.3	城市规划数据库模型结构分析	祁　毅	祁毅、蒋金亮
		4.4	城市规划本体数据对象模型构建	祁　毅	祁毅、曾珊珊、周月平
第三篇 分析模型构建篇	5　城市—区域发展规模的适量调控模型	5.1	城市居住人口密度估算模型	徐建刚	徐建刚、王培震、杨帆、侯玉洁
		5.2	城市—区域适宜人口规模预测模型	胡　宏	胡宏、张翔、倪天华
		5.3	城市影响腹地划分模型	张　翔	杨仲元、张翔
	6　城市—区域生态支撑的适宜评价模型	6.1	城市—区域生态敏感性分析模型	张　翔	张翔、刘欣嵘、尹海伟
		6.2	城市生态网络构建模型	张　翔	袁艳华、张翔
		6.3	城市绿地系统服务效能评价模型	张　翔	张翔、桂昆鹏、王洪威
		6.4	城市洪涝灾害风险分析模型	徐建刚	林蔚、徐建刚、桂昆鹏、秦正茂
	7　城市—区域交通网络的适应优化模型	7.1	城市道路网络评估模型	石　飞	石飞、陈敏之
		7.2	城市交通发展模式的适应性分析	石　飞	石飞、凌小静
		7.3	交通可达性分析模型	石　飞	杨仲元、石飞
	8　城市用地功能的适宜拓展模型	8.1	城市用地适宜性评价模型	张　翔	张翔、宗跃光、徐璐、曾珊珊
		8.2	城市增长边界划定模型	张　翔	张翔、曾珊珊
		8.3	城市地块适宜容积率的确定与评价模型	张　翔	张翔、孙光华

续　表

章节			标　题	统稿人	参写人员
篇	章	节			
第三篇 分析模型构建篇	9　城市服务设施公平布局的适应调整模型	9.1	城市公共服务设施公平性分析模型	徐建刚	杨钦宇、徐建刚
		9.2	城市消防设施选址布局优化模型	张　翔	张翔、张飞
		9.3	基于供需视角的城市职住平衡分析模型	张　翔	杨钦宇、张翔
	10　城市历史文化空间的适应提升模型	10.1	城市历史文化街区复兴分析模型	徐建刚	陈仲光、殷敏、王培震、徐建刚
		10.2	城市文化空间色彩敏感性评价模型	徐建刚	徐建刚、张翔、李明、侯玉洁
		10.3	城市文化地标空间影响分析模型	徐建刚	徐建刚、杨帆、陈梦远
第四篇 规划实践创新篇	11　福建长汀山地城市系列规划的适应性建模应用	11.1	山地城市适应性规划方法途径及系列规划应用	徐建刚、张翔	张翔、徐建刚
		11.2	城市—区域发展规模的适度调控模型规划应用	张　翔	张翔、倪天华
		11.3	城市—区域生态支撑的适宜评价模型规划应用	张　翔	张翔、刘欣嵘
		11.4	城市—区域交通网络的适应优化模型规划应用	张　翔	张翔、徐向远
		11.5	城市用地功能的适宜拓展模型规划应用	张　翔	张翔、曾珊珊
		11.6	城市服务设施公平的适应调整模型规划应用	张　翔	张翔、周月平
		11.7	城市历史文化空间的适应性保护与复兴规划	张翔、徐建刚	张翔、徐建刚、杨帆
	12　南京城市规划信息化管理的智慧创新研究	12.1	城市微观主体系统建模与规划信息化管理的智慧创新	徐建刚、梁健	徐建刚、梁健、李飞雪
		12.2	设计者主体视角的城市总规与控规一致性评价模型	祁毅、徐建刚	秦正茂、祁毅、徐建刚
		12.3	主体适应性视角的详细规划多方案比选模型研究	徐建刚	徐建刚、蒋金亮、李伟
		12.4	城市规划辅助选址决策支持系统	祁毅、张翔	祁毅、张翔、林蔚
		12.5	基于多主体驱动的南京市城市空间增长模拟研究	梁健、徐建刚	梁健、李飞雪、徐建刚

此外，南京大学城市规划设计研究院数字规划工作室多位技术人员和研究生参与了书稿排版校对工作，殷敏为总负责，陈敏之、杨仲元、尤朝阳、林蔚、李迎春等参与了具体校对工作。华东师范大学地图研究所韩雪培副教授编绘了书中多个章节的插图，同时还指导部分作者和参与者制作了相关章节的地图插图，并审校了第二篇的文字稿件。

本书在撰写过程中得到了我国规划界、地理界的多位老前辈的鼓励与指导。多年来南京大学人文地理与区域城乡规划学科的老一辈学术带头人崔功豪、曾尊固、郑弘毅、林炳耀等教授一直关心本团队的发展，多次鼓励我们能在规划空间建模分析方面的前沿研究上有所创新、有所突破，并形成南大的新特色。本书的出版算是我们团队全体学人对南大规划学科老一代开拓者们关爱的答谢和致敬！本书在撰写过程中还得到华东师范大学遥感学科奠基人、我的硕士导师梅安新教授对第二篇遥感技术与应用方面的多次悉心指教，梅先生严谨的学术态度和对科技前沿动态的洞察力使得本书能够将最新的卫星遥感大数据公共平台信息呈现给读者，同时梅先生对学术前沿孜孜不倦的追求精神通过言传身教为我们后来人如何传承学术智慧树立了榜样，谨以此书的出版表达弟子对导师的感激之情，师恩永不忘！这里，我还要重重感谢的是江苏省城市规划设计研究院和南京市规划设计研究院的老领导、老专家吴楚和、裘行洁和孙敬宣三位先生。从 2003 年起，我们就通过《长汀国家历史文化名城保护规划》的愉快合作开始结缘，此后他们便自然地成为我们团队的高级顾问。十多年来，一个接一个的规划项目咨询指导，老一代规划师的言传身教，使我和我的弟子们受益匪浅。在本书的后期修改中，先生们仔细地审阅了第三篇和第四篇内容，并提出了一系列中肯的修改意见。其中，特别是针对后两篇内容提出的结构与内容调整建议，促使我们将两篇的结构由早先的"空间分析模型＋规划编制应用案例"两篇 10 章改为现在的"空间多层次分析模型＋规划编制应用与管理智慧创新"两篇 8 章体系，从而使得本书的系统性、创新性和前瞻性有了显著的提高。饮水思源，三位老先生不仅是我半途走入规划领域的领路人，而且为我们团队的师生注入了学院式教育所缺乏的职业素养和敬业精神。本书的出版可以说是规划学人与业界专家"知行合一"思想融合的结晶，谨以此书来表达我和弟子们对三位先生的诚挚感谢！

回首自己投身我国规划事业的 15 年历程，学术上每前进一步都离不开学界同仁的鼓励和启迪，本书稿的主要学术思想正是在与海内外规划界多位学者头脑风暴式的交流中所闪过的思维火花汇聚而成的。我自 2000 年正式从华东师范大学调任南京大学，便开始了自我的学术转型。由 RS 与 GIS 转入人文地理与城市规划领域的机缘是与大学时代同系学兄顾朝林教授 1990 年代中期在中国科协青年科学大会上的不期而遇。2000 年起与顾兄同事 6 年，通过一起与南京地理界和规划界众多资深教授对 30 余位博士学位论文的评审与答辩使我逐渐理解了人文地理与区域城乡规划的内涵；2006 年起，美国马里兰大学沈青教授（现为华盛顿大学规划系主任）入聘南京大学思源讲座教授，此后的三年中，我作为联系人与沈教授开始了每年近两个月的教研合作，使我对北美的规划领域有了一定的了解，2009 年我们在南京共同组织了 IACP（国际中国规划学会）年会，从此结识了一批海外华裔规划界学者，IACP 每年一次的学术聚会都使我受益匪浅，特别是多次与沈青、张庭伟、彭仲仁、象伟宁和潘海啸等知名学者对规划前沿学术问题的深入探讨，启迪了我在 2008 年和 2012 年获得的国家自然科学基金立项中学术思路的形成；此外，我从 2006 年起作为全国高等学校城市（乡）规划专业指导委员会委员，至今已参与了近十年的专指委年会等活动。教研相长，本书提出的城市十大子系统及其规划模型应用正是受到了吴志强、毛其智、石楠、赵万民、石铁矛、吕斌、叶裕民、袁奇峰、华晨和刘博敏等 30 余位资深教授们会上会下学术观点碰撞的启迪。溯本求源，正是上述学界同仁的集体智慧滋润了本书的学术土壤，才孕育了本书高度综合、中西合璧的学术特色。谨以此书表达我对诸位学界朋友们的真挚感谢！

“路漫漫其修远兮，吾将上下而求索”，本书从城市复杂适应系统角度对智慧城市规划的探索性研究仅仅是万里长征迈出的第一步，有许多未知问题有待深入探讨。在本书长达 5 个月的出版校对中，我愈发感到本书仍有多方面的不足，虽经努力修改，但也留下不少瑕疵和遗憾，欢迎读者批评指正。我们将一如既往，沿着本书开拓的新方向不断探索前进！

最后，特别感谢东南大学出版社的马伟编辑。近两年来，他不辞劳苦，多次到南京大学鼓楼校区上门交流。有关文字、图表和公式的反复校正，使我和弟子们受益匪浅。谨在此对马编辑及其东南大学出版社负责同志表示由衷的感谢！

徐建刚

2015 年 8 月于南大港龙园

目　录

第一篇　研究范式引领篇

第二篇 信息技术支撑篇

第三篇　分析模型构建篇

第四篇　规划实践创新篇

第一篇

研究范式引领篇

互联网、移动通信、卫星遥感与定位、可视动态监控等技术手段的广泛应用，使得现代城市社会中的每一位公众对城市的每一处可达的空间场所都能轻而易举地进行数字化记录和可视化感知。这似乎对城市规划、建设与管理的现状调查、动态监测变得十分容易。然而，如何将现代城市产生的海量数据进行汇总与分析，提取对城市规划有用的信息却是十分困难的，这源于如此多的海量数据产生的目的及其空间环境的差异性、数据结构与存储格式的多样性、数据表达形式与实质内涵的多义性和不完整性，使得其可重复利用的价值性大打折扣。因此，大数据时代的海量数据价值挖掘需要人类发展更为智慧化的知识体系与分析工具。值得期待的是，面对城市信息化带来的数据价值稀缺的新问题，智慧城市便有了一个广阔的发展前景。

智慧城市的提出为城市规划提供了新的发展方向，被视为新型的城市发展理念与范式，迅速成为全球城市发展与规划领域关注的焦点，但同时也对传统城市规划提出补正与革新的要求(赵四东等，2013)。将现代城市看成一个“复杂巨系统”已是国内外城市规划领域的共识，随着大数据挖掘等智慧城市技术的发展与应用将使得城市系统模型的构建变得更为容易。但是，从新的第三代系统观角度来看，城市的社会、经济和环境等诸多要素在全球化、城市化和信息化共同推动下在城市及其区域有限的空间上相互交织、相互影响和相互作用，关系却变得十分复杂，呈现出一种具有非线性、多样性和自组织等复杂特征的“复杂适应系统”。目前的城市规划理论与方法还不能有效地解决现代城市的社会公平、交通拥堵和环境恶化等复杂性问题，需要引进复杂性科学理论来发展城市系统理论及其规划方法体系，促使城市规划研究范式发生革命性的变革，结合大数据技术向智慧城市规划方向迈进。

1　智慧城市规划导论

中文“智慧”一词，最早出现在战国时期的《墨子·尚贤中》一文：“若此之使治国家，则此使不智慧者治国家也，国家之乱，既可得而知已”。这段话认为：只有智慧者知人善任，才能治理好国家。现代汉语对智慧的理解为：“智慧让人可以深刻地理解人、事、物、社会、宇宙、现状、过去、将来，拥有思考、分析、探求真理的能力，智慧使我们做出导致成功的决策。”（百度百科，2015）。智慧与“形而上谓之道”有异曲同工之处，本书开宗明义，所谓“智慧城市规划方法”就是为城市规划编制与管理提供一种促进城市可持续发展的有效方法。

1.1　智慧城市概述

智慧城市概念起源于“智慧地球”。2008年11月，在纽约召开的外国关系理事会上，IBM公司发布《智慧地球：下一代领导人议程》的主题报告，该报告首次提出“智慧地球”的概念（沈明欢，2010）。按照该报告的提法：“智慧地球”指在医院、电网、铁路等各种介质中，形成物联网和互联网连接，实现人类社会和物理系统的整合，使城市管理生产和生活更加精细和动态化，达到智慧化的状态（宋刚，2012）。在“智慧地球”之后，IBM公司又提出“智慧城市”的概念，并得到政府、学者和公众的共同关注。IBM指出智慧城市运用先进的信息通信技术（ICT），将人、商业、运输、通信、水和能源等城市运行的各个核心系统整合，使之成为“系统之系统”，以更为智慧的方式运行，促进城市可持续发展（IBM，2009）。

1.1.1　智慧城市概念解析

目前，在英语中与“智慧城市”相关的词语有：SmartCity，IntelligentCity和WisdomCity三个词组。在IBM提出的“智慧地球”中，“智慧”对应的英语是“Smart”，该词常用来形容聪明、伶俐、精明、巧妙、机灵、洒脱、敏捷等，因此可以将“SmartCity”翻译为聪明城市、灵敏城市等；“Intelligent”用来形容理解力强的、有智力的、智能的，对应的“IntelligentCity”常翻译为智能城市，侧重于信息技术对城市的功能和作用方面（白晨曦，2012）；“Wise”常被用来翻译为有智慧的、博学的、像智者的，是西方语境下的“智慧”，更多的是从哲学层面来认识，强调对规律和世界观的把握，其对应的“WisdomCity”是我国部分实践工作者自己翻译的词汇（赵大鹏，2013）。目前我国接受“智慧城市”一词主要来源于“智慧地球”的提出，因此更加认同“SmartCity”这一说法，但是其内涵需仔细斟酌，于是部分学者提出了更深层次的解释，如：使用更智能化的“Smarter”强调智慧更透彻感知、更广泛互联互通与互操作及更深层次智能决策、控制与泛在应用，且包含着以人为基础的人的天才创新工作在内的更深层次含义（陈如明，2012）；旅美学者、我国“千人计划”特聘教授象伟宁博士从生态角度出发，认为“生态智慧”为在那些经过时间考验、造福万代的生态工程和研究背后的生态理念、原理、策略以及方法，其对当代的城市可持续发展研究、规划、设计和管理具有普适性的指导意义(Wei-Ning Xiang,2014),提供了理解"智慧城市"的新视角。基于对"智慧"一词涵义理解的不同,"智慧城市"的概念可以从信息技术视角、城市管理视角和规划视角进行分类诠释。

(1) 信息技术视角下的"智慧城市"的定义多侧重于"智能城市",是基于智能化硬件基础上的城市建设与管理的新型城市。IBM 认为"智慧城市就是在城市发展过程中,在其管辖的环境、公用事业、城市服务、公众和本地产业发展中,充分利用信息通信技术,智慧地感知、分析、集成和应对地方政府在行使经济调节、市场监管、社会管理和公共服务等政府职能的过程中的相关活动与需求,创造一个更好的生活、工作、休息和娱乐环境"(陈柳钦,2011)。两院院士、摄影测量与遥感学家李德仁教授认为"智慧城市是城市全面数字化基础之上建立的可视化和可量测的智能化城市管理和运营,数字城市+物联网=智慧城市"(吴余龙、艾浩军,2011)。

(2) 城市管理视角下的"智慧城市"是信息技术视角下认识的提升,已经初步关注城市的经济发展、社会关系和自然资源管理的效率等。美国学者 Andrea Caragliu 等认为"智慧城市是通过参与式治理,对人力资本、社会资本、传统和现代的通信基础设施进行投资,促进经济的可持续增长、提高居民生活质量以及对自然资源明智的管理"(Andrea Caragliu 等,2009)。复旦大学国际关系与公共事务学院的李重照和刘淑华认为"智慧城市是对现代城市治理理念的创新,是在充分合理利用 ICTs 的基础上,将物联网与互联网系统完全连接和融合;在缩小数字鸿沟、促进信息共享的基础上,通过参与式治理,让决策者更智慧地管理城市、保护环境,更合理地利用和分配人力资本、社会资本和自然资源。促进城市经济增长和维持城市的可持续发展,提供更完善的公共服务,不断提升居民生活的质量,促进社会各阶层的平等"(李重照、刘淑华,2011)。

(3) 规划视角下的"智慧城市"概念更加侧重于智慧的城市规划管理、"以人为本"的城市理念和可持续的发展模式。2007 年 10 月欧盟委员会发表的《欧洲智慧城市报告》中认为:智慧城市是以信息、知识为核心资源,以新一代信息技术为支撑手段,以泛在高速光纤为基础,通过广泛的信息获取和对环境的透彻感知以及科学有效的信息处理,创新城市管理模式、提高城市运行效率、改善城市公共服务水平,以达到智慧经济、智慧流动、智慧环境、智慧公众、智慧家居、智慧管理等目标,实现人口、产业、空间、土地、环境、社会生活和公共服务等领域智能化为全新的城市形态和发展模式(曹红阳等,2013)。南京大学甄峰教授等认为"智慧城市是一个包括制度、技术、经济和社会等 4 个层次的新的城市框架体系。其中,制度是统一的,是调节人与人之间社会关系的一系列道德、法律、规章等的总和,是智慧城市运行的重要保障;技术是智慧城市的重要支撑,由移动信息技术和高速交通技术所构建的流空间是其核心,保证了各种社会经济及公共服务活动的进行;经济活动促使智慧城市更加高效,而以人为本的社会网络及公共服务体系则是智慧城市的本质所在。4 个层次相互作用、紧密关联,共同形成了一个全新的城市空间形态"(甄峰等,2012)。

从信息技术视角、城市管理视角到规划视角对"智慧城市"概念理解的加深正是体现智慧从"Smart"到"Intelligent",再到"Smarter 或 Wisdom"的转变,基于规划视角下的"智慧城市"概念融合了信息技术视角和城市管理视角下"智慧城市"的内容,并突出了"以人为本"的可持续城市发展理念,正切合于我国新一届中央政府提出的新型城镇化建设思想。可以预见,随着智慧城市技术与应用的广泛与深入,智慧城市规划将在新的价值理念引导下在建立新的理论、方法和技术体系上有所突破。

1.1.2 大数据时代的智慧城市

进入 21 世纪以来，人类在信息与通信等高新技术快速发展过程中，生产、生活与休闲方式发生了巨大变化，社会发展已进入高速信息化时代。在短短的十余年时间内，人类活动所累积的信息量已经超越在此之前人类记录信息量的总和，呈现出爆炸式的增长态势。在这一大的社会背景下，"大数据时代"应运而生。大数据是一个相对抽象的概念，从字面上来看表示数据规模庞大，具体是指无法在一定时间内用常规软件工具对其内容进行抓取、管理和处理的数据集合（金江军，2013）。大数据是数据发展到感知式系统阶段的产物，传感设备对社会的监控产生源源不断的数据，这些数据大都是主动式产生（孟小峰，2013）。据国际数据公司（International Data Corporation，IDC）的统计，2011 年全球被创建和复制的数据总量为 1.8 ZB（泽字节，10 的 21 次方），其中 75％来自个人（图片、视频和音乐），远远超过人类有史以来所有印刷材料的数据总量（200 PB）（李国杰，2012）。

国际著名的大数据专家维克托 · 迈尔 · 舍恩伯格指出，世界的本质就是数据，大数据发展的核心动力来自于人类测量、记录和分析世界的渴望。从因果关系到相关关系的思维变革是大数据的关键，而建立在相关关系分析方法基础上的预测才是大数据的核心（维克托 · 迈尔 · 舍恩伯格，2012）。据此观点，可以界定挖掘各种海量数据所表达事物之间相互影响、相互作用的关系来预测人类未来发展就是大数据的主要方法论。预测作为人类感知未来的手段已在社会、经济、管理等学科中得到了一定的发展，而以云计算技术为支撑来建立人类各种活动中影响事物发展的复杂问题相关影响因素间的数量关系模型可能会随着大数据方法创新而有新的突破。

目前对大数据特征有不同的描述，比较有代表性的是 3V 特征：规模性（Volume）、多样性（Variety）和高速性（Velocity）（Brynat，2010）。规模性指互联网和传感设备的结合产生海量数据，数据量高度增长；多样性指智慧城市数据来源及格式多样化，数据格式除传统格式化数据外，还包括半结构化和非结构化数据；高速性表示智慧城市数据增长速度和处理速度都相应提高。IDC 在 3V 基础上增加了价值性（Value），即从海量数据中提取出有价值的信息（Barwick，2012）。IBM 则认为大数据还应具有真实性（Veracity），即智慧城市数据应保证来源真实可靠，处理方法科学合理（IBM，2012）。

在大数据时代，城市信息构成日益复杂。城市作为大数据的加工处理和应用的主要空间场所，需要发展一种基于大数据深度挖掘的综合分析方法，来探寻城市复杂系统中的多层次要素间的适应性相互作用规律，科学地、有效地进行智慧式的城市规划。诚如 Google 首席经济学家 Hal Varian 所提出：数据收集的最终目的是根据需求从中提取有用信息，将其应用到不同的领域。因此，为了适应大数据发展背景，城市信息化正逐步从数字城市走向智慧城市。数字城市以计算机技术、多媒体技术和大规模存储技术为基础，以宽带网络为纽带，运用遥感、全球定位系统、地理信息系统、仿真虚拟等技术，对城市进行多分辨率、多尺度、多时空和多种类的数字化描述，即利用信息技术手段把城市的过去、现状和未来的全部内容在网络上进行数字化虚拟实现。智慧城市基于物联网、云计算等新一代信息技术以及社交网络、综合集成等工具和方法的应用，营造有利于创新涌现的生态，实现全面透彻的感知、宽带的互联、智能融合的应用以及以用户创新、开放创新、大众创新、协同创新为特征的可持续创新（韦胜，2013）。数字城市强调多源、多时相数据的整合与共享利用，而智慧城市则强化了数据的感知和智能化利用。数字城市强调通过信息化手段提高各行业管理效率和服务质量，智慧城市则实现从相对封闭的信息化框架向开放复杂巨系统转变，城市智能化架构协同，实现城市智能化功能（肖建华，2013）。两者具有一定的递进发展关系，智慧城市的发展离不开强有力的数字城市建设的支持，数字城市的发展水平在一定程度上决定了智慧城市的水平（陈真，2010）。

智慧城市的建设是建立在对大数据进行数据挖掘基础上的。大数据为智慧城市建设提供关键支撑技术，智慧城市同时产生的大数据挖掘分析技术也使城市服务更加智能化。大数据将遍布智慧城市的各个方面。例如，欧盟对于智慧城市的评价主要包括智慧经济、智慧治理、智慧生活、智慧人民、智慧环境、智慧移动性。智慧城市在大数据支持下要促进经济发展，改进和帮助更多大众参与，使公众享受智慧的生活和服务，居住环境更加优化。无论是从政府决策到服务，再到公众的衣食住行，城市产业的布局和规划，直到城市运营以及管理方式，都在大数据支持下走向智慧化。

1.1.3 应用创新理念下的智慧城市

技术进步推动人类社会进入了信息时代，大数据催生了智慧城市，使以城市为家园的人类群体生活方式正在发生着巨变。毋庸置疑，信息时代的城市生活更为便捷、高效，大数据等新技术发展使居民能享受到前所未有的服务。然而，城市的生活节奏加快，城市社会的竞争更为激烈，城市自然灾害、生态环境、交通、个人信息等的安全问题加剧，使得城市社会群体在诸多层面难以适应城市环境的如此变化。因此，智慧城市的发展仅有信息技术进步是远远不够的，必须遵循城市自身发展的特有规律，将智慧型大数据技术全面地融入城市社会、经济、环境、管理等各个领域中进行应用创新，才能推动城市产生质的飞跃。

自 20 世纪 70 年代起，伴随全球化、信息化时代的来临，传统官僚制模式下的西方政府在城市行政管理领域面临着公共安全、环境污染、社会保障等日益突出的矛盾，以英美为首的政府掀起了新公共管理运动，提出了调整政府职能、创新管理方式和实行分权改革等政策。主要措施有：通过打破垄断，引入竞争机制，实行公共服务社会化；推行国有企业民营化，充分借鉴企业管理手段，运用现代信息技术，推进电子政务，再造政府管理流程；实行决策权与执行权分离等卓有成效的措施。在这一改革过程中，数字城市应运而生，在利用现代信息技术解决城市建设和管理问题方面发挥了积极的作用。从 80 年代起，中国以工业化为主要驱动力的快速城镇化浪潮震撼全球，成为世界奇迹。经过 30 余年的高速推进，时至今日，在经济全球化的不稳定性和全球变化加剧导致的环境危机双重压力下，我国城市成为社会、经济和环境等诸多棘手难题的集结地，多种因素交织引发的“城市病”亟待诊治。因此，面向未来的智慧城市，其建设发展肩负着比数字城市要重得多的职责。所以，以大数据为支撑的应用创新必须在以城市为载体的各个领域全面推广。为此，宋刚和邬伦等提出了“智慧城市是新一代信息技术支撑、知识社会下一代创新（创新 2.0）环境下的城市形态”的观点，并认为“以用户为中心、社会为舞台的面向知识社会，以人为本的下一代创新环境下的智慧城市是数字城市以后信息化发展的高级形态”（宋刚、邬伦，2012）。

从系统科学角度看，当前城市问题之所以层出不穷，主要是由于城市并未发展成为自我调节并且可持续发展的系统（Abdoullaev，2011）。随着社会经济的发展，城市化运动通过改变资本、劳动力等生产要素的空间分布从而提高人类创造财富的效率，经济发展速度随之提高。城市作为区域、经济、文化、信息和创新的中心，城市系统在这一过程的结构演化更为交错繁杂（宋刚，2009）。信息技术和区域创新系统是智慧城市的两种驱动力（Komninos，2008）。信息技术发展以互联网为首，侧重科技创新层面的技术因素；区域创新系统具有很强的地域根植性，以侧重于社会创新层面和技术经济等因素的模型建立为主。由此可见，“城市—区域”系统的空间组织模型的构建是区域创新系统重要组成部分，对智慧城市建设具有举足轻重的作用。

从城市系统演化角度来看，工业革命之前的传统城市以手工业为主的生产要素较为单一，物质产品不够丰富，社会、经济和环境子系统处于相对分离状态，社会、经济和环境相对独立发展。工业革命以来的现代城市规模集聚效应突出，随着信息技术的进步，城市系统内部联系更加紧密，通过城市规划与管理制度创新，城市社会、经济、物质环境和自然环境等子系统之间的相互作用大大加强，城市演变成为一种开放的复杂巨系统。随着感知技术、互联技术和创新应用技术发展，未来的智慧城市将强化城市土地、建筑、交通、公共设施等物质系统与社会、经济、文化、管理和生态环境等人文系统之间的耦合联系，更加注重以人为本，实现城市多个子系统的均衡协调与可持续发展。

从城市系统的功能结构角度分析智慧城市的框架结构应当以公众参与为基础，信息/数字技术、科技创新系统、政策与体制制定和智慧社会服务作为具体实施措施，切实可行完善智慧城市建设(许庆瑞，2012)。其中信息/数字技术作为智慧城市具体实施措施的关键技术支撑，包括通信技术、传感技术、云计算技术和规划管理技术等 4 个方面。通信技术是实现城市中各要素连接和数据信息传递的支撑和关键；传感技术实现互联互通、自我感知，进而提供准确的物质服务、在线监测和决策支持等城市管理和服务功能；云计算技术是构建智慧城市的大脑和指挥中枢，也是承载数字空间和思维空间的关键手段(杨堂堂，2013)；规划管理技术作为智慧城市发展的龙头，引领着城市生产、消费和服务各个领域的应用创新，为城市发展提供智慧型的决策支持手段。根据系统科学前沿的复杂适应系统理论，未来的智慧城市规划将着力于探寻城市复杂系统的多层次要素间相互作用规律，通过发展智慧型的规划管理技术方法，推动城市空间公共资源的科学、合理配置，保障城市社会公平、环境友好，实现智慧城市的可持续发展。

1.2　适应性与城市复杂系统

如上所述，在信息化、全球化和城市化三大力量的推动下，现代城市的运行是一个复杂系统(Belil，1997)。第三代系统科学理论表明，适应性是复杂系统的基本特征，它可以理解为复杂系统内的各要素之间不是孤立隔绝的，而是与多方面发生着各种联系，各要素之间相互影响、相互作用，并最终达到一种相对平衡、相互适应的过程。现代城市正是这样一种由生活在城市的各种社会群体进行多种生产、消费等活动中群体之间、群体与建成环境、群体与自然环境之间相互适应和影响的过程，城市系统中单独要素的变化会引起系统内其他要素适应性的发生改变。可以说，复杂系统理论为我们研究信息化驱动下的智慧型现代城市提供了一种崭新的视角。

1.2.1　适应性解析

为了能够明确适应性的本质内涵，并将之应用到现代城市复杂系统中，下面将从适应性的定义及特点、适应性的维度测量和适应性的过程机制等方面进行解析。

1) 适应性的定义及特点

适应性(Adaptation)，原本为生态学术语，指生物体在长期自然选择过程中，为了生存和发展需要，通过改变自身遗传组成而改变内外在特征，达到与环境发展相适合的发展模式(戈峰，2008)。自然科学中的适应性，其尺度从有机个体到单个种群或整个生态系统(方一平等，

2009)。在适应的过程中,进行适应的生物体通常称为适应主体(Adaptive Agent),被适应的环境称为适应对象。

生态适应性的适应主体主要在自然生态系统内。后来,生态适应性的理念也被类比用于人类系统。IPCC(Intergovernmental Panel on Climate Change)报告提出适应是"人类改变自身过程惯例或结构来缓和或抵消潜在危险,或是利用潜在机会,以降低群体区域或人类活动对外界变化的脆弱性"(IPCC, 2001;高迎春、佟连军,2011)。生态适应性研究扩展到了经济、社会和文化研究(刘奕等,2007;赵妍妍,2011;窦玥等,2012;邵景安等,2012)。经济适应性研究主要是分析适应主体与经济发展的相互关系(李冕、常江,2011)。社会适应性研究着眼于分析社会公众应对社会环境变化而产生的心理和行为模式的转变(张海波、童星,2006)。文化适应性研究主要分析社会区域(文化核心)如何依据自然环境调整自身行为(崔胜辉等,2011)。

适应具有普遍性、相对性、交互性和复杂性的特点。一方面,适应主体都存在于一定的环境中,"优胜劣汰,适者生存",适应主体为了延续自身而适应环境(包括自然环境和人文环境),这是适应的普遍性;另一方面,适应的过程是适应主体对环境条件的变化所作的反应,随着适应主体和环境条件的不同,适应的程度和过程也千变万化,这是适应的相对多样性(戈峰,2008)。以城市用地为例,城市用地扩张都需要适应其自然基底条件,这是城市化适应自然的普遍性;随着城市的规模等级和功能定位不同,城市用地形态也千变万化,这是城市化适应自然的相对多样性。同理,在人口城市化过程中,外来人口普遍需要适应新的城市环境,但适应的内容和程度因其教育程度、收入水平、职业类型等而异。

适应的过程是适应主体与环境的交互作用过程,也是需求与供给的平衡过程。环境变化对适应主体产生影响,适应主体通过不断学习和经验积累,达到在变化的环境中自我生存和自我发展,即被动适应(适应主体被动适应环境变化或环境供给)。同时,适应主体的自身发展需要特定的环境供给,适应主体通过对环境产生反馈,改造已有环境,即主动适应(适应主体主动改变环境来满足自身需求)(方修琦、殷培红,2007)。被动适应体现的是适应主体面对环境(其他适应主体)发展变化的反应能力,而主动适应体现的是干预能力。通过反应和干预,适应会衍生出新的内容。例如,在文化适应的过程中,不同文化群体通过文化接触,对各自文化体系进行修改和完善,以应对社会文化环境的变化(余伟、郑钢,2005)。

在适应的过程中,可能存在多个适应主体,他们除了与环境交互外,彼此也可以互为环境,互相进行适应(见图 1-1)。随着适应主体量级的升级,适应也表现出复杂性的特点(郭鹏等,2004)。在多主体的适应系统中,任何一个系统的变化都会导致适应程度的变化。例如,城市开发过程中,城市多元利益主体与其城市支持环境发生相互作用,同时,多元利益主体之间也在相互适应。适应主体可能是单个个体,也可能微小到某一个时间段的某一段行为或某一个状态;环境条件可能是大的城市生态环境,也可能是小的社区服务水平。不同适应主体的组成成分在不同的环境层次上的交互作用,会形成极其复杂的整体适应系统(孙小涛等,2015)。

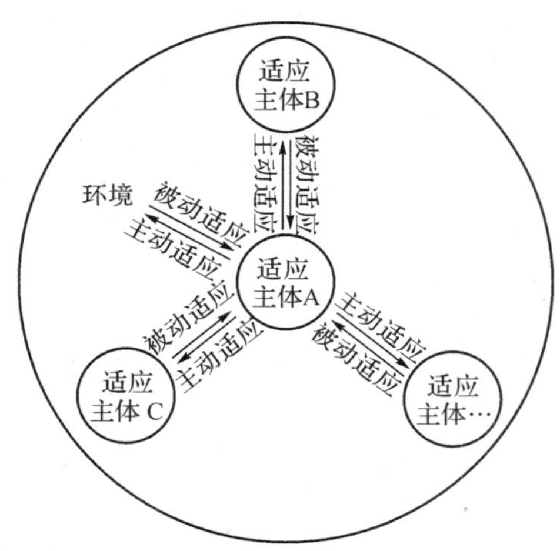

图 1-1 适应的交互性与复杂性

适应性是一个过程，是适应主体根据环境的现状信息和未来可能出现的状况不断调整自身的过程(仇方道,2011)。一般而言,适应主体对于环境变化的反应需要一定的时间,即适应滞后于环境变化。适应主体若要在复杂系统中适应快速的环境变化,就需要依据过去的发展规律提早预测未来,以提高适应的同步性,降低“生态-社会-经济”的适应成本(陈宜瑜,2004)。适应性也是一种行动，是针对环境变化及其影响而进行的趋利避害的行动(仇方道,2011)。以城市为例,城市中的适应主体的规模、结构、功能需要与城市规划及其发展战略、城市资源和能源进行“适应性”匹配,以合理的规模、结构、布局和资金投资比例等满足城市发展的需求(李福军,2012)。

2）适应性的维度测量

适应性包括三个关键要素,即适应主体、适应对象和适应途径。适应途径是适应主体和适应对象的相互作用过程。这一作用过程可从空间和时间两个纬度上衡量。空间上,环境变化对适应主体产生影响,适应主体逐步选择符合自身生存和发展的空间环境,这一过程可称为空间适宜。时间上,适应主体既可应对短期变化,也可进行长期积累,应对漫长的环境改变,选择恰当的发展时机,这一过程是时间适当。适应的时空范围的确定将适应性系统与其他系统区分,是适应性分析的起点(高迎春、佟连军,2011)。

适应性反映了适应主体的适应能力。适应在时空维度上的适合程度说明在外界环境持续变化压力下,适应主体应对能力的时间点和时间段,以及空间尺度和空间转换(高迎春、佟连军,2011)。从适应的时空维度看,适应主体的适应能力包含其短期应对环境变化的能力和长期依据环境变化调整自身的潜力。在生态系统中,通过改进环境条件,有机个体或种群可以更好地适应环境。类比生态系统,城市系统的适应能力是诸多城市条件相互适应的综合反映。城市系统的适应能力涵盖了在环境条件变化下,系统增加个体生活质量的能力,包括管理制度、经济金融条件、技术和信息资源、基础设施条件等方面(方一平等,2009)。

在时空两个维度上,适应性需要有程度的衡量,即适应度。适应度是适应主体在时空维度上与环境条件达到相契合的程度,即程度适合。城市任何一个阶段的发展都受当时的“生态-社会-经济环境”的影响,以适应多主体之间达到平衡的状态。这种适合度从高到低可分为非常适合、一般适合、局部适合和不适合等4类(王健宁,2004)。

适应性是空间适宜、时间适当和程度适合的动态综合过程。我国各城市的地理环境、资源条件、经济条件、文化传统千差万别,相应的城市化发展阶段也不尽相同。因为适应性具有相对性和复杂性的特点,所以各城市在空间和时间两个维度上的适应度各有不同,城市内各适应主体的适应度也不能一概而论。例如,经济发展相对于社会主体的适应度可能高,但其相对于生态环境主体的适应度却可能低(孙小涛等,2015)。

3）适应的过程机制

适应是适应主体对外部变化所做出的一系列主动和被动调节的过程,其目标是谋求自身的生存和发展。从环境变化到重新适应,适应主体要经历环境变化认知、自我调节、环境反馈三个阶段。具体运行机制如图1-2所示。

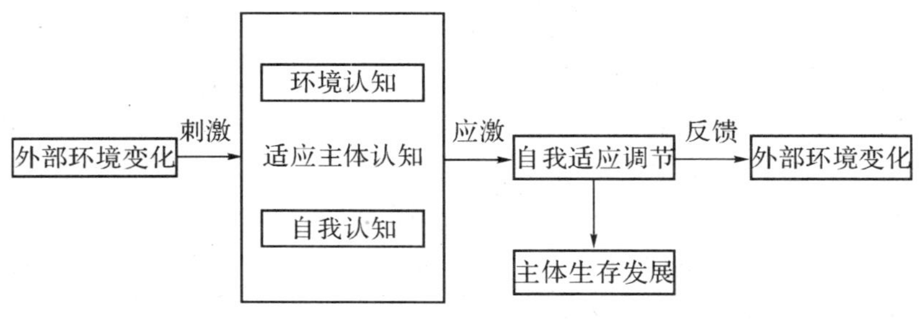

图 1-2　适应的过程机制

1.2.2　城市复杂系统

高度的组织复杂性是所有富有活力的城市的一个基本品质(房艳刚、刘继生,2008),使用传统的“还原论”思想将复杂的城市系统分解为多个城市的子要素分别进行隔离研究的方法,不能有效地认识到城市系统内部各要素之间的关系特征,更不能真正了解整个城市系统的功能和运行机制。复杂适应系统理论的诞生为我们研究现代城市系统提供了一种复杂性科学范式,将城市当做一个整体进行研究,通过城市系统内部各要素之间的适应性关系使得整个城市系统保持在相对平衡的状态。因此,可以从复杂系统角度出发,运用复杂适应系统理论,分析现代城市系统的基本特征。

1) 复杂性科学范式

20 世纪 60 年代,美国科学哲学家托马斯·库恩在其名著《科学革命的结构》一书中提出了科学范式概念,指出:“所谓范式,就是将科学共同体凝聚起来的精神支柱和共同信仰,是科学共同体在科学活动中所采纳的总的观点或框架以及共同信念和心理素质”(黄欣荣,2013)。库恩将范式视为科学研究活动开展的基础,以及科学研究的思想工具和实用工具,进而描绘出基于范式及其变革的科学发展的动态图景(郭斌、蔡宁,1998)。进入 21 世纪以来,科学知识体系自身的深入发展向人类展示了其内在的发展悖论:科学的认识并不都是与主体无关的过程,现实问题和人们所观察的事物的运行并非都是理性主义者所简化的那样“循规蹈矩”(仇保兴,2009)。在面对生物机体、经济系统和社会系统等复杂问题时,传统的西方理性主义和还原论(还原论是一种哲学思想,认为复杂系统是多个简单部分的组合),逐渐捉襟见肘(金吾伦,2004)。在此背景下,新的科学范式——复杂性科学应运而生,它提供了以“系统”和“非还原论”的视角处理复杂性问题的新方向。

复杂性科学的研究基础是对“复杂性”的认知。由于“复杂性”的研究领域广泛,国内外学者关于“复杂性”的描述定义并未达成一致。但是,这些定义都传达了这样一些共识:复杂性关注的是因素间的关系,复杂性即“交织在一起的东西”,复杂性具有不可还原的特征(吴彤,2001)。复杂性科学认为世界本质是复杂的,简单性只是复杂世界的一角。

复杂性科学范式的发展与形成经历了三个阶段。第一阶段以贝塔朗菲的一般系统论和维纳的控制论为代表(金吾伦,2004),这是复杂性科学第一次向传统还原论(Reductionism)发起挑战,标志着复杂性科学的产生。第二阶段以耗散结构理论、协同论、超循环论、突变论、混沌理论和分形论为代表,研究复杂性系统的演化(吴彤,2001)。这一阶段复杂性科学越来越得到重视和认可,但是关于复杂性科学的研究依然是孤立的,没有形成范式。第三阶段以圣菲研究所的复杂适应系统理论为代表,复杂性科学不再是孤立的研究,而是打破学科界限,进行综合研究,这标志着复杂性科学的兴起(金吾伦,2004)。

根据库恩的范式理论，范式的形成需要具备两个条件：出现专门的学术机构形成学科共同体以及学科共同体内形成共同信念和共同价值(库恩，2003)。复杂性科学范式的形成也必然需要具备这两个条件。圣菲研究所的建立标志着专门研究复杂性科学的学术机构形成，其关于复杂性科学的研究与推广越来越被学术界认可，这标志着共同信念和共同价值的形成。因此，圣菲研究所的建立，标志着复杂性科学范式的形成(黄欣荣，2013)。

2) 城市复杂系统的适应性特征

复杂适应系统(CAS)理论作为复杂性科学的重要分支，是复杂系统理论的升华和结晶。自 1994 年由 Holland 提出后已引起了学术界的广泛关注，在经济系统、生态系统和社会系统等领域都获得了广泛的运用。Holland 总结了复杂适应系统的 7 个基本特征，包括 4 个特性(聚集、非线性、流、多样性)和 3 个机制(标识、内部模型、积木)(Holland J. H.，2000)。这 7 个基本特征是复杂适应系统的充分必要条件，每个复杂适应系统都具备这 7 个基本点，具备这 7 个基本特征的系统也必然是复杂适应系统。

(1) 聚集(Aggregation)：主要用于个体通过“黏着”(Adhesion)形成较大的所谓的多主体的聚集体(Aggregation Agent)。由于个体具有这样的属性，它们可以在一定条件下，在双方彼此接受时，组成一个新的个体——聚集体，在系统中像一个单独的个体那样行动。

(2) 非线性(Nonlinearity)：指个体以及它们的属性在发生变化时，并非遵从简单的线性关系。Holland 认为，非线性是复杂性产生的内在根源。

(3) 流(Flow)：在个体与环境之间，以及个体相互之间存在着物质流、能量流和信息流。这些流的渠道是否通畅，周转迅速到什么程度，都直接影响系统的演化过程。

(4) 多样性(Diversity)：在适应过程中，由于种种原因，个体之间的差别会发展扩大，最终形成分化，这是 CAS 的一个显著特点。

(5) 标识(Tagging)：标识的作用是识别与选择，能促进选择性相互作用。

(6) 内部模型(Internal Models)：主体依赖其复杂的独特的内部结构，能够通过经验积累，学习或者预知某些事情。这种内部机制就是主体的内部模型。

(7) 积木(Building Blocks)：复杂适应系统常常是在一些相对简单的构件的基础上，通过改变它们的组合方式而形成的。因此，事实上的复杂性往往不在于构件的多少和大小，而在于原有积木的重新组合。

在我国快速城市化过程中，城市数量增加，城市规模增大，城市环境在短时间内发生剧烈变化。从复杂性科学视角来看，现代城市系统是一种高度融合了社会与文化多元化、生产与服务市场化、信息与交通网络化、建筑与街巷场所化、用地与景观破碎化、自然与生态脆弱化等特征的开放的复杂巨系统。结合复杂适应系统的 7 个基本特征，可以梳理城市复杂适应系统的基本特征，如表 1-1 所示。

表 1-1　城市复杂系统的基本特征

序号	基本点	关键词	城市复杂系统的适应性特征诠释
1	聚集	涌现	两个含义： (1) 简化复杂系统的一种标准方法。忽略无关的细节，把相似的事物聚集成类，各种类型成为构建系统模型的组件。城市规划中功能分类正是将具有类似功能组成的城市空间合并为一个特定的功能空间，并划分不同功能空间的类型：居住区、行政区、工业区、新城区、历史街区、城市中心区、棚户区等。 (2) 较为简单的主体的聚集相互作用，必然会涌现出复杂的大尺度行为。例如城市中金融、贸易、服务、展览、咨询等业态的集聚构成了中央商务区的功能与景观，它的集聚所爆发的能级是任何单个业态所不能及的。 从早期的聚落到村镇再到大城市，城市系统发展的直接动力就是人的空间聚集。与此同时，产业的聚集(集群)发展带来巨大的经济规模效应，助推了人类城市化进程
2	非线性	复杂	指变量之间的数学关系，不是直线，而是曲线、曲面。在复杂系统中要素间不再是互不相干的线性独立关系，而是非线性的相互作用，整体不再是简单的全部等于部分之和，而可能出现不同于“线性叠加”的增益或亏损。 城市系统的复杂性可以用非线性关系来表达，如城市元胞自动机模型将城市看成由多种功能细胞组成的自组织系统，按照功能要素在空间上遵循着非线性相互作用规则进行进化，城市还受到周边区域自然生态条件、交通区位、资源供给等多种不确定因素制衡。因而，城市系统的演化呈现出高度复杂性的特点
3	流	循环	指众多节点与连接者的某个网络中某种资源的流动。流由节点、连接者、资源等三要素组成。例如，城市公交客运流的三要素是公交站、公交线路和乘客。 乘数效应：在某些节点上注入的更多资源沿着路线，从一个节点传输到另一个节点，并产生一连串的变化。城市对外交通的改善极易产生乘数效应。例如，一个偏僻的地区修了一条对外联系的铁路，极有可能对这个地区的城市与经济发展带来巨大的推动作用。 再循环效应：资源在主体间的循环往复，使得在资源数量一定的条件下，系统节点能获得更多的资源。例如，低碳城市中可再生资源的循环利用。 在现代城市中，人流、信息流、资金流、交通流、物流和生物流等多种流态共同作用，产生的乘数效应和再循环效应带来了新的活力，为构建智慧城市、弹性城市、绿色城市提供了创造性的支撑
4	多样性	协调	多样性概念源自生物物种的适应性进化。它是一种动态模式。例如，一个森林中的某物种消亡了，会出现另一种与其利用资源相似的物种来填补生态位的空缺。城市绿地生态系统的多样性维系——网络化正是基于这一理论。 在城市系统中，多样性随处可见。由收入差异、区域差异和城乡差异等因素催生了城市多种社会群体。城市必须保障每个群体均有自己的生存空间，并促进群体之间的相互交流，共同分享公共资源，才能使城市和谐发展。城市规划中提倡的“混合功能”来降低空间分异度的做法正是为了实现这一目标

续 表

序号	基本点	关键词	城市复杂系统的适应特征诠释
5	标识	选择	指任何带有被设计成文字或图形的视觉展示，以用来传递信息或吸引注意力。标识是主体相互作用的基础，是为了聚集和边界生成而普遍存在的一个机制。 现代城市在生长过程中，各种功能区的形成正是在城市规划引导下有序进行的。可以说，城市规划设计作为标识机制通过规划成果的招商宣传、投资引导和建设实施促进了城市各种要素的相互作用，使得城市空间功能结构进行不断地优化重组。在城市详细规划设计中，城市的各种公共场所空间引导系统设计正是通过建立多种多样标识，使得陌生访客在大都市越来越复杂的空间和信息环境中，能够在最快的时间获得所需要的信息
6	内部模型	预知	主体是能动的，能够在收到的大量涌入的输入中挑选模式，然后将这些模式转化为内部结构的变化。主体能够预知，即认识到当该模式再次遇到时，随之发生的后果将是什么。主体如何能够将经验转化为内部模式？主体是如何利用模型的时间序列预知未来事件的呢？这就是主体的内部机制所呈现的内部模型。 城市规划理论与方法正是对城市系统演变内在规律的把握，其所建立的人口、经济、用地和交通等城市发展预测模型就是城市系统主要的内部模型。“拼贴城市”理论认为城市规划从来就不是在一张白纸上进行的，而是在历史记忆和渐进积淀的城市文化背景上进行。因此，每个城市都有自己独特的内涵，对每一城市特有的内部模型研究，将有助于城市特色的传承与创新
7	积木	组合	积木是内部模型的基本组成要素，内部模型的多样性来自于积木的多种组合形式。新的积木是在面临一种新的复杂情况时，通过对经自然选择和学习过并证明有效的元素的重复排列组合，从而产生新的综合物机制。积木机制避免了主体从大量杂乱无章的数据中寻找有用信息的繁重工作。 积木反映了 CAS 的建模思想，即复杂系统常常是相对简单的一些组件通过改变组合方式而形成的。积木提供了一种把下一层次的内容和规律，作为内部模型“封装”起来，并作为一个整体参与上一层次相互作用的思路。用来回答怎样合理地区分层次，不同层次的规律之间怎样相互联系、相互转化等问题。 城市系统的各种功能区的物质建设模式正是按积木机制进行，城市规划体系和多层次方案编制正是体现了城市积木的组合方式。建筑学中的类型学理论也是积木机制的体现，即相对简单的一些建筑组件通过改变组合方式而形成新的建筑形式与风格。后现代主义风格的建筑即是一种传统与现代建筑元素的重组与融合。城市的建筑街巷与所依托的自然山水融合，则形成了城市丰富多彩的形态景观

1.3 城市规划的智慧转型

1.3.1 城市规划管理的智慧化

计算机技术在城市规划领域的应用已有 30 多年之久，自 1980 年代末，城市规划管理和设计部门在国内最先引入了地理信息系统，以及计算机辅助设计和 3S 技术等先进信息化技术，率先全面实现了城市规划设计、审批管理、实施监督等主要工作环节人机互动作业的信息化工作方式的变革（张帆、韩冬冰，2005）。规划管理信息系统的建立极大地方便了日常规划管理工作，规范了规划管理流程，成为规划管理部门不可或缺的日常办公技术手段。这是数字城市规划管理发展的阶段性成果。回顾20多年的发展历程,数字城市规划管理建设经历了三个阶段:第一阶段是1990年代后期的模拟人工办案方式;第二阶段是2000年至2007年的电子政务和办公自动化阶段,目前大多数城市仍处于这一阶段;第三阶段是2007年至今,部分大城市正在进行的图文一体化规划管理信息系统建设。

然而,随着城市问题的多元化和复杂化,城市规划管理也面临着新的挑战。数字城市规划管理的建设模式已经无法满足数据量日益庞大、日益多元化的规划管理要求。城市规划管理思路急需向智慧城市规划管理转变。

数字城市规划以计算机技术、多媒体技术和大规模存储技术为基础,以宽带网络为纽带,运用遥感、全球定位系统、地理信息系统、仿真虚拟等技术,对城市进行多分辨率、多尺度、多时空和多种类的数字化描述,即利用信息技术手段把城市的过去、现状和未来的全部内容在网络上进行数字化虚拟实现。而智慧城市规划是新一代技术支撑、知识社会下一代创新环境下的新的规划思路,强调用信息技术解决城市转型发展的动态过程。我们可以将智慧城市规划理解为:利用现代综合技术解决城乡发展问题以实现城乡经济、社会和环境更协调、更高效发展的一种思路和理念,特别是指利用新一代信息技术等解决城市发展问题的一种持续创新(丁国胜、宋彦,2013)。

通过对"智慧"涉及的感控、交互和决策三个典型特征进行分析,数字规划到智慧规划经历了标准化、动态化及智能化三个阶段。在标准化阶段,重在利用标准化和规范化的手段实现城市规划管理中的流程固化和信息规范,让城市规划管理变得更加规范准确;在动态化阶段,重在利用全生命周期的数据管理理念实现城市规划管理过程中的信息动态流转和自动实时更新,让城市规划管理变得更加真实准确;在智慧化阶段,架构在物联网、云计算等新技术上的规划管理更加注重全面的规划整合和挖掘,更加有利于实现规划管理过程中的综合分析和辅助决策,让城市规划管理变得更加集约和智能。

1.3.2 国际城市规划范式演进

改革开放以来,中国走上了一条高速城市化的发展道路,城市发展日新月异,出现了大量不同于西方城市化道路过程中的现实问题,而中国的城市规划作为有效调整和解决城市问题的重要途径,受到前苏联和西方城市规划思想的深度影响,没有形成适应中国城市化发展道路的新的城市规划理论和管理方式,因此有必要从国际城市规划理论范式的演进出发,建立基于城市系统的智慧城市规划研究范式,真正实现智慧城市规划的转变。

现代意义上的城市规划,自20世纪初开始至今,已经走过了一个多世纪的历程,在这段历程里,国际城市规划的主导理论和主导思想经历了几次大的转变。每次规划理论的变革,都受到当时社会的主流思潮的强烈影响。从城市规划理论的内涵出发,可以将城市规划理论分为城市规划基础理论和城市规划应用理论。城市规划应用理论的产生与发展必然受当期城市规划基础理论的影响,同时又可以诱发新的城市规划基础理论的产生。张庭伟就现代城市规划基础理论的发展历程提出"三代规划理论":第一代规划理论是强调功能主义的理性规划,关注工具理性;第二代规划理论是强调公平性的倡导性规划,关注程序理性;第三代规划理论是强调合作的协作性规划,关注集体价值理性(张庭伟,2011)。相应的,现代城市规划的应用理论也可分为三代:第一代以《雅典宪章》为代表;第二代以后现代主义理论为代表;第三代以精明增长、新城市主义、绿色融于设计等理论为代表(张庭伟,2011)。

从国际上"三代规划理论"的内涵上看,其一是反映了规划学科的认识论发生了巨大变化,第一代规划理论将规划作为在自然科学理论指导下的技术实现；第二代规划理论则体现了规划学科的社会学属性，突出了规划学科必须高度关注社会层级结构的时空演化对物质资源空间配置的影响；而第三代规划理论转向于对城市涉及的所有利益相关群体间的、以不同利益诉求为导向的、追求共同利益最大化目标的博弈决策过程。因此，规划学科被看成了经济、政治、社会和管理等多门学科属性的综合体。其次，从"三代规划理论"的工具理性、程序理性到价值理性的价值导向变化，反映出引导人类社会进步的当代价值观在城市规划学科中的地位越来越重要。

从规划作为高度综合的应用学科特点来看，规划的应用理论更易于城市在地域空间上的落实，特别是从20世纪早期开始，以《雅典宪章》提出的城市功能分区成为城市规划理论应用于实践的奠基石，其与早期系统科学所定义的系统的要素、功能和结构的组成关系不谋而合。尤其是一般系统论成功地运用于航天、航空和军事大型工程设计的巨大影响，依托于建筑学科的国际规划界很自然地将城市的空间功能结构设计作为城市规划的主要内容。而全球城市经过二战以后二、三十年的大发展，基于功能分区的规划理论逐渐不能满足城市社会人与人之间各种活动相互交往的需要，1977年《马丘比丘宪章》申明："《雅典宪章》所崇尚的功能分区没有考虑城市居民中人与人之间的关系，结果使城市患了贫血症，在那些城市里建筑物成了孤立的单元，否认了人类的活动要求流动的、连续的空间这一事实。今天，不应当把城市当做一系列的组成部分拼图，而必须努力去创造一个综合的、多功能的环境，城市规划的目标应当是把已经失掉了它们的相互依赖性和相互关联性，并已经失去其活力和含意的组成部分重新统一起来"。如此说来，《马丘比丘宪章》标志着城市规划学科的第二代应用理论的形成。《马丘比丘宪章》还进一步指出："城市作为一个动态系统，可看作为在连续发展与变化的过程中的一个结构体系，区域和城市规划是个动态过程，不仅要包括规划的制定而且也要包括规划的实施。这一过程应当能适应城市这个有机体的物质和文化的不断变化"。

至此，从第一代到第三代的国际城市规划理论，无论是基础理论，还是应用理论，都将城市及其规划从认识论上作为一个过程化的复杂系统，而后现代主义规划理念所表征的反科技理性和功能主义，强调多元化、人性化、自由化，提倡矛盾性、复杂性和多元化的统一，尊崇时空的统一性与延续性等特点，均是对强调功能理性的现代主义规划理论的反动和突破，从而实现了国际城市规划理论范式的转变。

1.3.3　中国城市规划范式转型

中国城市规划理论发展起步较晚，无论是功能主义、理性规划，还是精明增长、新城市主义，都是"国外的理论，还没有属于中国的当代城市规划理论"（诸大建、易华，2005）。但国外的城市规划是"后城市化时代"的城市规划，中国的城市规划是具有"城市化中"的城市规划（仇保兴，2004）。国外的城市规划理论仅供参考，中国急需符合中国实际情况的具有"中国特色"的城市规划理论。然而在快速城市化背景下，中国城市规划基本上还是采用二战后成熟的理性主义为指导原则的现代主义城市规划范式。然而，这种源自《雅典宪章》的现代主义城市规划是一种精英文化，体现的是功能主义的工具理性的价值观，采取的是封闭式的模式化主导手段，追求的是理想规划的终极蓝图，而这些恰恰是与当代城市精神所体现的大众性、多元性、开放性和动态发展性相违背的（马武定，2004）。

人类历史发展表明，理性的发展归根结底都是为了实现人类的两个目标：求真和求善。工具理性主真，价值理性主善（胡慧华，2010）。它们作为人的意识的两个不同方面，应该是相互依存、相互促进、和谐统一的(石义华、赖永海,2002)。工具理性是人为实现某种目标而运用手段的价值取向观念,关心的是手段的适用性和有效性(余满晖、马露霞,2007)。价值理性是人对价值及价值追求的自觉理解和把握,关心的是人的自觉意识(马克斯·韦伯,1997)。价值理性具有优先性,这不仅是因为价值理性既为工具理性规定价值目标又可以进入工具理性所不能进入的意义世界,而且也因为价值理性是人区别于其他一切存在物的本质体现,是人之成为人的象征(胡慧华,2010)。

从百年来的城市规划理论的发展历程来看,现代城市规划从其诞生开始,就是以解决市场缺陷产生的社会公共问题为导向的特定公共政策,在其发展过程中,不管是采用"物质空间"的手段,还是采用"社会手段",其目的和价值取向都是为了解决市场机制所不能解决的社会公共问题和保障社会公平(钟勇,2013)。因此,城市规划理应成为实现城市"善治"的价值理性工具。

综合本节以上所述,城市规划学科的应用性、综合性特点完全切合了现代系统科学范式要义。我们认为,中国规划面临的极其复杂的现实问题表明,现代主义城市规划范式已不能满足当代中国城市发展的需求。2012 年,中国政府提出的走新型城镇化的道路则要求当代中国的城市规划范式必须进行全面转变。因此,我们提出了基于复杂适应系统理论的智慧城市规划研究范式,基本观点为:

中国城市规划范式的转变应以现代系统科学理论为指导,将城市作为复杂适应系统来进行重新审视,构建有中国特色的、由价值理性主导的城市复杂系统认识论、本体论和适应性规划理论体系,进而,在规划方法论层面有一个全新的突破,形成一套由城乡一体化发展理论与可持续价值观为导向来诊断城市主要问题、提出切合城市可持续发展的规划目标;再以定性、定量和定位(空间)综合集成的系统模型化方法进行城乡系统动态发展预测和空间布局分析评价;最后,将分析评价结果科学地落实到规划设计方案中。

2 智慧城市规划方法论

通过前面章节的分析与归纳，本书初步建立了适应性视角下的现代城市复杂系统的认识论框架，并将此作为智慧城市规划的一种基本的世界观和价值论。为了系统地构建智慧城市规划方法体系来指导我国新型城镇化的规划实践，本章进一步引入现代系统科学分析方法来构建城市系统的规划分析模式。按照科学方法论的一般定义，自然科学方法论主要是还原论，而将生命、人文社会现象看作复杂系统的系统科学方法论就是整体论。如第 1 章所述，城市规划领域的研究已全面地采用自然科学的逻辑演绎和实证推理的还原论方法，而系统科学整体论的综合和归纳方法研究才刚刚起步，需要在实践中去不断创新和发展。因此，我们认为：智慧城市规划方法论应该是以将还原论与整体论融为一体的复杂系统方法理论为基础，通过在城市规划实践中建立城市复杂系统模式，发展基于时空数据挖掘技术的空间规划应用模型系统来建立全新的规划学科方法论。基于这一宏大目标，本书汇集了南京大学数字城市规划团队十多年来在多层次城市规划编制实践中的规划建模研究成果，试图将现代城市系统的诸多空间要素整合到适应性视角下的城市系统分析模型中来，并据此推进适应性视角下的智慧城市规划方法论的建立。

2.1 城市规划方法论基础

从人类科学发展进程来看，系统科学的整体论思想源远流长，3 000 年前的四大古文明中均有将现象看做系统加以考察的思想，亚里士多德提出了“整体大于部分之和”，周易和中医蕴涵着最丰富完整和最悠久的系统思维模式。今天的现代系统科学，以复杂适应理论为核心，是自然科学和社会科学碰撞而产生的人类思维方式的突破，尤其对于解决当代城市系统普遍存在的资源开发过度、环境污染严重和生态危机加剧等高度交织在一起的复杂问题提供了新的科学范式。毋庸置疑，人类数千年智慧结晶的系统思想自然成为智慧城市规划方法论的基础。

2.1.1 现代系统科学方法论

从哲学角度看，方法论离不开世界观，系统方法论是在系统思想指导下认识世界、改造世界的一般方法。这里，有必要梳理一下系统的概念。系统的一般定义为由若干要素以一定结构形式连接起来所构成的具有某种功能的有机整体。在这个定义中，包括了系统、要素、结构和功能等 4 个概念，表明了要素与要素、要素与系统、系统与环境三方面之间的关系。系统论认为，整体性、关联性、等级结构性、动态平衡性、时序性等是所有系统共同的基本特征，这既是系统论的基本思想观点，也是系统方法的基本原则(方美琪等，2005)。现代系统科学方法论是以系统方法为核心，将系统方法、信息方法与控制方法相融合而成的方法论(董肇君，2011)。钱学森提出的定性定量相结合的综合集成方法比较全面地体现了现代系统科学方法论的特征

(钱学森,1990)。该方法的核心思想是:

科学理论、经验知识和专家判断力相结合,提出经验性假设(判断或猜想);而这些经验性假设不能用严谨的科学方式加以证明,往往是定性的认识,但可用经验性数据和资料以及几十、几百、上千个参数的模型对其确实性进行检测;而这些模型也必须建立在经验和对系统的实际理解上,经过定量计算,通过反复对比,最后形成结论。

钱学森的这一思想隐含了系统科学范式相对于经典科学范式的4个方面的转换(叶立国,2012),而中国城市规划实践所呈现的发展态势暗合了这4个转变的需求。

(1) 从获取知识到解决问题的目标转换,经典科学方法的目标几乎都是获取知识,而系统科学方法的目标则主要为解决问题。城市规划正是以城市系统健康发展为目标导向的应用型学科,早期的规划目标主要为构建城市系统功能健全和组织科学合理,勾绘出理想蓝图为目标。现代城市系统变得愈来愈复杂,出现了严重的"城市病",今天的世界城市,尤其是还处于快速扩张的中国城市,正面临着公共投入不足与滞后、公共资源配置不均等、交通拥堵、环境污染和生态安全等亟须解决的棘手问题,因而城市规划的目标也趋于多元化。

(2) 从还原论到超越还原论的基本原则转换,经典科学方法的基本指导原则是还原论,系统科学则需要超越还原论,实现还原论与整体论的互补;城市系统是包含了物质、经济、社会、文化、管理和生态等子系统的有机整体,每个子系统都有自己的发展演化规律。相应地,现代城市规划更加关注城市子系统背后的驱动因素是如何相互作用和相互影响的。

(3) 从客体优位到实践优位的关注对象转换,在经典科学的理论与方法中,人是作为外在于客观世界的观察者存在的,与之相对应的方法自然主要是主体如何作用于客体,或者说是如何研究客体的方法。在系统科学理论中,人的主体性地位已经发生了改变,从纯粹外在的观察者变成了参与者,人成为了研究对象中的一部分,研究方法更加注重人在其中发挥的作用。在这一点上,系统科学方法把人纳入其中,更加关注作为对象组成部分的人与其他部分之间的相互作用与磋商,即在实践中践行系统科学方法。在城市复杂系统研究中,人作为能动的主体如何适应和推动城市各种要素在空间上的变化?如何与城市多个子系统共同推进城市空间功能结构的演化?这些城市复杂系统进化问题正在成为城市规划、城市地理、城市社会、城市经济和城市生态等城市学科群的学术前沿领域。

(4) 从定量到定性与定量统一的科学性判别标准转换,在经典科学范式下,方法的定量特征是衡量其是否是科学方法的主要标准之一。一些系统科学理论,如一般系统论、控制论、耗散结构理论、协同论、突变论等理论都包含着诸多的定性分析特征,其中,突变论提供的模型基本是属于定性方面的结构化模型。顾基发等创立的"物理-事理-人理(WSR)"系统方法是一种东方系统方法论(顾基发等,2007),主要针对与社会经济密切相关的大型系统工程中单纯依靠定量分析仅能解决其中涉及自然科学的物理问题的不足,而对系统组织和管理提出一种称之为事理和人理的分析方法,来回答"怎样去做""应当怎样做"和"最好怎么做"等问题,这些问题及其回答明显具有很强的定性特征,甚至在某种程度上定性的地位高于定量,特别是人理研究中发展的方法。WSR系统方法论较好地实现了钱学森综合集成的系统思想。目前,在城市社会学、城市规划学和城市地理学等学科研究中经常采用的层次分析法和德尔斐法,正是通过市民问卷调查、专家访谈等定性方法,再结合规划理论和价值认识,评价综合市民与专家对问题认识的深浅程度,实现各种社会群体对城市发展影响作用大小的量化评分。这一系统性方法不仅体现了系统科学将人变成研究对象中的重要部分的研究范式转换,而且也充分体现了定性与定量统一的系统科学方法论在规划领域的价值所在。

2.1.2 中国传统哲学的系统观借鉴

现代系统科学的第三代系统观——复杂适应系统理论为我们理解现代城市提供了多个视角。然而,复杂适应系统(Complex Adaptive System,CAS)理论运用于具体的城市系统中首先要界定由哪些聚集体组成?即组成城市的子系统如何划分?这是一个看似简单却很复杂的问题,因为研究城市的学科很多,社会、经济、历史、文化、管理、生态、环境和地理等不同的学科对于城市系统是如何形成的和如何发展变化的这一基本问题有着不同视角的世界观、本体论、认识论和方法论,因而有不同的划分方法。城市规划学科需要借鉴人文、社会、自然和工程技术等所有相关学科的研究成果,才能够站在更为整体和综合的角度来划分城市子系统。显然,首先应从规划哲学的高度入手,从组成城市的物质与人文两大方面的关系进行剖析。这里自然让我们联想起中国传统哲学的"二元"整体论世界观。

1) 哲学智慧的引入

众所周知,哲学是智慧的学问,智慧是哲学的精髓。因此,智慧城市规划离不开哲学的世界观和方法论,特别是哲学提供给人们认识和解决问题的研究范式在智慧城市规划中起着不可替代的作用。在哲学发展史上存在着两种宇宙本体论:实体本体论和关系本体论(刘长林,1998)。西方的哲学与科学源于古希腊,而古希腊的学者们着眼于空间,以探讨万物的构成为中心课题,认为一切存在都由某种本原形成,最后又复归于它,这决定了西方传统偏向于实体本体观。而中国哲学着眼于时间,所关注的是宇宙万物如何生成和演化,这种生成和演化必定依赖于一定的相互作用,这决定了中国传统哲学偏向于关系本体论。中西方同享有智慧的"哲学"却走上了不同的发展道路,相对于西方哲学重逻辑分析、以精确性见长的特点,中国哲学重整体观和系统观,而非西方纯粹的"哲学"道路,更加密切联系社会生活和城乡问题。因而,对于中国波澜壮阔的城市化进程,我们可以从哲学层面上来考察其作为复杂系统的发展演化特征。作为中国城市规划界的学者,我们自然而然地就会想到能否运用中国传统哲学的"天人合一"整体观和循序分化发展观来分析中国当代城市系统的组成要素、相互关系和演化特征?这里,初步尝试引入集中国传统文化大成的经典著作《周易》的世界观及其后来发展成的阴阳五行学说的方法论来梳理现代城市的组构和发展的基本特征,作为智慧城市规划的哲学基础。

2) 中国传统哲学的《周易》世界观

一般认为,《周易》首先以对立统一的世界观看待宇宙万物,其蕴涵了中国先哲们对宇宙万物演变深刻观察和领悟所形成的"孤阴不生,孤阳不长"的二元变化发展规律的认识论,即复杂事物的两面性,二元彼此不同,但不孤立,是相辅相成、协调发展的。这是大自然生命发展的思维原则——也就是说,大自然万物的诞生与成长,是建立在阴阳两种力量交互作用的基点上(张善文,2004);其次,在宇宙的本体论上,《周易》提出了"易有太极,是生两仪,两仪生四象,四象生八卦"的太极一分为二化生宇宙的理论,并在阴阳二元论基础上对事物运行规律加以论证和描述,对于天地万物进行性状归类;第三,在方法论上,《周易》创造了表征事物"阴阳"对立基本特性的两个元符号"—"和"－－",通过这两个元符号的排列组合,一卦六爻,演绎八卦而成六十四卦和三百八十四爻,并对每一卦辞和爻辞用语言来描述了宇宙本体由太极顺序演化成世界万物及其万物生生不息变化发展的基本规律。因此,从系统科学角度来看,《周易》将人类对周围世界的一般感觉和表现升华为理性形象的表达,所创建的卦象语言符号体系,实质上是建构了一种宇宙生成概念模型。《周易》经过 3 000 多年中国历代先哲们的传承和发展,成为融合我国古代天文、地理、军事、科学、文学、农学等领域的知识库，古人运用卦象演绎推理，甚至精确到可以对事物的未来发展做出较为准确的预测。《周易》的思想非常丰富，它涉及自然和社会的各个方面，并提出大量问题及其解决问题的办法，极大地深化了中华民族的理论思维（向世陵，2006）。

3）中国传统哲学的“阴阳五行”学说

以《周易》阴阳概念为基础的阴阳五行学说认为阴阳的矛盾对立统一运动规律是自然界一切事物运动变化固有的规律，构成世界物质的最基本的元素是木、火、土、金、水。五行相生相克，相互滋生、相互制约，处于不断的运动变化之中。五行的基本含义是指无论是事物内部或不同事物之间，都可归纳成一种“对我有害、对我有利及其我对其有利、我对其有害”的矛盾利害关系的基本模式。把这个模式中的“我”抽提出来，并用土的物象来表达，那么对土有害的物象就是木，对土有利的物象就是火，土对其有利的物象就是金，土对其有害的物象就是水。不难得知，有利或有害其实就是相生相克的同义语。在现实中与这种矛盾利害关系模式无关的利害关系都是不存在的，所以五行所表达的生克制化模式属于万事万物内部及其不同事物之间矛盾利害关系的基本模式（任国杰，2013）。据此我们不难理解传统意义上所谓五行是一种分类方法。阴阳五行学说也是传统中医辨证、诊断、治疗、用药的最主要的理论根基。

《周易》和阴阳五行学说是中国传统文化的重要体系之一，是中国古代解释自然界阴阳两种物质对立和相互消长的理论根据及说明世界万物的起源和多样性的哲学概念依据。中国哲学的本体论核心在于这样一个公式：天道（气）生阴阳，阴阳成五行，五行变化成万物，而万物的存在方式和相互关系一直在追求一种“和谐”。这是中国传统的宇宙观，也是中国古代美学思想的根本精神。此外，我们在引入中国传统智慧哲学作为智慧城市规划的哲学基础的同时，还应不断借鉴合理的“西方哲学”为我所用，中西结合，取长补短，融会贯通，才能为智慧城市规划提供坚实的哲学基础和理论依据。

2.1.3 城市复杂系统的整体框架构建

借鉴《周易》和阴阳五行学说的宇宙生成概念模型来对中国城市的基本特征进行分类描述和演变规律探索，可以梳理出组成城市的两大类对立统一的要素：物质与非物质，即将城市划分成各种形形色色空间场所的物质设施，而城市的非物质要素是指以人为主体的各种群体在城市中从事生产、生活、消费、管理等各种活动所形成的社会、经济、文化、制度和生态环境等关系要素。在城市的形成和发展演变过程中城市的物质与非物质要素相伴共生、相互依存、相互影响，共同推进城市的繁荣和壮大。纵观近 5 000 年的中华文明发展史，城市由原始社会的族群生存繁衍形成的聚落形态为雏形，到农业社会发展为以防卫和物品交换为主要功能的城和市，进入现代工业社会后，以工业规模化大生产需求为基础的城市无论在功能类型上、规模等级上，还是数量质量上都得到了迅猛地发展。这一过程在我国改革开放短短的 30 多年时间里，使城市总人口呈每年平均占全国总人口近 1%的速度在高速增长，以至于城市的物质要素难以支撑进入城市的人群在城市中生存发展的需求，形成了当今中国令人头痛的“城市病”。究其根源，借喻传统中医辨证的观点，现代中国的城市化可能患上了严重的消化不良、阴阳不调的疲软症状。即快速城市化使得城市的物质支撑要素与非物质流动要素之间出现了严重的供需不平衡，城市机体虚肿，供血动力不足，内外矛盾对立尖锐，必须进行全面的、系统性的调理才能恢复健康。因此，必须厘清由物质与非物质要素所构造出的城市各种功能子系统的运行规律及其相互依存、相互制约、相生相克的机制。

根据物质组成要素的相似性，将“阴阳五行学说”的5种基本事物形态（金、木、水、火、土）的性质与城市规划相关学科的知识体系进行对比，可以将城市的物质要素划分为用地（功能）、建筑（场所）、道路（交通）、市政（基础设施）和园林（绿地）等5大类型，而城市中以人类活动为主体的非物质要素划分为社会、经济、文化、生态和管理等5大方面（见表2-1），其在特性对应上具有很好的匹配特征。对于城市的5种物质要素，它们各自具有明确的功能目标，并可清晰界定其形态特征，并分别占有一定的地表空间范围，要素相互之间在空间上呈镶嵌组合形式，因此可以看作5个高度关联的物质子系统。城市的5个物质空间子系统凝聚了城市公共和社会资源要素的投入大小，并且5个子系统之间在空间上相互依存、相互配合、相互影响，共同发挥作用，形成了能满足城市各种群体活动所需的空间资源环境支撑系统。其中，用地子系统处于统领地位，是其他子系统的空间载体和基础。同样，以人为本的城市5种非物质要素相互耦合，共同构成了高度关联的5个非物质子系统。党的十八大提出的新型城镇化发展理念表明：城镇化是人类社会发展的自然过程，城市系统的总目标是保障市民的安居乐业，城市社会的和谐、健康式的发展。因此，城市社会子系统理应成为统领整个城市复杂系统发展方向的风向标。城市社会系统所界定的城市社会各种群体既是城市物质与财富的创造者，也是城市物质高度发展下所能提供的生产、生活、文化、生态、休闲等多种丰富多彩服务的消费者。因此，城市社会子系统不仅与经济、文化、生态和管理子系统间有复杂的相互影响、相互关联、相互制约和相生相克的作用，而且对城市5个物质子系统的支撑也有很强的依赖关系和相互作用规律。综上所述，可以说，城市物质与非物质的10个子系统相互影响和相互作用，共同推动了城市从小到大、从无到有、从羸弱到健壮、从没落到复兴、从繁荣到萧条、从发展壮大到衰败消亡的演进过程。

表2-1 城市物质与非物质要素

阴阳五行学说		城市物质子系统		城市非物质子系统	
要素	性质	要素	性质	要素	性质
金	代表着坚固和凝固的特性	建筑	大体量人工物质结构，一般为金属结构支撑，为城市物质形态要素的架构与基础	经济	整个社会物质资料的生产和再生产组织运行体系，是城市发展的动力和市民生存与生长的依托
木	代表着滋润，生长特性	园林	美的自然环境和游憩境域塑造是城市景观环境生机勃勃的体现	生态	城市环境中，自然与人类共同形成的一种相互依存的共生关系，是城市和谐/健康程度的标志
水	代表流动、循环的特性	市政	城市的污水、雨水、供水、电力、电信、能源等基础设施，呈流动循环的形式提供着城市运行的基本需求	管理	社会不同群体组织形成多层级/多类型/多目标的管理体系，保障着城市日常运行、人流活动循环有序和可持续发展

续 表

阴阳五行学说		城市物质子系统		城市非物质子系统	
火	代表着温热、升腾的特性	道路	特指路径，链接其他物质要素的通道，路网交通体系的健全是城市活力所在	文化	城市历史发展过程中所创造的物质财富和精神财富的总和。其作为社会意识形态是城市特色和竞争力的动力源
土	代表着生化、承载、受纳的特性	用地	支撑城市系统存在的土地利用方式，是城市孕育、发展和壮大的基础	社会	城市发展的主体，按工作与生活方式等不同形成了多种社会群体关系，决定了城市规模、性质和特质

2.2 城市复杂系统空间组织模型

当前学术界一般将城市适应主体分为三大主体：环境主体、经济主体和社会主体。环境主体包括：城市自然环境（地质、地貌、水文、植被、土壤、大气等）和城市物质环境（用地、建筑、交通基础设施、市政基础设施、园林等）。经济主体包括三次产业——农业、工业、服务业。社会主体包括政府管理者、规划设计者、开发商、居民、农民工等多个群体。从当代中国城市规划学科发展特点来看，这种城市适应主体划分未能突出文化、管理和生态等对城市质量、品质有决定作用的非物质要素的考量，尤其是不能满足智慧城市规划的需要，因此本书从中国传统哲学出发，利用具有整体性、意会性、直观性和包容性等特征（史仲文、陈桥生，2010）的中国传统思维方式，将城市看做是地球（表层）系统内由人类在社会进化中与自然环境相互作用下所衍生出的一个新的复杂适应系统。因此，可以说，地球系统是城市系统的母体，它们理应具有相似的动力作用机制和组织演化规律。因此，本书运用隐喻、类比和模型化的方法，借鉴现代地球科学理论来探究城市系统及其子系统之间的内在联系。

2.2.1 城市系统圈层概念模型构建

基于中国传统哲学世界观和方法论来界定城市系统的基本构成要素，上一节我们提出了城市系统组成的10个子系统，这里进一步借鉴地球构造学说来构建城市系统的组成结构，如图2-1所示。类似于地球圈层构造，由里向外依次是："地核"圈层——文化系统；"地幔"圈层——社会、经济、管理系统；"地壳"圈层——用地、生态系统；"地表"圈层——建筑、基础设施、交通和园林系统。

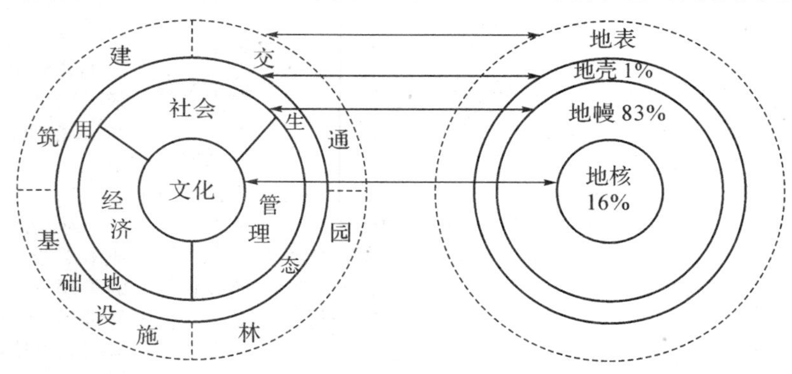

图 2-1 城市子系统关系示意图

1)"地核"圈层:城市文化系统

英国人类学家爱德华·泰勒在其名著《原始文化》中给出了第一个具有现代意义的文化定义:"文化或文明,从其宽泛的民族志意义上来理解,是指一个复合整体,它包含知识、信仰、艺术、道德、法律、习俗以及作为社会一个成员的人所习得的其他一切能力和习惯"(萧俊明,2012)。可以说,这一定义的本质就是将文化看做一种整体性的复合系统。文化,就其实质而言,属于观念形态,是人类精神生产的产物,是理论世界、价值世界、意义世界。文化不是物质,但文化可以有其物质载体;物质不是文化,但物质可以作为文化的载体而具有文化的内涵。从根本上说,文化是在人类改造自然的活动中产生的精神性产品,自然一旦被纳入人的活动范围,并经人的审美把握、艺术塑造、观念升华,就会成为文化(杨耕,2015)。因此,文化是人类的物质生产活动与非物质精神活动高度融合的精华所在。

《中外城市知识辞典》给出了城市文化的定义,就是市民在长期的生活过程中,共同创造的、具有城市特点的文化模式,是城市生活环境、生活方式和生活习俗的总和(刘国光,1991)。城市文化涵盖衣、食、住、行及语言、休闲娱乐等各个方面,具有集聚性、辐射性、世俗化、开放性和兼容性的特征。城市文化的一般结构主要分为物质、制度、精神三个层面,其中物质文化涉及建筑、道路、通信设施、住宅、水源、各色商品、绿化环境等。制度文化包括家庭制度、经济制度、政治制度等。而精神文化指的是知识、信仰、艺术、道德、法律、习俗以及人所习得的一切能力和习惯。

城市文化是城市存在和发展的核心动力和灵魂。从城市发展的历程来看,旧石器文化和新石器文化的发展改变了人们采集食物和居住的方式,逐渐由依赖天然的食物转向人工圈养,由流动式居住转向定居的生活方式;伴随着生产力的进一步发展,产生了农业与畜牧业分离的第一次社会大分工,出现了从事农耕业生产的人类的固定居民点——聚落;人类社会的第二次大分工使得手工业独立出来,产生了有利于交换的地点集聚,这些集聚地也就是城市的最初形态;人类社会的第三次大分工又产生了独立的商业文化,并出现了阶级和战争,出于政治、军事和宗教等的目的,兴建了最早的城市;而后受到封建文化和工业文化的影响,产生了不同特色的城市形态;在信息技术支持下,当代的文化创新呈井喷式的爆发态势,现代城市发展逐渐由单纯的城市扩张,转向"以人为本"的新型城市的演化模式,出现了多样性的"田园城市""数字城市""宜居城市""生态城市"和"智慧城市"等城市文化新特质。可以说,文化的发展与繁荣为城市演进注入了新的活力。

综上所述,城市文化子系统是10个子系统中体现人类自二三百万年以来在漫长的发展进化中所积淀的物质与精神文明成果,是人类生存与发展的价值体现,同时,也是指引人类未来发展方向的灯塔。可以说,城市文化系统是一种"无形"资产,与城市其他物质与非物质系统高度交融。因此,我们将城市文化子系统界定为相当于地球系统的"地核"圈层,是城市系统的核心子系统。

2)"地幔"圈层:城市社会、经济和管理系统

人类在城市中的基本活动就是生产与生活,这两方面活动的系统化就形成了城市社会子系统和城市经济子系统;而城市的统治者采取一定的手段,维持和保障城市各种活动的有序进行就造就了城市管理子系统。在这三个子系统中,社会子系统是基础,对城市社会子系统的内涵,学术界有着多个视角的界定。如李德华(2001)、王克强(2011)等认为,城市社会系统由城市的政治系统(各类社会团体及其组织关系)、人口系统(各类人群及其结构特征)和文化系统

(精神产品的生产与使用)构成。梅保华(1984)认为,城市社会系统包括不同类型和层次的人际关系、人们的社会行为和社会心理,以及从行为中反映出来的道德法律观念、价值观念和文化素养,还有各种社会团体和组织的相互关系以及管理体制、方针政策等。本书从系统科学角度认为:城市社会系统是由城市中的社会群体构成、具有相应的社会结构与社会关系、为了一定的社会目标而运行的复杂系统。

社会、经济和管理制度的稳定是城市系统得以正常运行的重要支撑。如同地幔物质组分的活动可能是造成地震频繁的主要原因一样,社会的进步、经济的发展和管理制度的变迁会对整个城市系统平衡造成一定的影响,甚至能够打乱原始的城市系统平衡产生新的平衡系统,城市系统还是在这种更替与变迁中不断进步,并趋于平衡。顺应时代潮流的改革能够促进安定的社会环境、活力的经济发展,以及健全有效的管理制度的建立,并有利于保障城市系统的长远稳定发展。

综上所述,城市的社会、经济和管理子系统共同处于城市系统的"地幔"圈层,是人类文明发展到一定阶段的产物,与文化相伴相生。社会、经济和管理之间的"和谐"关系以及对土地和生态圈层的相互作用关系,直接影响着城市"地表"圈层中各物质子系统的景观形态和空间结构的稳定性,成为推动城市系统发展的直接动力。

3)"地壳"圈层:用地和生态系统

人与自然环境之间的相互作用是人类发展的主线,如果说社会、经济和管理体现的是人类的社会化活动,那么用地和生态子系统便体现了人类利用自然和改造自然环境所形成的人与环境共生的综合体及其所呈现的适应自然环境的生存和生长状态。用地首先是人类改造过的自然环境的有形物质表现,而生态则是融合了用地和人类社会之间无形的关系表达。因此,在这里我们更加强调城市生态子系统中的自然环境要素作用于城市空间而带来对市民各方面活动的影响。

不同的学科对城市生态系统的理解有一定差异。《世界资源报告 2000—2001》认为,城市生态系统是一个生物群落,该群落是以人类为优势种和关键种的,而建成环境是控制着生态系统自然结构的主导因素,城市生态系统自然范围的界定同时取决于人口和基础设施的密度。《环境科学词典》将城市生态系统定义为特定地域内的人口、资源、环境(包括生物的和物理的、社会的和经济的、政治的和文化的)通过各种相生相克的关系建立起来的人类聚居地或社会、经济、自然的复合体(曲格平,1994)。总体来说,城市生态系统是按人类的意愿创建的一种典型的人工生态系统。其主要特征是:以人为核心,对外部的强烈依赖性和密集的人流、物流、能流、信息流、资金流等。本书从系统科学角度认为城市生态系统是城市居民与其环境相互作用而形成的统一整体,包括自然生态系统,以及在自然生态系统基础上人类进行适度加工和改造而建设起来的特殊的人工生态系统,主要由城市气候、城市地质环境、城市土壤、城市水文和城市生物等要素组成。

与地球构造中的地壳圈层一样,城市系统中的生态子系统也是不断运动并经历了长期的生态适应与进化过程,但是在城市化快速进行的今天,绝大部分自然生态系统都受到了人工不同程度的影响。城市生态系统是联系城市"地幔"圈层和"地表"圈层,即联系城市的物质环境(建筑、基础设施、交通和园林系统)和非物质环境(社会、经济和管理系统)的重要节点。城市系统通过具有某种文化特征的社会的、经济的和管理制度的组织方式,作用于地球表面,并通过城市的物质建设过程影响着城市生态系统的组织和平衡,而城市生态系统又反过来影响城市物质建设的布局和人们的生活环境。

4）“地表”圈层：建筑、基础设施、交通和园林系统

城市“地表”圈层是城市系统城市化发展的直观体现，它的出现是基于人类城市化过程中对物质条件的必备需求，可以用马斯洛的需求层次理论来解释。建筑、基础设施、交通和园林等4个子系统提供了人们生存和发展最基本的居住、工作、出行、社交等健康的场所环境。此圈层也是城市系统发展的直接外动力。

城市的建筑、基础设施、交通和园林可以归总为城市的物质建设系统，构成了城市的硬件设施。其中，建筑子系统的建筑概念是建筑物与构筑物的总称，是为了满足社会生活的需要，利用所掌握的物质技术手段，并运用一定的科学规律、风水理念和美学法则创造的人工环境；基础设施侧重于各种管线和公共服务设施；交通在此侧重于狭义上“人与物的运输与流通系统，包括各种现代的交通运输方式”；园林则是体现以游憩和休闲为目的的人工改造过的自然环境及其融入其中建筑的综合体。

城市系统中的用地、建筑、基础设施、交通和园林子系统是城市系统的外在表现形式，本质是耦合了城市系统的文化、社会、经济、管理制度以及人与环境之间的关系，集中地表现在城市系统的功能结构、形态特征、街巷格局、建筑风貌和山水城林融为整体的景观特色等。

表2－2综合对比了地球系统与城市系统的基本特征。地球物理学理论表明，地球作为球体形态，从内到外可分为地核、地幔、地壳和地表4个圈层，其中，内部的3个圈层由于地壳为固体的特性所以呈致密状，从而3个圈层间因物质形态的差异而出现了强烈的相互作用。作为地球的内动力，由地幔的软流层带动的上层板块运动是现代地表形态塑造的主要动力。而地表的4个圈层作为外动力作用，对大自然进行了巨大的改造，使地球表面呈现出多姿多彩的迷人景观，成为人类和各种生命主体的理想家园。正是依托于地球表层丰富的自然资源，今天的人类创造了令人叹为观止的物质财富和精神财富，城市正是为人类财富的创造提供了适宜的场所。放眼当今世界，随着经济全球化和以中国为代表的物质城市化的高速推进，城市系统对其所依赖的自然生态环境的过度改造及其城市居民间以收入差距为特征的群体日益分化现象，都在使得城市问题更为棘手、更为复杂。

因此，以地球复杂系统的视角剖析其生命进化规律下所衍生出的城市系统，其内生动力正是人类自身进化中所创造的具有人文精髓的非物质系统。在本书界定的城市5个非物质子系统中，相当于地核的文化子系统，是人类文明的表征，世代相承，不断发扬光大；相当于地幔的社会、经济与管理子系统是非物质系统的主体，维系着城市肌体的各种功能活动，推动着城市各种功能区（与板块相似）的发展与壮大；而生态子系统是城市市民与自然环境作为一个整体融合成的复合系统，即由非物质与物质两部分组成，相当于地球表层中的基底部分，为城市物质系统与非物质系统的有机耦合提供了活性元素和适宜生长的空间环境。由人类在城市中聚集的需求而产生了城市物质系统，无论是建筑、道路，还是市政设施、绿地园林，其实质是一种以地球表层系统的自然环境为基础，而叠加出的人工环境系统。因此，这个系统首先必须满足城市主体——市民的生活和工作的基本需求，就像地球表层系统的大气、水、矿物和土壤是生物圈生命系统的营养物质保障一样；其次，以城市物质形态为基本架构的城市景观，当与所依托的地表区域山水植被景观有机地融为一体，才真正为市民营造出风景宜人的人居环境；第三，城市物质空间经过精心设计所形成的丰富多彩的意象空间只有融入该城市的历史文化底蕴才能提高城市的品质，就像地球表层的世界自然遗产奇观所展示的大自然鬼斧神工，正是由数亿或数千万年来地球深处的岩浆活动涌出地表等地球内动力作用再经过地表重力、风化、流水和潮汐等外动力作用改造而成，可以说，城市的规划、设计与建设就像地球表层改造大自然的风、水和重力等外动力一样，不断地塑造出迷人的城市景观形态。

表 2-2　地球系统与城市系统关系类比表

项目	地球系统				城市系统			
	地　核	地　幔	地　壳	地　表	“地核”圈层	“地幔”圈层	“地壳”圈层	“地表”圈层
要素组成	内核(固体)、过渡层、外核(液体)	上地幔(固态结晶质)、下地幔(可塑性固态)	岩石圈(固态)、板块(运动)	大气圈、水圈、生物圈、岩石圈	文化(物质、非物质)	社会、经济、管理(非物质)	土地(物质)、生态(非物质)	建筑、基础设施、交通、园林(物质系统)
特性	地球核心；高温、高压、高密度；核反应堆	体积最大、质量最大；地幔炫动；地幔对流	体积最小；地幔对流；板块运动	地表的 4 个圈层相互作用，相互影响	城市系统的精髓；影响无处不在	存在于城市系统中的活力要素；城市发展的根本	蕴含城市系统发展的各种自然资源；人类活动的直接作用对象	城市形态与风貌特色的组成要素，不同地域具有不同的风格
作用	地磁磁极反转的可能原因	地壳表面形态塑造的主要内动力	地壳运动直接决定了地表的海陆分布和海拔高差	地表的水体、大气运动和地球重力作用不断地改造着地表形态，并提供了生命生存的基本条件	城市核心竞争力；直接影响着系统内各圈层的运行方式	驱动城市发展的内在动力，直接影响城市系统的稳定	联系城市“地幔”圈层和“地表”圈层的重要节点；直接影响城市主体活动的质量	外动力，城市化的直接外部表现；提供城市居民的基本需要

2.2.2 城市子系统之间的空间关系剖析

城市系统是人类活动高度集聚的产物，在城市中，由于各种资源要素配置在空间上高度接近，产生了较之区域活动更为复杂的相互作用模式，因此，城市系统具有更为重要的、丰富多彩的空间特征。从这种空间特征出发可以更好的分析现代城市复杂系统主体与环境、主体相互之间的适应机制。这里从空间视角对城市10个子系统之间的基本关系进行初步分析。

1）文化空间——物质空间的关系

亨利·列斐伏尔(H. lefebvre)在《空间的生产》一文中最早列举出了语义学上的“文化空间”一词。随后联合国教科文组织在1998年10～11月召开的第155次大会上用额外的基金创立了一个奖金，用来鼓励保护人类口头和非物质遗产的文化空间或文化表达形式，开始在国际重要文件中最早使用“文化空间”一词。随后联合国教科文组织对文化空间提出了多种表述和不同解释，并于2003年将“文化空间”作为非物质文化遗产定义中的一部分。国内学者张博认为文化空间的范围小至村落社会，大至区域社会，其存在除了地理空间的聚落形态之外，更侧重文化意义上的空间概念，亦即它能够反映某一社群世代相传的、与其生活密切相关的文化表现形式，又是社区民众在历史的演变过程中形成的认同纽带和认知空间。理解文化空间的涵义，至少涉及三个层面：一是一定范围内的空间区域；二是周期性的文化表现形式；三是自我和他者对其文化存在和实践的价值判断(张博，2007)。陈虹将其内涵总结为：文化空间就是指人的特定活动方式的空间和共同的文化氛围，即定期举行传统文化活动或集中展现传统文化表现形式的场所，兼具空间性、时间性和文化性，而且这种三者合一的文化形式是濒临消失的(陈虹，2006)。从城市规划与设计角度来看，文化空间不仅包括城市历史文化遗产本体，如历史建筑、历史构筑物、历史街区为中心所营造出的历史文化功能空间，还包括城市中具有个性特色的、能表征该城市独特的自然与人文融合的景观风貌、地方风情、科技教育等意象空间，包括节点、地标、路径、边界和区域等含有该城市可识别文化的场所空间。

2）社会空间——物质空间关系

“社会空间”一词最早由法国社会学家涂尔干在19世纪末创造和应用的，而后被不同学科以及同一学科内部的不同学者赋予了不同的概念(王晓磊，2010)，使得我们在应用时产生了很多问题。本书认为社会空间是人类活动的产物，不仅包含社会群体占有的地理区域，也包含个人感知的空间、个人的社会关系空间、个人在社会中的位置等。在城市规划领域，我们认为社会空间涉及居住空间、出行和通勤空间、交往空间，以及历史文化空间等。社会空间的基本目标是实现居住空间的合理布局，出行空间的便利畅通和安全通行，交往空间的丰富多彩和历史文化空间的独树一帜。

城市人口集聚是城市空间的基本特征。在城市社会空间中，特定的住户往往与特定的住宅相联系，住户通过不断的择居和迁居来实现家庭和个人的居住需求，从而出现具有相似居住需求的社会群体聚居在一起，在特定地段形成外观和社会构成相对一致的居住社区，而不同社会构成的居住群体则彼此分离，产生居住隔离(李君、陈长瑶，2010)。在我国改革的特殊历史时期，大规模的流动人口，特别是低收入人群由农村涌向城市，加剧或影响着城市居住隔离的产生。同时，我国住房制度改革以来，特别是土地使用制度城市郊区化的出现，我国的部分大城市已经先后出现了城市中心区人口和工业外迁，进入绝对分散阶段，郊区化的速度有加快的趋势(王宏伟，2003)，使得居住空间表现出更加复杂的空间分异。目前，社会阶层分化和社会区划分、住宅价格是居住空间结构与分异的重要维度(孙斌栋，2009)。吴启焰提出了5个影响城市居住空间、社会空间分析的机构力量:政府作为土地所有者及其作用形态;城市建筑商、地产开发商的发展方式;金融信贷业对社会空间和物质空间的空间非均衡影响;地产物业机构对邻里的操纵和强化;城市规划思想与方法的影响。另外,除了社会机构力量的影响,个人择居心理的差异、住宅价格的空间分异、人居环境的差异,以及城市公共服务设施的非均等化等也是居住空间分异的重要影响因素(吴启焰,2002)。

3) 经济空间——物质空间关系

经济空间是人类经济活动所存在的空间,而区位论是与经济空间联系最为紧密的经典理论,主要有杜能的农业区位论、韦伯的工业区位论和克里斯泰勒的中心地理论,经典的三大经济区位论分别解释了理想条件下农业、工业和服务业(主要为零售业)在城市和区域空间中的布局变化规律与特征。从城市群研究的角度出发,认为外围地区与中心城市经济联系的研究视角下经济空间可以分为产业经济空间和人口经济空间(孔祥顺,2009)。其中,产业经济空间是建立在产业的空间经济联系范围基础上,研究城市经济活动的主体——企业,在各种技术经济条件下与外围地区的联系强度空间,分析城市经济活动的主要产业,探寻与联系紧密的外围地区;人口经济空间则是建立在人的经济活动范围基础之上,研究城市经济活动的另一主体——人,在一日范围内与外围地区所能进行的各种经济社会活动的范围。

改革开放 30 多年,我国的快速城市化是由工业化驱动的,而城市首先通过建立以工业为主体的开发区带动着城市空间的扩张。开发区从对供给的土地进行三通一平(水通、电通、路通和场地平整)起,将乡村土地改造成工业用地,初步建立了基础设施与道路交通两类物质空间;进而,通过招标引入开发商建设厂房和公共服务设施推动了产业空间的形成,而以建筑和构筑物为主体的物质为现代企业规模化生产提供了空间保障;进一步,当工业区经过数年建设走向成熟时,为职工服务的各种生活空间,包括公园、绿地等生态休闲空间也就完善配备起来,开发区也就融为城市的一部分。随着城市化的高速推进,农业科技、旅游、物流和外贸等一、三次产业的园区化也迅速发展起来,成为城市产业经济空间的新增长域。

4) 生态空间——物质空间关系

中国工程院院士王如松教授等界定了城市生态空间的概念(王如松等,2014)为"城市生态系统结构所占据的物理空间、其代谢所依赖的区域腹地空间,以及其功能所涉及的多维关系空间"。这就是说城市生态空间不仅包括自然生境空间,还包括城市生产、生活的社会生态空间,两类空间是相互重叠共生的。因此,与城市生态系统在空间上重叠的建筑、道路、基础设施和园林等 4 类物质空间,都必须有生物共存、具有一定的生态服务功能。其中,城市园林绿地主要为自然生境空间,近年来城市绿色建筑、绿色道路交通、绿色基础设施等理念的提出,体现了人类认识到城市生态化建设的重要性,生态城市的出现标志着人类生态文明价值观的升华。

在城市规划领域,以自然生态要素为基底的城市生态网络体系规划与建设方兴未艾,其中,以山脉、河湖、道路、文化遗产等为主体的生态廊道(绿道)的规划设计,突出了城市自然生态系统的网络化空间对居民的生态服务功能,包括调节周边小气候、减缓洪涝灾害、维护生物多样性、放松居民的身心等。此外,生态网络的文化服务功能的价值可能更为重要,其是指人们通过精神感受、知识获取、主观印象、消遣娱乐和美学体验从生态系统中获得的非物质利益。

5) 管理空间——物质空间关系

本书的管理空间是相对于文化空间、社会空间和经济空间提出的,是一种包括制度(各种规章、法律和条例等)、技术和管理(行政管理、资源与环境管理、灾害管理等)在内的非物质空间体系，是其他各类空间顺利运行的重要保障。

行政管理空间是城市其他各种管理空间划分的基础。政府根据城市发展需求，通过政治手段管理划分出多等级行政管理空间。对大中城市来说，一般分为市、区、街道和居委会4个等级，每一等级的空间内部可能嵌套了生产、生活、通勤和休闲等多种功能空间，而城市物质空间则是各种功能空间正常运行的基础和保障。

在城市规划领域，为了保障城市长远发展的需要，通过规划编制手段，划分出多个空间尺度的控制与引导空间，包括城市规划区、主城区、中心商务区、历史文化街区、城市风貌区、商业区、工业区、居住区等等，目的是"合理地、有效地和公正地创造有序的城市生活空间环境"(吴志强、李德华，2010)。

2.2.3 城市系统空间增长的自然适应性演进

城市系统作为一种开放的复杂适应系统，其产生与发展遵循着"适应性造就复杂性"的进化规律(约翰·H·霍兰，2011)。从人类历史长河来看，城市系统的空间增长经历了从原始社会、农业社会、工业社会和信息社会的演进，城市的空间形态也由最初的聚落形式逐渐演化为现代意义上的城市。其中，在原始社会，人类的生产力水平低下，人更多的是依赖自然，被动的适应自然环境，自然选择对人类的生存环境产生很大的影响；农业社会中，人类的生产力得到了一定程度的提高，出现了能够改造自然的有效工具，人类可以有限的改造自然，主动调整自然环境产生的影响，与自然保持着低水平的和谐关系；工业社会中，生产力的极大提高促使人类试图去主宰、改造和重塑自然，与自然之间是一种拮抗关系；进入信息化社会，人类逐渐意识到自然环境的重要性，开始主动适应和尊重自然，并进行适度合理的改造，城市质量显著提升，以期与自然和谐共生(表2-3)。

表2-3 城市空间增长的自然适应性演进

发展阶段	城市(聚落)发展	人类行为	人与自然关系
原始社会	聚落形成	被动适应，自然选择	人依赖自然
农业社会	城市形成	主动调整，有限改造自然	低水平和谐
工业社会	城市规模快速扩张	试图主宰，改造重塑自然	拮抗
信息社会	城市质量显著提升	主动适应，尊重自然，适度合理改造	和谐共生

上述城市系统空间增长的适应性演进过程说明，城市系统和自然环境之间是一种相互作用、相互影响、相互适应的过程。文化生态学理论认为，文化层是人类在生物层基础上建立的，两个层次之间交互作用、交互影响，形成一种"共生"关系，可以用来解释文化适应环境的过程。同理，人类系统则是自然环境和人文系统的叠加，人类所在的城市系统则是在地球圈层结构基础上建立的一种圈层结构，城市系统圈层和地球圈层结构同样交互作用、交互影响，形成"共生"关系。因此，城市系统与地球系统具有"共生性""统一性"和"相似性"，地球系统从内核到地球表面圈层系统的相互作用关系适用于城市系统(孙小涛等，2015)。

2.3 城市规划的系统分析方法框架

前两节从系统论整体观视角提出了城市复杂系统的物质与非物质10个子系统概念框架与空间组织的理论模型，然而如何在城市规划实践中运用该理论模型，还需要借助系统科学方法。系统思想和理论在人类科学探索、技术创新和社会实践的应用中逐渐形成了一整套称之为系统工程和系统分析的定量化、模型化和择优化的科学研究方法。系统工程学以计算机为工具，综合应用自然科学和社会科学中有关的思想、理论和方法，对复杂大系统的结构、要素、信息和反馈等建立模型进行模拟和仿真分析，以达到最优规划、最优设计、最优管理和最优控制的目的。系统分析则是一种咨询研究的最基本方法，其把一个复杂的咨询项目看成系统工程，通过系统目标分析、系统要素分析、系统环境分析、系统资源分析和系统管理分析，可以准确地诊断问题，深刻地揭示问题起因，有效地提出解决方案。城市规划及其实施建设是典型的城市系统工程，其目标就是实现城市最优化。因此，借助系统工程与系统分析方法进行城市规划研究非常有利于解决城市系统的复杂问题。

2.3.1　城市规划的系统分析逻辑建立

系统分析源自于对管理信息系统的管理状况和信息处理过程的如何把控，其逻辑步骤包括从所期望的目的出发提出问题，然后通过收集资料，建立模型，进而预测各种可行方案和效果，并根据标准进行分析和评价，确定各方案的选择顺序，直到得到满意的结果，做出最终决策(韦玉春、陈锁忠，2005)。系统分析的框架可以总结为目标定位、现状分析、明确问题、提出方案、建立模型、决策(方案选择)、实施等 8 个步骤(蔡运龙等，2011)，根据城市规划编制的基本程序，我们提出对应于一般系统分析方法的城市系统规划分析的基本逻辑步骤，主要包括：限定问题(现状调查与诊断)、确定目标(规划目标体系确立)、系统性研究(规划专题建模分析)、初步建立方案(规划纲要编制)、多方案评估(规划方案综合评审)和提交最可行方案(规划成果上报审批)等 6 个方面(见图 2－2)。

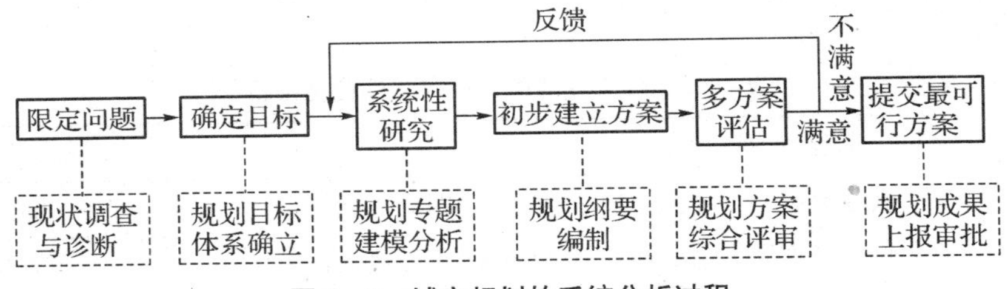

图 2－2　城市规划的系统分析过程

1) 限定问题(现状调查与诊断)

所谓问题，是现实情况与计划目标或理想状态之间的差距。系统分析的核心内容有两个：其一是进行“诊断”，即找出问题及其原因；其二是“开处方”，即提出解决问题的最可行方案。所谓限定问题，就是要明确问题的本质或特性、问题存在的范围和影响程度、问题产生的时间和环境、问题的症状和原因等。限定问题是系统分析中关键的一步，因为如果“诊断”出错，以后开的“处方”就不可能对症下药。在限定问题时，要注意区别症状和问题，探讨问题原因时不能先入为主，同时要判别哪些是局部问题，哪些是整体问题，问题的最后确定应该在调查研究之后。这些问题也正是城市规划编制初期亟须认识和解决的问题，其分析程度的好坏直接影响着后续规划地进行。

2) 确定目标(规划目标体系确立)

系统分析目标应该根据客户的要求和对需要解决问题的理解加以确定，如有可能应尽量通过指标表示，以便进行定量分析。对不能定量描述的目标也应该尽量用文字说明清楚，以便进行定性分析和评价系统分析的成效。基于限定问题的分析，便可以进一步确定规划编制的目标和方向，指导后续规划方案的设计，同时也可以据此评价规划方案的优劣。

3）系统性研究（规划专题建模分析）

系统性调查与分析应该围绕问题起因进行，一方面要验证有限定问题阶段形成的假设，另一方面要探讨产生问题的根本原因，为下一步提出解决问题的备选方案做准备。调查研究通常有阅读文件资料、访谈、观察和调查等4种方式。收集的数据和信息包括事实、见解和态度等。要对数据和信息去伪存真，交叉核实，保证真实性和准确性。在城市规划领域中的调查研究中《城市规划编制办法》规定对城市发展大问题必须由专家领衔，设立专题研究课题，开展系统性研究。经过十多年的发展，目前国内已初步形成了一套融合定性、容量和空间（定位）分析的系统化方法。主要分析步骤包括：①深入研究区域，通过访谈、问卷和测绘调查等方式获得研究区的第一手可信资料；②采用定性方法对特征进行梳理与提取；③进而采取定性与定量相结合的方法对产生问题的影响因子进行重要性程度的分析评价；④运用统计分析软件，建立规划影响要素指标变量的数理模型以及运用GIS空间分析模块，对影响规划的物质要素和非物质要素进行空间图层化表达，进行多种空间关系的分析。信息化时代的规划编制和管理，已普遍采用将上述调查的第一手资料、政府职能部门提供的统计数据和测绘图件资料进行规划综合空间数据库建立来支撑专题分析，为未来大数据运用奠定基础。

4）初步建立方案（规划纲要编制）

通过深入调查研究，使真正有待解决的问题得以最终确定，使产生问题的主要原因得到明确，在此基础上就可以有针对性地提出解决问题的备选方案。备选方案是解决问题和达到咨询目标可供选择的建议或设计，可以基于研究区现状和不同规划目标，建立两种以上多情景的规划方案，以便提供进一步评估和筛选。为了对备选方案进行评估，要根据规划问题的性质和城市空间发展需求与资源供给关系，提出约束条件或评价标准，供下一步应用。

5）多方案评估（规划方案综合评审）

根据上述约束条件或评价标准，对解决问题的备选方案进行评估，评估应该是综合性的，不仅要考虑技术因素，也要考虑社会经济等因素，评估小组应该有一定代表性，除咨询项目组成人员外，也要吸收客户组织的代表。在城市总体规划等编制管理中，一般要对编制的方案进行至少三轮的评审，其中，规划纲要论证，由相关职能部门的技术管理人员参加；初步方案评审，由城市政府分管领导组织所有相关部门人员参加；正式方案评审，必须由该城市上级主管部门邀请多方面的专家进行充分论证评估，根据评估结果确定最可行方案。

6）提交最可行方案（规划成果上报审批）

最可行方案并不一定是最佳方案，它是在约束条件之内，根据评价标准筛选出的最现实可行的方案。如果客户满意，且通过专家评审则系统分析达到目标。如果客户不满意，也未通过专家评审，则要与客户协商调整约束条件或评价标准，甚至重新限定的问题，开始新一轮系统分析，直到客户满意为止。城市规划评审通过的方案，还必须进行公示，并通过公众参与，进行意见反馈。然后，由规划编制单位修改，报上级主管部门批准。

2.3.2 城市规划空间分析定义及流程

城市规划的本质是对城市空间资源的合理配置（高等学校城乡规划学科专业指导委员会，2013）。因此，对城市发展影响要素的空间特征、分布规律和空间相互作用机制的分析研究至关重要。空间分析（Spatial Analysis）作为地理信息科学的核心内容（王劲峰等，2006；吴信才等，2009），在地理学及地理信息科学中占有重要的地位。目前，关于空间分析并没有统一的定义，根据出发点和分析对象的不同，通常包括以下 4 种：①从传统的地理信息统计与数据分析的角度出发，以地理目标的空间布局为分析对象，空间分析是指用于分析地理事件的一系列分析、模拟、预测和调控空间过程的技术和模型的组合（王劲峰等，2000；Haining，2009），其分析结果依赖于事件的空间分布（Haining，1993；Haining，1999），并面向最终用户；②从图形与属性信息的交互查询获取知识的角度出发，以地理目标的空间关系为分析对象，空间分析是从 GIS 目标之间的空间关系中获取派生的信息和新的知识（李德仁等，1993）；③从空间信息的提取和空间信息传输的角度出发，以地理目标的位置和形态特征为分析对象，空间分析是基于地理对象的位置和形态特征的空间数据分析技术，其目的在于提取和传输空间信息（郭仁忠，2001）；④从决策支持的角度出发，以与决策支持有关的地理目标的空间信息为分析对象，空间分析是指为制定规划和决策，应用逻辑或数学模型分析空间数据或空间观测（Landis，1995）。

综合这些学者的研究成果，本书将城市规划空间分析定义为：以城市规划目标的形态特征、空间布局、空间关系、空间行为为研究对象；以提取、传输空间信息，派生新的信息与知识并为规划决策提供支持为目的，包括一系列分析、模拟、预测和调控城市空间功能结构的方法、技术和模型的总称。

城市规划空间分析的核心是对城市及其区域复杂的空间过程进行数学与地理空间建模。在大数据时代，城市面临海量空间数据则需要开发新的空间数据处理和计算模型。这些空间信息包含九个基本内容：空间位置、空间分布、空间形态、空间关系、空间质量、空间关联、空间对比、空间趋势、空间运动（郭仁忠，2001）；与此相对应城市空间分析主要包括：空间可视化表达、空间位置分析、空间分布分析、空间形态分析、空间关系分析、空间统计分析、空间相关分析、空间网络分析、空间行为分析、空间过程分析等（郭仁忠，2001；De Smith，Goodchild，2009；Haining，2009）。因此，针对复杂多变、关系多样的城市系统各要素，我们可以将城市规划空间分析理解为通过对城市系统各要素的分布格局、发展过程和运行规律的概念梳理，借助 GIS 建库与分析功能模块，构建相关的空间分析模型，对城市系统未来的状况进行预测，并作为城市规划空间布局的重要依据。

城市规划空间分析包括三个要素。第一个要素是城市系统单要素的数据制图建模，每个数据集被表示为一幅地图或是基于地图操作（或执行地图代数运算）生成的新的地图。第二个要素是城市系统多要素空间分析模式构建，包括数学建模的形式，这里模型的输出依赖于在模型中对象之间的空间相互作用形式，或空间关系，或模型中对象的空间位置。第三个要素是空间分析的技术实现，包括对城市空间数据进行适当分析的统计技术的开发和应用，以及要充分利用数据中的空间参考。城市规划空间分析的逻辑流程（Haining R. P.，1990），如图 2－3 所示：

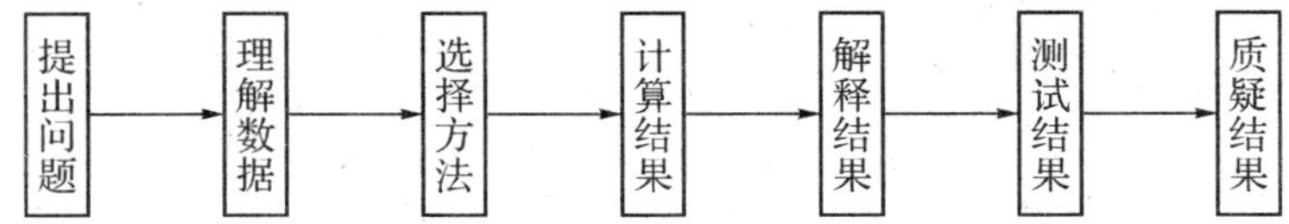

图 2－3　城市规划空间分析的逻辑流程

2.3.3　CAS 视角下的城市规划分析模型构建思路

上述研究表明，基于中国传统哲学思想建立的现代城市复杂适应系统（UrbanCAS）圈层概念模型，能够通过物质要素和非物质要素的适应性圈层关系，为城市系统的运行达到“天人合一”的状态提供了一种全新的视角。基于此，本书重心将落脚于探讨系统适应性视角下的城市规划分析模型的建构方法与技术，这里，按照方法论表达逻辑，先概述模型的整体构建思路。

1) 物质系统适应模型

物质系统要素主要包括用地、道路、建筑、市政、园林等5种要素，或者说5种物质子系统。物质系统是城市存在和发展的基础，5种物质要素系统相互组合构成的物质空间是城市居民生存与进行交往活动的物质场所和空间载体。目前，由于城市化的快速推进，我国城市基础设施建设出现了一定的大拆大建、地块利用不合理、市政管线各自为政等等众多的城市建设问题，具体到物质系统的5个要素中，主要有：城市建设用地的适宜性和生态敏感性问题；城市交通道路网的可达性问题，导致空间区位和土地功能的空间布局变化；城市建筑的色彩敏感性和高度控制问题，影响城市的面貌和意象；城市市政管网建设的各自为政，导致重复性工程的建设；城市绿地和园林建设的空间布局不公平性，影响城市生态网络的服务效能和城市环境等等。根据马斯洛的5个层次需求理论，生理需求、安全需求、关爱需求、尊重需求和自我实现需求是人的价值体系中存在的5种基本需求，其中生理需求和安全需求是5个需求里面最基本最底层的需求(王友平、盛思鑫，2003)，而包括用地、道路、建筑、市政、园林在内的物质系统要素正是城市居民生存所需要的"生理需求"和"安全需求"中的一部分，然而，传统城市规划中却恰恰忽略了这种基本需求，盲目的开发建设，结果却是建立起来的城市不能满足城市居民的生活、居住、学习和娱乐等需求，也不能承受各种地质灾害、旱涝灾害和其他突发灾害的影响。

为了在城市规划中更好地解决这些实际问题，本书建立了几种典型的城市物质系统适应模型，主要有：城市用地适宜性评价模型，城市增长边界划定模型，地块适宜容积率确定模型，城市路网评估与交通影响评价模型，城市色彩敏感性评价模型，城市洪水淹没风险评估模型，市政设施邻避效应分析模型，等等。

2) 非物质系统适应模型

非物质系统要素主要包括社会、经济、文化、管理和生态等5种要素，或者说是5种非物质子系统。非物质系统是城市发展的灵魂，城市是在物质系统构成的城市空间基础上叠加非物质系统所构成的复杂系统。从空间视角来看，城市的非物质要素之间相互作用存在很多现实问题，如社会空间分异与重构严重影响着社会的稳定；城市产业空间结构特征影响着生态环境效应；文化空间的保护和传承影响着城市文化的底蕴；管理空间的差异性影响着社会公平和效率；生态空间的布局影响着人居环境的质量等等。在传统城市规划中，规划者往往过多地考虑物质系统建设，而经常忽略非物质系统在城市系统中的主导作用，特别是在城市化发展的今天，各种城市社会、经济和环境问题的凸现亟须城市规划做出响应，要求规划者改变传统的纯工科思维，融入解决城市问题的地理学、社会学、经济学和管理学等学科理念，用系统综合集成的观点解决城市问题。

本书所涉及的非物质系统适应模型有：城市适宜人口规模预测模型，城市居住人口密度估算模型，城市色彩敏感性评价模型，城市职住平衡分析模型，城市影响腹地划定模型，区域生态敏感性分析模型，流域社会经济与水质水量响应分析模型，规划选址辅助决策模型，总规控规一致性检验模型，等等。

3) 城市规划复杂适应模型研究的挑战

近年来全球气候变化加剧，使我国城市洪涝及其次生地质灾害风险急剧增加(徐建刚，2012)。因此，对于各地普遍正在做大做强的城市来说，如何控制城市增长边界、适应全球气候变化、防治生态环境恶化、减低自然灾害威胁等成为规划的重中的重。而城市是人与自然环境相互作用的结果，单纯依靠物质系统模型或者非物质系统模型都不能全面地解决城市复杂系统发展中产生的各种问题和面临的各种挑战，需要一种能够综合物质系统和非物质系统，权衡自然基底和人类活动（如城市发展政策和城市管理等）相互作用的复杂适应模型，探索城市化推进过程中城市功能空间主体组织与自然地理环境的适应性作用模式，以及确定城市未来发展的方向和规模，而元胞自动机正是目前解决这一问题的重要途径。

从20世纪30年代开始，系统动力学、元胞自动机、多智能体、混沌、突变、神经网络、遗传算法等复杂性科学方法在城市研究中得到了广泛的运用，尤其是元胞自动机（CA）模型被广泛应用于城市空间增长的模拟，取得了一系列的研究成果，其"自下而上"建模的思想能够充分体现城市系统的复杂性。CA的核心思想是"系统的复杂性源于来自简单子系统的相互作用（即规则）"，简单的规则即可创造出纷繁复杂的世界，通过元胞及其状态的确定、元胞空间、邻居的定义、局部转换规则的制定，以及控制因素的限制等来实现对未来城市空间扩展的预测，能够综合影响城市发展的各种自然基底条件、各种驱动机制和各种城市发展政策等不同因素，使得预测的结果更加真实可靠。但是，元胞自动机在实际研究中也存在自身问题的缺陷，如城市发展政策的量化或空间化，控制因素的确定等等，因此，目前的元胞自动机正趋向于综合复杂适应理论、多智能体模型、系统动力学模型等最新理论和研究技术的发展方向，特别是90年代初的复杂适应系统（CAS）理论的提出，为进一步理解宏观现象的微观机制提供了比较完备的认知范式和模型框架，其"系统的复杂性来源于个体的适应性"的理论可以看作是对CA思想的一种升华和提炼，真正实现"自上而下"和"自下而上"建模思想的结合。因此，将CAS理论用于CA模型的改进将成为复杂科学引入城市规划学科并作为新的方法论对其进行改造的突破点。

2.4 智慧城市规划方法的技术途径

本章前三节内容从系统科学思想和方法角度对规划的方法论的哲学基础、理论模型和方法框架三个层面进行了系统的探析，提出了未来可能发展形成的智慧城市规划学科的知识架构。本节将进一步从智慧城市规划的技术支撑层面，结合城市规划领域的信息化进展来探讨智慧城市规划方法的技术途径。

2.4.1 数字城市规划分析方法的形成

智慧城市规划分析方法是在数字城市规划分析方法基础之上形成的，是数字城市规划方法在大数据时代和新的智慧分析方法背景下的升华和延伸。因此，通过梳理城市规划分析方法的发展历程，综合数字城市规划分析方法的优势，融合大数据时代的数据和技术优势，可以建立智慧城市规划分析方法体系。

数字城市规划是传统城市规划理论与方法和现代信息技术发展相结合的必然产物，是在实际应用中逐步形成的城市规划理论、方法和计算机应用系统（徐虹等，2002）。如图2-4所示，数字城市规划分析方法的形成是在传统手工式规划的基础上逐渐发展而来的，具体可以分为三个阶段（许丰功，2002）。

1）手工式城市规划阶段

我国传统的城市规划设计的创始人是梁思诚先生，其设计制图方法源于建筑设计，从来都是以工程制图为模板，包括规划效果图也是用传统的建筑绘画的方式，均为纯手工制作。对于规划设计中所需要进行的统计分析，一般只能建立线性或二次的分析模型对规划要素进行一些简单的计算，其效率和准确性较差。

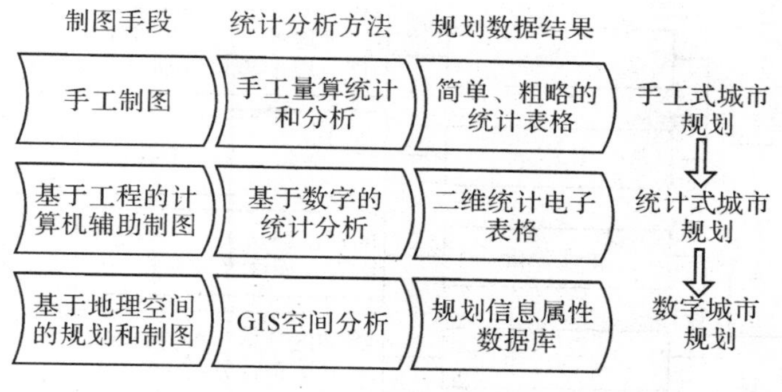

图 2-4 城市规划方法的发展阶段

2）统计式城市规划阶段

从1990年代后期开始，随着计算机在各行业的应用普及和AutoCAD等辅助制图软件的逐步成熟，城市规划设计的方法从传统的手工制图逐渐向计算机辅助制图转变，工作效率大幅度提高。随着计量地理学的兴起，计量方法被大量地应用到城市规划设计领域，不仅可以使用专门的统计软件进行常规的各种统计分析，而且也可以使用强大的开发语言自己编程进行城市规划中的特殊、复杂的模型分析，并且还出现了专门的城市规划统计分析软件，如"城市与区域规划模型系统"等。但是一些软件公司开发的专门的城市规划设计的专业软件也是基于AutoCAD的方式，其所实现的一些自动统计等的功能在GIS系统中仅仅属于最简单最基本的。总体来看，其空间数据结构还是无法合乎数字城市规划的需要，统计分析的结果也无法和地理空间相关联。城市规划设计是地理空间的规划设计，这种空间和属性分离的状况已经不能满足时代的需要了。

3）数字城市规划阶段

数字城市规划设计的分析方法是规划分析在计量地理学之后的又一个重要的发展方式，其最大的特点是把规划定量的模型结合地理空间进行表达，并且还产生了许多原先所没有办法建立的空间分析模型。数字城市规划设计方法体系（见图2-5）从总体上看可以分为三个层次：存储层、分析层和表达层。存储层（也可以称为数据层）是数字城市规划设计体系中的基础，它提供了基础数据的组织和处理的方法，如纸质地图矢量化、空间和属性数据的组织、数据的关联等；分析层是数字城市规划设计的方法应用部分，它提供了城市规划设计方面强大的空间分析和属性分析的方法，常见的属性分析方法有规划查询与统计、用地平衡表、属性专题分析等，常见的空间分析有缓冲区分析、叠置分析、最短路径分析等；表达层是数字城市规划设计的成果表现部分，它提供了强大的显示和输出方法，一般包括2D和3D两种表达方式，可以直观明确的展现所要表达的要素。

数字城市规划使城市规划的定性定量方法拓展到了空间领域，对所涉及的地理信息获取的准确性高，数据精度也完全可以达到工程制图的要求。而其强大的空间分析功能，则是基于工程设计的软件所不具备的。无论是何种城市规划，究其实质都是多种方案的选优问题，即从众多方案中选择具有最佳综合效益的一个。虽然单凭规划师的思考和大量数据的反复论证，也可以收到一定的选优效果，但如能借助于GIS技术，在地理空间上使用规划模型进行分析，则能优化各种方案的论证方式，且有着原有方法所不具有的直观、可经历的特点，同时还可以节约规划时间，提高分析效率，增强科学性。它可以使城市这个复杂巨系统的各个方面得到更

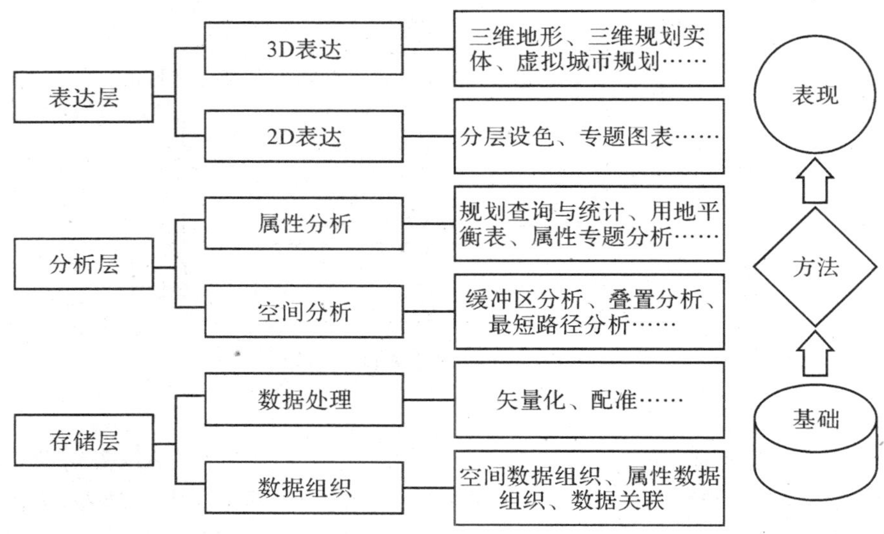

图 2-5 数字城市规划设计方法体系(许丰功,2002)

好的模拟和描述,更加精确的预测城市的未来,大大增强城市规划的科学性和合理性,其规划成果也可以和数字城市的信息系统无缝融合。

2.4.2 依托大数据的智慧城市规划技术基础

数字城市规划是依托"数字城市"的提出而出现的,而智慧城市规划也是通过"智慧城市"的推动而诞生的,数字城市向智慧城市的转变必然要求城市规划由数字城市规划进一步提升为智慧城市规划。因此,智慧城市规划是数字城市规划的下一个发展形式,特别是在大数据时代的发展背景下,数据量的急剧增加远不是传统城市规划研究方法所能解决的,同时,云计算、计算机仿真以及数据挖掘技术的进步则要求智慧城市规划建立新的规划技术基础。我们根据多年规划研究与实践经验,总结了 4 种智慧城市规划的技术基础,分别是统计分析技术、数据挖掘技术、模型预测技术和结果呈现技术等。

统计分析技术是统计学最重要的应用之一,无论是数据收集,还是数据处理,其最终目的都是通过统计分析可以为使用者在决策或预测时提供参考。定量分析是统计分析的基本方法(范登科,1999),而定性与定量相结合的"定性-定量-定位"的分析过程是实现城市规划问题的重要途径。目前,常见的统计分析方法主要有:差异分析、相关分析、方差分析、卡方分析、距离分析、回归分析(逐步回归、回归预测与残差分析、岭回归、Logistic 回归分析)、因子分析、聚类分析、主成分分析、聚类法、判别分析、对应分析、Bootstrap 技术等。单因素统计分析方法可以解决城市规划中的特定问题,如回归分析可以模拟城市多年的人口变化趋势,而多元统计分析或多种统计分析方法的结合却可以解决更加复杂的城市问题。如多元统计分析方法可以实现对海量数据的探索性挖掘,快速找出影响城市生态环境的因子,进而借助 GIS 工具进行综合评价城市的生态敏感性;统计分析方法可以作为数据挖掘工作提供数据总结、分类原则、判别准则和数据关联等(陈伟志等,2003)中间步骤的支撑等。

数据挖掘技术融合了人工智能、数据库技术、模式识别、机器学习、统计学和数据可视化等多个领域的理论和技术,是一种通过仔细分析大量数据来揭示有意义的新的关系、趋势和模式的过程(王光宏、蒋平,2004)。数据挖掘的两个高层目标就是预测和描述,前者指用一些变量或数据库的若干已知字段预测其他感兴趣的变量或字段的未知的或未来的值;后者指找到描述数据的可理解模式(钟晓等,2001)。常见的数据挖掘方法就是实现对大量数据的分类、估计、预测、相关性分组或关联规则、聚类、描述和可视化等,另外逐渐出现了一种针对文本、网页、图形图像和音视频等的复杂类型数据的挖掘方法,多是通过数据挖掘程序或软件来实现。目前,在城市规划领域,基于大数据的数据挖掘技术已成功运用在建筑或人尺度上的就业人口数据空间化(何莲娜等,2013)、精细化城市模拟(龙瀛等,2013)、城市居民时空间行为研究(秦萧、甄峰,2013)等。

模型预测技术是通过现有数据给出未来城市发展趋势的一种手段。城市规划领域中经常会通过对区域或城市发展现状的分析,采用某种方法对区域或城市未来的发展方向和功能进行定位,这也是城市规划的核心工作。目前,城市规划应用中采用的模型预测方法除了传统的统计分析方法预测模型之外,还兴起了机器学习和计算机建模仿真技术等模型预测方法。机器学习的研究主旨是使用计算机模拟人类的学习活动,通过识别现有知识、获取新知识、不断改善性能和实现自身完善的方法(苏淑玲,2007),现已开始用于城市遥感影像的分类(秦高峰,2012)、城市扩展研究(冯永玖、刘妙龙,2011)、人口预测(袁勇、王攀,2006)等。建模仿真,即计算机仿真技术是以计算机为基本工具,在其上运行需要仿真的模型,通过对输出的信息进行分析与研究,实现对实际系统运行状态和演化规律的综合评估与预测(胡峰等,2000)。进行建模仿真的常见理论方法有系统动力学、复杂网络、基于 Agent 建模仿真、微分方程、马尔可夫链模型、Petri 网模型、投入产出理论等,其中基于系统动力学的仿真方法和基于 Agent 建模仿真方法是复杂系统建模仿真的基本方法。

结果呈现技术是指通过云计算、标签云、关系图等形式将经过统计分析、数据挖掘或者模型预测的结果进行可视化应用。其中,"云计算"一词是用来描述一个系统平台或者一种类型的应用程序,既包含了构造应用程序的基础设施(如 PC 机上的操作系统),也包含了建立在这种基础设施之上的云计算应用(陈康、郑纬民,2009),其核心是提供海量数据存储以及高效率的计算能力(刘正伟等,2012)。例如,Google 的云计算平台以及云计算的网络应用程序(如 GoogleApps 服务);IBM 公司的"蓝云"平台产品以及 Amazon 公司的弹性计算云(EC2)等。标签云(Tag Clouds)是指具有可视权重的标签的集合(夏秀峰等,2011),通常用于信息检索和推荐,通过标签的可视化属性体现不同的权重程度,以及通过对云中标签可视化属性的操作来对用户浏览产生一定的导向作用,把用户的关注点吸引到特定字段或区域,也可以通过标签属性及内容的分类对不同人群进行个性化搜索推荐,其可视化布局直接影响着用户的浏览和使用效果。关系图一般是指表达一组实体概念之间关系的可视化表示方法,常见于空间数据或地理数据中,如常见的关系图可以分为空间关系图和非空间关系图,其中空间关系图是表达拓扑关系、顺序关系和度量关系等的图示表达,而非空间关系图则是表示对象和类,包含和被包含,实体和属性等普遍关系的图示表达,这两大类关系广泛存在于城市系统中。

2.4.3 智慧城市规划方法体系构建

影响城乡规划科学性的一个重要原因就是由于城市是一个复杂系统,具有海量和复杂的信息数据,而规划师限于传统的技术和手段不可能对这些信息数据进行有效收集和处理,使得规划师所制定的城乡规划也就不可能对城乡发展的所有动态进行预测和安排,从而降低了规划的科学性。智慧城市理念不仅能改进当前城乡规划的技术手段,同时由于智慧城市更加系统、智能、动态和智慧地思考与解决各种问题，将深刻影响城乡规划学科的发展进程（丁国胜、宋彦，2013）。

王芙蓉等（2013）指出智慧规划主要由基础设施云服务层、资源云服务层、平台云服务层组成，这些层组成了数据感控中心、网络交互中心及应用决策中心。秦战等（2013）认为“智慧规划”属于应用信息系统的组成部分，通过应用信息系统的组成、协调机制对城市的规划进行制定与控制。“智慧规划”是以云计算为基础，通过采集规划地块的相关数据信息，在已设定的规划标准参数下构建合理的规划模型，用合理模型的形式展现规划蓝图的一种规划方法。“智慧规划”是智慧城市建设中的一个重要组成部分，其目的是利用现代信息技术，通过海量数据的获取与运算，在满足既定规划的前提下提供最优化的规划模型，建设可持续发展的生态型现代城市。在功能上体现智慧城市的多元融合、强调效率的基本特征，同时提供智慧城市建设和管理的相关模型基础和政策依据，便于智慧城市的构建和发展。智慧城市从层次结构上划分为感知层、通信层、数据层、应用层。

本书从智慧规划模式和特征两个方面定义智慧规划的基本框架（见图 2－6），智慧规划模式主要分三个层面由现状调查到动因分析，再进行规划设计。现状调查部分主要由动态监测和大数据采集两种方式构成，通过云数据技术支撑建立空间数据库，大数据采集包括城市测绘等基础地理信息、统计汇总等社会经济信息、遥感动态监测等城市空间多层次卫星影像库、交通与公共场所监控感知信息、城市人流活动时空移动信息等；动因分析由建模分析和深度挖掘两部分组成，根据城市发展需求构建智慧型分析模型，创建和发展新的分析方法包括统计特征分析、时空演变分析、空间关联分析、时空棱柱分析和情景模拟分析等；规划设计主要是运用规划综合数据库，结合模型，研发规划编制与管理信息系统，通过发展三维 GIS 技术对规划设计方案进行动态模拟、可视化仿真、虚拟化比选评审、全景式实施监控，这部分涉及模型化多层面规划方案编制与管理、一书两证电子报建、网络化公众参与、智能化批后监管、重大项目的信息化决策支持和规划实施评估等。

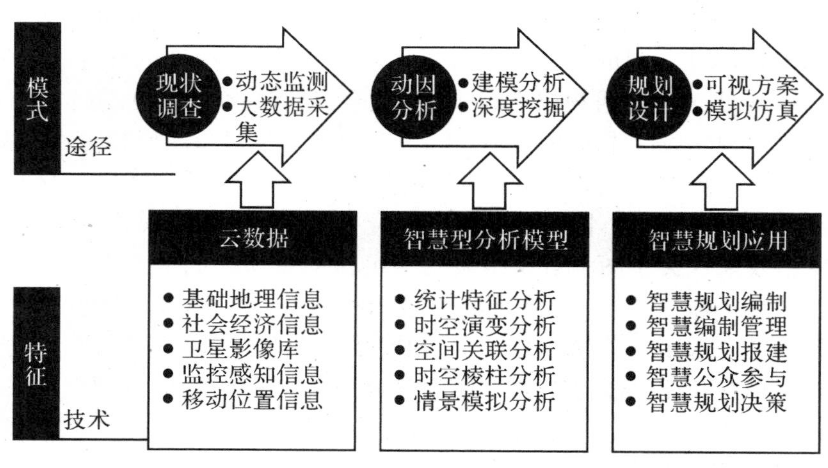

图 2－6　智慧规划的基本框架

参考文献

[1] Abdoullaev A. A Smart World: A Development Model for Intelligent Cities[J]. IEEE, 2011.

[2] Barwick H. The "four Vs" of Big Data. Inplementing Information Infrastructure Sysposium [EB/OL]. From: http://www.computerworld.com.au/article/396198/iiis_four_vs_big_data.

[3] Belil M, Benner C. Local and global: the management of cities in the information age[M]. London: Earthscan, 1997.

[4] Caragliu A, Chiara D B, Nijkamp P. Smart Cities in Europe[C]. 3rd Central European Conference in Regional Science, 2009: 45 - 59.

[5] Data. Data everywhere. From: http://www.economist.com/node/15557443.

[6] De Smith MJ, Goodchild MF, Longley PA,著;杜培军,张海英,冷海龙,译. 地理空间分析——原理、技术与软件工具[M]. 北京:电子工业出版社,2009.

[7] Komninos N. Intelligent cities and globalization of innovation networks[M]. London: Routledge, 2008.

[8] Haining R;李建松,秦昆,译. 空间数据分析理论与实践[M]. 武汉:武汉大学出版社, 2009.

[9] Haining R. Spatial Data Analysis in the Social and Environmental Sciences [M]. Cambridge: Cambridge University Press, 1993.

[10] Haining R. GIS and Spatial Analysis [M]. Beijing: Lecture series in Chinese Academy of Sciences, 1999.

[11] Holland J H;周晓牧,韩晖,译. 隐秩序——适应性造就复杂性[M]. 上海:上海科技教育出版社,2000.

[12] IBM 商务价值研究院. 智慧地球[M]. 上海:东方出版社,2009.

[13] IPCC. Third Assessment Report of the IPCC[M]. Cambridge :Cambridge University Press, 2001.

[14] Landis J. GIS 技术综述——咄咄逼人的地理信息系统世界[M]. 北京:测绘出版社,1995.

[15] Xia Wang, Zhenxiang-Zeng, Shilei-Sun. Research on Service Innovation of IT Service Outsourcing Industry Cluster-Based on the Emergency of Complexity Adaptive System[C]. International Conference on Engineering and Business Management(EBM), 2010.

[16] Xiang W N. Doing real and permanent good in landscape and urban planning: Ecological wisdom for urban sustainability[J]. Landscape and Urban Planning, 2014(121).

[17] 白晨曦. 智慧城市的本质研究[D]. 上海:东华大学,2013.

[18] 百度百科. "智慧"的定义: http://baike.baidu.com/link? url=MZl23ap6f2sTYXujytCy7dW6XG7a3vDiO10T-asO-W1QNC17QWrg2PTa0L2J_FTKvLnQZqeDBCVn-vVskV4Ndq.

[19] 蔡运龙. 创新方法与地理教学[J]. 地理教育,2011(11).

[20] 曹红阳,等. 面向智慧城市的能源互联网研究[A]. (第八届)城市发展与规划大会论文集[C],2013.

[21] 陈虹. 试谈文化空间的概念与内涵[J]. 文物世界,2006,(1).

[22] 程开明. 城市系统自组织演化机制与模型探析[J]. 现代城市研究,2007,(12):54 - 60.

[23] 陈康,郑纬民. 云计算:系统实例与研究现状[J]. 软件学报,2009(05).

[24] 陈柳钦. 智慧城市:全球城市发展新热点[J]. 城市发展研究,2011(01).

[25] 陈伟志,魏振军,王春迎. 多元统计分析在数据挖掘中的作用[J]. 信息工程大学学报,2003(04).

[26] 陈真. 数字城市规划总体框架研究[J]. 数字城市,2010(04).

[27] 崔胜辉,等. 全球变化背景下的适应性研究综述[J]. 地理科学进展,2011(09).

[28] 陈如明. 智能城市级智慧城市的概念、内涵与务实发展策略[J]. 数字通信,2012(05).

[29] 陈宜瑜. 对开展全球变化区域适应研究的几点看法[J]. 地球科学进展,2004(04).

[30] 丁国胜,宋彦,陈燕萍. 规划评估促进动态规划的作用机制、概念框架与路径[J]. 规划师,2013(06).

[31] 董恒宇. 唯技术主义的风险:质疑转基因食品[J]. 群言,2013(12).

[32] 董肇君. 系统工程与运筹学[M]. 第三版. 北京:国防工业出版社,2011.
[33] 窦玥,戴尔阜,吴绍洪. 区域土地利用变化对生态系统脆弱性影响评估——以广州市花都区为例[J]. 地理研究,2012(2).
[34] 方美琪,赵萱,苏晓萌. 一种经济模型的计算机模拟与分析[J]. 系统工程学报,2005(02).
[35] 方修琦,殷培红. 弹性、脆弱性和适应——IHDP 三个核心概念综述[J]. 地理科学进展,2007(5).
[36] 房艳刚,刘继生. 城市系统演化的复杂性研究[J]. 人文地理,2008(6).
[37] 房艳刚,刘继生. 基于复杂系统理论的城市肌理组织探索[J]. 城市规划,2008.
[38] 方一平,秦大河,丁永建. 气候变化适应性研究综述——现状与趋向[J]. 干旱区研究,2009(3).
[39] 范登科. 论统计分析方法[A];统计与信息论坛[C]. 西安财经学院;中国统计教育学会高教分会,1992.
[40] 方巍,郑玉,徐江. 大数据:概念、技术及应用研究综述[J]. 南京信息工程大学学报,2014(6).
[41] 冯永玖,刘妙龙. 一种基于机器学习的城市发展模拟元胞模型[J]. 测绘科学,2001(03).
[42] 高等学校城乡规划学科专业指导委员会. 高等学校城乡规划本科指导性专业规范[M]. 北京:中国建筑工业出版社,2013.
[43] 高迎春,佟连军. 吉林省产业系统适应性分析[J]. 人文地理,2011(3).
[44] 戈峰. 现代生态学[M]. 北京:科学出版社,2008.
[45] 郭斌,蔡宁. 从"科学范式"到"创新范式":对范式范畴演进的评述[J]. 自然辩证法研究,1998,14(3).
[46] 郭明. 马斯洛"需求层次论"评析[J]. 商丘师范学院学报,2007,23(10):105 - 107.
[47] 郭鹏,等. 基于复杂适应系统理论与 CA 模型的城市增长仿真[J]. 地理与地理信息科学,2004(6).
[48] 郭仁忠. 空间分析[M]. 第二版. 北京:高等教育出版社,2001.
[49] 顾基发. 物理—事理—人理系统方法论综述[J]. 交通运输与信息,2007(06).
[50] 何莲娜,等. 大数据挖掘助力微观尺度下"经""规"对话[A]. 城市时代,协同规划——2013 中国城市规划年会论文集[C]. 城市规划学会,2013.
[51] 胡峰,孙国基,卫军胡. 动态系统计算机仿真技术综述(Ⅰ)——仿真模型[J]. 计算机仿真,2000(01).
[52] 胡慧华. 价值理性的重建及其当代意义[J]. 四川理工学院学报,2010(25).
[53] 黄光宇. 山地城市学原理[M]. 北京:中国建筑工业出版社,2006.
[54] 黄欣荣. 复杂性范式:一种新的科学世界观[J]. 系统科学学报,2013,21(2).
[55] 黄欣荣,吴彤. 从简单到复杂——复杂性范式的历史嬗变[J]. 江西财经大学学报,2005,41(5).
[56] 侯汉坡,刘春成,孙梦水. 城市系统理论:基于复杂适应系统的认识[J]. 管理世界,2013(5).
[57] 贾小明,赵曙明. 对马斯洛需求理论的科学再反思[J]. 现代管理科学,2004,(6).
[58] 金吾伦,郭元林. 复杂性科学及其演变[J]. 复杂系统与复杂性科学,2004,1(01).
[59] 金江军. 迈向智慧城市:中国城市转型发展之路[M]. 北京:电子工业出版社,2013.
[60] 孔祥顺. 城市群经济空间范围界定方法研究[J]. 经济研究导刊,2009(29).
[61] 李重照,刘淑华. 智慧城市:中国城市治理的新趋向[J]. 电子政务,2011(06).
[62] 李国杰,程学旗. 大数据研究:未来科技及经济社会发展的重大战略领域——大数据的研究现状与科学思考[J]. 中国科学院院刊,2012(06).
[63] 李君,陈长瑶. 国内城市居住空间研究进展[J]. 现代城市研究,2010,(9):36 - 42.
[64] 李德仁,等. 地理信息系统导论[M]. 北京:测绘出版社,1993.
[65] 李福军. 公路交通与经济适应性评价研究[J]. 财经视点,2012(12).
[66] 李冕,常江. 旧工业区适应性更新改造研究——以夏桥为例[J]. 现代城市研究,2011(06).
[67] 刘长林. 经络本体问题的哲学思考[J]. 中国医学学报,1998(05).
[68] 刘国光. 中外城市知识辞典[M]. 北京:中国城市出版社,1991.
[69] 刘正伟,文中领,张海涛. 云计算和云数据管理技术[J]. 计算机研究与发展,2012(4).
[70] 刘奕,贾元华,石良清. 基于 DEA 模型的区域高速公路社会经济适应性评价方法研究[J]. 北京交通大学

学报,2007(3).
[71] 龙瀛,等.大数据时代的精细化城市模拟:方法、数据、案例和框架[A].城市时代,协同规划——2013中国城市规划年会论文集[C].城市规划学会,2013.
[72] 马武定.对城市文化的历史启迪与现代发展的思考[J].规划师,2004(12).
[73] 马克斯·韦伯.经济与社会:上卷[M].北京:商务印书馆,1997.
[74] 梅宝华.开放系统理论与现代城市系统[J].城市问题,1984(02).
[75] 孟小峰,慈祥.大数据管理:概念、技术与挑战[J].计算机研究与发展,2013(01).
[76] 秦萧,甄峰.基于大数据应用的城市空间研究进展与展望[A].城市时代,协同规划——2013中国城市规划年会论文集[C].城市规划学会,2013.
[77] 秦战,等.用"智慧规划"助推上海智慧城市建设刍议[J].上海城市规划,2013(2).
[78] 秦高峰.基于机器学习的多光谱遥感影像分类及城市扩展研究[D].重庆大学,2012.
[79] 任国杰.《易传》的"宗揆驱鬼""以形判道"[J].辽宁师范大学学报,2014(04).
[80] 仇保兴.城市经营、管治和城市规划的变革[J].城市规划,2004(2).
[81] 仇保兴.复杂科学与城市规划变革[J].城市规划,2009(04).
[82] 仇方道,佟连军,姜萌.东北地区矿业城市产业生态系统适应性评价[J].地理研究,2011(2).
[83] 曲格平.环境科学词典[M].上海:上海辞书出版社,1994.
[84] 邵景安,等.农牧民偏好对政府主导生态建设工程的生态适应性意义——以江西山江湖和青海三江源为例[J]. 地理研究,2012(8).
[85] 沈明欢."智慧城市"助力我国城市发展模式转型[J].城市观察,2010(03).
[86] 石义华,赖永海. 工具理性与价值理性关系的断裂与整合[J].徐州师范大学学报,2002(04).
[87] 史仲文,陈桥生.中国文化[M].北京:五洲传播出版社, 2011.
[88] 宋刚,邬伦.创新2.0视野下的智慧城市[J].城市发展研究,2012(09).
[89] 宋刚.钱学森开放复杂巨系统理论视角下的科技创新体系——以城市管理科技创新体系构建为例[J].科学管理研究,2009(06).
[90] 苏淑玲.机器学习的发展现状及其相关研究[J].肇庆学院学报,2007(02).
[91] 孙斌栋,吴雅菲.中国城市居住空间分异研究的进展与展望[J].城市规划,2009,33(6).
[92] 孙小涛,等.城市规划适应自然——基于复杂适应系统视角[J].生态学报,2015,待刊.
[93] 托马斯·库恩;金吾伦,胡新和,译.科学革命的结构[M].北京:北京大学出版社,2003.
[94] 王宏伟.大城市郊区化、居住空间分析与模式研究——以北京市为例[J].建筑学报,2003,(9).
[95] 王光宏,蒋平.数据挖掘综述[J].同济大学学报(自然科学版),2004(02).
[96] 王健宁.城市地下空间开发的适应度判别和区别模式研究[J].上海建设科技,2004(3).
[97] 王劲峰,等.空间分析[M].北京:科学出版社, 2006.
[98] 王劲峰,等.地理信息空间分析的理论体系探讨[J].地理学报,2000(01).
[99] 王晓磊."社会空间"的概念界说与本质特征[J].理论与现代化,2010(1).
[100] 王友平,盛思鑫.对马斯洛需求理论的再认识[J].学术探索,2003(9).
[101] 王芙蓉,等.智慧规划总体框架及建设探索[J].规划师,2013(02).
[102] 王如松.复杂与永续[J].生态学报,2014(01).
[103] 吴余龙,艾浩军.智慧城市——物联网背景下的现代城市建设之道[M].北京:电子工业出版社,2011(25).
[104] 吴志强,李德华. 城市规划原理[M].第四版.北京:中国建筑工业出版社,2010.
[105] [英]维克托·迈尔·舍恩伯格;周涛,译.大数据时代[M].杭州:浙江人民出版社,2012.
[106] 韦胜.从数字城市建设到智慧城市建设的战略思考[A].2013年城市发展与规划大会论文集[C],2013.
[107] 韦玉春,等.地理建模原理与方法[M].北京:科学出版社,2005.

[108] 吴启焰，等. 现代中国城市居住空间分异机制的理论研究[J]. 人文地理，2002，17(3).
[109] 吴晓军. 复杂性理论及其在城市系统研究中的应用[D]. 西安：西北工业大学，2005.
[110] 吴信才，等. 地理信息系统原理与方法[M]. 北京：电子工业出版社，2009.
[111] 夏秀峰，张姝，李晓明. 一种个性化标签云中的标签排序算法[J]. 沈阳航空航天大学学报，2011(2).
[112] 肖建华. 智慧城市时空信息云平台及协同城乡规划研究[J]. 规划师，2013(02).
[113] 萧俊明. 文化的误读——泰勒文化概念和文化科学的重新解读[J]. 国外社会科学，2012(3).
[114] 徐虹，杨力行，方志祥. 试论数字城市规划的支撑技术体系[J]. 武汉大学学报(工学版)，2002(05).
[115] 徐建刚，等. 山地城市适应性规划建模分析方法探析[J]. 城市与区域规划评论，2012(1).
[116] 许丰功. 数字城市规划设计方法体系研究[D]. 南京：南京大学，2002.
[117] 许庆瑞，吴志岩，陈力田. 智慧城市的愿景与架构[J]. 管理工程学报，2012(04).
[118] 向世陵. 天人之际——中国哲学的基本问题[J]. 英语研究，2006(03).
[119] 杨耕. 文化何以陷入"定义困境"：关于文化本质和作用的再思考[N]. 北京日报，2015-4-27.
[120] 杨堂堂. 从数字城市到智慧城市的建设思路与技术方法研究[J]. 地理信息世界，2013(01).
[121] 余满晖，马露霞. 对工具理性和价值理性关系的反思——兼论当代中国现代化的途径[J]. 大庆师范学院学报，2007(04).
[122] 余伟，郑钢. 跨文化心理学中的文化适应研究[J]. 心理科学进展，2005(6).
[123] 袁勇，王攀. 支持向量机在人口预测中的应用[J]. 计算机与数字工程，2006(05).
[124] 叶立国. 范式转换视域下方法论的四大变革——从经典科学范式到系统科学范式[J]. 科学学研究，2012(09).
[125] 约翰·H·霍兰. 隐秩序——适应性造就复杂性[M]. 上海：上海科技教育出版社，2011.
[126] 张博. 非物质文化遗产的文化空间保护[J]. 青海社会科学，2007(1)：33－41.
[127] 张帆，韩冬冰. 中国城市规划的信息化时代[J]. 山西建筑，2005，35(5).
[128] 张海波，童星. 被动城市化群体城市适应性与现代性获得中的自我认同——基于南京市 561 位失地农民的实证研究[J]. 社会学研究，2006(2).
[129] 张善文. 周易：玄妙的天书[M]. 上海：上海古籍出版社，2008.
[130] 张庭伟. 20 世纪规划理论指导下的 21 世纪城市建设——关于"第三代规划理论"的讨论[J]. 城市规划学刊，2011(03).
[131] 赵妍妍. 论解决利他主义两难的几种进路[J]. 自然辩证法研究，2011(9).
[132] 赵晔，姚萍. 从自组织角度重新定位城市规划[J]. 现代城市研究，2008(6).
[133] 甄峰，王波. 建设长三角智慧区域的初步思考[J]. 上海城市规划，2012(05).
[134] 朱志强. 马斯洛的需求层次理论述评[J]. 武汉大学学报(社会科学版)，1989(2).
[135] 钟勇. 基于公共政策的城市规划价值观[J]. 青岛理工大学学报，2013(3).
[136] 诸大建，易华. 从学科交叉探讨中国城市规划的基础理论[J]. 城市规划学刊，2005(01).
[137] 赵大鹏. 中国智慧城市建设问题研究[D]. 长春：吉林大学，2013.
[138] 赵四东，欧阳东，钟源. 智慧城市发展对城市规划的影响评述[J]. 规划师，2013(02).
[139] 钟晓. 数据挖掘综述[J]. 模式识别与人工智能，2001(01).

第二篇

信息技术支撑篇

上篇对智慧城市规划的方法途径探析表明,城市规划空间分析模型的创新发展成为城市规划能否智慧化地解决当代城市复杂系统棘手问题的关键,而空间分析模型的创新离不开信息技术的支撑。目前,大数据领域的技术进步使得城市现状调查与动态监测更为及时和准确,这对城市规划的第一步调查工作十分有利。然而,城市规划的核心工作是第二步分析评价,这就需要对第一步海量调查数据进行规范化建库,以满足分析评价模型所需的一体化数据模型系统的组构要求。由于调查的数据较过去呈现出更为复杂的多源异构特征,加之数据来源的多渠道和多用途,使得数据的概念内涵统一成为开展有效规划分析工作的基础和关键。为此,本书引入信息科学新兴的前沿理论——本体论信息化模式,尝试通过创立城市规划本体的构建方法来解决智慧规划的大数据集成和融合问题。

从现代系统科学角度来看,城市规划信息化既是对城市系统时空特征的描述,又是对城市系统发展规律的认知与把控。当今城市规划领域已在各个层面上广泛依赖计算机与网络系统作为规划编制与实施管理的平台与工具,如何使从城市各个领域收集的数据经过计算机加工处理转变成城市规划领域的信息和知识,将是未来智慧城市规划发展的技术关键。基于这一认知,本篇重点从遥感、遥测数据获取技术途径和规划专业数据模型构建方法两个方面做了一些前瞻性的探索,一是对通过网络公开途径能获取的对地观测卫星遥感图像数据特征及其规划应用价值进行介绍与评析;二是在归纳专业地理信息系统平台采用的多种空间数据模型特点基础上,结合规划编制与管理的知识体系,探析未来可能作为智慧城市规划信息化关键技术的面向对象数据模型的构建途径。本篇的内容也是本书下一篇规划分析模型的数据采集与信息提取的技术支撑。

3 城市规划数据特征及获取

城市规划编制与管理工作中涉及土地利用、道路交通、水系、基础设施、建筑、社会经济等多种多样的文字和图表信息，通常在工作中使用 AutoCAD、GIS、Photoshop 等通用图形、图像处理软件和 Word、Excel 等文字编辑器和电子表格编辑器分别进行整理归纳，再导入通用的统计分析、GIS 软件进行分析。通用软件并不能理解复杂的规划任务和多样规划信息的本体概念，需要借助规划专业背景知识，并采用恰当的概念模型表达模式来赋予城市规划所涉及数据的专业内涵。在此我们首先引入计算机知识工程领域近年来发展起来的本体论方法，尝试建立规划领域数据知识表达的概念模式，以推动规划信息化实现较高程度的知识共享。

3.1 城市规划数据特征和概念模型组织

本体论(Ontology)是一个哲学概念，它是研究事物本质的哲学命题。随着技术进步和理论的发展，本体论被计算机界所借用：通过把现实世界中某个领域抽象或概括成一组概念及概念间的关系，构造出这个领域的本体(王铮等，2007)。近 20 年来，本体论已被人工智能、计算机语言和数据库系统所采用，用于知识表达、知识共享及重用(杨秋芬等，2002)。目前，普遍为研究人员所接受的本体定义是 Studer 在 1998 年提出的：本体是"共享概念模型的明确的形式化规范说明"。这个定义包含 4 层含义：①概念模型(Conceptual Model)，通过抽象客观世界中一些现象的相关概念而得到的模型，其表示的含义独立于具体的应用环境；②明确(Explicit)，所使用的概念及这些概念的约束条件都有明确的定义；③形式化(Formal)，本体是没有歧义的，计算机可读的；④共享(Share)，本体中体现的是共同认可的知识，反映的是相关领域中公认的概念集(彭春光等，2009)。

城市规划数据具有显著的时空特性及存储、表达和来源的多样性：按数据是否具有空间图形信息，可以分为空间数据与非空间数据；按数据产生方式的不同，可以分为实测数据和统计数据；按数据用途的不同，可分为信息描述数据和管理数据；按数据形式的不同，可以分为图形、图像、文字、表格、统计图等多种形式。多源异构是城市规划数据的基本特征，规划数据的复杂性由此产生，但同时，城市规划数据具有鲜明的时空特征，即任何数据均是对某一城市空间区域或城市空间对象某一时刻或某一时段的特征的描述，这一重要特征为城市规划数据的抽象提供了切入点，借助 Gruber(1995)最早提出的本体概念对城市规划数据进行结构化抽象，构建城市规划数据概念模型，以支持数据的规划语义理解和后续对数据互操作的实现。

本体按照不同的逻辑层次建立，具有很好的粒度特征，适于知识的表达(李宏伟等，2008)。对城市规划数据而言，按照领域依赖程度对本体层次进行划分，使通用的静态知识和利用这些知识解决城市规划应用问题的动态任务分离,可分为顶层本体、领域本体、任务本体与应用本体(见图 3-1)。

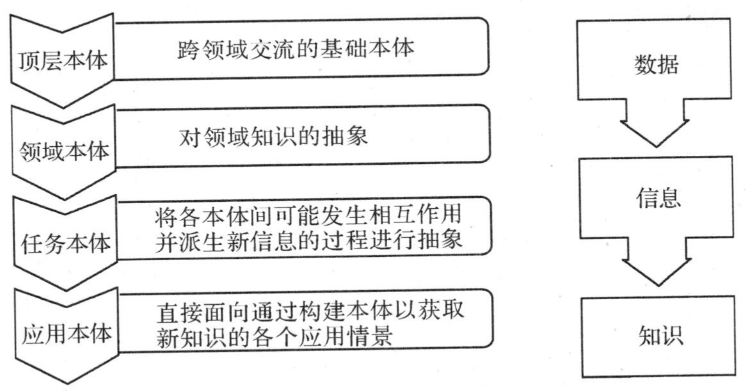

图 3-1 城市规划数据分层本体模型

图 3-1 表达了自上而下的本体分类模式,体现了从基本数据,到城市特征信息,再到规划所需空间知识提取的过程,符合城市规划研究工作的一般过程。

顶层本体:顶层本体面向跨领域的共享和交流,表达一般的、常识性的信息。在城市规划数据中,空间本体是数据元素描述的基本对象单位。城市空间意象理论指出,城市意象的五要素包括道路、边界、区域、节点、地标(Lynch,1960)。这五要素在数据表现上又直接对应于几何常识中的点、线、面几何图形。因此,在顶层本体抽象中,我们选取城市空间中的点、线、面作为基础,对应为位置(点)、流(线)和区域(面),任何描述均是针对这三类空间对象展开,规划成果文本和图件中的各种描述亦是在此基础上进行表达和应用。在顶层本体中,同时包括这些对象的基本几何拓扑关系(参见本书 4.2.1),可以对这种关系进行简单的加工和描述。

领域本体:领域本体在一个特定领域的专业知识的基础上构建,在城市规划数据领域内,赋予地理空间数据城市规划的内涵。我们依据本书所建构的城市空间十大系统,建立一组城市规划数据领域本体,如图 3-2 所示,顶层表达的领域本体包括用地、区划、流和位置等 4 大类。

在图 3-2 中,城市规划领域十大系统都能找到对应信息所处的位置,并能依据该图找到其之间的基本关系,如:地理基底、建设用地和人口对应的空间对象都是面状基本空间实体——用地,建筑包含于一个个建设用地之中。

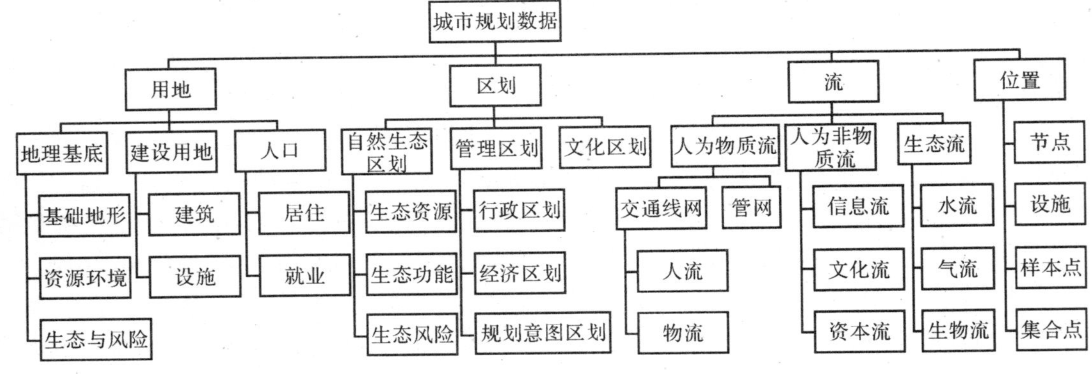

图 3-2 城市规划数据领域本体图

任务本体：城市规划数据任务本体指城市规划面对城市发展问题而需要开展的各项城市规划编制与管理项目工作。通过对城市规划数据开展各种分析，从数据中提取其所蕴含的信息，以支持城市规划编制与管理工作的应用。这类任务本体又可分为两个层次：首先一些更接近领域本体的任务本体对领域本体数据进行加工处理，包括空间关系、空间影响、空间过程，同时开展一些空间评价过程；另一些本体更接近不同类型的城市规划项目，通过对空间区域或区位的各方面特征进行评价分析，回答规划问题(见图 3-3)。

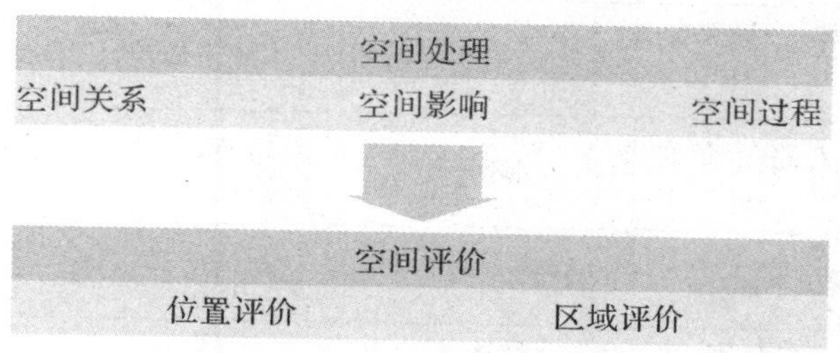

图 3-3 城市规划数据应用分析图

应用本体：在城市规划数据应用层面，应用本体直接对应于各种规划空间分析模型，包括发展规模调控、生态支撑评价、交通网络优化、用地功能拓展、服务设施调整、历史文化空间提升、城市规划方案评价等。这些本体是完整的规划问题，以回答城市规划过程中需要解答的各个关键问题。虽然有关应用本体的内容并不包括在城市规划数据集成中，但数据集成体系中需要充分考虑应用情景，满足应用需求。

城市规划数据集成过程主要围绕上述本体中的领域本体展开，将顶层本体中的点、线、面及其基础几何关系赋予规划含义，并构建用来开展分析、处理空间信息的空间分析工具及其过程。

3.2 城市规划数据的一般形式和信息获取渠道

在概念模型组织完成之后，则需要具体开展数据收集、整理工作。城市规划涉及城市发展和社会经济的各个方面，需要各类基础图件和统计数据的支撑，因此在城市规划项目中，一般通过现状调研和当地各政府部门咨询等途径获得所需数据。在此，本书以福建省长汀县为例，按所需数据信息类型、数据内容、生产方式、数据格式、数据来源的不同进行汇总，见表 3-1。

表 3-1 城市规划数据信息汇总表

数据信息类型	数据内容	生产方式	数据格式	数据来源
基础地形数据	1∶1 000 地形图	不定期测绘更新	DWG 格式	城乡规划建设局
	1∶50 000 地形图	20 世纪七八十年代测绘成果，近期更新 DLG 矢量数据	扫描图片，shape 格式	国家基础地理信息中心
土地覆被和土地利用信息	土地利用现状图	基于地形图手工绘制	纸质矢量化为 DWG 或 shape 格式	实地考察绘制
	土地覆被现状图，相关统计数据	历史和近期调查成果或遥感影像解译	图片或 shape 格式	中国 1∶400 万或 1∶100 万植被类型图，林业局，遥感影像

续 表

数据类型	数据内容	来源方式	数据格式	数据来源
土地覆被和土地利用信息	土地利用总体规划	规划成果	图集和文本	国土局
	土地利用现状图，相关统计数据	规划成果、现状土地调查成果或年度变更调查	图片或 shape 格式数值统计	国土局（土地利用规划现状图），遥感影像解疑
建筑和构筑物信息	建筑物分布、层数和结构	不定期测绘更新	DWG 格式	从基础地形数据中提取
道路交通信息	城区干支路等交通现状图	不定期测绘更新	图片，DWG 或 shape 格式	从基础地形数据中提取
	交通量数据等	实地调查	数值统计	OD 调查和问卷调查
	县域交通现状图（铁路、高速、国道、省道、县乡道）	20 世纪七八十年代测绘成果，近期更新 DLG 矢量数据	图片或 shape 格式	从基础地形数据中提取
	县域交通规划	规划成果	图集和文本	交通局
	桥梁、汽车站、火车站、加油站等位置和相关统计数据	调查统计	数值和文本数据	交通局
	机动车统计报表	年度统计报表	数值数据	交通局
重要基础设施和服务设施信息	城市建设统计年报	年度统计报表	数值数据	建设局
	城市给排水设施规划	规划成果	DWG 格式图件和文本	建设局
	城区污水处理厂现状及规划	规划成果	DWG 格式图件和文本	污水处理厂
	城区各类管网分布和参数	规划成果	DWG 格式图件和文本	建设局
	全县医院分布和统计资料	年度统计	数值数据	卫生局和统计年鉴
	自来水厂概况和用水量	年度统计	数值数据和文本	自来水公司
重要基础设施和服务设施信息	全县学校分布和统计资料	规划成果和年度统计	数值数据和文本	教育局和统计年鉴
	广播电视统计情况	年度统计	数值数据	广播电视事业局
	电力发展情况与规划	规划成果	DWG 数据、数值和文本	供电公司
	其他广场、公园、图书馆、文化站等公共设施情况	规划成果	数值和文本数据	文体局等

续　表

数据类型	数据内容	来源方式	数据格式	数据来源
人口和社会经济统计信息	社区人口等	年度统计报表	数值数据	公安局，计生委，人口普查资料
	分乡镇、分村人口	年度统计报表	数值数据	计生委，人口普查资料
	社会经济数据(县域和乡镇)	年度统计	数值数据	统计年鉴，统计局
水文信息	水系现状图	不定期测绘更新	图片或 shape 数据	从基础地形数据中提取
	河流资料、水文站资料、水库资料、防洪排涝资料	年(月)度统计报表，规划成果	数值和文本数据	水文局或水利局
	流域规划资料	规划成果	数值和文本数据	水文局或水利局
	水文历史资料	年(月)度统计汇总	数值数据	水利局或县志中提取等
环保信息	环境噪声统计资料	年度统计报表	数值数据	环保局
	大气监测统计表	分季度统计报表	数值数据	环保局
	地表水和地下水水质监测表	隔月检测资料	数值数据	环保局
	环境质量报告书	编制专题成果	文本数据	环保局
	污染物排放和城市污水处理等	年度统计报表	数值数据	环保局
	环境保护规划资料	规划成果	文本数据	环保局
文化、生态等其他信息	历史文化资料或县志	出版物	文本数据	县志办
	各级文物保护单位统计表	年度汇总	文本表格数据	文保局
	旅游发展规划资料	规划成果	文本数据	旅游局
	地质灾害防治规划和区划报告	编制专题成果	文本和图件等	国土局
文化、生态等其他信息	历史文化资料或县志	出版物	文本数据	县志办
	历年地质灾害发生情况	年度统计	文本数据	国土局
	林业保护和发展规划	规划成果	文本数据	林业局
	水土保持资料	编制专题成果	文本和图件等	水保局
	产业发展资料	政策文件和规划成果	数据和文本数据	经贸局、纺织局、工商局等

3.3　常用遥感影像数据获取

城市规划的内容涉及面广、工程周期性长、业务工作量大，这使得规划基础资料调查整理的任务复杂艰巨。规划基础资料的内容涉及自然条件、环境状况、资源分布、城市建设、经济社会发展等诸多方面，不仅要提供这些要素在不同空间层次（如建成区、市域、城市所在区域）的分布状况与数量构成，而且还要反映出要素在各个时期的演进过程或变化情况，以便对城市进行宏观与微观相结合的动态研究。遥感技术以其宏观性、实时性及动态、直观的特点为城市基础资料的获取提供了有利的条件。遥感技术在城市规划中的应用最主要的方面是城市空间布局信息分析，根据规划应用的不同要求，可以选用从几十厘米到几十米不同空间分辨率的遥感影像。如在对城市建成区范围和城镇体系分析时，需要提取城市轮廓和周围地区的大小、形状，此时反映的是比较宏观的情况，因此使用中低分辨率的遥感影像就可以胜任；土地利用作为城市规划的基础信息，可以通过遥感影像解译，根据影像的特征（颜色、形状、纹理等）确定城市用地类型，一般中高分辨率遥感影像可以满足城市总体规划的需求，如果是应用于详细规划层面，则需要用到高分辨率遥感影像；建筑密度和建筑容积率确定是城市规划编制过程中计算开发强度的重要工作，利用高分辨率遥感影像可以快速高效地推算出这两个指标。另外，遥感影像在城市环境污染分析中发挥重要作用，如使用热红外波段监测大气污染，利用指定波段的运算反演水体污染等。

在城市规划中，除了要对城市中的各种现状要素进行分析外，还需要对城市变化进行监测，遥感影像因其具有重复成像的特点成为监测城市发展的有效手段。通过不同时相遥感影像的处理分析，可以得到不同地物的动态变化信息。对规划实施情况进行监督检查是城市规划管理部门的一项主要的日常工作，包括监测未经批准的建设工程及检查规划批准项目的落实情况。在城市建设过程中存在一些未批先用、越权批地等违法的建设工程项目，作为城市规划管理部门来说，需要及时发现这些违法行为，并进行立案查处。

3.3.1　部分常用中低分辨率遥感影像

部分常用中低分辨率遥感影像参数如表 3－2 所示。

表 3－2　部分常用中低分辨率遥感影像参数

<table>
<tr><th>项目</th><th>MODIS</th><th>Landsat 系列</th><th>Spot4</th><th>Aster</th></tr>
<tr><td>空间分辨率</td><td>最大可达 250 m</td><td rowspan="5">常用多光谱 30 m，其余根据传感器不同有所区别，具体见表 3－3（Landsat 系列主要的传感器参数）</td><td>全色 10 m，多光谱 20 m</td><td>全色 15 m，多光谱 30 m</td></tr>
<tr><td>重访周期</td><td>4 次/d</td><td>26 d</td><td>16 d</td></tr>
<tr><td>幅宽</td><td>2 330 km</td><td>60 km</td><td>60 km</td></tr>
<tr><td>光谱波段</td><td>36 个波段</td><td>绿、红、近红外、短波红外、全色</td><td>绿、红、近红外、短波红外、热红外</td></tr>
<tr><td>发射时间</td><td>1999、2002 年</td><td>1998 年</td><td>1999 年</td></tr>
<tr><td>所属国家（机构）</td><td>美国</td><td>美国</td><td>法国</td><td>日本</td></tr>
</table>

1）MODIS

1999 年 2 月 18 日，美国成功地发射了地球观测系统（EOS）的第一颗先进的极地轨道环境遥感卫星 Terra。它的主要目标是实现从单系列极轨空间平台上对太阳辐射、大气、海洋和陆地进行综合观测，获取有关海洋、陆地、冰雪圈和太阳动力系统等信息，进行土地利用和土地覆盖研究、气候季节和年际变化研究、自然灾害监测和分析研究、长期气候变率的变化以及大气臭氧变化研究等，进而实现对大气和地球环境变化的长期观测和研究的总体（战略）目标。2002 年 5 月 4 日，美国又成功发射 Aqua 卫星，此后每天可以接收两颗卫星的资料。搭载在 Terra 和 Aqua 两颗卫星上的中分辨率成像光谱仪（MODIS）是美国 EOS 计划中用于观测全球生物和物理过程的重要仪器。它在波长 0.25～1 μm 范围内共有 36 个波段，其最高空间分辨率为 250 m，每 1～2 天对地球表面观测一次，以获取陆地和海洋温度、初级生产率、陆地表面覆盖、云、气溶胶、水汽和火情等目标的图像。

MODIS 数据的典型特点是：①全球免费：美国 NASA（宇航局）对 MODIS 数据实行全球免费接收的政策（Terra 卫星除 MODIS 外的其他传感器获取的数据均采取公开有偿接收和有偿使用的政策），这样的数据接收和使用政策对于目前我国大多数用户来说是不可多得的、廉价且实用的数据资源；②时间分辨率有优势：一天可过境 4 次，对各种突发性、快速变化的自然灾害有更强的实时监测能力；③光谱分辨率大大提高：有 36 个波段，这种多通道观测大大增强了对地球复杂系统的观测能力和对地表类型的识别能力。

2）Landsat 系列

美国 NASA 的陆地卫星（Landsat）计划，从 1972 年以来，已经发射了 8 颗卫星（Landsat6 发射失败）。其中，Landsat1 - 4 均已失效；Landsat5 于 2011 年 11 月开始停止获取影像；Landsat7 发射于 1999 年 4 月，但在 2003 年 5 月底，Landsat7 机载扫描行校正器（Scan Lines Corrector，SLC）突然发生故障，导致获取的图像出现数据重叠和大约 25% 的数据丢失，因此 2003 年 5 月 31 日之后 Landsat7 的所有数据都是异常的；Landsat8 于 2013 年 2 月发射升空，目前已经开始获取影像。Landsat 系列主要的传感器参数如表 3 - 3 所示。图 3 - 4 为长汀县（部分）Landsat8 影像（432 波段合成）。

图 3 - 4　长汀县(部分)Landsat8 影像(432 波段合成)

表 3 - 3　Landsat 系列主要的传感器参数

传感器	TM	ETM+	OLI-TIRS
所安装的卫星	Landsat4 - 5	Landsat7	Landsat8
时间分辨率	16 d	16 d	16 d
空间分辨率	多光谱 30 m，热红外波段 120 m	多光谱 30 m，热红外波段 60 m，全色 15 m	多光谱 30 m，热红外波段 100 m，全色 15 m
幅宽	185 km	185 km	180 km
光谱波段	蓝、绿、红、近红外、短波红外、热红外、中红外	蓝、绿、红、近红外、短波红外、热红外、中红外、全色	气溶胶、蓝、绿、红、近红外、短波红外、热红外、中红外、全色、卷云

续 表

传感器	TM	ETM+	OLI-TIRS
发射时间	1982 年	1999 年	2013 年
光谱范围(μm)	B:0.45～0.52	B:0.45～0.515	B:0.433～0.453
	G:0.52～0.60	G:0.525～0.605	BG:0.45～0.515
	R:0.63～0.69	R:0.63～0.69	G:0.525～0.6
	NIR:0.76～0.90	NIR:0.775～0.90	R:0.63～0.68
	SWIR:1.55～1.75	SWIR:1.55～1.75	NIR:0.845～0.885
	FIR:10.4～12.5	FIR:10.4～12.5	MIR1:1.56～1.66
	MIR:2.08～2.35	MIR:2.09～2.35	MIR2;2.1～2.3
		P:0.52～0.9	P:0.5～0.68
			SWIR:1.36～1.39
			FIR1:10.6～11.2
			FIR2:11.5～12.5

以上两种常见的中低分辨率遥感影像均可以在 NASA 和 USGS(美国地质勘探局)的官方网站上进行免费下载,国内的科研机构也建立了镜像平台方便广大用户使用,如中国科学院计算机网络信息中心建立的地理空间数据云。地理空间数据云提供下列 MODIS 陆地标准产品:地表反射率、地表温度(LST)、地表覆盖、植被指数 NDVI&EVI、温度异常/火产品、叶面积指数 LAI/光合有效辐射分量 FPAR、总初级生产力 GPP;MODIS 中国合成产品(即经过拼接、切割(行政区划切割)、投影转换、单位换算、模型计算等过程得到的中国区域 1 km 长时间序列 LST、NDVI、EVI 产品(2000—2011));MODIS L1B 标准产品。地理空间数据云提供的 Landsat 系列数据包括:Landsat4－5 的 MSS 和 TM 影像、Landsat7 的 ETM＋影像(针对 2003 年出现故障以后的异常数据提供模型进行修复)、Landsat8 的 OLI_TIRS 影像。以上数据的产品类型均为 Level 1T 标准地形校正,即产品经过系统辐射校正和地面控制点几何校正,并且通过 DEM 进行了地形校正。

3) SPOT4

SPOT4 卫星于 1998 年 3 月发射,是法国 SPOT 卫星的第 4 颗卫星,SPOT4 卫星属于第二代卫星,它的有效载荷和定位能力与第一代卫星相比有一定提高,SPOT4 的重访周期为 26 天,可以产生分辨率 10 m 的黑白图像(全色)和分辨率 20 m 的多光谱数据,SPOT4 卫星增加了一个多角度遥感仪器,即宽视域植被探测仪 Vegetation(VGT),用于全球和区域两个层次上,对自然植被和农作物进行连续监测,对大范围的环境变化、气象、海洋等应用研究很有意义。

4) ASTER

ASTER 是美国 NASA(宇航局)与日本 METI(经贸及工业部)合作并由两国的科学界、工业界积极参与的项目。ASTER 是 Terra 卫星上的一种高级光学传感器,它提供了 14 个波段的地面电磁反射、辐射信息,分别为可见光－近红外波段(VNIR)、短波红外波段(SWIR)及热红外波段(TIR)。ASTER 卫星发射于 1999 年,重访周期为 16 天,高度约为 60 km;全色分辨率为 15 m，多光谱分辨率为 30 m。

中低分辨率遥感影像具有资料时间序列完整、获取便利的优势，在城市规划领域应用广泛。获取此类分辨率遥感影像的信息主要采用计算机解译的方法，以计算机系统为支撑环境，利用模式识别技术与人工智能技术相结合，根据遥感影像中目标地物的各种影像特征(颜色、形状、纹理与空间位置)，结合专家知识库中目标地物的解译经验和成像规律等知识进行分析和推理，实现对遥感影像的理解，完成解译工作。

中低分辨率遥感影像在城市与区域规划中已获得了成功的应用，例如张新焕等(2006)以乌鲁木齐都市圈为例，使用长时间的遥感影像监测城市的空间发展范围：首先，通过对所选取的时间节点的开始、中期、结束的典型遥感影像进行解译，提取研究区主要的用地信息；然后，基于解译信息分析农业用地、城镇用地与农村居民点的变化情况，揭示城市的动态演化过程；再次，探讨研究区发展过程中出现的行政界限束缚城镇发展、城镇间无序化的分散发展等空间问题；最后，在分析动态变化的基础上，针对现有的空间发展问题，提出发展构想，以期对地区未来空间合理发展提供借鉴。

3.3.2　部分常用中高分辨率遥感影像

部分常用中高分辨率遥感影像参数如表 3-4 所示。

表 3-4　部分常用中高分辨率遥感影像参数

卫星名称	SPOT5	SPOT6	福卫 2 号	RapidEye	ALOS
分辨率	全色 2.5 m、5 m 多光谱 10 m	全色 1.5 m 多光谱 6 m	全色 2 m 多光谱 8 m	多光谱 5 m	全色 2.5 m 多光谱 10 m
幅宽	60 km	60 km	24 km	77 km	35 km、70 km
重访周期	26 d	1 d	1 d	1 d	2 d
光谱波段	0.48～0.71 μm (全色)	0.45～0.75 μm (全色)	0.45～0.90 μm (全色)	0.4～0.51 μm (蓝)	0.52～0.77 μm (全色)
	0.5～0.59 μm (绿)	0.45～0.52 μm (蓝)	0.44～0.52 μm (蓝)	0.52～0.59 μm (绿)	0.42～0.50 μm (蓝)
	0.61～0.68 μm (红)	0.53～0.59 μm (绿)	0.52～0.6 μm (绿)	0.63～0.68 μm (红)	0.52～0.6 μm (绿)
	0.78～0.89 μm (近红外)	0.62～0.69 μm (红)	0.63～0.69 μm (红)	0.69～0.73 μm (红边)	0.61～0.69 μm (红)
	0.78～0.89 μm (短波红外)	0.76～0.89 μm (近红外)	0.76～0.9 μm (近红外)	0.76～0.85 μm (近红外)	0.76～0.89 μm (近红外)
发射时间	2002 年	2012 年	2004 年	2008 年	2011、2012 年
所属国家或地区	法国	法国	中国台湾	德国	日本

该类分辨率的遥感影像基本需要专门经费购置，分辨率适中，一般用于获取城市土地利用现状图，获取方法以目视解译为主，由专业人员通过直接观察或借助判读仪器在遥感图像上获取特点目标地物信息。

张新焕等(2009)以水网密集区江苏省吴江市为例，采用 2000 年和 2004 年的 SPOT 影像，以人机交互目视解译方法提取具有代表性的土地利用类型，依据提取的信息对土地利用变化进行分析，统计两期各类用地的面积，计算研究期内各类用地的增长规模、变化速率与变化强度，并且通过GIS的叠置分析功能计算各类用地的转移矩阵，分析各类用地的增长情况。根据结果，对土地利用过程中出现的问题进行分析，同时对建设用地的空间潜力进行评价，为城市规划的编制提供理论依据。如图 3－5 所示为长汀县(部分)Spot5影像。

图 3－5　长汀县(部分)Spot5 影像

3.3.3　部分常用高分辨率遥感影像

部分常用高分辨率遥感影像参数如表 3－5 所示。

表 3－5　部分常用高分辨率遥感影像参数

卫星名称	IKON mOS	QUICKBIRD	GeoEye－1	WorldView－2	WorldView－3	PLEIADES
分辨率	全色 1 m 多光谱 4 m	全色 0.61 m 多光谱 2.44 m	全色 0.41 m 多光谱 1.65 m	全色 0.5 m 多光谱 1.8 m	全色 0.31 m 可见光与近红外 1.24 m	全色 0.5 m 多光谱 2 m
幅宽	11 km	16.5 km	15 km	16.4 km	13.1 km	20 km
重访周期	3 d	1～6 d	2～3 d	1.7 d	小于 1 d	1 d
光谱波段	0.45～0.90 μm(全色)	0.45～0.90 μm(全色)	0.45～0.80 μm(全色)	0.45～0.80 μm(全色)	0.45～0.80 μm(全色)	0.47～0.83 μm(全色)
	0.45～0.52 μm (蓝)	0.45～0.51 μm (蓝)	0.45～0.51 μm (蓝)	0.45～0.51 μm (蓝)	0.40～1.04 μm(8 个多光谱)	0.43～0.55 μm (蓝)
	0.51～0.60 μm (绿)	0.51～0.58 μm (绿)	0.51～0.58 μm (绿)	0.51～0.58 μm (绿)	1.195～2.365 μm(8个红边)	0.50～0.62 μm (绿)
	0.63～0.70 μm (红)	0.655～0.69 μm (红)	0.655～0.69 μm (红)	0.63～0.69 μm (红)	0.405～2.245 μm（12 个 CAVIS 波度）	0.59～0.71 μm (红)
	0.76～0.85 μm (近红外)	0.78～0.92 μm (近红外)	0.78～0.92 μm (近红外)	0.77～0.89 μm（近红外 1）	0.74～0.94 μm (近红外)	
				0.86～1.04 μm (近红外 2)		
				红边波段、黄色波段等		
发射时间	1999 年	2001 年	2008 年	2009 年	2014 年	2011、2012 年
所属公司(机构)	DigitalGlobe	DigitalGlobe (2015 年 1 月已退役)	DigitalGlobe	DigitalGlobe	DigitalGlobe	法国国家空间技术研究中心

随着我国城市化的快速推进，大城市的建筑空间正在逐渐从高密度低容积率、高密度高容积率，向低密度高容积率和低密度低容积率转变，城市景观业已发生了巨大的变化。作为反映人们居住环境和生活质量的重要指标，建筑密度及其容积率日益受到城市规划部门的关注。容积率的估算方法一般有实地调查法、阴影长度法等等，但这些方法只适用于小区域范围，面对整个城区尤其是大中城市时存在明显的缺陷，而基于高分辨率遥感影像的阴影面积法具有速度快、效率高的特点，基本能够满足中尺度大都市空间建设动态监测的需要。韩雪培等(2005)基于 QUICKBIRD 影像，通过建筑阴影的提取与处理、阴影矢量化、阴影噪声处理、阴影坐标变换和面积统计，再将街区建筑总面积与阴影面积进行相关分析，最后对上海市中心城区建筑的容积率做了全面估算。虽然 QUICKBIRD 卫星已于 2015 年 1 月底结束使命退出服务，但其在生命周期内积累了大量具有极高价值的存档数据，依然是规划工作常用数据来源之一。

高分辨率在历史文化名城保护规划中也发挥了巨大的作用。徐建刚等(2005)在具体的规划工作中以长汀县 1 m 分辨率 IKONOS 影像为依据，进行建筑类型识别工作，为城市建筑风貌的分析提供了有力的帮助。此外，通过长汀古城的影像分析判读，可以分别统计出古城内保护完好、有零星搭建和已有破坏的各种传统历史风貌区所占的百分比，为古城历史风貌保护规划提供了科学的依据。如图 3-6 所示为长汀县(部分)IKONOS 影像。

图 3-6 长汀县(部分)IKONOS 影像

3.3.4 常用国产卫星影像资源

随着卫星遥感技术的飞速发展，我国现已具备中巴地球资源卫星、环境减灾卫星、立体测绘卫星、高分系列卫星等多星影像获取能力，拥有高空间分辨率(≤1 m)、高时间分辨率、高光谱分辨率、宽视场多角度的多种高级传感器技术，形成了传感器种类较为齐全的综合对地观测体系。目前主要的国产卫星有北京一号、高分一号、高分二号、天绘一号、资源三号、中巴地球资源卫星系列、遥感二号、环境减灾卫星等，表3-6 列出了几种代表性国产卫星的影像参数。国产遥感卫星影像将在城市规划中的日常应用和专题研究中扮演愈发重要的角色。

表 3-6 常用国产卫星的影像参数

卫星名称	CBERS-2B	高分一号	高分二号	资源三号	遥感二号
分辨率	全色 2.5 m 多光谱 23 m	全色 2 m 多光谱 8 m	全色 0.8 m 多光谱 3.2 m	全色 2.5 m 多光谱 32 m	全色 2 m
幅宽	全色 27 km 多光谱 113 km	最低 60 km	最低 45 km	52 km	25 km
重访周期	2 d	4 d	5 d	5 d	
光谱波段	蓝、绿、红、近红外、短波红外、全色	蓝、绿、红、近红外、全色	蓝、绿、红、近红外、全色	蓝、绿、红、近红外、全色	全色
发射时间	2007 年	2013 年	2014 年	2012 年	2007 年
设计寿命	2 年	5～8 年	5～8 年	5 年	

2006年我国政府将高分辨率对地观测系统重大专项(简称高分专项)列入《国家中长期科学与技术发展规划纲要(2006—2020年)》,2010年5月高分专项全面启动实施。高分专项的主要使命是加快我国空间信息与应用技术发展,提升自主创新能力,建设先进的高分辨率对地观测系统,满足国民经济建设、社会发展和国家安全的需要(国家航天局,2013)。表3-6中的资源系列卫星,高分、遥感系列卫星均属于高分专项的重要组成部分。目前,高分专项初步具备了在城乡规划遥感监测、风景名胜区遥感监测、城市建筑物识别、城市污水处理设施识别等专题产品的生产能力。2015年3月6日,高分二号卫星正式投入使用,提供0.8 m全色和3.2 m多光谱分辨率影像,结束了我国民用亚米级卫星遥感影像完全依赖国外公司的历史。

高分专项是新型城镇化建设的重要支撑。过去,城镇化建设中的建筑数据获取主要依靠人工丈量,城市水环境、热环境等数据获取主要依靠人工采集,操作手段落后,任务量大,时效性低,并且存在较大的误差,给城镇化监测带来了很大困难。高分专项可以实现对城镇大范围的实时监测,如城市增长边界控制是城镇建设过程中的一项重要内容,通过高分卫星在不同时间获取的同一城市影像图,我们能清晰对比出城市的扩张速度和方向。此外,高分专项还可以为城镇化建设中的建筑节能改造监测评估、城市水环境水质监测反演、城市园林绿化监测评价、保障房建设过程监管、城市排水防涝监测评估等各类应用提供有力的技术支撑。

住房与城乡建设部拟将结合正在开展的智慧城市、"三规合一"等试点,指导建设基于国产高分数据的"多规融合"平台,提升城市规划编制与项目设计的科学性;深入开展城市总体规划、历史文化名城保护规划、风景名胜区规划的遥感监测,实现"规划一张图管到底";综合应用高分各类传感器数据,开展城市水处理、垃圾处理、园林绿化等生态环境指标监测,城市建筑能耗、可再生能源建筑利用的监测评估,为城市节能减排和可持续发展保驾护航。

3.3.5 常用在线影像资源

(1) 谷歌(Google)

Google在线影像资源主要分为两大类:Google Maps里面的卫星影像资源和Google Earth(谷歌地球,下文简称GE)里面的卫星影像资源。两者都提供了不同尺度(高、中、低)分辨率的遥感影像,Google是全球第一家将遥感影像资源整合到地图服务的网络服务商。Google在线影像资源以其快速更新,分辨率高(主要城市的分辨率均优于5 m,有的甚至达到米级),简便易用的特点获得了规划师的青睐,加快了遥感技术在城市规划领域的推广。

GE分普通版和专业版,其影像图数据不能实现直接下载,可以采用软件提供的"保存图像"工具将当期屏幕显示的图像以JPG的文件格式保存到指定的文件夹中;为了使保存的图像能够拼接,必须在图像四角重叠的地方设置拼图控制点,控制点可以通过软件提供的"添加坐标"工具进行。

目前规划设计成果多采用二维平面信息来反映多维信息,这样将存在着许多缺陷。通过构建并导入三维模型,在GE平台中建立三维虚拟环境,在此基础上进行规划审批,可以更加直观与全面。通过全方位自由控制场景,人机交互,在漫游的同时,规划方案设计中的缺陷能够轻易地呈现出来,可以减少由于事先规划不周全而造成的无可挽回的损失与遗憾,从而大大提高了规划设计审批的效率。三维环境中最重要的地理对象是虚拟环境的三维空间基础。GE平台中的三维景观主要是城市中的建筑物、特征物等。一般情况下,采用比较通用的建模工具3DS MAX来进行地表、建筑物、构筑物等的建模,然后进行数据转换,转换成DAE格式的三维数据,最后导入GE平台中。GE中的三维建筑物是以三维地标形式存储和管理。图

3－7 为长汀县(部分)GE 影像。

图 3－7 长汀县(部分)GE 影像(来源:Google Maps)

(2) 微软

微软的在线影像资源也分为两大类:Bing Maps 和 Microsoft Virtual Earth Online,两者都提供了不同尺度(高、中、低)分辨率的遥感影像,后者还有正射影像资源。

Bing Maps 是微软公司推出的 Bing 服务中的线上地图服务,中文网址为 http://cn.bing.com/ditu 和 http://cn.bing.com/maps/,工作原理类似 GE,可以逐级地改变地图的比例尺,并提供矢量地图和卫星地图这两种显示模式。与其他在线地图相比,Bing Maps 最大的特色在于 45°鸟瞰(bird'seye) 的视角。

基于 ArcGIS 和 Bing Maps 可以快速制作遥感影像图,在 ArcGIS 中添加 Bing Maps 作为底图,保留 Bing Maps 影像原有的高分辨率(每个像素覆盖 30 cm×30 cm 的地面面积),分块保存有一定的重叠和交叉的各 Bing Maps 底图;在 Photoshop 软件中无缝拼接分块底图,形成完整的地图文件,并对影像进行图像增强处理;最后经过图像检查与整饰后进行存盘或打印。

(3) 百度地图

百度在线影像资源地址为 http://map.baidu.com/,提供了不同尺度(高、中、低)分辨率的遥感影像,其中,中、高分辨率的影像主要局限于国内的范围。

(4) 高德地图

高德在线影像资源的地址为 http://www.amap.com/,是目前国内主流地图提供商之一,现已被阿里巴巴收购。提供了不同尺度(高、中、低)分辨率的遥感影像,其中,中、高分辨率的影像也是主要局限于国内的范围。

(5) 天地图

"天地图"在线影像资源地址为 http://www.tianditu.cn/map/index.html,是国家测绘地理信息局主导建设的国家地理信息公共服务平台,它是"数字中国"的重要组成部分。"天地图"的目的在于促进地理信息资源共享和高效利用,提高测绘地理信息公共服务能力和水平,改进测绘地理信息成果的服务方式,更好地满足国家信息化建设的需要,为社会公众的工作和生活提供方便。"天地图"中的数据是依据统一的标准规范,由国家、省、市测绘行政主管部门和相关专业部门、企业采用"分建共享,协同更新、在线集成"的方式生产和提供。天地图在线影像资源是目前国内最完整的,拥有不同尺度(高、中、低)分辨率的遥感影像,还有地形数据、三维数据等。天地图还提供了两种不同的投影(经纬度和球面墨卡托),可以在两种投影之间进行切换。

随着城市建设进程的加快,城市规划管理工作也面临新的挑战和压力。以往城市规划管理者经常需要通过规划办公系统来了解和掌握城市规划情况,这种传统的工作模式依赖于有线网络,对日常管理的实时性、便携性限制较大,难以随时获取需要的信息。对于规划管理来说,只有在掌握丰富的各类城市现状及规划信息的基础上,才能做出更加科学的决策。因此,城市规划管理者需要移动化、智能化的信息平台。目前国内各个城市正在积极推动天地图市级节点的建设,其采用的基于空间信息服务的应用架构正好为移动应用提供了必要的技术平台和数据支撑,特别是越来越多的城市专题数据和规划成果信息的发布,也为面向规划管理的移动平台建设提供了数据基础和应用环境。

4 城市规划数据对象模型与建库

城市作为一个复杂适应系统，其内部子系统间具有复杂的相互适应关系。城市脱胎于区域，城市系统本身作为区域系统的子系统，与区域环境和其他城市子系统间也存在着复杂的相互适应关系。处理好区域系统内各子系统间的相互作用关系，是区域协调发展的关键。

目前，我国已基本形成了主体功能区划、城镇体系规划、区域规划、城市总体规划、分区规划和城市详细规划为主的空间规划体系。如图 4－1 所示为我国空间规划体系关系图。全国主体功能区规划是其他空间规划进行用地空间布局和空间资源调配的基本依据。从空间粒度(空间最小可识别单元)的角度讲，主体功能区规划和全国城镇体系规划的空间粒度为城市群、经济区、都市区等跨省级行政区的区域单元；省级主体功能区规划、省域城镇体系规划和区域规划的空间粒度为跨市(县)行政区的区域单元；城市总体规划的空间粒度为市(县)级行政单元。

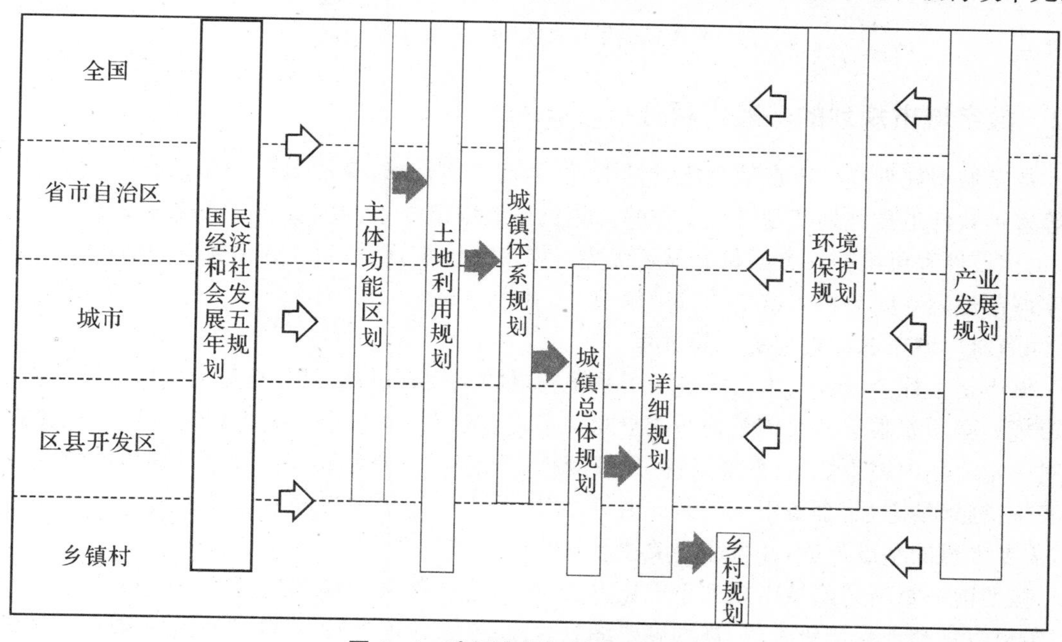

图 4－1　我国空间规划体系关系图

如图 4－2 所示为福建省主体功能区划分，长汀在《福建省主体功能区规划》中被划分为闽西南绿色农产品主产区。长汀以建设生态农业，特别是无公害农产品、绿色食品和有机食品的生产和加工为特点，形成以发展生态型畜牧业和粮食、林竹、茶叶、蔬菜、花卉、水果、油料、食用菌、中药材等为重点的国家级农产品主产区。

不同层级的城市规划对城市规划数据的类型、尺度和内容有不同的要求，本章首先分析数字城市规划的一般过程，再以实例介绍城市规划数据库的设计和组织。

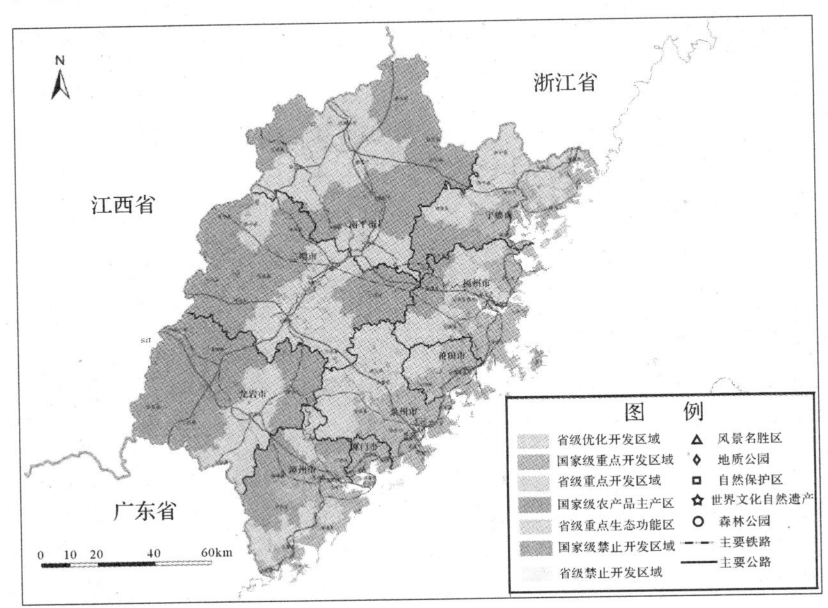

图 4-2 福建省主体功能区划分

资料来源:《福建省主体功能区规划》(2012)

4.1 数字城市规划的一般过程分析

数字城市规划是城市在信息化背景下，借助计算机技术，应用 RS、GIS、统计分析、三维制图等多种软件工具规划编制管理工作的。相比传统城市规划，数字城市规划在科学性、定量分析、可比较性和可维护性方面具有显著优势。城市总体规划、专项规划是数字城市规划尤其是数字城市规划空间分析最重要的应用领域。

4.1.1 城市总体规划的一般过程

城市是由社会、经济、生态等各大子系统构成的空间有机体，是一个复杂适应系统。因此，城市规划必须着眼于各大子系统间的空间关系，从城市整体和全局进行规划。城市总体规划是对一定时期内城市性质、发展目标、发展规模、土地利用、空间布局以及各项建设的综合部署和实施措施(吴志强、李德华，2010)。可见，城市总体规划是城市规划体系中最具综合性的规划，需要大量的基础数据，并且需要关注数据间的空间关系。

按照前一章所述的城市规划系统化方法，城市总体规划的编制过程可以大致分为 5 个阶段：资料收集和现状调研阶段、规划纲要编制阶段、专家评审阶段、行政评审阶段和上报审批阶段。图 4-3 列出了数字城市总体规划的一般过程。其中，城市总体规划的编制主要工作集中在前两个阶段，在这两个阶段集中体现了规划人员的规划思想、理念和方法。GIS 技术为城市规划在技术层面提供了强有力的理性分析工具，下面简要介绍 GIS 技术在上述阶段中的应用。

城市现状图的制作是资料收集和现状调研阶段一项重要的工作。传统的城市现状图一般用 AutoCAD 软件制作。这样制作的现状图往往只能表达单一的信息，用地的属性数据和空间形状无法形成必要的关联，不利于进行更深入的分析。借助 GIS 技术，我们可以有效地将用地的属性数据（建筑高度、建筑质量、道路宽度等属性）和空间数据关联起来，并利用 GIS 分析模块制作现状容积率、现状建筑质量等专题地图。制作好的城市现状图可以作为城市基础数据库，方便调用并可进行进一步的分析。

规划纲要编制阶段是城市总体规划编制工作的重点和难点。GIS 技术的引入能很好地辅助规划研究和规划方案设计。在确定城市增长边界和四区划定时，我们可以综合应用城市用地适宜性分析模型和生态敏感性分析模型，科学合理地确定城市增长边界和划定四区，减少规划的主观性，增加规划的科学性；在确定城市交通发展战略时，我们可以应用城市路网评估和交通影响评价模型，合理规划城市交通布局；在确定重大公共基础设施布局时，我们可以应用城市设施公平性布局模型，合理布局城市重大公共基础设施；在建设综合防灾体系时可以应用城市洪水淹没风险评估模型，合理布局城市综合防灾设施。

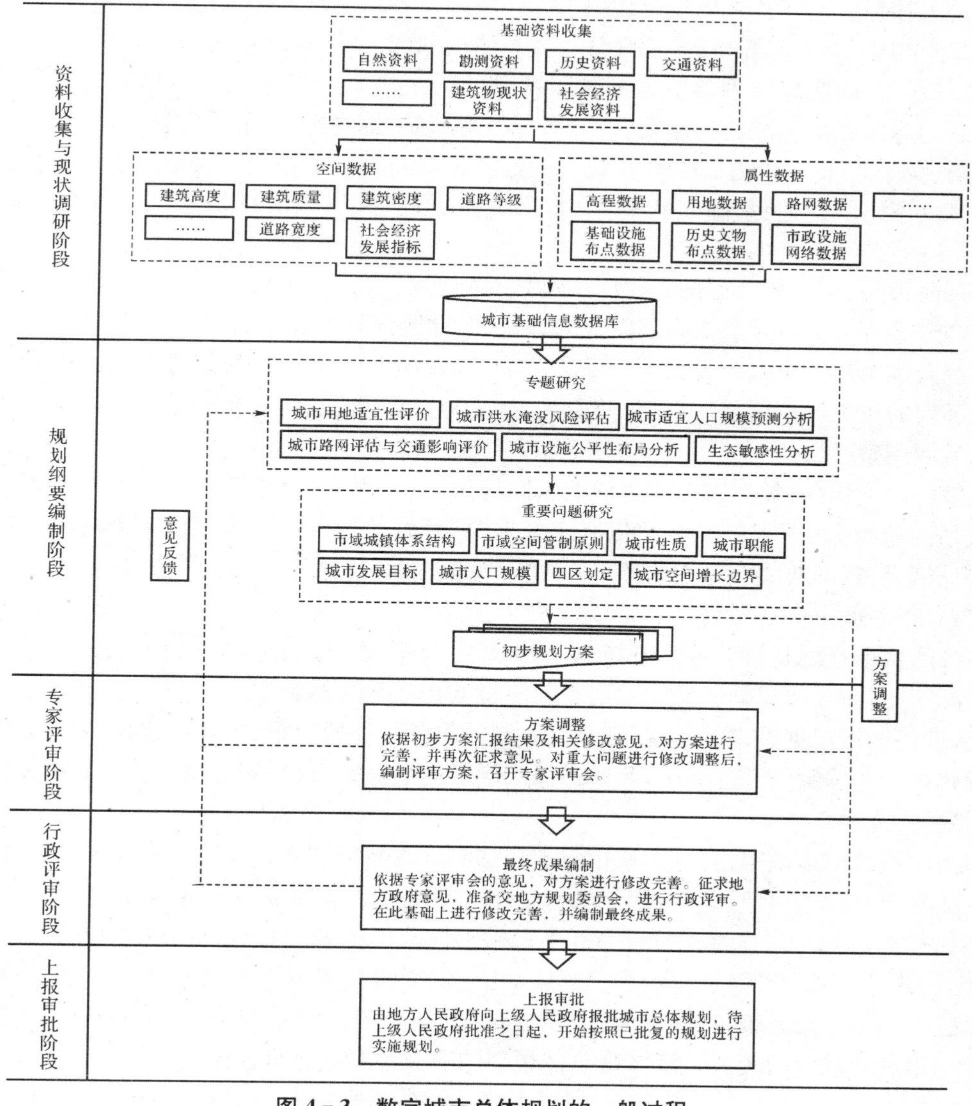

图 4-3　数字城市总体规划的一般过程

下面我们通过对《长汀县城市总体规划》编制过程的分析回顾，来看看 GIS 技术在实际规划过程中是如何应用的。

长汀县位于福建省西南部，县域总面积为 3 098.9 km^2，隶属于龙岩市，地处闽赣边陲要冲，是福建省的西大门。长汀作为国家历史文化名城，千山竞秀、群峦叠嶂、环境优美，具有独特的城池格局、传统的历史街区、古朴的客家建筑风貌。长汀旅游资源丰富、生态环境良好。长汀县城市总体规划的编制经历了以下三个阶段：

第一阶段是 2006 年开始的《长汀县城市总体规划(2006—2020)》的编制。在全球化背景下，一方面，我国长江三角洲、珠江三角洲等经济发达地区用地紧张以及生产运行成本不断提高，沿海发达地区产业结构不断调整升级，低端产业逐步向低成本内陆地区转移；另一方面，海西经济区的建设以及 319 国道的建设对长汀区域经济和交通环境的改善，给长汀发展带来了重大机遇。上一轮《长汀县县城总体规划(2002—2020)》已经无法适应新时代背景下长汀城市的发展需求，因此，长汀县人民政府组织了新一轮总体规划编制。

第二阶段是 2009 年开始的《长汀县县城总体规划(2009—2030)》的修订。2009 年 4 月 26 日两岸“三通”全面实现，5 月 6 日国务院印发《关于支持福建省加快建设海峡西岸经济区的若干意见》，为海西经济区产业快速发展，加强与台湾产业对接提供了重要机遇。另一方面，随着赣龙铁路、龙长高速公路竣工通车，长汀产业经济发展与城市化进程进入新时期。日益改善的区域环境也要求规划能紧随时代的步伐，因此，长汀县人民政府组织了第二次总体规划的调整。

第三阶段是 2014 年开始的《长汀县县城总体规划(2014—2030)》的修订。鉴于最近三年长汀社会经济发展的迅猛势头，福建(龙岩)稀土工业园的开工建设、长汀县河田镇被列为省级小城镇综合改革建设试点镇等一系列重大改变，以及赣龙铁路复线的即将建成通车对长汀区域交通环境的重大影响，长汀县人民政府又组织了对上一轮总体规划进行修订，即第三次总体规划的编制调整。

短短的六七年间，长汀县总体规划的编制经过了三次修订。这正体现了本书所提倡的适应性规划的思想，我国正处在城镇化快速发展时期，城市的区域环境正发生着日新月异的变化，城市规划只有不断适应变化的环境，才能保证其时效性及有效性。这就要求规划是一个动态的规划，一个适应性的规划。

传统的城市规划是目标导向型规划，在规划编制过程中往往忽略了影响城市发展中的地域性实际问题，而导致规划方案的不切实际不可实施。对实际问题的本质认知比教条的理论更重要，现代城市规划越来越重视问题导向，制定能够解决城市发展实际问题的规划方案。在三次总体规划的编制修订过程中，我们遵循问题导向的原则，旨在解决制约长汀城市发展中的主要问题。

作为典型的山地城市，长汀在城市发展中遇到的首要问题就是建设用地规模与存量不足。城市快速发展过程中对建设用地的需求与生态环境保护的平衡是长汀未来城市发展的关键。我们运用 GIS 的用地适应性评价模型和生态敏感性分析模型，对长汀县域用地进行了综合评价，划定了禁建区、限建区、适建区和已建区，并制定了组团式发展战略。此外，我们还对城市规模、交通组织、生态环境、产业发展、居住分异等问题进行了专题研究。这些问题都是长汀亟待解决的重点和难点问题。长汀城市总体规划的适应性规划过程如图 4-4 所示。

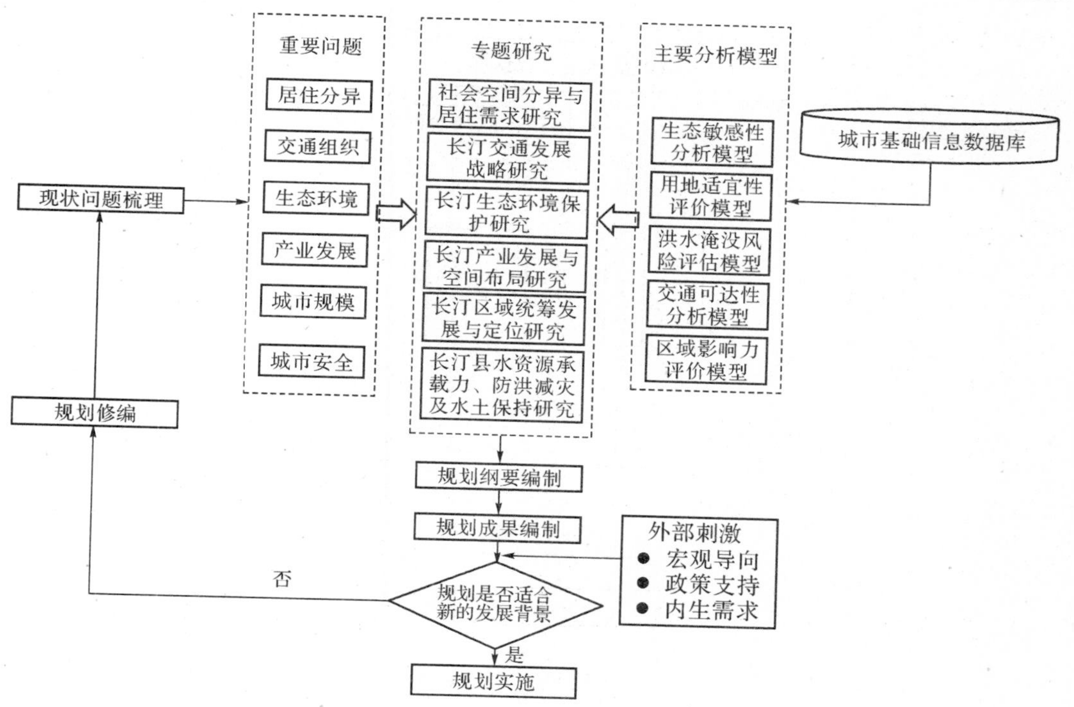

图 4－4 长汀城市总体规划的适应性规划过程

4.1.2 专项规划过程示例

1）城市交通与道路系统规划

城市形成发展与城市交通的形成与发展之间有着非常密切的联系。早期的城市一般沿交通线形成城市的雏形。同时，随着城市功能的完善和规模的扩大，城市交通也随之发展。这就是城市交通与城市相辅相成相互促进的发展过程(吴志强、李德华，2010)。

城市交通网络布局模式很大程度上决定了城市形态。在城市开发中，交通环境改善可以提高土地价值和其他服务设施水平，同时，土地的开发也促进了交通的建设。因此，交通规划与土地利用规划必须作为一个整体来考虑。脱离了土地规划的交通规划，必然无法满足日益发展的城市需求，也是造成城市交通拥堵的主要原因之一。借助 GIS 的空间分析模型，我们能够科学合理地构建交通与土地之间的联系，分析交通与土地之间的相互作用关系，从而更科学合理地制定交通发展战略和道路系统的布局结构。如图 4－5 所示为城市交通与道路系统规划一般过程。

2）区域生态规划

区域生态规划是对人与自然环境的关系进行协调完善的生态规划类型。在城市中实现人与自然的和谐是城市未来发展的关键，也是城市规划的主要目标之一。城市生态系统与区域生态系统息息相关、密不可分。因此，要在城市与区域同步发展的前提下，解决城市生态环境问题，调节城市生态系统活性，增强城市生态系统的稳定性，建立城市与区域双重的和谐结构。区域生态规划的目的是使城市经济、社会系统在环境承载力允许的范围之内发展，从而实现城市的可持续发展。

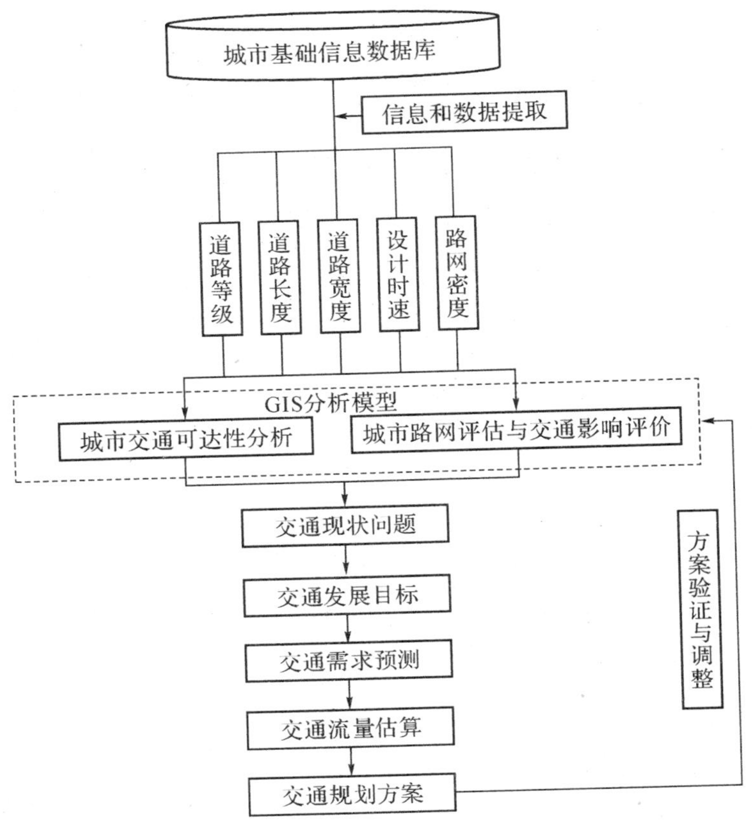

图 4-5　城市交通与道路系统规划一般过程

在实际规划中，常利用生态敏感性分析方法对区域生态环境进行分析。生态敏感性是指生态系统对人类活动反应的敏感程度，用来反映产生生态失衡与环境问题的可能性大小。可以借助 GIS 的空间分析功能，利用生态敏感性分析模型对区域生态环境进行分析，划定敏感区，为城市总体规划提供依据。在进行生态敏感性分析时，首先要分析区域可能遇到的生态环境问题，然后制定相应的评价指标体系，并确定评分标准，最后利用 GIS 分析，制作敏感性分区图。图 4-6 为区域生态规划一般过程。

4.2　城市规划数据结构设计

从整体上看，城市规划需要处理城市这一复杂巨系统内各种空间相互关系，现代城市规划科学是伴随着城市化过程中出现的“城市病”和“城市问题”而不断发展的。随着城市化的发展，我国城市化的无序蔓延现象逐渐凸显，已引发严重的土地资源浪费、生态环境恶化和文化遗产湮没等问题(徐建刚等，2000)。在市场经济条件下，城市规划管理工作因其准确性、科学化和规范化要求，规划编制和管理中的决策支持都需要大量的信息收集、分析、综合和评估等工作。因此，城市规划与管理只有在强有力的信息技术和城市规划专家知识的结合下，才能做到真正科学决策和管理。

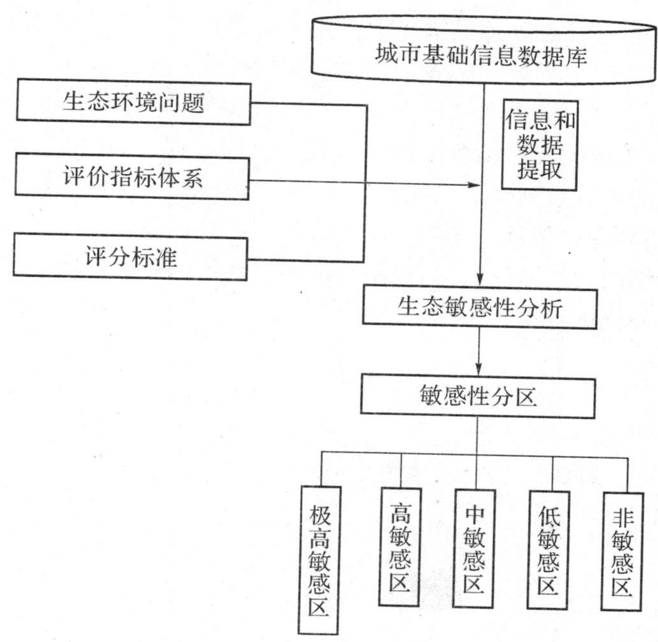

图 4-6　区域生态规划一般过程

城市规划过程中大部分数据都具有某种形式的地理空间信息，随着计算机技术和地理空间技术的发展，一个基于地理信息系统、融合现代城市系统工程和计算机信息技术的城市规划信息系统(Urban Planning Information System，UPIS)的产生与发展，将使城市规划与管理工作更加科学化和理性化。城市规划与管理的方法和手段也随着地理信息系统、遥感技术和全球定位技术的发展和融合得到更新。如图 4-7 所示，城市规划过程中通过行为主体和外部环境自身及相互作用的概念模型，将其转为数据模型存储于计算机，根据不同的空间模型对规划编制、规划实施和规划管理提供支撑。

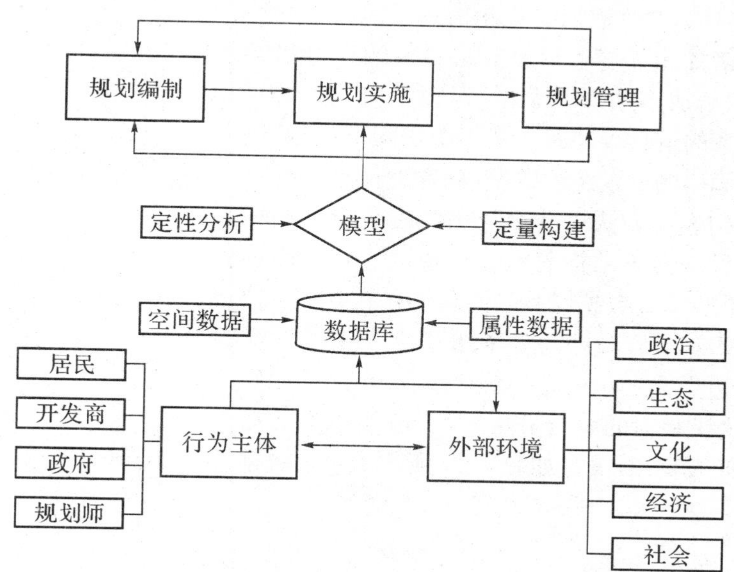

图 4-7　城市规划数据库和模型在规划过程中的应用

空间实体在计算机存储和处理的描述中主要表征为两种形式:显式描述和隐式描述。显式描述是指通过栅格中一系列像元来表示具体的地物类型。显式描述对地物部分的像元赋以编码值,位置则由行列号定义,进而使计算机识别这些像元,即通常所说的栅格数据格式。隐式描述通过点、线、面等空间要素结合拓扑关系表达空间实体,位置由二维平面坐标系中的坐标确定,即通常所说的矢量数据格式。如图 4-8 所示,一幅具有河流、绿地和变电站的地图可以分别采用显式描述和隐式描述。图(a)用显式方法描述实体,图(b)用隐式方法描述实体。图(a)利用直观的栅格网表述地物的形态,根据地物属性不同赋以不同的代码值;图(b)则利用一组点、线及面表示不同的地物。

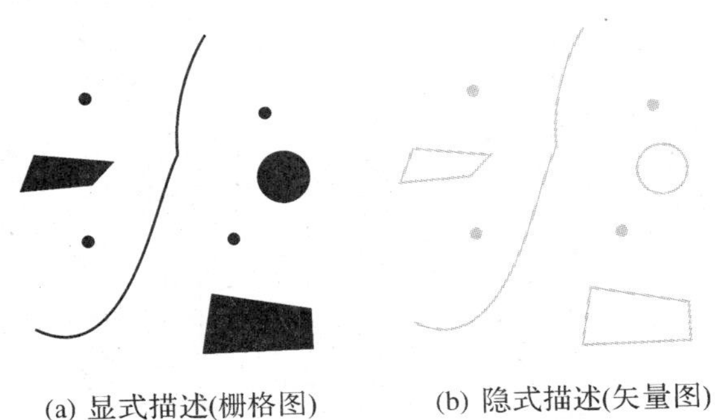

(a) 显式描述(栅格图)　(b) 隐式描述(矢量图)

图 4-8　计算机描述现实世界的空间方法

4.2.1　矢量数据库设计

矢量数据格式通过一系列(x, y)坐标确定地理实体的位置,通过记录坐标的方式精确表达点、线、面等空间实体。如图 4-9 所示,点、线、面通过(x, y)坐标表示矢量编码方法,文件结构比较简单,较易实现以多边形为单位的运算和显示。矢量数据结构直观明了,每个点、线、面都代表一种地理实体(规划实体),如村落、道路、地块等。在城市规划设计的常规表达和查询统计模块中,可以利用这种数据结构进行组织,符合大多数人的习惯,也容易和城市规划管理相衔接。但是矢量数据结构也会产生诸如相邻多边形公共边重复输入引起的边界不重合、无法解决多边形关系中“洞”和“岛”的结构、缺少相邻区域关系的信息等问题。基于上述问题,矢量数据采用拓扑结构编码的方式组织数据,故地理信息空间数据的矢量数据结构表示方法可分为简单结构表示法和拓扑结构表示法两种。简单结构表示法实现过程相对简单方便,称之为实体型矢量数据结构,主要应用于桌面型地理信息系统,如 MapInfo、ArcView 等;拓扑结构表示法能较好地处理面和边界线之间相互关系查询、面和面的相邻查询、面和面以及线和面的叠合分析,大多应用于专业型地理信息系统,如 ArcGIS 等。如表 4-1 所示为矢量数据表示方式表。

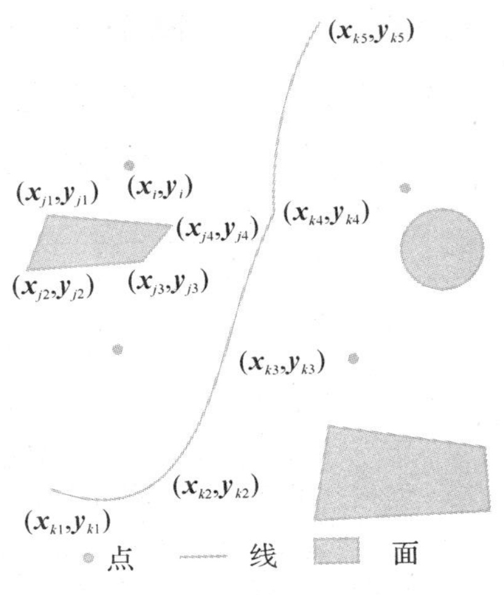

图 4-9　矢量数据格式

表 4-1 矢量数据表示方式表

图形对象类型	示 例	组织方式
点	车辆出入口、市政基础设施布点、文物古迹分布、公共基础设施	点：(x, y)
线	道路中心线、水管和煤气管线、建筑后退线、道路红线、人行道	线：(x_1, y_1) (x_2, y_2) (x_3, y_3) … (x_n, y_n)
面	用地规划、水域、绿地、行政界线、分区界线、建筑边界、邻里界限	面：(x_1, y_1) (x_2, y_2) (x_3, y_3) … (x_m, y_m)

1）矢量数据采集及存储方式

矢量数据主要通过以下渠道获取：①已有电子数据转换，例如通过 AutoCAD、MapGIS 等软件平台转换而来；②纸质地图矢量化、鼠标录入，主要通过对纸质地图进行扫描进而数字化，如图 4-10 所示，长汀主城区土地利用数据通过纸质专题图扫描成栅格图，进而数字化为矢量数据；③实地勘察数据，通过 GPS 定位仪等仪器进行测量，将上述仪器获得的数据通过固定的格式转换为矢量数据。按上述方式采集矢量数据后，都需要将其储存在数据库系统中，目前常用的数据存储系统是基于 ArcGIS 平台的 Geodatabase（地理数据库）。

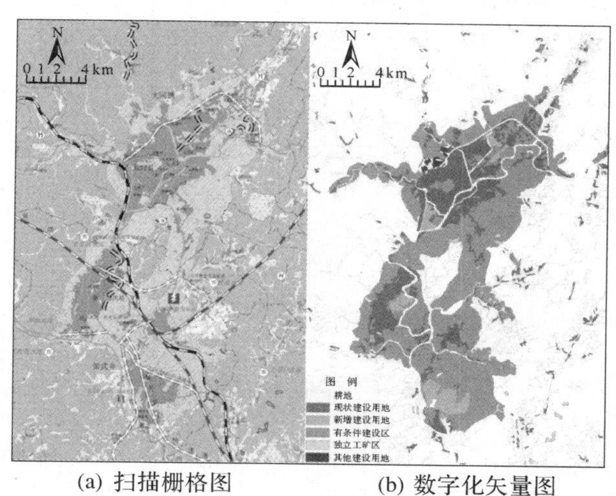

(a) 扫描栅格图　　(b) 数字化矢量图

图 4-10 扫描栅格数据通过数字化生成矢量数据

Geodatabase 是基于对象矢量数据模型，由 ESRI 公司开发作为 ArcGIS Desktop 基础的 ArcObjects 的一部分。类似于 Shapefile 文件（ESRI 公司的 Shapefile 文件是描述空间数据的几何和属性特征的非拓扑实体矢量数据结构的一种格式），Geodatabase 用点、聚合线和多边形表示基于矢量的空间要素。Geodatabase 将矢量数据集组织成要素类（Feature Class）和要素数据集（Feature Dataset）。要素类存储具有相同集合类型（点、线、面等类型）的空间要素；要素数据集存储具有相同坐标系和区域范围的要素类。例如要素类可以代表一个街区，而要素集在同一个研究区域内能包括街区、乡镇和县区等。

Geodatabase 可用于单用户，也可用于多用户。单用户数据库可以是个人数据库（Personal Geodatabase）和文件数据库（File Geodatabase）。个人数据库将数据存储在

Microsoft Access 数据库的表格中，以 mdb 为后缀。文件数据库是把数据以许多小文件的形式存储在文件夹中，以 gdb 为扩展名。文件数据库不同于个人数据库，没有数据的大小限制。

Geodatabase 的等级结构对于数据组织和管理十分有利，而且是 ArcObjects 的一部分，具有面向对象技术的优势。Geodatabase 基于 ArcObjects 平台，可以利用其对象、属性和方法供用户定制，而且 ArcObjects 可以提供按照各行业需求定制对象的模型。

2）矢量数据分析方式

矢量数据分析主要包括空间位置分析、空间分布分析、空间形态分析和空间关系分析（见表 4－2）。空间位置分析主要是指通过空间坐标系中坐标值确定空间物体的地理位置，例如在规划选址中通过矢量数据坐标的确定将公共设施分布到具体空间位置上。空间分布分析反映了同类空间物体的群体定位信息，例如在分析人的出行规律时，将矢量数据进行地统计分析（Geostatistical Analyst）可以分析出行活动的聚集和扩散趋势。空间形态分析反映空间物体的集合特征，包括形态表示和形态计算两方面。形态表示包括走向、连通性等，形态计算包括面积、周长等。在规划分析中，计算交通网络的流向和流量、统计建筑或者地块的面积等都属于空间形态分析。空间关系分析反映了空间物体之间的各种关系，如方位关系、距离关系、拓扑关系、相似关系等。空间关系分析是矢量数据分析最普遍的应用，在规划过程中计算容积率、分析城市发展潜力等都需要应用到矢量数据空间关系分析。如图 4－11 所示空间叠置分析实例图，表示矢量面图层两两叠置分析关系。

表 4－2　矢量数据分析方式

处理方式	说　明	示　例
空间位置分析	通过空间坐标系中坐标值确定空间物体的地理位置	公共设施选址、交通出入口分析
空间分布分析	反映同类空间物体的群体定位信息	居民出行分析、设施布点离散分布趋势
空间形态分析	反映空间物体的集合特征，包括形态表示和形态计算两方面	交通流向和流量、统计地块面积
空间关系分析	反映空间物体之间的各种关系	容积率计算、城市发展潜力分析

空间拓扑关系是明确定义空间结构关系的一种数学方法。在 GIS 分析中，根据拓扑关系可以确定地理实体间的相对空间位置，有利于空间要素查询，也可利用拓扑数据重建地理实体。空间数据的拓扑关系包括拓扑邻接、拓扑关联和拓扑包含。拓扑邻接指同类元素之间的拓扑关系；拓扑关联表示不同类元素之间的拓扑关系；拓扑包含表示同类不同级元素之间的拓扑关系。空间数据以 Geodatabase 形式存储，Geodatabase 将拓扑定义为关系规则，根据用户选择的规则在要素数据集中执行。表 4－3 显示了按要素类归纳的 25 种拓扑规则，一些规则用于一个要素类里的要素，而另一些则用于两个或多个要素类。用于一个几何要素类中的要素的规则，在功能上与 Coverage 模型的拓扑属性很相似，而用于两个或多个要素类的规则只出现在 Geodatabase 中。表 4－4 列出了一些应用拓扑规则检查实际数据的样例。如图 4－12 所示部分点、线、面拓扑规则示例，这些规则可以用于 Geodatabase 中矢量数据的拓扑查错。

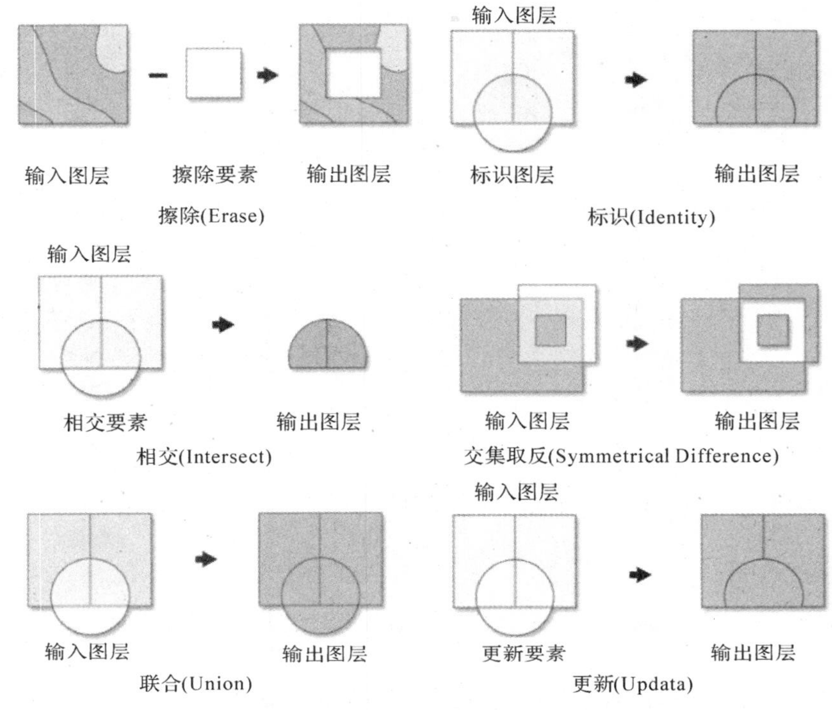

图 4-11 空间叠置分析示意图(Esri,2014a)

表 4-3 Geodatabase 数据模型中的拓扑规则

要素类	规　　则
多边形	不重叠,没有间隙,不与其他图层重叠,必须被另一要素类覆盖,必须相互覆盖,必须被覆盖,边界必须被覆盖,区域边界必须被另一边界覆盖,包含点
线	不重叠,不相交,没有悬挂弧段,没有伪节点,不相交或内部接触,不与其他图层重叠,必须被另一要素类覆盖,必须被另一图层的边界覆盖,终结点必须被覆盖,不能自重叠,不能自相交,必须是单一部分
点	必须被另一图层的边界覆盖,必须位于多边形内部,必须被另一图层的终结点覆盖,必须被线覆盖

表 4-4 拓扑关系的实际应用

数据专题	要素类	拓扑规则的子样本
宗地	宗地多边形、宗地边界(线)、宗地拐角(点)	宗地多边形不能叠置。宗地多边形边界必须被宗地边界线覆盖。宗地边界端点必须被宗地拐角(点)覆盖
街道中心线和居住单元	街道中心线、居住建筑、居住地块	街道线不能相交或内部接触。居住建筑不能叠置。居住地块不能叠置。居住地块必须被居住建筑覆盖
用地	用地类型多边形	用地多边形不能叠置。用地多边形不能有空隙
水文	水文线、水文点、流域(多边形)	水文线不能自叠置。水文点必须被水文线覆盖。流域不能叠置。流域不能有间距

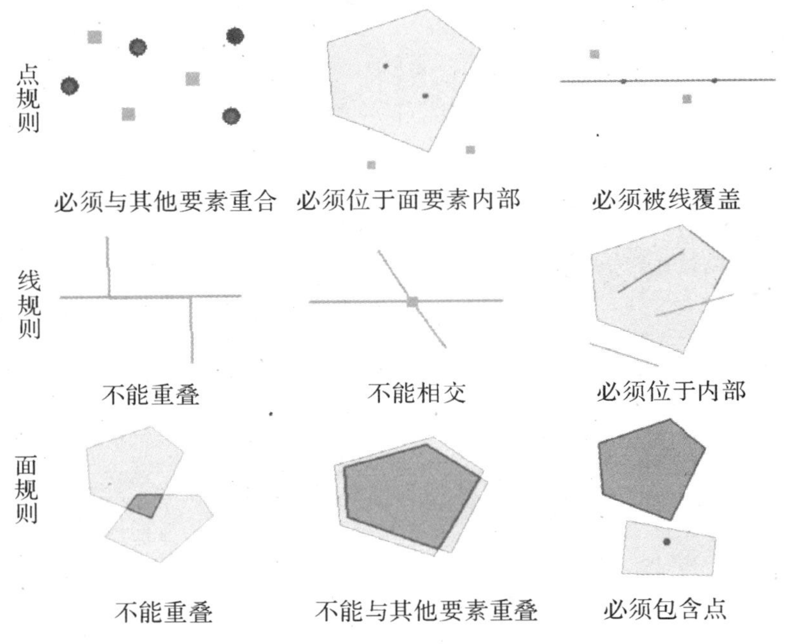

图 4－12　部分点、线、面拓扑规则示例(Esri,2014b)

4.2.2　栅格数据库设计

栅格数据实际是一组像元矩阵,数据结构比较适合计算机运算处理,但数据存储量较大,通常是实际处理过程中采用适当的编码方法以尽量少的空间记录尽量多的信息。在城市规划编制过程中,现状调查的遥感图像、专题图片等都以栅格数据方式存储。

1）栅格数据采集和存储

栅格数据主要通过以下方式进行获取:①遥感图像,根据遥感卫星传感器对地监测的图像均以栅格格式储存,如图 4－13 所示遥感图像的栅格数据表示方法,每一像元对应不同的像元值(遥感图像中称为灰度值),同时通过不同波段组合,可以合成不同波谱信息的图像用于要素识别(见图 4－14);②图片扫描获取(纸介质的地图等扫描),传统的纸质图片通过扫描仪可以转换成不带空间信息的栅格图像;③矢量数据转换而来,通过 GIS 平台将获取的矢量数据转换为栅格数据存储;④由平面上行距、列距固定的点抽样而来。

栅格数据存储主要通过逐个像元编码(Cell-by-cell Encoding)、游程编码(Run-length Encoding)、四叉树编码(Quad Tree)等方式进行存储。逐个像元编码提供最简单的数据结构,栅格模型被存为矩阵,形成一个行列式文件。游程编码方式以行和组记录像元值,每一组代表多个连续的拥有相同像元值的相邻像元。四叉树编码用递归分解法将栅格分成具有层次的象限。栅格数据通过上述方式进行存储,但是所占空间较多,通常需要进一步进行数据压缩。数据压缩即数据量的减少,压缩质量对数据传递和网络制图非常重要。数据压缩分为无损压缩和有损压缩,其中无损压缩方法保留像元或者像元值,允许原始栅格或者图像被精确重构;有损压缩与无损压缩相反,不能完全重构原始图像,但是可以达到很高的压缩率。栅格数据可以直接存储在 Geodatabase 中,也可以储存在 Geodatabase 中已经存在的栅格数据集中。

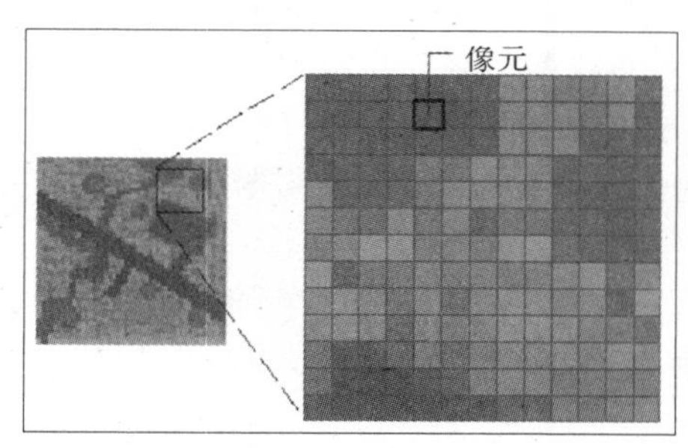

图 4-13 栅格数据表示方法

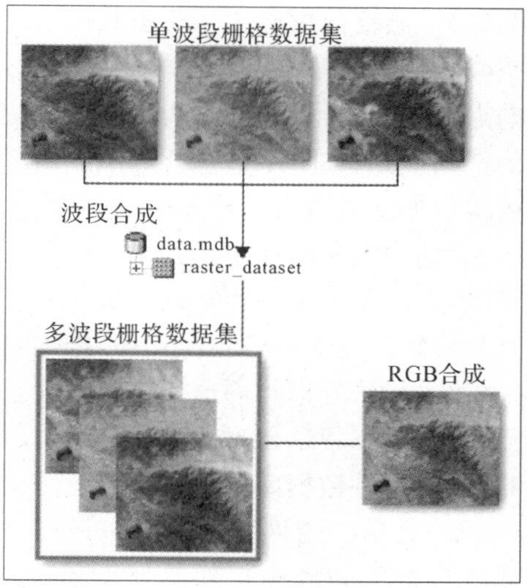

单波段栅格数据集
波段合成
data.mdb
raster_dataset
多波段栅格数据集
RGB合成

图 4-14 遥感影像波段合成

2）栅格数据的基本运算

栅格数据的基本运算包括栅格数据的平移、算术组合、布尔逻辑组合、叠置分析以及其他基本运算(见表 4-5)。栅格数据的空间平移主要是指原始栅格图像按事先给定的方向平移一个确定的像元数目,例如在遥感影像配准过程中经常要利用简单的空间平移。栅格数据的算术组合是将两个栅格图像叠加,使它们对应像元灰度值相加、相减、相乘、相除、开方和平方和等,例如计算地形粗糙度过程中需用到栅格计算。栅格图像的布尔逻辑组合是将两个图像对应的像元,利用逻辑算子“或”“异或”“与”和“非”等进行逻辑组合,例如在对建设用地变化进行判断的时候,常常利用逻辑关系计算分析建设用地变化图。栅格图像的叠置分析类似于矢量数据的叠置分析,将不同栅格数据图像对应的像元进行叠合分析,确定输出的栅格图像,例如在分析土地利用变化时,可以将其转换成栅格图像,通过叠置分析计算出土地利用转换矩阵。其他栅格图像的基本运算包括:①栅格灰度值乘上或加上一个常数;②栅格灰度值求其正弦、余弦、方根、对数、指数等;③将某些栅格灰度值置成常数等;④求一个栅格图像中元素灰度值之和;⑤找出一个栅格图像中元素灰度值最大和最小的;⑥求出两个栅格图像对应灰度值的数量积;⑦将两层栅格图像对应的灰度值比较,并把一个较大的元素记录到结果栅格图像中;⑧进行“二值图像”处理等。

表 4-5 栅格数据处理方式表

处理方式	说　明	示　例
空间平移	原始栅格图像按事先给定的方向平移一个确定的像元数目	遥感图像配准
算术组合	将两个栅格图像叠加,使它们对应像元灰度值相加、相减、相乘、相除、开方和平方和等	地表粗糙度计算
布尔逻辑组合	将两个图像对应的像元,利用逻辑算子“或”“异或”“与”和“非”等进行逻辑组合	建设用地扩张
叠置分析	不同栅格数据图像对应的像元进行叠合分析,确定输出的栅格图像	土地利用变换矩阵
其他计算	①栅格灰度值乘上或加上一个常数;②栅格灰度值求其正弦、余弦、方根、对数、指数……	地表起伏度

4.2.3 栅格数据格式和矢量数据格式对比

空间数据的矢量结构和栅格结构是描述地物空间信息不同的方式。矢量数据模型用几何对象的点、线、面表示空间要素，对于确定位置与形状的离散要素表现得较为理想，但对于连续变化的空间现象（如降水量、高程等）的表示则不是很理想。

栅格数据格式数据结构简单，数学模拟方便，但数据存储量较大、图形输出不精确，美观性较差；矢量结构则存储量小、表示的空间精度高且图形输出质量好，但存在数据结构复杂，数学模拟较难，空间分析不便等问题。总而言之，两种不同的数据结构各有优缺点，应用范围不同，能够互为补缺。在实际规划应用中，根据具体应用的数据特点和系统设计的目标，保证数据的输入、修改、检索、处理和输出所需时间少。例如对遥感图像的处理，常采用栅格数据格式进行计算；而对于地图数字化，常采用矢量格式存储地物要素。

4.2.4 属性数据库设计

地理信息系统的重要特征之一是将空间图形数据综合到单一系统，使得空间数据和非空间属性数据之间的交互复杂分析和建模成为可能。GIS 区别于 CAD 的主要特征在于空间数据和属性数据的连接，传统 CAD 软件平台仅以图形文件储存数据，缺少属性数据的数据库管理。属性数据作为地理数据组成部分与一般数据库中的文本数据的区别在于空间表示，即每一属性数据都有与之对应的空间实体。例如在城市规划分析中，通过面状矢量要素表示建筑，通过属性数据与空间数据联系，将建筑高度、层数、容积率等属性指标与建筑对象关联，一是实现了空间数据与属性数据无缝对接；二是方便根据属性数据对空间实体数据进行查询。

目前对于属性数据的管理和处理，GIS 采用的是比较成熟的数据库管理系统（DBMS），因此数据库技术的发展对 GIS 属性数据管理乃至空间数据的管理具有重要意义。从数据库模型（结构）发展过程中的层次模型、网络模型到关系模型，直至现在的面向对象关系模型，在 GIS 属性管理方面都有成功应用。如图 4－15 所示，属性数据在 ArcGIS 中的表示，选中的童坊镇的镇域人口、镇区人口、城镇化率、农民人均纯收入等都可通过属性表来表示，通过属性表建立与空间对象的联系，可以分别进行专题图的制作。

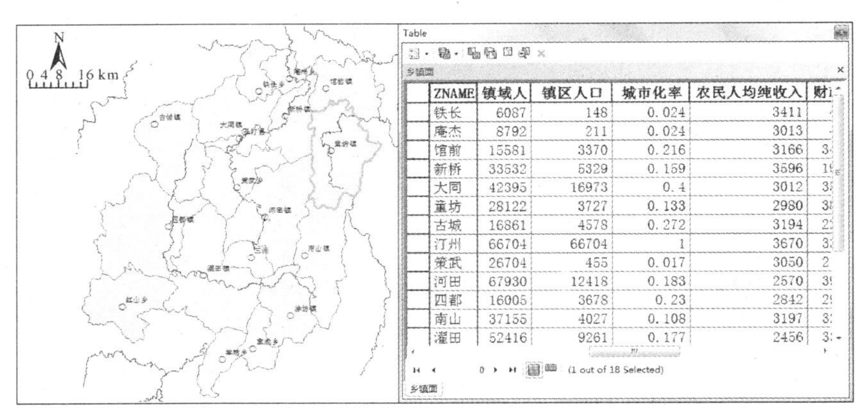

ZNAME	镇域人	镇区人口	城市化率	农民人均纯收入
铁长	6087	148	0.024	3411
庵杰	8792	211	0.024	3013
馆前	15581	3370	0.216	3166
新桥	33532	5329	0.159	3596
大同	42395	16973	0.4	3012
童坊	28122	3727	0.133	2980
古城	16861	4578	0.272	3194
汀州	66704	66704	1	3670
策武	26704	455	0.017	3050
河田	67930	12418	0.183	2570
四都	16005	3678	0.23	2842
南山	37155	4027	0.108	3197
濯田	52416	9261	0.177	2456

图 4－15 属性数据在 ArcGIS 中的表示

4.2.5 元数据概念

简单地说，元数据就是“关于数据的数据”，可帮助数据生产单位有效地管理和维护空间数据，建立数据文档。元数据提供有关数据生产单位的数据存储、数据分类、数据内容、数据质量、数据交换网络及数据销售等方面的信息，便于用户查询检索地理空间数据。例如在城市规划过程中辨识现状的航片数据，航片的范围、坐标系统、分辨率等属性的数据就是元数据。它提供通过网络对数据进行查询检索的方法或途径，以及与数据交换和传输有关的辅助信息。元数据帮助用户了解数据，以便就数据是否能满足其需求作出正确的判断提供有关信息，方便用户处理和转换有用的数据。如图 4－16 所示，长汀遥感影像的元数据信息，从图中可以看出栅格图像的像元大小为 5 m，像元深度为 16 Bit，图像大小为 2.05 GB 等。

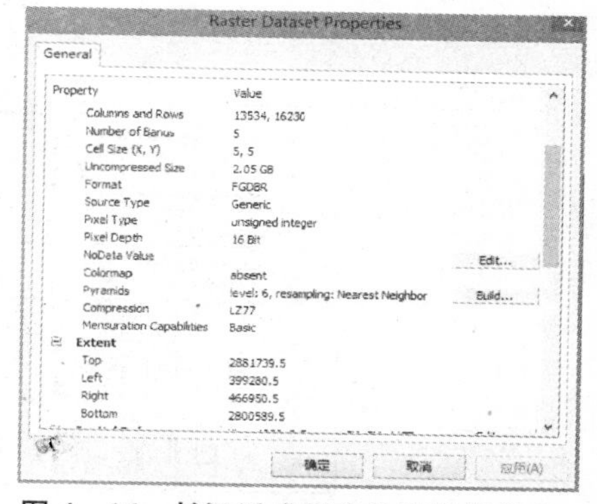

图 4－16 长汀遥感影像的元数据信息

元数据的内容通常包括：①对数据集中各数据项、数据来源、数据所有者及数据生产历史等的说明。②对数据质量的描述，如数据精度、数据逻辑一致性、数据完整性、分辨率、源数据的比例尺等。③对数据处理信息的说明，如量纲的转换等。④数据转换方法的描述，对数据库的更新、集成方法等的说明。

4.3 城市规划数据库模型结构分析

数据库模型是对现实世界数据库特征的抽象，是用来描述数据库的一组概念和定义。城市规划的信息化需要经历由现实世界到概念世界，最后到计算机信息世界转化的过程。如图 4－17 所示，城市规划各要素之间的关系、各主体之间的关系以及各要素与主体之间的关系构成城市规划数据集，通过不同数据库模型将现实世界概念化，进而存储到计算机中。数据库模型是数据库系统的核心和基础，数据库模型的发展经历了格式化数据库模型（层次数据库模型和网状数据库模型的统称）、关系数据库模型和面向对象的数据库模型三个阶段，其中格式化数据库模型和关系数据库模型又称为传统型数据库模型。

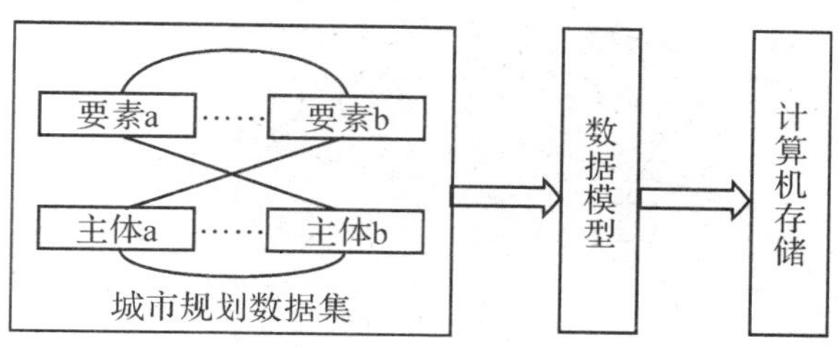

图 4－17 城市规划数据库构建过程

4.3.1 传统型数据库模型

1）*层次数据库结构*

层次数据库结构是将数据组成一对多（或父节点与子节点）关系的结构，如居住区用地类型下分一类、二类和三类居住用地就是一种常见的分级结构（见图 4－18）。层次结构采用关键字访问其中每一层次的每一部分。层次数据库的优点是存储方便且速度较快，容易理解，检索关键属性比较方便；缺点是结构呆板，且需保留大量的索引文件造成大量的数据冗余。

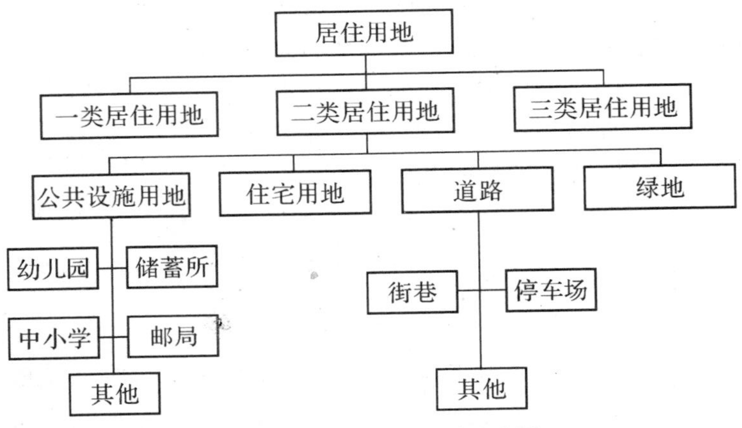

图 4－18　城市居住用地层次图

2）网络数据库结构

网络数据库结构是用连接指令或指针确定数据间的显式连接关系，且具有多对多类型的数据组织方式。网络数据库结构将存放在数据库不同部分的图形要素通过指针进行多通路连接，迅速成图，适合综合制图。缺点是指针数据项会占用较大的数据空间，而且数据修改必然引起指针的变化，数据库维护开销较大。如图 4－19 所示为网络数据库结构示意图。

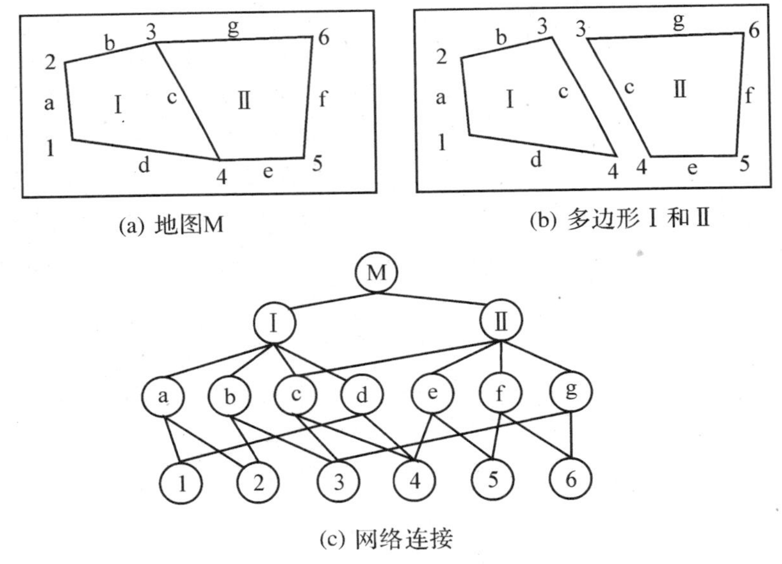

图 4－19　网络数据库结构示意图

3）关系数据库

关系数据库以记录的形式组织数据，以便于利用各种实体（图形）与属性之间的关系进行数据存取和变换，数据组织不分层也没有指针。用户从关系数据库获取数据时，按需要定义数据间的关系，数据库管理应用程序通过用户定义的关系选择用户需要的数据，进而重新建立数据表。关系数据库的优点是结构灵活，能够满足布尔逻辑运算和数字运算规则，对于字段的添加和删除都较方便；缺点是数据操作都是按顺序查找，耗时较多。如表 4－6 所示为关系模型的二维表格。

表 4-6　关系模型的二维表格

记录号	地块编号	用地性质	地块面积(m^2)	所属单位
1	A01	R2	20 000	××公司
2	B03	B1	32 000	待开发
……	……	……	……	……

4）传统型数据库模型评述

传统型数据库的发展和应用为用户在数据管理方便提供了统一的数据结构和相应数据库语言，进而集中设计一个单位数据库结构，供不同用户共享。但由于历史和技术条件限制，传统型数据库模型大多以面向实现为主。在实际操作过程中如果仅用传统型数据库结构作为概念设计的数据库模型，必然会在概念设计阶段考虑系统实现的细节，即过早与具体 DBMS 联系，影响设计的效率和质量。传统型数据库模型的劣势概括起来，包括：①以记录为基础，不能很好地面向用户和应用；②不能以自然方式表现实体间的联系；③数据类型有限，难以满足应用需求；④语义贫乏，难以理解属性间的关系。为弥补传统型数据库模型的不足，20 世纪 70 年代开始陆续出现非传统型数据库模型。

4.3.2　非传统型数据库模型

1）E-R 数据库模型

E-R 模型即实体联系数据库模型，不同于传统数据库模型，E-R 模型是面向现实世界而非面向实现。在 E-R 模型中，通过实体(Entity)、属性(Attribute)和联系(Relationship)三个基本概念抽象表示现实世界，并用直观的 E-R 图表示 E-R 数据库模型。如图 4-20 所示，E-R 图表示地块—社区联系的属性。E-R 模型可以表现数据及其相互联系，不涉及数据在计算机内的表示。通过 E-R 图，计算机用户和一般用户可以进行交流，真实合理的模拟现实单位。

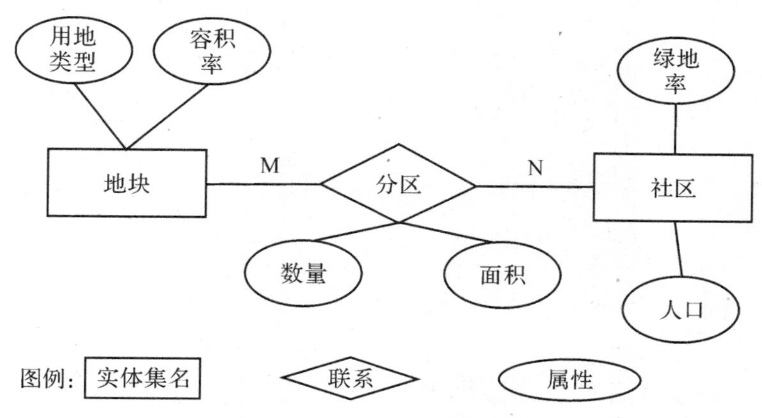

图 4-20　E-R 模型图形表示

2）面向对象的数据库模型

面向对象的数据库模型是一种可以扩充的数据库模型，既吸收了语义数据库模型和知识表示模型的一些基本概念，又借鉴了面向对象程序设计语言和抽象数据类型的一些思想，采用对象(Object)、属性(Attribute)、方法(Method)、封装(Encapsulate)、消息(Message)、类

(Class)、实例(Instance)和类层次(Class Hierarchy)等概念来抽象现实世界,并提供了概括(Generalization)、特化(Specialization)、聚合(Aggregation)、联合(Association)等联系来实现由原始数据库类型形成复杂的数据库类型过程(见图 4 - 21)。面向对象的数据库模型语义丰富,表达较自然,随着面向对象程序设计的广泛应用,面向对象的数据库模型用于 DBMS 的应用越加普遍。

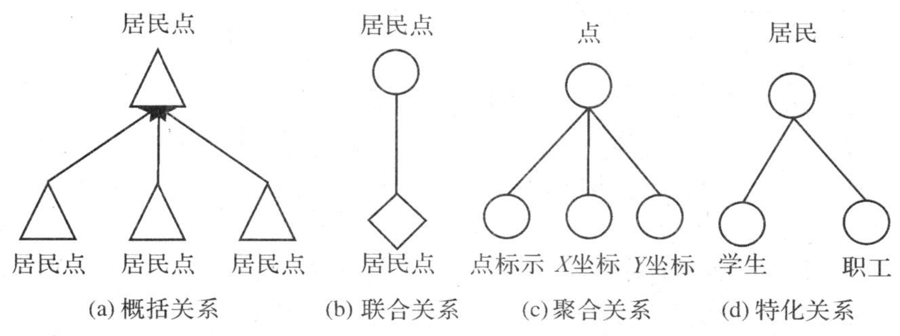

图 4 - 21 面向对象的基本联系

以 ArcGIS 为例,一个对象表示一个空间要素,例如道路或植被。在 Geodatabase 中,一个对象表示属性表中的一行。图 4 - 22 中属性表的每一行对应长汀县的一个乡镇。类型继承关系定义了父类和子类之间的关系。子类是父类的成员之一,并且继承了父类的属性和方法。同时子类也可以拥有其他的属性和方法,以区别于分类的其他成员。如图 4 - 23 所示地理坐标系、投影坐标系和未知坐标系继承空间坐标系的属性和方法,但是子类又有额外的属性和方法。图中西安 80 坐标系除了具有空间投影的基本信息,又有一些自身独有的属性。

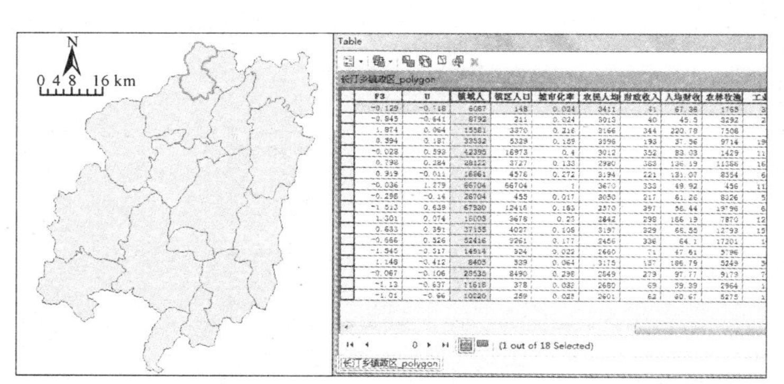

图 4 - 22 ArcGIS 类的关系示例

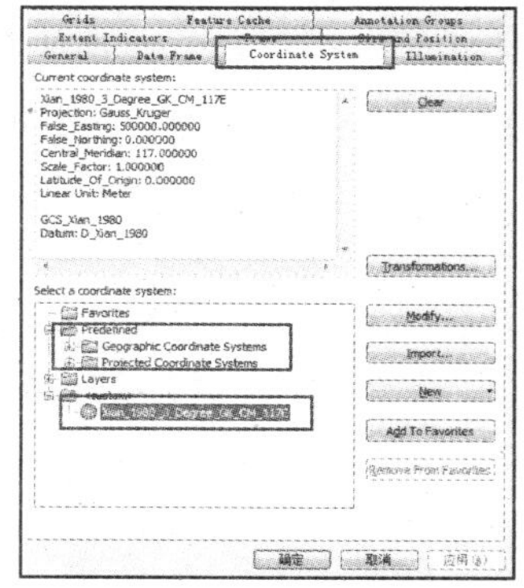

图 4 - 23 空间坐标系统定义示例

4.4 城市规划本体数据对象模型构建

结合城市规划常见数据的内容特点和建立的城市规划数据本体,可以在地理信息系统提供的基础地理实体基础上建立城市规划数据对象模型,从而赋予基本 GIS 几何空间实体数据以规划内涵,为规划分析提供更高的智能化水平。以下按照规划领域所涉及的主题分别示例介绍数据形式。

4.4.1　基础地形信息

基础地形信息是城市规划最重要的基础数据之一，影响到各类建设开发的适宜性等多个方面。在空间数据上，通常有等高线、高程点、矢量表面模型和栅格表面模型等几种方式来存储和表达（见图 4－24～图 4－26）。

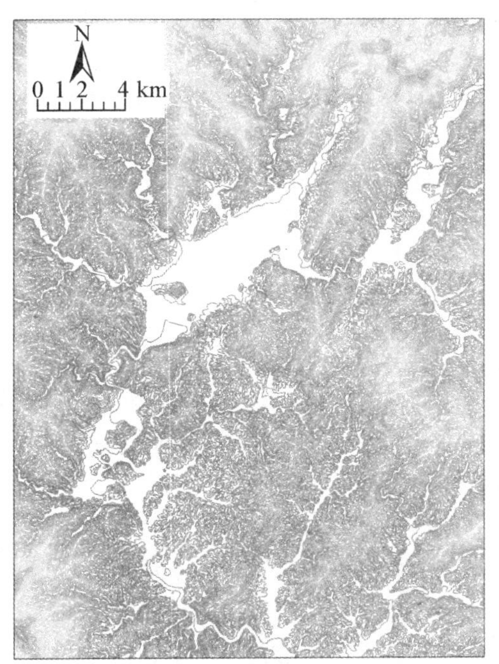

图 4－24　用高等线表示基础地形信息示例

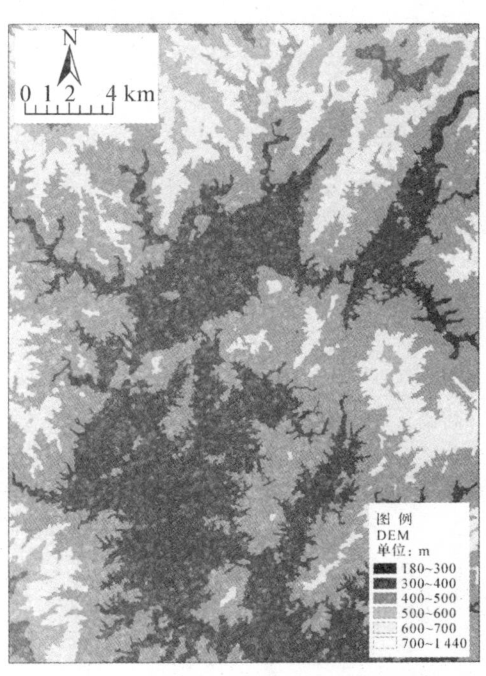

图 4－25　用栅格图表示基础地形信息示例

图 4－26　用不规则三角网(TIN)表示基础地形信息示例

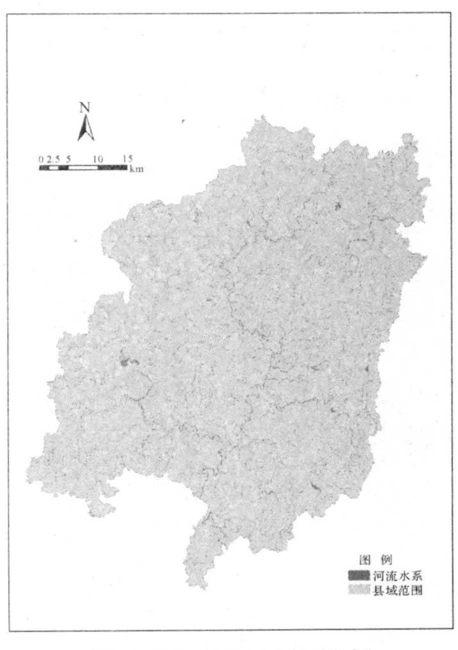

图 4－27　河流水系图示例

基础地形数据对象能充分表达空间上每个位置的高程，它通过包装底层数据源，提供统一的高程信息访问，它包括一个重要的方法，即给定任意一个空间位置坐标，返回对应高程。为了满足常见分析需要，基础地形数据对象同时提供任意空间范围（数据源范围内）的栅格 DEM 输出，即当给定参数是空间范围时，返回栅格 DEM 数据。

4.4.2　资源环境基底要素信息

资源环境基底要素包括水、气、土、生、地等 5 大方面，常见要素包括河流水系、植被覆盖、生物资源、耕地、矿藏、空气污染、噪声、各类保护区等。除水系要素以外，大多数是对整个空间面域的描述，使用空间面域矢量图或栅格图作为数据源。水系要素相对比较复杂，一方面，它可能是基底环境的静态描述，体现水域空间与陆地等其他类型的不同；另一方面，水环境信息包括水流带来的上下游相互关系，需要较为复杂的建模（见图 4 - 27～图 4 - 29）。

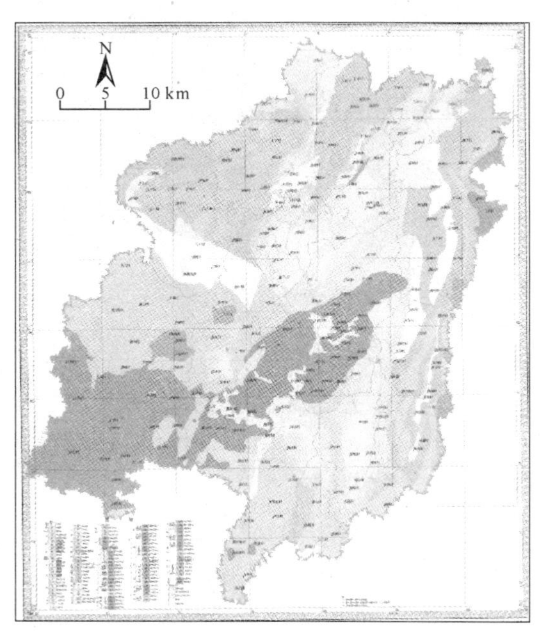

图 4 - 28　长汀县矿产资源分布图示例

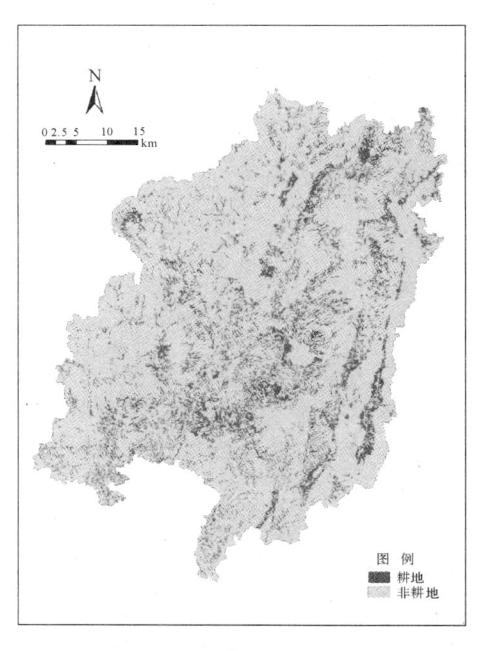

图 4 - 29　耕地分布图示例

在资源环境基底要素对象构建上，同样的，对下层包装数据源，对上层访问提供统一的接口。同时，资源环境基底要素包括一个“评价”方法，能够对作为参数的特定评价方案作出反应，直接返回空间评价结果栅格图。

4.4.3　生态风险要素

生态风险要素是多重数据源自适应对象，根据它所掌握的输入数据源，给出空间上不同位置的常见生态灾害风险水平（图 4 - 30、图 4 - 31）。

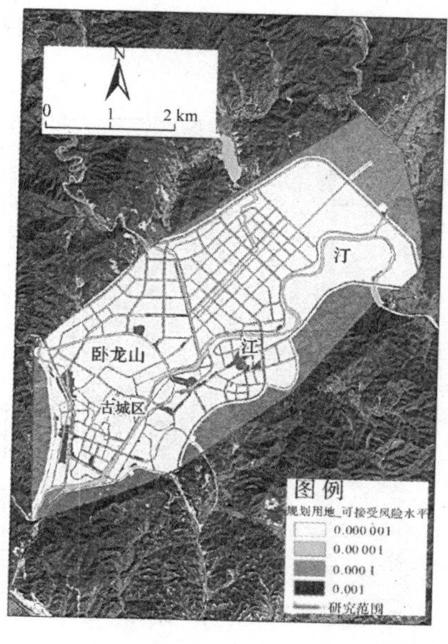

图 4-30 规划用地可接受风险值图

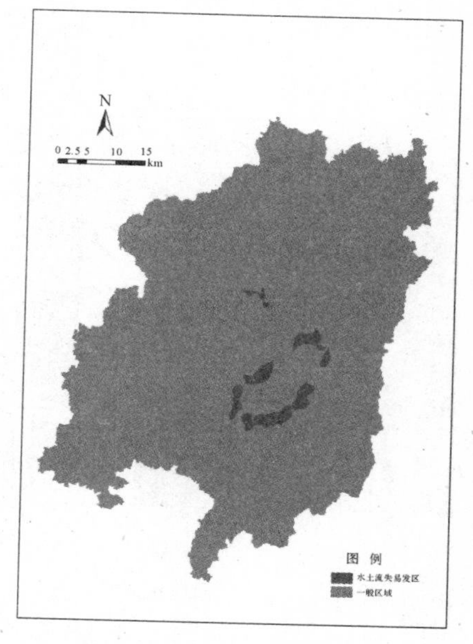

图 4-31 水体流失分布图

4.4.4 城市用地、建筑、基础设施和公共服务设施

城市用地、建筑、基础设施和公共服务设施信息共同体现城市空间开发状态，通常以图斑集和点集的形式存储，其特点是相互之间关系密切，在对象构建时，彼此之间存在较多的相互引用，以生成自身的一些属性信息，如用地根据建筑信息生成其开发强度信息，建筑又根据用地信息生成其基本经济属性类型。另外，基础设施和公共服务设施虽然通常是不连续的个体，但个体之间存在等级区别，同时存在服务范围相关属性和方法，能够返回空间范围，供与其他要素叠置完成复杂任务（见图 4-32～图 4-34）。

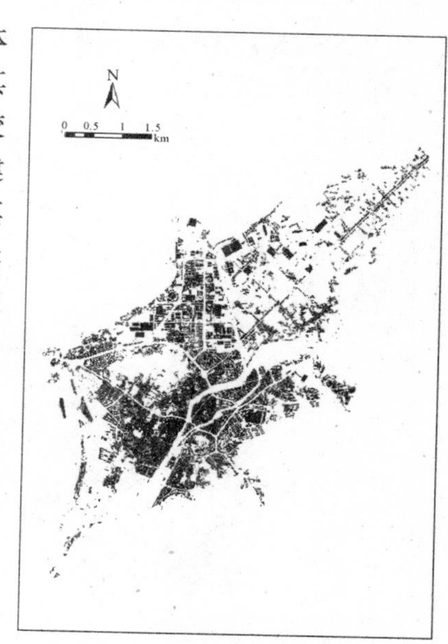

图 4-32 建筑分布图示例

4.4.5 人口、产业与就业相关信息

人口、产业等社会经济信息通常以统计的形式出现，并通过下一类中的行政区划信息一同存储和表达。这类信息实际上是多个个体属性的聚合，在应用中，对象需要完成的工作是根据其所掌握的信息尽量以最准确的方式提供任意空间范围的个体分布信息（见图 4-35、图 4-36）。

4.4.6 交通线路与基础设施管网

交通线路与基础设施管网在基础数据建模上存在一定的复杂性，在 GIS 中经常以 Network 数据的形式存储。在地理数据对象构建上，交通线路和基础设施管网数据以流对象的形式存在，其在基础 GIS 数据源所包含的信息之外，需要附加其对应的负载源信息——即服务的人口数量（流量）等发生量信息，这些信息可以以空间范围或与空间范围相关联的统计量的形式存在，表征流与空间面状要素（用地、人口、设施等信息）间的相互关系（见图 4-37～图 4-39）。

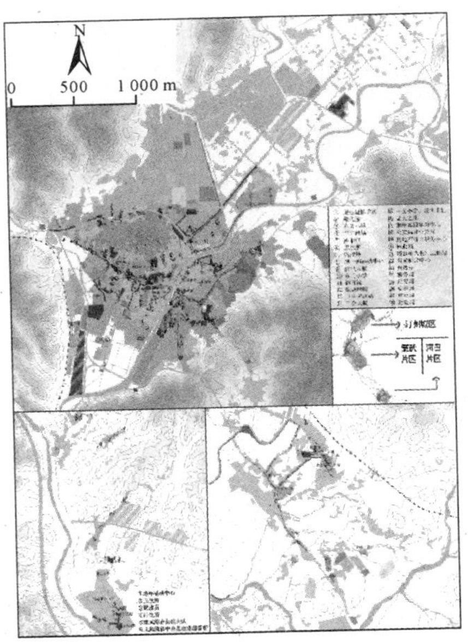

图 4－33　公共设施分布图示例

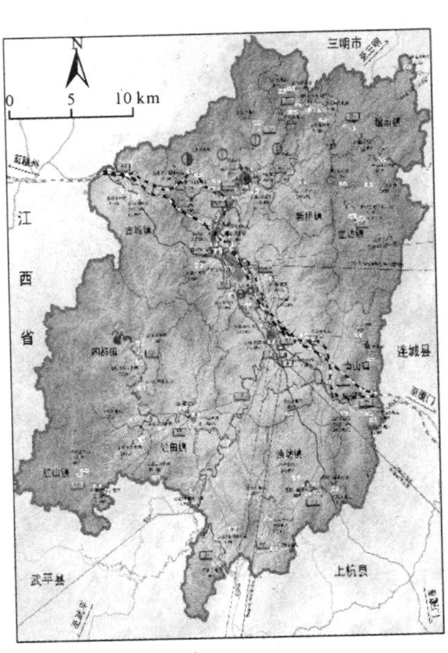

图 4－34　重要基础设施规划图示例

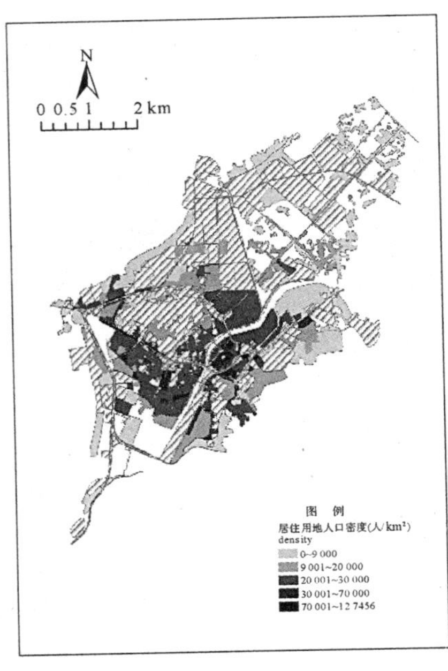

图 4－35　用地居住人口密度示例

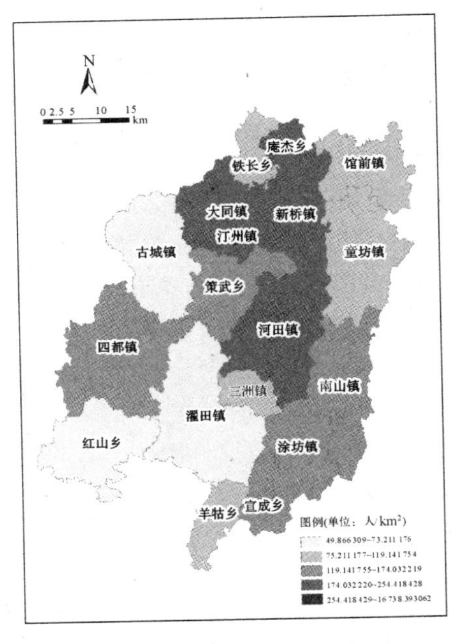

图 4－36　分乡镇人口密度示例

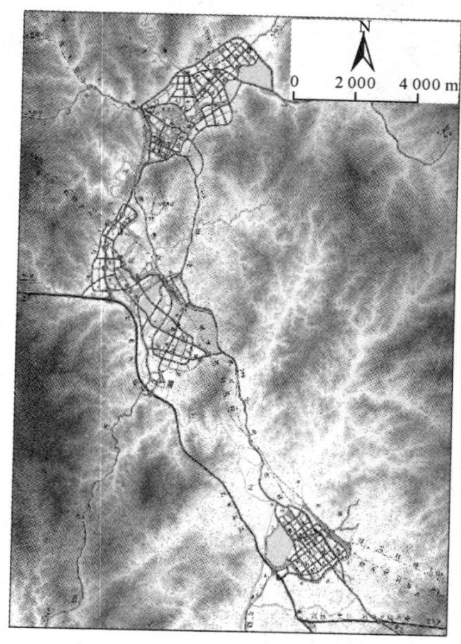

图 4－37 综合交通规划图示例

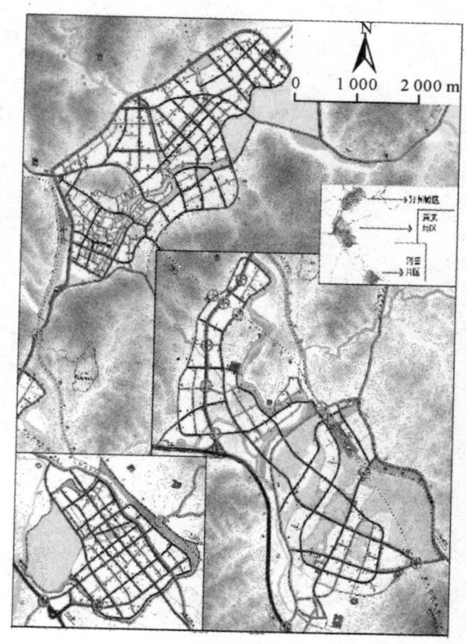

图 4－38 城市道路系统示例

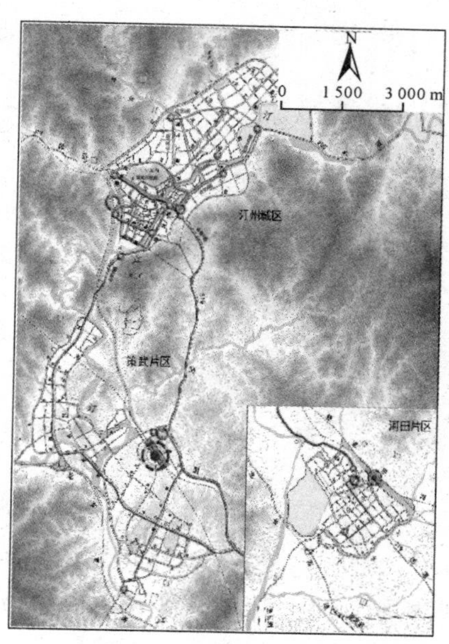

图 4－39 城市公交系统示例

4.4.7 各类区划信息

包括行政区划在内的各类区划有时被用来表达某种资源分布的现状特点，另外有些时候也被用来表达某种规划意图。区划与区域作为城市规划数据顶层父对象，彼此之间经常相互交错。各种意图区对应的规划内涵彼此不同，但可以通过表的形式加以界定和转换，以提供任务层面访问时解析其规划涵义（见图 4－40～图 4－43）。

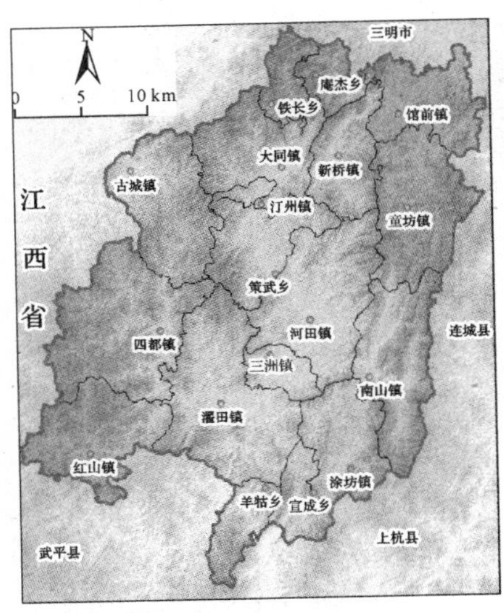

图 4-40 行政区划示例

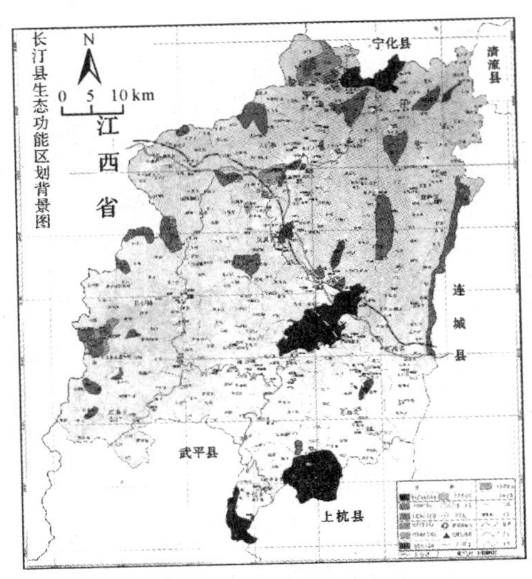

图 4-41 生态功能区划背景图示例

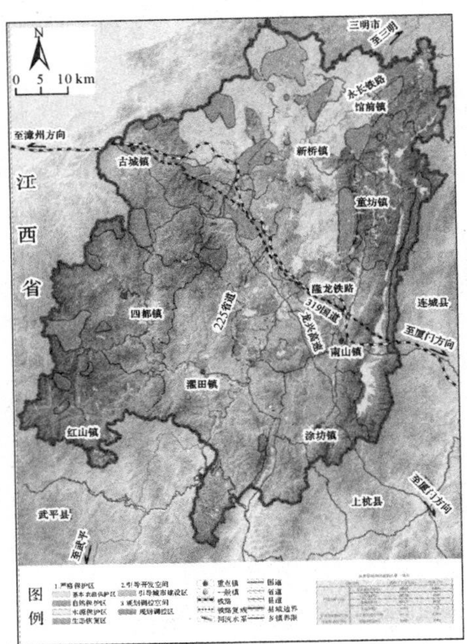

图 4-42 空间管制区划图

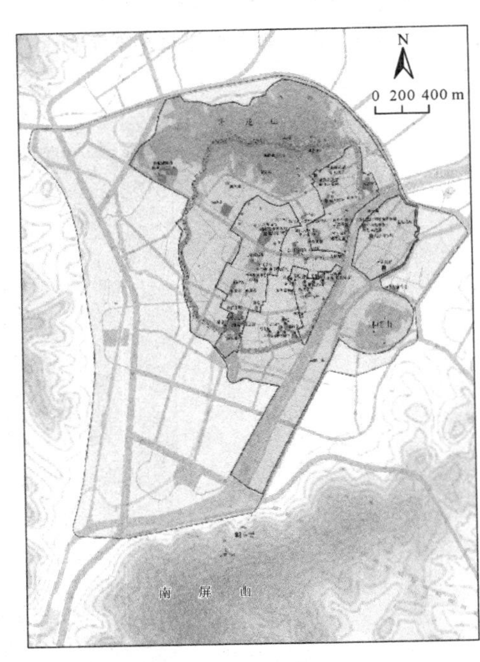

图 4-43 历史文化名城保护规划示例

通过对城市规划数据特征的提取和概念模型的构建，可以用实例演示城市规划数据对象模型库的构建。构建的对象能够将底层的以点、线、面为代表的基本 GIS 数据包装起来，提供上层访问，同时提供适宜性转换、服务范围、开发强度、任意空间分摊等基础空间处理能力，让上层访问时有更多精力关注任务本身而不是处理和读取数据，服务和保障了高层模型实现时的简洁化与智能化。

参 考 文 献

[1] Esri (2014a). 叠加工具集概述. ArcGIS 帮助(10. 2、10. 2. 1 和 10. 2. 2)[EB/OL]. [2014-08-25]. http://resources. arcgis. com/zh — cn/help/main/10. 2/#/An _ overview _ of _ the _ Overlay _ toolset/00080000000900000/.

[2] Esri (2014b). 地理数据库拓扑规则和拓扑错误修复. ArcGIS 帮助(10. 2、10. 2. 1 和 10. 2. 2)[EB/OL]. [2014-08-25]. http://resources. arcgis. com/zh—cn/help/main/10. 2/#/na/01mm0000000m000000/.

[3] Gruber, T. R. “Toward Principles for the Design of Ontologies Used for Knowledge Sharing”[J]. International Journal of Human—Computer Studies. 1995,43:907 - 928.

[4] Lynch K. The Image of the City[M]. Cambridge MA: MIT Press ,1960.

[5] 国家航天局(2013).(高分专项卫星应用)工程概况[EB/OL].(2013-10-10)[2014-08-25]. http://www.mlr. gov. cn/kj/tzgg_8328/201310/t20131010_1279566. htm.

[6] 韩雪培,徐建刚,付小毛. 基于高分辨率遥感影像的城市建筑容积率估算方法研究[J]. 遥感信息,2005(2).

[7] 李宏伟,成毅,李勤超. 地理本体与地理信息服务[M]. 西安:西安地图出版社,2008.

[8] 张新焕,杨德刚,徐建刚. 基于遥感信息的绿洲城镇群空间发展研究——以乌鲁木齐都市圈为例[J]. 人文地理,2006,21(5).

[9] 彭春光,等. 本体在建模与仿真中的应用[J]. 系统仿真学报,2009,21(21).

[10] 王芙蓉. “天地图·南京”工作总结报告[R]. 南京:南京市规划局,2012.

[11] 王铮,等. 地理计算及其前沿问题[J]. 地理科学进展,2007,26(4).

[12] 吴志强,李德华. 城市规划原理[M]. 第四版. 北京:中国建筑工业出版社,2010.

[13] 徐建刚,韩雪培,陈启宁. 城市规划信息技术开发与应用[M]. 南京:东南大学出版社,2000.

[14] 徐建刚,等. 名城保护规划中的空间信息整合与应用研究[J]. 遥感信息,2005(3).

[15] 阳建强. 城市规划与设计. 南京:东南大学出版社,2013.

[16] 杨秋芬,陈跃新. Ontology 方法学综述[J]. 计算机应用研究,2002,19(4).

[17] 张新焕,徐建刚,于兰军. 水网密集区土地利用/覆被变化及其建设用地适宜性评价[J]. 资源科学, 2006, 28(2).

[18] 张新焕,等. 基于 CA 模型的乌鲁木齐都市圈城市用地扩展模拟研究[J]. 中国沙漠,2009,29(5).

第三篇

分析模型构建篇

本书的前两篇针对当代城市规划正面临着由传统型走向智慧型的科学范式嬗变这一背景，探讨了智慧城市规划的多元价值世界观、复杂适应系统认识论以及定性和定量综合集成方法论的基本途径，重点强调了在大数据技术快速发展中，必须立足以空间多源异构信息集成和系统模型化分析为核心的方法技术创新才能有效地解决中国城市规划复杂多变的实践问题。因此，本篇作为本书的主体，承上启下，旨在探析智慧城市规划新的方法途径，即通过构建一系列基于城市与自然、城市与区域以及城市内部主体之间的适应性视角下的空间分析模型，为解决我国新型城镇化发展模式下的城市规划的重大问题提供支持工具。

在上一篇运用信息科学本体论对城市规划信息共享技术途径探讨的基础上，本篇进一步引入本体模型构建方法，通过运用 Perez 提出的基本建模元语对城市规划空间分析模型分别从规划及相关学科所概括的客观事物和现象的本体概念定义、概念间的关系模式、计算机可理解的空间分析函数语言以及规划应用实例等方面进行了规范化、形式化的表达，从而有利于智慧规划的模型库构建。本篇将城市规划内容与前述十个子系统相关联，运用信息本体论的组织方法，对城市规划的六个关键问题，规模确定、生态评估、交通优化、用地拓展、公共服务设施布局和历史文化提升，分别从概念、关系、函数和实例四方面进行解析，以此建立适应性规划分析模型。其中，城市规模、生态和交通方面的系统分析突出强调了区域系统的支撑与引导作用，体现了当代中国"随着中心城市的扩展，城市由点及面，城市与区域的界限逐渐模糊，城市区域化、区域城市化已成为当代城市发展的基本趋势。"(崔功豪，2004)这一特点下的城市规划范式转变应对。

以本体论分析城市规划的目的是要形成对于规划过程中所需信息组织结构的共同理解和操作规范(罗静等，2008)，本篇研究试图在智慧城市规划的信息组织层面做些探索，这里呈现的应用模型及其建模体系还不成熟，希望能抛砖引玉，引起同仁们共鸣，集群智来共同推进中国智慧城市规划平台的建设。

5 城市—区域发展规模的适量调控模型

城市规划中的城市规模通常以人口规模和用地规模为主，并由此衍生出城市产业规模、经济规模、基础设施规模等相关概念。同时，用地规模也通常由人口规模而决定，所以说，城市人口规模是城市规划中各类规模确定的基础。我国的城市化经过30余年的高速推进，城市过度发展以及城市—区域不协调发展问题严峻，突出表现在地方政府过度依赖土地财政，城市房地产、开发区等物质系统空间拓展过快，而与城市社会经济系统发展的需求不相适应。与此同时，城市人口的高度集聚、私人小汽车的快速增长、城市道路的急速拓展、老城区的大规模改造以及污染企业的布局不当等一系列城市开发活动，引发了城市交通子系统与用地子系统关系严重失衡，城市与区域生态系统病态化，所造成的交通拥堵、公共服务设施供给不足与分布不均等、土地资源浪费和环境污染严重等现象成为当前城市规划急需解决的棘手问题。

基于上述认知，我们认为城市规模扩大需要适量调控。城市规划既要适应单个城市的生态、环境和社会发展容量，也要对区域内城市的整体协作进行统筹。本章以人口规模调控模型的系统性研究为主题，这既是城乡规划学科的基点，又是城市规划编制实践工作的起点。因此，本章首先探讨城市人口密度估算的一般方法，为研究城市人口的空间分布与集聚特征提供可量化的途径，为城市功能用地配置及其公共设施的布局提供科学依据；然后考虑生态环境的约束，提出城市—区域适宜人口预测的方法；最后分析基于城市规模的城市影响腹地范围，这对于进行城市与区域统筹规划、城乡一体化规划有一定的指导意义。

5.1 城市居住人口密度估算模型

城市人口空间分布是影响社会经济活力、基础设施建设、公共服务设施配置以及城市交通、住宅、生态环境问题等方面的重要因素之一，是科学开展城市规划的基础与前提（肖荣波、丁琛，2011）。从城市社会空间角度来看，城市市民每天日常的社会活动一般从离开住区向工作地出行开始，到傍晚回归住区而结束。因此，居住是城市市民对城市功能的首要需求，而市民的城市社会活动需要通过交通将居住与工作、购物、游憩等功能有机的关联起来。由于现代城市的发展强化了规模集聚效应，我国当前的城市发展呈现出规模大、数量多和密度高的特征，要准确地认识这一特征，必须科学地把握城市人口活动的空间量化分布规律，根据我国城市人口管理统计惯例，基础数据是以城市行政单元为单位的汇总数据，一般以街道社区为单位，而城市市民的主要活动可分为居家、工作、学习、购物、休闲等，其是在特定的功能空间进行的，一般可以采用具有不同性质的城市用地地块表示其位置和面积大小，并可通过地块上的建筑容积率来推算可能的人口容量。因此，可以采用空间统计与分析的方法，构建城市居住人口密度分布模型，进而可对居住空间周边的交通便捷性、公共服务设施可达性、生态环境适宜性和安全性等各个方面进行分析评价。

5.1.1 概念

从复杂适应系统角度看，城市及其管辖区域的主体是人，人类活动在空间上的集聚就形成了村庄、集镇，当集聚规模在特定的地域上达到一定数量时就形成了城市。这一集聚过程在中国最近30余年里形成了人类历史上最为波澜壮阔的城镇化运动。Holland在其创立的CAS理论中提出的复杂适应系统的第一特征——“聚集”正是考量了城市人口的集聚过程，而人口及其空间分布的一系列概念也就理所当然地成为衡量城市规模的第一要素。

1) 人口与城市人口

人口地理学将人口的概念定义为生活在特定社会制度、特定地域、具有一定数量和质量的人的总称，是社会各种文化、经济和政治活动的基础(刘敏、方如康，2009)。从城市与区域系统角度来看，这一定义首先界定了人口状况的社会学基础，社会学强调了将社会看成有机整体来研究其规律性，包括社会制度变迁、社会结构特征和各种社会群体的关系等等。因此，首先可以将人口特征看做社会系统的主体基本特征；其次明确了人口以地理空间为载体的区域系统物质支撑与环境影响，包括地质地貌、气候水文、土壤植被等自然条件；第三强调了人口对文化系统、经济系统和管理(政治)系统运行的主导作用，包括经过数百年甚至于数千年世代生活繁衍于特定地域的人口族群形成的风土人情、社会制度和生产方式等特色文化的形成。

城市地理学对城市人口的定义较为宽泛，认为城市人口应指城市市区中的非农业人口和一部分近郊区(不包括市辖县)的农业人口，农业人口比例不应超过城市总人口的30%(许学强等，2009)。在我国城市管理领域有计生委、统计局、公安局等多个部门涉及人口管理，人口统计的概念较多，除了非农人口和农业人口，还包括户籍人口、流动人口、暂住人口和常住人口等不同角度的统计数据。在我国人口普查统计中，城镇人口为在城镇居住时间超过6个月以上的人口。因此，城市人口的本体概念应为：城区的常住人口，即停留在该城市6个月以上，使用各项城市设施的实际居住人口。即纳入统计的城市人口就是该城市的居民或称为市民。从本书界定的城市复杂系统角度来看，城市人口的本体概念使得城市非物质系统中的管理、社会和经济子系统的市民主体很容易地进一步划分为各种特征的介主体，即易于对各种社会利益群体，如老人、儿童、妇女、残疾人、公务员、企事业单位工作者、工薪阶层、穷人、富人、新阶层等人群的规模、结构和经济、社会等一系列特征进行量化。从城市规划角度来看，城市居民中的各种群体，他们常年居住生活在城市中，既是城市发展的参与者，又都是城市服务的对象。城市各种公共服务设施的公平配置既要尽量满足每一群体的需求，又需考虑弱势群体的特殊必备需求。

2) 人口密度

由于人类活动的流动性，不同时间人群所处的空间具有不确定性并难以检测。因此，表达以人口在一定地域空间上的分布特征多采用“人口密度”这一概念。人口密度是指单位面积土地上居住的人口数，表示区域中人口的密集程度。通常以1 km^2 或1 hm^2 内的常住人口为计算单位。世界上的陆地面积约为14 800万 km^2，根据美国人口调查局的估计，截至2013年1月4日，平均人口密度约为47人/km^2。但是，世界上实际人口的分布是很不均匀的。根据国家统计局2014年2月公布的年度统计公告，我国2013年年末全国大陆总人口均为13.6亿，其中城镇常住人口均为7.3亿，占总人口的比重约为53.73%。省域人口密度平均约为141.7人/km^2，密度最高的江苏为772人/km^2，密度最低的西藏只有2.56人/km^2。以城市而论，北京市的人口密度为 1 289 人/km²，但各区县差别仍很大，如市内的西城区，人口密度高达 24 517 人/km²（2010 年数据），而远郊的门头沟区则只有 199 人/km²。

3）*居住人口与居住人口密度*

居住功能在城市市民日常生活中占据着首要位置。因此，居住功能组织与空间布局就成为城市规划的基本任务，有关居住人口的各种指标统计分析就成为城市空间规划的基础。居住人口是指与住宅统计范围一致的家庭居住人口，以公安局的统计数据为准。而体现城市人口在居住空间上的集聚程度特征就是人口密度指标。居住人口密度的概念为单位居住用地上的平均人口数量，以街区或居住用地地块为基本统计单位，街区在空间中指以 4 条街道为边围成的地区，为便于数据统计等研究需要，规划中强调街区内居住空间的均质性及街区空间的完整性，可以根据街区内居住用地的住宅建筑上的人口分布状况确定街区的人口密度。其中，居住用地是指住宅用地和居住小区及居住小区级以下的公共服务设施用地、道路用地及绿地；住宅建筑面积是指外墙勒脚以上各层的外围水平投影面积，且具备上盖，结构牢固，层高 2.2 m 以上的永久性建筑；人均住宅建筑面积是指按居住人口计算的平均每人拥有的住宅建筑面积。

5.1.2　关系

从城市复杂系统内部关系角度来看，城市居住人口的空间分布体现了城市系统的人、地、物三者的关系模式（见图 5－1）。首先，城市居住人口及其条件状况是城市社会子系统社会活动的规模基础，是表征城市集聚程度和生产力水平高低的首要因子；其次，城市居住人口是落实到城市特定的功能空间上的，在城市用地子系统中可以对居住用地按建筑风貌、环境质量、人口容量等特征细分为几种类型，并以面积大小不一的地块作为城市居住功能区划和人口统计单元，居住空间分布在城市从中心到边缘的不同部位，形成由城市区位条件、建筑质量优劣、周边公共服务及其质量的环境差异等因素不同而产生房地产价值的显著差异；第三，城市居住区的住宅系统是城市建筑子系统的重要组成部分，以住宅建筑按层高划分的建筑类型、套型面积不仅体现了居住区的风貌特征，而且决定了居住区的建筑容积率和可能容纳的人口数，结合居住区的占地面积，便可确定居住区的人口密度。综上所述，城市居住人口密度分布状况是城市社会、用地和建筑三个子系统在空间上相互影响、相互作用和相互适应而形成的稳定和均衡关系的考量。

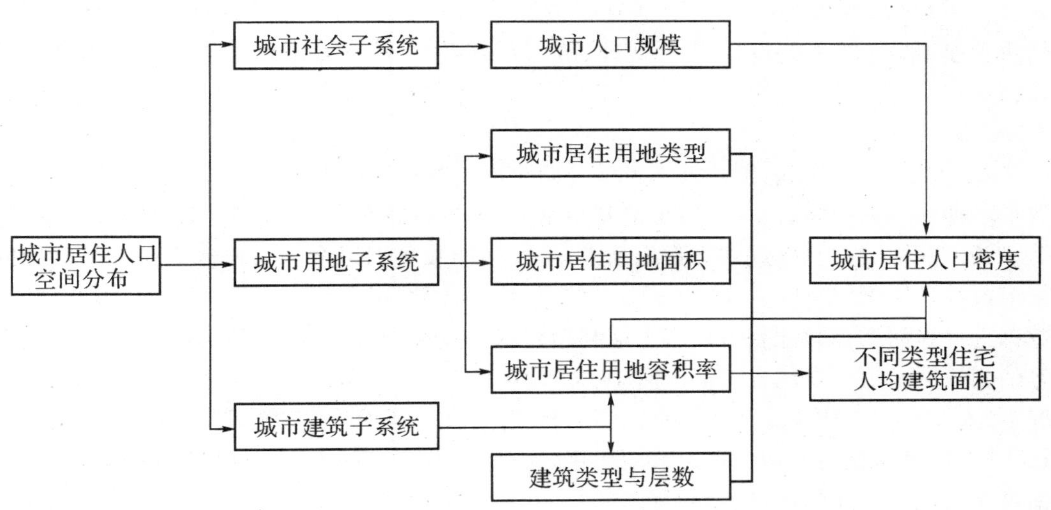

图 5－1　居住人口空间分布特征与城市系统关系图

由于人口分布在区域上的分散性和在城市中的集聚性，随着研究的需要大至全球、全国和全省，小至社区、街道，甚至一个居住小区，人口密度等相关指标由于空间管理单元的不同呈现出较大的差异。如图 5-2 所示，愈小的统计空间范围，有关的人口属性数据愈精确，较大的人口统计空间范围下的相关人口属性误差相对较大。研究人口密度时一般假设相同空间范围内是均质的，同一统计空间范围内人口属性一致，因此，在城市规划中为减小误差和提高准确性，应尽量选取较小人口统计的空间范围，如社区或同一性质的用地地块。因此，在区域和城市不同空间尺度上，人口密度具有不同的空间分布特征，并影响着人口空间域的估算精度。

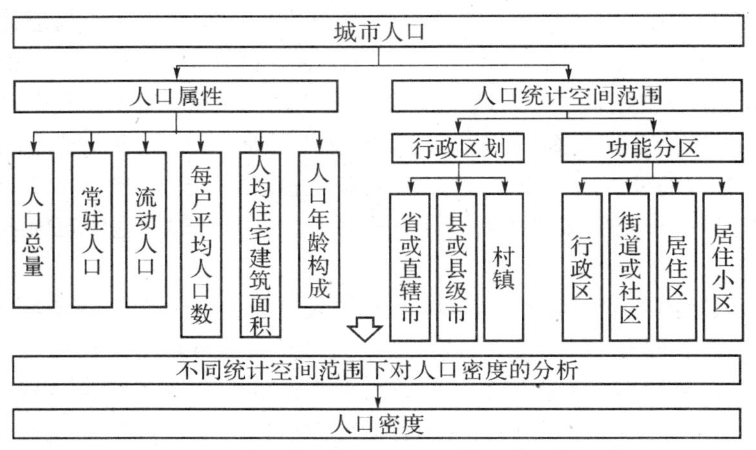

图 5-2 人口密度与人口空间管理单元的关系

在当代中国，城市居住条件的差异业已成为城市社会贫富分化的标志。居住空间分异现象反映了城市不同的社会群体在城市获取居住空间能力的差别，高额的房价和过度的城镇化使居住空间呈现出贫困人口过度集中、富裕人口居住分散的局面，人口密度分布不均，大量老城居民和近郊农民因动拆迁而居住利益受损，引发了多起群体事件，社会公平和社会稳定发展面临着严峻的考验。以人为本的城市规划理念明确将人口密度作为公共服务设施、交通设施等其他城市子系统空间配置的依据，反过来现有的公共服务设施、交通设施等的区位及规模特征对人口密度分布的演变有着重要影响，这需要谨慎地、科学地提高或者减低某些空间的人口密度。可以说，城市居住人口密度分布情况不仅是制定区域长远发展政策、城市总体规划的重要基础，也是实施城市日常管理、改善居民生活环境等工作的重要科学依据（肖荣波，2011）。

5.1.3 函数

从 20 世纪 60 年代起，国内外学者就开始应用遥感技术进行城市人口估算研究。目前，已发展了多种遥感估算方法，主要有土地利用密度法、建成区面积法、耗能法和地物光谱法（徐建刚等，1994）。在城市总体规划方案编制中，一般均能收集到以全国人口普查数据为基础的城市街道或社区为面域空间单元的常住人口汇总数据，同时可采用卫星遥感影像并结合测绘地形数据进行地面调查验证获得城市土地利用现状图及其居住地块空间的居住建筑面积、容积率等估测数据。由于常住人口都定居于一定的住宅建筑内，所以在不考虑住房空置率差异的情况下，人口分布与建筑总面积具有很高的相关性，如果假设住宅建筑可以分为多种不同的类型，每一类住宅建筑的人均住宅建筑面积相同或相差不大，那么便可采用三维城市居住人口密度估算模型进行人口估计（徐建刚等，2000）。该模型的基本原理如下：

假设某城市区域有 n 种居住用地类型，每一类型的人均居住建筑面积的倒数为 $B_i(i=1,2,\cdots,n)$，又假设该区域被分为 m 个行政街道，已知每一个街道的统计人口总数为 $P_j(j=1,2,\cdots,m)$；通过航空遥感调查与地形数据估测，获得了每个街道内的各种居住类型地块上住宅的居住建筑总面积 $A_{ij}(i=1,2,\cdots,n;j=1,2,\cdots,m)$，则可建立下列线性方程组：

$$\begin{aligned} A_{11}B_1+A_{12}B_2+\cdots+A_{1n}B_n&=P_1\\ A_{21}B_1+A_{22}B_2+\cdots+A_{2n}B_n&=P_2\\ \vdots\qquad\quad \vdots\qquad\qquad\quad \vdots\qquad&\ \ \vdots\\ A_{m1}B_n+A_{m2}B_2+\cdots+A_{mn}B_n&=P_n \end{aligned} \tag{5-1}$$

当此方程组中 $m>n$ 时，即街道数多于居住类型数，采用最小二乘法原理，将此方程组转化为 $n\times n$ 正规方程组，解方程组，从而求得该区域内与统计人口数总误差最小的各类住宅的人均居住建筑面积的倒数 $B_i(i=1,2,\cdots,n)$（即每单位建筑面积上的人口数）的估计值。

为了进一步提高人口估计值的精度，可以按照人口数量分布特征、建筑类型分布差异、估计误差分布特征进行分组组合，通过求解具有单一或少量住宅建筑类型组合样本的参数值，得到精度更高的该类建筑参数估计值，然后带入其他复合住宅建筑类型的样本方程中求解其余住宅建筑类型的参数，如此反复分类和迭代，直到得到所有住宅建筑类型的参数估计值。另外，为了保证人口总数的一致性和完整性，即：人口全部分布于住宅建筑用地中，可以按照公式(5-2)将人口估计误差均摊到各类住宅建筑用地中，进一步调整得到估计参数值 B'_{ij}。最后，按照公式(5-3)得到不同居住用地上的人口密度值 D_f。

$$B'_{ij}=B_{ij}\times\frac{A_{ij}}{A_i} \tag{5-2}$$

$$D_f=\frac{P_f}{S'_f}=\frac{\sum B'_{ij}A_{ij-f}}{S'_f} \tag{5-3}$$

式中：D_f 为 f 居住用地上的人口密度，P_f 为 f 居住用地上的人口数，S'_f 为 f 居住用地的面积，A_{ij-f}为位于 f 居住用地上的住宅建筑面积。

5.1.4 实例

党的十八大以来，中央对新型城镇化提出“构建科学合理的城市格局，大中小城市和小城镇、城市群要科学布局”等重大决策，为中小城镇的发展开辟了崭新的机遇和广阔的空间。新型城镇化承载着促进经济发展和社会公正的双重转型使命，发展中小城镇则是重构城市体系、优化我国城市化空间战略布局的关键抓手。目前来看，我国城市体系呈现出“大城市人口集聚过度、转型压力巨大；中小城镇发展相对缓慢，且面临特色迷失、公共服务资源不足和产业竞争力脆弱等制约；而小城镇人口虽有增加，但城镇化质量低、基础设施落后，未能有效发挥对农村和农业的带动效应”的局面(刘彦平，2013)。与大城市相比，中小城镇具有生态良好，环境优美，城镇特色明显，人口居住情况仍受一定的地缘和血缘的影响。我国中小城镇人口总数远高于大城市人口，选取中小城镇作为居住人口密度合理分布研究的对象范围是兼顾社会公平，促进社会稳定和谐的良好途径。

1) 长汀县的人口概况

此处选取著名的革命老区和历史文化名城福建省长汀县城作为中小城镇的代表对城市居住人口密度进行调查分析。长汀县近年来发展势头猛进，经济的发展带动城镇建设，拉动居民消费。2012 年，全县地区生产总值 126.12 亿元，可比增长 13%。根据长汀县第六次全国人口普查资料显示，2010 年，长汀县全县常住人口为 393 390 人，居住在城镇的人口为 161 841 人，约占总人口的 41.14%，同 2000 年第五次全国人口普查相比，城镇人口增加 40 502 人，城镇人口比重上升 11.04 个百分点。全县常住人口中，居住地与户口登记地所在的乡镇街道不一致且离开户口登记地半年以上的人口为 85 059 人。

长汀群峦叠嶂，地势复杂，汀江穿城而过，环境优美，但由于道路交通的不便，村落之间相对闭塞。近几年人们开始封山育林、保护生态，大量劳动力从山里走出，开始现代化的城市生活方式。为了满足不同阶层人们生活、工作、休闲、娱乐等方面的需求，兼顾社会公平，稳定城镇发展，实现城市生态平衡，合理布局为人口服务的公共服务设施等，把握居住人口密度的状况是一种明确人口在空间上布局的直接途径，也是城市功能用地在空间上规则布局的重要依据。

2) 基于 RS 与 GIS 的模型参数提取

本项研究主要以第六次全国人口普查数据为基础统计数据，同时，利用 2013 年 10 月拍摄的长汀城区地面分辨率为 5 m 的 Rapid Eye 遥感图像、1∶500 地形图和长汀县社区(村庄)行政界限图为基础地理底图，以 ArcGIS 10 为软件平台，建立了土地利用、住宅建筑与人口一体化的空间数据库。人口密度估算模型技术路线如图 5 - 3 所示。

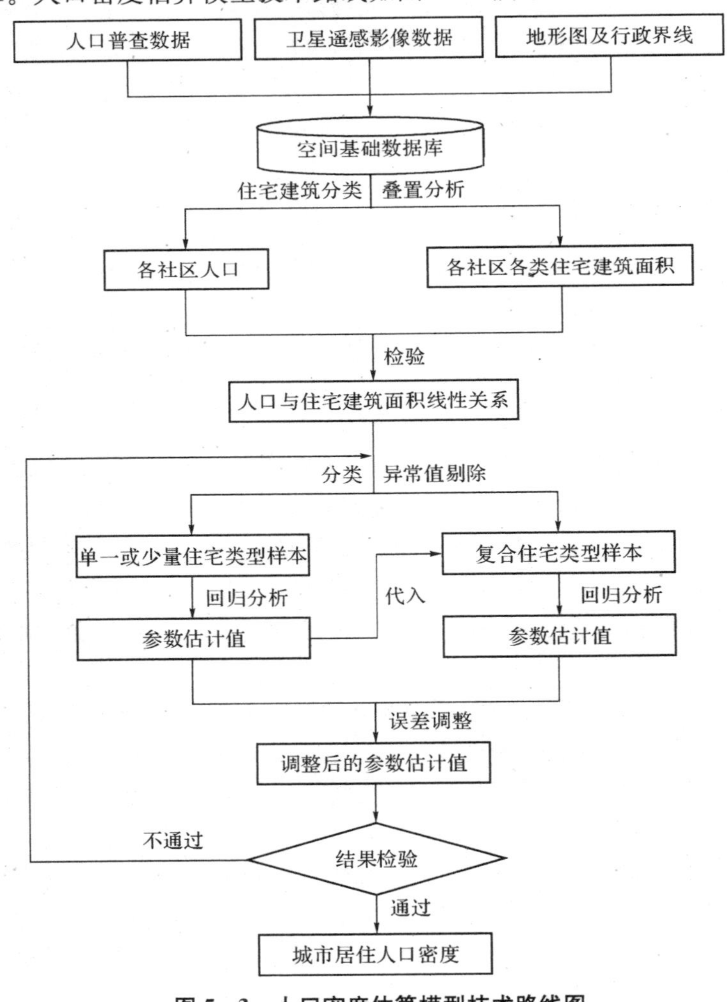

图 5 - 3　人口密度估算模型技术路线图

(1) 社区、土地利用和住宅建筑同步建库

以处理好的 1∶500 地形图为基准，将遥感影像和社区边界数据进行配准，统一到相同的地理参考系统中，然后根据 Rapid Eye 遥感影像纹理特征进行目视解译，并结合实地验证编制出中心城区及周边村庄土地利用现状图，接着在编制好的土地利用底图上数字化社区和村庄行政边界图层，利用 Topology 工具检查和修改土地利用、行政边界和住宅建筑图层(由1∶500 地形图提取，包含多边形面积和楼层高度属性信息等)之间的拓扑关系，确保每一住宅建筑要素只在一种居住用地类型中，每一居住地块只在一个社区或村庄范围内，从而建立了人口估算模型的基础数据库。居住用地类型与建筑层数分布图如图 5－4 所示。

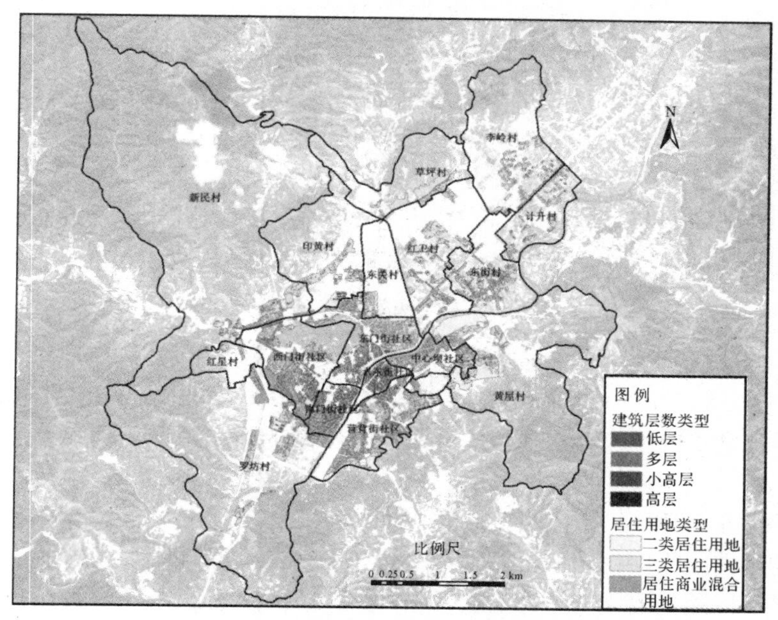

图 5－4　居住用地类型与建筑层数分布图

(2) 住宅建筑类型的分类

根据土地利用分类，长汀中心城区居住用地按类型主要有二类居住用地、三类居住用地和居住商业混合用地共 3 个类别；按建筑楼体高度(根据《住宅设计规范》(GB 50096—1999))主要分为低层(1 层至 3 层)、多层(4 层至 6 层)、中高层(7 层至 9 层)、高层(10 层及以上)共 4 个类型住宅。其中，居住商业混合用地类型房屋沿街道分布，其底层为商用，楼上为住宅，且层数种类较多，考虑其仅占住宅类总面积的 6.1%，故将其并入多层住宅类。纵观长汀城区住宅发展历史，各个时期兴建的住宅人均居住面积与建筑容积率标准均不同，不同类型的居住用地比例差别也很大，因此可以综合考虑居住用地类型、楼层高度、不同年代建筑标准、不同居住环境质量等，结合地形图和遥感影像图对长汀主城区内所有居住建筑进行分类，并进行实地验证，总体上可以将住宅建筑分为一类住宅(花园式别墅或独栋住宅)、二类住宅(二类居住用地上的多层建筑及城中村中建筑年代较近、质量较好的住宅)、三类住宅(城中村中建筑年代较远、质量较差的住宅)、四类住宅(村民自建房或城中村人均住宅建筑面积较小、环境恶劣的住宅)(见图 5－5)。

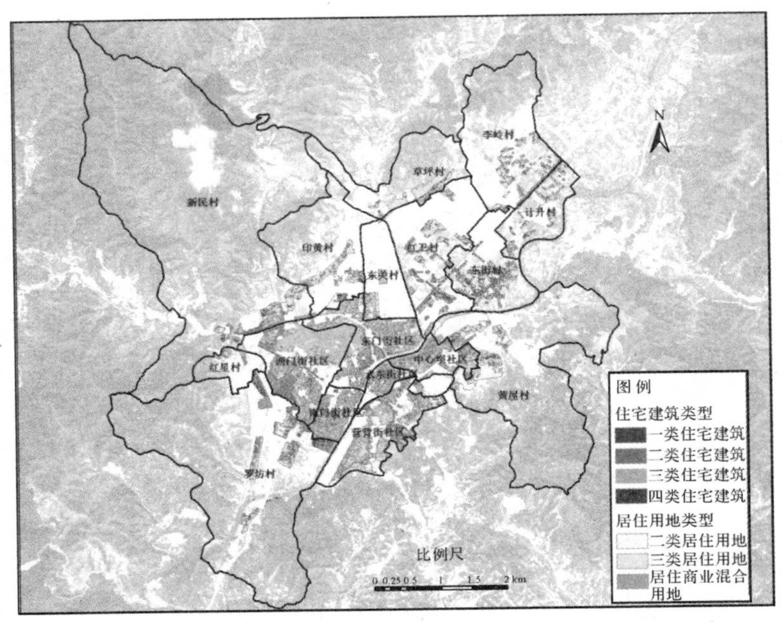

图 5－5　居住用地类型与建筑类型分布图

(3) 人口与土地利用图层、住宅建筑图层叠置

将人口数据加入(Join 命令)社区矢量实体的属性表中，运用 ArcGIS 空间叠置(Overlay)命令，分别在土地利用的地块属性表和住宅建筑属性表中添加每个地块和每栋建筑所属社区一项记录。

(4) 统计每个社区和村庄的各类居住用地面积和各类住宅建筑面积

ArcGIS 的属性表文件直接采用 dBase 数据库系统的 DBF 格式，经过前面处理的土地利用地块属性表中，以独立地块实体为记录单位，包含了多边形面积、土地类型代码和所属社区等字段；住宅建筑属性表中，包含了多边形面积、建筑层数和所属社区等字段。因此，可以对 dBase 数据库通过设计模块化统计程序进行每个社区和村庄的各类用地类型与各类住宅建筑总面积统计。程序通过建立模型所需的文件格式，将统计的面积与人口数据融为一体，直接按公式(5－1)的系数矩阵形式存储。

3) 人口分布与住宅建筑面积的特征分析

在建立模型以前，先分析所有样本区(包括主城区和周边部分村庄，见图 5－4)总人口和住宅建筑总面积的关系，如图 5－6 所示，样本区的住宅建筑总面积和总人口数呈现出明显的线性回归关系，即 $y=204.346x$，且具有很高的 R^2 值(0.831 2)，这说明可以认为样本区的人口基本分布于住宅建筑上，但是由于各样区每单位住宅建筑面积上的人口数值不同，导致部分样区位于回归线以上或以下。当样本数足够多，且城区和乡村每单位建筑面积上的人口数值差别较大时，有可能会出现回归线以上和以下样区分别具有明显的线性关系，此时可以分类进行回归；当出现异常值时，可以删除异常值(单独求解)之后重新进行验证；当样本区不具有明显的回归关系时，则可以考虑非线性关系。在此，样本数据已经具有很高的线性相关性，可以利用不同的住宅建筑类型参数进行模拟，以期得到不同居住用地类型上的人口密度。

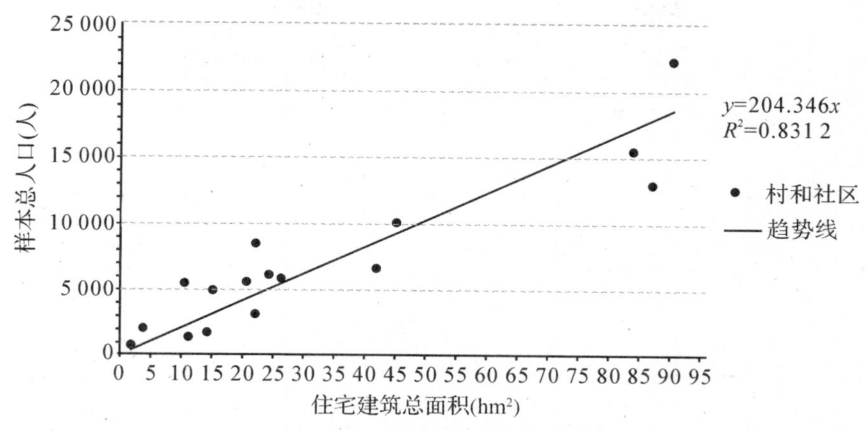

图 5－6　样本总人口与住宅建筑总面积的关系图

样本区总人口与住宅建筑总面积表现出极强的相关性，但是由于样本区人口分布的复杂性，我们必须首先重点分析主城区的住宅建筑分布特征。通过将前面分类好的住宅建筑类型进行分类统计(见图 5－7)，并对每类住宅建筑类型分布和建筑层数进行可视化(见图 5－5)，可以得到长汀县住宅建筑类型的总体特征。整体而言，长汀主城区住宅建筑类型以二类和三类住宅建筑为主，四类住宅建筑次之，一类住宅建筑数量最少。其中，一类住宅建筑占主城区所有建筑总量的 1.35%，面积很小，仅集中于苍黄路以东一个地块中，在必要时可以考虑将其合并到特征相近的二类住宅建筑类型中。二类住宅建筑占所有建筑总量的 47.62%，主要集中于老城区，环卧龙山分布。三类住宅及四类住宅建筑的总量相对一致，分别为 25.87%、25.16%，但是三类住宅多集中在卧龙山东南方向，沿兆征路—汀江两侧；而四类住宅呈分散状，多为大同镇各行政村落村民自建房。

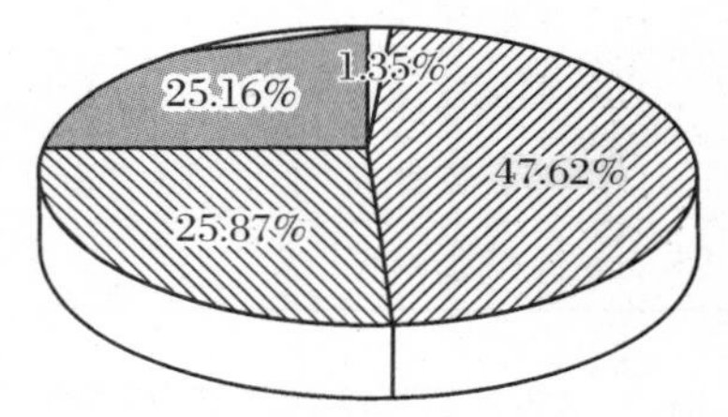

图 5－7　长汀县主城区不同类型住宅的建筑面积总量结构图

4) *不同类型住宅人均住宅建筑面积的确定*

以长汀县主城区汀州镇、大同镇 17 个村和社区作为样本，通过城市居住人口密度估算模型确定主城区汀州镇 6 个社区不同类型住宅的人均住宅建筑面积。如表 5－1 所示为各村和社区人口及不同类型住宅建筑面积。

表 5－1　各村和社区人口及不同类型住宅建筑面积

镇	村或社区	人口(人)	住宅建筑面积(hm²)			
			一类住宅	二类住宅	三类住宅	四类住宅
大同镇	黄屋村	5 536	0.000	9.175	0.996	10.338
	计升村	1 379	0.000	0.154	0.000	11.065
	红卫村	5 853	0.000	0.000	0.000	26.183
	草坪村	2 062	0.000	0.000	0.000	3.737
	红星村	691	0.000	0.000	0.000	1.755

续　表

镇	村或社区	人口(人)	住宅建筑面积(hm^2)			
			一类住宅	二类住宅	三类住宅	四类住宅
大同镇	罗坊村	6 676	0.000	12.686	0.000	29.180
	李岭村	1 802	0.000	0.000	0.000	14.214
	东街村	3 165	0.000	0.000	0.000	22.037
	新民村	6 195	0.000	16.026	0.077	8.169
	东关村	4 987	0.000	11.092	3.401	0.553
	印黄村	5 503	0.090	4.949	0.235	5.156
汀州镇	西门街社区	22 399	0.000	57.087	30.840	2.055
	南门街社区	10 185	0.000	7.867	34.595	2.573
	中心坝社区	10 029	0.000	35.911	8.095	1.067
	水东街社区	8 576	0.000	7.206	14.211	0.618
	营背街社区	15 633	1.139	45.091	34.856	2.588
	东门街社区	12 980	0.000	64.104	19.945	2.854

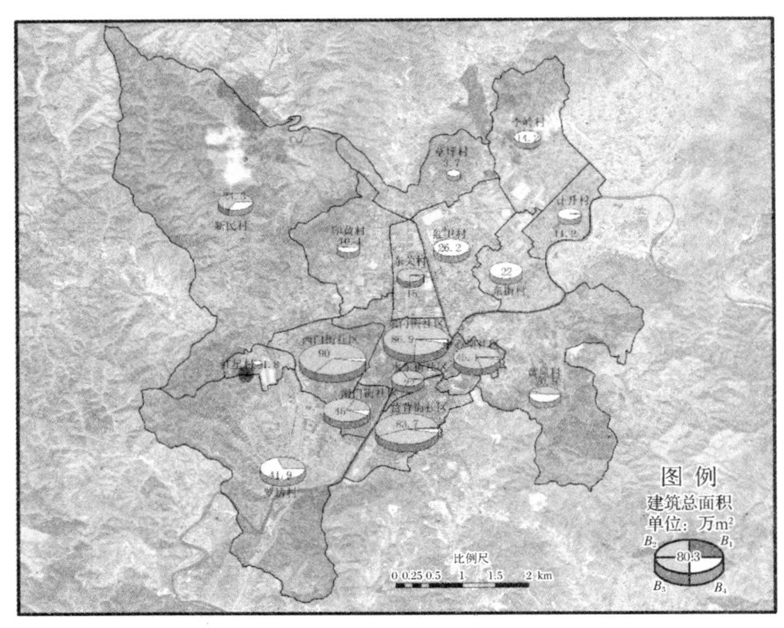

图 5 - 8　长汀县样本区建筑总面积构成图

根据城市居住人口密度估算模型，得出公式(5 - 4)、(5 - 5)。式中，P 表示某村或社区的人口，B 表示单位住宅建筑面积上的人口数，S 表示住宅建筑总面积(hm^2)。对应的有 B_1、B_2、B_3、B_4 分别表示该村或社区中 4 类住宅建筑面积上的人口数(人)，S_1、S_2、S_3、S_4 则分别表示该村或社区中 4 类住宅的建筑总面积(hm^2)。

$$P=BS \tag{5-4}$$

$$P=B_1S_1+B_2S_2+B_3S_3+B_4S_4 \tag{5-5}$$

由前面分析可知，以表 5-1 的全体村和社区作为样本，根据公式(5-4)利用 Excel 软件作一元回归分析(见图 5-6)，结果显示各村或社区的人口与其住宅建筑总面积存在线性关系 $P=204.346S$，根据 B 的值可换算出所有类型住宅的人均建筑面积为 48.937 m²。

在证实各村或社区的人口与其住宅建筑总面积存在线性关系的基础上，进而求算各类型住宅单位建筑面积上的人口。由表 5-1 和图 5-8 可知：①在所有的村和社区中，各个样本均存在 4 类住宅建筑；②红卫村、草坪村、红星村、李岭村、东街村 5 个村只存在 4 类住宅建筑而不存在其他类型住宅，因而对其有 $P=B_4S_4$。不妨先根据前式确定 B_4 的值，考虑到从卫星遥感图像上判读，发现红星村的 4 类住宅建筑用地包含工业用地，为保证回归分析的准确性需要而被剔除，以其余 4 个村为样本进行回归分析。假设以人口 P 为因变量、以 4 类住宅建筑总面积 S_4 为自变量，结果如表 5-2 和图 5-9 所示在 $p=0.05$ 的水平上显著，显示样本的人口与其 4 类住宅建筑总面积存在线性关系 $P=184.775S_4$，通过 B_4 的值换算得出 4 类住宅建筑的人均建筑面积为 54.12 m²，此值可作为其余村和社区的 4 类住宅人均建筑面积值。

表 5-2　四村人口与四类住宅建筑面积回归分析结果

项目	单位住宅建筑面积上的人口				平均误差/%	R^2	F 检验值
	B_1	B_2	B_3	B_4			
结果	—	—	—	184.775	39.566	0.9147	32.192

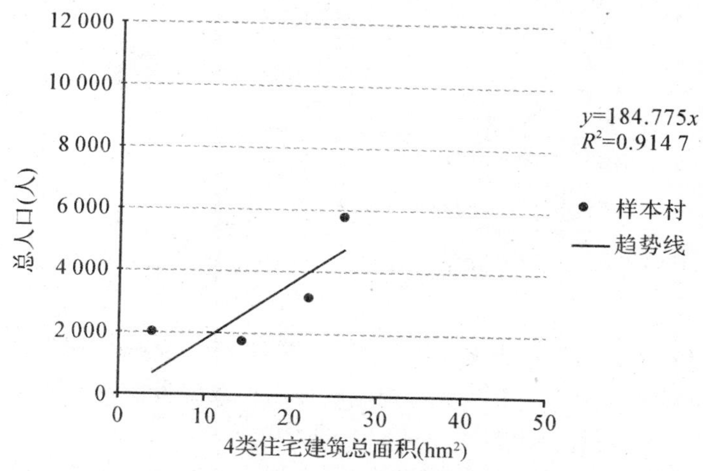

图 5-9　仅含 4 类住宅建筑的 4 个样本回归分析图

在得到 4 类住宅建筑的参数 B_4 的基础上，根据公式(5-5)对长汀县主城区 6 个社区确定其余各类住宅建筑单位面积上的人口数，注意到只有营背街社区存在一类住宅建筑，且其建筑面积占社区住宅建筑总面积仅为 1.36%，同时从卫星遥感图像上判断该一类住宅用地实际为多层建筑，故可将此一类住宅建筑合并至二类住宅建筑中。由前面的分析已得到 B_4 值，故只需对 6 个社区样本进行二元回归分析：$P=B_2(S_2+S_1)+B_3S_3+B_4S_4$（$P$ 为因变量，B_2、B_3 为待估参数，B_4 为已知值）。经回归分析，结果如表 5-3 所示在 $p=0.01$ 的水平上显著，得到表达式：$P = 158.794(S_2 + S_1) + 284.823S_3 + 184.775S_4$，由 B_2、B_3 值可换算得出主城区二类(含一类)住宅建筑的人均建筑面积为 62.975 m²、三类住宅建筑的人均建筑面积为 35.11 m²。

表 5-3 主城区人口与二、三类住宅建筑面积回归分析结果

项目	单位住宅建筑面积上的人口				平均误差/%	R^2	F 检验值
	B_1	B_2	B_3	B_4			
结果	—	158.794	284.823	184.775	21.965	0.956 3	43.807

经前述分析已确定长汀县主城区 6 个社区的参数 B_2、B_3、B_4，然而具体到每个社区而言，上述参数和实际值依然存在误差，为得到各个社区的各种住宅类型的具体人均住宅建筑面积，还需进行误差调整：假设某社区实际人口为 P_R、估计人口为 $P_E = B_2(S_2 + S_1) + B_3S_3 + B_4S_4$，令 $\delta = P_R / P_E$(不同社区的值不同)，则有：

$$\delta P_E = \delta(B_2(S_2 + S_1) + B_3S_3 + B_4S_4) = \delta B_2(S_2 + S_1) + \delta B_3S_3 + \delta B_4S_4 = P_R$$

假设调整后的参数 $B'_2 = \delta B_2$、$B'_3 = \delta B_3$、$B'_4 = \delta B_4$，以调整后的参数取代原有参数 B_2、B_3、B_4，即可使估计值等于实际值。根据调整后的参数，最终确定各个社区不同类型人均住宅建筑面积(其中一类住宅建筑已合并至二类住宅建筑)(见表 5-4)。

表 5-4 各社区不同类型住宅调整后参数及人均住宅建筑面积

社　区	调整后的参数			人均住宅建筑面积(m²)		
	B_2	B_3	B_4	二类住宅	三类住宅	四类住宅
西门街社区	195.123	349.984	227.047	51.250	28.573	44.044
南门街社区	139.688	250.552	162.542	71.588	39.912	61.523
中心坝社区	194.087	348.126	225.841	51.523	28.725	44.279
水东街社区	256.648	460.339	298.637	38.964	21.723	33.485
营背街社区	139.880	250.897	162.765	71.490	39.857	61.438
东门街社区	125.775	225.598	146.353	79.507	44.327	68.328

5) 模型估算结果

将前述分析得到的结果保存为 Excel 文件，在 ArcGIS 中将居住用地要素与之连接，得到每个居住用地调整后的参数 B'_2、B'_3、B'_4，根据居住用地数据属性表中每个地块上的各类住宅建筑面积 S_1、S_2、S_3、S_4，可计算出该居住用地上的人口 $P = B'_2(S_2 + S_1) + B'_3S_3 + B'_4S_4$，记该居住用地的地块面积为 S，则该居住用地的人口密度 $d = P/S$。在居住用地数据属性表中利用字段计算器完成以上计算，得到每个居住用地的人口密度值(见表 5-5)，并绘制出长汀县主城区 6 个社区的居住人口密度分布图(见图 5-10)。

作为中国最美的两个山城之一，长汀拥有优越的自然山水条件、悠久的历史底蕴和深厚的文化内涵。长汀因水得名，汀江蜿蜒流淌，北山威严耸立，养育了一代又一代的长汀人民。长汀的居住用地格局因山水地势的影响形成了沿江分布、环山布局的格网形式。如图 5-10 所示，由主城区居住人口密度分布情况可知人口多集中在老城区汀州镇，汀江两岸人口密度较大，汀州镇西部的西门街社区部分高层住宅区也有较高的人口密度。该密度成果图可为古城历史文化遗产保护、历史街区复兴和长汀文化旅游发展，对古城及周边区域的功能优化和规划实施中涉及的人口疏散问题提供科学的依据。

表 5－5　长汀县主城区居住人口密度统计表示例

表

Export_Output

TOWNNAME	VILLANAME	type	地块面积	地块编号	基底总面积	建筑总面积	建筑密度	建筑容积率	人口	人口密度	
汀州镇	西门街社区	R3	.333356	134	0	0	0	0	0	0	
汀州镇	西门街社区	Rb	1111.841807	135	986.5249	3707.9454	.887289	3.334958	73	73997.118573	196
汀州镇	西门街社区	Rb	1086.917968	136	781.8218	4554.9437	.719302	4.190697	89	113836.682477	196
汀州镇	西门街社区	R3	182.819766	137	106.6269	254.8014	.583235	1.39373	9	84406.467786	196
汀州镇	西门街社区	Rb	778.146149	138	513.7664	2485.7049	.660244	3.194393	49	95374.084409	196
汀州镇	西门街社区	Rb	151.689867	139	91.7699	237.5706	.604984	1.56616	5	54484.095348	196
汀州镇	西门街社区	Rb	1307.391049	140	973.351	1622.0722	.744499	1.240694	32	32876.115605	196
汀州镇	西门街社区	Rb	332.790054	141	306.136	1094.4392	.919907	3.288678	22	71863.48551	196
汀州镇	西门街社区	Rb	741.59947	142	584.3688	2901.0482	.787984	3.91188	57	97541.141827	196
汀州镇	西门街社区	R3	3730.34011	143	2176.4908	4196.3421	.583456	1.124922	143	65702.092561	196
汀州镇	西门街社区	R3	610.650762	144	503.7715	647.3325	.824975	1.06007	21	41685.565777	196
汀州镇	西门街社区	R3	4327.733773	145	2789.0904	6480.2499	.644469	1.497377	224	80312.922091	196
汀州镇	西门街社区	R3	13104.590999	146	9009.9873	19389.5759	.687544	1.479602	670	74361.925016	196
汀州镇	西门街社区	R3	3528.824317	147	2629.796	5104.6614	.745233	1.446562	177	67305.600891	196
汀州镇	西门街社区	R2	3802.015034	148	1715.0443	6744.6174	.451088	1.773959	132	76965.941929	196
汀州镇	西门街社区	Rb	2992.263116	149	1439.1021	5564.232	.480941	1.85954	109	75741.672533	196
汀州镇	西门街社区	R3	2865.869035	150	1101.8128	1773.7973	.384460	.618939	62	56270.901917	196
汀州镇	西门街社区	R2	416.369898	151	334.5556	903.9877	.803506	2.171117	18	53802.7162	196
汀州镇	西门街社区	R3	4489.602868	152	2943.4525	8266.9038	.655615	1.841344	288	97844.283201	196
汀州镇	西门街社区	R3	40482.779168	153	22299.2063	62096.4111	.550832	1.533897	2016	90406.805197	196
汀州镇	西门街社区	R3	4450.542421	154	2257.482	7428.9206	.507237	1.669217	259	114729.596958	196
汀州镇	西门街社区	R3	1306.358086	155	900.1211	1064.9778	.689031	.815227	36	39994.618502	196
汀州镇	西门街社区	R3	1113.371252	156	678.8691	800.0355	.609742	.718570	28	41245.06477	196
汀州镇	西门街社区	Rb	542.62276	157	333.5762	1233.6315	.614748	2.273461	24	71947.578994	196
汀州镇	西门街社区	R3	5384.21135	158	3289.1587	7748.3534	.610890	1.439088	269	81783.831227	196
汀州镇	西门街社区	R3	355.04056	159	224.1356	601.4924	.631296	1.694151	21	93693.282102	196
汀州镇	西门街社区	Rb	1071.400051	160	627.2115	2484.9701	.585413	2.319367	49	78123.567569	196
汀州镇	西门街社区	R3	11310.367068	161	6907.4288	13363.9117	.610717	1.181563	460	66594.968015	196
汀州镇	西门街社区	R3	19093.685193	162	11743.0226	25661.5656	.615021	1.343982	871	74171.704311	196
汀州镇	西门街社区	R3	17956.58156	163	12288.6736	27003.6423	.684355	1.50383	931	75760.820924	196

(0 / 214 已选择)

Export_Output

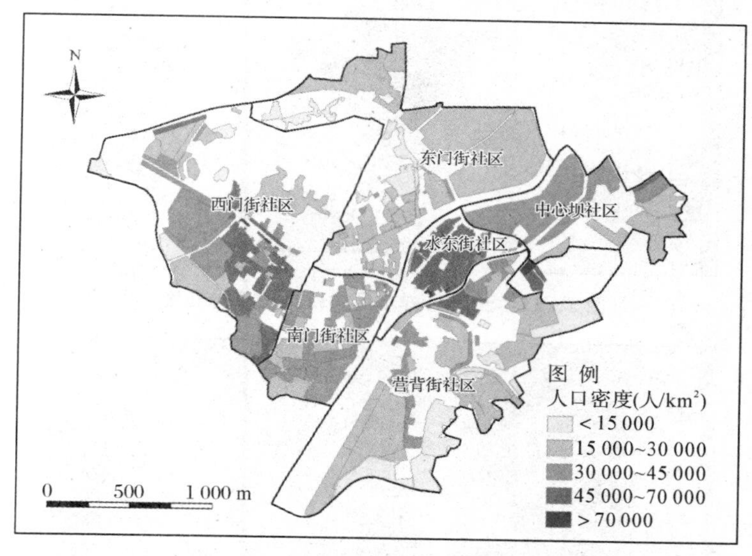

图 5－10　长汀县主城区 6 个社区居住人口密度分布图

6）多层次人口密度分布特征与规划应用关系解析

从城市系统角度来看，本节所创建的城市居住人口密度分布估算模型首先将城市社会子系统与用地子系统紧密的关联在一起，所建立的人地关系成为城市空间规划的出发点。其实，从城市总体规划层面看，以行政区为单位进行人口密度的粗略估算与制图也可以为城市可能发展区域范围的人口规模控制、人口密度空间引导提供基本依据，这里制作了长汀县以社区和行政村的面域为单元的人口毛密度和人口净密度分布图，如图 5－11、图 5－12 所示，人口分布特征不仅反映城乡人口的密度差异，而且分别表达了我国城市规划对建设用地和居住用地人均规模的控制状况。按照国家城市建设用地 100 m²/人标准，转化为人口密度则为 10 000 人/km²，而图 5-11 反映出长汀中心城区的 6 个社区人口毛密度最低为东门街社区的 11 473 人/km²，最高为南门街社区的 23 220 人/km²，即人均建设用地均未达到 100 m²，而最低者不足 50 m²，这就表明长汀主城区人口过于密集其交通与环境状况不容乐观。图 5-12 的样本区人口净密度表明了将每一社区内人口均摊到用地性质为居住的地块上的平均密度，其值明显高于毛密度，尤其是社区间的差异更大，最低值为营背街社区的 21 624 人/km²，最高值为水东街社区的 62 456 人/km²，相差 3 倍。转化为人均居住用地分别为 46.24 m² 和 16.01 m²，介于国家城市人均居住用地标准 30 m² 之间。然而，如此大的差距可能反映了两个社区环境条件和公共服务设施配置间的差异，细看图 5-8 的两社区住宅类型规模结构，水东街社区以三类住宅为主，营背街社区以二类住宅为主，因此两者环境差异较为明显。

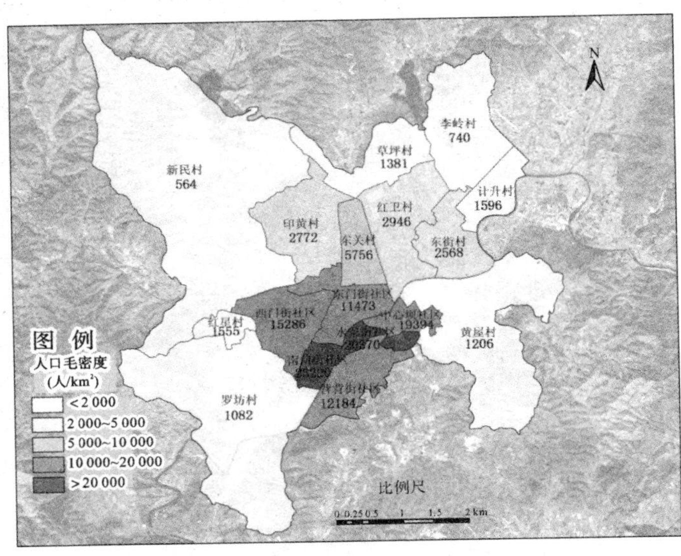

图 5-11 长汀县样本区人口毛密度分布图

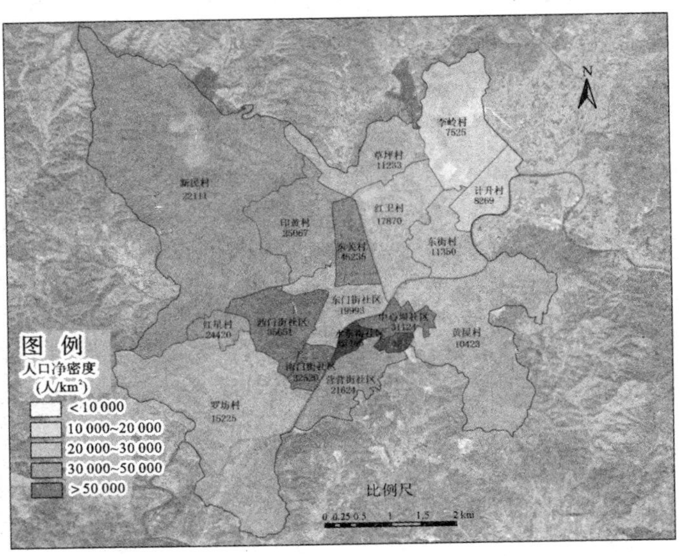

图 5-12 长汀县样本区人口净密度分布图

此外，以住宅层数表达的城市居住分布状态不仅反映了城市空间的基本形态，而且能反映城市的历史演进特征。图5-13表达了以长汀古城为中心的住宅层数分布情况，从图中可以清晰地看出古城和水东街历史街区以3层以下的传统民居为主，周边被新式多层住宅包围，最外围才见高层住宅。总体上看，长汀古城保护较为有效，层高控制较好，古城特色得到体现。然而，以古城为中心的发展模式造成了古城内交通极为拥堵、环境质量差、公共服务设施过于集中等一系列关联性问题，使得古城不堪重负，长汀城市急需寻找新的发展空间。本书下面一系列分析模型和第四篇规划应用篇将以本节人口分析为基础，提出该城市发展的破解之道。

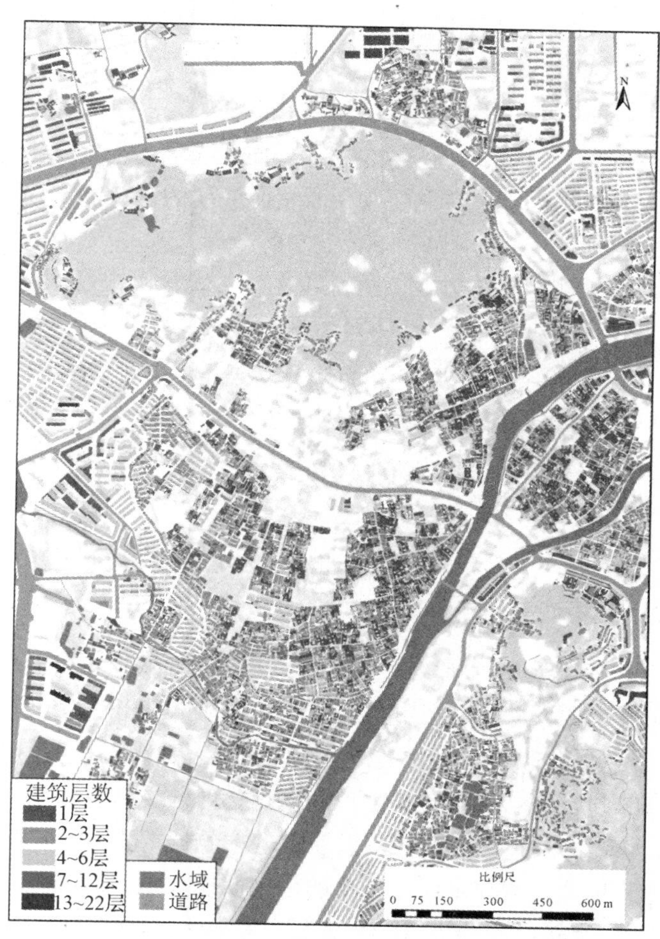

图5-13　长汀县古城中心区住宅层数分布图

5.2　城市—区域适宜人口规模预测模型

在城市规划的编制过程中，对城市中长期人口规模的预测，直接影响着相应时段内城市建设用地规模的规划与确定。目前，我国城市规划中确定城市建设用地规模的基本思路是：预测不同时期的城市人口规模和城市化水平，估算市区人口数，继而推算出城市的建设规模，并通过规划加以确认，成为土地资源配置的重要依据。很显然，这种思路存在明显不足。当人口规模和城市化水平预测得过大时，城市规划建设用地规模也随之偏大，浪费宝贵的土地资源，使部分基础设施闲置或利用率低，影响到经济社会和环境效益的发挥。反之亦然，如果人口规模预测得过低时，则易造成建设用地紧张，影响城镇正常有序地发展。

预测城市人口规模的方法很多。但是，这些人口规模的预测方法都有其局限性和适用范围，不应随意采用。有的城市总体规划，并不考虑预测方法的适用性；有的甚至是先确定人口规模，再采取相应的方法进行推导；有的则在规划中同时应用几种方法进行预测，似乎是为提高预测的可靠性，可实际上不同方法的预测结果却存在很大的差别。可见，缺乏科学的预测方法已经成为科学预判中长期城市人口规模的重要瓶颈。

2006 年 4 月 1 日，原国家建设部开始实施了新版《城市规划编制办法》，与旧版《城市规划编制办法》相比，其最突出的特点之一就是实现我国城市规划思维方式的转变，特别强调了资源环境对城市发展的支撑作用。新版《城市规划编制办法》要求"先底后图"，即首先分析研究当地的资源环境、经济、社会、历史、文化等支撑条件，据此寻求与之相适应的发展方向、目标和对策。换言之，城市发展目标与定位首先要立足于资源环境的支撑能力，而不是让资源环境去适应经济、社会的发展目标。

同样，城市人口规模预测的思维方式也亟待转变。传统预测方法大多以社会经济增长作为主要预测变量，易受领导主观意识影响，而对于真正制约城市发展的资源和环境等客观存在且难于改良的因素，如土地资源、水资源量与水环境容量、大气环境容量等关注过少。资源与环境对城市人口规模的约束作用极少在现有的预测方法中得到科学合理的体现。因而，首先评估资源环境等自然禀赋对城市发展的承载和支撑能力，再结合当地的经济、社会发展条件和目标，才能更加科学地预测中长期城市人口规模，有效缓解城市环境压力、减少"城市病"，保障城市的长期健康持续发展。

5.2.1　概念

1）城市人口规模

顾名思义，城市人口规模是指生活在一个城市中的人口数量。在城市规划中，与人口规模相关的概念可从以下几个方面分类：①从地域范围看，一般包括市域人口规模、城区人口规模和人口城镇化水平；②从居住时间看，包括常住人口和流动人口；③从户籍关系看，包括城市户籍人口和非城市户籍人口；④从人口结构看，包括性别、年龄、受教育程度、收入等的数量分布。在城市复杂系统中，人口作为社会要素与经济、生态等非物质要素，以及建筑、用地等物质要素发生着相互关系。城市的人口规模是研究城市的用地规模与结构、基础设施规模、公共服务设施规模等的基础，对于制定城市的经济、社会、生态发展战略等都有重要意义。

2）城市人口规模预测

城市人口规模预测是指依据城市人口发展历史规律、经济环境数据、政策发展导向等预测城市人口的未来发展趋势。在传统的城市规划中，人口规模预测方法主要有一元线性回归法、自回归法、指数函数法、幂函数法、多元回归模型法，后来又有规划引入承载力预测方法等。在对人口规模的学术研究中还有灰色系统模型和 BP 神经网络法等预测人口规模的方法（见表 5－6）。《中华人民共和国行业标准——城市人口规模预测规程（讨论稿）》指出：应通过采用不同方法、分类预测、对参数及自变量采用不同赋值、引用相关预测值等，获得多个预测方案；增长率法和相关分析法是两类必选方法，每次预测应分别运用每类中的一种或一种以上的方法；承载力预测法可作为备选方法；对于建设用地将接近其极限规模的城市，应使用土地承载力预测法；对于水资源十分紧缺的城市，应使用水资源承载力预测法；对于生态环境负荷压力很大的城市，应使用环境容量预测法。

表 5－6 人口规模预测方法比较

分类	人口规模预测方法	预测原理	需要参数
增长率预测法	自回归法	假定人口发展过程近似于直线	历年人口规模
	指数函数法	假定人口发展过程近似于指数状态，前一段时间内发展缓慢，越往后人口增长越快	基准年人口规模、人口年均增长率
	幂函数法	假设人口随时间变化曲线前部分斜率大，后部分斜率逐渐减小	历年人口规模
	多元回归法	假设人口系统除了人口本身以外还受到经济、政策等各种要素的影响，将这些因素都考虑在内	影响人口的各种因子
	综合增长率法	根据人口综合年均增长率预测	基准年人口规模、人口年均增长率
	逻辑斯蒂回归法	在马尔萨斯模型的基础上增加了对人口容量或极限规模的考虑	基准年人口规模、人口年均增长率、最大人口容量
	人口经济相关分析法	建立城市人口与经济总量之间的对数相关关系	历年人口规模、历年 GDP
	劳动力需求法	分析经济发展对劳动力的需求	GDP、某次产业的人均 GDP、某次产业占 GDP 比重、就业人数占总人口的比重
	移动平均法	通过时间序列的历史数据揭示现象随时间变化规律	历年人口规模
承载力预测法	土地承载力法	根据建设用地潜力和有关人均用地标准预测	预测目标年末城市建设用地规模、目标年人均建设用地标准
	水资源承载力法	根据规划期末可供水资源总量，选取适宜的人均用水标准预测	目标年可供水量、目标年人均用水量
	环境容量法	根据规划期末生态用地总面积，选取适宜的人均生态用地标准预测	目标年生态用地面积、目标年人均生态用地面积
	电力承载力法	根据规划期末城市的供电能力，选取适宜的人均用电标准预测	目标年可供电总量、目标年人均用电量
	经济承载力法	根据规划期末的 GDP 总量和人均 GDP 目标值预测	目标年末 GDP 总量、目标年末人均 GDP
	道路承载力法	根据规划期末城市道路总面积和人均道路面积的目标值预测	目标年末道路总面积、目标年人均道路用地面积

续 表

分类	人口规模预测方法	预测原理	需要参数
承载力预测法	教育设施承载力法	根据规划期末中小学学位总数和人均中小学学位数的目标值预测	目标年末中小学学位总数、目标年末人均中小学学位数
	医疗设施承载力法	根据规划期末医疗设施的病床总数和人均病床数的目标值预测	目标年末病床总数、目标年人均病床数
新方法	BP神经网络法	把已知序列作为输入值，对法序列进行学习训练	历年人口规模
	灰色GM(1,1)模型	一阶微分方程构成的动态模型	历年人口规模

3）水环境容量

水环境容量源于环境容量，是指某一水环境单元在特定的环境目标下所能容纳污染物的量，也就是指环境单元依靠自身特性使本身功能不至于破坏的前提下能够允许的污染物的量。水环境容量的大小不仅与水体特征、水质目标及污染物特性有关，还与污染物的排放方式及排放的时空分布有密切关系。对于滨水城市来说，水环境容量是城市人口规模预测的基底条件。

5.2.2 关系

城市规划中的传统人口规模预测方法是以人口和用地调控目标为依据，以人口自然增长率为基础，推算人口机械增长率和人口的城市化水平。该预测模式是在城市政府土地财政的驱动下，通过确定城市建设用地扩张与经济增长水平，反推人口增长规模。这种人口预测方法虽然与社会、管理和经济子系统发生联系，但归根到底是城市管理导向，即城市政府意志大于客观生态、经济、社会环境的支撑条件（见图5－14）。

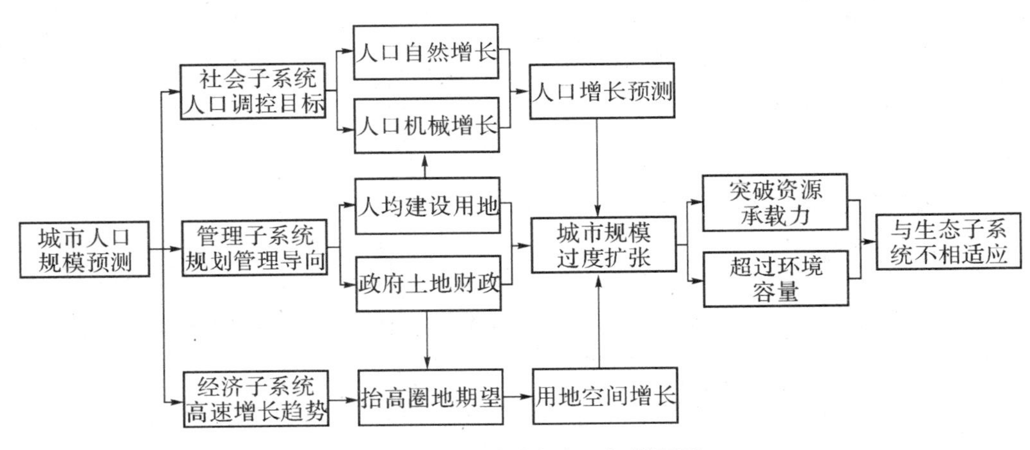

图5－14 传统城市人口规模预测

城市—区域人口发展需要适应其所处自然环境条件的约束。中国改革开放以来，在流域这一特殊自然区域内，伴随快速工业化与城市化，流域城市群普遍存在为获得经济增长和城市扩张牺牲水资源和水环境的行为，而水资源和水环境被破坏后，将制约城市群的进一步发展，由此导致城市、水资源、水环境三者在流域层面上的不可持续发展。对流域的城市群而言，水环境容量是城市环境容量的基础，水资源决定了城市化的发展速度以及城市和社会经济发展规模。伴随城市人口集聚、工业发展和人们生活方式的转变，城市对水资源的需求量将不断增加，流域水资源与城市规模扩张的矛盾亦会加剧。流域城市群人口高度集中，其发展必须有与城市发展规模相适宜的饮用水源作保证。水环境容量对城市发展在规模、强度或速度上提出限制。如果忽视水资源、水环境对城市发展的承受能力，流域城市群发展将会走向不可持续之路。

因此，流域城市群人口规模预测需要综合考虑流域的水文特性与城市群社会经济现状，将行政区域的上下属关系和流域的上下游关系结合，进而以水资源和水环境约束作为流域城市群人口规模预测的基础(见图 5－15)。通过求出用水效益最大化下的用水量，进而求得适宜人口规模和城市化水平，以“人口—经济—水环境”间的相互关系作为“量水定城”“以水定镇”和选择城市化发展道路的依据。

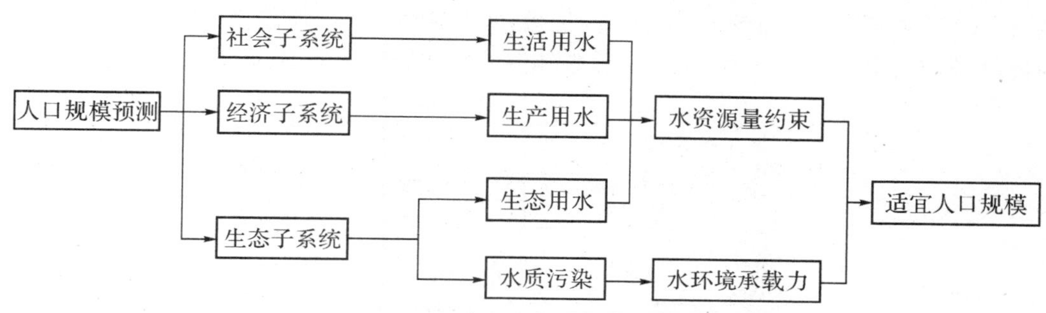

图 5－15　与水资源、水环境相适应的城市人口规模预测

目前，我国区域层面对城市群的规划包括省域城镇体系规划、城市群规划和都市圈规划。这三类规划的人口规模预测落实到流域上都存在一定问题。这些规划的规划范围或者是相对完整的行政边界，或者是彼此间在行政上相关的地域范围，即使打破行政边界，强调的也是城市在社会经济上的关联，但流域城市群的物质交换不是以行政边界为界，而是以流域的水文边界为界，所以区域层面规划的边界设定会引起水资源分配不合理，水环境的持续污染，从而无法使得城市群人口规模与水资源和水环境相适应。具体来说，流域的空间特性即流域的上下游关系，其上下游间的有机联系。在流域内部，城市分别位于水系的上、中、下游地区，因此水系的上下游关系也形成了城市群上下游的约束力。上游城市对水资源的过度利用会导致下游城市水资源短缺，阻碍下游城市的正常发展，导致“上游引水，中游拦水，下游断水”的局面；同时，上游城市对水环境的污染会直接影响下游城市的水质，束缚下游城市各产业及生活污水的排放量，也就束缚了下游城市的产业发展和城市化规模。在流域水环境承载力和水资源量一定的情况下，流域上下游城市为谋求各自发展，便出现水资源和水环境的争夺和博弈。流域缺乏整体上下游协调方案，使得水污染不能解决，城市发展也走向恶性竞争。

5.2.3　函数

本研究以流域城市群为例，提出区域人口规模预测方法——合作模型 LP 函数，首先分析流域内各个城市人口规模受到水资源和水环境的约束力，然后预测为了实现流域上下游的整体效益最大，各城市的适宜人口规模。这是对已有人口规模预测方法的补充。

1) 流域城市群基于水资源的合作博弈关系

我国流域城市群存在典型的水资源短缺和城市跨界污染问题，各个城市在水资源的质和量上不断发生着利益矛盾。在水资源的约束下，城市发展亦产生利益冲突，一个城市所得即另一个城市所失。因为流域水资源和水环境是公共资源，所以其所有权虚无，流域内城市都难以界定明确的责任和义务去维护流域水环境不受污染及可持续利用，从而形成水环境污染的“公地悲剧”。流域水资源的分配和利用常常存在着数量和质量(水质)上的双重冲突:一方面,上游任意取水导致下游来水量减少甚至断流;另一方面,上游随意排污导致下游来水水质下降甚至丧失使用功能,全流域取水和排污失控导致流域水生态恶化,损害整个流域的利益。在流域水资源、水环境量和水质保持在一定水平的情况下,流域城市群由于上下游的特殊关系,各城市为了各自发展,必然出现对水资源和水环境利用的冲突与博弈,即逆合行为,这往往会破坏或阻碍合作目标的实现。城市所处地理位置不同,其单个城市的水资源承载力和水环境容量也不同,如果流域城市群没有流域整体利益最大化的观念,那么水资源环境的差异便会引发合作过程中的冲突。各城市按照各自的环境标准对社会经济环境做出约束,甚至可能贪图眼前利益,造成“零和博弈”(Zero-Sum Game)的局面,即上游城市的发展以牺牲下游城市环境和资源为代价,阻碍下游城市的发展,最后导致整体流域发展的总和是零(见图 5-16)。

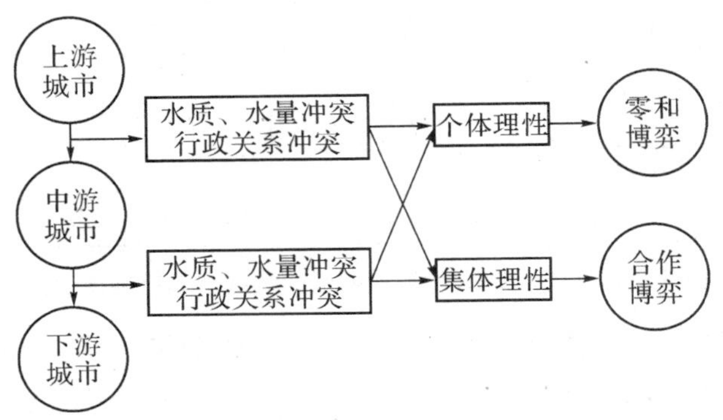

图 5-16　流域城市群合作博弈关系示意图

因此,为保证流域城市群的整体发展,流域城市不仅应具备个体理性,也应有集体理性的觉悟——合作博弈。尽管流域各用水城市之间存在利益冲突,但并不代表他们不能达成某种“一致性”的利益关系。如果上游城市将一部分水资源保留给下游城市使用,就有可能带来全流域更大的收益;或者当全流域都采取措施节水、提高水资源的利用效率,那么总的有效水资源量将增加,从而为全流域带来更多的利益。同时,由于下游城市水质的改善也会通过外部经济性对全流域各城市带来效益,从而达到“一致性”的利益关系,即全流域在水资源的利用和水环境改善方面具有从冲突对抗转向合作的必要性和潜在可能性。

2) 流域城市群人口规模预测方法——合作模型

运用博弈理论和系统分解协调原理,对影响城市水环境与人口规模的相关变量进行分配,是解决城市发展冲突的有效途径。线性规划中的合作模型正好可用于解决这类问题。线性规划(Linear Programming)是运筹学中研究较早、发展较快、应用广泛、方法较成熟的一个重要分支,它是辅助人们进行科学管理的一种数学方法。线性规划可解决两种实际问题:一是系统目标已定,如何合理筹划,精细安排,用最少的资源实现目标,即求极小值;二是资源的数量已定,如何合理利用、调配,使任务完成的最多,即求极大值。线性规划的基本结构为目标函数加约束条件。将实际系统的目标,用数学形式表现出来,就称为目标函数,线性规划的目标函数是求系统目标的数值,即极大值(如产值极大值、利润极大值)或者极小值(如成本极小值、费用极小值、损耗极小值,等等)。约束条件是指实现系统目标的限制因素,它涉及内部条件和外部环境的各个方面,一些因素对模型的变量起约束作用,故称其为约束条件;约束条件的数学表示形式有三种,即“≥”“=”“≤”。本节的合作模型目标函数为使得流域整体水效益最大化的系统目标，而约束条件是水资源和水环境的诸多限制因素。

基于流域城市群的合作博弈，合作模型的具体建模思路(见图 5-17、图 5-18)是：①利用系统分解协调原理对流域水资源系统进行分解，主要包括水量子系统和水质子系统，确定各子系统内的冲突主体；②采用情景分析法对水资源的供需进行预测，水资源供给预测是对城市地表水和地下水资源量进行预测，在此基础上考虑当地的供水能力，水资源需水预测是按生活、生产、生态用水分类预测未来的用水量、排水量、排污量和处理费用；③在综合考虑水文、经济、社会、环境和行为因素的基础上建立水量优化子模型，同时根据水环境容量模型和断面水质目标约束建立水质优化子模型；④对两个子系统建立协调级模型，比较水量子系统的水资源利用效益和水质子系统的污染治理费用大小，迭代求水量、水质的协调解；⑤根据求得的非合作、合作行为模式下的水量、水质协调结果，确定城市群各城市人口的适宜规模。

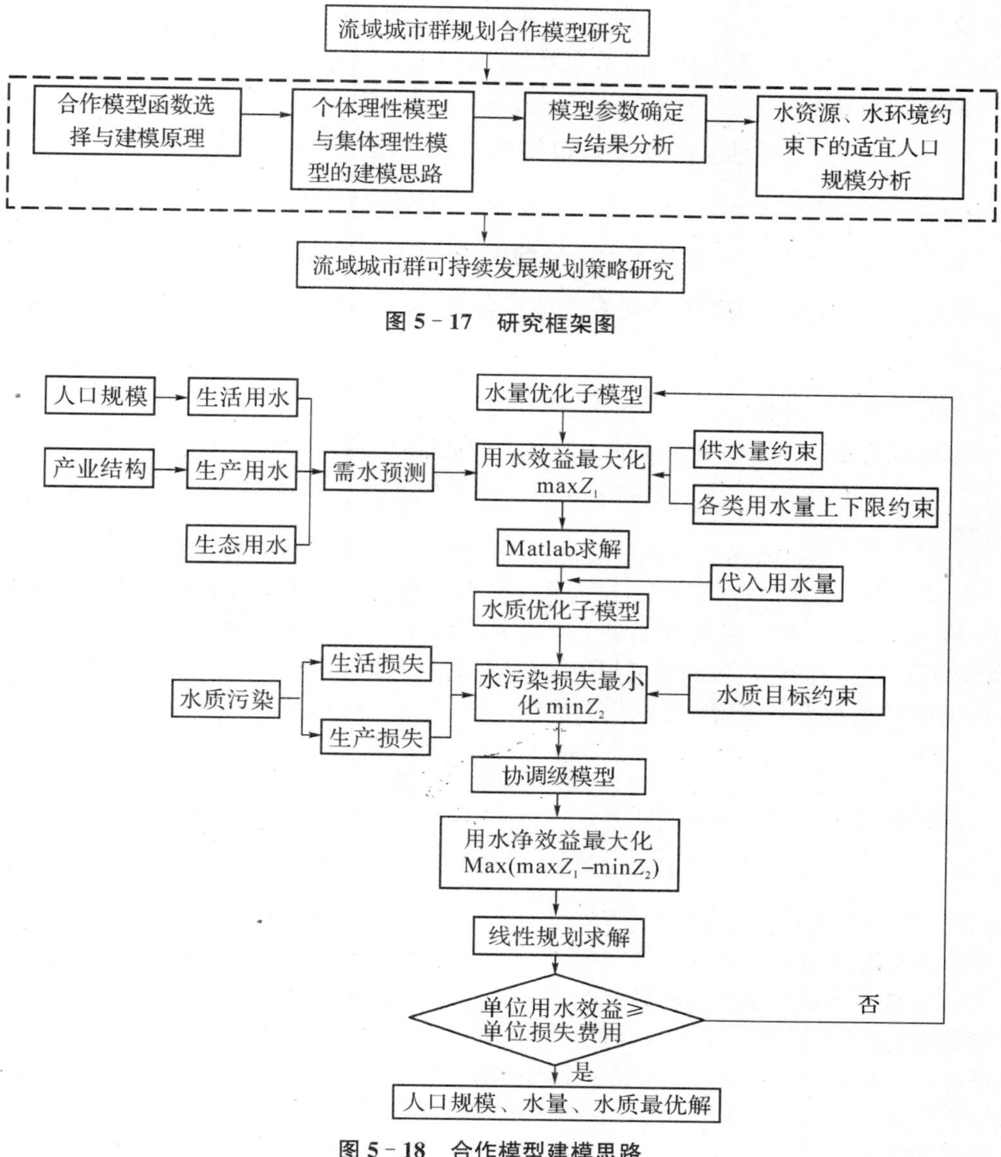

图 5-17　研究框架图

图 5-18　合作模型建模思路

非合作模型是合作模型的建模基础，非合作模型考虑的是单个城市的最佳发展模式，而合作模型是对非合作模型各变量综合，求得流域内多个城市的协调发展模式。

(1) 水量优化子模型

目标函数根据环境经济学的费用效益分析原理，即优化模型中的效益系数为经济效益系数减污染物处理费用系数，这样能够保证有限的水量配置到净效益最大的地区和部门。生态用水效益涉及项目复杂且较难定量化，在模型中略去，但在约束条件中限制生活和生产用水量，以留出生态用水量。目标函数表达式为：

$$\max Z_1 = B_1Q_1 + B_2Q_2 + B_3Q_3 + B_4Q_4 + B_5Q_5 \tag{5-6}$$

式中：Z_1 为水量子系统用水经济效益(亿元)；B_1 为城市生活用水效益系数(元/m^3)；Q_1 为城市生活用水量(万 m^3)；B_2 为农村生活用水效益系数(元/m^3)；Q_2 为农村生活用水量(万 m^3)；B_3 为农业用水效益系数(元/m^3)；Q_3 为农业用水量(万 m^3)；B_4 为工业用水效益系数(元/m^3)；Q_4 为工业用水量(万 m^3)；B_5 为第三产业用水效益系数(元/m^3)；Q_5 为第三产业用水量(万 m^3)。

约束条件表达式为：

$$\text{可供水资源约束}: Q_1 + Q_2 + Q_3 + Q_4 + Q_5 \leqslant 0.4D \tag{5-7}$$

式中：D 为水资源总量(万 m^3)，国际上一般以 0.4 作为流域水资源开发利用的警戒线。

$$\text{用水上下限约束}: Q_{\text{下}} \leqslant Q \leqslant Q_{\text{上}} \tag{5-8}$$

因为第三产业用水与城镇人口有关，城市生活用水也与城镇人口有关，规定其相互关系为：

$$2Q_5 \leqslant Q_1 \tag{5-9}$$

(2) 水质优化子模型

目标函数为最小化水污染带来的生活和生产损失，污染损失表达式为：

$$\min Z_2 = C_1M_1 + C_2M_2 + C_3M_3 + C_4M_4 \tag{5-10}$$

式中：Z_2 为水质子系统水污染造成的经济损失(亿元)；C_1 为水污染对居民生活造成的经济损失率(元/人)，M_1 为人口数(万人)；C_2 为水污染对农业生产造成的经济损失率(%)，M_2 为农业增加值(亿元)；C_3 为水污染对工业生产造成的经济损失率(%)，M_3 为工业增加值(亿元)；C_4 为水污染对第三产业造成的经济损失率(%)，M_4 为第三产业增加值(亿元)。

损失率 C 受水质 W 影响，是水质的函数，所以对水质进行约束：

$$W_{\text{下}} \leqslant W \leqslant W_{\text{上}} \tag{5-11}$$

三次产业增加值结构约束条件为：

$$1:5:4 \leqslant M_2 : M_3 : M_4 \leqslant 1:1:1 \tag{5-12}$$

式中：$W_{\text{上}}$、$W_{\text{下}}$ 分别为水质目标上、下限。

(3) 协调级模型

目标函数是使水资源利用的净效益最大化。水量子系统的协调结果为未考虑环境容量的经济净效益，需要对优化结果进行修正。根据水量子系统的水量配置结果和经济效益系数，反推得到系统的经济效益，经济效益减水质子系统的治理费用，得到考虑了环境容量后的经济净效益。其表达式为：$\max Z = \max Z_1 - \min Z_2$，约束条件见式(5-7)～式(5-9)、式(5-11)、式(5-12)。

最佳协调解的获取途径为多次迭代。水量子系统为线性规划模型，首先利用 Linprog 函数计算出水量协调结果；水质子系统为具有水量、水质耦合项的非线性模型，可代入水量配置结果转化为线性模型，求解出治理费用；协调级模型改变水量子系统的可供水量 Q，水量子系统根据变化的约束条件计算出单位用水量的经济效益 λ_1；水质子系统根据协调级模型输入的可供水量 Q 计算出单位用水治理费用 λ_2；协调级模型通过比较 λ_1 和 λ_2，如果 $\lambda_1<\lambda_2$，说明减少的经济效益小于减少的治理费用，则继续改变水量子系统的供水量，进行迭代至 $\lambda_1\geqslant\lambda_2$ 时，迭代停止，水量子系统和水质子系统得到了最佳协调解。

(4) 城市集体理性模型——合作模型建模

合作模型表示区域各冲突主体采取联合策略来获得区域最大社会福利。即在全区域合理配置生活用水、生态用水和生产用水以达到全区域经济净效益最大。其表达式为：$\max Z=\sum(\max Z_1-\min Z_2)$。合作模型与非合作模型的主要差异为：合作模型目标函数为非合作目标函数的加和；合作模型的约束条件为非合作模型约束条件的加和；合作模型断面水质下限满足流域机构规划水质目标而非合作模型断面水质下限为满足现状水质。人口规模变化将对合作与非合作模型中用水量和排污量产生影响，给模型结果带来不确定性，因此可以采用情景分析法来预测未来人口规模的可能变化对水量、水质产生的影响，通过人口规模与合作利益的多次迭代，反推得到不同水量、水质目标下的城市群人口规模。

5.2.4 实例

1) 城市实例——福建省长汀县

长汀县隶属于福建省龙岩市，主城区处于由相对高差达千米的中低山围合的狭长盆地谷底。长汀主城区中的唯一水系属于汀江干流，另有郑坊河与西河等小支流汇入汀江后穿城而过。本节估算长汀县主城区水环境容量，并基于该环境容量值进行人口规模预测。

由于未来城市人口规模预测是在城市总体规划层次进行的，而且汀江河道较小，因而不考虑污染物进入河流的混合过程而假设在排污口断面瞬时完成均匀混合，按照一维水质模型概化计算条件。河流水环境总容量包括稀释容量和自净容量，其中：

①稀释容量

$$E_1=C_0(Q_{上}+Q_{支})-C_{上}Q_{上} \tag{5-13}$$

②自净容量

$$E_2=C_0\left[\exp\left(\frac{Kx}{86\ 400u}\right)-1\right](Q_{上}+Q_{支}) \tag{5-14}$$

③水环境总容量

$$E=C_0\exp\left(\frac{Kx}{86\ 400u}\right)(Q_{上}+Q_{支})-C_{上}Q_{上} \tag{5-15}$$

式(5-13)～式(5-15)中：E_1 为稀释容量，g/s；C_0 为控制断面水质标准，mg/L；$Q_{上}$ 为河段上游来水流量，m^3/s；$Q_{支}$ 为河段合计排污流量，m^3/s；$C_{上}$ 为上游来水中污染物原始浓度，mg/L；E_2 为自净容量，g/s；K 为自净系数，1/d；x 为河段长度，m；u 为河段平均流速，m/s；E 为水环境总容量，g/s。

以氨氮为目标污染物，预测 2020 年长汀县主城区入河废水总量。由于长汀县主城区建成规模总体较小，可以假设所有的废水都进入污水处理厂经过处理后排入河道。换言之，假设汀江主城区段的氨氮全部来自于污水处理厂的尾水排放，那么汀江主城区段的氨氮总容量可以看做是污水处理厂尾水中氨氮排放的阀值。

假设：

$$E_{污} = C_{污} \times Q_{污} \tag{5-16}$$

式中：$E_{污}$ 为污水处理厂水环境污染物排放量，g/s；$C_{污}$ 为污水处理厂尾水水环境污染物排放浓度，mg/L；$Q_{污}$ 为污水处理厂排放量，m^3/s。

按不同的污水处理厂布局方式，即不同的排污方式和水质监控断面水功能区划，可以得出2020年长汀县主城区各污水处理厂的不同规模情景（见表5－7）。

表5－7　2020年长汀县主城区污水处理厂的不同规模情景表

项　目		双污水处理厂方案1	双污水处理厂方案2
陈坊桥断面水质（GB 3838—2002）		Ⅲ类	Ⅳ类
河田镇可能取水口水质（GB 3838—2002）		Ⅲ类	Ⅲ类
北部组团污水处理厂排污口—陈坊桥水环境容量（氨氮）(t/d)		0.25	0.52
北部组团污水处理厂排放量（氨氮）(t/d)		0.25	0.52
南部组团污水处理厂排污口—河田镇可能取水口水环境容量（氨氮）(t/d)		0.41	0.19
南部组团污水处理厂排放量（氨氮）(t/d)		0.41	0.19
水环境总容量（氨氮）(t/d)		0.66	0.71
污水处理厂总排放量（氨氮）(t/d)		0.66	0.71
北部组团污水处理厂排放量	(m^3/s)	0.37	0.75
	(万 m^3/d)	3.20	6.48
南部组团污水处理厂排放量	(m^3/s)	0.59	0.27
	(万 m^3/d)	5.10	2.33
污水排放总量	(m^3/s)	0.96	1.02
	(万 m^3/d)	8.30	8.81

注：根据《城镇污水处理厂污染物排放标准》(GB 18918—2002)，城镇污水处理厂出水排入地表水Ⅲ类功能水域，执行一级B标准。据实际监测，汀江平均水温大于12℃，因此氨氮排放标准按水温大于12℃时的控制指标即8 mg/L。

根据《城市给水工程规划规范》(GB 50282—1998)，在“城市单位人口综合用水量指标”赋值规则中，长汀县所在的福建省属于一类地区，因而长汀县主城区城市单位人口综合用水指标取值为0.6 m^3/人·d。综合考虑长汀县主城区产业结构现状与发展趋势，以及污水资源化利用水平等多种因素，城市污水产生系数取值为0.8。因而，基于2020年汀江主城区段的氨氮总环境容量，预测2020年长汀县主城区人口规模在17.3万～18.3万人（见表5－8）。

表5－8　2020年长汀县主城区人口规模情景

城市总污水量（万 m^3/d）	城市单位人口综合用水量指标（m^3/人·d）	城市总用水量（万 m^3/d）	污水产生系数	人口规模（万人）
8.3	0.6	13.8	0.8	17.3
8.8		14.7		18.3

2）区域实例——沙颍河流域城市群

本研究以淮河支流沙颍河流域城市群为例，采用多情景比较方法建立合作模型，对人口和用水效益进行分析。沙颍河流域城市群行政上跨河南、安徽两省的 6 个地级市市区，29 个县（市），其规划涉及的地方内部行政关系为省——地级市——县（市）（见表 5－9）①。

表 5－9　沙颍河流域城市群行政关系表

省	地级市	县（市）
河南省	郑州市	中牟县、荥阳市、新密市、新郑市、登封市
	许昌市	许昌县、禹州市、鄢陵县、长葛市、襄城县
	平顶山市	汝州市、宝丰县、鲁山县、叶县、郏县
	漯河市	临颍县、舞阳县
	周口市	商水县、西华县、淮阳县、项城市、扶沟县、沈丘县、郸城县
	开封市	尉氏县
安徽省	阜阳市	颍上县、太和县、界首市、临泉县

沙颍河作为淮河的一级支流，全长 620 km，总流域面积约 4 万 km^2。沙颍河流域属于淮河流域中上游地区的一个子流域，地处我国中东部腹地，地势较为平坦、水系密集（见图 5－19），人口稠密，可耕地较多。沙颍河流域占淮河流域总面积的 1/7，而污染负荷却达到 1/3。该流域水污染风险严重、饮用水安全受到威胁、跨界污染问题时有发生、拥有众多大型闸坝、城镇化工业化水平相对较高且发展迅速。

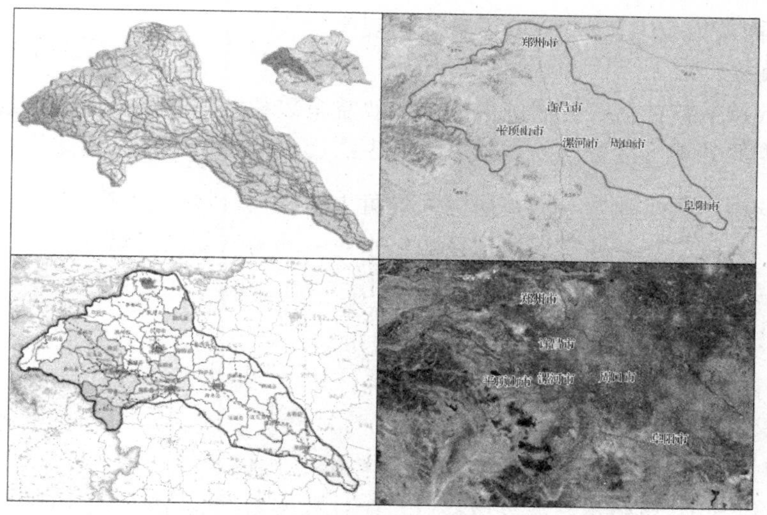

图 5－19　沙颍河流域城市群示意图

表 5－10 所列的城市均位于沙颍河流域内部，沙颍河主要由沙河、颍河、贾鲁河、北汝河等河流汇聚而成。本研究以沙河和颍河的交汇处——周口大闸作为上、中游的分界线，以河南和

① 该流域城市群中还应包括洛阳市的汝阳县，但本研究均为所属地级市区在沙颍河流域的县市，故不计入此县。汝州市原属平顶山市，现为河南省直管县级市，本研究中暂列为平顶山市管辖。

安徽的省界作为中、下游的分界线,城市主要河流汇入沙颍河的位置作为城市所处上下游的划分依据。考虑到资料的可获得性,本研究在划分上、中、下游时尽量保持县级行政单元的完整性(见表 5-10)。

表 5-10　沙颍河流域城市群上、中、下游关系表

上、中、下游	地级市区	县(市)	主要河流
上游	郑州市	登封市	颍河
	许昌市	许昌市区、许昌县、禹州市、鄢陵县、长葛市、襄城县	颍河
	平顶山市	平顶山市区、汝州市、宝丰县、鲁山县、叶县、郏县	沙河
	漯河市	漯河市区、临颍县、舞阳县	沙河
中游	郑州市	郑州市区、中牟县、荥阳县、新密市、新郑市	贾鲁河
	开封市	尉氏县	贾鲁河
	周口市	周口市区、商水县、西华县、淮阳县、项城市、扶沟县、沈丘县、郸城县	沙颍河
下游	阜阳市	阜阳市区、颍上县、太和县、界首市、临泉县	沙颍河

本节的人口预测模型考虑 4 种情景:①延续现状发展的非合作情景;②延续现状发展的合作情景;③"人口—水环境"协调发展的非合作情景;④"人口—水环境"协调发展的合作情景。以 2007 年作为预测基准年,在延续现状发展方案中,以快速城市化和经济发展为主导,将目前各市已有总体规划中的人口规模和经济发展目标作为用水量预测的依据;在"人口—水环境"协调发展方案中,以"人口—经济—水环境"可持续发展为主导,将淮河流域水功能区划作为水质目标依据,从而反推出人口、产业的适宜发展规模。

(1) 用水效益参数分析

生活用水效益系数包括农村居民生活用水效益系数和城市居民生活用水效益系数。按照劳动力恢复所需的各类生活资料的贡献率计算生活用水的价值。计算公式为:

人均生活用水效益＝城镇居民人均可支配收入(或农民人均纯收入)×恩格尔系数×水对劳动力恢复的贡献率　(5-17)

生活用水效益系数＝人均生活用水效益/人均年生活用水量　(5-18)

其中,水对劳动力恢复的贡献率的数值按城市取 0.3,农村取 0.15;上述计算公式中的参数主要依据《河南省统计年鉴(2008)》《郑州市统计年鉴(2008)》《平顶山市统计年鉴(2008)》《周口市统计年鉴(2008)》《漯河市统计年鉴(2008)》《许昌市统计年鉴(2008)》《阜阳市统计年鉴(2008)》及相关市、县政府网站公布的政府工作报告、国民经济和社会发展统计公报、水资源公报数据等计算,其中,恩格尔系数以该县(市)统计数据为准,若没有统计,则取所在地级市的数值。人均年生活用水量采用《淮河片水资源公报(2007)》中所在省的数值。

本研究分析均采用 ArcGIS 平台进行数据建库与专题制图,主要技术方法步骤为:①主要统计数据与计算结果构成表 5-11 的形式,据此结构建立 GIS 关系数据库,并录入数据;②对如图 5-19 所示的市县域空间数据库与此属性表进行空间与属性关联,生成用水效益分析专题空间数据库;③运用 ArcGIS 专题制图功能,选择城市与乡村的人均收入、生活用水量和用水效益绘制三幅对比地图(见图 5-20～图 5-22)。

图 5-20 反映了该流域城市与乡村的人均年收入间差距较大，上中游各市县的城市人均年收入多接近或超过其农村人均年收入的 2 倍；而下游各市县的城乡之间人均年收入差距更大些，其中，阜阳、临泉和颍上超过 3 倍。各市县的整体收入水平呈现出从上、中、下游依次降低的状况。图 5-21 表明该流域城市与农村人均年生活用水量在各市县间差距不大，而流域水资源量的基本分布规律是从下游向上游逐渐减少的，因此可以说图 5-20 与图 5-21 反映了沙颍河水资源量与其域内社会经济发展用水需求极不平衡。图 5-22 表明了城市生活用水效益系数普遍高于农村生活用水效益系数，且地级市区生活用水效益系数普遍高于其他县和县级市。生活用水效益系数并没有因为所在的流域的上、中、下游而存在差别。

表 5-11　2007 年沙颍河流域城市群生活用水效益参数(部分)

地级市	县(市)	城镇居民人均可支配收入(元)	城市恩格尔系数(%)	城市人均生活用水效益(元)	城市人均年生活用水量(m^3)	城市生活用水效益系数(元/m^3)	农民人均纯收入(元)	农村恩格尔系数(%)	农村人均生活用水效益(元)	农村人均年生活用水量(m^3)	农村生活用水效益系数(元/m^3)
郑州市	市区	14 084	35	1 481	46	32	7 000	31	651	19	17
	中牟县	9 500	30	868	46	19	5 738	31	534	19	14
	荥阳市	11 190	30	1 014	46	22	6 280	31	584	19	15
	新密市	11 178	27	901	46	20	6 485	31	603	19	16
	新郑市	11 190	32	1 086	46	24	6 649	31	618	19	16
	登封市	9 900	32	956	46	21	6 000	31	558	19	15
平顶山市	市区	12 391	35	1 301	46	28	5 220	42	658	19	17
	汝州市	9 195	34	938	46	20	4 271	42	538	19	14
	宝丰县	8 629	34	880	46	19	4 387	42	553	19	15
	鲁山县	8 028	34	819	46	18	2 476	42	312	19	8
	叶县	8 117	34	828	46	18	3 596	42	453	19	12
	郏县	7 672	34	783	46	17	3 488	42	439	19	12
周口市	市区	11 370	37	1 262	46	27	5 100	40	612	19	16
	扶沟县	7 817	31	725	46	16	3 230	40	388	19	10
	西华县	8 600	31	795	46	17	3 400	40	408	19	11
	商水县	7 947	34	818	46	18	2 971	40	357	19	9
	沈丘县	8 600	40	1 032	46	22	4 140	40	497	19	13
	郸城县	8 688	34	889	46	19	3 275	40	393	19	10
	淮阳县	8 200	36	881	46	19	2 900	40	348	19	9
	项城市	9 200	36	996	46	22	3 700	40	444	19	12
阜阳市	市区	10 863	39	1 274	42	30	3 400	48	490	24	10
	临泉县	7 050	39	827	42	20	2 229	48	321	24	7
	太和县	6 500	39	762	42	18	3 348	48	482	24	10
	颍上县	12 500	39	1 466	42	35	2 619	48	377	24	8
	界首市	6 600	39	774	42	18	3 120	39	365	24	8

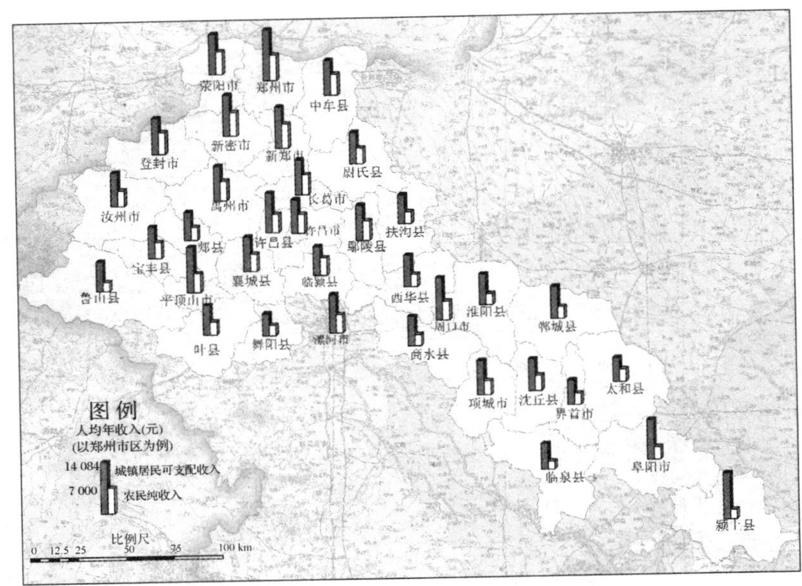

图 5－20　2007 年沙颍河流域城乡人均年收入比较

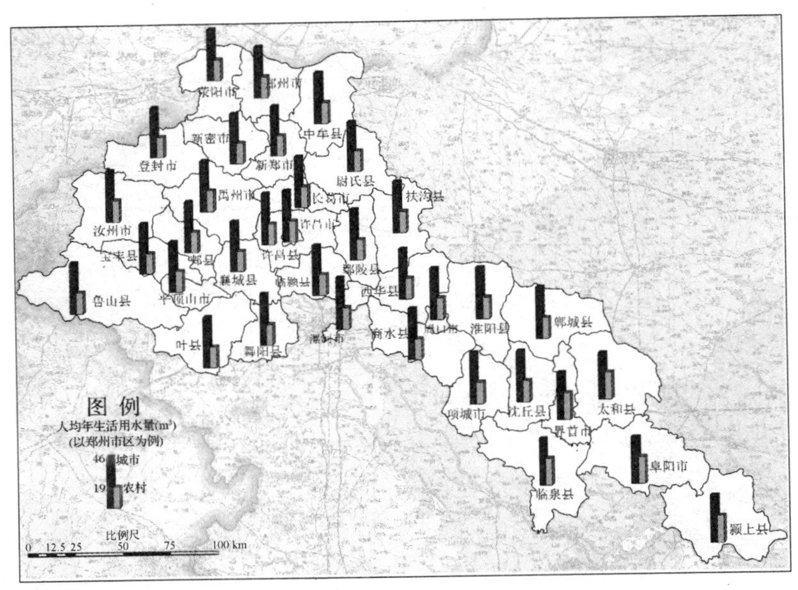

图 5－21　2007 年沙颍河流域城乡人均年生活用水量比较

农业部门用水效益主要表现在农产品的灌溉增产量方面。农产品主要是粮食作物与经济作物，粮食作物包括小麦、稻谷、玉米、大豆、薯类，经济作物包括棉花、油料、麻类、烟叶、蔬菜、瓜果。农田灌溉每公顷用水量采用《淮河片水资源公报(2007)》所在省的数值。灌溉增产量是水利设施与农业措施共同作用的结果，必须在水利与农业措施之间进行分摊。为评价灌溉工程产生的经济效益，应根据当地降水条件和作物品种计算灌溉效益分摊系数。粮食作物与经济作物的分摊系数不同，大多数粮食作物在有无灌溉条件时都能生存，只是高产低产的问题，而经济作物在无灌溉条件时就难以存活，所以经济作物的灌溉效益分摊系数高于粮食作物。计算公式为：

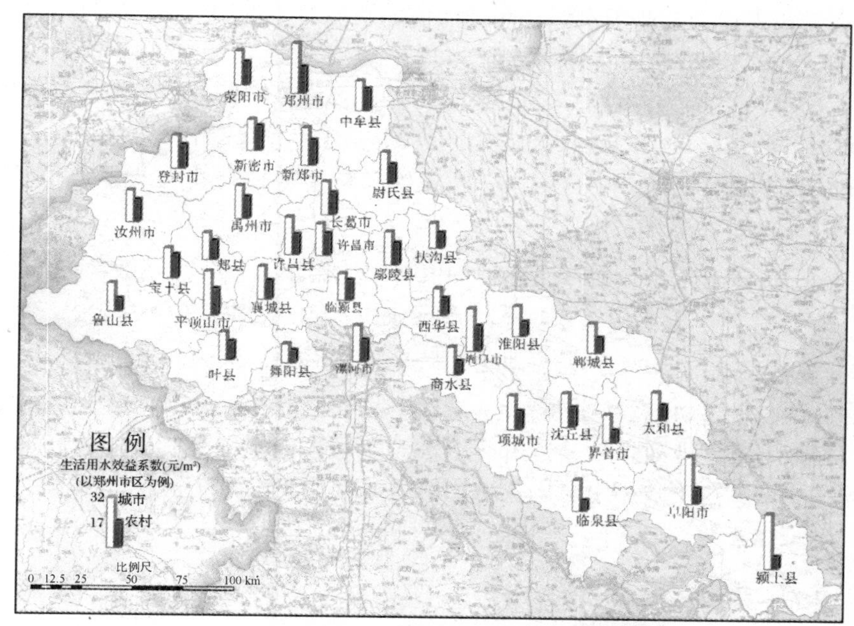

图 5-22　2007 年沙颍河流域城乡生活用水效益比较

$$\text{农业用水效益} = \text{粮食作物效益} \times \text{粮食作物灌溉效益分摊系数(取 0.38)} + \text{经济作物效益} \times \text{经济作物灌溉效益分摊系数(取 0.74)} \quad (5-19)$$

$$\text{农业用水效益系数} = \text{农业用水效益} \div \text{用水量}$$

从参数分析结果看(见图 5-23),农业用水效益系数地级市区并无优势,而部分县和县级市的农业用水效益系数较高。农业用水效益系数在流域上、中游普遍较高,而在下游则较低,这可能与农业用水的灌溉方式和作物产量有关,说明中上游农业节水效率比下游高。

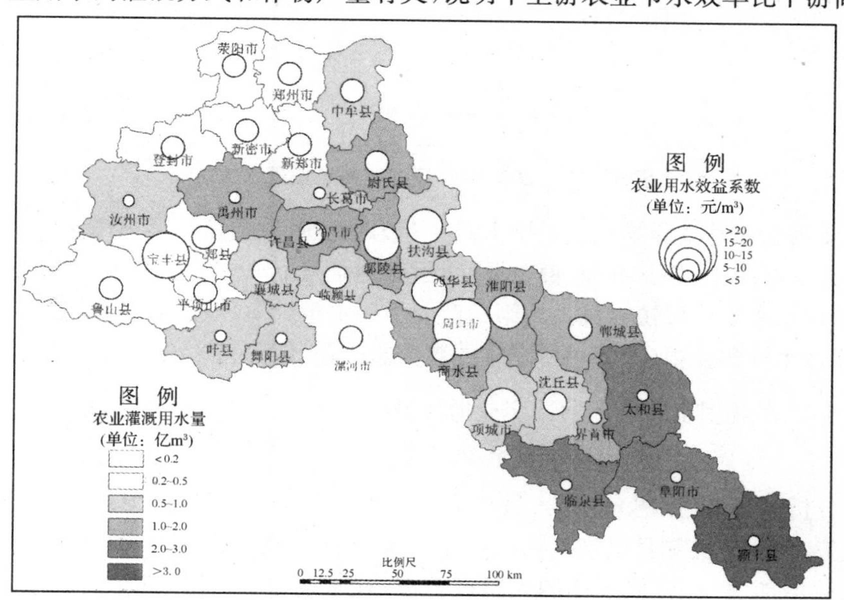

图 5-23　2007 年沙颍河流域农村用水效益

工业用水效益表现为工业用水对工业增加值的贡献。工业每万元用水量采用《淮河片水资源公报(2000、2005、2007)》所在省的数值。工业增加值主要是由工业固定资产投资、工业从业人数和工业用水的贡献所得。对 2000 年、2005 年、2007 年沙颍河流域城市群工业增加值(Y)和工业固定资产投资(K)、工业从业人数(L)、工业用水量(W)进行回归分析,模拟得到柯布—道格拉斯生产函数:$Y=\alpha\times K^{\beta}\times L^{\gamma}\times W^{\delta}$。按贡献分摊可得水对工业总产值的贡献率。因此计算公式为:

$$\text{工业用水效益}=\text{工业增加值}\times\text{工业用水效益分摊系数} \tag{5-20}$$

$$\text{工业用水效益系数}=\text{工业用水效益}/\text{用水量} \tag{5-21}$$

从参数分析结果看(见图 5-24),工业用水效益系数在地级市区没有明显的优势,而部分县和县级市的工业用水效益系数也较高,这与这些城市的工业结构有关,说明这些县(市)工业行业的耗水量较小,而产业效益较高。工业用水效益系数在流域中游普遍较高,而上游较低、下游最低,说明中游城市工业用水对工业增加值的贡献最大,工业用水效益最高。

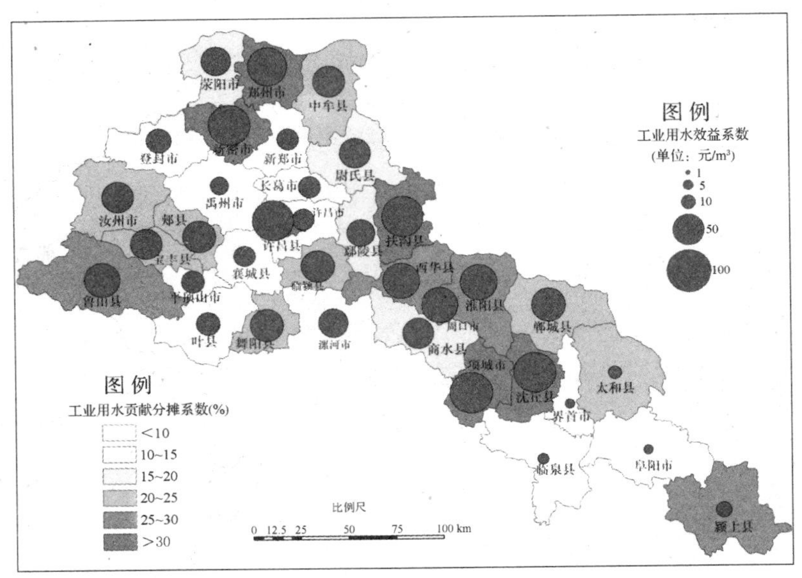

图 5-24　2007 年沙颍河流域工业用水效益

第三产业用水效益按照第三产业用水对劳动力的贡献率计算。第三产业用水包括建筑用水以外的各类公共用水,如服务业、商饮业、货运邮电业等行业的用水。第三产业用水主要集中在城镇,其用水水平以城镇居民人均第三产业年用水量计算,城镇居民人均第三产业年用水量采用《淮河片水资源公报(2007)》所在省的数值。效益计算公式为:

$$\text{第三产业用水效益}=\text{第三产业增加值}\times\text{水对劳动力的贡献率(取 0.3)} \tag{5-22}$$

$$\text{第三产业用水效益系数}=\text{第三产业用水效益}/\text{用水量} \tag{5-23}$$

从参数分析结果看(见图 5-25),虽然第三产业在市区发展最好,但用水效益系数在地级市区没有优势,而部分县和县级市的第三产业用水效益系数较高,这与城市的人口数量有关,说明市区虽然增加值较高,但聚集的人口也更多,耗水量更大,分摊到单位用水后,效益并不高。第三产业用水效益系数在流域上、下游相差不大,而在中游地区的郑州市则较高,而周口市则较低，说明郑州市作为区域中心，第三产业发展程度比其他城市快，甚至不受人口集聚的影响，而周口市虽然其第三产业增加值不低，但是周口市区人口众多，抵消了用水效益。

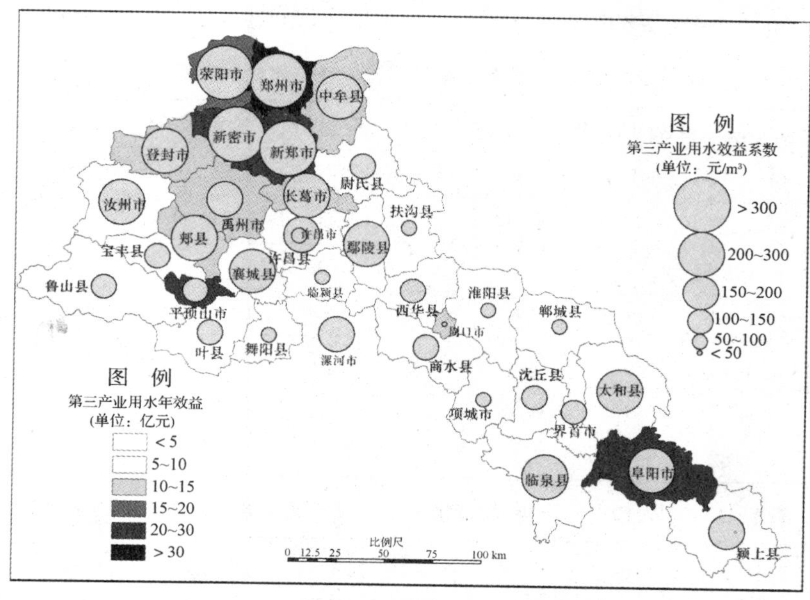

图 5-25 2007 年沙颍河流域第三产业用水效益

(2) 用水量约束参数分析

用水量约束包括可利用水量约束以及生活用水、生产用水的各自上下限约束。可利用水量采用平水年可利用量，在现状水量的基础上综合未来的境内水资源、黄河水、南水北调水、再生水资源，得出总的可利用水量，并且按延续现状发展和“人口—水环境”协调发展的两种情景下分别建立用水量约束条件。

在延续现状发展的情景中，考虑效益优先，对水资源约束条件逐步放宽(用水约束参数值见表 5-12)，水资源尽可能地提供给城市发展需求。因此，可利用水量约束为各城市 2020 年全部的规划可利用量。生活用水量下限依据 2007 年人口数和人均年用水量设置，上限依据 2020 年规划人口设置；农业用水量下限依据 2007 年灌溉面积和每公顷灌溉水量设置，上限依据淮河流域 2007—2020 年农业用水量较快年增长率设置；工业用水量下限依据 2007 年工业增加值和每万元工业用水量设置，上限依据淮河流域 2007—2020 年工业用水量较快年增长率设置；第三产业用水量下限依据城镇人口数和人均第三产业年用水量设置，上限依据 2020 年规划城镇人口设置。

在“人口—水环境”协调发展情景中，考虑水资源可持续发展，对可利用水量加以约束(用水约束参数值见表 5-13)，对上游、中游、下游城市可利用水量约束分别为 2020 年规划总水量的 30%、35%、40%。在各类用水量中，下限设置为非负，上限按 2007—2020 年淮河流域多年各类用水量较慢年增长率设置。

(3) 水环境污染损失率参数分析

水环境污染的社会经济损失是指由于水污染导致水质下降，影响水服务功能的发挥，水的效用降低和减少，从而引起的社会经济损失。由于生产和生活过程中对水质的要求不同，最大损失率也不同。同时，各地区由于生活水平不同，社会各个阶层对水污染的防御性消费支出也不一样。我国目前采用的水质综合评价标准中，按照地面水环境质量分成Ⅰ～Ⅴ类和超Ⅴ类共6种类别。本研究用1～6分别代表水质标准中的相应类别。对生活、农业、工业、第三产业分别计算水污染的经济损失率(参数值见表5-14)。其中生活损失包括家庭的防污损失和健康损失。

表5-12　延续发展情景下沙颍河流域城市群水资源约束参数(部分)

地级市	县(市)	可利用水量(亿 m^3)	生活用水(亿 m^3)		农业用水(亿 m^3)		工业用水(亿 m^3)		第三产业用水(亿 m^3)	
			上限	下限	上限	下限	上限	下限	上限	下限
郑州市	市区	8.92	2.31	1.39	0.68	0.32	1.91	1.06	1.15	0.66
	中牟县	1.92	0.26	0.19	2.01	0.96	0.79	0.44	0.09	0.05
	荥阳市	1.68	0.25	0.18	0.96	0.46	1.71	0.95	0.09	0.06
	新密市	2.27	0.32	0.24	0.59	0.28	1.93	1.07	0.11	0.07
	新郑市	1.73	0.26	0.19	1.05	0.50	1.82	1.01	0.10	0.06
	登封市	1.82	0.25	0.19	0.47	0.22	1.48	0.82	0.09	0.05

表5-13　"人口—水环境"协调情景下沙颍河流域城市群水资源约束参数

地级市	县(市)	可利用水量(亿 m^3)	生活用水(亿 m^3)		农业用水(亿 m^3)		工业用水(亿 m^3)		第三产业用水(亿 m^3)	
			上限	下限	上限	下限	上限	下限	上限	下限
郑州市	市区	7.14	2.24	0.00	0.52	0.00	1.38	0.00	1.15	0.00
	中牟县	1.53	0.25	0.00	1.53	0.00	0.57	0.00	0.09	0.00
	荥阳市	1.34	0.24	0.00	0.73	0.00	1.24	0.00	0.09	0.00
	新密市	1.81	0.31	0.00	0.45	0.00	1.39	0.00	0.11	0.00
	新郑市	1.39	0.25	0.00	0.80	0.00	1.31	0.00	0.10	0.00
	登封市	1.27	0.24	0.00	0.35	0.00	1.07	0.00	0.09	0.00

表5-14　沙颍河流域城市群水污染经济损失率参数

地级市	县(市)	水质约束		延续现状情景经济损失率					"人口—水环境"协调现状情景经济损失率				
		现状	规划	农村生活(元/人)	城镇生活(元/人)	农业(%)	工业(%)	第三产业(%)	农村生活(元/人)	城镇生活(元/人)	农业(%)	工业(%)	第三产业(%)
郑州市	市区	5	3	250	450	0.38	0.05	0.08	200	400	0.12	0.01	0.03
	中牟县	6	4	250	450	0.50	0.06	0.11	200	400	0.25	0.03	0.06
	荥阳市	6	4	250	450	0.50	0.06	0.11	200	400	0.25	0.03	0.06
	新密市	6	4	250	450	0.50	0.06	0.11	200	400	0.25	0.03	0.06
	新郑市	6	4	250	450	0.50	0.06	0.11	200	400	0.25	0.03	0.06
	登封市	4	3	250	450	0.25	0.03	0.06	200	400	0.12	0.01	0.03

注：水质现状和规划数据依据《河南省水功能区划报告(2004)》和《淮河流域省界水体及主要河流水资源质量状况通报(2008)》。

(4) 模型结果分析

依据合作模型建模原理，将数据代入线性规划软件的 LP 函数，分别建立地级市市区和县(市)的函数语句，如下所示：

地级市市区

```
c=[-A;-B;-C;-D;-E];
a=[1,1,1,1,1;0,0,0,-2T,U;0,0,0,T,-U];
b=[F;0;0];
aeq=[1,0,0,0,-2];
beq=[0];
vlb=[P;O;J;L;N];
vub=[R;Q;I;K;M];
[x,y]=linprog(c,a,b,aeq,beq,vlb,vub)
```

县(市)

```
c=[-A;-B;-C;-D;-E];
a=[1,1,1,1,1;0,0,S,-T,0;0,0,-5S,T,0;0,0,0,T,-2U;0,0,0,-T,U;0,0,
-4S,0,U;0,0,S,0,-U];
b=[F;0;0;0;0;0;0];
aeq=[1,0,0,0,-2];
beq=[0];
vlb=[P;O;J;L;N];
vub=[R;Q;I;K;M];
[x,y]=linprog(c,a,b,aeq,beq,vlb,vub)
```

其中，A、B、C、D、E 分别表示城镇生活、农村生活、农业、工业、第三产业用水净效益系数，T、S、U 分别表示农业、工业、第三产业的每吨增加值，F 为可利用水资源量，P、O、J、L、N 分别表示城镇生活、农村生活、农业、工业、第三产业用水下限约束，R、Q、I、K、M 分别表示城镇生活、农村生活、农业、工业、第三产业用水上限约束。

依据上述模型参数，代入相应函数语句，分别得到延续现状发展的非合作情景、延续现状发展的合作情景、“人口—水环境”协调发展的非合作情景、“人口—水环境”协调发展的合作情景下的总人口、城镇人口和农村人口。

由各地级市总体规划中的城镇体系规划数据推算得到规划人口数据，对比各城市总体规划制定的 2020 年人口规模以及 4 种发展情景下的人口规模(见图 5-26～图 5-28)，可以发现在对几类用水量进行约束后，即使是延续现状发展的非合作模型，其人口规模也小于既有规划下的人口规模，说明在目前的总体规划中对人口规模的安排只是基于趋势外推和经济、用地的发展需求而得，并未将水资源和水环境的约束作为人口规模的判别条件。延续此种方案，即使是规划调水增加本地的水资源量，也难以满足实际的人口需求。

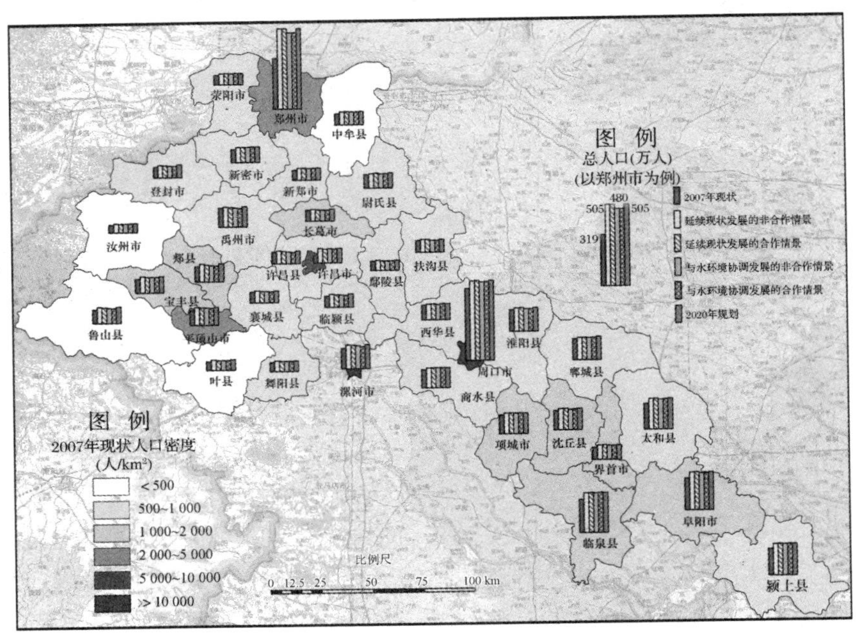

图 5 - 26 沙颍河流域城市群人口规模多情景分析

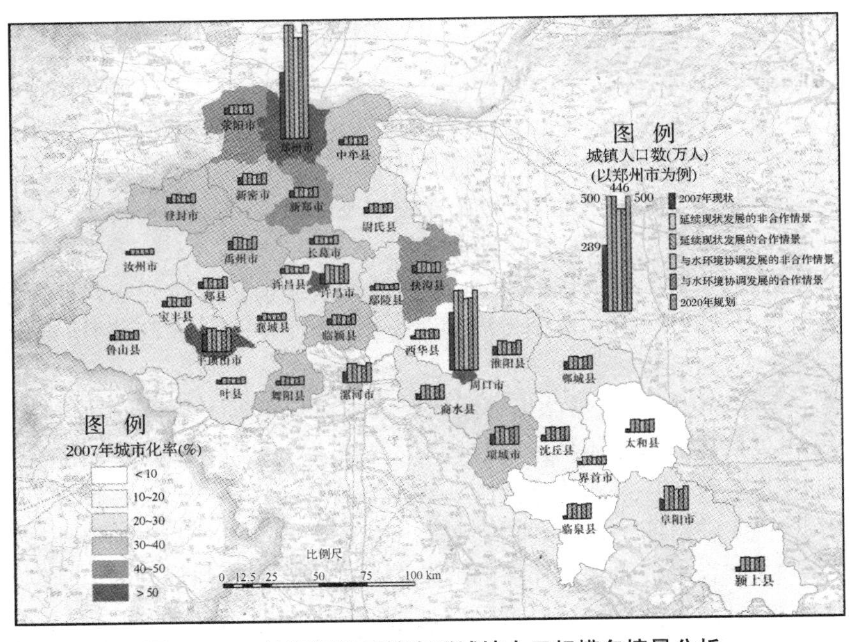

图 5 - 27 沙颍河流域城市群城镇人口规模多情景分析

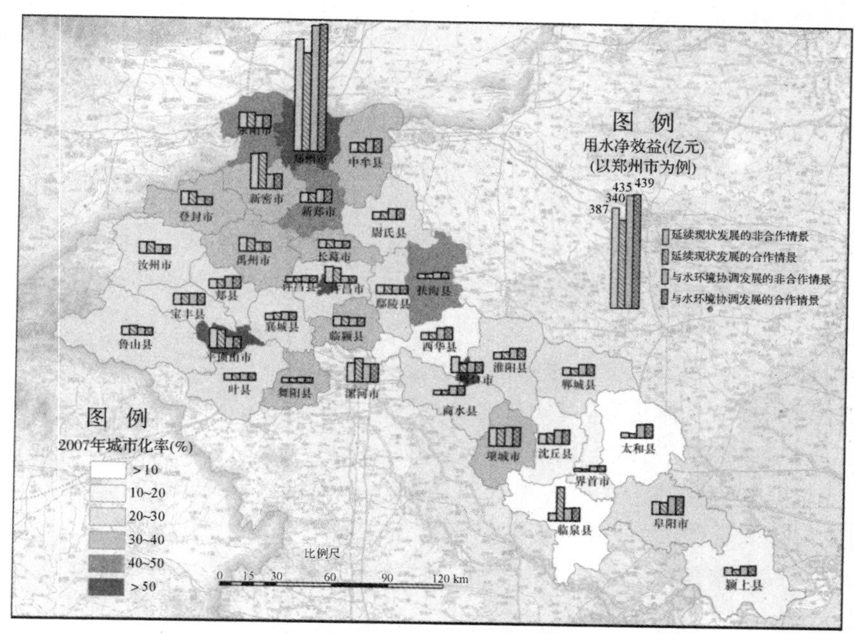

图 5-28 沙颍河流域城市群用水效益多情景分析

对比 4 种情景的模型分析结果，从情景Ⅰ到情景Ⅳ，流域总体人口规模依次减小，城镇人口规模依次减小，城市化率依次减小，流域整体用水净效益依次增加。这是因为从情景Ⅰ到情景Ⅳ用水的总量和上下限约束越来越严格，所以人的生活用水受到的制约越来越大，人口规模也相应受到约束，呈递减趋势；但是随着水质变好，污染造成的社会经济损失减少，流域整体用水效益又呈上升趋势。在合作模型下的情景Ⅱ与情景Ⅳ中，考虑水资源利用的上下游补给关系，如果将上游城市人口规模适当降低，中游和下游城市人口规模适当提高，则流域城市的总体人口规模虽然比非合作模型的情景Ⅰ与情景Ⅲ有所减少，但总体用水效益却在增加。这是因为每个城市的用水效益系数有所不同，模型在满足约束条件的情况下，选择用水效益高的城市给予更多的用水量，使得流域在人口总量减少的情景下，可以获得最大的用水效益。在“人口—水环境”协调发展下的情景Ⅲ和情景Ⅳ中，每个城市获得的用水效益基本都要高于延续现状发展下的情景Ⅰ和情景Ⅱ。这是因为在“人口—水环境”协调发展时，其水质状况得到改善，水质带来的社会经济损失减小，单位用水的用水净效益增大，故即便人口规模减小，每个城市总的用水净效益依然增大。

据以上分析结果，可以看出流域水资源利用时各城市若延续现状的发展趋势而不顾环境的可持续发展，虽然获得了一定的经济效益，但并不能得到最大的发展效益，换言之就是一种经济损失；而如果各城市若只考虑自身利益，不顾其他城市发展利益，将会给整体流域带来损失，这就是“公地悲剧”的本质。流域城市合作将给流域整体带来最大的净效益，但一些城市的利益可能会因此受到损失，说明需要建立相应的包含流域所有城市参与的合作机制与利益补偿机制，以保障利益受损的城市也愿意加入合作模型。

(5) 水资源、水环境约束下的城市群人口规模分析

在一定的时间、空间范围内，特定流域的水环境所拥有的资源量是有限的，然而随着人口的增长，人的需求也在不断地增加。人们的生活水平在不断提高的同时，如果人口数量也无节

制地增加，则会使得人均拥有的水资源量不断下降，人口与资源之间的矛盾就会日益尖锐。虽然人类投入大量的人力和物力用于水环境的保护和建设，以期在确保人类生活水平不断提高的前提下，尽可能地降低对水环境的污染程度，但这种措施有一个时间滞后效应，水环境保护总是晚于人口数量的增长。如果人口与水资源、水环境的矛盾激化到环境保护也弥补不了因人口增长带来的水资源、水环境的损失，则可能引起流域系统的崩溃。所以人口数量增长必须是适度的，在此前提下，投入大量的人力和物力用于水环境保护和建设，才会出现“人口数量适度增长—人均资源数量减少—环境保护和建设力度增加—对水资源开发利用方式恰当—水环境损失得到及时弥补”的良性循环。

根据沙颍河流域各城市水资源短缺的现状及其规划调水的水资源量，综合分析各城市的水长期供求计划和城市总体规划，可知未来绝大多数城市的发展仍将继续受到水资源短缺的限制。在水资源的约束下，市区人口虽然不断增加，但总人口的增加幅度趋于缓慢，城市化水平的提高速度也会受到制约。在综合考虑生活和生产单位节水率提高的基础上，结合前述 4 种情景下的人口预测数值，本研究分析了沙颍河流域城市群规划的水资源量，制定相应的适宜人口规模，并与 2007 年现状人口规模进行内插，得到 2010 年、2015 年、2020 年、2030 年的人口规模发展预测值(见图 5－29)。

城镇人口适宜规模在集聚中缓慢增加，2007 年沙颍河流域总人口为 3 900 万人，其中城镇人口 1 400 万人，城市化率约为 36%。到 2020 年，流域适宜的总人口达到 4 500 万人，其中城镇人口2 300万人，城市化率约为 51%。到 2030 年，流域适宜的总人口达到 4 600 万人，其中城镇人口2 600万人，城市化率约为 56%。从 2007 年至 2030 年，流域总人口适宜的增加范围是 700 万人，历年平均递增 0.72%；其中城镇人口适宜增加 1 200 万人，历年平均递增 2.73%；城市化率约增长 20%，历年平均递增 0.87%。在各城市的总体规划中，人口规模在 2020 年之和已达到 4 700 万人，其中城镇人口 2 600 万人，城市化率已有 55%，这些提法都是不利于城市群可持续发展的，且受到现实的资源约束也较难实现，即各城市所做的城市总体规划中关于城市人口规模的预测数字普遍偏高。

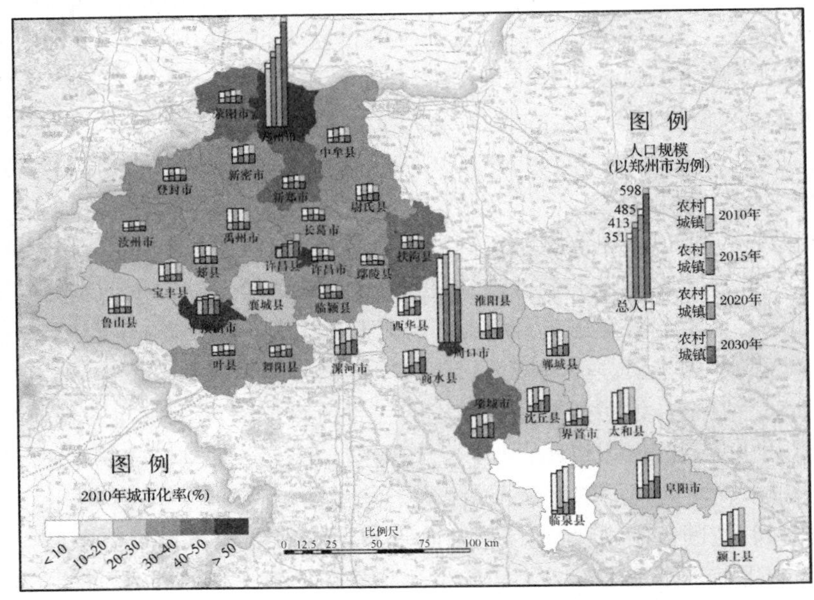

图 5－29　沙颍河流域城市群适宜人口规模分析

比较流域上、中、下游适宜的人口规模(见表 5－15)，中游总人口规模现状最大，2030 年也最大，城市化率最高；上游次之，下游各项数值都偏小。从 2007 年至 2030 年，上游总人口适宜的增加范围是 89 万人，历年平均递增 0.31%；其中城镇人口适宜增加 205 万人，历年平均递增 1.64%；城市化率增长 13%，历年平均递增 0.57%。中游总人口适宜的增加范围是 411 万人，历年平均递增 0.85%；其中城镇人口适宜增加 675 万人，历年平均递增 2.52%；城市化率增长 21%，历年平均递增 0.91%。下游总人口适宜的增加范围是 181 万人，历年平均递增 0.88%；其中城镇人口适宜增加 282 万人，历年平均递增 5.78%；城市化率增长 26%，历年平均递增 1.13%。

表 5－15　沙颍河流域城市群上、中、下游人口规模比较

地区	2007 年现状			城市总体规划(2020 年)			适宜人口(2010 年)		
	总人口(万人)	城镇人口(万人)	城市化率(%)	总人口(万人)	城镇人口(万人)	城市化率(%)	总人口(万人)	城镇人口(万人)	城市化率(%)
上游	1 215	453	37	1 431	762	53	1 241	492	40
中游	1 906	875	46	2 291	1 465	64	1 979	962	49
下游	813	107	13	976	323	33	847	134	16

地区	适宜人口(2015 年)			适宜人口(2020 年)			适宜人口(2030 年)		
	总人口(万人)	城镇人口(万人)	城市化率(%)	总人口(万人)	城镇人口(万人)	城市化率(%)	总人口(万人)	城镇人口(万人)	城市化率(%)
上游	1 288	564	44	1 339	648	48	1 304	659	51
中游	2 110	1 133	54	2 255	1 342	59	2 318	1 550	67
下游	907	200	22	972	303	31	994	389	39

同时，对于沙颍河流域城市群的总体用水效益分析后可知在同一流域内城市群规划不只存在于区域内的统筹，也存在于流域上下游之间的资源调配。流域城市合作，建立以水为限制条件的规模分布虽然将给流域整体带来最大的净效益，但部分城市的利益可能会因此受到损失。所以需要建立相应的包含流域所有城市参与的合作机制与利益补偿机制，以保障利益受损的城市也愿意加入合作模型。

5.3　城市影响腹地划分模型

5.3.1　概念

城市腹地也称城市吸引范围、城市势力圈或城市影响区，是指城市的吸引力和辐射力对城市周围地区的社会经济联系起着主导作用的地域(潘竟虎等，2008)。城市腹地反映的是城市与区域的经济活动空间关联。因此从复杂适应系统的理论来理解，城市腹地是区域环境背景下城市适应性发展的空间行为产物。具体来说，将城市视为某一特定区域环境中的主体，各个城市不仅要适应其所处区域的自然、政治、文化等外部环境，还要与区域内其他城市相互适应，而城市腹地就是在这种适应过程中逐渐形成并逐渐演化的。

城市在与区域环境以及其他城市相适应的过程中，会面临各种约束条件限制而带来的种种挑战，从城市腹地的视角来看，这种挑战主要体现在两个方面：①外部适应条件，包括城市所处区域的城市分布密度、行政区划以及地形地貌等自然因素等。其中，区域内的城市分布密度会影响腹地的空间范围，分布密度越大则腹地范围就会越小，反之则越大；区域的行政区划会对城市腹地的资源配置产生影响；而河流、山脉等自然要素会限制或阻碍城市之间的交流，造成城市之间运输成本的增加，从而限制腹地的范围(陈联、蔡小峰，2005)。②城市自身的适应能力，包括城市的社会发展水平、经济发展水平、科技文化水平、资源与基础设施水平等。这些因素会在不同程度上决定城市的经济文化影响力和辐射能力，从而影响城市的腹地大小和空间范围。

城市影响腹地的划分是为了研究区域视角下城市之间、城乡之间和市镇之间的经济协作和联系，可以为城市制定发展战略、争取合理的腹地空间提供支持，对于城市与区域的产业关联研究、经济区划分析也提供了有意义的视角(陈联、蔡小峰，2005)。

5.3.2 关系

可以将城市腹地视为一种实体空间，按照城市的辐射方式和辐射范围可以将其分为三种模式：

(1) 按照城市经济辐射的方式，可以分为直接腹地和间接腹地。直接腹地是指通过运输工具可以直达的地区范围；间接腹地又叫中转腹地，是指由另一地点中转的货物和旅客所能到达的地区范围。

(2) 按照城市辐射范围的地理区域，可以分为陆向腹地和海向腹地。陆向腹地亦称背负型腹地，是通过某种陆上运输方式与城市之间建立联系的地域范围，这种腹地是具有一般意义上的腹地。海向腹地亦称外向型腹地，这种腹地不在城市交通的后方，而是通过海运船舶与某港口相连接的其他国家或地区，这种腹地类型是针对港口城市而言的。

(3) 按照城市的影响范围大小，其腹地类型可以分为海外腹地、国内腹地，其中国内腹地又可分为区域或省际腹地、省域腹地、市域及以下腹地。这几种腹地的形成是以城市社会经济文化的空间影响力为基础的，它们之间具有边界差异和规模差异。

通过以上归纳的几种腹地类型来看，城市是构成腹地的基本元素(见图 5 - 30)，无论哪一种腹地类型都是由某一等级的城市或多个同一等级的城市抑或是多个不同等级的城市组成的。其基本属性可以概括为空间属性和非空间属性两类：①空间属性主要是指城市在区域中所处的位置，包括绝对位置(城市的地理空间坐标)和相对位置(城市与其他城市之间的交通距离，分为空间距离和时间距离)。②非空间属性又可以称为内涵性，主要是指城市的社会属性、经济属性和文化属性。社会属性主要反映城市整体的社会发展水平，包括人口、收入、医疗、环保、资源、基础设施等方面内容；经济属性则反映城市的经济发展水平，从生产、消费、投资等方面进行描述；文化属性则包括教育、科研和文化传播等方面内容。

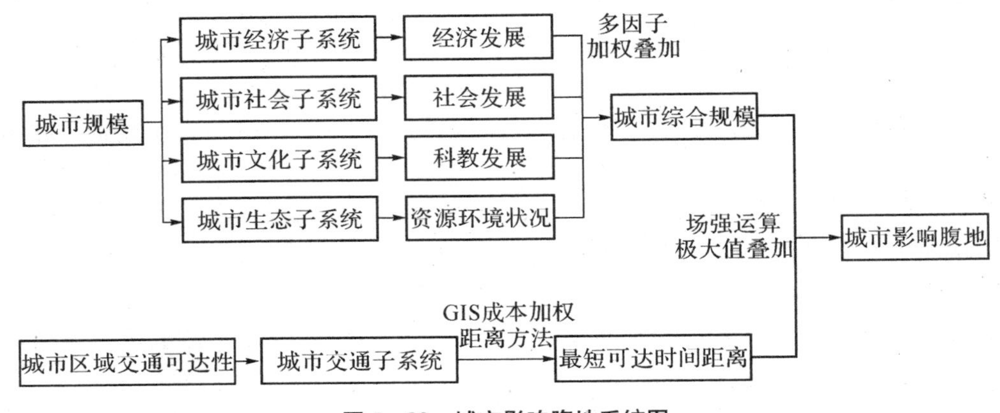

图 5 - 30 城市影响腹地系统图

5.3.3　函数

运动是物质的根本特征，任何运动着的物质之间都是相互吸引、相互作用的（章锦河，2005）。城市之间也是相互吸引、相互作用的，这种相互作用是以城市的某一方面或多个方面特征为纽带的。城市腹地是城市综合特征影响下的空间相互作用的产物，其社会属性、经济属性、文化属性共同决定了城市对腹地的影响力，而空间属性则对这种影响力起到了一种距离衰减作用。

从物理学的概念出发，城市之间的空间相互作用可以理解为一种空间"场"，其作用力则视为"力场"，力的大小则称为"场强"。城市对腹地的影响力大小即为"场强"，其具体值和城市综合规模以及地理距离两个变量有关，与城市综合规模成正比，与距离成反比，函数表达如下：

$$场强＝城市综合规模/距离 \tag{5-24}$$

按照上面的场强函数表达式，设区域内任一点为城市 i，其城市综合规模为 Z_i。对周围城市 k 的综合影响力为 F_{ik}（即为 i 在 k 点的场强），i、k 之间的距离为 D_{ik}，考虑到物质在空间运动过程中会受到摩擦力的影响，因此选择距离摩擦系数 a 来对距离进行修正。得到的场强模型表达式如下（潘竟虎等，2008）：

$$F_{ik} = \frac{Z_i}{D_{ik}^a} \tag{5-25}$$

5.3.4　实例

以福建为主体的海西经济区为例，按照上述评价城市腹地的相关指标因子，运用主成分分析方法确定城市综合规模的评价指标体系，并结合最短可达时间距离方法得到城市距离参数，将城市综合规模值和可达性结果通过场强模型在 GIS 软件中进行运算，最终得出区域内 20 个地级城市的场强，并依据其空间归属划分城市腹地。

1）*方法与数据*

（1）主成分分析法

场强模型所需的城市综合规模参数可以通过主成分分析法得到，选取的指标按照前面描述的社会、经济、文化属性的内容进行筛选，参考潘竟虎等的指标体系（潘竟虎等，2008），最终得到 5 个方面 16 项指标（见表 5－16）。主因子的提取以计算得到的各因子特征值及累积贡献率为依据，特征值越大，贡献率越大，表明该因子反映城市综合实力上越重要。只有特征值大于 1 的因子才能被选为主因子。应用主成分分析方法把以上多个指标线性组合，使原始变量减少为有代表意义的少数几个新变量。

表 5－16　城市综合规模评价指标体系

评价内容	具体指标	评价内容	具体指标
经济发展	生产总值	科教发展	科研综合技术从业人数
	固定资产投资总额		高等学校在校学生数
	财政收入	资源与基础设施规模	货运总量
	社会消费品零售总额		邮电业务总收入
社会发展	市辖区人口		用电总量
	人均 GDP		建成区面积
	公共图书馆图书藏量	环境状况	建成区绿化覆盖率
	医生数		工业污水排放量

(2) 最短可达时间距离计算

最短可达时间距离在地理空间尺度上又增加了时间维度,不仅考虑物质的空间距离,更注重物质间运动的时间距离,其结果更具有真实性和解释性。

最短可达时间距离计算采用 GIS 成本加权距离方法,通过该方法算出场强模型所需要的最短时间距离参数。主要步骤可以参见下列结果分析。将出行成本值赋给道路、陆地和水域等矢量数据图层,通过数据相互转换,叠加形成成本栅格图。利用成本栅格图与各城市点的空间数据,运算出栅格图中每个栅格点到中心城市的最短时间距离图层。计算得到的最短时间距离栅格图,反映了图中每个栅格到中心城市的时间距离,也得到了场强模型所需的最短时间距离参数。

(3) 场强计算与腹地划分

将城市综合规模参数与最短时间距离参数,按照场强模型在 GIS 软件中运算得到城市的场强值,再将每个城市场强值按最大值叠加,即:最大者也就是栅格归属中心城市,最终得到城市的场强分布图。

(4) 数据来源

评价城市综合规模的相关社会经济指标来源于《2013 年中国城市统计年鉴》,用于分析最短时间距离的国道、省道、高速公路、铁路、水路在国家基础地理信息中心 2005 年 1∶400 万矢量数据基础上,结合《2014 年国家地理旅游地图》的相关图集进一步更新补充。

2) 结果分析

(1) 场强特征

由图 5 - 31 可知,海西经济区各地级城市的场强值整体较低,只在其东部出现极少数高值区,且由东向西不断递减。位于东部沿海的浙江和福建一带整体的场强值较高,尤其是温州、福州、厦门、泉州等在区域内具有重要的社会经济发展地位,并沿主要高速公路、铁路向外延伸,成为区域内的场强高值区。而位于浙江、福建地带的其他地区,如漳州、三明等,场强值相对较低,分布在 10～30 之间。南部的广东、西部的江西整体场强值偏低,除赣州、梅州、汕头场强值相对较高外,其他地区在空间上形成大片低值区。

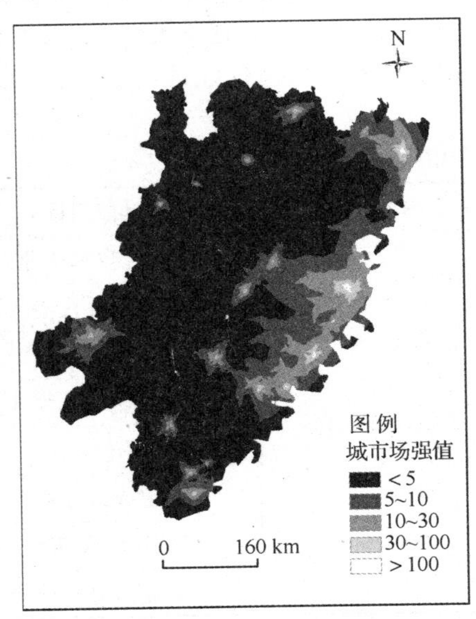

图 5 - 31　海西经济区各地级城市场强值

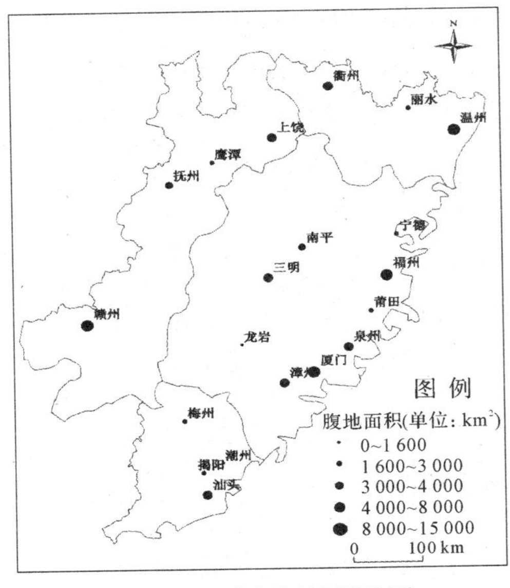

图 5 - 32　城市腹地面积划分

由主成分分析法得到城市综合规模数值，然后在 GIS 软件中按照自然断裂法分级，生成图 5 - 18。20 个城市的综合规模值按照从高到低的顺序依次为福州(331.92)、厦门(250.95)、温州(237.42)、泉州(221.03)、汕头(123.80)、漳州(116.36)、赣州(114.11)、三明(82.33)、龙岩(76.09)、衢州(74.93)、上饶(71.63)、南平(69.36)、莆田(68.69)、揭阳(64.65)、丽水(60.26)、抚州(57.69)、梅州(54.16)、宁德(47.19)、潮州(37.10)、鹰潭(32.92)。

(2) 腹地空间特征与空间关系

通过面积计算得到海西经济区内各城市的腹地面积(见表 5 - 17)，结果反映出交通条件与中心城市综合规模对于城市腹地扩张的双重效果，城市间腹地面积的差异显著。从总体上看，东部浙江、福建等地的城市腹地面积整体较大，但内部差异显著，省会及经济水平较高的中心城市依赖发达的交通网络扩展其腹地，对腹地的辐射能力更强，而其他城市则受到这些中心城市的空间抑制，难以扩展更多的腹地范围，加上城市之间的经济水平差异明显，因此对腹地的吸引能力也存在明显的差距。江西、广东范围内的各城市腹地面积中等偏少，只有赣州、汕头、上饶、衢州的腹地面积相对较多。腹地面积并不与城市综合规模成正比。

表 5 - 17　海西经济区各地级城市腹地面积及其占区域的比重

城　市	腹地面积(km^2)	占区域比重(%)	城　市	腹地面积(km^2)	占区域比重(%)
福州市	14 107	5.16	丽水市	2 597	0.95
厦门市	10 548	3.86	衢州市	6 057	2.22
泉州市	7 355	2.69	上饶市	6 476	2.37
莆田市	2 598	0.95	鹰潭市	1 615	0.59
漳州市	6 420	2.35	抚州市	3 279	1.20
三明市	6 120	2.24	赣州市	8 318	3.04
龙岩市	5 985	2.19	潮州市	1 263	0.46
南平市	3 935	1.44	汕头市	7 957	2.91
宁德市	2 640	0.97	揭阳市	2 130	0.78
温州市	11 089	4.06	梅州市	2 934	1.07

将腹地面积按自然断裂法分成 5 类(见图 5 - 32)，从城市腹地面积的高低分布来看，腹地较小的城市通常会靠近经济实力较强的城市，对于一般城市而言，越靠近中心城市，腹地则相对越小。因此腹地面积大小除了与交通条件、综合规模引力有关之外，还与城市间空间竞争相关。东部浙江、福建等地城市数量多且密集，城市之间竞争激烈，因此会受到城市竞争力的差异而产生腹地范围的显著差距。腹地内场强多少反映该区接受中心城市的辐射能力高低，体现地区经济水平。

城市腹地间的空间相互作用关系可概括为并存和竞争两种类型。根据图 5 - 32，实力相当且分布分散的城市间存在并存关系，如温州和福州、赣州和汕头分别位于不同的地区范围，且都具备相当的经济实力，各自吸引不同空间范围内的其他地区；而福州和厦门之间由于空间位置接近，彼此又都具备较强的辐射能力，形成竞争关系。此外、漳州和厦门、莆田和福州、南平和三明、上饶和抚州等地在空间上也非常接近，彼此之间通过一段时期的空间竞争而最终形成各自不同的等级地位，它们构成了不同等级城市腹地之间的空间关系，体现了不同城市腹地之间的等级层级关系。

(3) 腹地与行政区叠加分析

从腹地范围和海西经济区中各省级单元所占面积的叠置分析(见表 5-18)可知,福建省在海西经济区内占有 45.37%的面积比重,超过其他所有省份,而其腹地范围占区域总面积达到 21.85%,可见福建省的腹地比重较高是由于空间范围基数较大;浙江省和江西省在区域内的城市面积比重分别为 13.88%和 30.94%,悬殊较大,但各自所占的腹地比重分别为 7.22%和 7.20%,可以发现浙江省在区域内具有更强的经济影响力,因而虽然其空间基数较小,但腹地比重却较高;此外,广东省城市面积及其腹地面积在区域内的比重分别为 9.82%和 5.21%,说明其腹地范围大小和城市面积基数大体是成正比的。综合以上结果,可以总结出城市腹地的面积主要和城市所依托的基础地域空间范围以及城市的经济实力有关。

表 5-18 各省级单元及其腹地占区域面积比重

省	城市占区域总面积比重(%)	腹地面积占区域面积比重(%)
福建省	45.37	21.85
浙江省	13.88	7.22
江西省	30.94	7.20
广东省	9.82	5.21

通过上述分类,可以知道不同等级城市腹地的空间关系会表现出竞争和并存两种,此外,行政等级相同的城市也会因为空间基础范围、经济实力、交通条件的差异而产生不同的影响力。

3) 城市经济区划分

研究区划采用经济中心分析方法,考虑中心城市引力、腹地空间关系与交通可达性,依托全国城市腹地分析结果,按腹地占行政区比重划分经济区的标准。场强模型将中心城市的综合规模作为评价中心城市吸引力的重要参数,且考虑可达性因素,纳入道路时速参数。

从图 5-32 的腹地面积分级以及表 5-17 中的面积比重来看,一级经济区主要为福州、温州、厦门。福州和厦门都是在福建省范围内发挥影响作用,各自联系的区域范围既有交集也有差别,但福州在省内的影响力比厦门更大。温州则沿主要道路干线方向扩展腹地,包括区域内浙江其他地区以及和福建边界地区也有少数联系。

按照一级经济区的腹地面积标准进一步降级,可以将赣州、汕头、泉州三个城市划分为二级经济区。其中赣州在 2014 年江西省新型城镇化规划中被划分为省会级城市,其战略地位有利于城市影响力的提高;汕头则得益于较好的经济发展水平和发达的交通网络,与周边地区建立联系;泉州的经济条件和交通水平都比较有优势,但由于靠近福州和厦门,竞争力受到削弱,成为二级经济区。

根据以上标准进一步划分,得到三、四级经济区的划分范围。其中,三级经济区为上饶、漳州、三明、衢州、龙岩。其余城市则为四级经济区,分别是莆田、宁德、南平、丽水、鹰潭、抚州、潮州、揭阳、梅州。三、四级经济区在一定程度上依赖于一、二级城市而发展,因此其腹地空间受到一、二级经济区的约束,腹地面积普遍较小。

4) 结论

通过构建衡量城市综合规模的指标体系,运用主成分分析法计算 2013 年海西经济区 20

个地级城市的综合规模值。在 GIS 支持下，建立空间数据库，使用成本加权栅格法与空间分析方法，借助场强模型，得到每个城市的场强值，并对城市腹地进行了定量划分，比较城市腹地的范围及相互关系，并与省域行政范围进行了叠合分析。

结果表明：场强整体格局为自动向递减趋势，高场强区沿快速交通干道向外延伸。腹地空间关系呈现空间等级层次关系，腹地大小多与距离高等级城市远近、城市综合规模以及交通条件相关。腹地范围大小反映了城市空间区位、交通条件与城市综合规模实力。根据腹地在区域范围内的面积比例，将城市分为四级经济区，分别为 3 个一级经济区，3 个二级经济区，5 个三级经济区和 9 个四级经济区。

随着高速铁路的快速发展，以及过江通道、跨海工程等水上通道的逐步开拓，促进区域内城市腹地此消彼长。因此，可以说城市腹地划分是一个动态过程，对把握和认识城市与区域间的竞争关系提供了一种系统分析的视角与方法，为区域城镇体系规划提供了科学依据。

6 城市—区域生态支撑的适宜评价模型

城市必须依托所在区域的水土资源和生态环境，才能健康地发展。区域的自然生态条件是决定城市性质、发展方向、人口容量与用地布局的基础性因素，区域生态系统对城市系统的可持续发展影响至关重要。实践表明，我国的快速城市化进程使城市及其周边区域的生态环境受到严重破坏，造成了城市与区域的生态子系统的失衡。温室效应、大气污染、水质污染等生态环境问题对城市人口的身心健康造成威胁，间接形成了社会不安定因素，使城市的社会子系统产生动荡。政府需要耗费大量的人力、物力和财力来改善城市生态环境，进而间接地带来了经济损失，使城市经济子系统的运行效率降低。因此，如何减低城市发展对区域生态系统平衡的冲击与破坏，维持城市生态、社会、经济子系统的平稳运行，是当前我国城市规划需要考虑的重大问题。

鉴于上述问题的出现，2014 年 3 月《国家新型城镇化规划(2014—2020 年)》提出了将党的十八大确立的“生态文明”国策落实到适应新型城镇化发展的规划理念创新的具体要求中，该《规划》的第十七章明确指出：“把以人为本、尊重自然、传承历史、绿色低碳理念融入城市规划全过程。城市规划要由扩张性规划逐步转向限定城市边界、优化空间结构的规划，科学确立城市功能定位和形态，加强城市空间开发利用管制，合理划定城市‘三区四线’，合理确定城市规模、开发边界、开发强度和保护性空间，建立国土空间开发保护制度”。为了适应这一新的规划模式，城市规划需要借鉴生态学理论，回归适应于生态本征的城市发展建设，而不再以人类的无限需求为导向污染城市。本章以区域对城市生态支撑的适宜性评价分析为主题，首先，探讨城市发展所依托区域的生态敏感性分析的必要性与分析方法，为城市管辖区域的空间管制规划奠定基础；其次，结合城市景观生态的结构特色，提出构建城市生态网络的模型与方法；然后，对城市绿地服务效能进行综合评价，体现城市绿地的生态服务价值；最后，对城市洪涝灾害风险进行地表过程模拟分析，提出城市洪涝灾害风险的应对措施。

6.1 城市—区域生态敏感性分析模型

城市对周边区域的依赖体现在其立足的地球表层系统是一个不可分割的整体，可以说，区域生态环境是城市赖以生存的基础。因此，城市规划需要将区域生态基底作为城市发展的前提。城市生态敏感性分析综合考虑了构成城市生态环境的基本要素，即生态因子，包括地形地貌、河流水系、植被土壤、地质灾害、矿产资源、生态保护区等。通过对生态限制性因素的识别划定生态敏感区域，为城市空间拓展和城镇体系布局规划提供科学支撑与引导。

6.1.1 概念

复杂适应性系统强调系统内部个体之间的影响，不是简单的、被动的、单向的因果关系，而是各种反馈作用相互影响、相互缠绕的复杂关系。人类为满足自身的发展需求，不断从大自然中获取生产、生活所必需的资源，对生态环境造成了不可逆转的破坏。人类的破坏作用带来了一系列的环境问题，如资源枯竭、水体污染、空气污浊等。这些生态环境问题也是人类对大自然行为的反馈，促使人类改变自身行为方式以实现自然的可持续发展。上述生态环境与人类行为相互影响、相互反馈的关系反映了CAS理论中“非线性”的特征，城市—区域的生态环境对于人类行为的敏感程度成为衡量生态支撑能力的第一要素。

1）自然生态系统与人工生态系统

自然生态系统主要是指未受到人类活动的影响或受人类影响程度不大的生态系统(蔡晓明，1995)。在地球演化的初期，由于没有人类的干扰，自然生态系统呈原始状态，并按照其自身规律进行发展。自然生态系统的特点是：①生物多样性，自然生态系统由多种生物共同组成。②自然诞生，自然生态系统是随着地球的演化过程自然诞生的，而不是人类创造的产物。③具有生态稳定性，可以进行自我调节。自然生态系统因其反馈机制和自我调节的能力，当受到外界干扰破坏时，只要不过于严重，一般都可以通过自我调节使得系统得到修复，维持稳定与平衡。

人工生态系统是指以人类活动为生态环境中心，为满足人类需求而形成的生态系统。与自然生态系统不同，人工生态系统是由人类参与的，带有一定的目的性。人工生态系统的特点是：①社会性，即受人类社会的强烈干预和影响。②易变性，或称不稳定性，易受各种环境因素的影响，并随人类活动而发生变化，自我调节能力差。③开放性，系统本身不能自给自足，依赖于外系统，并受外部的调控。④目的性，系统运行的目的不是为维持自身的平衡，而是为满足人类的需要。由此可见，人工生态系统是由自然环境(包括生物和非生物因素)、社会环境(包括政治、经济、法律等)和人类(包括生活和生产活动)三部分组成的网络结构。人类在系统中既是消费者又是主宰者，人类的生产、生活活动必须遵循生态规律和经济规律，才能维持系统的稳定和发展(马道明、李海强，2011)。城市生态系统是典型的人工生态系统。

城市生态系统是人类起主导作用的人工生态系统，人类活动对城市生态系统的发展起着重要的支配作用，城市生态系统的演化是由自然规律和人类影响叠加形成的。因此，城市规划必须在适应自然规律的基础上对人类行为进行适当的干预，保证城市生态系统的良好运行。

2）城市生态系统的脆弱性与生态风险

城市生态系统的脆弱性是指城市生态系统受外界不良干扰的影响较大时，一旦遭受破坏就难以恢复的性质。由于城市生态系统的脆弱性，城市生态环境一旦遭到破坏，就会为生态系统的平衡带来威胁。生态风险是生态系统及其成分所承受的风险。由于它的潜伏期长，出现过程缓慢，所以很容易被忽略和轻视。然而，生态风险一旦从潜能转变为现实压力，却极难防范和缓解。生态风险的产生与经济发展过程中生态环境的恶化密切相关。生态环境被破坏，最终会导致人类生活环境的恶化。生态环境遭受破坏的程度越高，风险后果就越严重(付在毅等，2001)。为了使我国的经济能够持续、快速、稳定、健康地发展，必须要加强对生态风险的治理。以科学理论为指导，以定量和定性分析为主要手段，建立生态风险分析系统，是进行生态风险治理的有效方式之一。区域生态敏感性分析可以看成是生态风险分析的一种有效方式，通过定性分析定量化的方法分析区域潜在生态风险的大小，为生态风险控制提供依据。

3）生态敏感性与城市—区域空间管制规划

生态敏感性是指在不损失或不降低环境质量的情况下，生态因子对外界压力或变化的适应能力(杨志峰等,2002)。在进行城市规划时,一般从城市生态系统的特点入手,分析区域生态环境对人类活动的敏感性及生态系统的恢复能力,利用不同的生态敏感性因子,对城市—区域进行生态敏感性区域划分,并作为城市开发类型划分的重要依据,为区域生态环境和社会经济建设提供参考(尹海伟等,2006)。

面对资源约束紧张、环境污染严重、生态系统退化的形势,党的十八届三中全会通过了《中共中央关于全面深化改革若干重大问题的决定》,把生态文明建设纳入中国特色社会主义事业"五位一体"的总体布局,并进一步作出科学的制度安排,标志着党和国家对生态文明建设的认识达到了一个新的高度。2013 年,习近平主席在中共中央城镇化工作会议中指出:"城镇建设要体现尊重自然、顺应自然、天人合一的理念,依托现有山水脉络,让城市融入自然,让居民'望得见山、看得见水、记得住乡愁'"。将生态文明理念融入城市规划中,有利于城镇化发展模式的转型,实现城市的可持续发展。

空间管制规划是通过划定不同建设特性的类型区,并制定分区开发标准和控制引导措施,协调社会、经济与环境的可持续发展。目前空间管制在我国的应用有:发改委的主体功能区划、生态部门的生态功能区划、地质部门的灾害功能区划等。近年来,空间管制规划得到国家及相关部门的高度重视,2006 年《城市规划编制办法》增加了空间管制规划的内容;2007 年《城乡规划法》指出城市总体规划的内容应当包括禁止、限制和适宜建设的地域范围,并明确空间管制的内容包括生态环境、土地资源、水资源、能源、自然与历史文化遗产等方面。空间管制规划起着协调区域空间发展、保护生态与资源、引导城乡建设、优化资源配置等作用,通过对规划区不同类型空间的划分、各分区比例结构的提出和相应管理策略的制定,使城乡达到一种和谐的态势,实现城乡统筹发展(金继晶等,2009)。县域是区域社会经济的基本单元,作为介于省、地市域与各乡镇域之间的区域类型,是宏观调控与微观管理的衔接点。从生态角度进行县域单元的空间管制规划,有利于树立整体空间观念,促进城镇集约发展,进而解决城、镇、乡发展"各自为政、盲目建设、生态环境超负荷承载"等现象(张康健,2010;运迎霞等,2013)。

主体功能区规划是一种典型的空间管制规划。2006 年,我国"十一五"规划首次提出推进形成区域主体功能区,并于 2011 年 6 月正式发布《全国主体功能区规划》。主体功能区规划就是要根据不同区域的资源环境承载能力、现有开发密度和发展潜力,统筹谋划未来人口分布、经济布局、国土利用和城镇化格局,将国土空间划分为优化开发、重点开发、限制开发和禁止开发等 4 类,确定主体功能定位,明确开发方向,控制开发强度,规范开发秩序,完善开发政策,逐步形成人口、经济、资源环境相协调的空间开发格局。随后,广东、山东、湖南、福建等各个省域主体功能区规划出台,进一步促进了市、县域主体功能区规划的编制。广东省云浮市及清新县、浙江省缙云县等率先在县域主体功能区规划方面进行探索,国内专家学者也对县域主体功能区规划进行了研究(曹卫东等,2008;陈焕珍,2013;王雪,2014)。主体功能区规划的核心思想是可持续发展理念,区域管理与决策的核心是生态价值观和生态技术(宗跃光等,2011)。将生态价值观融入决策技术支撑体系并进行相应的空间管制,有利于主体功能区规划中可持续发展目标的实现。

6.1.2 关系

从城市复杂系统的内部关系角度来看,城市生态敏感性体现了各个生态因子综合作用的特点。首先,生态敏感性需要考虑各个生态因子,包括地质地貌、河流水系、植被覆盖、矿产资源等,这些生态因子是城市生态子系统的重要组成部分,是城市发展的环境基础。其次,由于生态敏感性需要落实到城市具体空间上，生态敏感性分析的目的是对城市用地布局提供指导，因此城市生态敏感性也与城市用地子系统相关。城市规划中对于自然生态保护区、森林公园等用地的划分就是对城市生态保护的体现。城市生态敏感性分析的结果一般用于城市空间管制，通过综合考虑城市生态子系统中的各个生态因子和城市用地子系统中的生态保护区、农田保护区与城市建成区的范围，划定主体功能区并进行空间管制。综上所述，城市生态敏感性分析是以城市生态子系统为基础，结合城市用地子系统的特征，对城市生态环境进行总体考量，并将结果以空间管制与主体功能区划的形式作用于城市用地子系统中(见图 6－1)。

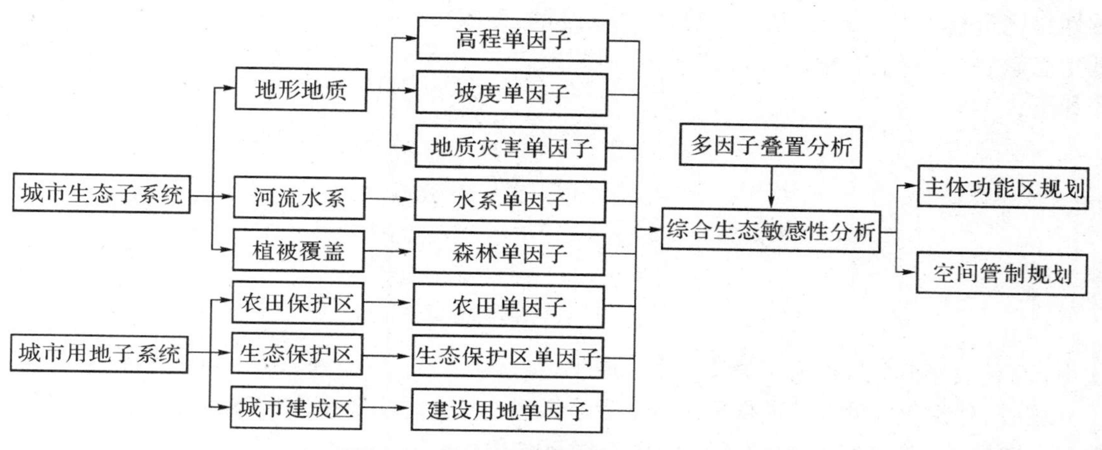

图 6－1　生态敏感性与城市系统关系图

各个生态因子之间并不是孤立的，而是具有各种各样的因果关系，这种关系是形成一个完整、和谐、平衡的生态系统的关键。生态因子之间的关系往往是由各个因子的属性特征状态促成的。例如，地形和水系之间就存在着一定的相互约束关系。水系沿着地形从高处流向低处，水流一般沿着坡度最大的方向，在地形低洼处，即相对高程最低的区域形成湖泊或溪流；而在这一流水作用过程中，地形表面受到水流的侵蚀，使地形的高低和坡度不断地发生变化。植被的形成也与地形有一定的关系，如植被随高程变化形成的垂直分布规律、阴阳坡向不同类型植被的分布规律与地形高度和坡度、坡向相关；同时，植被能够阻止地表的水土流失，维护地形坡面形态的稳定。灾害易发区同样也与地形有着很大的关系，坡度大的地方往往也是滑坡、水土流失等灾害的易发区，而植被茂密的地方则能有效阻止泥石流等灾害的发生。因此，水源涵养区的划定通常选择在地势较高、植被较为茂密的区域。各个生态因子之间的交互作用关系，成为人类进行生态保护的基本科学依据。

在城市规划中，认清各个生态因子之间的关系是十分重要的，理清生态因子与城市生态系统之间的关系，则更有利于科学地指导城市的发展与建设。区域生态敏感性评价是从生态因子对城市生态系统影响及其因子间相互作用的关系的角度出发的一种分析方法。生态敏感性区划是从区域生态系统的特点入手，分析区域生态环境对人类活动的敏感性及生态系统的恢复能力。生态敏感性分析是为了判定整个区域内生态环境对人类活动的敏感性大小，指导人类活动的有序进行，从人类活动对生态环境影响程度的角度进行空间管制规划。

6.1.3 函数

区域生态敏感性分析采用层次分析法和定性描述定量化的方法，建立起一个相对直观、易于理解的分析区域生态系统的适应能力的方法模型。层次分析法将影响生态系统敏感性大小的各个方面进行归纳，提炼出具体的影响因子，逐一判断其影响区域生态敏感性的程度，并采取一定的方法进行综合，形成对区域生态敏感性大小的判断。

对于自然单因子生态敏感性的判断，一般采用地表形态测量、分类分区比较和专家打分法等综合评价方法进行判断，最后归纳为对各个因子的重要性进行判断。一般对生态敏感性程度进行评判并划分为5个等级，即极高生态敏感性、高生态敏感性、中生态敏感性、低生态敏感性、非生态敏感性，相应的分别赋值为9、7、5、3、1（尹海伟等，2006）。其判定公式如下：

$$V_{ij}=\begin{cases}9 & \text{极高生态敏感性}\\ 7 & \text{高生态敏感性}\\ 5 & \text{中生态敏感性}\\ 3 & \text{低生态敏感性}\\ 1 & \text{非生态敏感性}\end{cases} \tag{6-1}$$

式中，V_{ij}代表第i个自然因子的第j个子因子。

随后，对各个自然因子进行单因子的生态敏感性评价。由于生态敏感性是限制性的分析，故采用取最大值的方法作为该地区的生态敏感性值（黄方等，2003；刘康等，2003；尹海伟等，2006），取最大值的方法按公式（6-2）进行：

$$V_i = f_{\max}(V_{ij}) \tag{6-2}$$

式中，V_i是第i个自然单因子的值，$f_{\max}$为取最大值函数，V_{ij}是第i个自然单因子第j个子因子的值。

将各个自然单因子的评价结果按照取最大值的方式进行综合，得到基于自然因子的综合评价结果；随后将其与人为因子（即建成区）按照取最小值的方法进行叠加（王宝强等，2009），得到最终的区域生态敏感性评价结果，其公式如下：

$$V_n=f_{\max}(V_i) \tag{6-3}$$

$$V=f_{\min}(V_n, V_m) \tag{6-4}$$

式中，V_n代表自然因子综合敏感性大小，$f_{\max}$为取最大值函数，V_i是第i个自然因子；V代表区域综合生态敏感性大小，$f_{\min}$为取最小值函数，V_m代表人为因子。

6.1.4 实例

以福建省龙岩市长汀县县域生态敏感性分析为例，介绍区域生态敏感性分析所需数据与方法。

1）数据与技术路线

区域生态敏感性分析所需数据包括：国家基础地理信息中心1∶50 000 GIS数据、长汀县DEM数据、分辨率为2.5 m的SPOT影像、长汀县水土流失GIS数据和《长汀县生态功能区划背景图》。生态敏感性分析技术路线如图6-2所示。

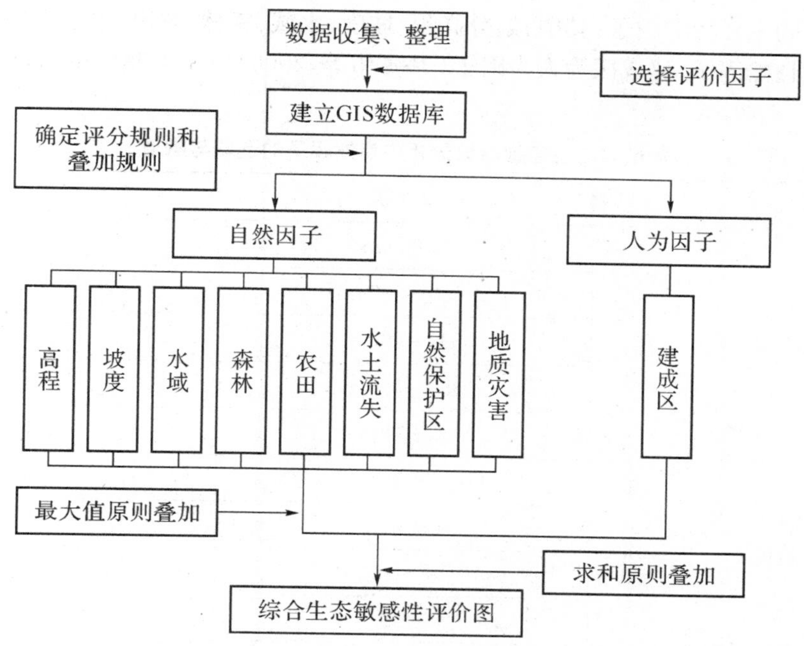

图 6-2 生态敏感性分析技术路线图

2）主要步骤与方法

生态敏感性分析主要步骤如下：

（1）关键生态资源辨识

关键生态资源是指那些对区域总体生态环境起决定作用的生态要素和生态实体，一般分为 4 类：生态关键区、文化感知关键区、资料生产关键区与自然灾害关键区。其中，生态关键区是指在无控制或者不合理的开发下将导致一个或多个重要自然要素或资源退化或消失的区域，所谓重要自然要素是指对维持现有环境的基本特征和完整性都非常必要的要素，取决于该要素在生态系统中的质量、稀有程度或者是地位的高低，主要包括各级自然保护区、森林公园、大型湿地、大型林地、主要河流及重要水体等；文化感知关键区是指包括一个或多个重要景观、游憩、考古、历史或文化资源的区域，在无控制或不合理的开发下，这些资源将会退化甚至消失，一般包括风景名胜区、文物保护单位等；资源生产关键区又称经济关键区，其为区域提供支持地方经济或更大区域范围内经济的基本产品或生产这些基本产品的必要原料，一般包括基本农田保护区、渔业生产区、重要水源地、水源涵养区、矿产采掘区等；自然灾害关键区是指由不合理开发可能带来的生命与财产损失的区域，包括滑坡、洪水、泥石流、地震或火灾等灾害易发区（尹海伟、孔繁花，2014）。

根据长汀县现状情况，关键生态资源主要包括水域、农田、森林、自然保护区和水土流失区等。其中，水域、农田与森林由遥感影像解译而得，自然保护区根据《长汀县生态功能区划背景图》获得，水土流失数据采用当地提供的长汀县水土流失 GIS 数据。

（2）因子选取与分级赋值

通过对长汀县自然生态因子特征分析与关键生态资源的识别，遵循因子的可计量、主导性、代表性和超前性原则，结合数据的可获得性与可操作性，选取对土地利用方式影响显著的高程、坡度、水域、森林、农田、水土流失、自然保护区、地质灾害、建成区等 9 个影响因子作为生态敏感性分析的主要影响因子;其中,划分高程、坡度、水域、森林、农田、水土流失、自然保护区和地质灾害为自然因子,建成区为人为因子(尹海伟等,2006)。在本案例中,自然因子的选取与赋值如表 6 - 1 所示。

表 6 - 1　生态敏感性分析中自然因子的选取与赋值

因　子	说　明		赋　值
高程	>800 m		9
	600～800 m		7
	500～600 m		5
	350～500 m		3
	<350 m		1
坡度	>25°		9
	15°～25°		5
	8°～15°		3
	<8°		1
水域	湖泊和主要水系	河湖所在区域	9
		<50 m 缓冲区	7
		50～120 m 缓冲区	5
		120～200 m 缓冲区	3
		>200 m 缓冲区	1
	次要河流及其支流	河流所在区域	9
		<50 m 缓冲区	7
		50～80 m 缓冲区	5
		80～120 m 缓冲区	3
		>120 m 缓冲区	1
森林	地表覆盖繁茂		9
	地表覆盖稀疏		7
农田	基本农田		9
	一般农田		7
水土流失	水土流失区		9
自然保护区	需要进行保护		9
地质灾害	重点防治区		9
	次要防治区		7
	一般防治区		1

(3) 单因子分析

将各个自然单因子按照上述赋值规则进行赋值，并使用生态敏感性字段转换为栅格数据文件，按照取最大值的方法进行镶嵌，得到生态敏感性单因子分析结果。

现对长汀县生态敏感性分析单因子评价的具体步骤做出简要说明。

①高程因子

高程是区域大的骨架和背景。长汀县境内地形以山地为主，高程作为建设开发活动的重要因子之一直接关系到长汀自然骨架的完整。高程越高，对于保护长汀自然骨架的完整越有利，生态敏感性越高。

高程直接由 DEM 数据得到，将 15 m DEM 数据按照表 6-1 分为 5 级显示，并使用 ArcGIS 软件的 ArcToolbox 中 Spatial Analyst Tools-Reclass-Reclassify（重分类）工具，对 DEM 数据按照表 6-1 进行重分类，得到基于高程因子的生态敏感性分区结果。

②坡度因子

作为导致水土流失的一个重要因子，坡度在维护山林地生态系统平衡、防止水土流失方面有重要的影响。建设活动也有不同坡度等级的限制，坡度越陡，发生水土流失的可能性越大，敏感性越高。一般来说，坡度在 8°以下适合所有用地的建设，故将 8°以下坡度设为非生态敏感区；8°以上就不适合工业用地的建设，但 15°以下的仍可满足公共基础设施和居住区的建设要求，故将 8°～15°坡度设为低生态敏感区；15°以上就不适合公共基础设施的建设，但 25°以下还能够进行居住区的建设，故将 15°～25°坡度设为中生态敏感区；25°以上的坡度不适合所有用地的建设，故将坡度在 25°以上的区域设为极高生态敏感区。

坡度数据由 DEM 数据经计算得出，使用 ArcToolbox 中 Spatial Analyst Tools-Surface-Slope 工具，得出坡度数据。同样使用重分类工具，将坡度因子按照 8°以下、8°～15°、15°～25°和 25°以上分为 4 级，分别赋值 1、3、5、9，得到基于坡度因子的生态敏感性分区结果。

③水域因子

水域是区域的血脉，在改善区域景观质量、维持正常水循环等方面发挥着重要作用，且水域本身具有维持生态系统平衡的功能。因此，水域的合理利用与保护对长汀县的景观生态格局的稳定与社会经济可持续发展至关重要。长汀县的河流众多，主要考虑湖泊、水库、大型河流等面状水系因子和线状水系因子。不仅水体本身对维持生态系统平衡具有重要作用，水体两岸或周边一定距离的用地也是维持生态平衡与保护的重要区域，因此需要对河流两岸或湖泊水库周边用地进行一定的保护。

在 ArcGIS 软件中，利用 ArcToolbox 下的 Analysis Tools-Proximity-Multiple Ring Buffer 工具，分别对面状水域和线状水域进行缓冲区分析。对于缓冲区分析结果，在属性表中通过 Add Field 添加 Value 字段并按照上表进行敏感性赋值，使其带有生态敏感性属性。随后，使用 Conversion Tools 模块下的 To Raster-Feature to Raster 工具，将其转为栅格数据，栅格大小与 DEM 数据相统一，为 15 m。由此得到基于水系因子的生态敏感性分区结果。

④森林因子

城市是一个复合生态系统，森林在这个生态系统中起着调节与反馈的重要作用。从区域尺度而言，森林起着调节小气候，保护生物多样性，维持良好生态环境的作用。从城市尺度而言，森林为城市提供了美好的景观，新鲜的空气，宜人的环境。森林的上述生态环境作用使得其生态敏感性较高，因此作为生态敏感性分析中的一个因子加以考虑。

森林因子按照 NDVI 指数进行划分，由县域遥感图像进行解译获得县域 NDVI 指数的大小，并按指数大小划分为 3 类，分别代表地表无植被覆盖、植被覆盖稀疏与植被覆盖繁茂。在 ArcGIS 软件中，按照上述分类标准将其重新分类，三种情况分别赋值为 1、7、9，得到基于森林因子的生态敏感性分区结果。

⑤农田因子

对于“八山一水一分田”的长汀县来说，农业是长汀县的基础，不但可以提供粮食来源和工业原料，对改善生态环境也有一定的积极作用。农田生态系统作为一种人工的生态系统，对人类有着极高的生态意义，因此将农田作为生态敏感性分析的因子之一。对于基本农田，其重要程度高于一般农田，故生态敏感性最高。

县域基本农田与一般农田的范围根据长汀县土地利用规划图数字化得到。在属性表中添加字段，为农田进行生态敏感性赋值，其中基本农田赋值为 9，一般农田赋值为 7。随后，同样通过矢量转栅格工具，将其转换为栅格大小为 15 m 的栅格数据，从而得到基于农田因子的生态敏感性分区结果。

⑥水土流失因子

长汀县是福建省水土流失最严重的县份，水土流失现象的程度较强且治理难度较大，是长汀县最主要的自然灾害之一，在降水多的季节往往会引发泥石流、滑坡等，因此水土流失也是影响生态敏感性的重要因子。

水土流失区域根据长汀县生态功能区划背景图数字化得到。同样在属性表中添加属性值，将水土流失区域赋值为 9，并以此转换为栅格大小为 15 m 的栅格数据，得到基于水土流失因子的生态敏感性分区结果。

⑦自然保护区因子

长汀县的野生动植物资源非常丰富，已拥有大小保护区数十个，在加强对珍稀物种保护的同时保持长汀县优良的生态环境。自然保护区如果遭到破坏会造成物种减少、生态环境恶化等严重后果，因此将其作为生态敏感性分析的因子之一。

水土流失区域根据长汀县生态功能区划背景图数字化得到。在属性表中添加表征生态敏感性大小的属性值，将自然保护区赋值为 9，代表极高生态敏感性。随后，使用矢量转栅格工具，将其转换为栅格大小为 15 m 的栅格数据，得到基于自然保护区因子的生态敏感性分区结果。

⑧地质灾害因子

坍塌、滑坡、泥石流等各类地质灾害易发区是影响区域生态安全的重要因素，在规划建设中应合理避让。地质灾害易发区也是生态环境极为脆弱的区域，因此将其作为生态敏感性的因子之一。

地质灾害数据根据长汀县地质灾害防治区划图数字化得到。在属性表中添加新的属性字段以表征生态敏感性大小，其中，一般防治区赋值为 1，次要防治区赋值为 7，重点防治区赋值为 9，并以此字段转换为栅格大小为 15 m 的栅格数据，得到基于地质灾害因子的生态敏感性分区结果。

⑨建成区因子

建成区作为唯一的人为因子，是指已经建设的地区，包括城市及乡村，作为非生态敏感区。按照建成区的评分标准，将建成区赋值为 1。同样在属性表中添加字段按上述方式进行赋值，并按照该字段将其转换为栅格数据，栅格大小为 15 m。将其作为人为因子，与其他自然因子叠加进行分析。

（4）多因子叠加分析

各自然因子采用取最大值叠加的方法进行叠加，具体方法使用 ArcToolbox 中 Data Management Tools 模块下的 Raster-Raster Dataset-Mosaic to New Raster 工具，设置栅格大小为 15，按照上述数学模型进行取最大值的方式得到叠加结果。最后再按照取最小值方法与人为因子进行叠加，形成区域综合性的生态敏感性评价。

（5）生态敏感性分区

经过单因子分析与多因子叠置分析，最终得到生态敏感性分析总图，按敏感性数值 9、7、5、3、1 分别划分为极高生态敏感区、高生态敏感区、中生态敏感区、低生态敏感区和非生态敏感区。

3）结果分析

（1）单因子分析结果

①高程因子

从基于高程因子的长汀县生态敏感性分析结果中（见图 6－3）可以看出，长汀县境内山地较多，极高与高生态敏感区总面积 887.58 km^2，占全县面积的 28.58%，主要分布在县内的北部、东部以及西部海拔比较高的山区；中生态敏感区总面积 595.10 km^2，占全县面积的 19.15%，整体分布比较分散，但在东北部分布相对集中；低生态敏感区总面积 1 060.59 km^2，占全县面积的 34.14%，分布相对集中在县域的中部、东部以及南部，西部也有分布；非生态敏感区面积为 563.48 km^2，占全县面积的 18.14%。

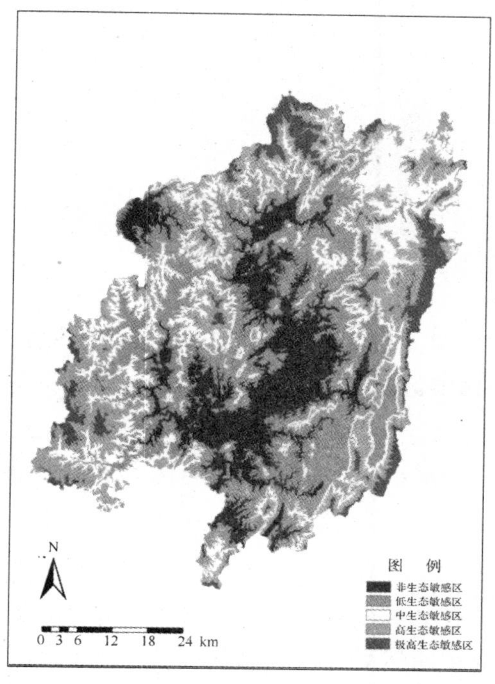

图 6－3 基于高程因子的长汀生态分区图

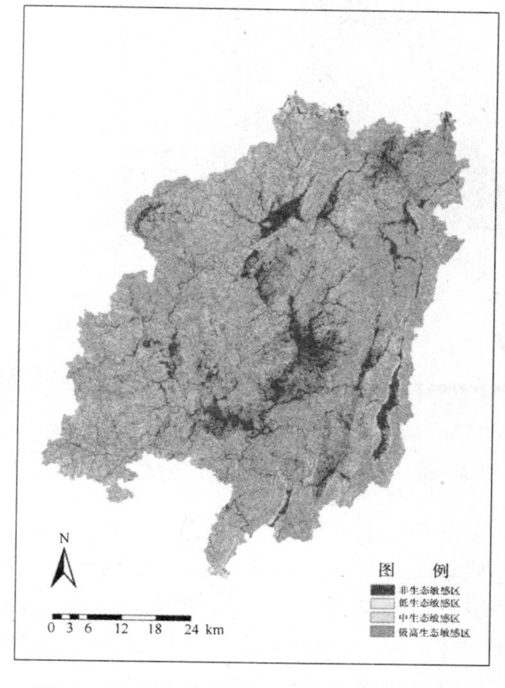

图 6－4 基于坡度因子的长汀生态分区图

②坡度因子

从基于坡度因子的长汀县生态敏感性分析结果中(见图 6－4)可以看出,长汀县的坡度变化较大,分布较为零散。极高和中生态敏感区面积为 1 919.71 km²,占全县面积的 61.79%,主要为植被覆盖区;低生态敏感区面积为 369.44 km²,仅占全县面积的 11.89%,主要是在中部及北部零散分布;非生态敏感区面积为 817.61 km²,占全县面积的 26.32%,主要为城市和乡村居民点及农田。

③水系因子

从基于水系因子的长汀县生态敏感性分析结果中(见图 6－5)可以看出,长汀县境内河湖水系较多,以汀江为主的水系贯穿全县南北,其余各水系、湖泊与水库遍布全县。极高和高生态敏感区面积为 310.88 km²,仅占全县面积的 10.01%;中生态敏感区面积为 191.03 km²,仅占全县面积的 6.15%;低生态敏感区面积为 236.18 km²,仅占全县面积的 7.60%;非生态敏感区面积为 2 368.66 km²,占全县面积的 76.24%,主要为距离河流、水库等水系较远的区域。

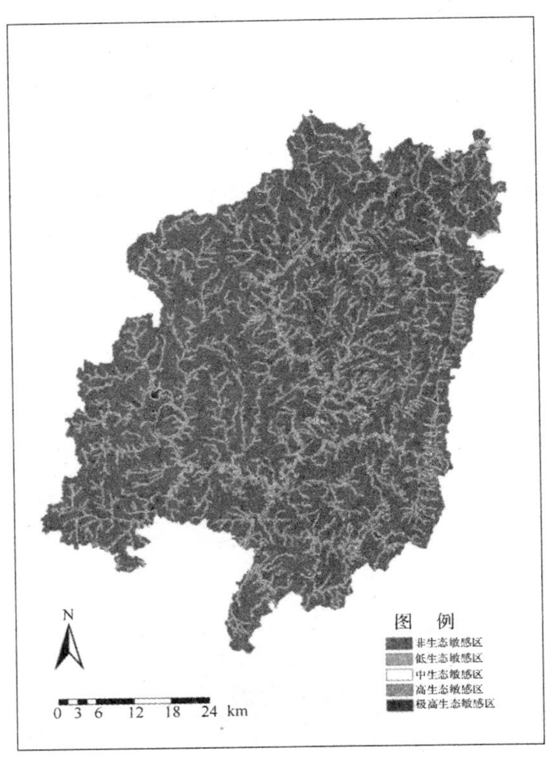

图 6－5　基于水系因子的长汀生态分区图

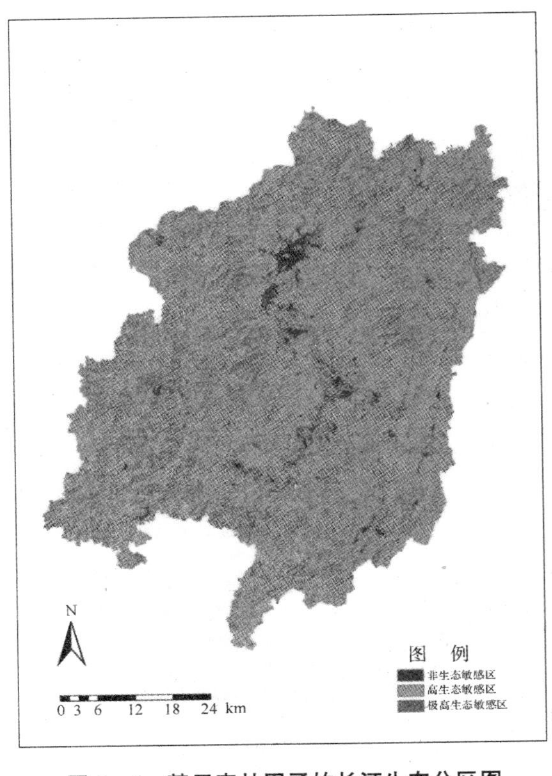

图 6－6　基于森林因子的长汀生态分区图

④森林因子

从基于森林因子的长汀县生态敏感性分析结果中(见图 6－6)可以看出,长汀县境内大部分区域为植被覆盖,森林覆盖繁茂的区域主要集中在县域西部。极高和高生态敏感区面积为 2 838.53 km²,占全县面积的 91.37%;非生态敏感区面积 268.23 km²,占全县面积的 8.63%。

⑤农田因子

从基于农田因子的长汀县生态敏感性分析结果中(见图 6－7)可以看出,长汀县农田面积较小且在全县范围内分布较为分散、破碎。基于农田因子的非生态敏感区面积为 2 652.88 km^2，占全县面积的 85.39%，而中生态敏感区面积为 453.87 km^2，占全县面积的 14.61%。

⑥水土流失因子

从基于水土流失因子的长汀县生态敏感性分析结果中(见图 6-8)可以看出，长汀县水土流失区域主要集中在河田镇。基于水土流失因子的非生态敏感区面积为3 037.69 km^2，占全县面积的 97.78%，而极高生态敏感区面积为 69.07 km^2，占全县面积的 2.22%。

⑦自然保护区因子

从基于自然保护区因子的长汀县生态敏感性分析结果中(见图 6-9)可以看出，长汀县自然保护区主要集中在县域北部。基于自然保护区因子的非生态敏感区面积为2 652.88 km^2，占全县面积的 85.39%，而中生态敏感区面积为453.87 km^2，占全县面积的 14.61%。

⑧地质灾害因子

从基于地质灾害因子的长汀县生态敏感性分析结果中(见图 6-10)可以看出，极高和高生态敏感区面积为 1 796.04 km^2，占全县面积的 57.81%；非生态敏感区面积为1 310.72 km^2，占全县面积的 42.19%。

⑨建成区

从建成区因子的长汀县生态敏感性分析结果中(见图 6-11)可以看出，非建成区总面积为 3 008.92 km^2，占全县面积的 96.85%；建成区面积为 96.85 km^2，占全县面积的 3.15%。

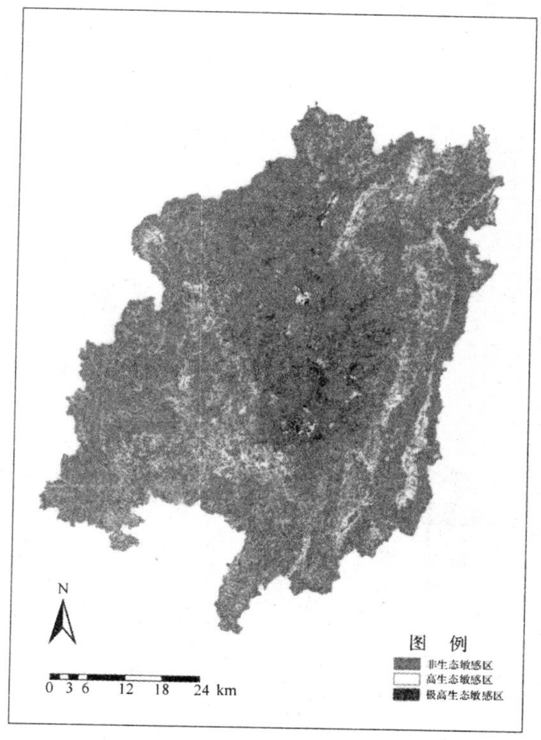

图 6-7 基于农田因子的长汀生态分区图

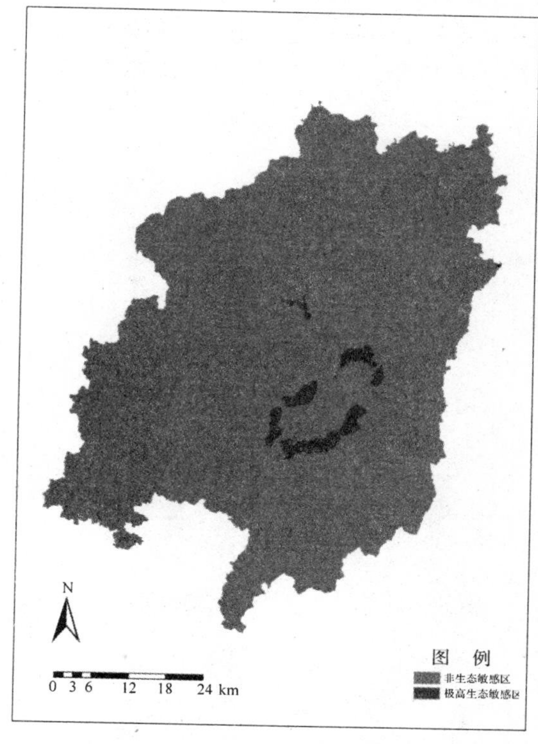

图 6-8 基于水土流失因子的长汀生态分区图

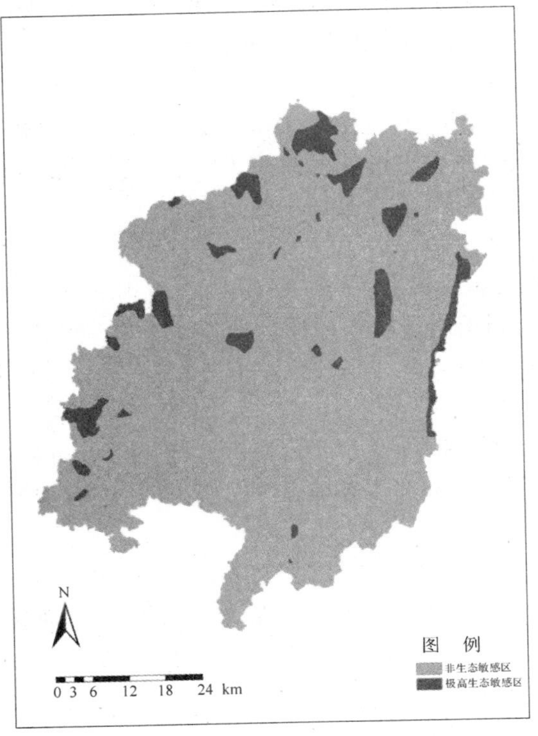

图 6-9　基于自然保护区因子的长汀生态分区图

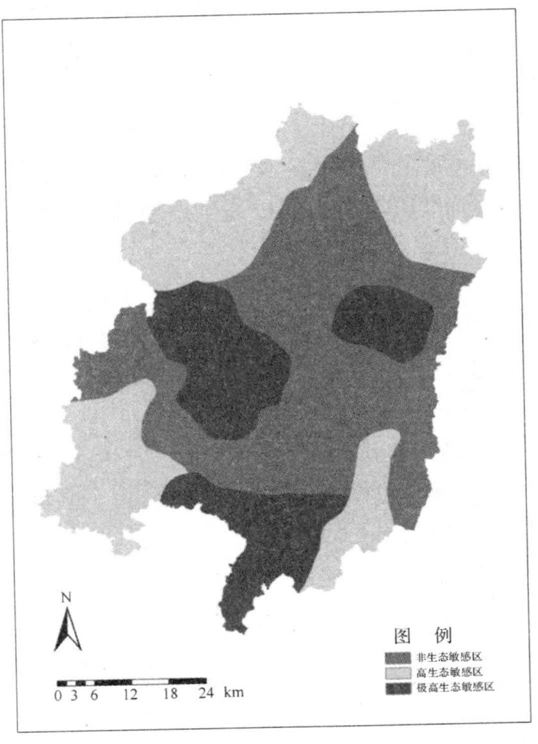

图 6-10　基于地质灾害因子的长汀生态分区图

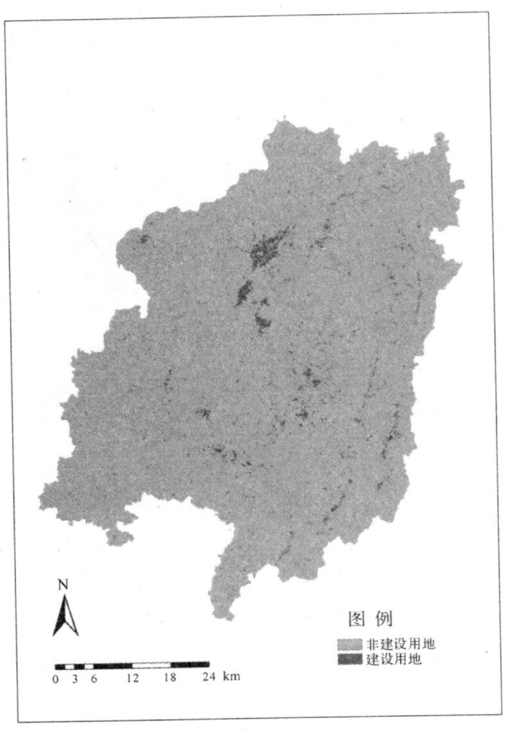

图 6-11　基于建城区因子的长汀生态分区图

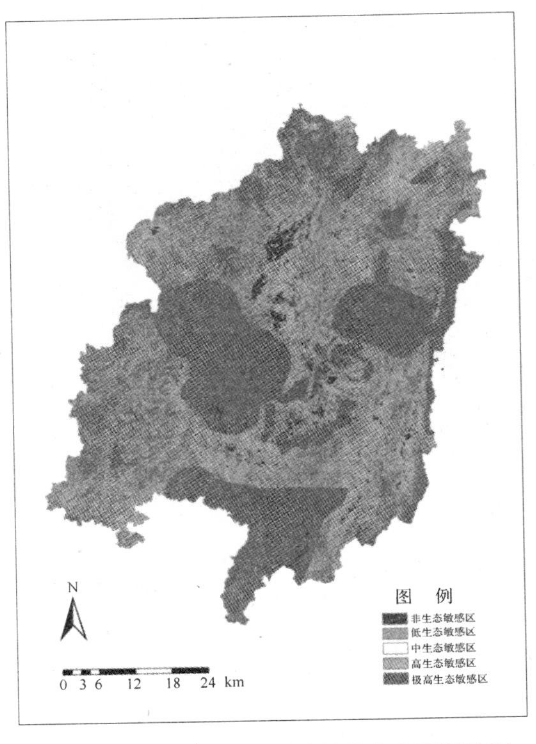

图 6-12　长汀县生态敏感性综合分区评价图

(2) 多因子叠加分析结果

按照上面所设定的叠加规则进行叠加得到基于多种因子的长汀县生态敏感性综合区划图(见图 6-12),用以表征生态敏感性的空间分布特征及其差异,为下一步进行区域规划研究提供参考和基础。

极高与高生态敏感区属于脆弱生态环境区,极易受到人为破坏,而且一旦破坏很难恢复,此类区域可作为禁建区;中生态敏感区属于较为脆弱的生态环境区,较易遭受人为干扰,造成生态系统的扰动和不稳定,此类区域可以作为限建区,宜在指导下进行适度的开发利用;低生态敏感区,对生态环境的影响不大可作为适建区,作强度较大的开发利用。

对图 6-12 多因子叠加结果统计分析(见表 6-2)表明:长汀县城可作适建区(低生态敏感区)的土地面积为 14.89 km^2,占全县面积的 0.48%;作为限建区(中生态敏感区)的土地面积为 23.18 km^2,占全县面积的 0.75%;而禁建区(极高和高生态敏感区)的土地面积为 2 960.15 km^2,占全县面积的 95.28%。

表 6-2　生态敏感性总分类结果

生态敏感性类别	生态敏感指数	面积(km^2)	占全县面积比重(%)	开发类型
非生态敏感区	1	108.54	3.49	已建区
低生态敏感区	3	14.89	0.48	适建区
中生态敏感区	5	23.18	0.75	限建区
高生态敏感区	7	982.37	31.62	禁建区
极高生态敏感区	9	1 977.78	63.66	

生态敏感性分析的结果一般为总体规划中的空间管制提供参考。在本案例中,以长汀县域生态敏感性分析为基础,结合长汀县的发展策略和未来发展方向,将县域空间划分为严格保护空间、控制开发空间、规划调控空间三大类。其中,严格保护空间主要是指生态敏感性极高和生态敏感性高的区域,生态环境脆弱,极易受到破坏,且一旦破坏后很难修复,主要包括基本农田保护区、自然保护区、水源保护区、基本生态保护区、洪水淹没区和生态恢复区。控制开发空间主要是指生态敏感性处于中级的区域,生态环境比较脆弱,表现为生态系统的扰动和不稳定,可以作为控制发展区或过渡区,宜在指导下进行适度的开发利用。规划调控空间是指生态敏感性最低的区域,在该区域进行建设活动对生态环境的影响不大,可作大规模或强度较大的开发利用。

6.2　城市生态网络构建模型

在快速城市化进程中,城市用地不断扩张导致生境破碎化,斑块的连接性不断下降,严重威胁生物多样性保护与城市可持续发展。因此,尊重自然生态敏感区,通过景观要素的优化组合,构建城市生态网络是解决目前城市面临的困境的有效途径。基于这一背景,本节将景观生态学中的岛屿生物地理学理论、景观格局原理以及"斑块—廊道—基质"模式融入城市适应性景观生态规划中,构建城市生态网络体系,提升区域自然环境的生态系统服务功能,从而实现人与自然和谐共生,维护城市山水格局和大地机体的连续性和完整性。

6.2.1　概念

复杂适应系统强调资源在节点与网络上的流动,只有节点通过网络相互连接,才能使系统实现不断适应并趋于平衡。在城市生态系统中,由于人类行为的巨大影响,生境斑块几乎呈孤立状态，相互之间无法形成合力来维持自然生态系统的平衡。只有将各个孤立的生境斑块通过廊道相连实现网络连通，才能够发挥自然生态服务、保护生物多样性、景观游憩、引导城市空间合理发展等功能，这正是复杂适应系统中“流”特征的体现。

1）斑块、廊道与基质

在景观生态学中，通常使用“斑块—廊道—基质”这一模式来描述景观空间格局。

斑块(Patch)是指在景观空间比例尺上所能见到的最小异质性单元，具有一定的内部均质性，即一个具体的生态系统。具体地讲，斑块可以是湖泊、草原、植物群落、农田或居民区等。城市景观中的斑块是指具有不同功能和属性的、相对同质的地段或空间实体，主要包括山体、城市公园、城市绿地、小片林地等。大斑块能发挥涵养水源，保护物种多样性的生态功能；小斑块主要是作为小型动物的避难场所。

廊道(Corridor)是指景观中不同于两侧基质的线性或带状结构，连接度、结点和中断等是反映廊道结构特征的重要指标。常见的廊道景观有农田间的防风林带、河流、道路、峡谷等。城市中的廊道主要是指城市景观中联系相对独立的景观元素之间的线状或带状联系结构，以交通线路和河流水系构成的网络为主。

基质(Matrix)是景观中范围广阔、相对同质且连通性最强的背景结构，是一种重要的景观元素，在很大程度上决定着景观的性质，对景观的动态变化起着主导作用。常见的基质有森林基底、草原基底、农田基底、城市用地基底等。城市景观中的主体是各类建成区，包括各种不同功能、性质和形状的建筑物，使城市景观明显区别于其他景观。城市道路网把这些建筑物、绿地等联系在一起，使城市各功能区具有很高的连通度，因此，在城市景观中，可将城市建成区、植被等看成基质。

2）生态网络

生态网络(Ecological Network)这一概念来自于景观生态学。在规划实践中出现了很多类似生态网络理念的名词，如生态结构(Ecological Structure)、架构景观(Framework Landscape)、生态基础设施(Ecological Infrastructure)等，某些研究中还将绿道(Green Way)也归纳到这一范畴中。在景观生态学中，斑块、廊道和基质是构成景观的基本元素，众多绿色廊道相互交织形成网络，这一客观存在的自然景观现象则称为生态网络(陈爽、张皓，2003)。一般来说，生态网络具有引导养分、能量和基因迁移的基本功能，其本身亦可作为生物的栖息地，良好的植被有利于防止水土流失，保护生态环境，因此，生态网络被视为一种能从空间结构上解决环境问题的规划范式(陈爽、张皓，2003)。城市生态网络具有网络的一般特征，是反映和构成地表景观的一种空间联系模式。从自然生态系统出发，生态网络体系构建是以景观斑块为结点，生态廊道为路径，在城市基底上镶嵌一个连续而完整的生态网络，作为城市的自然骨架，发挥自然生态服务、保护生物多样性、景观游憩、引导城市空间合理发展等功能。同时，城市生态网络体系格局也是城市实现精明保护与精明增长的刚性格局，是人们持续获得综合生态系统服务与健康和谐生态环境的基本保障。

6.2.2 关系

从城市复杂系统内部关系角度来看，基于城市生态环境构建城市生态网络需要与城市生态子系统、城市用地子系统和城市园林子系统相互协调(见图 6－13)。首先，构建城市生态网络需要确定生态源地，生态源地一般是城市生态子系统的斑块，同时也可以作为城市用地子系统中不同类型的城市绿地。其次，由于不同土地利用类型对构建生态网络的适宜性不同，因此需要结合用地类型对城市基质进行判断以生成表征生态网络构建适宜程度的景观基底，并在此基础上完成生态网络的构建。最后，生态网络可用于城市绿地与景观系统规划中，对城市园林子系统产生影响。

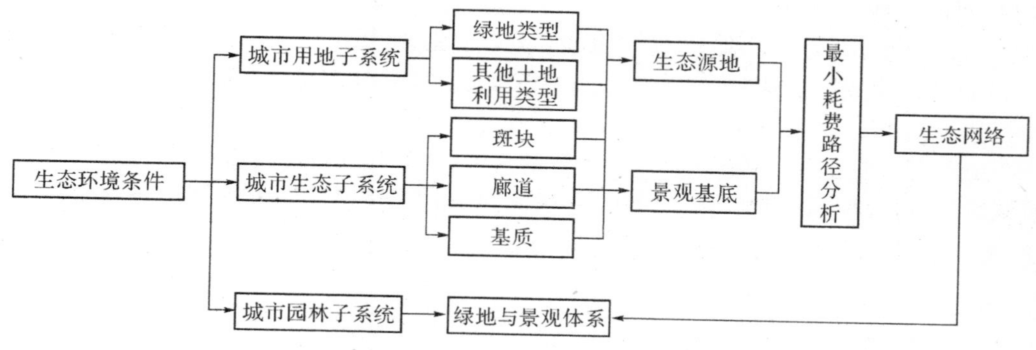

图 6－13　生态网络与城市系统关系图

景观生态学的理论核心是空间异质性和生态整体性。土地作为一个系统整体，具有明显的空间异质性特征，土地可持续利用的实质是维持动态平衡的生态整体性，因此，景观生态学与土地可持续利用有着密切的关系。在快速城市化进程中，城市用地不断被侵蚀，生境斑块破碎化程度日益增加，连接性不断下降，严重威胁到人类自身的生存环境。同时，土地利用结构变化对城市景观生态格局也产生一定的冲击。借鉴景观生态学理论中“斑块—廊道—基质”的景观空间结构模式，运用最小耗费路径模型模拟生成城市潜在的生态廊道。其中，斑块是城市生态网络的主要构成要素，适宜作为景观生态休闲过程的“生态源”。综合土地利用类型数据

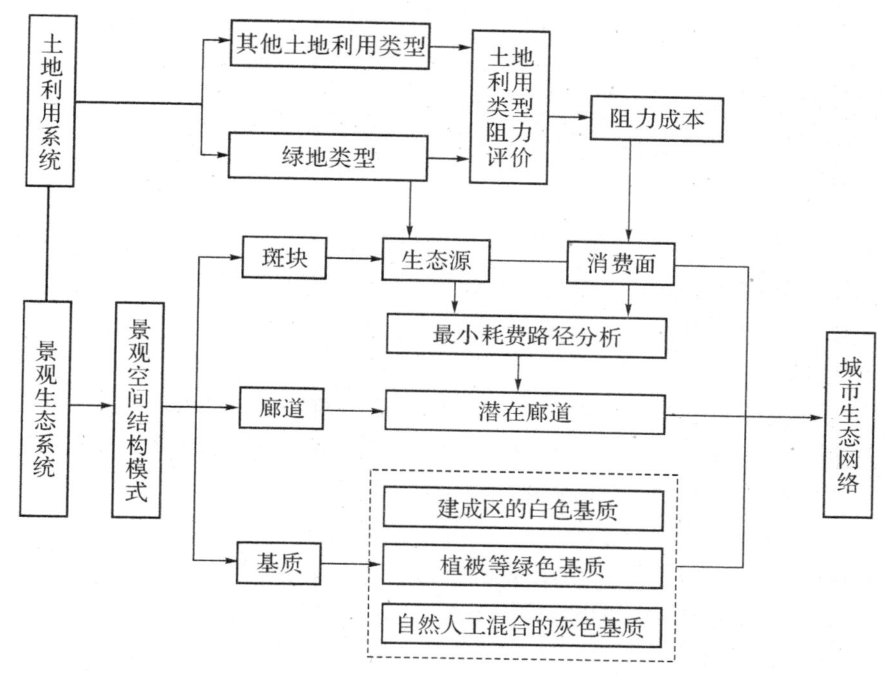

图 6－14　城市生态网络体系构建模型图

准备基础工作，基于土地利用中不同土地覆被类型对景观的阻力分布，利用ArcGIS软件平台，以城市绿地类型中提取的斑块为“源”，土地利用、道路分布为模型参考阻力面，运用最小耗费路径模型进行费用距离(Cost-Distance)计算，得到城市的潜在廊道。结合研究区现状、自然景观风貌分析提炼出山体、公园、广场、草坪和水源保护地等斑块要素，河道、林带、交通线以及模拟生成的潜在廊道等廊道要素，城市建成区的白色基质，城市周围山脉、绿地、植被等绿色基质，城市建成区和周围山脉、林地、绿地交织地带的灰色基质，最终构建城市生态网络体系格局(见图6-14)。

在交通、产业、社会等都在向网络化迈进的今天，自然却逐渐走向破碎化，自然的网络化被相对忽视。因此，在城市中构建生态网络是必然趋势，应当引起充分的重视。城市生态网络的构建，有利于城市绿地景观实现由破碎走向网络、由人工走向自然、由绿化走向生态、由隔离走向融合。

6.2.3 函数

1) 景观阻力值消费面

城市生态网络分析采用定性描述和定量化相结合的方法，设定不同土地利用类型的景观阻力值，判定城市形成生态网络的难易程度，并在此基础上使用最小耗费路径分析方法，确定源和目标之间的最小消耗路径，作为潜在的生态网络构成。不同土地利用类型的景观阻力值的判定一般使用专家评分法，确定不同土地利用类型或生境斑块的景观阻力值。随后，对不同土地利用类型的景观阻力值进行叠加。将各类型的绿地按照取最小值的方式，对其他类型的用地采用取最大值的方式，具体公式如下：

$$V_n = f_{\min}(V_i) \tag{6-5}$$

$$V_m = f_{\max}(V_j) \tag{6-6}$$

式(6-5)、(6-6)中：V_n 表示基于各类型绿地的景观阻力综合值，$f_{\min}$代表取最小值函数，V_i 表示各个绿地类型的景观阻力值；V_m 表示其他用地类型的景观阻力综合值，$f_{\max}$代表取最大值函数，V_j 代表各个其他土地利用类型的景观阻力值。

将上述结果按照取最大值的方法进行叠加，得到最终的景观阻力值消费面，作为生态网络分析的基础，即：

$$V = f_{\max}(V_n, V_m) \tag{6-7}$$

式中：V 是景观阻力综合值，$f_{\max}$为取最大值函数，V_n 表示基于各类型绿地的景观阻力综合值，V_m 表示其他用地类型的景观阻力综合值。

2) 最小耗费路径模型

最小耗费路径模型与国内学者提到的最小累积阻力模型、最小费用距离模型、最小耗费距离模型(张小飞等，2005)、累积耗费距离模型(岳德鹏等，2007)和有效费用距离模型(张玉虎等，2008)等同属一个概念；因其简洁的数据结构、快速的运算法则以及直观形象的结果，最小耗费路径模型被认为是景观水平上进行景观连接度评价的最好工具之一。它基于图论(Graph Theory)的原理，表示每个单元距最近源点的最小累积耗费距离(Accumulative cost Distance)，用来识别与选取功能源点之间的最小耗费方向和路径(李纪宏、刘雪华，2006)。其算法采用节点/链接的表示方式(见图6-15)，即每个单元的中心被认为是一个节点，每个节点与相邻节点之间通过“链接”来联系(Adriaensen F. et al，2003)，每个“链接”被赋予一个阻力值。假设从单元 i 前往 4 个

直接相邻的单元 $i+1$，其费用距离为所在单元与前往单元阻力系数总和的一半，即：

$$N_{i+1}=N_i+(r_i+r_{i+1})/2 \qquad (6-8)$$

式中：N_i 和 r_i 分别为所在单元 i 的累积费用和阻力系数；N_{i+1} 和 r_{i+1} 分别为前往单元 $i+1$ 的累积费用和阻力系数。

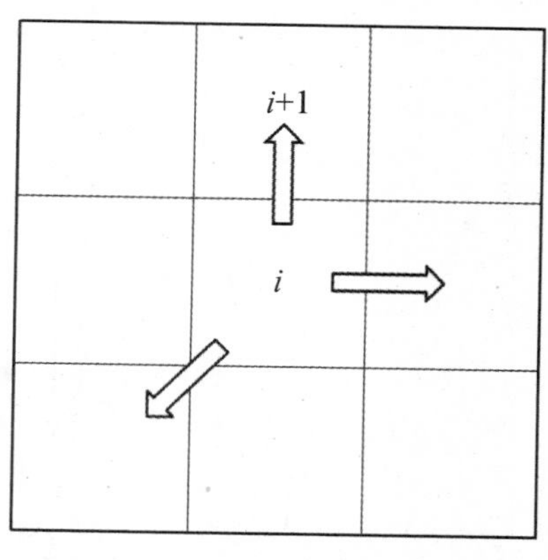

图 6-15　最小费用模型的运算法则(吴昌广等,2009)

如图 6-15 所示，由于模型基于一个八邻单元结构，因此要考虑生物体有时作对角运动。假设从单元 i 前往 4 个对角相邻的单元，其费用距离的计算公式为：

$$N_{i+1}=N_i+\sqrt{2}(r_i+r_{i+1})/2 \qquad (6-9)$$

最小耗费路径分析法是在 GIS 平台的支持下，通过源和阻力系数的设置，维持和恢复生境保护区之间的连接(Hoctor T. S.，et al，2004)。该路径是生物物种迁移与扩散的最佳路径，可以有效避免外界的各种干扰(Walker R.、Craighead L.，1997)。在城市景观生态网络中，景观嵌合体中的基质在决定有机体在斑块间运动的过程中扮演着非常重要的角色(侍昊，2010)。在上述景观阻力值消费面的基础上，进行最小耗费路径分析，从而确定源和目标之间的最小消耗路径。最小耗费路径模型的具体计算公式为(俞孔坚等，2005)：

$$MCR=f_{\min}\left(\sum_{j=n}^{i=m}(D_{ij}\times R_i)\right) \qquad (6-10)$$

式中：f 表示函数关系，D_{ij} 表示从 j 生态源到目标点某景观要素 i 的距离，R_i 表示从 j 到目标点之间的某个中间点 i 的阻力值。空间单元面上的阻力值总和构成阻力面。基于这一公式，在确定源(生态斑块)和阻力面的情况下，运用 GIS 中 Cost Distance 分析工具，即可模拟出各斑块之间潜在的最佳联系通道(见图 6-16)。

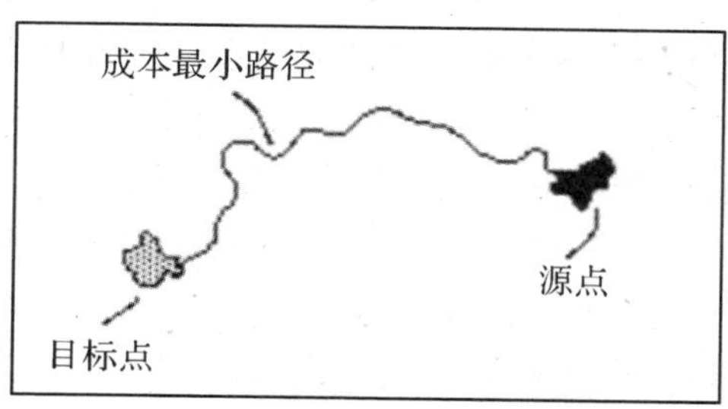

图 6-16　最短路径示意图

6.2.4　实例

下面以福建省长汀县中心城区城市生态网络构建为例，介绍城市生态网络构建所需的数据与方法。

1) 数据与技术路线

城市生态网络构建所需数据包括：长汀县城土地利用现状图、GIS 数据，其技术路线如图 6-17 所示：

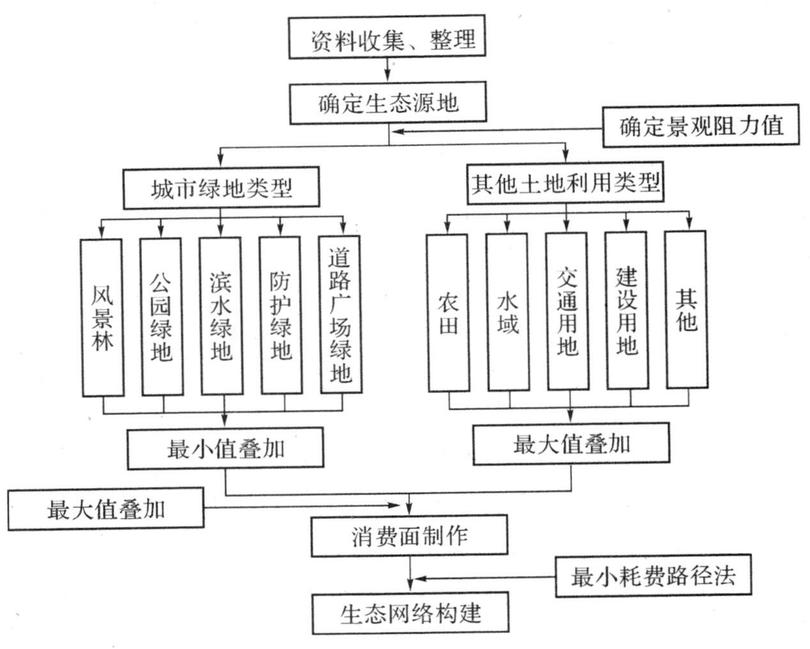

图 6-17 城市生态网络研究技术路线图

2) 主要步骤与方法

生态网络构建主要步骤如下：

(1) 结合地方实际情况，确定生态源地

大型生境斑块为区域多样性提供了重要的空间保障，是区域生物多样性的重要生态源地。生态源地是物质、能量甚至功能服务的源头或汇集处，如森林、公园、开敞绿地、水域等。大型国家森林公园、自然保护区等一般也是珍稀动植物的保护区域，内部有山体、水域、森林等多种自然形态，是增加物种交流、保护生物多样性的环境前提。众多的动植物物种使其成为天然的基因库，因此森林公园和自然保护区具有极高的生态服务价值。尽管面积与物种数量远小于大型森林公园和自然保护区，但城市内的公园和开敞绿地仍具有一定的生态服务价值，对于净化城市空气、美化城市环境有积极作用。此外，公园与开敞绿地能够为城市居民提供近在咫尺的休闲空间，游憩功能是其生态服务的最重要的体现。

一般来说，平原城市的生态源斑块面积较大，山地城市的生态源斑块具有形状不规则，面积较小且数量多的特征。根据景观生态学原理以及长汀县城市景观格局现状情况，认为长汀县中心城区景观生态保护源地应具有面积相对较大、生态服务功能集聚、生态敏感性较高、对于生物保护具有关键作用等特点。因此在生态斑块的选择上，以研究区内的山体为主，根据地理位置的邻近性和斑块对生物多样性保护的重要性程度及其空间分布格局，最终确定长汀县中心城区有南屏山、卧龙山、拜相山、世界客家母亲缘广场、火车站站前广场、城北郊野绿地等8个生态源地。

(2) 设定不同土地利用类型的景观阻力值，进行景观阻力评价

生境适宜性是指某一生境斑块对物种生存、繁衍、迁移等活动的适宜性程度。景观阻力是指物种在不同景观单元之间进行迁移的难易程度，它与生境适宜性的程度成反比。斑块生境

适宜性越高,物种迁移的景观阻力就越小。潜在的生态网络是由源或目标的质量、源与目标之间不同土地利用类型的景观阻力决定的。景观阻力主要由植被覆盖率、植被类型、绿地单元建立时间和人为干扰强度等 4 个因子构成。在本案例中,城市中的人为干扰对景观格局的影响最大,所以阻力值的赋予是以体现人为干扰对景观干扰的强度来进行界定的。使用专家评分法,确定不同土地利用类型或生境斑块的景观阻力值,如表 6－3 所示。对于大多数特别是陆生生物来说,建设用地、交通用地和水域是物种迁移扩散的重要障碍。因遭受强烈的人为干扰,城市建设用地景观阻力值赋值最大;交通用地如高速公路和铁路等对生态斑块的阻隔作用较大,因而交通用地的景观阻力赋值也较大。

表 6－3　不同土地利用类型的景观阻力值表(孔繁花、尹海伟,2008)

土地利用类型		赋值	土地利用类型		赋值
城市绿地类型	风景林	0.1～0.5	其他土地利用类型	农田	30～40
	公园绿地	1～3		水域	500
	滨水绿地	5～6		交通用地	1 000～5 000
	防护绿地	8～9		建设用地	50 000
	道路广场绿地	20		其他用地	50 000

上述城市绿地类型和土地利用类型均根据现场调研及遥感解译获得。在属性表中添加字段 Cost,按照表 6－3 中景观阻力值进行赋值,并根据 Cost 字段将矢量数据通过 Feature to Raster 工具转换为栅格大小为 2 m 的栅格数据,为消费面的制作提供数据基础。

(3) 制作消费面

按照表 6－3 设定的不同土地利用类型的景观阻力赋值,制作成本栅格文件。将风景林、公园绿地、滨水绿地、防护绿地、道路广场绿地按照取最小值的方法进行镶嵌;农田、水域、交通用地、建设用地及其他用地按取最大值的方法进行镶嵌。最后,将按照取最小值的方法进行镶嵌的结果与按照取最大值的方法进行镶嵌的结果再次进行镶嵌,方法为取最大值方法,得到最终的成本面栅格数据。镶嵌的具体操作为:使用 ArcToolbox 中的 Data Management Tools 模块中 Raster-Raster Dataset-Mosaic to New Raster 工具,可在 Mosaic Operator 中选择镶嵌的方法为最小值法或最大值法,便可得到镶嵌结果。

(4) 潜在生态网络构建

基于 ArcGIS 平台,采用最小耗费路径分析方法,确定源和目标之间的最小消耗路径。该路径是生物物种迁移与扩散的最佳路径,可以有效避免外界的各种干扰。基于公式(6－10),在确定源和阻力面的情况下,运用 ArcGIS 中 Spatial Analyst-distance-cost distance 分析工具,即可得到累计成本距离文件和距离方向文件。随后,使用 Spatial Analyst-distance-cost path 工具,分别输入目标数据和上一步生成的成本距离数据、成本方向数据,设置路径类型为 Each-Zone,表示为每一个源寻找一条成本最小路径,源中所有栅格共享同一条路径。通过上述运算,得到各斑块之间潜在的最佳联系通道。

3) 结果分析

采用最小耗费路径分析方法,利用生态源地斑块数据和制作生成的消费面数据,得到长汀县中心城区的潜在生态廊道模拟分析,如图 6－18 所示。

在长汀县总体规划中，以“斑块—廊道—基质”景观空间结构模式为基本理论指导，以上述生态网络分析结果为依据，结合研究区现状、自然景观风貌分析提炼出山体、公园、广场、草坪和水源保护地等斑块要素，河道、林带、交通线以及模拟生成的潜在廊道等廊道要素，城市建成区的白色基质，城市周围山脉、绿地、植被等绿色基质，城市建成区和周围山脉、林地、绿地交互地带的灰色基质，最终形成“城山相依，一脉四带，两核四心一环，绿水串珠”的城市生态网络格局（见图 6－19）。

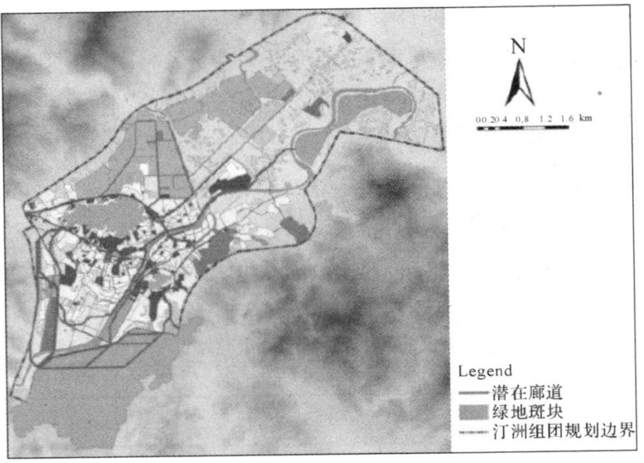

图 6－18　长汀县中心城区的潜在生态廊道模拟分析

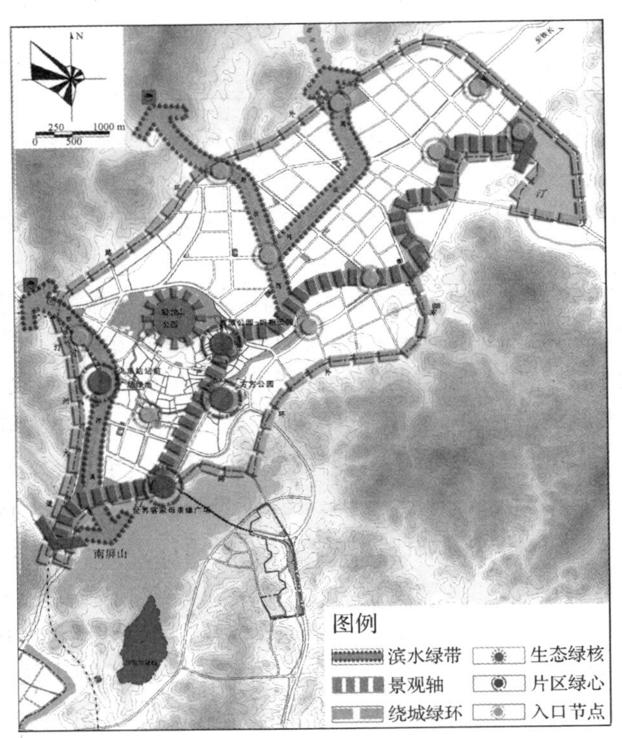

图 6－19　长汀县中心城区生态网络示意图

据此，在长汀县总体规划中的景观体系中规划了汀州城区景观生态廊道，作为绿色廊道，联系着城市周边的大型自然保护斑块、城市周围斑块与城市内斑块，将城市周围绿地引入城市，使物种、信息和能量在保护源地之间、保护源地与城市内部之间流通，形成一个开放的、完整的城市生态系统，有利于城市生态环境的改善。

6.3　城市绿地系统服务效能评价模型

城市的快速发展，在给人们提供方便带来利益的同时也产生了许多生态环境问题，构建一个满足城市居民和城市生态环境需求的、可持续的绿地系统迫在眉睫(孔繁花、尹海伟，2010)。城市绿地系统作为城市生态系统的重要组成部分，是城市生态服务效能的主要贡献者。随着我国城市化进程的加快，城市环境问题加剧，绿地系统对城市生态环境的缓冲和补偿作用日趋明显，人们对绿地生态系统服务效能重要性的认识也空前提高。

6.3.1　概念

复杂适应系统是一种动态模式，其多样性是复杂适应系统不断适应的结果。每一次新的适应都为进一步的相互作用和新的生态位开辟了可能性。新的适应可能带来更大规模的聚集，从宏观尺度上看系统结构呈现出涌现，即所谓自组织现象的出现。城市绿地的形成既有在依托原有的水域、丘陵、森林等多样的自然条件的基础上由人工改造而成的，又有在城市住区、工业区的内部因适应人为需要而人工新建的，因此，从城市复杂系统角度看，城市绿地系统的形成就是一种自组织与他组织作用协同演化的过程。

1) 城市绿地系统

城市绿地系统(Urban Green Space System)是指在城市建成区或规划区范围内，以各种类型的绿地为组分而构成的系统。从内涵上归纳，城市绿地系统具有园艺、生态和空间三种内涵。从这种意义上来解释城市绿地系统，可以将它定义为在城市空间环境内，以自然植被和人工植被为主要存在形态的，能发挥生态平衡功能，且其对城市生态、景观和居民休闲生活有积极作用，绿化环境较好的区域，还包括连接各公园、生产防护绿地、居住绿地、风景区及市郊森林的绿色通道(Green Way)和能使市民接触自然的水域。它具有系统性、整体性、连续性、动态稳定性、多功能性和地域性的特征。

2) 生态服务效能

越来越严重的环境问题困扰着城市的发展，人类不断地寻找着环境和谐与经济进步共存的发展方式。此时，城市绿地对减缓城市环境压力的作用引起了人们的广泛关注，绿地具有为维持城市人类活动和居民身心健康提供物质产品、环境资源、生态公益和美学价值等功能。城市绿地的服务效能有生态、社会、经济等服务效能，其中生态服务效能是城市绿地的最主要的效能。城市绿地的生态效能主要有：①净化环境，包括净化空气、水体、土壤、吸收二氧化碳、生产氧气、杀死细菌、阻滞尘土、降低噪声等；②调节小气候，调节空气的温度和湿度，改变风速风向；③涵养水源，包括雨水渗透、保持水土等；④土壤活化和养分循环；⑤维持生物多样性；⑥景观功能，如组织城市的空间格局和美化景观等；⑦社会功能，维护人们的身心健康，起到休闲、文化、教育功能，加强人们的沟通，稳定人际关系；⑧防护和减灾功能，抵御大风、地震等自然灾害(李新宇等，2010)。

3) 生态服务效能评价方法

由于生态效益具有多样性，所以有关生态服务效能的评价体系也没有统一。生态服务效能评价及指标体系建立的方法一般是通过分析数据，计算生态效益价值，进而建立三个层次的指标体系；然后根据层次分析法建立判断矩阵，计算出各指标的权重；最终计算出生态效益总价值。

目前，国内外关于城市绿地生态效能的研究方法主要有以下 4 种(郑文娜，2011)：

(1) 将生态效益量化，对植物减噪、滞尘能力等进行测算，直接统计植物的生态效益值。

(2) 利用替代法、市场价值法及估值法等经济学方法将绿地效益量化，并归于货币尺度上。

(3) 从某些环境因子的测定入手，或针对某一方面的生态效益进行。主要集中在植物单体生态效益以及区域性园林绿地生态效益两个方面，而对于中等尺度植物群落生态效益的研究相对较少。植物群落生态效益、观赏特性与植物群落结构特征相结合的综合评价研究资料也相对较少。

(4) 对宏观的生态效能评价，多是采用指数法，以量化和非量化相结合的方法进行运算比对。但是在指数的选取上和权重的设定上仍然存在很大的主观性。

6.3.2 关系

从城市复杂系统角度看，城市绿地主要是由园林规划与建设者人工制造出来，因此，它首先是一个物质系统；同时，它又必须适应当地的水、土、气、热等自然条件，必须融入区域和城市的生态系统中才能生长发育，所以，它也是城市生态非物质子系统的重要组成部分；由于它还能提供给城市居民亲近自然、修身养性、陶冶情操和感受自然美的场所，因此，它还具有重要的生态服务功能，并被看做是一种绿色基础设施(见图 6－20)。

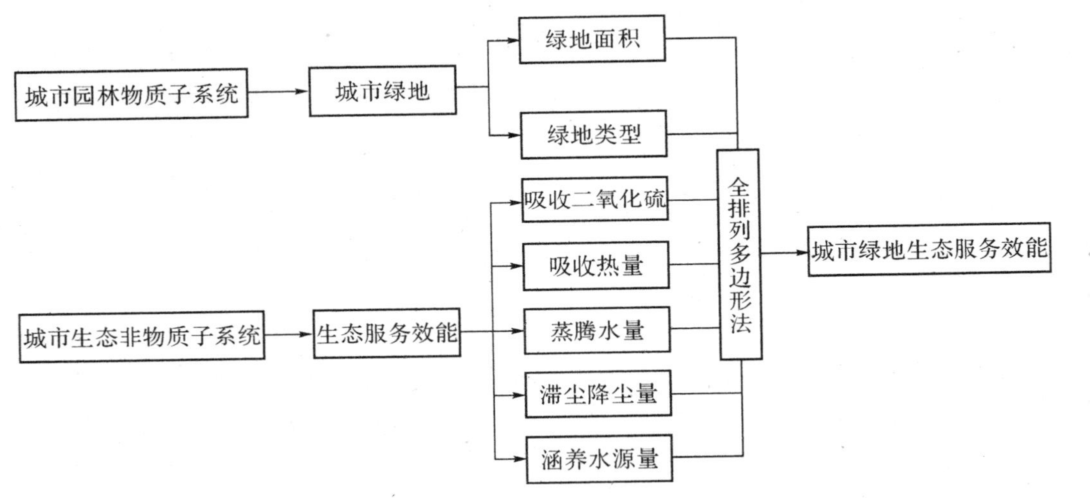

图 6－20 城市生态服务效能系统图

复杂系统常常是在一些相对简单的部件的基础上，通过改变组成部件的组合方式而形成的。复杂性往往不在于块的多少和大小，而在于原有积木的重新组合。城市绿地的生态服务价值也是同样，其价值的大小，并不单纯取决于绿地的规模，而往往还取决于组成绿地的乔木、灌木、草地的数量、比例关系及其空间分布。

城市绿地系统是人居环境中具有生态平衡功能，且与人类生活密切相关的绿色空间。其生态服务效能主要包括吸收二氧化硫改善空气污染、吸收热量降低城市热岛效应、蒸腾水量改善城市湿度提高舒适度、滞尘降尘降低空气粉尘含量、涵养水源改善城市下垫面状况缓解城市暴雨压力等方面。其生态服务价值大小与绿地总量高度相关，且与绿地类型、绿化模式等也存在较强的相关关系。

6.3.3 函数

城市绿地系统生态效能的定量化计算结果既是客观阐明绿化在改善城市生态环境中作用

的具体指标，还是进行准确经济评价的基础。本次生态效能的定量化研究基于数据选取可获得性、科学性与易定量化等原则，选取“吸收有害气体量（二氧化硫）”“吸收热量”“蒸腾水量”“滞尘降尘量”“蓄养水源量”等5个功能指标进行测度，这5个功能指标可以用来表征“净化空气”“调节小气候”“涵养水源”三项最重要的生态效能（王洪威等，2012）。

所选择的指标均是在分析借鉴国内外已有的绿地生态服务效能评价指标的基础上筛选确定的，这些生态服务效能主要产生于城市的近地面层，在城市建筑密集、人口集中且形成相对封闭的生存空间的特定条件下，可对城市人群居住及活动区域环境质量的改善做出重要贡献（李延明，1999）。通过查阅文献（徐凌等，2003）中草地吸收二氧化硫、林地滞尘降尘及林地涵养水源的生态服务效能标准，并根据文献（叶文虎等，1998）中不同城市绿地类型生态服务效能能力比较表，推算出林地吸收二氧化硫、草地滞尘降尘及草地涵养水源的生态服务效能标准，草地、林地的吸收热量、蒸腾水量服务效能标准从文献（陈自新等，1998）中计算整理得出。草地、林地生态服务效能标准如表6-4所示。

表6-4　每公顷绿地年生态服务效能标准

绿地类型	吸收二氧化硫 (t/hm² · a)	吸收热量 (MJ/hm² · a)	蒸腾水量 (t/hm² · a)	滞尘降尘量 (t/hm² · a)	涵养水源量 (t/hm² · a)
草地	7.92	7.99×10^4	3.26×10^4	4.18	38.7
林地	123.5	1.29×10^4	5.26×10^4	10.9	350

根据城市绿地面积数量和绿地类型，参考表6-4中绿地类型的生态服务效能标准，分别计算出某种情景下绿地系统各项生态服务实际效能值，并基于此计算单位建成区内绿地系统的各项生态服务效能指数值。若某种情景下绿地系统草地面积记为A_g（hm²），单位面积草地某项生态服务效能标准设为E_g（MJ/hm² · a或t/hm² · a），某种情景下绿地系统林地面积记为A_f（hm²），单位面积林地某项生态服务效能标准设为E_f（MJ/hm² · a或t/hm² · a），则某种情景下绿地系统年某项生态服务实际效能值X_i（MJ或t）为：

$$X_i = A_g \times E_g + A_f \times E_f \tag{6-11}$$

全排列多边形图示指标法（吴琼等，2005）可同时反映单项指标与综合指标，又可用几何直观图表示。需要指出的是，虽然本文采用的是等权评价指标，但计算过程并非采用简单的加权法，因而减少了专家主观评判权重系数的主观性干扰，可以得出更为客观的计算结果。其基本原理为，设共有n个指标（标准化后的值），以这些指标的上限值为半径构成一个中心正n边形，各指标值的连线构成一个不规则中心n边形，该不规则中心n边形的顶点是n个指标的一个首尾相接的全排列（见图6-23）。

对某项生态服务效能分指数进行测算时，采用如下数据标准化函数：

$$S_i = \frac{(U_i - L_i)(X_i - T_i)}{(U_i + L_i - 2T_i)X_i + (U_i + L_i)T_i - 2U_iL_i} \tag{6-12}$$

式中：S_i为某项生态服务效能标准化分指数，X_i是某种情景下该项生态服务实际效能值（MJ或t），U_i和L_i分别为该项生态服务实际效能值的最大值和最小值（MJ或t），T_i为各种情景下该项生态服务实际效能值的平均值(MJ 或 t)。利用 n 个指标可以画出一个中心正 n 边形，n 边形的 n 个顶点为 $S_i=1$ 时的值，中心点为 $S_i=-1$ 时的值，中心点到顶点的线段为各指标标准化值所在区间$[-1,+1]$，$S_i=0$ 时构成的多边形为指标的临界区。临界区的内部区域表示各指标的标准化值在临界值以下，其值为负；外部区域表示各指标的标准化值在临界值以上，其值为正(王书玉等，2007)。

由公式(6-12)计算得到的生态服务效能分指数无量纲化值，利用公式(6-13)计算生态服务效能综合指数。全排列多边形综合指数计算公式为：

$$C=\sum_{i\neq j}^{i,j}\frac{(S_i+1)(S_j+1)}{2n(n+1)} \tag{6-13}$$

式中：S_i 和 S_j 分别是第 i 和第 j 个生态服务效能分指数，C 为某种情景下绿地系统生态服务效能综合指数。根据生态服务效能综合指数对绿地系统进行评价与预测。

6.3.4 实例

以淮安生态新城作为研究案例来分析解释城市绿地生态服务效能评价模型。

1) 研究地区

淮安生态新城地跨淮安市清浦区和楚州区，处于城郊结合部。其规划定位是将新城打造为绿水生态之城、活力商务之城。区内为黄淮冲积平原，地属温带季风气候区，四季分明，水网密布，主要河流有京杭大运河、里运河及众多人工和天然水体。规划区内以暖温带落叶、阔叶树种为主，其次为常绿针叶树种，还有少数常绿阔叶树种分布。新城内土地利用现状主要为农田和水系，包括草类、浮游植物，还有少量的乔木、灌木分散布置于宅旁和道路两边(见图 6-21)。

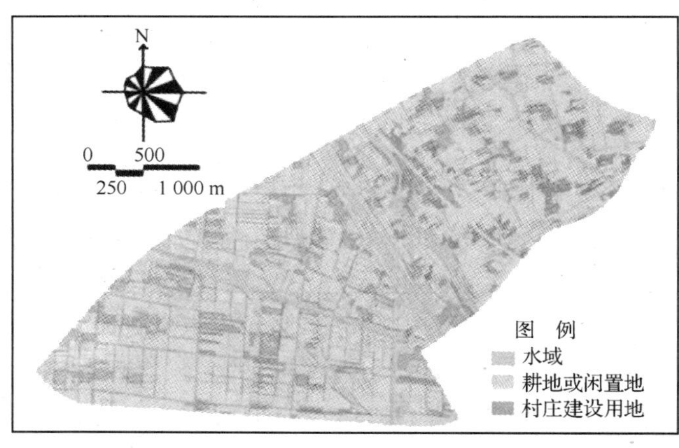

图 6-21 淮安生态新城用地现状图

2) 数据

该地区在 2009—2010 年先后进行了淮安生态新城的概念规划和控制性详细规划，2011 年 6 月 21 日在淮安市规划局网站上对控制性详细规划方案进行了公示，该方案的用地规划图如图 6-22 所示。本研究以用地现状图和两个规划用地图为基础，通过建立 GIS 绿地图层数据库，提取和统计各类绿地面积数据。

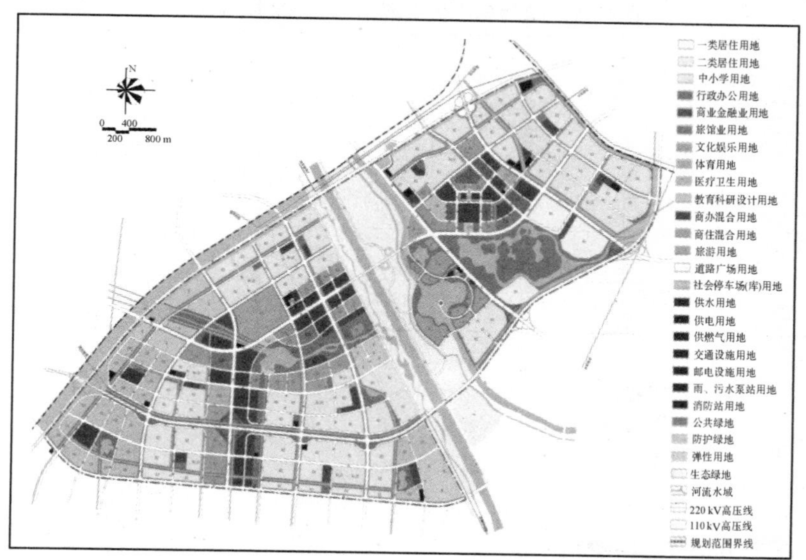

图 6－22　淮安生态新城控制性详细规划用地规划图

根据淮安生态新城“现状情景下绿地”“概念规划情景下绿地”“控制性详细规划情景下绿地”“基于碳氧平衡的理想绿地”(以下简称为现状绿地、概规绿地、控规绿地、理想绿地(乔木与草地比例为 7∶3))绿化的相关指标，考虑到现状绿地情景下农田在吸收二氧化硫、滞尘、供氧等生态服务效能上与草地相当，灌木的生态服务效能比乔木稍差(徐俏等，2003)，故将农田、草地等归为草地类，灌木、乔木用地等统归为林地类，得到 4 种发展情景下绿地系统中两种绿地类型的绿地面积，结果如表 6－5 所示。这些情景下的绿地类型及面积是进行绿地系统生态服务效能评价和预测的基本依据。

表 6－5　4 种情景下绿地系统的绿地类型及面积

类　型	绿地面积(hm^2)			
	现状绿地	概规绿地	控规绿地	理想绿地
草地	2 040	435.4	421.6	360
林地	129	687.3	746.9	840

3) 结果

根据公式(6－10)计算出 4 种发展情景下单位建成区绿地系统生态服务实际效能值 X_i，并按照公式(6－11)对其进行数据标准化处理，得到生态服务效能各分项指数 S_i，结果如表 6－6 所示。表 6－6 中分指数绝对值的大小表示了该项生态服务效能的单项值距离平均值的远近，分指数值越大，生态服务效能越好。利用公式(6－12)，分别计算出现状绿地、概规绿地、控规绿地、理想绿地等 4 种情景下淮安新城绿地生态服务效能的综合指数(见表 6－6、图 6－23)。

表 6-6　地均绿地生态服务效能(数据标准化)

发展情景	S_i				
	吸收二氧化硫	吸收热量	蒸腾水量	滞尘降尘量	涵养水源量
现状绿地	−0.88	0.03	0.06	−0.70	0.13
概规绿地	0.14	−0.04	0.01	0.18	0.01
控规绿地	0.36	0.07	0.09	0.31	0.12
理想绿地	0.57	0.19	0.18	0.51	0.26

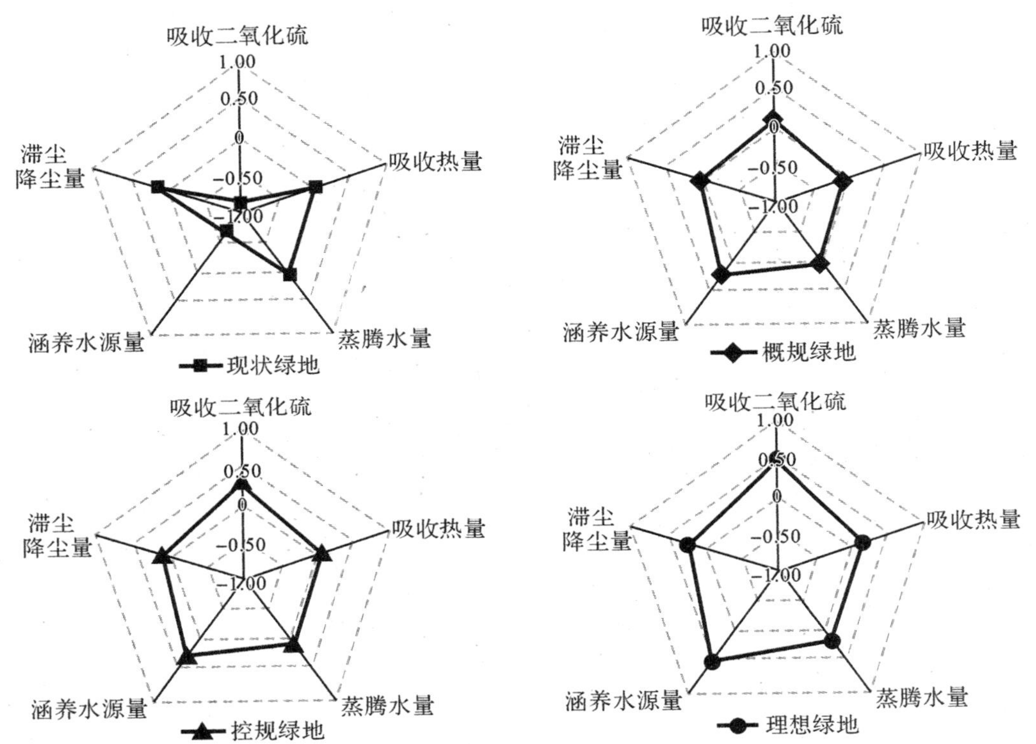

图 6-23　不同发展情景下绿地生态服务效能各分项指数

在现状绿地情景下,区内主要为草本植物覆盖的农田生态系统,林木面积数量极为有限,因而在净化空气(吸收二氧化硫)方面的生态服务效能较差。同时由于农田面积为 2 040 hm^2,数量较大,故在吸收热量、蒸腾水量方面的生态服务效能较强。在进行概念规划时,绿地面积分配不足,绿地系统中林地与草地比例为 8∶5,导致绿地系统的生态服务效能的分指数都相对较小,该规划对提高绿地系统生态服务效能的指导意义不大。在控制性详细规划阶段,城市绿地面积达到 1 168..5 hm^2,绿地系统中林地与草地比例增加为 9∶5,生态服务效能的 5 个指标值都显著增大,与现状规划、概念规划情景下的绿地系统相比,此时绿地系统的生态服务能力得到明显改善。

4 种情景下淮安市绿地系统的生态服务效能综合指数的变化状态,随着该地区绿地生态系统规划的深入开展,其生态服务效能综合指数在总体上呈逐步上升的趋势。现状绿地的生态服务效能综合指数为 0.24，生态服务效能较差；概念规划绿地的综合指数为 0.56，生态服务效能一般；控制性详细规划绿地的综合指数为 0.70，生态服务效能良好。可见，通过绿地系统规划，淮安生态新城的绿地系统生态服务效能有了明显提高，且愈加接近理想绿地生态服务效能水平。

从淮安生态新城的生态服务效能综合指数的对比分析可以看出，理想情景下绿地生态服务效能为规划目标的实施牵引，控制性详细规划的绿地系统各项指数基本满足理想效果的要求；概念规划的生态服务效能值与理想状态下的生态服务效能值却有不小的差距。通过动态性的绿地系统规划的制定、评估与预测，可以很好地达到绿地系统生态服务效能优化的目的，满足淮安新城打造生态之城的战略目标与定位的要求。

4）应用

根据复杂适应系统理论，适应性主体从所得到的正反馈中加强自身的存在，也给其延续带来了变化的机会，它可以从一种多样性统一形式转变为另一种多样性统一形式，这个具体的过程就是主体的演化。但适应性主体不只是演化，而且是共同演化。共同演化产生了无数能够完美地相互适应并能够适应于其生存环境的适应性主体。城市绿地系统的形成与完善正是适应性的表现：一方面城市绿地内部的植被类型、乔灌草比例等随着时间而不断演化，另一方面城市绿地的边界也随着城市功能的不断发展优化而与其他类型城市用地相互渗透、协同演化、边缘日趋混沌。

通过城市绿地生态服务效能模型的建立与分析，采取增加城市绿地面积、优化绿地系统结构、合理选择植物类型等方式，可以显著提高生态效能指数，为城市绿地系统建设提供优化建议。一般来说，随着城市绿地面积总量的增加，城市绿地系统生态服务效能综合指数也逐渐增大，生态环境质量得到明显改善。因此，城市规划需要提高规划中的绿化覆盖率、绿地率、公共绿地面积、人均公共绿地面积等相关指标，既增大城市公共绿地面积，又增大城市其他用地中的附属绿地面积，这样才能有效地增强与改善城市绿地系统的生态服务效能。同时依据复杂适应系统理论，适应主体的多样性是复杂适应系统的重要特征。因此，若是在无法提高绿地面积的情况下，通过改善城市绿地的多样性也能显著提升城市绿地的生态服务效能。本研究表明，由乔、灌、草组成的复合结构绿地，其综合生态服务效能为纯草坪的 5 倍。绿地系统绿化结构和绿地植被类型生态效应标准的不同，直接导致了绿地系统生态服务效能的明显差异。在生态建设中，要不断增大绿地系统中林地与草地面积的比例，改变绿地系统的结构，使平面绿化和垂直绿化结合发展，重点推广复合结构绿地绿化模式，利用多维空间实现绿量的最大。

6.4　城市洪涝灾害风险分析模型

6.4.1　概念

城市洪涝灾害的发生、发展及消亡的整个演化过程是城市物质系统与区域自然环境系统交互作用的一种体现，是地球表层系统的水文循环过程的副产品。因此，城市洪涝灾害过程体现了作为城市系统的支撑环境系统——地球表层系统的调控作用，城市系统的防洪排涝是城市主动适应自然的一种行为。这种行为的有效性是建立在对地表水循环系统和城市系统之间的关系的科学认知基础上的。

1）地表水文循环系统

城市洪涝灾害主要来自区域短时间内集中的大气降水，而大气降水是地表水文循环系统的重要组成部分。水文循环是指发生于大气环流水和降水、地表水和地壳浅部地下水之间水量转化的过程。水圈中的水体通过蒸发、水汽输送、降水、地表径流、下渗和地下径流等水文过程，紧密联系，互相转化，处于不断地运动状态，形成一个全球性的动态系统，称其为水文循环系统（张宗祜等，2001）。由此可知地表水循环的组成要素主要有：蒸发、水汽输送、降水、地表径流、下渗和地下径流等。

降水的主要形式是降雨和降雪，其他形式还有露、霜、雹等。衡量降水的基本要素主要有降水量、降水历时和降水强度（芮孝芳，2004）。蒸发是水分子从物体表面向大气逸散的现象（芮孝芳，2004）。蒸发的定量描述就是蒸发率，指的是单位时间从单位蒸发面面积逸散到大气中的水分子数与从大气中返回到蒸发面的水分子数的差值，通常用时段蒸发量表示。下渗是描述水透过土壤层面（例如地面）沿垂直和水平方向渗入土壤中的现象（芮孝芳，2004）。下渗现象的定量表示是下渗率。单位时间通过单位面积的土壤层面渗入到土壤中的水量称为下渗率。影响下渗率的主要因素是初始土壤含水量、供水强度和土壤质地、结构等。流域的降水，由地面与地下汇入河网，流出流域出口断面的水流，称为径流（黄锡荃，1993）。由此可知，径流主要分为地表径流和地下径流两种。径流的定量表示主要有流速、流量、径流总量、径流深度、径流模数、径流系数等。

大气形成降水后，除一小部分降落在河槽水面上的雨水直接形成径流，大部分降水到达地表，一部分经过地表植物的截留、下渗转化为土壤水和地下水，最终转化为壤中流和地下径流进入水系；同时也有一部分降水降落到城区不透水面将直接形成地表径流进入水系；到达每个部分的降水均会形成水汽并蒸发和输送到大气。

2）洪涝灾害的形成

根据图 6-24 水循环示意图，可以简要分析城市洪涝灾害产生的原因：首先是大气的异常运动，产生超常规的降雨，暴雨经过地表植物的截留和下渗过程后，土壤水很快饱和，地下水位较高，“蓄满产流”后产生了地表径流、壤中径流和地下径流往水系输送，同时受城区的不透水面的影响，降水没有下渗直接产生了大量的地表径流，这三种径流同时往水系进行汇入，造成河流的水位急剧上涨，往下游的汇水量增加；尽管水系本身具有一定的调蓄水的能力，但是由于河道的淤塞、河流的滞洪区被侵占、水系萎缩等原因，行洪能力下降，造成超常规的洪水涌出河道，直接威胁河流经过的区域；城市一方面遭遇上游河流带来的大量径流，另外城区本身遭遇到的强降雨产生的径流也无法排出，因此从地势低洼到地势较高的地区会遭受不同程度的危害。

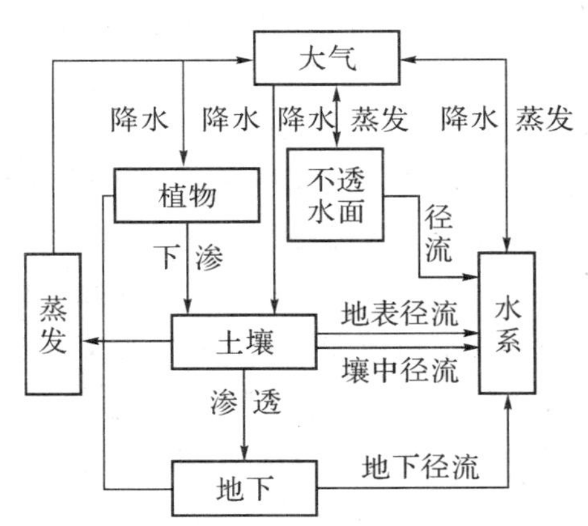

图 6-24 水循环示意图

一般而言，形成洪涝灾害必须具有两个条件：一是存在诱发洪水的因素（致灾因素）及其形成灾害的环境（孕灾环境）；二是洪水影响区有人类居住或分布有社会财产（承灾体）（许有鹏等，2012）。致灾因素、孕灾环境、承灾体三者之间相互作用的结果形成了通常所说的灾情。从系统论的观点来看，致灾因素、孕灾环境、承灾体及灾情之间相互作用、相互影响、相互联系，形成了一个具有一定结构、功能及特征的复杂体系，这就是洪涝灾害系统。洪涝灾害系统具有复杂性、不确定性、开放性、动态性和风险性等特点，是一个典型的复杂系统。

致灾因素包括洪水淹没范围、淹没历时、淹没水深、洪水流速等概念。洪水的淹没范围是指在洪水从发生到消退的整个过程中被淹没的地表范围。每一次具体洪水事件的淹没范围，并不一定代表该区域某一典型频率洪水的淹没范围。淹没历时是指受淹地区的积水时间，即洪水发生至结束所历经的时间，一般以超过临界水深的时间作为淹没历时。淹没水深是指某一地点在洪水发生时的积水深度，也就是水面到陆地表面的高度。洪水流速是指洪水的流动速率，流速越大，其冲击力越大，洪水对承灾体所造成的损失也越大。洪水强度表示洪水级别的高低，强度越大，造成的损失也越大。

洪涝灾害的孕灾环境主要为区域自然环境系统，包括大气、地质地貌、水文水系、土壤等几个子系统。作为大气环流的产物，降水是形成洪涝灾害的前提条件，因此某地区的洪涝灾害的发生，前期的大气环流可能有异常现象的出现。地质子系统是洪涝灾害形成的背景因素，如山地的地质构造和长时间的沟谷、河流冲刷，岩性和地表组成物质表现出不均匀状态分布、很不稳定的状态，一旦发生强降雨，可能会带来滑坡、泥石流等地质灾害；地貌与洪涝灾害密切相关，如山地城市地形起伏度大，沟谷分布广，地形较为破碎，地表切割强烈，容易发生洪涝灾害。水系是洪涝灾害的另一个较为重要的影响因子，越靠近水系，受到洪涝灾害侵袭的可能性越大。水系的大小决定了其影响范围的不同，水文特征中的年径流量及其变化、汛期和洪峰的情况往往直接决定了洪涝灾害的发生时间和威胁程度。土壤的种类决定了其质地和渗水性，在排水不良的情况下，也很容易发生涝渍。

洪涝灾害的承灾体中最核心的部分是人口，其受到洪灾影响不仅表现为生命安全受到威胁，还有财产以及生产生活等均受到影响。城市作为地球上人口最为密集的区域，洪涝造成的灾害损失最大。因此，在城市规划中，必须充分考虑未来暴雨给城市规划区带来的洪涝淹没程度和可能的威胁大小。

3) *城市洪涝灾害威胁*

从城市复杂系统角度看，城市物质与非物质系统既彼此独立又相互联系。作为城市规划与管理核心的各种社会群体活动空间及其依托的住宅、公共建筑、道路交通、管网设施、园林等物质子系统在日常运行中的时空状态与洪涝影响大小密切相关，是城市规划保障城市安全的首要前提。因此，城市规划必须在用地规划中慎重考虑洪涝灾害带来的生态风险。

在城市建筑子系统中，最易受洪涝灾害影响的是居民住宅，其次是商用建筑物，主要表现为建筑物受淹、受损甚至房屋倒塌。农村的建筑物防洪能力相对较弱，城市建筑物则相对较强。城市发展方向的选择必须避开存在安全隐患的区域，应长远考虑城市的拓展，而非简单地选择用地开阔区域。目前在经济利益的驱动下，山地城市往往选择交通区位良好、沿河湖等环境优美的用地进行商业中心区建设或高档居住区开发，而忽视了这些区域潜在的灾害风险，导致建筑、人口异常集中，一旦遭受洪涝灾害的袭击，人民群众的生命财产安全将受到很大威胁。

道路是供各种交通工具和行人通行的基础设施。随着城市的发展，新的交通需求不断出现，这就要求建设更多的道路交通。在道路的选线时必须与防洪需求相协调，从而保障社会经济可持续发展。道路是现代化城市必须考虑的地上设施，而地下设施（管网）也必须与防洪需求协调发展。随着我国现代化城市建设的迅速发展，转入地下建设的管线工程也日益增多，地下管网纵横交错，密如蛛网，如在管网的选线和铺设时不考虑防洪因素，那么在面对洪涝灾害时，一定会造成损失，必然影响到城市的发展。

园林绿化系统与城市其他物质系统空间相互渗透，可充分发挥绿地对城市防洪减灾的作用。河道公园或休闲场所由于易于管理，且容易对用地内的人群进行疏散，一般不会影响城市的防洪安全，常布置在行洪区或易受洪水淹没的区域内。沿江沿河的园林景观塑造也应与防洪需求相协调。

6.4.2　关系

由前文可知，洪涝灾害系统主要由孕灾环境、承灾体和致灾因素组成，城市生态子系统是基本的孕灾环境，城市用地子系统是主要的承灾体，而致灾因素则包括洪水淹没范围、淹没历时、淹没水深、洪水流速等指标。在一个完整的洪涝过程中，当大气形成降水后，除少部分直接降落在水系中的雨水形成径流，大部分到达地表，此时地形、土壤系统决定了产汇流的方式，如地形起伏大则汇流速度快，土壤含水量高则很快“蓄满产流”。产流是指降雨量扣除损失形成净雨的过程，产流量是指降雨形成径流的水量，产流能力常用径流系数来进行表征。城市用地子系统决定了径流系数，如城市建筑密集，则会有大量的不透水面，径流系数高；而用地中如果有大量的园林，则会明显降低综合的径流系数。在降雨强度一致时，径流系数较大将会导致流量较大，当水系的过水能力一定时，流速同样也会变大。当流速和流量超过某个值，将会造成河流水位上涨并超过城市的警戒水位，越过沿岸堤坝，直接对城市社会经济系统造成威胁。当洪水进入城市后，会造成一定深度和范围的淹没区，一般用淹没水深和淹没范围进行评价，淹没水深大，淹没范围广，用地子系统的建筑、道路和基础设施系统被破坏得就更多。

影响洪水的因素错综复杂，目前人们还未能对洪水形成机制作出全面认识。因此在对未来洪水预测和预警的同时，还需要对洪水危险级别和危害程度作出评价，以便实施正确的防洪减灾措施。洪水风险一般是指某一地区中可能造成灾害的洪水发生的可能性。开展洪涝灾害风险分析，定量评价洪水发生的可能性，将为人们防御洪涝灾害，减轻洪涝灾害的损失提供有力的帮助。而社会经济系统通过对洪灾灾害系统的风险分析，结合合理的用地规划和布局，尽可能的避免受到洪涝灾害的影响，即所谓的“适应”过程(见图 6 - 25)。

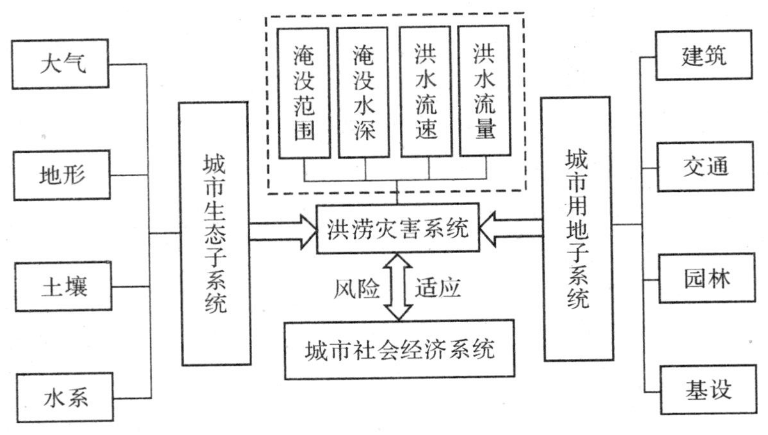

图 6 - 25　城市洪水灾害风险系统关系图

6.4.3　函数

1）流速求解

流速是指流动的物体在单位时间内所经过的距离，用 m/s 表示。流速一般与过水面粗糙系数、坡降及水力半径有关。粗糙系数又称糙率，是表征河渠底部和岸壁影响水流阻力的综合因素的系数，糙率越大，则水流阻力大，流速较小。地形起伏大则流速大，地形平坦则水流缓慢。水力半径为过水断面面积与湿周长的比值，当过水断面面积增加时，湿周长也会发生变化，水力半径越大时，流速也较大。

将小流域的水流近似为稳定流，利用谢才—曼宁公式计算汇流速度，即：

$$v=\frac{I^{\frac{1}{2}}R^{\frac{2}{3}}}{n} \tag{6-14}$$

式中：n 为河槽平均糙率系数；I 为河槽总比降；R 为水力半径。$R=\frac{F}{B}$；F 为过水断面面积，B 为湿周长。

对糙率的选用应特别慎重。在山区小流域中，坡面流糙率、沟道和山溪等的糙率缺乏天然水流实测资料。当河道的实测资料短缺时，可根据河道特征，参照相似河道的糙率，以河道的床面特征，查天然河道糙率表，用经验的方法确定糙率（见表 6-7）。

表 6-7　河滩糙率表

书名或作者	滩地特征	糙　率
波尔达科夫，1959	50%蔓生杂草的河滩	0.115～0.09；平均水深 1～2 m
吴学鹏等，1986	长有中等密度植物或垦为耕地的河滩，平面不够顺直，下游有束水影响，滩甚宽	0.10～0.077
洪水调查	长满中密度杂草及农作物，平面尚顺直，纵面横面起伏不平，有洼地土埂等	0.12～0.08
吴家堡水文站实测资料	长有中密度杂草间有灌木丛，平面顺直，纵横起伏不大，下游有石滩控制	0.12～0.07，夏汛，平均水深 0.6～3 m；0.05～0.04，春汛，平均水深 0.7～1.5 m

河槽总比降，亦称坡降、坡度，指水面水平距离内垂直尺度的变化，通过沿河流方向的高程差与相应的河流长度的比值得到，一般以千分率表示。

2）流量求解

流量指单位时间内流经某一过水断面的水量，通常用 Q 表示，单位是 m^3/s。推求小流域设计洪峰的方法是推理公式，在资料缺乏的地区，一般是根据一个时空均匀分布的设计暴雨过程来推求设计洪水，这样就可以应用推理公式运算，即：

$$\frac{\mathrm{d}w}{\mathrm{d}t}=0.278(\alpha-\mu)S \tag{6-15}$$

式中：S 为流域面积（km^2）；α、μ 分别为暴雨强度和损失强度（mm/h）；$\mathrm{d}w/\mathrm{d}t$ 为单位时间的产流量（m^3/s）；0.278 为单位换算系数，即 1/3.6。

推理公式的结构形式简单，便于应用，尤其在水文资料缺乏的地区。但公式要求产流强度必须是不变的，限制了它的应用范围，决定了推理公式比较适用于推求设计暴雨所形成的设计洪峰，因为设计暴雨的时空分布有时可以允许概化为均匀的。

在应用推理公式计算指定频率 p 的设计洪峰时，流域面积是常定不变的，损失强度一般变化不大，因此关键在于确定设计暴雨强度。暴雨强度是暴雨时段 t 的函数，因此必须确定暴雨时段 t。工程设计上一般取流域汇流时间 τ 作为设计暴雨时段，则可以得出下式：

$$Q_{m,p} = 0.278 \cdot \varphi \cdot a_{\tau,p} \cdot S \tag{6-16}$$

式中：$Q_{m,p}$ 为子流域汇水量（m^3/s）；$a_{\tau,p}$ 为降雨强度（mm/h）；S 为子流域汇水面积（km^2）；φ 为综合径流系数，综合径流系数与下垫面情况、降雨历时、降雨强度相关。

径流系数是某一时段的径流深度 R 与相应的降水深度 P 之间的比值（黄锡荃，1993）。如表 6 - 8 所示为经流系数表。根据相关学者的研究，水泥地面在降雨历时达到 30～40 min 时，径流系数即可达到 0.95，而覆盖度为 100％的草地在降雨历时 40 min 时也可达 0.5；考虑到坡度和覆盖不完全的情况，径流系数在降雨历时达到 30 min 以后，即蓄满产流后将普遍增大（魏一鸣，2002）。综合径流系数计算公式为：

$$\varphi = \sum_{1}^{n} \varphi_i \cdot \theta \tag{6-17}$$

式中：φ 为综合径流系数，φ_i 为某一土地利用类型的径流系数，θ 为这一土地利用类型在流域内所占的面积比例。土地利用类型一般使用高精度遥感影像解译进行确定。

表 6 - 8　径流系数表

级别	土壤名称	径流系数
Ⅰ	无缝岩石、沥青面层、混凝土层、冻土、重黏土、冰沼土、沼泽土、沼化灰壤（沼化灰化土）	1
Ⅱ	黏土、盐土与碱土、龟裂地、水稻土	0.85
Ⅲ	壤土、红壤、黄壤、灰化土、灰钙土、漠钙土	0.8
Ⅳ	黑钙土、黄土、栗钙土、灰色森林土、棕色森林土（棕壤）、褐色土、生草砂壤土	0.7
Ⅴ	砂壤土、生草的砂	0.5
Ⅵ	砂	0.35

3）综合求解过程

根据式（6 - 15）求解流量，其中的变量综合径流系数需要通过式（6 - 16）求解。确定水流量值后，通过式（6 - 13）和流量等于过水断面面积与流速之积的关系试算出不同水位的水力半径，调整反馈求解流速。确定流速值的同时能够得到水位高度，同时根据河流沿岸的高度判断是否超过堤坝并计算水深，另外，还可以根据研究区域的数字高程模型与淹没水深的差值来确定淹没范围。

6.4.4　实例

1）研究背景

福建长汀是一个多山地区，极端降雨条件下产生的洪涝灾害危害人民群众生命财产安全的事件，几乎年年发生。近几十年来更是遭受了非比寻常的考验。1996 年长汀“8.8”特灾遭受的惨痛教训至今仍令人胆寒不已。2010 年 6 月，连续的强降雨又给长汀人民敲响了警钟。

龙岩稀土工业园位于福建省龙岩市长汀县，在施工过程中产生了一些问题：整个工业园的建设并不是一蹴而就的，一期开发建设位于稀土工业园的流域下游，这样势必对整个流域的排水造成影响。上游可能会因排水不畅而浸没工业园，整个台地的排水甚至可能会对园区外围流域下方的策武乡居民集中点造成威胁。本研究基于以上背景和原因，对稀土工业园区的水系防洪排涝的情况进行模拟研究，对极端天气情况下产生的风险进行评估，并提出园区防洪排涝的具体措施。

研究区范围为长汀县策武镇麻陂片区（龙岩稀土工业园），总面积约 1 346 hm^2，规划建设用地为 798 hm^2。工业园区现状主要为地势平缓的丘陵，属于汀江的一个小流域。本次的研究范围分为两个层次：①一期建设的具有重大影响的两个子流域；②整个流域以及周边地区的村庄。就我国目前的情况而言，绝大多数的小流域都缺乏流量资料，又缺乏自身的暴雨记录（周成虎等，2000）。研究区所在的小流域符合这种特征，现状园区没有水文站，因此，雨洪资料缺乏。研究区未来将作为重要的工矿区，因为人类活动的介入，需要考虑研究区与周边山体以及流域上下游之间的关系。

2）技术路线

以 ArcGIS 为技术平台，依据大比例尺地形图构建数字高程模型，使用软件工具箱进行子（微）流域划分，在对降雨、径流、下垫面条件进行分析的基础上，构建小流域降雨径流的模型。在该模型中，对汇水量、典型断面水淹状态进行估算，最终对多种情形的防洪排涝风险进行分析评估。如图 6－26 所示为本次研究的技术路线图。

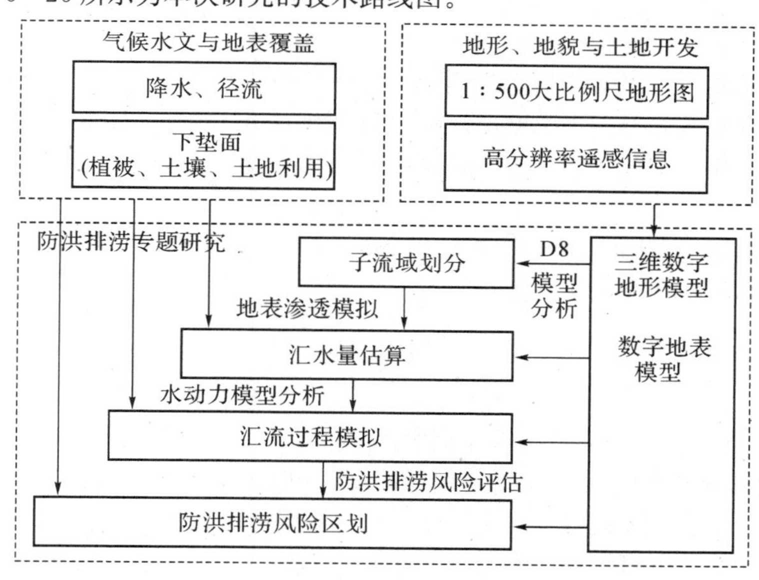

图 6－26 技术路线图

3）子流域划分

在 ArcGIS 中建立 DEM 模型，依照山脊线进行流域划分，并求出汇水边界线，最终将园区划分为多个子流域，子流域中划分出多个微流域（见图 6－27）。具体操作步骤为：①DEM 预处理。为了得到无洼地的 DEM，从而得到合理的水流方向，需要在 ArcGIS 中通过洼地提取和洼地深度计算得到填挖阈值，然后利用 Hydrology 工具箱中的 Fill 工具实现填挖；为了实现洼地的充分填挖，这个过程一般需重复进行几次。如果分析过程中对下陷点没有要求，可以全部填挖，而不需要进行阈值设置。②水流方向的确定。利用Hydrology工具箱中的Flow Direction工具进行。③汇流累积量的提取。在地表径流模拟过程中，汇流累积量是基于水流方向数据计算而来的。在Hydrology工具箱中通过Fill Accumulation工具确定所有流入本单元格的累积上游单元格数目来生成流域汇流能力栅格图。④河网的提取。当汇流量达到一定值的时候，就会产生地表水流，那么所有汇流量大于那个临界数值的栅格就是潜在的水流路径，由这些水流路径构成的网络，就是河网。在ArcGIS中有多种生成河网的方法，可以利用Raster Calculator或Multimap Output工具中的Con命令计算。⑤集水区的生成。使用Hydrology工具箱中的Watershed工具。

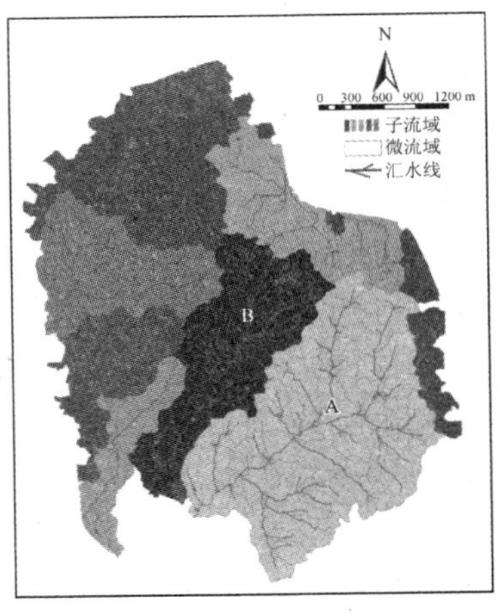

图6-27　子(微)流域划分图

考虑到汇水过程，从子流域出口处溯源而上进行编号，分别为{1，2，3……}；若次汇水线有分叉，则将标号为X的次汇水线上微流域编为{X.1，X.2……}；在ArcGIS中，若需求解编号为i整数的流域下方出口流量，则累加所有比i大的标号的汇水量。若求解编号非整数的流域下方出口流量，则累加该整数段内比该编号大的流域汇水量。采用累加法计算各水流重要汇水处的水量，进而通过公式(6-13)在ArcGIS中反解流速和过水断面面积。

4）设计暴雨量

本研究采用设计暴雨来控制风险等级，利用暴雨强度公式、图表查算法并参考已有的暴雨资料等方法进行计算，并相互校核。研究区采用50年一遇的设计暴雨强度。在本研究中，以50年一遇作为设计标准，以百年一遇作为风险评估参照，设计多情景分析模型。

福建省城乡规划设计研究院根据长汀县1985—1998年共14年的降雨资料总结出了长汀县暴雨强度公式，计算研究区各子流域流量：

$$q=\frac{1\,369.218(1+0.481\lg T_E)}{(t+4.750)^{0.593}} \tag{6-18}$$

式中：q为暴雨强度，mm/min；T_E为暴雨重现期，t为降雨历时；根据公式(6-18)，分别取$T_E=100$、50，$t=60$ min，计算得出重现期为100年与50年的设计小时暴雨量分别为82.7 mm和76.6 mm。

本研究认为，长汀县暴雨强度公式经过长期的降雨统计资料分析，具有较高的可信度；图表查算法需要考虑到图纸的绘图精度，与已有暴雨资料一样，只能作为校核方法。

求得的设计洪水数值是否准确将关系到工程投资、防洪效益和水库安全。如果设计的洪水数值偏大，就会造成投资浪费，而如果偏小，则又不够安全。《水利水电工程设计洪水设计规范》中规定，应考虑资料条件、参数选用、抽样误差等多个方面进行综合分析，判定校核洪水需要加安全修正值。我国实测暴雨洪水系列时间均不是太长，如果仅根据实测洪水系列和实测暴雨系列，而没有历时洪水及大暴雨资料，则计算的设计洪水数值一般偏小，校核洪水数值应加安全修正值，以策安全。

根据安全修正的原则，在《中国暴雨参数统计图集》中查取变差系数C_v为0.35，均值X为

40，取百年一遇、50 年一遇的可靠系数为 0.7，因此修正增加值均为 9.8。

故本研究认为，应当取工业园区重现期为 100 年、50 年的小时暴雨量分别为 92.5 mm、86.4 mm 作为风险评估计算参数。

5）参数确定

根据每个子流域的最大最小高程之差，并通过 Hydrology 工具箱中的 Flow Length 工具计算子流域的河流最大长度，即可算出每个子流域的坡降。考虑到图 6－27 的子流域 A 中水库对水流的滞留作用，分段计算平均坡降，水库上游为 1/16，水库下游为 1/115；子流域 B 的平均坡降为 1/85。

研究区坡降大，流域面积小，旱季时，沟谷中并没有水流，河槽不足以泄洪，因此河滩也将被淹没，研究区的河谷中长有中等密度的植物，有部分河谷被垦为耕地，地势平缓，参照相似的河道，取糙率为 0.1。

长汀地区为花岗岩发育的红壤类型，经过长期改造的农田地区为水稻土类型，建成区视为混凝土层，植被覆盖较好的地区视为森林土。使用 ArcGIS 软件中 Analysis 工具箱中的 Overlay 工具集对土地利用类型图与子流域划分图进行叠置分析，并对每个子流域中的微流域的土地利用类型的面积进行加总统计，乘以对应的径流系数即可得到子流域 A 综合径流系数为 0.744，子流域 B 综合径流系数为 0.767（见表 6－9、表 6－10）。

表 6－9　子流域 A 综合径流系数确定

用地类型	面积（hm^2）	比例（%）	径流系数	综合径流系数
半荒植物地	6.08	1.51	0.80	0.744
建筑用地	1.24	0.31	1.00	
旱地	10.25	2.55	0.85	
松、杉	274.94	68.33	0.70	
水域	5.20	1.29	1.00	
灌木林	0.48	0.12	0.80	
稻田	53.21	13.23	0.85	
竹林	0.81	0.20	0.80	
经济作物	2.73	0.68	0.80	
经济林	27.94	6.94	0.80	
花坛	0.00	0.00	0.80	
草地	10.10	2.51	0.80	
菜地	5.85	1.45	0.85	
道路（土）	2.03	0.50	0.85	
道路（水泥）	0.80	0.20	1.00	
陡坎	0.69	0.17	1.00	

表 6 - 10　子流域 B 综合径流系数确定

用地类型	面积(hm²)	比例(%)	径流系数	综合径流系数
半荒植物地	0.06	0.03	0.80	0.767
建筑用地	4.88	2.51	0.95	
旱地	3.18	1.63	0.80	
松、杉	101.78	52.34	0.80	
水域	2.68	1.38	1.00	
灌木林	0.00	0.00	0.85	
稻田	27.91	14.35	0.90	
竹林	0.08	0.04	0.90	
经济作物	0.16	0.08	0.85	
经济林	37.71	19.39	0.85	
花坛	0.10	0.05	0.85	
草地	5.24	2.70	0.80	
菜地	6.06	3.12	0.80	
道路(土)	3.26	1.68	0.80	
道路(水泥)	1.19	0.61	0.95	
陡坎	0.19	0.10	1.00	

6）结果分析

通过累加计算，求得每一流域出口处的流量，如图 6 - 28、图 6 - 29 所示，在每个微流域上方的数字所指为该微流域出口处的流量。

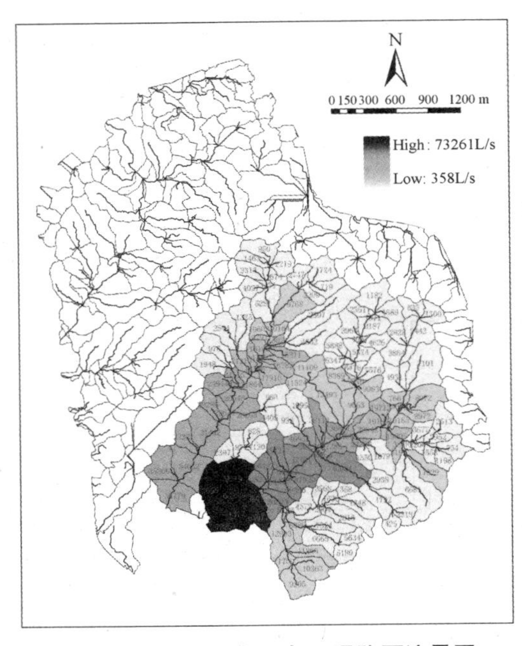

图 6 - 28　微流域 50 年一遇降雨流量图

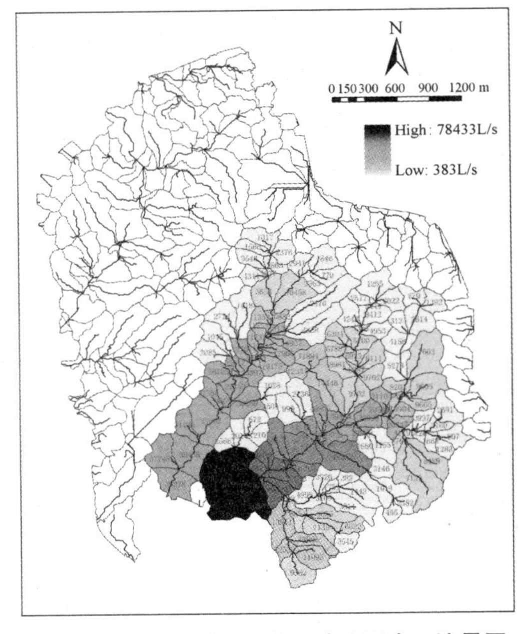

图 6 - 29　微流域 100 年一遇降雨出口流量图

为了具有针对性的评价流域汇水对下方村庄以及研究区一期规划工业园的洪水威胁，并考察水库的蓄洪调洪作用，对典型断面进行分析。这几个断面分别为(见图 6-30)：

A_0-A_0 断面：指 A 流域的出口位置。

A_1-A_1 断面：指 A 流域中，一期平整台地的上方位置。

A_2-A_2 断面：指 A 流域中，一期平整台地的上方位置。

$A_1'-A_1'$断面：指 A 流域中，水库下方较近出口的位置。

B_0-B_0 断面：指 B 流域的出口位置。

B_1-B_1 断面：指 B 流域中，一期平整台地的上方位置。

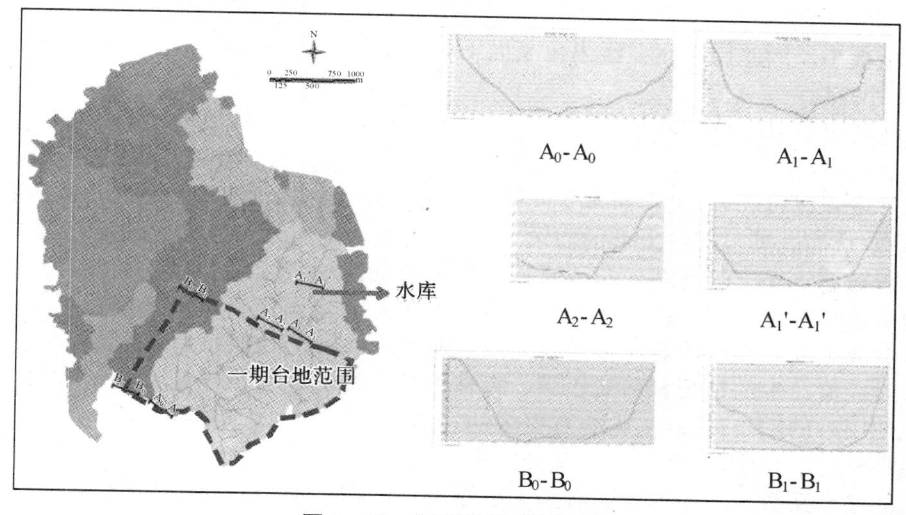

图 6-30 断面位置及剖面图

利用 ArcGIS 查询功能和公式(6-13)，获取对应于各断面的累加流量、流速、水面高程、平均水深(见表 6-11)。通过暴雨情景的模拟分析发现，100 年一遇、50 年一遇设计暴雨下产生的洪水水深、同一断面的流速以及淹没的高程变化并不是很大。因为工业园区内的河谷为宽浅河谷，河水暴涨漫过河滩以后，变化幅度会减缓。这也意味着，暴雨产生洪水威胁有一个“门槛”；不幸的是，在工业园的宽谷底、小河沟的地形条件下，这个“门槛”很低。

表 6-11 典型断面流量计算结果

水库状态	断 面	最大流量(L/s)		流速(m/s)		高程(m)		平均水深(m)	
		100 年一遇	50 年一遇	100 年一遇	50 年一遇	100 年一遇	50 年一遇	100 年一遇	50 年一遇
泄洪	A_0-A_0	78 433	73 261	0.81	0.79	289.41	289.37	0.81	0.78
	A_1-A_1	10 904	10 185	0.65	0.64	303.20	303.18	0.50	0.46
蓄水	A_0-A_0	73 154	68 330	0.79	0.77	289.37	289.34	0.78	0.75
	A_1-A_1	5 625	5 254	0.58	0.55	303.00	302.95	0.40	0.31
—	A_2-A_2	9 702	9 063	0.54	0.51	303.32	303.28	0.44	0.40
—	$A_1'-A_1'$	5 279	4 931	1.03	1.02	318.65	318.62	0.37	0.35
—	B_0-B_0	39 376	36 779	0.75	0.73	291.06	291.01	0.57	0.55
—	B_1-B_1	26 705	24 944	0.70	0.68	303.41	303.38	0.50	0.45

7）风险分析评价

通过以上统计可知，一期工业园上方断面 A_1-A_1、$A_1'-A_1'$、B_1-B_1 的相关径流参数均较大，由于水库位置离工业园区较远，水库下游以及其他支流的汇水并不受水库的调节作用，因此仍有大量的汇水需要途经工业园区，占工业园区雨水总量的 13.9%。工业园区经过土地平整，下垫面条件改变，雨水无法下渗，考虑到越来越频繁的强降雨天气，必然会增加排水管道的排水压力。

由研究区出口断面的相关径流参数可知，当遭遇 100 年一遇的强降雨时，出口断面流速高达 0.83 m/s，河口水面面宽 100 m 以上，而平均水深更是达到了 0.85 m；即便是 10 年一遇的强降雨，也会产生水深 0.61 m，流速 0.67 m/s，面宽 107 m 的洪水，而水库的调洪能力在这种情况下作用很小。因此位于研究区出口断面下游的策武乡将遭受严重的洪水威胁。

8）应对措施

在自然状况下，研究区 50 年一遇的洪水对下游已经有一定的威胁，当一期工业园进行土地平整之后，研究区下垫面发生改变，形成更多的地表径流，进而造成更大的洪水威胁。在进行工业园开发建设过程中，可参照本文所得出的各个断面的最大流量、流速、水深等数据，采取相应的措施，从而既满足经济发展的需求，又不损害其他地区及子孙后代满足其需求的能力。

森林植被蓄水保土的防洪功能一般是对降水的截留、蒸发，缓和地表径流，通过增加土壤对水分的渗透和减少土壤冲刷来实现的。稀土工业园的建设需要对土地进行平整，势必会对森林资源造成很大破坏。随着植被地表为硬质地面所取代，下垫面的下渗能力将会大大削弱，进而降低对径流产生的延缓和削减作用。森林植被的径流系数小于建设用地，所以在园区建设并投入使用后的洪涝过程中，将会有更多的径流产生，增加排水渠和水系的压力。因此，建议在土地平整的过程中，依据规划对部分山头予以保留。

河床的糙率系数对水流的流速有很大的影响，在水流速度降低到一定程度时会出现河道淤积的现象，河道淤积将逐步抬高河床，致使河道防洪排涝标准降低，河道上的拦河节制闸的防洪能力也会大大下降。河道淤积还将引起拦河坝上游水位升高，河道弯曲起伏将会对排水造成一定的阻滞作用，水流积累进而抬升水面。这对河谷地带的居民点以及下游的村庄将造成巨大的淹没危险。建议依据预测的流量做充分的估计，采用护坡良好的大型水渠泄洪，增加泄洪速度。

7 城市—区域交通网络的适应优化模型

城市交通问题是现如今几乎所有大城市都面临的重要难题。当前,我国城市交通基础设施供应整体上处于滞后状态,而这种需求与供给的严重不匹配仍将伴随城镇化和机动化进程持续相当长的一段时期。今后的城市交通的发展既面临着前所未有的机遇,也将面临严峻的挑战。机遇在于我们已经深刻认识到"城市病"带来的种种生活乃至生存问题,这些难题迫切需要被解决或至少被缓解,挑战则在于需要探寻能够适应社会、经济、城市,甚至大气环境的交通规划理论方法。

1970 年代以前,交通网络规划实践主要关注路网规划与设计,较为注重局部交通流的特性分析,重点解决交叉口的交通组织与设计方法。大规模的研究始于 1970 年代中后期,大城市出现交通拥挤使得人们开始探索通过利用和改善现有道路交通设施、提高通行能力的手段来探索城市路网如何满足交通流的需求。1980 年代初期,西方交通规划理论传入我国,研究进入了系统性的阶段。在天津市综合交通调查之后,短短七八年间,全国约有 40～50 座城市开展了交通调查,并在此基础上进行交通网络规划。1990 年代交通与土地的一体化研究,更使交通网络规划上了一个新台阶。在前述时期,交通工程领域的专家学者在唱主角。而进入 21 世纪后,地理方向的学者越来越关注交通可达性的研究,规划领域的专家则将关注点放在了多模式交通上,多学科的理论交叉和兴趣点重合使得交通网络规划理论和方法不断得以更新和进展。

多年的交通研究表明,事实上,交通网络的最优解几乎不存在,Downs 定律(A. Downs, 1962)即可证明。Downs 定律于半个世纪前由 Anthony Downs 提出。Downs 定律的核心要义在于:需求总是倾向于高于供给;交通供给的改善(包括道路拓宽、新建及提高连通度等)将吸引更多的小汽车出行而不利于缓解拥堵。由此可见,绝大多数的交通系统管理(TSM)仍然改变不了拥堵的事实,也因此,适应性才是交通网络规划、设计的根本。

基于上述考虑,本章将从适应性视角出发对三个层面分别展开讨论。首先,城市道路网络是交通网络的最重要组成部分,道路网络的合理性、适应性是决定城市交通系统能否可持续的基础,因此,本章首先从城市道路网络的评估入手,探讨判定城市路网规划建设适应性的理论方法。进一步的,当城市道路网络设计满足一定要求时(包括相关规范),需要更加深入的从交通模式的角度,探讨城市交通系统基础设施与主导交通模式的关系问题,并研究与主导交通模式相适应的交通基础设施规划建设。最后,将城市看做是区域发展的一部分,从交通可达性视角,探索城市在区域中的交通区位及区域交通网络的适应性。

7.1 城市道路网络评估模型

随着国内城市建设步伐的加快，人们的出行需求也在不断增长，因而对城市道路网络提出更高的要求，同时要求城市道路网络的发展也要能适应经济社会发展的需求。道路网络在城市交通网中占有着重要的比例，作为城市的骨架担负着交通运输的职能，合理的路网布局能有效提高各种不同性质地块间的可达性以及土地利用率，并且能为城市经济的可持续发展提供有力支撑，因而城市道路网络评估模型从城市规划的角度出发，结合规范指标对城市道路网络进行系统适应性评估，并利用评估结论提出针对性的规划对策。

7.1.1 概念

1）城市道路网络

城市交通离不开道路，道路是城市交通得以运营的最重要载体，道路网络，也称道路网、路网，需要满足其服务对象的交通特性和交通需求。城市道路网络就是一个城市的骨架，路网的结构形态也就决定了城市的布局。我国许多城市的道路网络都是在原有路网的基础上发展起来的，特别是一些历史悠久的古城，原有路网在建设之初往往迫于当时自然条件或社会条件的制约，缺乏科学的预见性，导致现状路网存在着许多与城市发展不相适应的问题，也是导致目前许多城市交通日趋紧张的重要原因。

从适应性的角度来看，城市路网评估的适应主体是城市道路网络，适应对象是城市社会的交通活动。结合道路网现状，通过各种措施提升道路功能，改善区域道路网体系，保证道路功能配套，改善居民出行交通条件。在交通活动过程中，因为道路网络条件的约束，为了最快捷的到达目的地，人们必然被动选择最有利的出行方式，以出行方式的改变来适应路网结构。

一般说来，道路系统中的评价指标包含道路网密度、道路用地面积率、人均道路面积、道路等级级配、路网连通度和路网非直线系数等(见图 7－1)。

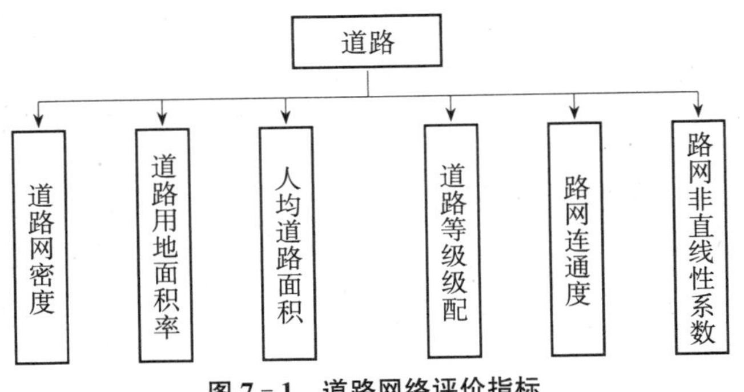

图 7－1 道路网络评价指标

道路网络作为城市的骨架，一定程度上决定了城市的发展形态。而不同的土地利用形态决定了交通发生量和交通吸引量，决定了交通分布形态，并在一定程度上决定了道路网络结构。土地是城市社会经济活动的载体，各种不同性质的土地利用在空间上的分离引发了各类交通活动，各类用地之间的交通活动分布于城市道路网络，同时也对道路网络提出各种要求。

2）交通流

人、车、物形成了交通流(Traffic Flow)。交通流是指汽车在道路上连续行驶形成的车流，广义上还包括其他车辆的车流和人流。在某段时间内，在不受横向交叉影响的路段上，交通流呈连续流状态；在遇到路口信号灯管制时，呈断续流状态。这一交通流概念体现了复杂适应系统中的“流”“循环”的特征，即：有着众多节点与连接者的某个网络上的某种资源的流动，并且这种网络上的流动因时而异。

客运交通的流动本质上是人的流动，包含行人、驾驶员和乘客三类（见图 7-2），人这个要素贯穿于城市系统中的所有非物质系统，并使之相互关联。

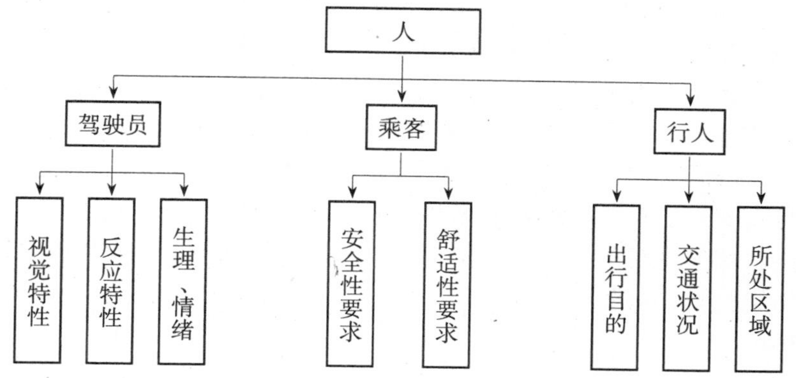

图 7-2　交通系统中人的影响因素

而车辆的特征和性能等要素在城市交通系统中的具体某项任务中起到重要作用，城市道路上运行的车辆主要可分为机动车与非机动车（见图 7-3）。机动车主要包括货车、公共汽车、小汽车、特种车和摩托车等；非机动车主要包括自行车和电动助力车等。

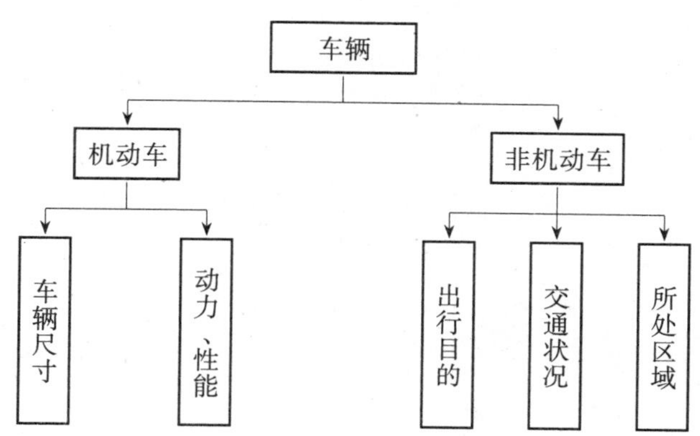

图 7-3　交通系统中车辆的影响因素

3）城市交通系统及其规划评估

由前述的城市道路网络和交通流，共同组成了城市交通系统。城市交通系统从供需的角度可以划分为需求和供给两个层面。其中，交通需求是指社会经济活动在人和物的空间位移方面所提出的对交通设施和交通工具的需要；交通供给则是指交通生产者所提供的交通服务的总和，包括交通基础设施和交通工具的供给以及为交通需求提供的其他相关服务。交通需求和交通供给相互影响、相互作用，需求是供给产生的原因，而供给的目的在于更好地为需求服务（李聪颖，2005）。

所谓交通系统网络规划，是指根据特定道路交通系统的现状与特征，用科学的方法预测交通系统交通需求的发展趋势及交通需求发展对交通供给的要求，确定特定时期交通网络的建设任务、建设规模及交通系统的管理模式、控制方法，以达到交通需求与供给之间的平衡，实现道路交通系统的安全、畅通与节能、环保的目的（王炜，2007）。

在城市化发展的过程中，城市道路拥堵问题一直是中外城市都普遍面临的一个问题，目前国内城市既面临着城市规模不断扩大的城市化进程，又处在汽车进入家庭的私人汽车迅猛发展的浪潮中，城市道路交通拥堵现象已趋于常态化，交通活动对城市道路网络压力不断加大。我国的城市化发展在相当长的时期内存在，即城市道路路网的基础设施也将长期建设，因此建立科学的路网结构评价方法，改善城市现状路网结构，增加路网效率和承载力是缓解城市交通压力和提高城市交通质量的重要手段。但影响路网交通质量的因素很多，既有体现道路建设水平的静态指标，如路网密度、人均道路面积等；又有体现路网管理水平的动态因素，如非机动车及行人干扰情况、延误率、交通事故等，各因素相互联系，相互制约，给道路网交通质量的综合评价带来困难。本节将在介绍城市路网结构评价体系的基础上，以福建省长汀县老城区道路网为例，对路网进行具体评价。

7.1.2 关系

评价城市路网，不仅仅是机械的针对城市道路网络结构，道路作为城市物质系统的一个重要组成部分，与其他的城市子系统密切关联，尤其是用地，二者之间复杂的互动关系，可以抽象为一种“源”与“流”的关系（见图 7－4）。各种类型用地上均存在有不同特征的“源”，而当“源”脱离了用地，则将演变成“流”。“源”既是“流”的起点，同时也是其终点。二者互相联系、互相影响，城市道路发展与城市用地功能完善相互促进。用地功能的不同及其形态组合的不同决定了交通的发生量与吸引量的差异，以及交通在道路网上的分布形态，也在一定程度上决定了交通结构。其中，从人的需求角度出发，居住、工业生产、公共及商业服务、娱乐休闲等城市功能区的空间演变特征对交通流的时空特征有着根本的影响。

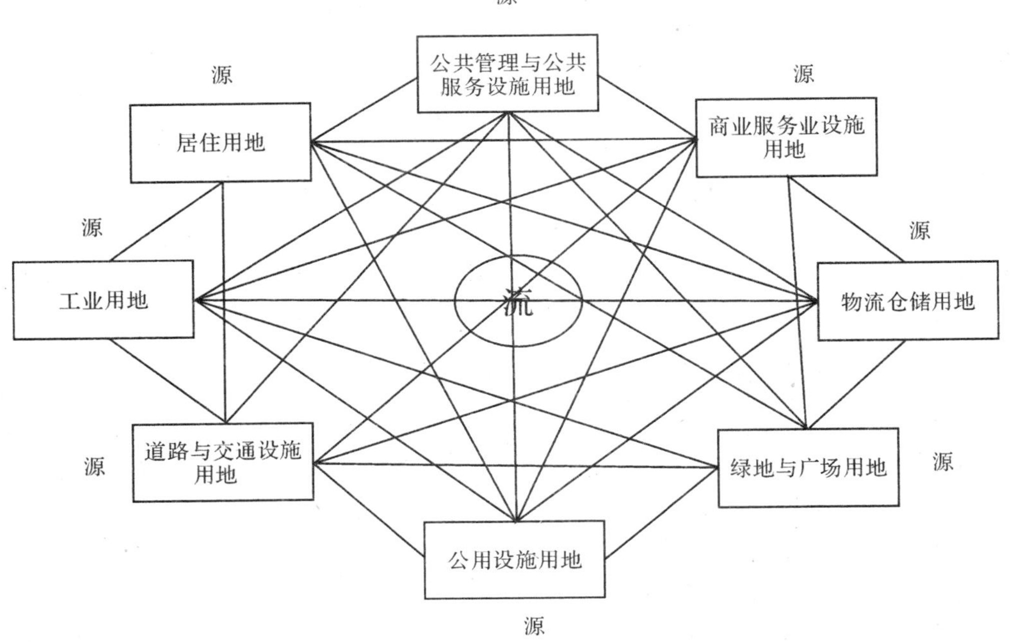

图 7－4　城市道路与城市用地“源”“流”关系简图

7.1.3 函数

1）技术路线

本文尝试提出一种基于 GIS 技术的城市道路网方案评价技术与模型。具体流程如下（见图 7－5）：广泛收集对道路网布局有影响的指标参数资料，并对资料进行系统分析，建立道路网数据库；确定评价模型并利用层次分析法确定影响因子的权值，利用 GIS 叠加分析和聚类分析得到道路网综合评价结果；并在此基础上将对现状路网的不足之处提出改进方案，为下一步道路网优化提供依据。

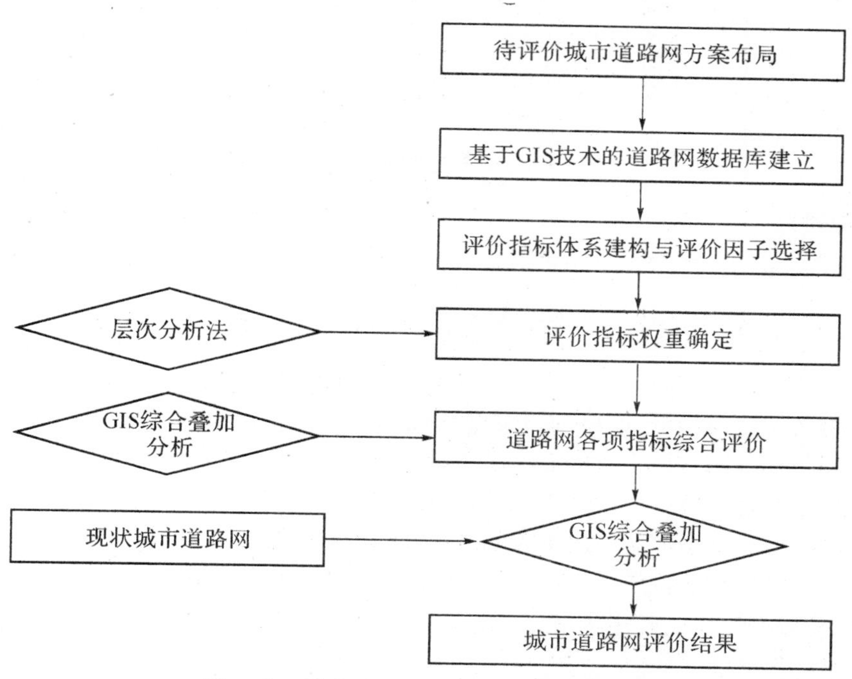

图 7－5 城市道路网方案评价技术路线图

2）建立评价模型

影响城市道路网的因素较多，而各个因素对评价目标的影响程度（权重）也不同，因此需要建立一个集定量分析与定性分析研究的多因子评价模型。评价模型计算分析方法采用影响指标加权指数和法。其计算公式如下：

$$P = \sum_{j=1}^{m} W_i X_j \tag{7-1}$$

式中：P 为综合评价分值；m 为基本指标因子数：W_i 为第 i 项基本指标计算权重，是一级权重和二级权重的乘积；X_j 为第 j 项基本指标分级赋值分值。

3）构建评价指标体系

利用层次分析法指标选择原则确定符合评价指标体系（见图 7－6），然后建立指标体系梯阶层次结构，分别为目标层、准则层与指标层。目标层——规划区城市道路网适应性评价；准则层——城市道路网布局的因素；指标层——影响路网适应性评价的各个因子。评价因子的选择是对路网结构进行正确评价的基础，选取的基本原则既要使评价指标尽可能地全面反映路网结构及功能的实际状况，又要考虑获取方便，同时也能计算简便。

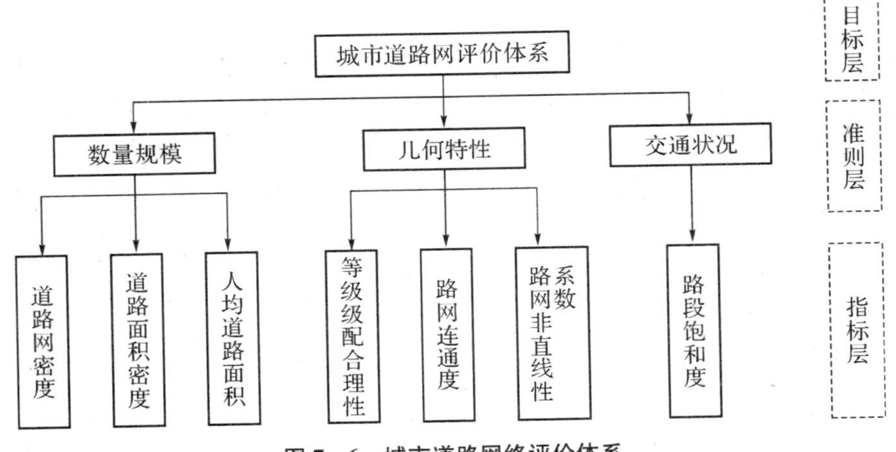

图 7-6 城市道路网络评价体系

(1) 道路网密度

道路网密度 δ(km/km^2)是指城市道路总长度与城市用地总面积之比,计算方法如下:

$$\delta = \sum L_j / A \tag{7-2}$$

式中:A 为城市建成区用地面积(km^2);L_j 为城市道路网各级道路段长度(km)。

就城市路网而言,城市的道路网密度必须适当。并不是道路网密度越大,交通联系越便捷,因为道路网密度过大,会导致城市用地不经济,同时也增加城市道路建设投资,并且造成交叉口过多,进而会影响车辆行驶速度和干道通行能力;而道路网密度如果过小,道路设施供给不足,容易使车辆绕行,增加居民出行时间成本,还会造成道路交通拥挤。因此,道路网密度指标既能体现城市道路网建设数量和水平,又能在一定程度上反映城市路网布局质量是否合理和均衡,是评价路网结构的理想指标之一。

(2) 道路面积密度

道路面积密度 λ 是指城市道路总面积与城市用地总面积之比,计算方法如下:

$$\lambda = \sum L_i B_i / 1\,000\,000A \tag{7-3}$$

式中:L_i 和 B_i 分别为道路长度和宽度(m),A 为城市建成区用地面积(km^2)。

道路网面积密度指标 λ,能综合反映一个城市对道路的重视程度及道路交通设施的发达程度,但不能体现道路分布状况和布局质量,可以列为评价路网指标体系,从总体的角度评价城市路网体系。

(3) 人均道路面积

人均道路面积 λ_P,也可称为道路占用率,是指城市道路总面积与城市总人口之比,计算方法如下:

$$\lambda_P = \sum L_i B_i / n \tag{7-4}$$

式中:L_i 和 B_i 分别为道路长度和宽度(m),n 为城市总人口(人)。

由于城市人口密度分布变化较大,因此指标不宜评价较小尺度的地块,应作用一个总体性评价指标。

(4) 等级级配合理性

等级级配指城区主干道、次干道及支路等不同等级道路长度数量的比例。本节将通过现实级配与理想级配进行对比,采用相对值,来显示各级道路的缺乏或富余程度,从而反映道路级配总体的合理性,计算方法如下:

$$H = \frac{\sum_{i}^{n} \left| \frac{x_i - x'_i}{x_i^t} \right|}{n} \tag{7-5}$$

式中:H 为合理性评判系数,x_i 为现状各级道路长度比重,x'_i 为理想级配情况下各级道路长度比重。

从我国国家规范给出的路网密度可以推算出,在不考虑快速路的情况下,主干路、次干路、支路的比例约为 2∶3∶8,大体呈现为上小下大的金字塔形结构,等级越高比重越小。

(5) 路网连通度

路网连通度指数 J 是与路网总的结点数和总的边数有关的指标,具体计算方法如下:

$$J = \frac{\sum_{i=1}^{N} m_i}{N} = \frac{2M}{N} \tag{7-6}$$

式中:M 为网络总的边数(路段数),J 为路网连通度指数,N 为路网总的节点,m_i 为第 i 个节点连接的边数。

连通度指数越高表明路网中断头路越少,成网率越高,反之则表明成网率越低,这项指标可以用于衡量路网的成熟程度。

(6) 路网非直线系数

路网布局是否合理,路网非直线程度是路网型式合理与否重要的评价指标,其计算方法如下:

$$K = L_{ij} / L'_{ij} \tag{7-7}$$

式中:L_{ij} 为两点间的实际距离,L'_{ij} 为两点间的直线距离。

城市路网的规划布局应满足交通运输的要求,使城市的各个组成部分(如市中心区、工业区、居住区、车站和码头等)的客货流集散点之间有便捷的联系,使客货运工作量最小,城市路网的合理性很大程度上取决于城市道路的便捷联系,客货出行的便捷性,路网布局是否合理,非直线程度是路网型式合理与否重要的评价指标之一,它与整个路网的经济性联系最直接,最紧密。非直线系数最小值为 1,非直线系数越小表明两点之间交通越便捷,整个路网的最大非直线系数越小表明整个路网越合理。

(7) 路段饱和度

路段饱和度指路网中的路段实际交通量 $V_{实}$ 与通行能力 N_a 之比。该指标反映了路网对交通量的适应能力,同时从整体上表现了路网的畅通性,其计算方法如下:

$$T = V_{实} / N_a \tag{7-8}$$

城市道路路段设计通行能力(实用通行能力)可以根据一个车道的理论通行能力进行修正而得。对理论通行能力的修正包括车道数、车道宽度、自行车影响以及交叉口影响等 4 个方面。计算方法为:

$$N_a = N_0 \cdot \gamma \cdot \eta \cdot C \cdot n' \tag{7-9}$$

式中：N_0 为一条车道的理论通行能力（城市主干道计算取 1 640 pcu/h，城市次干道计算取 1 550 pcu/h，城市支路计算取 1 380 pcu/h）；γ 为自行车影响修正系数，机动车道与自行车道无分隔时取 0.8；η 为车道宽度影响数，大于 3.5 m 时车速略有提高，小于 3.5 m 时机动车自由度降低，车速下降；C 为叉口修正系数，根据交叉口间距、起始点交叉口控制方式而定；n' 为车道数修正系数，1 车道取 1，2 车道取 1.85，3 车道取 2.57。

路段饱和度的一个主要优点，就是能够将道路设施运行状态定量化，本章节中将结合城市土地利用与城市交通之间的相互制约关系，从土地利用角度计算相关路段的交通量，具体方法将在案例中演示。

4）基于 AHP 的综合评价模型

建立在上述指标体系基础上的规划路网评价，是一个典型的多指标多层次的综合评价体系。对其评价需要确定同层次因素的重要程度，有鉴于此，运用 AHP 的综合评价方法来评价城市道路网是比较适合的。基于 AHP 的综合评价就是将评价指标和评价对象划分成层次，对同一层次上的元素利用 AHP 法确定重要程度，先对每一类作综合评判，然后再对评判结果进行“类”之间的高层次的综合评判。

上述指标在 GIS 中建立的具体步骤如下：

（1）建立数据库。将调查资料按数量规模、几何特性、交通状况进行归类，并将其转换为数据文件导入 GIS。

（2）确定指标作用分值（见表 7-1）。利用多因子加权评价法，借助 GIS 数据分析功能，将调研获得的相关数据资料进行处理并输入 GIS 中，将因子按指标值进行重分类，结合各指标的相关规范值或目标值，对城市路网的评语等级论域取为 V=[很好、好、一般、差、很差]=[9、7、5、3、1]。

表 7-1　指标分值表

分类	指标因子	评价等级				
		9	7	5	3	1
数量规模	道路网密度（km/km²）	>7	(5,7]	(4, 5]	(2,4]	≤2
	道路面积密度	>0.15	(0.12,0.15]	(0.08, 0.12]	(0.06,0.08]	≤0.06
	人均道路面积（m²/人）	>25	(18,25]	(10, 18]	(5,10]	≤5
几何特性	路网连通度	>3.5	(3.2,3.5]	(2.9,3.2]	(2.6,2.9]	≤2.6
	道路等级级配	<0.1	[0.1,0.2)	[02.,0.3)	[0.3,0.4)	≥0.4
	路网非直线系数	<1.1	[1.1,1.3)	[1.3,1.5)	[1.5,1.7)	≥1.7
交通状况	路段饱和度	<0.4	[0.4,0.6)	[0.6,0.8)	[0.8,1.0)	≥1.0

考虑到各项评价因子在城市道路网评价体系中的影响程度不同，为了全面反映各指标因子的特点，给予各项单个评价因子分配相应的权重值。根据各指标对评价事物的影响程度，确

定每个因素的重要程度。利用评价模型对规划路网指标体系的指标层和准则层相对重要程度进行评分，对评分结果进行 AHP 处理，通过构造出判断矩阵，并利用层次排序和一致性检验相应指标权重，其权重分值如表 7 - 2 所示。

表 7 - 2　城市道路网评价体系指标权重赋值表

一级指标	二级指标	二级权重	一级权重
数量规模	道路网密度	0.35	0.39
	道路面积密度	0.27	
	人均道路面积	0.38	
几何特性	路网连通度	0.33	0.28
	道路等级级配	0.37	
	路网非直线系数	0.28	
交通状况	路段饱和度	—	0.33

7.1.4　实例

1）单因子评价

通过对福建省长汀市老城区道路网现状调查分析，结合本节提出的指标进行评价(见图 7 - 7、图 7 - 8)。为了使交通主流向更为清晰以及方便综合比较，按行政辖区、自然条件和规划功能组团将汀州老城区划分为 6 个交通片区：汀州古城组团、西南综合组团、东部居住组团、腾飞工业组团、北部工业组团、南部物流组团，以便于分析评价规划区内的路网情况。

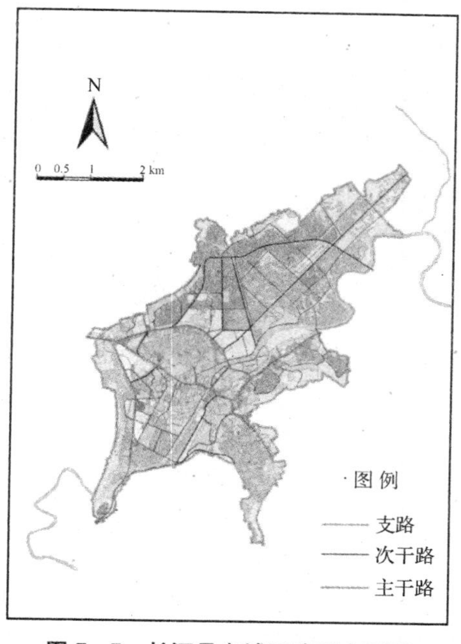

图 7 - 7　长汀县老城区路网布局图

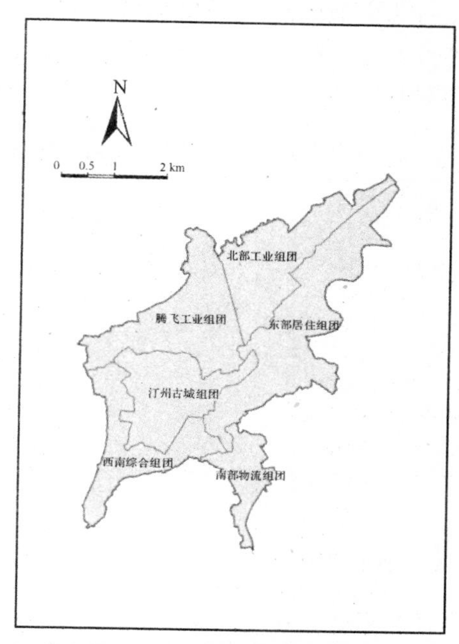

图 7 - 8　长汀县老城区交通分区图

(1) 道路网密度

对长汀县老城区各组团道路网密度进行评分(见表 7－3),并由此制作道路密度等级图。由图 7－9 可知,整个老城区路网密度水平为中等,即 4.13 km/km²,老城区道路网建设数量和水平相对而言还是有所不足,尤其是南部物流组团道路建设水平相对较差,应考虑针对性加强建设。

表 7－3　长汀县老城区各组团区道路网密度评分表

名　称	道路网密度(km/km²)	评　分
南部物流组团	1.12	1
西南综合组团	4.37	5
汀州古城组团	4.89	5
东部居住组团	3.96	3
腾飞工业组团	4.89	5
北部工业组团	3.80	3
长汀老城区	4.13	5

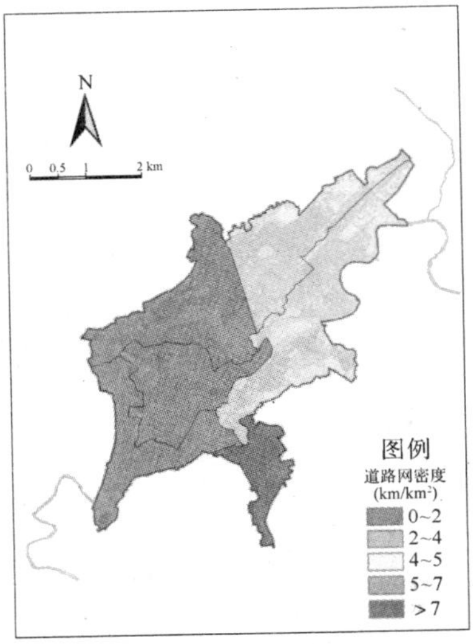

图 7－9　长汀县老城区道路密度等级图

(2) 道路面积率

对长汀县老城区各组团道路面积率进行评分(见表 7－4),并由此制作道路面积密度等级图。由图 7－10 可知,长汀老城区道路面积率水平较差,仅西南综合组团为中等水平,主要原因是长汀为山地城市,而且老城区聚集了大量人口,人口密度过高,道路限制条件较多,大部分道路宽度不足,在当地自然条件和人文历史条件的约束下,很多道路无法拓宽,只能选择合适位置尽量加密路网,在现状条件下尽量提高交通可达性,同时提高路网面积密度。

表 7－4　长汀县老城区各组团区道路面积率评分表

名　称	道路面积率	评　分
南部物流组团	1.41%	1
西南综合组团	9.03%	5
汀州古城组团	4.13%	1
东部居住组团	2.97%	1
腾飞工业组团	5.84%	3
北部工业组团	2.01%	1
长汀老城区	4.28%	1

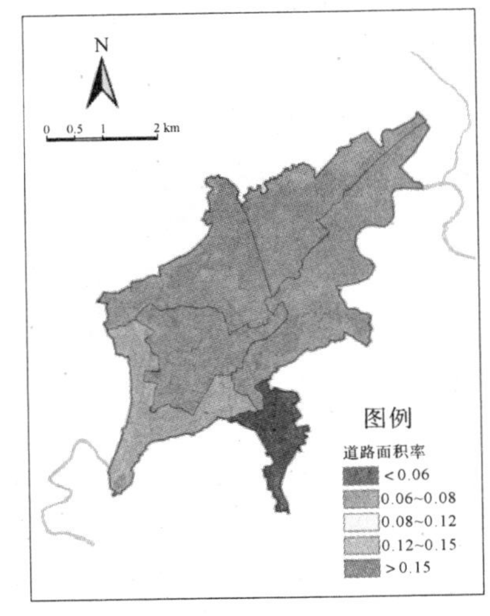

图 7－10　长汀县老城区道路面积密度等级图

(3) 人均道路面积

对长汀县老城区各组团人均道路面积进行评分(见表 7 - 5),并由此制作人均道路面积等级图。由图 7 - 11 可知,长汀老城区人均道路面积明显不足,等级水平为差,仅西南综合组团水平为较好,由道路网密度这一指标可知,长汀老城区路网密度水平为中等,但是人均面积严重不足,显然老城区人口过于聚集,道路网密度这一指标对路网产生较大的压力。

表 7 - 5　长汀县老城区各组团区人均道路面积评分表

名　称	人均道路面积(m^2/人)	评　分
南部物流组团	7.58	5
西南综合组团	18.92	9
汀州古城组团	3.45	3
东部居住组团	6.89	3
腾飞工业组团	8.84	5
北部工业组团	9.18	5
长汀老城区	7.80	5

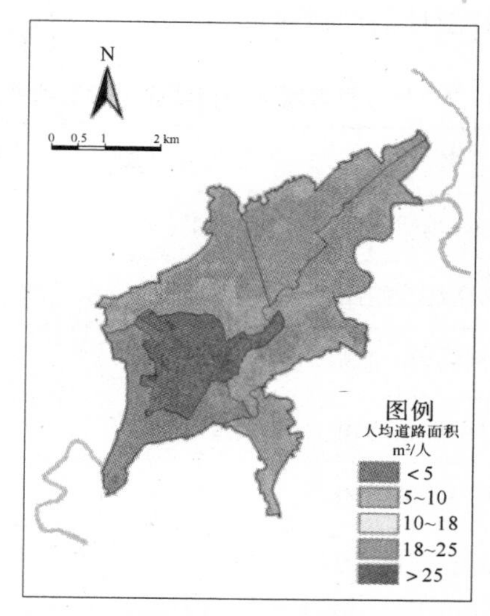

图 7 - 11　长汀县老城区人均道路面积等级图

(4) 路网连通度

对长汀县老城区各组团路网连通度进行评分(见表 7 - 6),并由此制作路网连通度等级图。由图 7 - 12 可知长汀老城区路网连通度综合评价等级为差,城区路网的成熟度不足,路网断头路较多,成网率不高。应适度加密支路网,打通断头路,提升老城路网成网率。

表 7 - 6　长汀县老城区各组团区路网连通度评分表

名　称	路网连通度	评　分
南部物流组团	1.20	1
西南综合组团	2.52	1
汀州古城组团	2.48	1
东部居住组团	2.41	1
腾飞工业组团	2.83	3
北部工业组团	2.24	1
长汀老城区	2.74	3

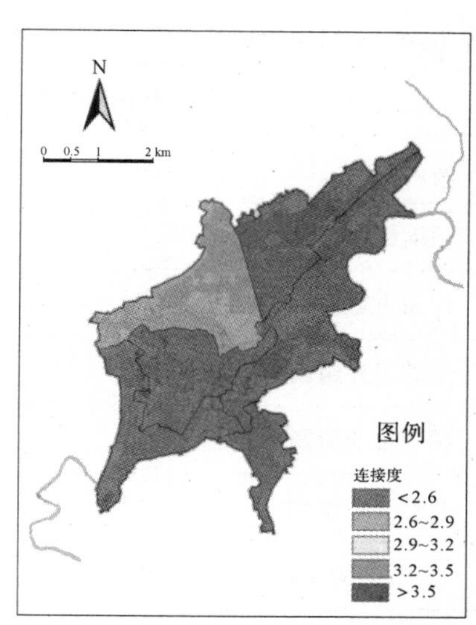

图 7 - 12　长汀县老城区路网连通度等级图

(5) 道路等级级配

这里可以通过现实级配与理想级配进行对比，采用相对值，来显示各级道路的缺乏或富余程度，从而反映道路级配总体的合理性，长汀老城区路网主、次、支路等级级配比例为 2∶3∶6，合理性评判系数 H 为 19.8%，评价等级为好。从数据上(见表 7-7、图 7-13)也可以看出，如果以主干路为基准，老城区的次干路、支路网都有待完善，支路网应该进一步加密。而分区比较则因分区尺度相对较小，小范围区域内路网等级级配不均衡的情况较为明显，应对各个分区有针对性的加强建设。

表 7-7　长汀县老城区各组团区道路等级级配评分表

名　称	道路等级级配	评　分
南部物流组团	163%	1
西南综合组团	52%	1
汀州古城组团	39%	3
东部居住组团	31.2%	3
腾飞工业组团	51%	1
北部工业组团	49%	1
长汀老城区	19.8%	7

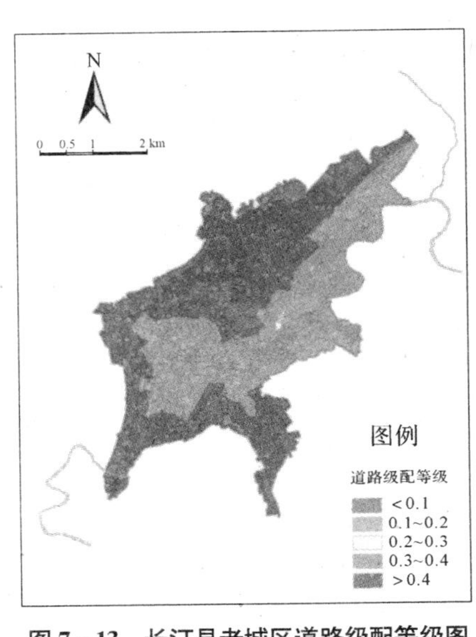

图 7-13　长汀县老城区道路级配等级图

(6) 路网非直线系数

长汀老城区(见表 7-8、图 7-14)，路网非直线系数为 1.35，评价等级为中等，各集散点之间的联系较为便捷，交通经济性尚可，而各组团内部尺度较小，非直线系数值也较低，联系较为便捷。

表 7-8　长汀县老城区各组团区路网非直线系数评分表

名　称	非直线性系数	评　分
南部物流组团	1.02	9
西南综合组团	1.26	7
汀州古城组团	1.53	3
东部居住组团	1.42	5
腾飞工业组团	1.28	7
北部工业组团	1.52	3
长汀老城区	1.35	5

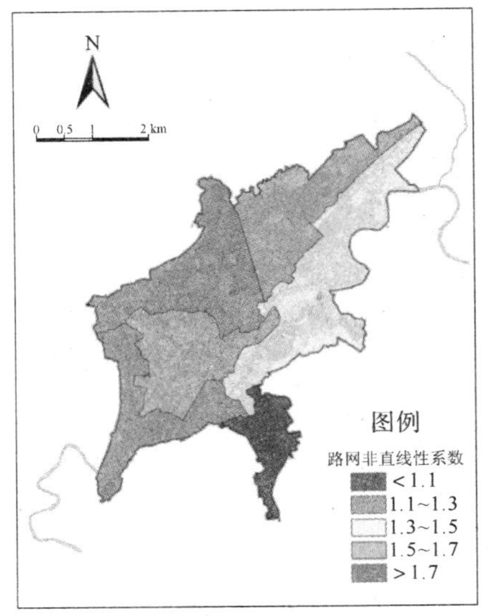

图 7-14　长汀县老城区道路非直线系数等级图

(7) 路段饱和度

对路网交通功能的评价，要充分考虑到城市用地性质对交通状况的影响，土地利用与城市交通之间存在复杂的互动关系，在宏观上表现为一种“源流”关系。土地利用与城市交通互相联系、互相影响，交通发展与土地利用相互促进。从规划的角度来说，不同的土地利用形态决定了交通发生量和交通吸引量，以及交通分布形态，并在一定程度上决定了交通结构。土地利用和城市交通作为城市系统中的两个供给子系统，为了保障城市系统的健康发展，土地利用和城市交通通过相互影响来维持城市活动对用地和交通的供求平衡。路段负荷度要充分反映土地利用对城市交通的需求关系，基于这种考虑，应该在充分考虑各地块不同土地利用的前提下进行交通出行需求预测，而为了更准确地模拟土地利用和城市交通的交互作用，还应该考虑到二者之间的相互信息反馈，这还需要进一步的研究。

因此本节对长汀道路网中的路段饱和度的计算(见图 7－15)，从城市不同地块的用地性质出发，估算地块基本的交通量的吸引(A)和发生(P)，再利用 P－A 矩阵反推 O－D 矩阵，运用四阶段法进行交通预测，得到各个路段的饱和度。

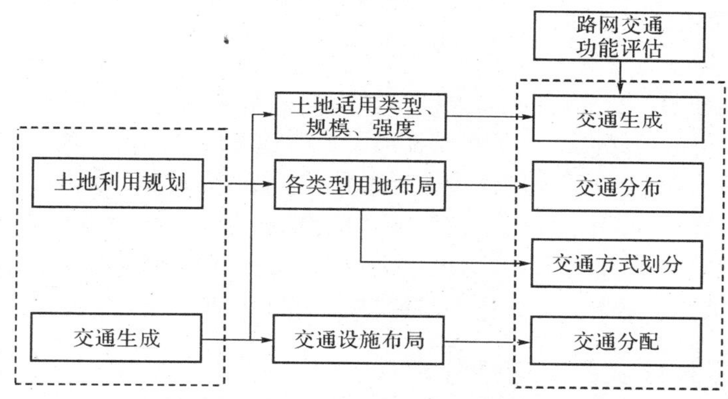

图 7－15　土地利用与交通出行需求预测关系图

由图 7－16 可知，长汀老城区的路网压力较大，服务水平较低，综合服务水平为 0.76，评价为中等。鉴于老城区内很多地段以清代、民国形成的历史街区为主，建筑密度和人口密度都很高，道路拓宽也有较大难度，在这种情况下只能在适度的交通建设规模下，控制交通需求总量，削减不合理的交通需求，分散和调整交通需求，使整个城市路网系统供需平衡，保证城市交通系统有效运行，让客货出行迅速、安全地到达目的地，缓解交通拥挤，改善城市生态环境和生活环境质量，保持城市健康有序发展。应采取交通需求管理(TDM)的引导方式，通过交通政策等的导向作用，运用一定的技术，通过速度、服务、费额等因素影响交通参与者对交通方式、交通时间、交通地点等的选择行为，使交通需求在时间、空间上均衡化，以在交通供给和交通需求间保持一种有效的平衡，使交通结构日趋合理。

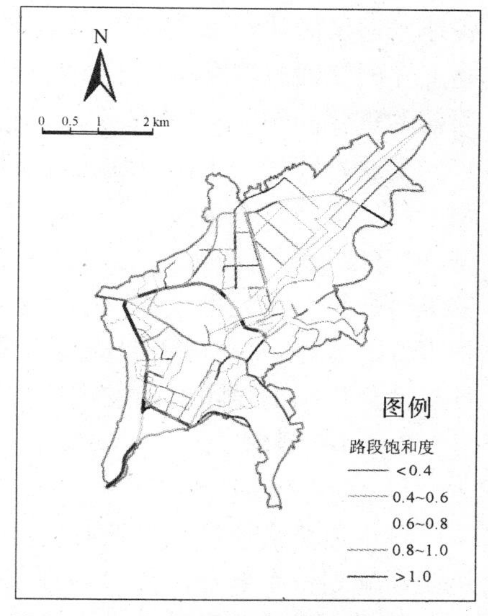

图 7－16　长汀县老城区路段饱和度等级图

为了减少长汀老城区内的交通吸引量，应结合新区开发和老城内部更新，将老城内的部分行政办公用地和公共设施用地置换到新区，疏解老城区人口，降低人口密度，一方面增加老城的开敞空间，另一方面将交通吸引量转移到老城外围的新区，缓解老城区内交通压力；调整各城市组团内部的用地构成比例，使城市的就业岗位和居住人口较为均衡地分布，尽量减少长距离的通勤出行；同时在新建区配备完善的公共服务设施和交通条件，并为居民到新区购房提供优惠措施，吸引新区居民就近就业，减少区间交通出行量。在用地规划时应尽量做到每片区交通平衡，降低跨片区的交通量，尤其避免大量交通穿过老城。

2）城市路网综合评价

将上述评价因子结果，结合表 7－2 的指标权重赋值，得出长汀老城区路网评价结果为中等，需要改善调整。根据上述单因子评价结果可知，长汀老城区道路网设施不完善，尤其是支路网需要进一步加密，同时打通断头路，让支路成网成片。而老城区过高的人口密度也为道路网带来沉重的压力，在地质条件和人文历史条件的约束下，建议采取向新区疏散人口的引导策略，降低老城区人口密度，同时结合用地性质调整使城区内就业岗位和居住人口较为均衡地分布，削减通勤交通对道路网的压力。

3）小结

随着城市化进程的不断加速，我国大中小城市都迎来了良好的发展契机，同时，不断发展的城市规模也对城市的道路交通等基础设施提出了严峻的挑战。本节提出的城市路网评价模型根据不同城市的特点，建立相应的评价指标和评价方法，为现状路网的完善提供科学依据，对改善城市交通质量，促进城市经济迅速发展，具有积极意义。同时从城市土地利用、城市交通相互影响角度和城市土地利用模式与城市交通模式特点两方面出发，充分考虑了用地对路网交通的影响，运用评价结果对用地进一步调整，促进了土地利用与交通规划协调发展。

7.2 城市交通发展模式的适应性分析

城市交通发展模式的适应性问题，归根结底是城市交通方式结构的适应性问题。在当前各地普遍崇尚建设低碳城市、生态城市，以及能源危机、气候变化问题突出的背景下，营造和建立怎样的交通方式结构以形成与社会、经济、环境、城市等相适应的交通发展模式，是摆在我们面前的重要问题，也是本节重点讨论的问题。

交通系统是一个具有随机性、动态性、模糊性和自适应性的开放的复杂系统，其中包括车辆、行人、道路以及信号灯等主体（顾珊珊等，2004）。因此，很难对其建立传统的宏观数学模型，但交通规划又必须从全局、整体出发，将交通系统视为一个相互联系的有机整体，进行全面的综合分析。在处理这样一个多主体的复杂适应性系统时，基于主体的计算机模拟、测试是一种很好的方法，它能够近似描述客观现实的情况，进而做出决策。本节尝试构建一种基于适应性多情景模拟的城市交通发展模式分析模型。

7.2.1 概念

1）城市交通发展模式

城市道路交通规划的核心内容应包括：城市交通发展模式、城市道路网供给水平和城市客运交通规划三个部分。其中，城市交通发展模式是以一种战略眼光提出未来城市交通的发展将侧重于一类或几类交通方式；城市道路网供给水平则将关注点放在道路基础设施的规划建设中，考虑在有限的道路交通用地中如何布局和配置道路网络；城市客运交通规划将在既定的城市交通发展模式下集中讨论公共交通与私人交通的发展水平和规划布局(石飞,2013)。当前,根据交通运输部与住房和城乡建设部等多部委的要求,多地开始建设公交都市,即以“公交优先”的交通发展导向为前提开展城市建设。公交都市是国际大都市发展到高级阶段,在交通资源和环境资源约束的背景下,为应对小汽车数量高速增长、交通拥堵和能源、环境危机所采取的一项城市战略。公交都市的内涵绝不仅限于从属于部门制度的“公交优先”计划,而是从城市发展的高度,并主要从物质建设层面创造一种有利于公共交通出行的城市环境(石飞,2014)。

2) 道路通行能力

城市交通规划与研究中的另一个重要概念是基于小汽车度量的道路通行能力等有关道路网容量的概念。机动车保有量是指内燃机车(包含摩托车、汽车、货车,不包含电动车)在某地区的总量。截至 2012 年底,全国机动车保有量已达 2.4 亿辆,其中汽车保有量为 1.2 亿辆。各地的各种类型机动车保有量可通过当地年鉴获取。由于机动车涵盖了各种类型客货车,如大客车、中型货车、小客车、大货车、小货车、摩托车等,因此,在交通研究中需要一种等价折算,来反映总体的机动车流量,通常以小汽车作为度量标准,引入当量小汽车概念,英文为 pcu。《城市交通规划设计规范》中明确了其他类型机动车换算成当量小汽车的换算系数,如表 7 - 9 所示。

表 7 - 9　当量小汽车换算系数

机动车类型	系数	机动车类型	系数
二轮摩托	0.4	大客车或小于 9 t 的货车	2.0
三轮摩托或微型汽车	0.6	9～15 t 货车	3.0
小汽车或小于 3 t 的货车	1.0	铰接客车或大平板拖挂货车	4.0
旅行车	1.2	—	—

道路通行能力是指道路上某一点、某一车道或某一断面处,单位时间内可能通过的最大交通实体(车辆或行人)数,用辆/h 或用辆/昼夜或辆/s 表示,车辆多指小汽车,当有其他车辆混入时,均采用等效通行能力的当量标准车辆(小汽车)为单位,即 pcu/h。根据通行能力的性质和使用要求,分成基本通行能力、设计通行能力、实际通行能力。更进一步的,一些专家提出了道路网容量的概念,后面将结合实例给予解释说明。路网容量概念及其测算方法是反推城市合理小汽车保有量的重要工具。

3) 情景分析

情景分析(Scenario Analysis)作为研究未来不确定状况的一种管理决策工具,自 1970 年以来引起人们的广泛关注(Postmaa, et al., 2005)。情景是指未来状况以及能使事态由现在向未来发展的一系列状态,情景分析就是采用科学手段对未来的状态进行描述和分析,由于未来发展存在不确定性,因此情景分析描述的是某种事态未来几种最可能的发展轨迹。由于不确定性随着时间增加,可预见性随着时间减少,因此在时间轴上,情景分析是介于预测和期望之间的区域。2000 年以来,情景分析的国际研究依然十分活跃,包括一些重要的国际学术机构(Ringland, 1998),例如 Battelle 学会(Battelle Institute, BASICS),哥本哈根未来学研究学会的未来学博弈,欧洲联合会的“因子—参与者”形成法等。如今,情景分析已被广泛应用于社会、经济、环境、地理、规划等领域,并成为展现和预测未来的重要方法。

7.2.2 关系

城市交通发展模式、城市道路网供给水平和城市客运交通规划三者之间并非孤立，城市交通发展模式影响城市客运交通规划，城市客运交通规划指导城市道路网供给水平，城市道路网供给水平则因其容量限制而反作用于城市交通发展模式(见图 7-17)。因此，三者相互之间存在着一个适应性，一方打破适应性则城市交通发展将面临困境。另一方面，城市交通规划的目标之一是交通供需平衡(但不仅限于此)，这说明道路设施的供给方与客运交通的需求方之间也存在一个适应性，这一适应性被打破则交通供需失衡。事实上，城市交通的适应性问题所涵盖的内容十分广泛，从社会、经济、区域等视角仍有对城市交通适应性的更为全面的定义，但本书并非仅仅讨论城市交通，因而并未从这些角度展开。

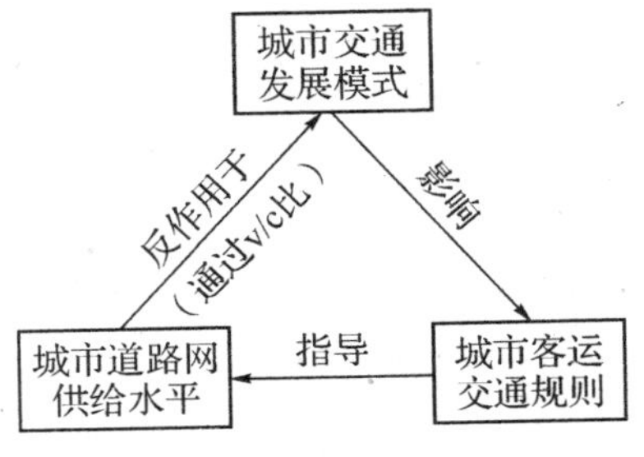

图 7-17 城市交通发展模式等三者间关系图

理论上，道路通行能力与混合车种有关，大型车辆与小型车辆、货车与客车的行驶特征均有较大差异，而这些差异性是影响道路通行能力的重要因素之一。但由于最终都将转换为单位小汽车 pcu，因此，仅从道路通行能力难以看出该概念和具体数字中的混合车种特征，也无法得出道路通行能力与交通方式结构的关联性。而另一方面，通过表征服务水平的 v/c 比，即交通量/通行能力比值或饱和度，可以通过反推来探讨交通方式结构。通常情况下，道路路段的服务水平要求 v/c 比在 0.6～0.75 之间，即属 C 级服务水平，那么当道路通行能力一定、并运用同一 OD 表进行分配时，决定 v/c 比的关键在于交通量中的车种构成。当车种构成中公共交通占多数时，v/c 比较小，即服务水平较高，而当车种构成中小汽车占多数时，v/c 比较大，也即服务水平较低。后面的实例将采用此种关系讨论城市交通发展模式。

7.2.3 函数

本书城市交通发展模式的定义说明其总体上是一个相对离散的变量，如侧重于发展小汽车，侧重于发展公共交通，或者小汽车与公共交通发展兼顾。因此，适应性视角下的城市道路交通规划首先可以城市交通发展模式为切入点，并将其划分为若干个发展情景，然后在各个情景下进一步剖析交通供给与需求的适应性问题，通过测试分析指出合理的发展情景。适应性分析方法框架图如图 7-18 所示。

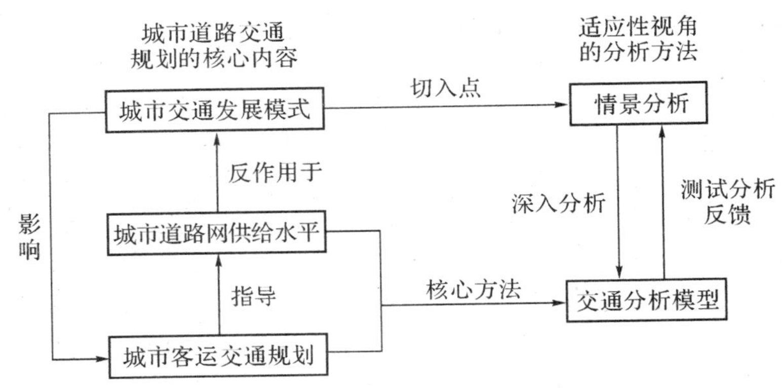

图 7-18 适应性分析方法框架图

交通分析模型将使用经典的“四阶段”预测方法，具体是指：在居民出行 OD 调查的基础上，开展现状居民出行模拟和未来居民出行预测。其内容包括交通的发生与吸引(第一阶段)、交通分布(第二阶段)、交通方式划分(第三阶段)和交通分配(第四阶段)。从交通的生成到交通分配的过程，因为有四个阶段，所以通常被称为“四阶段”预测法，过程示意图如图 7-19 所示。

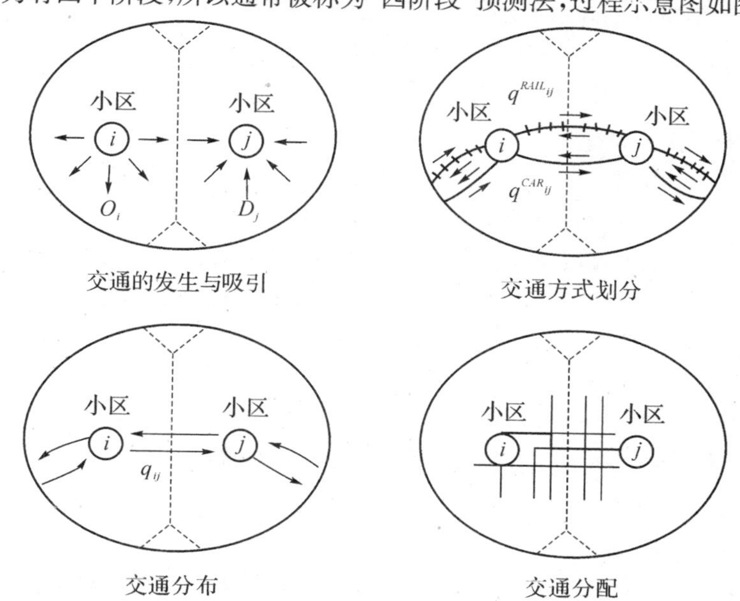

图 7-19 “四阶段”预测法示意图

各阶段交通模型构建如下：

(1) 交通生成预测

交通生成预测包括出行发生量和吸引量预测，出行发生量预测采用原单位法：

$$P_i = \sum_k R_{ik} T_{ik} \tag{7-10}$$

式中：P_i 为交通区(Transportation Analysis Zone) i 的出行发生量；R_{ik} 为交通区 i 出行目的 k 的出行率；T_{ik} 为交通区 i 出行目的 k 的人口数。

出行吸引量预测采用吸引率法，建立吸引量与人口、就业岗位间的线性关系：

$$A_j = \alpha \cdot T_j + \sum_k \beta_k \cdot E_{jk} \tag{7-11}$$

式中：A_j 为交通区 j 的出行吸引量；T_j 为交通区 j 的人口数；E_{jk} 为交通区 j 岗位 k 的数量；α、β_k 为关联系数。

除了按上述公式之外还需对具有特殊活跃性的地区(如重大商业区、交通枢纽等)考虑加入特殊的核心地区系数。

(2) 交通分布预测

居民出行分布预测是以现状 OD 调查资料为基础，标定某种形式预测模型的待定参数，然后将发生、吸引量代入模型计算出 OD 分布值。交通分布预测一般有增长系数法和重力模型法，通常利用双约束重力模型进行交通分布预测。模型结构如下：

$$T_{ij} = a_i P_i h_j A_j f(d_{ij}) \tag{7-12}$$

守恒法则(即约束条件)：$\sum_j T_{ij} = P_i, \sum_i T_{ij} = A_j$

式中：T_{ij} 为由交通区 i 发生并吸引至小区 j 的出行量；P_i 为交通区 i 的发生量；A_j 为交通区 j 的吸引量；$f(d_{ij})$ 为阻抗函数，反映交通区间交通便利程度的指标，是对交通区间交通设施状况和交通工具状况的综合反映，一般取 $f(d_{ij})=d_{ij}{}^{-\alpha}$，也可利用指数函数、Gamma 函数和瑞丽函数(石飞，2008)；d_{ij} 为交通区 i 与交通区 j 之间的出行效用，也可用距离和广义费用表征；α 为待定参数；a_i 和 h_j 为模型平衡系数。

(3) 交通方式划分预测

一般采用定性与定量相结合、宏观与微观相结合的方法。

宏观预测：宏观上考虑该城市现状居民出行方式结构及其内在原因，定性分析城市未来布局和规模变化趋势、交通系统建设发展趋势、居民出行方式选择决策趋势、各种交通方式的运能等，并与同类城市进行比较，定性判断未来各种交通方式所承担的出行比重，用来控制各方式的出行总量。

微观预测：计算在不同交通条件和出行距离等情况下小区间各种出行方式的比重。步行采用转移曲线模型确定；出租车采用组团内部与组团间的不同比例确定；对于自行车、小汽车和公共交通则采用三类方式竞争模型法确定。

竞争模型法的基本思路是：分别建立自行车、综合公交(含轨道)和小汽车的道路网络，得到三类方式的时间最短路径矩阵，并考虑到公交的换乘时间、两端步行时间和票价，统一换算为价值后，采用改进的 Logit 模型来确定：

$$P_{ij}^k = \frac{e^{-\theta C_{ij}^k / C_{ij}}}{\sum_{m=1}^{3} e^{-\theta C_{ij}^m / C_{ij}}}, (k = 1,2,3) \quad (7-13)$$

式中：P_{ij}^k 为交通区 i、j 间 k 方式的出行比例；C_{ij} 为交通区 i、j 间的平均出行费用；C_{ij}^k 为交通区 i、j 间 k 方式的出行费用；θ 为待定参数。

(4) 交通分配

将交通分布和交通方式划分预测的结果依据某种规则分配在规划路网上，并依此评价路网(含路段和交叉口)的负荷水平。通常采用的分配方法如非平衡分配模型和平衡类分配模型，可利用 TransCAD、Emme/3 等交通软件进行分配。非平衡交通分配一般采用多路径—容量限制分配法，平衡类的交通分配过程中则需满足两个 Wardrop 原理，具体理论方法可参见相关文献。

7.2.4 实例

1) 南京简况

南京地处中国东南、长江三角洲西端，是位于我国东中部交界、并与沿江发展带相交汇的唯一一个省会城市，处于国家沿长江和东部沿海"T"型经济发展战略带的结合部、长江三角洲与中西部地区的交接点，是我国东西、南北交通大动脉交汇点上重要的交通枢纽城市。南京社会经济持续稳定快速增长，已进入工业化中后期阶段。

近年来，南京城市规模快速扩张(见图 7－20)，2007 年南京城市建设用地 760 km^2，其中市区城市建设用地达到 682 km^2。南京经历了改革开放前的老城到 2000 年以前的主城，2000 年以后真正跳出了主城，开始了都市发展区的建设历程，2000 年以后是南京城市发展最快的时期，年均增长建设用地约 40 km²。

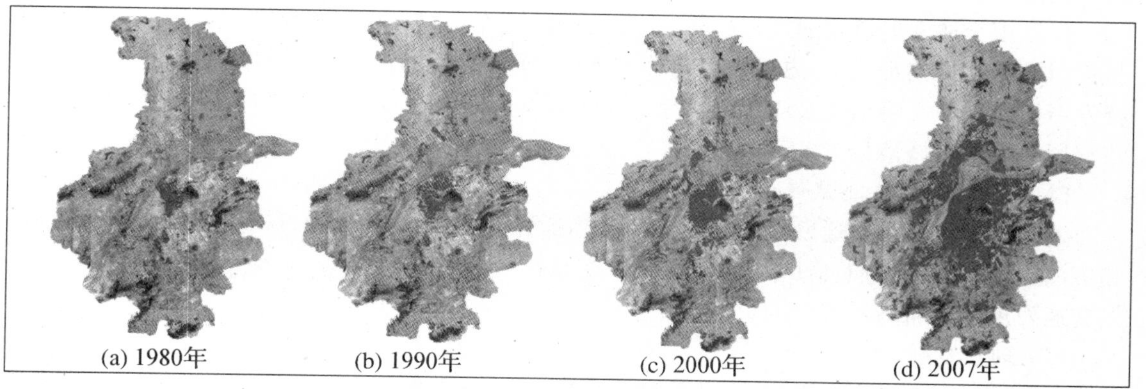

图 7-20 南京城市建设用地拓展图(1980、1990、2000、2007)

目前南京中心城区的"一城三区"战略初见成效，都市发展区框架初步拉开(见图 7-21)。城市发展逐步跳出老城，河西新城、仙林新市区、东山新市区、浦口新市区成为城市发展的重心。河西新城已经初步发展成为一座集商务、文体、居住、旅游为一体的现代化新城区；仙林新市区目前已经初步形成南京发展高等教育和高新技术产业为主、集中体现现代城市文明和绿色生态环境协调发展的新市区；东山新市区已经初步发展成为一个集教育科研、知识创新和高新技术产业基地以及山水城林融为一体的花园式新市区；浦口现代化滨江新市区已初现雏形。2007 年三个新市区建设用地 165 km²，占都市发展区建设用地的 24%。

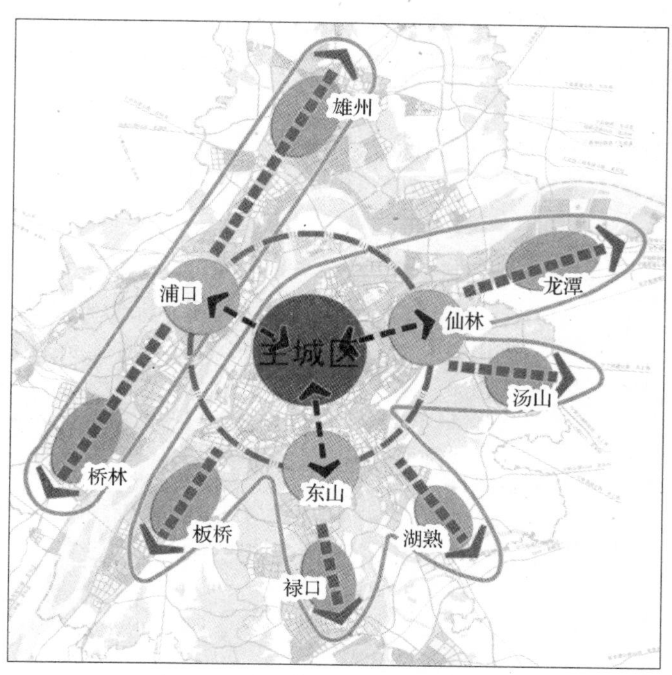

图 7-21 都市区城镇格局

紧接着，南京近远期应该选择什么样的交通发展模式？是维持现状任由其继续发展，还是有目标的内涵式发展？抑或是大规模进行道路建设以支撑小汽车的高度发展，还是积极推进公交优先、大力发展公交特别是大容量的轨道交通以确定公交主导地位？这需要作出选择。

南京市交通发展模式的规划选择，一方面可以通过对城市和交通现状的解读、发展趋势的把握得到定性的判定；另一方面在多个情景下，开展针对性的定量模型测试，进一步修正和选择发展模式。下文将结合2010版的《南京市综合交通规划》，说明如何通过测试评价来选择城市交通模式的发展情景。

2）近期交通发展测试评价

通过对现状城市交通发展问题的梳理和趋势的把握，构建不同的近期交通发展情景，建立相应的交通模型，通过对应的测试结果分析南京市近期（2015年）交通运行特征，指导南京近期交通发展的策略与政策导向。

（1）现状发展态势

首先，总结与归纳现状城市交通发展速度和投资力度，便于对未来城市交通发展方向的把握和交通模型测试情景的设定。

①公共交通投入力度

a. 常规公共交通投入缓慢，每年投入主要表现在增加部分新的线路，新增车辆有限；原有线网功能不清，整体效益较差；公交优先措施不到位。

b. 轨道交通建设力度跟不上城市空间迅速拓展，跟不上外围人口特别是副城人口的快速增长。据统计，2001—2008年南京主城区公共交通（包括轨道交通）的出行比例一直维持在20%左右，甚至呈略降趋势，公共交通总客运量增长极其缓慢。

②城市道路建设力度

a. 快速路建设滞后，疏解能力严重不足，特别是外围副城进入主城的通道交通拥堵严重。

b. 地面干道功能混杂，地铁以及相关道路的改造施工围挡对分流道路造成较大冲击，特别是老城交通不堪重负。

c. 次干道、支路网严重短缺，不成系统。

从2006年至今，南京道路总长度一直维持在5 200 km左右，新建道路较少，主要用于现有道路的改造上。

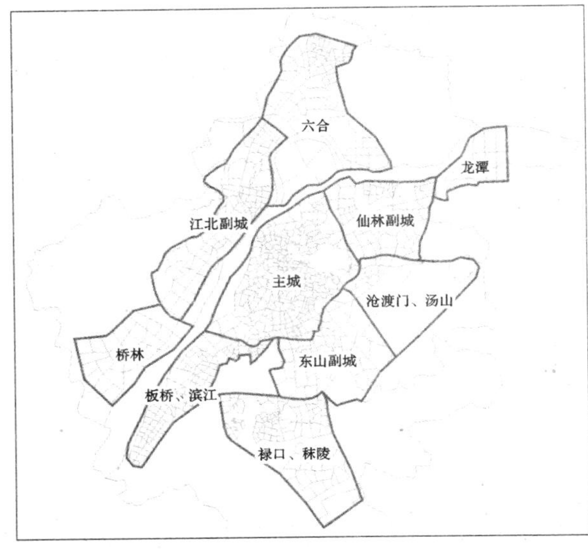

图7－22　都市区交通大区及小区的划分

（2）基础数据分析

测试前提条件包括构建模型的基本要素，主要有交通分析区划分、人口与就业岗位预测、道路网络以及公共交通网络（常规公交＋轨道交通）的设定。交通区的划分如图7－22所示。道路网络和公共交通网络参考规划网络并依据测试相关情景设定进行调整。

①人口与就业岗位预测

人口预测：根据现状城市城镇人口数量与城市总体规划所确定的远期2020年城镇人口总量进行插值计算，得到近期2015年城市城镇人口数量及其分布（见表7－10）。

表 7-10 现状及近期城市城镇人口数量及分布

年份	老城区	主城区	三大副城	其他新城	都市区(合计)
2007 年	规模(万人)	360	113	107.4	580.4
	分布(%)	62.0	19.5	18.5	100
2015 年	规模(万人)	372	218	150	740
	分布(%)	50.3	29.4	20.3	100

(注:如未标明,本章南京市的人口及岗位等基础数据均来自 2010 版的《南京市综合交通规划》,南京市城市与交通规划设计研究院有限责任公司。)

岗位预测:基于现状就业岗位分布情况及各类产业用地类型的就业岗位密度(见表 7-11),预测 2015 年南京市常住人口(不包括大中专学生)就业率约为 57%(现状就业率约为 60%),就业岗位总量约为 401 万个。

表 7-11 近期人口数量与岗位分布关系

项目	主城区	三大副城	其他新城(镇)	都市区(合计)
人口规模(万人)	354	200	150	703
岗位规模(万个)	220	96	85	401
岗位人口比(就业率)	62.22%	48.20%	56.40%	57%

近期,随着城市空间的迅速拓展,外围地区特别是三大副城的人口数量增长迅速,而主城功能难以快速疏散到副城,造成了职居分离现象更加严重。

②出行率与出行量预测

结合现状居民出行特征,预计近期主城区居民平均出行次数约为 2.72 次/日,外围地区居民平均出行次数约为 3.2 次/日,出行总量约为 2 081 万人次/日;流动人口按照出行率 3.0 次/日计算,总出行量约为 232 万人次/日。

(3) 测试情景设定

在这里,依据城市交通不同的发展力度,设定了三种主要测试情景,通过模型测试分析,可以把握在三种不同的发展背景下城市交通的运行状况如何,以便于制定合理的城市交通发展政策。

①情景一:维持现状。

维持现状的交通基础设施不变,测试现状的交通设施对近期 2015 年城市交通需求的适应性。

②情景二:增加快速路建设,地铁 3 号线与西延过江线建成。

维持现状的发展力度,同时加大快速路的建设步伐,提升主城区的快速疏解能力,并且地铁 3 号线与西延过江线也于近期建成通车,测试在此背景下,近期城市交通运行状况如何。

③情景三:重视发展公共交通,特别是大容量的快速轨道交通,加大轨道交通的投资力度,尽快使地铁 4 号线、5 号线开通。

情景三是在情景二的基础上,更加重视公共交通的发展,注重常规公交线网的优化,加大轨道交通的投资力度,使地铁 4 号线与 5 号线相继开通。

三种发展情景下的道路交通资源配置情况如表 7－12 所示。

表 7－12　近期城市发展趋势测试背景

基础设施		现状	情景一	情景二	情景三
公共交通	运营车辆投入	(5 791 辆)年均新增约 200 辆	维持现状不变	维持现状发展力度	积极开展近期线网优化,整合公交资源,提高公交运行效率
	新线开辟	(日间线路 371 条)年均新开线路 10 条	维持现状不变	维持现状发展力度	
	线网优化措施	无	无	无	
	公交专用道开辟	(103 km)年均新增加 9 km	维持现状不变	维持现状发展力度	按照公交专用道规划落实
	轨道交通	21 km(1 号线)	83 km(1 号线及其南延线、2 号线及其东延线)	138 km(1 号线、2 号线、西延过江线)	208 km(1 号线、2 号线、3 号线、西延过江线、4 号线、5 号线)
道路建设	快速路建设	“井”字已经形成,部分放射快速路正在改造	维持现状,部分改造放射线建成	“井”字放射线建成、主城内组团快速联络线建成	“井”字放射线建成、主城内组团快速联络线建成
	跨江通道	3 条	6 条	6 条	7 条

(4) 测试结果分析

依据“四阶段”预测法对以上三种设定的情景进行测试,并与现状相应的指标进行对比,分析不同发展情景下城市交通的运行情况,直观地反映城市交通的改善程度。

下面将从公共交通分担率、主城交通运行状况、主城与副城联系通道交通运行状况等三方面来进行对比分析相关测试结果(见表 7－13)。

表 7－13　不同情景下主城指标测试结果

主要评价指标	现状	情景一	情景二	情景三
主城内公共交通的出行比例	21.80%	22.31%	25.18%	30.48%
外围通道公交比例	58.90%	54.12%	61.02%	64.41%
轨道交通占公共交通的出行比例	9.0%	16.2%	23.8%	29.5%
中心城区居民通勤出行平均时耗(min)	31	39.1	32.6	29.46
老城干道平均饱和度	0.95	1.15	1.01	0.91
老城干道平均车速(km/h)	16.4	13.7	15.4	17.0
外围通道饱和度	0.98	1.03	0.96	0.9

①公共交通分担率

情景一:如果维持现状交通基础设施不变的话,公共交通分担率仍将维持低水平,地位将更加边缘化,公交主导地位荡然无存,而在外围通道上,小汽车出行比例已经接近 50%。

情景二:即使积极推进了轨道交通建设步伐,地铁 3 号线与西延过江线建成,外围副城进城通道公交比例逐步处于主导地位,但主城内公共交通比例提高有限。

情景三:加快实施常规公交线网优化、大力发展轨道交通,公共交通比例特别是轨道交通的分担率均得到了明显提高。

②主城交通运行状况

情景一:城市交通拥堵将进一步恶化,主城区与老城范围内交通拥堵将更加严重,中心区居民出行时间居高不下,平均通勤出行时间成本高达 39 min。

情景二:即使加快了快速路的建设步伐,并且积极推进了轨道交通建设步伐,主城交通压力得到适度缓解,但老城范围内交通压力依然严重。

情景三:主城交通压力有明显缓解,但老城的交通拥堵改善程度并不乐观(见表 7-14)。

表 7-14 不同情景下主城道路运行指标测试结果

测试情景	主城干道平均饱和度	老城干道平均饱和度	主城区平均车速(km/h)	老城区平均车速(km/h)
情景一	0.95	1.15	23.8	13.7
情景二	0.91	1.01	26.1	15.8
情景二	0.85	0.91	28.7	17.0

③主城与副城联系通道交通运行状况

情景一:外围通道已经超饱和,交通拥堵严重,特别是东山、江北方向交通拥堵更加严重。

情景二:主城快速放射集散通道的建设以及轨道交通延伸到外围副城,使得外围副城进城通道交通压力适度缓解,但老城范围内交通压力依然严重。

情景三:进一步推进骨干轨道交通的建设,外围副城均通有两至三条轨道线路,外围副城进城通道交通压力有明显缓解(见表 7-15、图 7-23~图 7-25)。

表 7-15 不同情景下主城与副城联系通道高峰时的小时饱和度

关键界面	情景一	情景二	情景三
主城-东山及南部地区	1.11	1.04	0.93
主城-板桥及南部地区	0.86	0.84	0.83
主城-仙林及东部地区	0.98	0.93	0.88
主城-江北地区	1.15	1.05	0.91

图 7-23　情景一测试结果

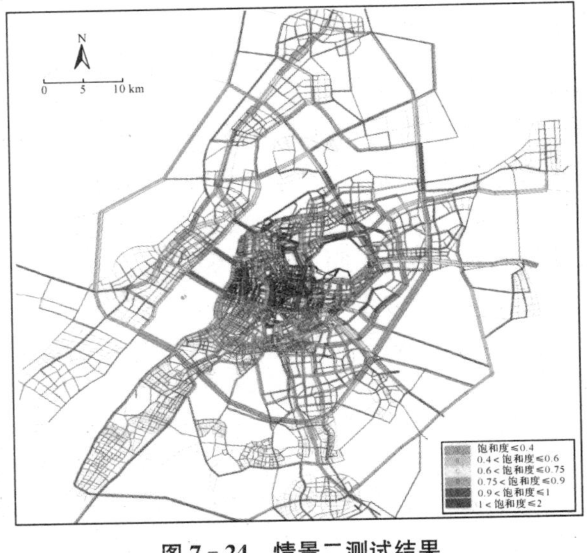

图 7-24　情景二测试结果

通过对比分析，如果依据现状基础设施发展下去，随着城市人口的快速增长，空间迅速拓展，交通拥堵愈加严重；而在短时间内，如果加快快速路的建设，并且按照轨道建设计划建成地铁 3 号线与西延过江线，交通运行状况会有所改善，然而交通拥堵依旧严重；而大力发展公共交通，特别是轨道交通建设(4 号线与 5 号线建成)，交通将有明显改善，但老城的改善效果并不乐观(这可能是其他方面如就业岗位高度集中等因素所导致，在道路交通层面难有大的改观)。

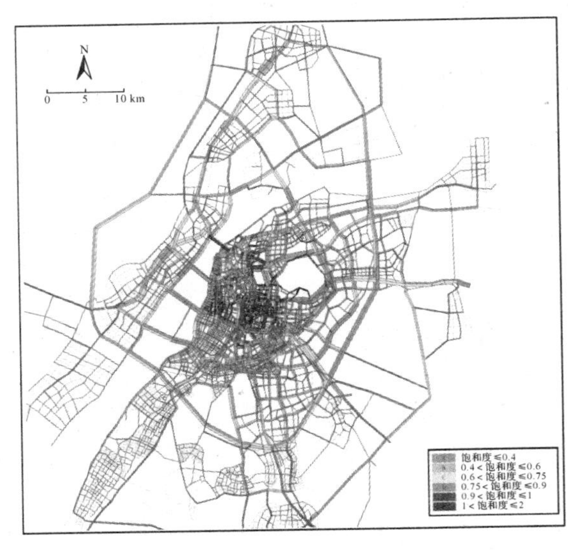

图 7-25　情景三测试结果

三种情景中情景三的发展态势相对最为乐观，应作为近期的主导发展目标。

3) 小汽车使用的管控政策机制

本节将通过道路网容量分析测算远期规划道路网络能够满足的机动车需求。

(1) 道路网容量分析

1980 年代初，法国的工程师路易斯·年马尚提出了“城市的时间与空间消耗”的概念(陈春妹等，2002)。这一概念抓住了问题的实质，即城市路网在一定时段内的物理容量是受时间、空间限制的。这样，很自然地将路网看成是一种具有时间、空间属性的容器，而该容器在一定时段内的容量就是路网的容量。更准确地说，路网容量是指城市道路路网在高峰小时实际允许承载的机动车总数。据分析，影响城市道路网所能适应的机动车发展规模的主要因素包括道路交通流中外地车比例、机动车(主要是私人小汽车)高峰小时出车率、路网等级规模以及路网服务水平等等。

城市道路网中不同类别、不同等级的道路，其作为交通资源的使用效率存在着明显的差异，在道路总面积或总里程一定时，不同的路网等级结构对应不同的路网容量，路网容量与路网服务水平密切相关。路网容量计算模型为(杨涛，1992)：

$$C_{\lambda} = \sum K(i) \cdot L(i) \cdot \mu(i) \tag{7-14}$$

式中：C_{λ} 为对应路网服务水平为 λ 时的路网容量，当量小客车；$K(i)$为对应路网服务水平为 λ 时的车流密度；$L(i)$为第 i 类道路总车道里程；$\mu(i)$为第 i 类道路时空资源的综合利用系数。

城市路网等级 i 分为快速路、主干路、次干路及支路。

其中：

$$K(i) = \lambda C_0(i) / [U_0(i) \cdot (1 - 0.94\lambda)] \tag{7-15}$$

式中：$C_0(i)$为第 i 类道路单车道通行能力；$U_0(i)$为第 i 类道路设计车速。

机动车高峰小时出车率：针对南京不同机动车使用模式提出三种出车率，即鼓励型(假设机动车高峰小时出车率为 50%)、竞争型(25%～30%)和限制型(15%)。

外地车比例：随着市际间物质、经济、文化交流的加强，城市道路交通流中外地车所占比例将会进一步升高。尤其是南京作为省会城市，旅游交流、经贸往来逐年频繁。因此南京市的外地车比例也将高于国内其他同类城市，取 20%左右。

根据道路网络规划方案(见图 7－26)和参数取值(篇幅所限，参数取值详见交通工程等相关文献)，按照 0.75 的饱和度服务水平测算 2020 年主城区规划路网高峰小时机动车实际容量约为 24 万 pcu。

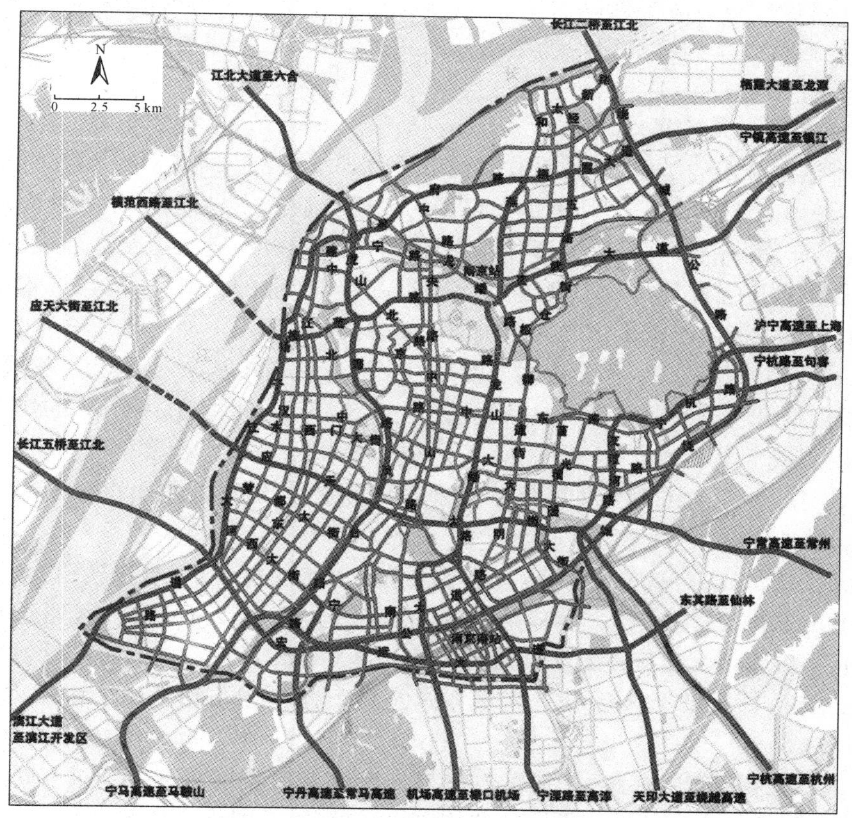

图 7－26 南京市主城区快主次干路网规划图

(2) 道路网络容量限制下的机动车保有量与出车率

城市路网的交通体系能否正常运转，归根到底是路网容量和交通需求之间的容量平衡问题，路网容量成为制约城市机动车发展规模的关键因素，为了使路网的运营效果达到最佳，必须使城市机动车发展规模和路网容量相适应。

机动车限制保有量是指城市现状或规划道路网在一定服务水平下允许城市拥有的最大机动车辆数，它可作为制订城市机动车发展规模的参考依据。采用0.75的道路网总体服务水平系数，在外地车比例占20%的前提下，不同小汽车使用率(即出车率)所对应的小汽车保有量差别很大，见表7-16。

表7-16　主城区模型假设路网所能适应的机动车发展规模　(单位:万pcu)

机动车发展规模 / 出车率 / 外地车比例	15%	20%	25%	30%	50%
20%	128	96	77	64	38

随着机动车使用限制措施的加强及机动车高峰小时出车率的降低，主城区所能适应的机动车发展规模迅速提高，同样的道路设施前提条件下，计算结果相差3～4倍。因此路网容量仅是机动车发展规模的一个参考因素，而不是决定因素。

虽然模型设置路网的容量可以满足较高的车辆拥有和使用水平，也必须开展交通需求管理，尤其是在核心建设区域和特定区域需引导小汽车的合理使用。2015年南京主城区机动车发展规模约为100万，根据以上分析，高峰小时出车率应控制在20%以下。因此，从提高南京主城区通行效率和降低交通拥堵水平的角度，基本上不难看出在主城区实施限号通行措施的必要性。

4) *南京城市交通发展模式分析*

国内外发达大城市的经验表明:要适应城市开敞式发展的空间结构的拓展，缓解通道机动车交通压力，必须确立公共交通，特别是大容量的轨道交通的主导地位，尤其是南京这样一个通道资源有限、自然阻隔(跨江、跨河、跨山)明显的城市，积极推进轨道交通建设、加快常规公交的优化和辐射范围已经显得刻不容缓。但是国家汽车产业的振兴，小汽车进入家庭的门槛逐步降低，小汽车快速增长所带来的问题也需要认真面对。

因此，经过以上相关分析，得到近远期南京市交通发展模式基本内涵:公共交通必须优先、加快发展，积极推进轨道交通建设、加快常规公交的覆盖范围和力度;小汽车的快速发展不可避免，需要积极控制与引导。

南京市建立以轨道交通为骨干的公共交通体系为主导，适度控制小汽车发展的多方式协调模式已经刻不容缓。

(1) 公共交通优先:打造公交都市，加强公交优先发展力度，积极推进轨道交通向副城、新城的辐射力度，都市区公交分担比例应达到30%～35%，跨江、跨河、跨片区通道公交分担率达70%左右，其中轨道交通应占公交交通的70%以上(见图7-27)。通过有针对性的打造直达公交、快速公交、社区巴士、循环巴士的多方式公共交通，提升城市机动性和公共交通可达性(石飞，2013)

(2) 小汽车适度控制:以绿色交通为发展导向支撑城市发展目标。针对不同区域的资源条件、不同出行时段的交通特性和不同目的的出行需求，以差别化供给方式提供多样化的交通

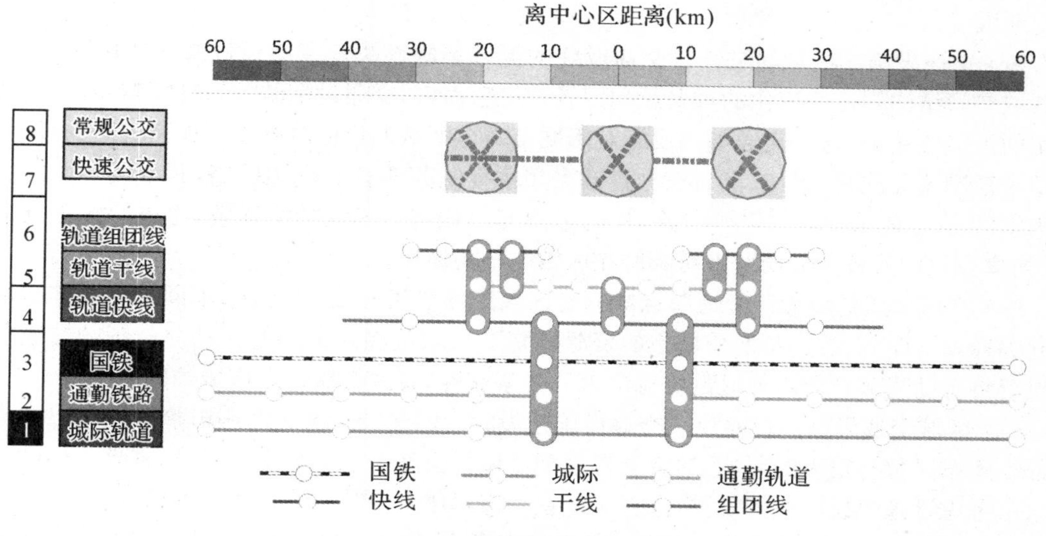

图 7-27 公交都市的多层次公交体系

服务,以有效的需求管理政策和手段对小汽车交通需求实施控制与调节,加快道路网建设力度,尤其是加快外围快速路的建设步伐,实现路网体系的畅达和谐。主城区小汽车早高峰出车率应低于 20%。

(3) 多方式协调:满足城市发展目标的实现和居民出行的多元需求,创造公交导向、步行优先,各种交通方式平衡发展、相互尊重、有机相融的交通结构。

7.3 交通可达性分析模型

城市的经济发展与其依托的区域的发展环境密切相关,这种关联在空间上主要通过交通系统来体现。交通系统利用其输送和集散功能使城市与区域之间实现要素流动,从而将城市纳入到区域系统之中,使城市参与到区域发展的某一环节,形成其特有的区域地位。因此,从城市与区域统筹发展的视角来看,城市的发展定位必须建立在对自身与区域空间联系的认知基础上,其关键就是交通系统的空间连接,而交通可达性正体现了这种以交通系统为连接的不同空间位置间的联系,为测度城市与区域空间活动的时效性提供了有效的方法。

城市在区域中所处的交通区位很大程度上决定了其区域地位,从而影响城市未来的发展方向和战略目标。从长远意义上来说,交通可达性分析是判断城市区位现状以及未来趋势的重要依据,有利于对城市在区域内空间和产业中所扮演的角色进行综合把握和判断,对未来的发展作出合理的预期与评判。

7.3.1 概念

地理本体是本体论用于描述地理信息而形成的理论。在继承一般本体的基本特征基础上,地理本体又形成了其独有的特征:它重点描述与空间位置有关的地理对象,且更多将其概念中的实例与地图上某一要素联系起来(陈婷,2009)。

1) 交通系统

从地理本体的视角理解交通可达性,可以认为交通系统是其研究的地理本体,主要包括 4

个交通因子，具体如下：

(1) 交通设施的区域稀缺性。交通设施的区域稀缺性决定了交通设施被使用的强度，它是区域空间结构构建和演化的重要影响因子。一般而言，交通设施的"稀缺性"越高，人们选择使用的可能性越大，这一交通基础设施对于城市乃至区域的价值就越高。如京沪高铁，作为第一条大范围覆盖北京、天津、上海三大直辖市和冀鲁皖苏四省的高速铁路，其方便快捷的优势成为沿线地区交通运输的重要线路，从而承担起沿线省市极大的交通量，也进一步提升了北京、天津、南京、上海等沿线城市对其所在区域的影响地位。

(2) 交通节点的设置。交通节点影响着区域内部空间的结构、层次，不同节点的连接形成不同路径和方向的线路，从而使城市的资源要素在区域范围内聚集并流动。合理的交通节点的设置将有助于节点周边地区的资源集聚和要素流通，并提升城市在区域中的经济地位。

(3) 区域交通设施建设时序。交通设施建设时序的决策对区域内城市等级结构以及城市内部空间布局都有很大的影响，通常会考虑到区域社会经济活动的交通需求，根据具体的交通需求来考虑设施建设的时间安排，这也正是在一定程度上反映了建设时序的差异。

(4) 区域间交通方式组合便捷度。在区域交通中，较多使用的交通方式主要有铁路(包括高速铁路)、公路(包括高速公路)、航空、水运(河运与海运)。其中，公路和铁路都属于陆上运输方式。公路运输是指在公路上运送旅客和货物的运输方式，其载运工具主要为汽车，运送速度快，载重量较小；铁路运输是以机车牵引列车在铁轨上行走，火车是铁路运输的主要工具，运行速度快，载重量较大。水运是使用船舶运送客、货的一种运输方式，水体既可以为湖、海，也可以是江河、运河，其运行速度最慢，适宜承担大数量、长距离的运输。航空运输则是指使用飞机、直升机及其他航空器运送人员、货物、邮件的一种运输方式，在所有交通方式中运行速度最快，但经济成本高、载运量小(胡明伟，2010)。从西方发达国家的发展经验看，铁路和水运在工业化初期对区域发展发挥了巨大的带动作用，在后工业化时代，高速公路与机场渐渐取代了铁路成为区域发展的重要脉搏(姚士谋等，2001)。中国当前处于工业化转型时期，且受到信息化、全球经济一体化等现代经济的冲击，铁路与高速公路同时对区域和城市的发展具有重要作用，而水运和航空则影响程度相对较弱。区域交通方式组合便捷度取决于区域内各种交通方式的完备度和不同交通方式之间的结合度，区域内各种交通方式越完备，各种交通方式之间的结合度越高(所花费的时间成本越低)，区域间交通方式的组合便捷度就越高。

根据以上交通因子的概括，可以得出交通系统的基本概念：各种交通方式在社会化的运输范围内和统一的运输过程中，按其技术的经济特点组成分工协作、有机结合、连接贯通、布局合理的交通运输综合体(孛·毕理克巴图尔，2012)。从社会经济因素方面来讲，交通系统的本质应该是运输效用最大而资源消耗最少(杨勉，2008)，而交通可达性分析是衡量交通系统空间效率的重要指标。

2) 交通可达性

在理解交通可达性的概念之前，还需要对可达性的概念和内涵建立初步的认识。实际上，与可达性相关的概念由来已久。正如卡尔奎斯特(Karlqvist)所说的那样："通过最小的活动量，获得最大的接触机会，是人类活动的基本规律，而可达性是刻画这一基本规律的关键概念"(Karlqvist, et al., 1971)。在区域尺度，可达性是空间经济结构再组织的"发生器"(Mackiewic, et al., 2003)，可达性的概念在区域地理学理论里也以区位论的方式出现。在城市内部小尺度层面，Shen(1998)将城市空间定义为居民与他们的社会经济活动间一系列的地理关系的整合体，可达性则作为衡量这些地理关系深度和广度的指标。美国综合社会科学空间中心(CSISS)认为，对可达性概念和方法的分析是理解社会、经济和政治观点的基础(Kwan，et al.，2003)。

Hansen(1959)提出了可达性的概念，将其定义为交通网络中各节点相互作用机会的大小。Goodall(1987)将可达性定义为一个空间位置对于其他的空间位置而言其能够被到达的难易程度，而不是在物理学上其有多远。更进一步的，与空间距离不同，可达性可以被定义为与特定的经济、社会机会要素及其所在位置相接触或互动的能力(Deichmann，1997)。尽管学者们在可达性的精确定义上仍然难以达成一致意见，但是他们普遍认为交通系统将可达性的基本含义与个体在空间中移动的能力联系起来(李平华等，2005)。

综合交通系统的本体认识以及可达性的概念认知，可以进一步得出交通可达性的基本涵义：交通可达性是指利用交通系统从某一给定区位到达活动地点的便利程度，是反映市场、综合经济、就业等可接近程度的一种基础度量(邓羽等，2012)。交通系统是分析交通可达性的重要物质载体。

交通可达性具有以下三方面特征：①空间特性。都反映了空间实体之间克服距离障碍进行交流的难易程度，因此它与区位、空间相互作用和空间尺度等概念紧密联系。②时间特性。空间实体之间的联系主要是通过交通系统来完成，时间是交通旅行中最基本的阻抗因素，交通成本在很大程度上依赖于通行时间的花费，因此通常用时间单位来衡量空间距离。③社会经济价值特性。通常交通可达性水平较高的地区也具有较高的经济发展水平、公共设施服务水平等等。

从交通可达性的基本特征可以提取其基本属性，即空间距离和成本距离。空间距离反映空间实体相互联系经过的某种交通运输线路的长度，成本距离则反映经过该线路所花费的时间、经济等成本。

7.3.2　关系

1) 区域系统与城市系统的相互关系

对城市规划学科而言，交通系统的意义主要在于通过特定的交通线路将城市与区域建立起某种空间联系(如接近某种生产原料，或因靠近经济发达区而受到辐射带动等)，从而使城市具备其特有的发展优势，为城市的空间布局、设施建设以及战略规划提供明确的方向。因此，必须要对区域系统和城市系统的相互关系进行理解，才能进一步认识区域交通系统在城市发展中的社会经济关联性。

城市和它所在的区域之间具有相互依存、相互促进和相互制约的密切关系。将区域看作是一个庞大的复杂系统，城市则是包含在这个大系统之中的子系统，具体关系如下：①区域系统为城市系统输送物质、信息、能量等要素或资源，对城市的社会经济发展起支撑作用。②城市系统通过与区域系统的物质交换，对区域系统内的各种要素和资源进行集聚和辐射，对区域社会经济发展起到一定的推动作用。③区域系统与城市系统的相互作用是以交通系统为载体的，通过交通的网络化作用，实现区域向城市的要素资源输送以及城市对区域的资源要素集散(见图 7-28)。

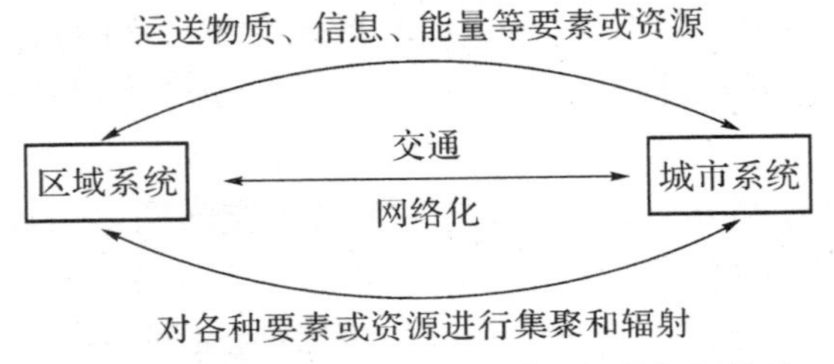

图 7-28　区域系统与城市子系统之间的相互关系

2) 区域交通子系统与城市社会、经济子系统之间的关系

从区域系统与城市系统的相互关系中，可以看出交通系统在社会、经济活动的空间配置起到重要的协调作用，对城市社会、经济子系统的发展具有举足轻重的影响(见图 7-29)。

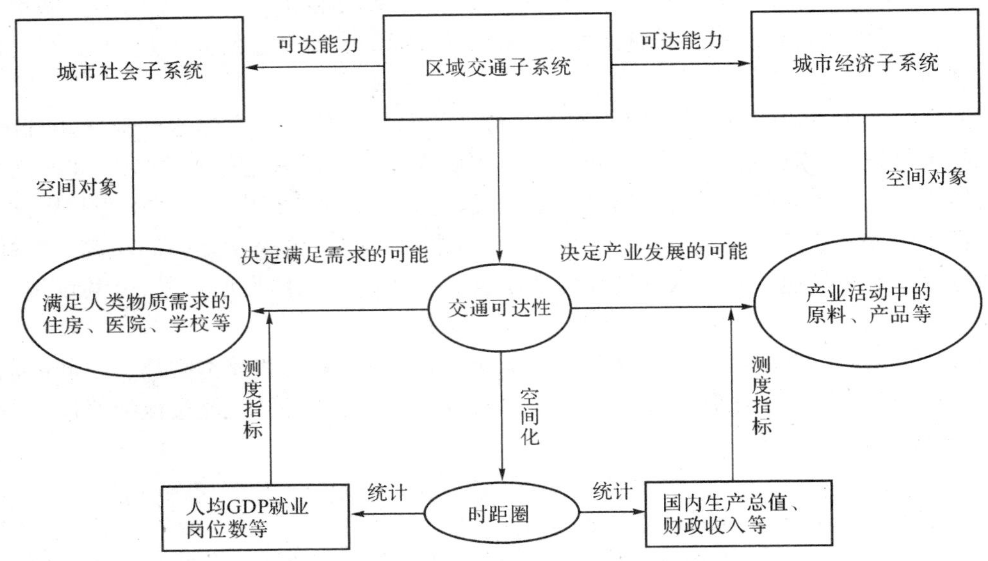

图 7-29　区域交通子系统与城市社会、经济子系统之间的关系模型

(1) 对城市社会子系统之间的影响：①城市社会子系统的主要功能是为城市人口提供生活所需的基本物质要素，满足城市人口在居住、医疗、教育等方面的物质需求，其空间要素主要覆盖到住房、医院、学校等物质对象，通过这些具体的空间对象与区域交通子系统建立空间联系。②区域交通子系统凭借其一定的空间可达能力来影响城市社会子系统的空间对象，其关键在于“可达性”。也就是说，交通可达性影响着城市人口到达住房、医院、学校等社会物质对象的可能性，从而决定这些社会物质对象能否满足城市人口的物质需求。

(2) 对城市经济子系统之间的影响：①城市经济子系统的主要功能在于从事一系列经济活动(主要为产业活动)，为城市人口提供所需的经济产品，其空间要素主要落实在以二、三产业为主的实体对象上(如产业原料、产品等)，通过这些原料、产品的流通、交换、分配等环节来建立与区域交通子系统的空间联系。②区域交通子系统也是凭借其一定的空间可达能力来影响城市经济子系统的空间对象，其关键仍在于“可达性”。进一步说，交通可达性影响城市在产业活动中实现原料、产品等对象的空间流动的可能性(即在交通可达的条件下运输原料、产品的可能性)，从而决定城市产业发展的可能性。

(3) 区域交通子系统与城市社会、经济子系统的关系测度：交通可达性是反映区域交通子系统可达能力的关键度量，其空间化测度形式包括空间距离和时距圈(一定时间域内可到达的空间距离范围)。①根据上述交通子系统对城市社会、经济子系统的影响分析来看，可达性的空间距离测度能反映城市在区域内所处的自然地理位置，体现出城市距离其社会经济发展要素的接近程度，是判定城市天然区位优势的标准之一。②而时距圈的空间测度方式则考虑到了区域交通系统内部的结构、功能差异性，通过时间的测度更加客观地反映出城市社会经济活动的空间效率。结合交通子系统对城市社会、经济子系统的影响分析来看，城市社会子系统的人口数量、就业岗位等指标以及经济子系统的 GDP、财政收入等指标，都可以测度并具体反映出交通影响下的城市社会经济系统变化，其中人口数量和 GDP 两项指标可以综合反映城市社会子系统和经济子系统的发展水平。因此，可以通过时距圈划分出不同时间阈值内的空间范围，进而统计不同空间范围内的社会经济测度指标，从而得出交通可达性对城市社会经济系统的空间影响范围，以此来判定城市产业发展和社会空间结构的未来变化趋势。

7.3.3 函数

1) 空间距离分析模型

空间距离是可达性分析的最原始形式。狭义的空间距离分析即计算空间上两点之间的相对距离，以此作为可达性的数值，空间距离越近者可达性越高。实际上，针对所有可以与空间距离直接线性相关的因素的可达性计算都可以被纳入空间距离可达性分析的范畴。

在狭义的可达性分析中，欧氏距离公式是常用的空间距离测度模型，用以计算 n 维空间中两点之间的真实距离。具体公式如下：

(1) 二维空间的公式

设两点分别为 $A(x_1, y_1)$、$B(x_2, y_2)$，则它们的欧氏空间距离为：

$$O_{AB} = \sqrt{(x_1 - x_2)^2 + (y_1 - y_2)^2} \tag{7-16}$$

(2) 三维空间的公式

设两点分别为 $A(x_1, y_1, z_1)$、$B(x_2, y_2, z_2)$，则它们的欧氏空间距离为：

$$O_{AB} = \sqrt{(x_1 - x_2)^2 + (y_1 - y_2)^2 + (z_1 - z_2)^2} \tag{7-17}$$

(3) n 维空间的公式

设两个点 $A(a_1, a_2, \cdots, a_n)$ 和 $B(b_1, b_2, \cdots, b_n)$，则它们之间的欧氏空间距离为

$$O_{AB} = \sqrt{\sum (a_i - b_i)^2}, \ (i = 1, 2, \cdots, n) \tag{7-18}$$

2) 成本距离分析模型

加权成本距离即考察在不同的空间之间相互访问所需要经过的路径及每段路径上的对应成本，典型的加权成本包括时间和经济成本。

(1) 时间成本距离分析

时间距离分析是针对空间距离可达性分析进行的改良。时间距离通过计算空间上从某一个位置到达另一个位置所需要的最短时间来实现。虽然空间距离差异很大，但是通过不同的交通方式，可以在相同时间内达到对应的空间。

相对空间距离计算，用时间距离表示的时间可达性具有非常鲜明的特征和优势，包括：

①充分考虑了不同交通运输方式所造成的速度的区别；②在考虑交通运输方式的同时，引入了交通网络的概念和分析方法；③虽然时间距离依然无法完全表示经济成本，但是时间距离比空间距离更能表征经济成本的高低，也可以表示一些其他的潜在的机会成本的高低。

时间成本距离的测度对象是交通通达时间，因此其时间成本值应为交通行驶速度的倒数，即：

$$cost = \frac{1}{v} \tag{7-19}$$

式中：v 为各类空间对象的设定速度，$cost$ 为时间成本值，$cost$ 的单位与 v 的单位相对应，若 v 为 km/h，则 $cost$ 为 h/km，如果需要得到的时间成本值与速度的单位不一致，则需要进行单位换算。如 v 的单位为 km/h，需要得到的 $cost$ 单位为 min/km，则公式(7 - 19)应该转换为：

$$cost = \frac{1}{v} \times 60 \tag{7-20}$$

若要设定具体空间范围内的时间成本值，则需将空间距离值代入公式中，如公式(7 - 21)为 10 km 范围内的所需时间(min)的成本参考值：

$$cost = \frac{20}{v} \times 60 \tag{7-21}$$

在进行时间成本距离分析时，对 v 的具体值设定可以参考我国不同等级的铁路里程和速度标准，以及中华人民共和国行业标准(《公路工程技术标准(JTG 801—2003)》)，具体可以采用以下标准：①高速铁路，需参考不同线路的设计标准，通常可按照 200 km/h 来计算。②一般铁路的速度设定为 90 km/h(据 2005 年铁路等级构成核算)，高速公路为 120 km/h，国道为 80 km/h，省道及一般公路为 60 km/h。③水域：考虑到水域依然有一定的通行能力，但是相对较小(速度很慢)，与陆地有很大区别，所以需要设定一个较大的值以示区别，通常可以设定为 1 km/h。④此外，陆地上没有道路的地区，可以假设其上是均质的，即在其上可以向任意方向行动，但是行动方式受到限制，考虑主要交通方式根据尺度不同而不同，区域尺度下可以考虑为慢速机动交通方式，城市或小区尺度下可以考虑为步行，这里设定为 5 km/h。

在确定时间成本值的基础上，可以利用 GIS 成本加权距离方法得出时间成本距离的计算结果，基本原理为：在成本栅格图中，算出栅格图层中任意一个栅格点到目标点的最短时间。具体步骤如下：

①时间成本栅格图的生成。根据计算得出的时间成本值，从基础数据库中提取上述空间对象，分别建立矢量要素层(Feature Class)，包括高速公路、国道、铁路、陆地和水域等图层；然后在 ArcGIS Desktop 10.0 的 ArcMap 中，对各个矢量图层的属性表增加一个字段，以存储成本数值，并且根据上述设定给字段赋值；随后，将各图层通过“Feature to Raster”命令转换为栅格数据，栅格数据的取值使用刚才建立的新字段的值；最后，使用栅格计算器(Raster Calculator)对道路、河流、陆地的时间成本值栅格数据进行空间叠加，最终得到空间地物的时间成本栅格图。

②成本加权距离栅格图计算。依托 ArcGIS 特有的运行环境，借助“Spatial Analyst”模块的成本加权距离(Distance-Cost Distance)命令，以所要分析的城市(点文件)作为“Distance to”的源目标，以上面生成的时间成本栅格图作为“Cost Raster”的值，计算即可得到成本加权距离

栅格图，以不同颜色分类显示。

由于所生成的累积行进成本栅格图反映的仅是一个相对的时间成本值，因此可以通过栅格计算器(Raster Calculator)将其进一步转换成行进所需的实际时间(min)。其换算的基本原理为：现实每分钟的图上成本相当于每分钟通过的所有网格的成本之和。以高速公路为例，其平均时速为 120 km/h，则可通过 2 000 m/min，设分辨率为 5 m，则经过 400 个网格。假设时间成本值为经过 10 km 所需耗费的时间(min)，换算结果为 5，所以，每通行 1 min 需要耗费的相对时间成本值为 5×5×400＝10 000；将累积行进成本值换算为实际时间数的基本公式为：累积行进成本值/10 000＝分钟数。运用此公式，再通过栅格计算器即可得到真实的累积时间成本栅格图(基本单位为 min)。

(2) 经济成本距离分析

经济成本的空间可达性计算则是考察两点之间最低成本的交通方式。所考虑的因素通常较为复杂，包括：①全部或部分过程中(如步行)消耗的时间所对应的经济成本；②采用交通服务所花费的费用；③换乘所造成的成本付出等。因为此计算较为复杂，应用不如时间距离普遍。粗略的通过对经济成本的空间可达性分析来进行的研究，经常被用于研究对运输成本敏感的工业运输或物流业运输，或者对出行成本非常敏感的城市中低收入阶层居民出行行为的考察和研究。

7.3.4　实例

时间成本距离分析方法在交通可达性研究中更具有社会经济意义，因此应用较为广泛。本节以福建省长汀县为例，选择海西经济区作为研究范围，采用时间成本距离分析方法，对赣龙铁路复线建成前后长汀到海西经济区各地级市的交通可达性进行比较分析，并在此基础上，对各等时圈所包括的空间面积、人口规模以及经济总量进行统计，从各个时距圈覆盖的总人口数以及所包含的 GDP 值产生的变化，对长汀县的发展潜力进行分析与评价。

海峡西岸经济区，简称海西经济区，是指台湾海峡西岸，以福建为主体包括周边地区，南北与珠三角、长三角两个经济区衔接，东与台湾岛、西与江西的广大内陆腹地贯通，具有对台工作、统一祖国，并进一步带动全国经济走向世界的特点和独特优势的地域经济综合体。它是一个涵盖经济、政治、文化、社会等各个领域的综合性概念，总的目标任务是“对外开放、协调发展、全面繁荣”，基本要求是经济一体化、投资贸易自由化、宏观政策统一化、产业高级化、区域城镇化、社会文明化。主要包括福建省的福州、厦门、泉州、莆田、漳州、三明、龙岩、南平、宁德以及福建周边的浙江省的温州、丽水、衢州，江西省的上饶、鹰潭、抚州、赣州，广东省的潮州、汕头、揭阳、梅州共计 20 个城市，福州、泉州、厦门、温州、汕头是海峡西岸经济区的五大中心城市(《海峡西岸经济区发展规划》，2011)。

长汀县，隶属于福建省龙岩市，地处福建的西部山区，武夷山南麓，南与广东近邻，西与江西接壤，是闽赣两省的边陲要冲，是著名的革命老区和国家历史文化名城，也是客家大本营、海峡西岸经济区西部名城。一直以来，长汀的对外交通较为落后，除赣龙铁路、319 国道外，其高速公路也只连接到龙岩市，未来赣龙铁路复线的开通，将使长汀进入高速铁路时期，会在很大程度上改变长汀县的交通通达能力，并进一步推动长汀产业布局和城市设施规划的调整，加强长汀与龙岩、厦门等地的社会经济联系，加快长汀融入海西经济区的步伐。

1）时间距离计算方法

设定时间成本数值的参考为平均出行 1 km 大约所需要的分钟数，参考前文中不同交通运行速度的参考值，按照倒数法计算，分别得到高速铁路、一般铁路、高速公路、国道、省道、陆地的时间成本值分别为 0.3 min/km、0.67 min/km、0.5 min/km、0.75 min/km、1 min/km、12 min/km。

将上述成本值赋给各类交通线路以及陆地等矢量图层，转换成栅格图层，叠加形成成本栅格图。利用成本栅格图与城市点的空间数据，运算出栅格图中每个栅格点到城市的最短时间距离图层。计算得到的最短时间距离栅格图（见图 7－30），反映了图中每个栅格到中心城市的时间距离。

2）数据来源

用于分析最短时间距离的国道、省道、高速公路、铁路、水路在国家基础地理信息中心 2005 年 1∶400 万矢量数据基础上，结合《2014 年国家地理旅游地图》的相关图集以及赣龙铁路复线的站点分布资料对数据进一步更新补充。

3）计算结果

等时圈是指从节点城市出发通过交通线路，在一定时间内可以到达的范围。等时圈内社会经济总量的变化能够反映出交通线路对城市社会经济的空间影响范围。考虑到社会经济总量的测度方便，本节选取人口总量和 GDP 两项指标作为城市社会、经济的综合量化指标，根据时距圈的划分结果统计出各小时圈的面积，在此基础上进一步统计人口总量、经济总量（GDP）以及对应指标在区域中的比重，以此可以反映长汀县未来的发展潜力。

（1）空间范围分析

如图 7－30、表 7－17 所示，赣龙复线通车后，长汀县与海西经济区各地级城市之间的时间距离有所缩短，尤其是距赣州、龙岩、厦门、梅州、上饶 5 个城市，缩短了 1 h。赣龙复线明显提高了长汀县到福建、江西各个城市的可达性，有利于加强与这些城市的经济联系。由表 7－18 可以看出，赣龙复线通车以后，1～2 h 圈的覆盖面积增加，其他时圈面积相应减小。总体而言，赣龙铁路复线的建成显著增加了长汀 2 h 内可达的空间范围，而 2 h 以上时间才能到达的空间范围相应缩小。

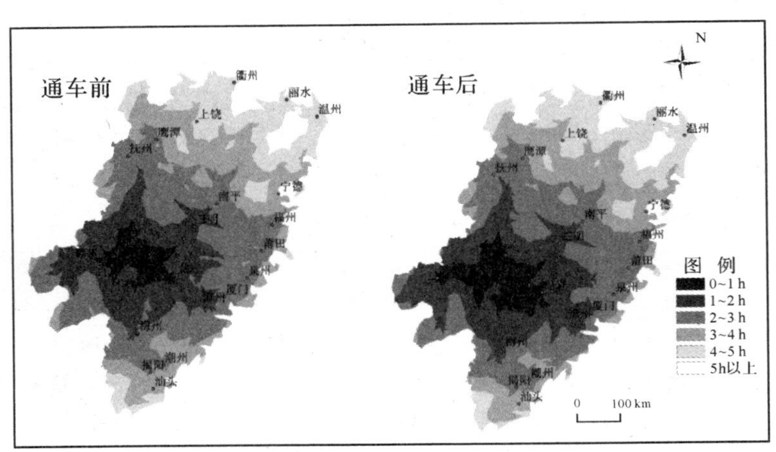

图 7－30 赣龙铁路复线建成前后长汀交通可达性变化对照

表 7-17 赣龙铁路复线通车前后长汀等时圈内包括的地级城市

等时圈	通车前	通车后
0～1 h	—	赣州、龙岩
1～2 h	龙岩、赣州、漳州、三明	漳州、厦门、梅州、三明
2～3 h	福州、厦门、泉州、莆田、南平、梅州、揭阳、抚州、鹰潭	福州、泉州、莆田、南平、潮州、揭阳、抚州、鹰潭
3～4 h	汕头、宁德、潮州	汕头、宁德、上饶
4～5 h	上饶、衢州、温州、丽水	衢州、温州、丽水

表 7-18 赣龙铁路复线通车前后长汀县等时圈面积及其比重变化情况表

等时圈	赣龙铁路复线通车前		赣龙铁路复线通车后		变化值	
	面积(km^2)	比重(%)	面积(km^2)	比重(%)	面积(km^2)	比重(%)
0～1 h	11 942	4.38%	19 457	7.14%	+7 515	+2.76%
1～2 h	50 962	18.69%	58 658	21.52%	+7 696	+2.83%
2～3 h	86 147	31.60%	80 712	29.61%	−5 435	−1.99%
3～4 h	56 214	20.62%	51 220	18.79%	−4 994	−1.83%
4～5 h	43 113	15.82%	42 109	15.45%	−1 004	−0.37%
5 h以上	24 216	8.88%	20 447	7.50%	−3 769	−1.38%

(2) 人口总量分析

从城市与区域的社会联系来看，等时圈可以视为该城市在区域范围内提供社会服务的可能性(如吸引外来人口就业或居住等)，圈内所有的市、县都将成为其潜在的服务市场，而等时圈内的人口规模则反映了该城市可能提供的总服务量。表 7-19 为赣龙铁路复线建成前后等时圈内的人口规模变化情况。

表 7-19 等时圈内人口规模变化情况表

等时圈	赣龙铁路复线通车前		赣龙铁路复线通车后		变化值	
	人口(万人)	比重(%)	人口(万人)	比重(%)	人口(万人)	比重(%)
0～1 h	342.17	3.51%	555.37	5.71%	+213.20	+2.20%
1～2 h	1 560.94	16.10%	1 832.02	18.89%	+271.08	+2.79%
2～3 h	2 807.41	28.94%	2 681.67	27.64%	−125.74	−1.30%
3～4 h	1 993.23	20.54%	1 821.66	18.77%	−171.57	−1.77%
4～5 h	1 842.70	18.99%	1 833.91	18.90%	−8.79	−0.09%
5 h以上	1 156.79	11.92%	978.85	10.09%	−177.94	−1.83%

由表 7-19 可以看出，赣龙铁路复线建成前后，长汀县 1 h 圈、2 h 圈内可联系的人口规模都显著增加，占区域总人口的比例由不足 20 %增加到 24.6 %；相比之下，长汀县 3 h 圈、4 h 圈、5 h 圈以及 5 h 以上的地区的可联系的人口规模都有所缩小，从占区域近 4/5 缩减为 3/4 左右。对照表 7-18 的空间范围来看，赣龙铁路复线的建成将把更多的人口纳入到长汀县 2 h 内可联系的范围，这无疑将会给长汀带来更多的发展机遇。

(3) 经济总量分析

从城市与区域的经济联系来看，等时圈可以视为该城市在区域范围内与其他地区进行经济联系的可能性(如受到产业辐射转移、获得外商投资机会等)，圈内所有市、县的经济发展之间都是彼此关联、相互合作的关系，而对等时圈内经济总量的统计则反映出该城市可能联系利用的经济机会和资源。表 7-20 为赣龙铁路复线建成前后等时圈内的经济总量变化情况。

表 7-20 等时圈内经济总量变化情况表

等时圈	赣龙铁路复线通车前		赣龙铁路复线通车后		变化值	
	GDP(亿元)	比重(%)	GDP(亿元)	比重(%)	GDP(亿元)	比重(%)
0~1 h	1 629.74	3.07%	2 607.22	4.92%	+977.48	+1.83%
1~2 h	7 656.55	14.44%	9 004.44	16.98%	+1347.89	+2.54%
2~3 h	14 612.76	27.56%	14 184.76	26.75%	−428.00	−0.81%
3~4 h	10 837.48	20.44%	9 963.38	18.79%	−874.10	−1.65%
4~5 h	11 048.12	20.83%	11 132.49	20.99%	84.37	+0.16%
5 h 以上	7 246.10	13.66%	6 141.93	11.57%	−1 104.17	−2.09%

由表 7-20 可以看出，赣龙铁路复线建成前后，长汀县 1 h 圈、2 h 圈、4 h 圈内的经济总量增加，但 4 h 圈的增加幅度较小；此外，长汀县 3 h 圈、5 h 圈以及 5 h 以上通达地区的经济总量均有所减少。从整体来看，赣龙铁路复线通车后，由于 4 h 圈的变化幅度较小，影响不显著，因此可以判断未来长汀县获得的经济资源和机会主要来源于 1 h 圈和 2 h 圈，即为龙岩、赣州、厦门、漳州等地区。

4) 结论

从以上结果可以看出，赣龙铁路复线的建成显著改善长汀县的交通区位条件：一方面，长汀县到达海西经济区内所有地级城市的时间成本都显著缩小，交通联系更为便捷；另一方面，赣龙铁路复线的通车将为长汀县带来更多潜在的社会经济发展机会。总体来说，赣龙铁路复线的建成通车将会拓展长汀县与其他地区的空间联系范围，提升其在海西经济区中的交通地位，从而为当地的社会经济发展提供更好的条件和可能。

高铁建成会使等时圈沿高铁线明显向外推移，而靠近高铁线路且距离指定城市较远的地区会产生更明显的变化(蒋海兵等，2010)，长汀的交通可达性空间范围也是沿赣龙铁路复线由近及远变化的。总体来看，长汀至龙岩、赣州、厦门、梅州、上饶的交通可达性提升最为明显，与浙江省的温州、丽水、衢州联系依然不够紧密。从长汀的未来发展趋势来看，赣龙铁路复线的通车将会提高长汀在海西经济区中的节点地位，沿线经过闽西、赣南地区，进一步促进长汀与赣州、龙岩等地的产业对接。此外，长汀 2 h 圈将覆盖厦门、梅州、上饶，使其更易接受到旅游经济辐射带动，通过与旅游发达地区的交通连接来建立并延伸其旅游线路，借助厦门等地已有的市场吸引力，进一步拓展其旅游客源范围，提升在区域中的旅游发展地位。在赣龙铁路复线的影响作用下，长汀将会与海西经济区内的多个地区形成紧密的社会经济联系，为长汀未来的社会经济发展转型提供非常有利的机遇。因此，长汀县应充分利用这一契机，发挥交通基础设施对社会经济发展的支撑和带动作用，借助厦门、赣州等区域中心城市的优势条件，加强与海西其他城市的经济、社会、文化等方面的联系，提升其区域发展功能和地位。

8 城市用地功能的适宜拓展模型

城市规模通常指人口规模和用地规模。在第5章中我们主要探讨了城市人口规模调控模型在城市规划中的应用，本章着重对用地规模适宜拓展模型的系统性进行研究。在快速城市化时期，城市的无序蔓延一直为世人所诟病，这也是造成一系列城市社会矛盾、经济矛盾和生态矛盾的主要原因之一。在土地财政的背景下，地方政府对土地红利的过分依赖，导致了城镇建设用地对农用地的过度侵占，造成了耕地的大面积缺失；同时外延式的城市增长模式，导致了城镇建设用地的不集约利用，造成了土地资源的极大浪费。在旧型城镇化中，片面追求城市规模扩大和空间扩张，导致城市用地子系统、城市社会子系统、城市经济子系统以及城市生态子系统间的关系严重失衡。如何合理确定城市用地规模，高效集约地利用土地资源，处理好发展与保护的关系，是当前城市规划面临的重大课题。

在新型城镇化背景下，我们需要更加注重城镇化质量的提升，更加注重高品质人居环境的塑造，更加注重人与自然的和谐发展。我们认为，城市用地规模的扩张要综合考虑城市用地的社会成本、经济成本和生态成本，合理确定城市用地规模，明确城市未来发展方向。因此，本章首先探讨了城市用地适宜性评价的一般方法，为研究土地开发的空间选择提供可量化的途径，从而为城市土地资源的合理配置提供科学依据；然后考虑城市发展水平、区域宏观政策等现实约束，提出城市增长边界划定模型，并以此来合理确定城市发展规模和建设范围；最后落实到地块的开发强度控制，提出了城市地块适宜容积率确定模型，为地块容积率的确定提供了科学的可量化途径。

8.1 城市用地适宜性评价模型

用地作为城市发展的空间载体和基础，是城市物质系统的基础和核心。进入21世纪以来，随着城市化进程的加快，城市规模不断扩大，城市建设用地盲目扩张现象有愈演愈烈之势，这不仅造成了土地资源的浪费，同时也使得城市及其周边地区的生态环境遭到破坏。为了遏制"圈地"问题，《国家新型城镇化规划(2014—2020年)》提出了未来城市发展要走集约高效、环境友好、社会和谐的人本城镇化道路。其中，城市用地要按照管住总量、严控增量、盘活存量的原则，创新土地管理制度，合理满足城镇化用地需求。因此，为了在城市规划中科学、合理的落实这一策略，我们通过梳理影响城市用地发展的潜力因子和阻力因子，利用空间统计与分析的方法，构建城市用地适宜性评价模型，从而实现对现状建设用地的适宜性评价和未来建设用地的适宜发展空间的划定，更好地服务于城市的永续健康发展。

8.1.1 概念

复杂适应系统(CAS)理论认为城市是一种复杂系统，城市的产生和发展过程是由城市本身和周边环境共同作用的结果。从城市与区域角度来讲，城市的空间扩展过程是通过以土地为载体的自然环境和建成环境形成的独特的积木，构成了多种多样的内部模型，从而形成该城市独具特色的发展模式。其中，由于自然环境和建成环境存在区域差异，导致了影响城市发展的自然和社会经济因子呈现多样化的特点，不同因子的有效组合推动着以城市用地为核心主体的人、用地、地理空间环境三个系统的自适应过程。因此，可以通过选择影响城市发展的内外部影响因子，在不同时期选择不同的因子组合方式来评价城市未来发展的可能性和适宜性，由此形成的城市用地适宜性评价模型可以有效地为城市规划和城市管理提供科学依据。

1）土地与土地评价

土地资源学认为土地是由地球表面一定立体空间内的气候、土壤、基础地质、地形地貌、水文及植被等自然要素构成的自然地理综合体，同时还包含着人类活动对其改造和利用的结果，因此，它又是一个自然经济综合体（刘黎明，2010）。从城市与区域系统角度来看，这一定义肯定了城市和区域土地的自然属性与社会属性的统一，土地的性质和功能不仅取决于各自然要素的综合作用，同时还受到不同时期人类活动的影响。因此，按照土地的空间异质性特征，可以将与人类活动密切联系的地理空间环境分为以土地为载体的自然环境和建成环境两部分，其中自然环境是指城市空间增长过程中所涉及的自然地理综合体，通过各自然要素之间的相互作用，产生了具有不同景观和生态功能的空间异质体；建成环境则是以人工为主导的地理空间环境系统，是在自然环境基础之上叠加人类活动的成果所产生的新的空间异质体，包括城市公共基础设施以及各种功能的建筑物等，通过影响城市的土地价值、通达性、环境等区位要素产生具有不同土地利用功能和价值的区域。

土地评价是土地利用规划和合理利用土地的重要手段（傅伯杰，1990），是指为了一定的目的，在特定的用途条件下，对土地质量的高低或土地生产力的大小进行评定的过程，也包括对土地的各种自然构成要素以及与土地利用有关的社会经济状况的综合评定（刘黎明，2010）。土地评价根据评价目的或任务的不同，可以分为土地适宜性评价、土地（生产）潜力评价、土地经济评价等（傅伯杰，1991；刘黎明，2010），其中土地适宜性评价是指在一定条件下，根据土地的自然和社会经济属性，对不同土地用途或特定土地用途的适宜程度的综合分析与评价，如城乡建设用地的适宜性评价；土地（生产）潜力评价是指针对特定的土地利用方式的土地生产力潜在水平的估算和分类定级的过程，揭示区域内不同土地单元生产潜力的差异和限制性因素类型、程度，用以指导土地利用规划和布局；土地经济评价是通过采用一定的经济可比指标，对土地的投入和产出的经济效果进行评定的过程，可以看做是土地适宜性评价基础之上的经济效果评估的过程，可以更真实地反映土地利用的质量程度和差异。土地评价为土地规划和管理等提供了科学依据。

2）土地适宜性评价

土地适宜性评价是土地评价的基础性工作，它是进行土地利用决策，科学地编制土地利用规划的基本依据。对土地进行适宜性评价或分析的目的在于根据人类要求、意愿或一些未来活动的预测而确定土地利用最适合的空间模式（何英彬等，2009）。本书认为，根据土地适宜性评价采用的土地属性的不同，可以将其分为土地（资源）自然适宜性评价和土地（资源）综合适宜性评价，其中土地（资源）自然适宜性评价是指某种作物或土地利用方式对一定地区土地的自然条件（主要包括气候、土壤、地貌、水文等条件）的综合适宜程度（刘黎明，2010），土地（资源）综合适宜性评价是指某种土地利用方式对一定地区土地的自然和社会经济条件的综合适宜程度。土地自然适宜性评价仅考虑一定时期内土地的自然属性，一般用于非建设用地的评价，如农业用地或农作物的适宜性评价等，而土地综合适宜性评价综合考虑土地的自然和社会经济属性（如耕地和生态保护政策、交通可达性和建设开发成本等），更多的考虑人类活动的影响，多用于建设用地的适宜性评价，特别是城乡建设用地的适宜性评价。

3）城市用地适宜性评价

城乡规划学认为城市用地是城市规划区范围内赋以一定用途与功能的土地的统称，是用于城市建设和满足城市机能运转所需要的空间，通常所说的城市用地即包括已经建设利用的土地，也包括已列入城市规划区域范围内尚待开发建设的土地（吴志强、李德华，2010）。随着城乡规划学研究的不断发展，城市规划区的选定已经从传统的城市建成区扩展到以城市建成区为中心的规划发展区或者完整的行政区域，这一发展趋势符合城市复杂系统的特点，即城市用地与周边其他类型的用地通过特定的自然和社会属性之间的相互作用不断得到发展。同时，城市用地或城市规划区用地的自然和社会属性较普通土地的自然和社会属性更加丰富和具体。

城市用地适宜性评价是土地综合适宜性评价的典型类型，是在调查分析城市规划区或行政区自然环境条件的基础之上，根据用地的自然属性和社会经济属性的特征，以及工程建设的要求进行全面综合评价土地的适宜程度的过程，用以确定城市不同区域的土地适合开发建设适宜程度的空间差异。合理确定可适宜发展的用地不仅是以后各项专题规划的基础，而且对城市的整体布局、社会经济发展等产生重大影响。一般来讲，可以根据以土地为载体的自然环境和建成环境将影响城市用地适宜性的因子归纳为自然生态因子和社会经济因子两大类。

其中，自然生态因子主要包括地形地貌、水文、植被、地质灾害、水土流失等因子，社会经济因子主要包括交通、文化、经济等因子。自然生态因子是城市发展的环境基础。任何一个城市都是坐落在具有一定自然地理特征的地表上，其形成、建设和发展都与自然生态因子有着密切的关系。如地形地貌主要表现为高程、坡度等具体因子，高程不仅影响植被和生物的分布，同时对山地城市的布局和建设经济性也有很大影响；坡度的大小直接影响用地的布局、道路的选线和建筑的布置。水域是区域的血脉，在改善区域景观质量、维持正常水循环等方面发挥着重要作用。植被在城市生态系统中起着调节与反馈的重要作用，区域尺度上的植被起着调节小气候、保护生物多样性和维持良好生态环境的作用，城市尺度上的植被起着为城市提供美好的景观、新鲜的空气和宜人的居住环境等。而社会经济因子则侧重于人类活动的社会影响，如区位选择上的交通可达性、当地特定文化特征、不同利益群体或建设开发主体的经济投入与收益等。一般来讲，自然生态因子提供了建设用地可能的发展条件，而社会经济因子使得建设用地的适宜性在自然生态因子的基础之上进行调整，以期得到生态效益、社会效益和经济效益的最大化。

8.1.2 关系

城市用地适宜性评价主要涉及人、用地、地理空间环境三个系统（见图 8－1）。城市用地的发展可看作社会经济发展目标需求下的人类行为决策的作用结果，同时又受到外部地理空间环境的制约，需要被动的适应外部地理空间环境。与此同时，由于人的主观能动性，人类可以通过改造、提升外部环境支撑系统以提高支撑城市发展的供给，满足城市更大规模的发展。然而，随着城市的发展，其对外部地理空间环境的需求越来越高，造成对外部地理空间环境的改造也越加频繁。随着人为改造活动的增加，将不可避免的导致原有的自然生态环境的破坏，降低了地区的生态承载能力，进而阻碍城市的进一步发展，陷入一种恶性循环。因此，正确梳理人类行为决策、地理空间环境和城市用地发展之间的关系对于城市系统的平衡和可持续发展具有重要意义。

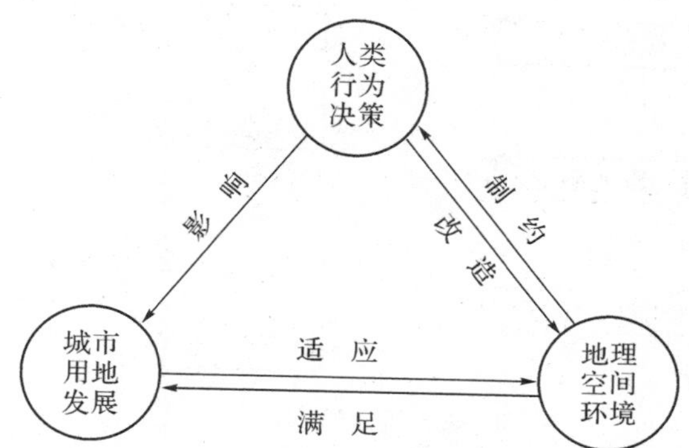

图 8－1　城市用地适宜性评价的适应关系示意图

结合前文的内容可知，城市用地适应性评价模型和城市生态敏感性评价模型具有高度的复合性，即两种模型都是以城市或区域复合生态系统为基础，都是由具有互为因果的制约与互补关系的社会、经济和自然三个系统组成。复合生态系统与城市用地系统的关系可以从三个子系统的角度进行论述：首先，自然子系统作为区域的生态背景，是城市用地系统的基础和支撑，其通过各生态因子的敏感性程度对城市用地系统起到制约的作用；其次，社会、经济子系统是以人为主体的系统，人作为复合生态系统中最活跃的积极因素和最强烈的破坏因素，其通过自身的社会经济活动影响城市用地系统的人工环境，如交通可达性、噪声影响、成本估算等，进而影响城市用地空间的选择。此外，城市用地系统作为城市物质系统的基础和核心，发生在其上的人类各种社会经济活动也会反过来影响区域复合生态系统内部的平衡。

另一方面，城市用地适宜性评价模型和城市生态敏感性评价模型具有不同的研究视角和研究程度（见图 8－2）。城市生态敏感性评价模型是从外界环境干扰对主体生态平衡响应的敏感性程度视角考虑，而城市用地适宜性评价模型是从建设用地发展或建设的适宜性角度考虑，在复合生态系统的基础之上，结合用地系统的人类活动影响和用地功能的空间组织状况进行综合评价，从而为城市未来发展建设和城市增长边界提供依据。但是，对于不同功能的用地来说，由于对用地条件需求的差异，其评价的标准也不尽相同。因此，根据评价目标的不同，以复合生态系统为主体的地理空间环境的不同特征，以及不同用地功能的空间组织，需要选择不同的评价因子和约束条件。一般来讲，城市规划中根据规划区自身发展背景条件的不同，按照以下 4 个原则选择合适的因子进行城市用地适宜性评价：

（1）因地制宜原则

我国幅员辽阔，不同地区的地形地貌差异较大，因此，对于不同的评价区来说，在进行用地适宜性评价时，需要根据地方差异有选择性的选取对评价结果有重要影响的指标。例如，对于平原城市来说，自然生态因子（如高程、坡度、水土流失等）对用地适宜性的影响程度不及社会经济因子对用地适宜性的影响程度；而对于山地城市来说，社会经济因子对用地适宜性的影响程度不及自然生态因子对用地适宜性的影响程度。因此，在指标选取时，平原城市应更为关注社会经济影响因子，山地城市则更为关注自然生态因子影响。此外，因地制宜原则不仅体现在指标因子的选取方面，同时也反映在指标权重的确定方面。

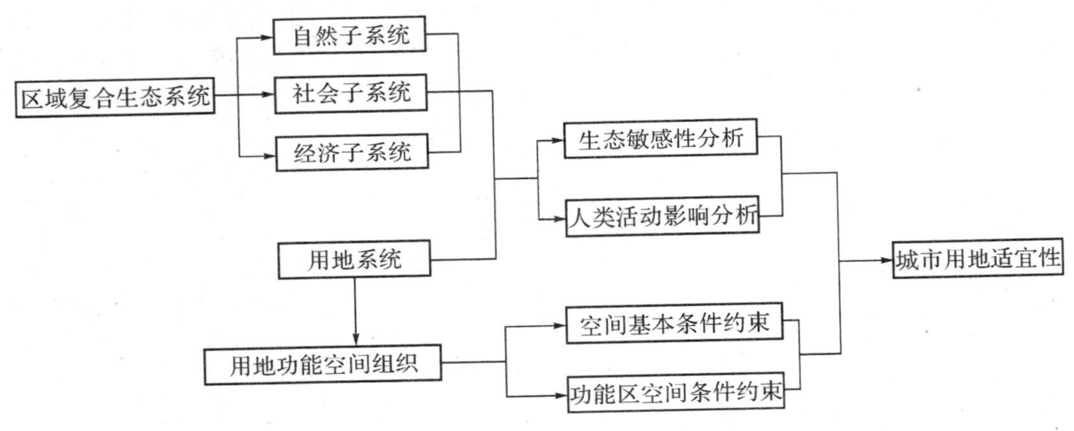

图 8-2　城市用地适宜性评价框架图

(2) 主导性原则

用地适宜建设的程度是自然生态与社会经济各因素综合作用的结果，然而事实上，由于可选的评价因素很多，且部分因素之间还存在一定的联系，为了避免繁复计算，没有必要选择所有的因素，只需要选择能够反映用地适宜性的显著地域差异性的指标因子。

(3) 可计量性原则

用地适宜性评价属于定量分析方法的一种，其指标因子应尽可能量化，即用地在不同指标因子层面都可量化为可比数据，通过数据比较，可以直观、简明、便捷地表达出用地适宜建设开发的程度。

(4) 超前性原则

用地适宜性评价的是用地在未来开发建设的适宜程度，因此，在立足于当下的同时，也需要考虑到未来一定时期内社会经济发展对用地、生态环境的需求变化。

8.1.3　函数

城市用地适宜性评价着重分析建成区用地发展需求与外部地理空间环境供给之间在“质”方面的吻合协调程度，即一定类型的土地作为特定用途使用时的适合性，将土地质量与特定的土地利用类型对土地质量的要求进行比较，以确定土地的适宜度。如果两者相互吻合程度较高，则该城市的用地适宜性和发展前景较好，据此可以建立城市用地适宜性评价的基本模型。

1) 模型构建

$$S = f(x_1, x_2, x_3, \cdots, x_i) \tag{8-1}$$

式中：S 是适宜性等级，x_i 是适合该规划区评价的特定因子变量。

随着 GIS 辅助技术的引入，用地适宜性分析经历了由最初纯定性的用地分析方法向定性与定量相结合的转变。目前，基于 GIS 的城市用地适宜性评价的方法主要有直接叠加法、因子加权评价法、生态因子组合法、神经网络法、模糊综合评判法、多目标决策支持系统、有序加权平均法等。目前常用的基本模型是权重修正法，即

$$S = \sum W_i X_i \tag{8-2}$$

式中：S 是适宜性等级，X_i 为对应评价因子的用地适宜度，W_i 为权重。

2）变量的标准化分级

城市用地适宜性评价因子一般可以分为两种类型：定性因子和定量因子。为了获得不同评价因子的用地适宜度，且消除不同标准和量纲的影响，需要采用不同的标准化分级方法。一般来讲，可以根据因子对用地适宜性影响的大小，将因子的用地适宜度分为1、3、5、7、9等5个等级。对于定性因子变量，如土壤类型、地貌类型和植被类型等指标，其作用分级体系的确定以专家意见或行业规定按照影响适宜程度大小直接赋值；对于定量因子，如交通可达性（时间）、海拔高程、地形坡度等具有连续分布的数值，选择有典型实际应用意义的数值节点，结合自然断裂法综合确定不同数值范围的对应级别，并赋值，如坡度因子，8°以内的用地最适宜城市建设，适宜度为9；8°～15°之间的用地勉强适宜城市建设，适宜度为7；15°～25°之间的用地开发建设成本较高，对生态环境破坏较大，适宜度为5；大于25°的用地不宜用于开发建设，适宜度为1。除此之外，出于某种特殊保护的目的，对于明确禁止建设或不适宜建设的因子分布区域，如基本农田保护区和自然保护区等，直接赋值为1即可。

3）权重的确定

用地适宜性评价中各评价指标之间存在着错综复杂、相互联系又相互制约的关系，其对于评价结果的重要性也不尽相同，因此，不能对各因子进行简单地加和处理，而需要考虑各因子的权重。权重值把握准确与否决定了评价结果的科学性。关于城市用地适宜性评价中潜力因子的权重确定，常用方法包括德尔斐法、线性回归法、层次分析法、模糊综合评判法等。

其中，层次分析法（AHP）是一种多目标决策方法，每个因子在相同的标准下同其他因子进行对比，根据得出的比较矩阵可以得到一组反映各个因子相对重要性的权重向量，并通过构建统计量进行一致性检验，能够有效地结合定性专家打分方法和定量评价的优势。目前，yaahp软件已经能够方便地实现层次分析法，在此不再赘述。

8.1.4 实例

近年来，福建省长汀县周边交通条件的改善和国家对闽西地区发展政策的支持，使得长汀县的经济快速发展，城市扩张加快，如何顺应城镇化发展规律，并避免发展过程中自然环境和人类活动之间的冲突关系，成为长汀县近期城市总体规划考虑的重点。目前，长汀县在汀州老城区发展的基础上，逐步向南打造河田与策武（河梁工贸新区）两个组团，这将会在长汀未来城镇化过程中发挥重要的作用。因此本研究选取长汀县域中部与城镇化关系密切的乡镇作为研究区，范围包括汀州镇、大同镇、策武镇、河田镇、三洲乡等，面积约为733.9 km^2，占县域面积的23.71%。

1）技术路线

本次案例分析以实地调查数据和部门资料数据为基础，以ArcGIS为空间平台，借鉴宗跃光教授提出的“潜力—阻力”评价模型，采用GIS空间分析工具集进行。由于每个变量对于用地适宜性的贡献是十分复杂的，既有正面又有负面的影响，有些因素对某种土地利用构成绝对限制，有些则构成发展潜力，因此如采用统一的评分标准则只考虑量的差异，并没有考虑质的差异。“潜力—阻力”评价模型以环境经济学中的损益分析法为基础，将影响城市用地适宜性的自然生态因子和社会经济因子重新组合为潜力因子和阻力因子两类。潜力因子是指对用地开发产生有益影响的因子，阻力因子则是指对用地开发起阻碍作用的因子。采用“潜力—阻力”评价法，可将适宜性看做是潜力和阻力共同作用的结果（见图8-3）。

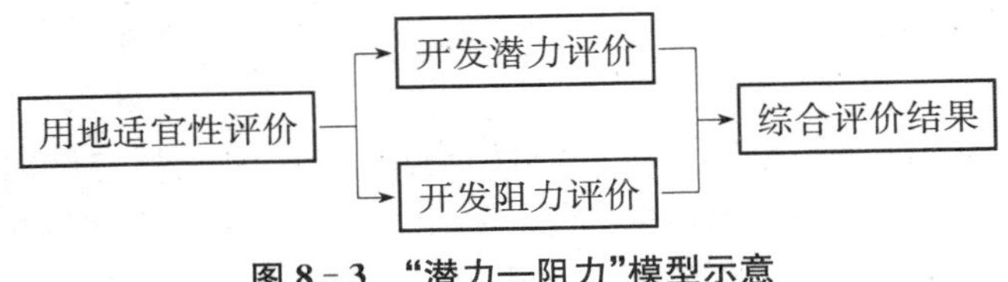

图 8-3 “潜力—阻力”模型示意

根据“潜力—阻力”模型，本次的技术路线如图 8-4 所示。

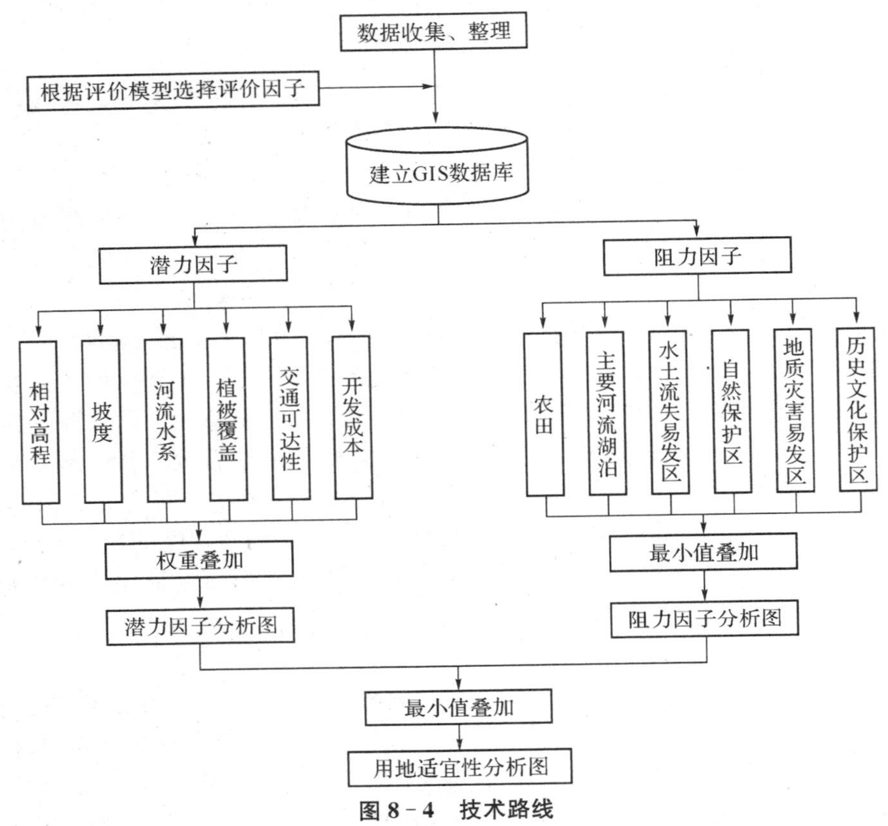

图 8-4 技术路线

2）数据获取

由技术路线可知，本次需要收集高程、坡度、湖泊水系、植被覆盖、道路、开发成本、农田、水土流失易发区、自然保护区、地质灾害易发区、历史文化保护区等方面的数据。涉及的主要数据有：TM 遥感影像数据（空间分辨率为 30 m，资料来源于中国科学院计算机网络信息中心的国际科学数据镜像网站）；DEM 数据（精度为 15 m，地方政府提供）；现状道路和交通枢纽数据，地质灾害分布图，水土流失、生态功能区划等专题图件（当地各政府部门提供）。

3）主要步骤

（1）评价指标因子的选取

在分析长汀现状特征的基础上，遵循因子的可计量、主导性、代表性和超前性等原则，本次评价选取对土地利用方式影响显著的相对高程、坡度、河流水系、植被覆盖、交通可达性、开发成本、农田、水土流失易发区、自然保护区、地质灾害易发区、历史文化保护区等作为适宜性分析的主要影响因子。由于本次的评价目标是评价研究区用地作为土地开发这一用途的适宜性，从主导性原则出发，农田、主要河流湖泊、水土流失易发区、自然保护区、地质灾害易发区、历史文化保护区等因素对于城市建设用地扩展的制约性较为明显，因此作为阻力因子。而相对高程、坡度、河流水系、植被覆盖、交通可达性、开发成本等因素对城市建设用地扩展起到潜力和阻力两重作用，但相较于阻力因子来说不是特别明显，因此，本次更多地关注其潜力影响，视为潜力因子。

(2) 指标体系的建立

为了在定量化的过程中更具有可计量性，又将其中的一些因子细分为多个子因子。每个子因子对应于 ArcGIS 软件中的一个图层，确定单因子内部各组分的适宜性评价值(见表 8-1)，评价值一般分为 5 级，用 9、7、5、3、1 表明其作为开发适宜性的高低。其中，评价值越高，代表该地块的开发适宜性越高。

表 8-1 用地适宜性分析的指标体系

分类	因子	说明	属性值
潜力	相对高程	>130 m	1
		80～130 m	5
		40～80 m	7
		<40 m	9
	坡度	>25°	1
		15°～25°	5
		8°～15°	7
		<8°	9
	河流水系	主要河流小于 50 m 的缓冲区及次要河流所在区域	1
		主要河流 50～100 m 的缓冲区及次要河流小于 50 m 的缓冲区	5
		主要河流 100～150 m 的缓冲区及次要河流 50～100 m 的缓冲区	7
		主要河流大于 150 m 的缓冲区及次要河流大于 100 m 的缓冲区	9
	植被	地表覆盖繁茂	1
		地表覆盖稀疏	5
		地表无覆盖	9
	交通可达性	>40 min	1
		30～40 min	3
		20～30 min	5
		10～20 min	7
		0～10 min	9
	开发成本因子	>2 000 元/m²	1
		2～2 000 元/m²	3
		1～2 元/m²	5
		0～1 元/m²	7
		0 元/m²(已建成区)	9

分类	因子	说明	属性值
阻力	农田		1
	主要河流湖泊		1
	水土流失易发区		1
	自然保护区		1
	地质灾害易发区	重点防治区	1
		次重点防治区	5
	历史文化保护区	古城历史地段	1
		河田镇宗祠一条街	5

(3) 单因子评价

对各因子按照选定的评分规则进行单因子评价。主要的因子评价处理方法分为三种:一种是对已有矢量数据在属性表中增加字段并赋值,如:农田、开发成本、主要河流湖泊、水土流失易发区、自然保护区、地质灾害易发区、历史文化保护区;一种是对已有栅格数据进行分类处理(Reclassify),按照评分规则划分等级并赋值,如:相对高程、植被覆盖;一种是需要对已有数据进行处理、计算之后再按照前两种方法进行评价,如:坡度、河流水系、交通可达性。本次选取交通可达性因子、开发成本因子评价作简要介绍:

①交通可达性因子

可达性是指从空间中给定地点到感兴趣点的方便程度或难易程度的定量表达。交通可达性代表区域的通达能力,对于此次区域的开发有较为重要的作用,是影响片区社会经济发展潜力的重要因素。本次主要计算了城市中心区(老城区)、组团中心(河田、河梁)、交通枢纽(已建和新建的铁路站场、对外交通站点、高速公路出入口)的可达范围。采用的是行进成本分析法(又称费用加权距离法),即通过计算空间中任意一点到感兴趣的区域所需要的时间来表征可达性。成本栅格图的建立主要考虑了道路、河流、陆地、山体的影响。根据交通可达性分析的结果,将城市发展区划分为 5 个区域:0～10 min 可达区、10～20 min 可达区、20～30 min 可达区、30～40 min 可达区、大于 40 min 可达区。通过 ArcGIS 软件的 ArcToolbox 中 Spatial Analyst Tools—Reclass—Reclassify(重分类)工具,对可达性结果进行重分类,得到基于可达性因子的用地适宜性评价结果(见表 8-2)。

表 8-2　成本栅格值

因　素	分　　级	*Cost*(行进 10 km 所需的分钟数)
道路	国道	10
	省道	12
	县道、城镇道路	20
	村镇道路	30
	步行	120
河流	汀江及其主要支流、湖泊	1 000
	一般河流	500
坡度	<5°	120
	5°～15°	180
	15°～25°	300
	>25°	500
地形起伏度	<15 m	120
	15～30 m	150
	30～60 m	180
	>60 m	300

②开发成本因子

开发成本因子主要包括生态系统和人工系统两块。研究区内人工系统主要考虑乡村以及城镇居民点，成本评价以拆迁成本考虑，乡村居民点为 2 000 元/m²。研究区内生态系统包括森林、农田以及湖泊等。生态系统具有多种多样的服务功能，各种功能之间相互联系、相互作用。根据评价与管理的需要，将生态系统服务功能分为 4 大类：供给服务、调节服务、文化服务和支持服务。生态系统服务功能的研究是价值评估的基础，价值评估是将生态系统服务功能进行货币化的评价过程。本次研究根据谢高地于 2007 年重新修订过的《中国生态系统服务价值当量因子表》，初步评估研究区的生态系统价值。

利用配准好的 SPOT 影像进行解译获得森林、农田、水域、居民点数据，通过对生态系统进行价值评估并与人工系统叠加得到基于成本因子的用地适宜性评价结果。本次将成本因子分为 5 级：≥2 000 元/m²、2～2 000 元/m²、1～2 元/m²、0～1 元/m² 以及 0 元/m²（已建成区）。通过 ArcGIS 软件中的 Reclassify（重分类）工具，对成本结果进行重分类（见表 8－3）。

表 8－3 中国生态系统单位面积生态服务价值 （元/(hm²·a)，2007 年）

服务类型		森林	草地	农田	湿地	水域	荒漠
供给服务	食物生产	148.20	193.11	449.10	161.68	238.02	8.98
	原材料生产	1 338.32	161.68	175.15	107.78	157.19	17.96
调节服务	气体调节	1 940.11	673.65	323.35	1 082.33	229.04	26.95
	气候调节	1 827.84	700.60	435.81	6 085.31	925.15	58.38
	水源涵养	1 836.82	682.63	345.81	6 035.90	8 429.61	31.44
	废物处理	772.45	592.81	624.25	6 467.04	6 669.14	116.77
支持服务	保持土壤	1 805.38	1 005.98	660.18	893.71	184.13	76.35
	保持生物多样性	2 025.44	839.82	458.08	1 657.18	1 540.41	179.64
文化服务	美学景观	934.13	390.72	76.35	2 106.28	1 994.00	107.78
合　计		12 628.69	5 241.00	3 547.89	24 597.21	20 366.69	624.25

（4）权重的确定

由于潜力因子和阻力因子对用地适宜开发的影响机制存在差异，因此，本次评价对潜力因子和阻力因子采用不同叠加规则，对潜力因子采用因子加权评价法，而对阻力因子则采用极值叠加法。

①因子加权法

本次选用的是成对明智比较法和专家打分法。成对明智比较法常用于层次分析法中判断矩阵的构造，通过两两重要性程度之比的形式表示出两个对象的相应重要性程度等级。如对某一准则，对其下的各方案进行两两对比，并按其重要性程度评定等级，记为第 i 和第 j 因素的重要性之比。

由于成对明智比较法所得的结果存在较高的主观随意性，为了尽量减小个人主观因素的影响，本次适宜性评价中潜力因子权重的确定在成对明智比较法的基础上结合专家打分法。选择 10 位对研究区有一定了解的专家对用地适宜性评价中的潜力因子的权重进行成对比较、打分，取各因子评分的平均值，通过一致性检验后得到最终潜力各因子的权重（见表 8－1）。

②极值叠加法

对于阻力因子来说，若为较限制性的因子（如：自然保护区、主要河流湖泊、地质灾害易发区等），则其对用地的开发直接起到阻碍性作用，即使该处用地开发潜力大，处于生态安全方面的考虑，也应禁止开发。同时评价值越小其代表的适宜性就越小，因此，为突出阻力因子对用地扩展的限制性作用，本次对阻力因子的分析采用取最小值原则，即：

$$S_i = f_{\min}(X_{ij}) \tag{8-3}$$

式中：S_i 是第 i 个单因子的值，$f_{\min}(\quad)$ 为取最小值，X_{ij} 是第 i 个单因子第 j 个子因子的值。

(5) 多因子叠置分析

在单因子适宜性评价结果的基础上，对各个潜力、阻力因子分别进行叠加、计算。对各潜力因子按权重进行计算（Raster Calculator）、对各阻力因子按取最小值原则进行叠加（Mosaic to New Raster），得到用地潜力、阻力综合分析图。最后，按取最小值原则对得到的用地潜力、阻力综合分析图进行叠加（Mosaic to New Raster）并重分类（Reclassify），得到最终的用地适宜性分析图，用以表征建设用地适宜程度，为下一步进行区域规划研究提供参考和基础。

4) 结果分析

(1) 单因子评价

利用 ArcGIS 软件对各影响因子内部各组分的适宜性分别进行评价：

①潜力因子（见图 8-5）

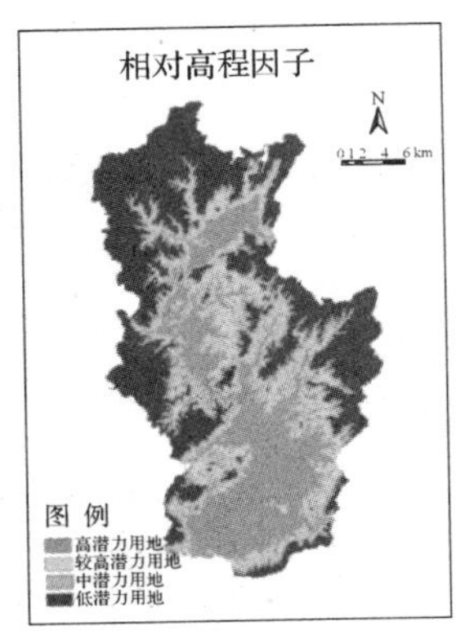

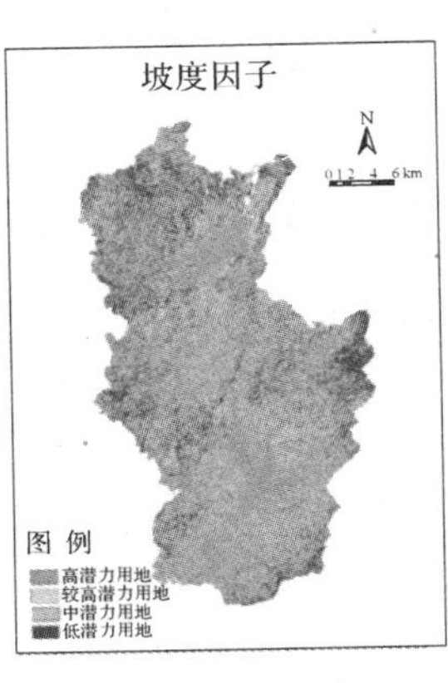

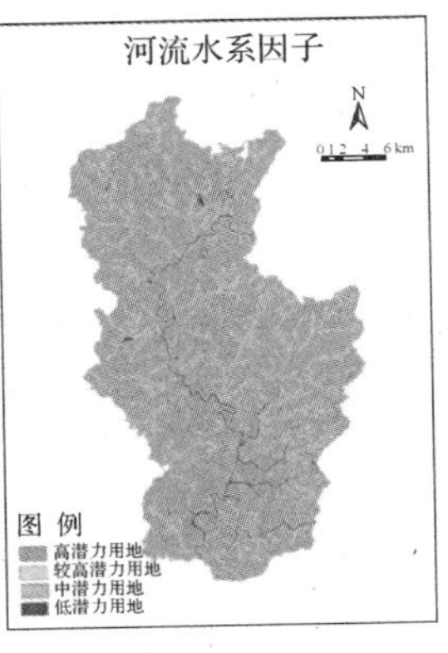

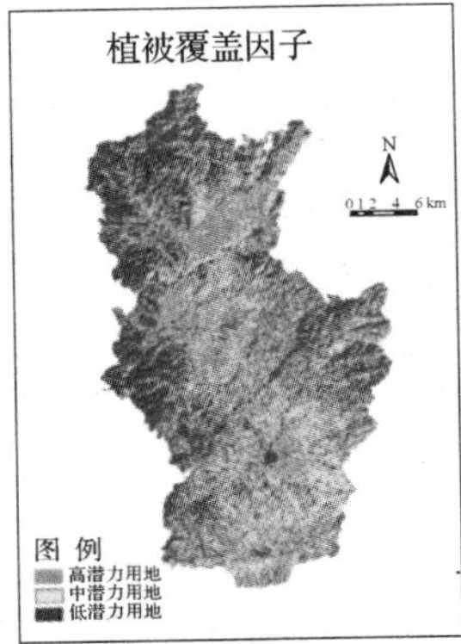

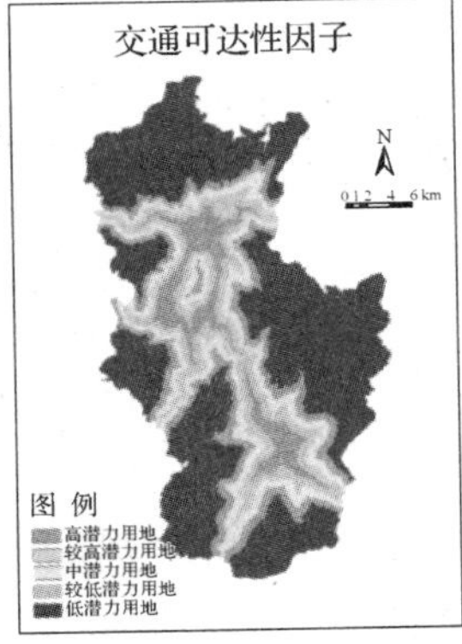

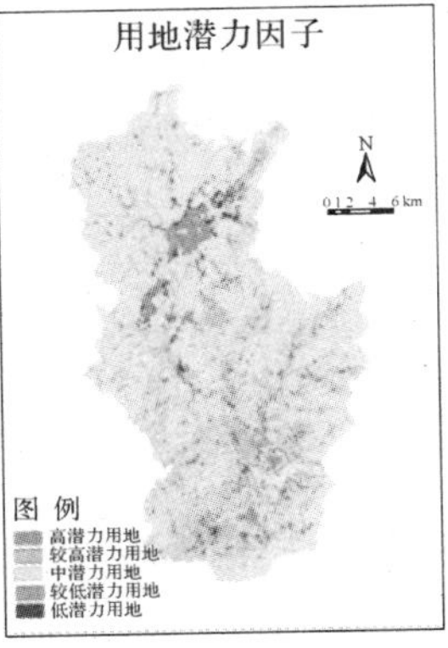

图 8-5　各潜力因子适宜性分析图

②阻力因子(见图 8－6)

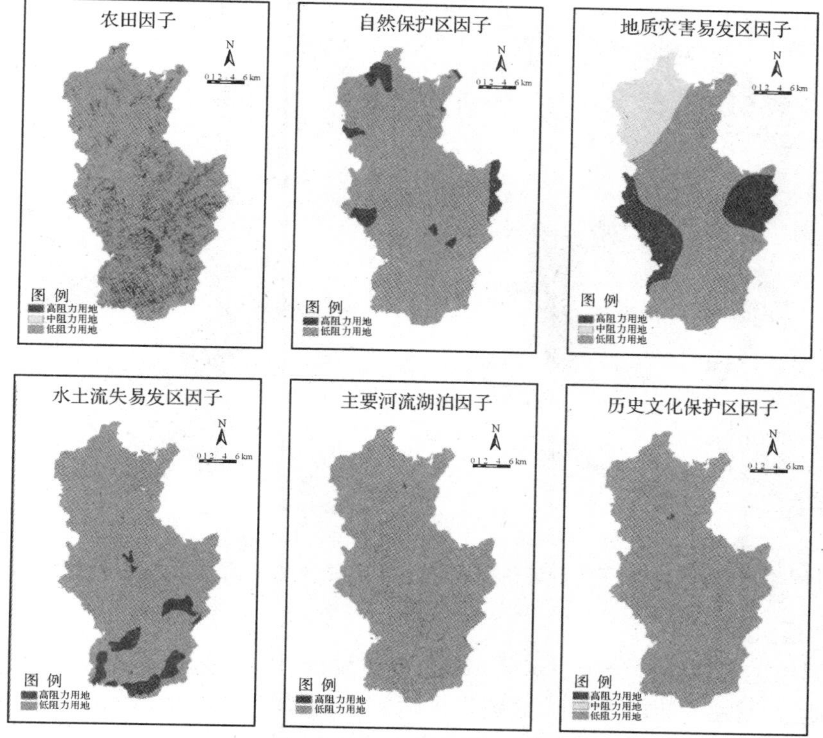

图 8－6　各阻力因子适宜性分析图

(2) 潜力—阻力因子综合分析

①用地潜力因子综合分析

研究区内用地开发潜力分为 4 级，即高潜力用地、较高潜力用地、中潜力用地、低潜力用地。开发潜力低的用地主要分布于研究区的四周，即相对高程、坡度较大且距离建成区较远的区域；而开发潜力较高的用地主要分布于汀州、大同、策武、河田、三洲等 5 个镇的建成区以及周边。各类用地的面积统计如表 8－4、图 8－7 所示。

表 8－4　用地潜力统计表

类型	高潜力用地	较高潜力用地	中潜力用地	低潜力用地
面积比	6.75%	32.80%	21.07%	39.38%

②用地阻力因子综合分析

研究区内用地开发阻力分为三级，即高阻力用地、中阻力用地、低阻力用地。开发阻力较高的地区主要分布于研究区的东西两侧以及南部地区，包括地质灾害易发区、基本农田集中分布区、水土流失易发区以及自然保护区；而开发阻力较低的用地主要分布于研究区中部。各类用地的面积统计如表 8－5、图 8－8 所示。

表 8－5　用地阻力统计表

类型	高阻力用地	中阻力用地	低阻力用地
面积比	46.94%	13.48%	39.58%

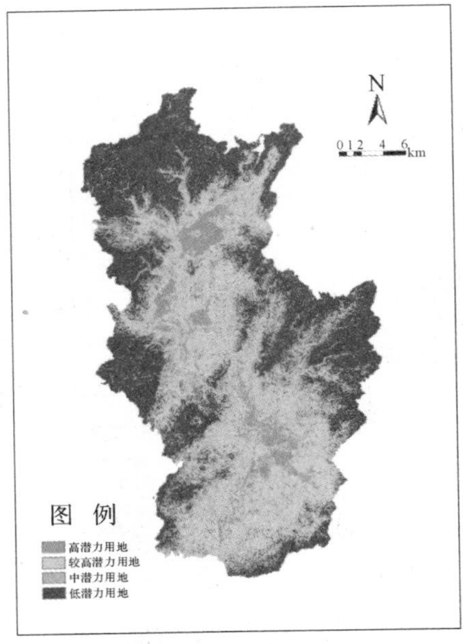

图 8-7 用地潜力因子综合评价图

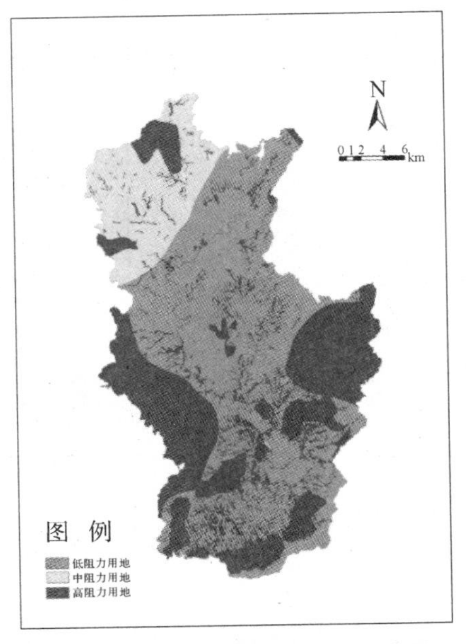

图 8-8 用地阻力因子综合评价图

(3) 用地适宜性评价

最终的用地适宜性评价分为三大类,即适宜建设区、限制建设区和禁止建设区(见表 8-6)。根据用地适宜性评价结果显示,研究区内适宜建设区、禁止建设区的分布相对较为集中。

表 8-6 用地适宜性统计表

类型	适宜建设区	中密度建设区	低密度建设区	禁止建设区
面积比	5.49%	20.08%	12.01%	62.42%

适宜建设区现状多为已建成区,生态敏感性较低,其适宜开发建设程度最高,可作大规模或强度较大的开发利用,是未来规划的重点调控区域,其面积占整个研究区面积的 5.49%,主要分布于各镇已建成区及周边。

限制建设区的生态环境比较脆弱,可以作为控制发展区或过渡区,应在指导下进行适度的开发利用,根据限制的等级不同,分为中密度建设区、低密度建设区。中密度建设区占整个研究区面积的 20.08%,主要分布于适宜建设区周边;低密度建设区占整个研究区面积的 12.01%,主要分布于禁止建设区与中密度建设区之间。

禁止建设区多为生态敏感性较高区域,生态环境脆弱,极易受到破坏,且一旦破坏后很难修复,必须严格保护和控制建设。禁止建设区占整个研究区面积的 62.42%,主要分布于区域四周(见图 8-9)。

图 8-9 建设用地适宜性评价图

8.2 城市增长边界划定模型

城市空间增长是一个时序推进过程和空间展布过程的时空关联和有机统一，表现为城市在某一时间段内地域空间上的扩散。城市空间增长是城市化在空间地域上的直接体现，城市在空间上的扩散增长不仅极大地影响着城市的经济发展模式和人的生活方式，同时也对整个城市的发展规模以及区域的环境与发展产生重要的作用。随着城市空间的迅速增长，各种矛盾日益凸显，如土地供应不足、基础设施利用效率低下、城市内部空间结构失衡、生态遭到破坏等。在新型城镇化背景下，城市发展从外延式扩张向内涵式发展转变逐步成为我国未来城市发展的主要趋势之一。因此，城市增长应当控制在一定边界以内，城市规划不仅要根据城市生态、环境和社会发展容量适量调控城市规模，也要根据自然基底状况和耕地保护的需要，结合土地适宜性评价的结果建立城市增长边界划定模型，在空间上有效控制城市的增长。

8.2.1 概念

城市增长边界(Urban Growth Boundary，UGB)又称城市空间增长边界，是城市增长管理的一种手段，旨在通过对城市发展过程和地点的引导与控制将城市的发展限制在一个明确的地理空间上，即满足城市发展需求的同时防止城市的无序扩张。城市增长边界作为城市增长管理的一种手段，最早是针对美国城市蔓延问题提出的，作为城市土地与农村土地的分界线，旨在防止城市无序蔓延、保障城乡协调发展。近年来，随着“新城市主义”“精明增长”等理论的引入，城市增长边界的研究日益引发关注。2006 年版的《城市规划编制办法》首次将“城市空间增长边界”纳入行业规范性文件作为城市空间增长管理的手段，分别在第四章第二十九条和第三十一条中明确提出在城市总体规划纲要及中心城区规划中划定“城市增长边界”，用以限制城市发展规模和界定城市建设范围。城市增长边界既可以作为城市总体规划的一个重要组成部分，也可当做更加详细的专项规划作为对城市总体规划的补充和完善。

根据城市增长边界的性质差异，可将其分为“刚性”边界和“弹性”边界。“刚性”边界，即边界具有永久的、不可超越的特性，是控制城市蔓延的生态安全底线，主要与生态环境承载力有关。而“弹性”边界则是相对于“刚性”边界而言，是指在一定期限内城市发展规模的边界，即建设用地与非建设用地的分界线，边界之内即是当前城市与满足未来增长需求的预留用地。一些学者认为，城市增长边界是基于保护和发展两种作用的控制线，即“刚性”边界与“弹性”边界的统一。我们则认为“刚性”边界和“弹性”边界的区别在于边界实现的时间差异，“刚性”边界确定的范围是城市建设用地增长的极限状态，代表的是城市增长所能达到的终极可能范围；“弹性”边界确定的范围则是阶段性的建设用地范围，其范围应小于“刚性”边界的范围。对城市增长边界的研究需要将“刚性”与“弹性”相结合，在充分考虑城市远景规模的前提下，完成不同发展阶段的城市空间布局，保障城市空间的可持续性和合理性。

8.2.2 关系

城市增长边界是对城市空间增长的一种调控。城市空间增长本质上是人类社会经济活动在空间上的反映，落实到空间上即表现为城市空间的增长。从城市复杂系统角度来看，城市空间增长是众多复杂的自然和人文因子驱动下的人口经济和土地利用的转变过程(见图 8－10)。物质系统各因子对城市空间的影响主要通过两个作用媒介来实现，即市场对空间的自发选择和政府的空间管理政策。市场对空间的自发选择主要通过建筑、道路、市政、园林各物质系统对土地价值的影响进而影响土地的发展潜力来实现。道路系统通过改变地块的可达性，提升地块的价值和发展潜力，可达性越高的地块，其土地的价值和发展潜力也越高，扩张也越迅速；园林和市政系统通过提供舒适、宜居的绿化环境和健全的基础设施来提高土地的价值和发展潜力，特别是设施完备的城市郊区居住区的建立，使得城市增长边界发生倾斜；建筑系统通过建筑价值(包括文化价值、使用价值、拆迁成本等)改变土地的价值和发展潜力，吸引周边居民入住。土地价值越高、发展潜力越高的地块越易获得市场的青睐。然而，由于市场自身的不完善和空间资源具有重要的社会、环境价值，需要引入管理系统，即政府通过制定各种空间规划或者划定各种政策区(保护区、开发区)等措施，发挥对空间配置的调控作用，引导和约束城市空间的发展。

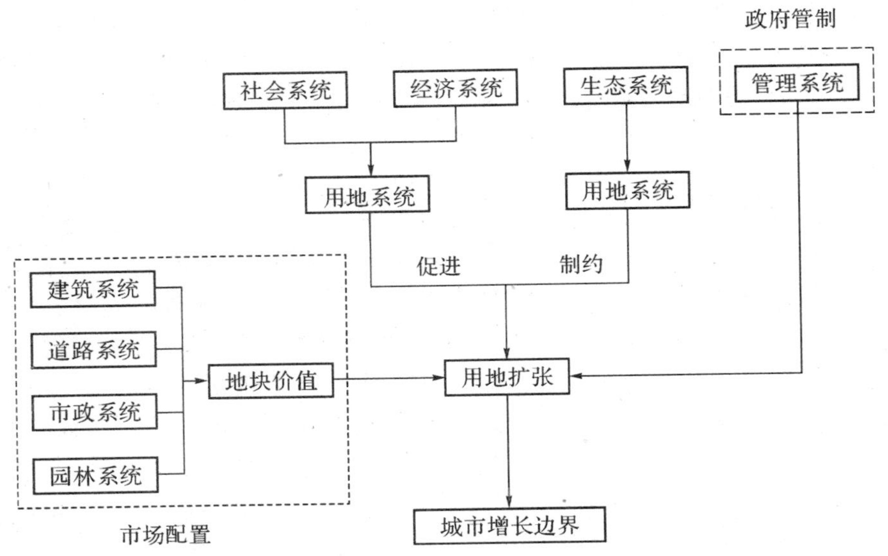

图 8－10　城市增长边界的产生机制示意图

同时，城市增长边界也是政府出于增长管理需要提出的一种多目标管理模式。由于城市社会系统、经济系统等各自的发展目标需要，导致城市用地需求增加，促进了城市用地的扩张，集中体现为城市在空间上的蔓延、郊区的城市化、远郊卫星城建设等多个方面。与此同时，由于生态系统的脆弱性和难以修复性，以及耕地保护等的需求，对城市用地系统的扩张也起到一定程度的限制和制约作用。

城市增长边界的形成正是这种物质系统和非物质系统之间相互博弈而形成的一种平衡状态，当这种平衡被打破便会出现众多的城市问题。当代中国，城镇化进程进入快速发展阶段，不仅出现了大量城市摊大饼式的无序发展模式，也出现了大量只有少数人居住的“鬼城”，这正是社会和经济利益驱动下的城市无序增长的表现，这种现象打破了城市发展的自适应规律，极易出现各种不协调的社会问题。近年来，城市增长边界逐渐得到重视，特别是“十二五”规划明确提出“合理确定城市发展边界”，并提出“生态文明”“新型城镇化”等可持续发展模式和思想，这无疑有利于城市空间增长的可持续，以及社会效益、经济效益和生态效益的最大化。

8.2.3　函数

如何辨识适合城市发展的区域，并通过一定政策和技术途径将城市空间增长限定在此区域之内，是城市增长边界功能得以发挥的关键，也是边界划定技术方法的核心问题。与城市用地适宜性评价类似，城市增长边界划定研究的也是建成区用地发展需求与外部地理空间环境供给之间的吻合协调程度。不过,不同于城市用地适宜性评价着眼于用地在“质”方面的吻合协调程度研究,城市增长边界划定在注重用地“质”的同时还注重用地的“量”,即在满足主体需求与客体供给之间的吻合协调程度的同时,出于控制无序增长的要求,试图将城市的发展限制在一个明确的地理空间上。因此,城市增长边界归根结底需要解决的是“供给与需求”之间的矛盾,可以借助城市用地适宜性评价的结果来划定城市增长边界。

城市空间增长的“刚性”边界的划定以“反规划”思想为主导,强调一种“逆”向的规划过程,“负”的规划成果,即生态基础设施,需要考虑生态环境承载力、生态敏感性、生态网络的完整、生态安全格局等,用它来引导和框限城市的空间发展,通过先划定不建设区域起到生态保护的作用。这与城市用地适宜性评价中对生态因子的控制思路一致,可以参考城市用地适宜性评价的结果划定“刚性”边界。

“弹性”边界作为未来一个阶段城市增长的预期界线,其划定需要建立在对未来一个阶段的增长的合理预期基础上。从“供给—需求”角度出发,城市增长边界的划定应当统筹考虑城市发展的需求和城市建设的限制,一方面,需要立足于自然环境保护的角度,考虑城市周边用地的适宜性,即“哪块用地适宜建设、适宜什么程度的建设”等;另一方面,需要考虑城市发展对用地的需求,即对城市用地规模进行预测。“弹性”边界内的建设用地选取,可以以适宜性评价为基础,提取适宜性指数较高的用地作为一定阶段的“弹性”边界内用地,函数表达式如下:

$$Y=\sum_{i=1}^{k}A_{S_i} \qquad (8-4)$$

式中:Y 为用地规模总量, S_i 为地块单元的适宜性评价指数,且 $S_i>S_{i+1}$,A_{S_i} 为适宜性评价指数为 S_i 所对应的地块面积,k 为达到用地规模总量时的适宜性评价指数的最低等级数。

理性的城市边界增长模式的确定是对城市未来发展的土地适宜性和限制性进行分析后所得到的结论。尽管在对用地进行适宜性评价时已经考虑了部分对城市扩张起限制作用的因素,如地质灾害、水土流失、基本农田等,但受到交通与河流阻隔、行政管辖权限、成本收益、政策导向等难量化因素的限制,建立在土地适宜性评价基础上得到的建设用地与实际上的开发潜力并不完全重合,需要结合实际情况对结果进行一定的调整。如铁路和高速公路的建设会限制道路两侧之间的经济联系;现行的《城市规划编制办法》指出,“研究中心城区空间增长边界,提出建设用地规模和建设用地范围”等内容必须在城市规划区范围内统筹考虑,同时又强调“城市规划区的范围应当位于城市的行政管辖范围内”;当土地开发收益大于因地形地貌等自然基底因素的成本时,城市增长边界会发生一定的变化;政策在对城市土地的开发程度、利用方向、扩展方位等方面起了很大的补偿和推动作用,直接影响城市增长边界的范围和形态。

8.2.4　实例

本次研究仍然选择长汀县作为实例,研究范围选择县域中部与城镇化关系密切的乡镇作为研究区,范围同上例。

1) 技术路线

根据对城市增长边界的“刚性”边界与“弹性”边界的认识,本次案例分析以用地适宜性分析的结果为基础,首先根据禁建区的分布划定研究区的“刚性”边界;其次,再结合已有规划中对未来一段时期内用地规模的预测，提取适宜性程度较高的用地作为未来城市发展用地，并划定研究区的"弹性"边界。本次的技术路线如图 8-11 所示。

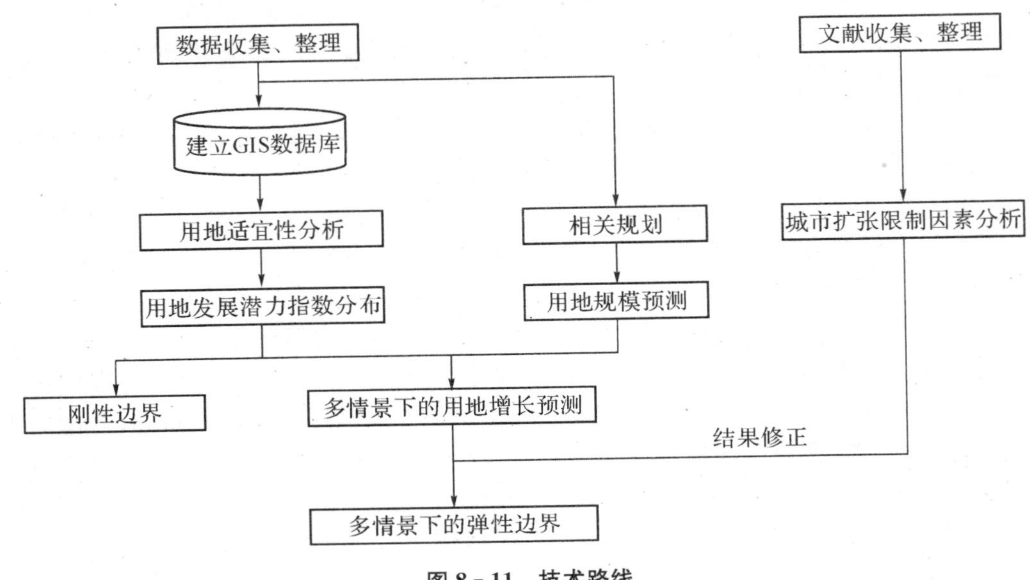

图 8-11 技术路线

2) 数据收集

由技术路线可知，本次需要收集城市用地适宜性评价模型所需的数据，如相对高程、坡度、河流水系、植被覆盖、交通可达性、开发成本、农田、水土流失易发区、自然保护区、地质灾害易发区、历史文化保护区等。此外，由于涉及规划期内用地规模的预测，本次还需要收集研究区的相关规划资料。具体数据包括：TM 遥感影像数据；DEM 数据；现状道路和交通枢纽数据，地质灾害分布图，水土流失、生态功能区划等专题图件；相关规划，如《长汀县总体规划(2009—2030)》《福建省(龙岩)稀土工业园规划》《河田镇综合改革试点镇总体规划(2012—2030)》。

3) 主要步骤

(1) 城市用地适宜性评价

本次城市用地适宜性评价模型同样采用上一节提到的"潜力—阻力"评价模型，将影响城市用地适宜性的因子分为潜力因子和阻力因子两类(见表 8-1)。具体的评价过程见上一节的城市用地适宜性评价模型。通过单因子评价、权重确定、多因子叠加，最终得到研究区各用地开发建设的适宜程度指数。适宜程度指数越高代表该用地适宜开发建设的潜力越高，意味着成为城市发展备用地的可能性越高。

(2) 用地规模的确定

为了确定研究区的城市用地增长边界，需要对研究区的城市用地规模需求进行预测。在对城市未来一定时期内的用地需求进行预测时，不仅需要考虑城市发展所带来的规模集聚效益，同时也应考虑城市规模过度集聚所带来的一系列负面影响，即将城市规模确定在一个合理的范围之内，使城市的规模集聚效益达到最大。一般常用的方法是根据人均建设用地面积，在预测人口规模的基础上，对用地规模进行预测。

本次为了简化过程，根据《长汀县总体规划(2009—2030)》确定的中期(至 2020 年)、远期(至 2030 年)的用地规模，设置了两种用地规模情景。根据该总规中的预测："根据 2020 年 26

万、2030 年 35 万的人口规模预测数，预测 2015 年长汀县城镇建设用地的总量控制在 25.3 km^2，到 2020 年控制在 28.5 km^2，到 2030 年控制在 35 km^2 以内”。此外，由于河田镇虽在研究区范围内，但其用地在满足中心城区的建设用地外，还需满足本镇的建设需要，因此，也需要考虑河田镇的相关用地规划。根据《河田镇综合改革试点镇总体规划(2012—2030)》中的预测：“中期(2020 年)建设范围为 10.54 km^2，镇区建设用地为 8.84 km^2，人均镇区建设用地指标为 161 m^2/人；远期(2030 年)建设范围为 15.64 km^2，镇区建设用地为 12.70 km^2，人均镇区建设用地指标为 115 m^2/人。”故此，本次选择 33.34 km^2、42.7 km^2 作为研究区建设用地需求总量进行城市增长边界的“弹性”边界的划定。

(3) 建设用地选取

在用地规模已经确定的情况下，利用 ArcGIS 软件，根据前面土地利用适宜性评价中得到的研究区内用地开发适宜性指数，提取满足用地规模需求的同时开发适宜性指数较高的用地(地块适宜性指数越高，其成为城市建设用地的概率就越高)。通过对研究区内用地适宜程度指数分布的观察、研究，本次分别选取适宜程度指数为 6.7 和 6.5 作为建设用地筛选的分界值，并分别提取适宜指数≥6.7、适宜指数≥6.5 的用地。得到的用地面积大于之前预测的用地规模，为下一步的结果修正做准备。

(4) 结果修正

由于上一步得到的多情景下的城市发展用地范围较为分散、破碎，事实上处于集聚规模效益考虑，城镇建设用地不宜过于分散，因此，需要对上一步的成果进行预处理：使用 Raster To Polygon 工具将所得栅格数据转换为矢量数据；使用 Eliminate 工具将 area≤20 000 m^2 的斑块合并到最近的多边形中。然后，再分别根据行政管辖权限、道路和河流的阻隔、集中与分散的原则等对上述结果进行修正，得到相对完整且合理的城市增长边界。

①修正标准一：行政管辖权限

由于研究区中策武镇的稀土工业园现已改为龙岩市直属管辖，已不属于长汀县的管辖范围，因此，在进行城市发展建设用地选择时需要将属于稀土工业园范围选中的城市发展用地予以删除。

②修正标准二：道路和河流的阻隔

由之前对于城市用地扩张的限制因素的分析可知，土地适宜性只是其中一个较为重要的影响因素。事实上，城市用地空间的增长是一个十分复杂的过程，其他如交通廊道阻隔等因素也对城市用地发展的选择起到重要作用，而这些并未在土地适宜性评价中体现出来。本次主要选取对研究区的用地扩张起明显阻隔作用的因素——铁路、高速公路、汀江水系，对结果进行修正，删除与已有组团之间被铁路、高速公路、汀江水系相分隔的地块。

③修正标准三：集中与分散原则

由于山地城市所处的地理区位、海拔高度、地形坡度、气候降雨和日照等自然条件的限制，一般而言，当山地城市人口规模超过 10 万人就应该考虑集中与分散相结合的布局结构模式。集中与分散是一对矛盾的对立统一体，两者的有机结合是应对现代山地城市人地关系矛盾的基本策略，而山地城市的多中心组团结构则是体现集中与分散原则的具体城市空间形态。

4）结果分析

（1）用地适宜性评价结果

本次用地适宜性评价将研究区内土地划分为适宜建设区、中密度建设区、低密度建设区以及禁止建设区（见图 8-9）。其中，适宜建设区主要集中于各乡镇的建成区及建成区附近生态敏感性不高的地区，而禁止建设区则主要分布于研究区四周。由用地适宜性评价的过程可以看出，本次计算得到的禁止建设区多为生态环境较为敏感的地区，包括自然保护区、地质灾害易发区、水土流失易发区以及高程极高、坡度较陡的地区，约占研究区总用地的 62.42%。

（2）"刚性"边界划定

本次以土地适宜性评价为基础，将其中的禁建区划定为城市增长边界中的"刚性"边界，即城市发展不可逾越之界限。由于部分地块较为破碎，因此，在划定过程中使用 Eliminate 工具对结果进行了适当人工修正（见图 8-12）。

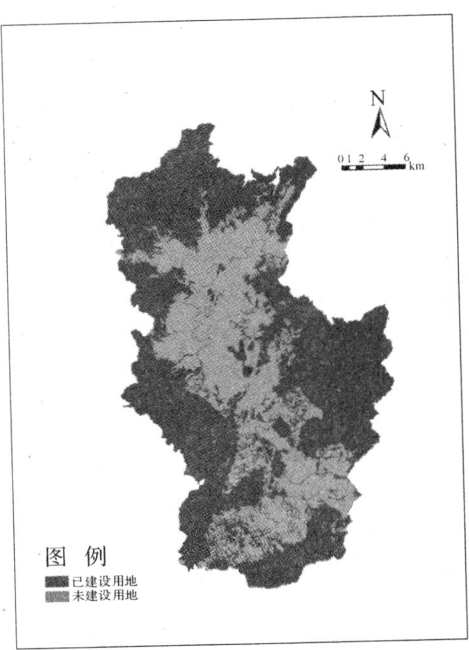

图 8-12 刚性增长边界

由于"刚性"边界外的用地多为生态敏感性较高的用地，包括水土流失易发区、地质灾害易发区、自然保护区等地区，存在许多的生态限建约束，因此，作为城市扩展的生态安全底线，"刚性"边界外的用地原则上应该禁止一切城市建设行为。对于其中生态较为脆弱的地区，从区域生态安全的角度出发，可以适当考虑进行必要的生态防护建设，如水土治理等。

（3）"弹性"边界划定

本次"弹性"边界的划定以多情景模式下的用地选择为基础，本着尽量集中布置、方便交通，且接近已有村镇又避免形成"城中村"与空心地的原则，辅以对城市用地发展起限制性作用的因素（铁路、高速公路、汀江的阻隔以及行政管辖权限）的考虑。

① 情景一：至 2020 年

本次选择适宜性指数范围为[6.7,9.0]作为该情景模式下用地选择的标准，通过对部分破碎地块的合并以及限制城市扩张因素的考虑，经过修正后得到的城市建设用地分布如图8-13所示，据统计，本次选取的建设用地规模为 34.27 km^2。

② 情景二：至 2030 年

本次选择适宜性指数范围为[6.5,9.0]作为该情景模式下用地选择的标准，通过对部分破碎地块的合并以及限制城市扩张因素的考虑，经过修正后得到的城市建设用地分布如图8-14所示，据统计，本次选取的建设用地规模为 42.07 km^2。

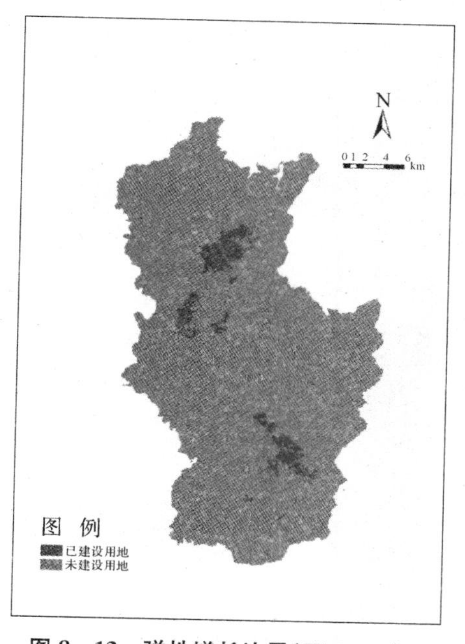

图 8-13 弹性增长边界(至 2020 年)

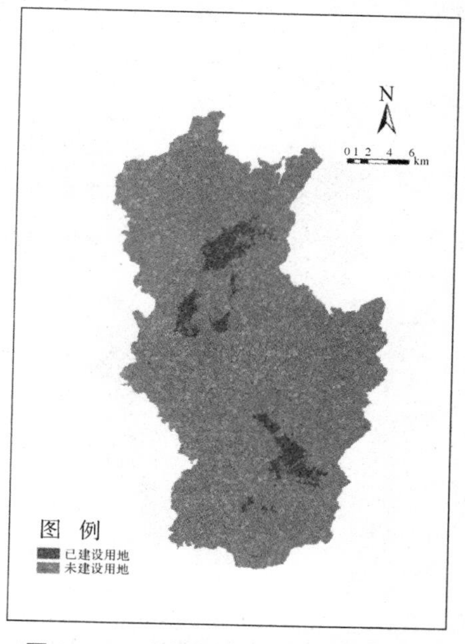

图 8-14 弹性增长边界(至 2030 年)

将本次计算得到的结果与研究区内现状的城镇建设用地分布做比较,可以看出:本次预测的城市用地主要向南发展,且河田镇成为研究区建设用地扩张的主要地区。此外,在发展时序方面,近期主要以县城建设用地向北发展以及河田镇的扩张为主,而远期则以河田镇用地发展为主。

(4) 与已有规划的比较

将本次得到的“弹性”边界与《长汀县总体规划(2009—2030)》中的用地开发时序图作对比(见图 8-15、图 8-16),可以发现用地总的发展方向、趋势相对较为一致,主要存在的差异有两处:一处位于稀土工业园和三洲乡;一处位于河田镇。由于稀土工业园已改为龙岩市行政管辖,故而本次未将其纳入总用地规模之内考虑,与此同时,新增了三洲乡作为研究对象,以弥补用地总量的缺失。至于河田镇的用地范围,本次预测的结果与规划相比,更为向北发展,可能与周边基本农田的分布对用地适宜性评价结果的影响有关。

8.3 城市地块适宜容积率的确定与评价模型

本章前两节探讨了如何分析城市土地利用的适宜性,从而更加合理的选择城市发展方向,以及合理确定城市用地规模和增长边界的问题,本节主要探讨在确定使用某一块土地以后,如何合理确定该地块的使用强度。前两节主要是探讨土地是否适宜使用,本节主要探讨如何适宜使用。在城市规划中,土地使用强度的确定一般是通过控制性详细规划(简称控规)构建一定的指标体系来实现的。指标体系是控规的核心内容,其确定的科学性与合理性直接影响到控规成果的科学性与合理性以及控规的有效实施,而容积率又是控规指标中最重要的一个。然而,控制性详细规划在编制过程中,对地块容积率的确定往往通过“拍脑袋”来确定,其科学性、合理性得不到保障。另外,由于“土地财政”等现象的影响,各项控制指标在控规实施过程中屡遭突破,其法律性、权威性得不到体现。因此,在规划编制过程中,如何科学合理的确定各项指标,使控规能够得到切实有效的实施,成为摆在规划编制和管理者面前的难题。

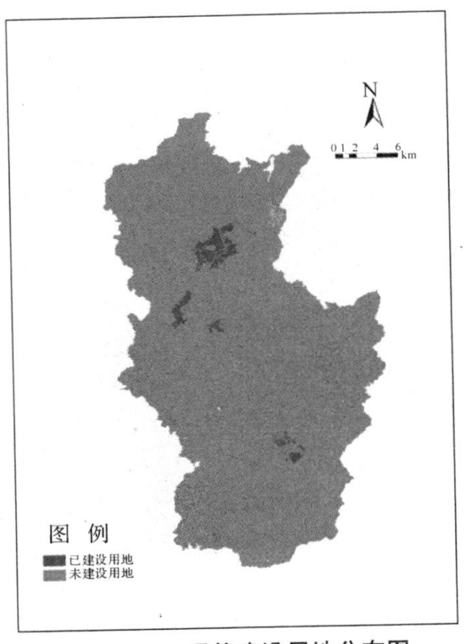

图 8-15　现状建设用地分布图

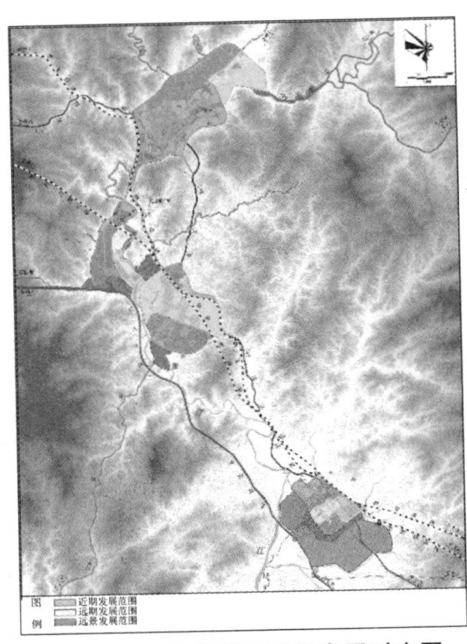

图 8-16　规划城市空间发展时序图

基于上述认知，我们认为地块容积率的确定需要考虑适量合理调控。控规不仅要主动适应地块周边人口密度的特征，还需要在片区或城市整体尺度上适应物质系统和非物质系统的关系影响。因此，本模型从影响容积率变化的道路、服务（用地）、环境（园林）等物质系统影响因子，生态、安全（社会）、文化等非物质因子的关系入手，建立容积率确定模型，并从交通承载力可行性和经济可行性角度进行修正和检验，以期得到科学合理的地块适宜容积率，这对于“以人为本”的新型城镇化导向下的控规编制具有重要的指导和参考意义。

8.3.1　概念

本书第 5 章探讨了城市人口密度的估算方法，并认为人口密度是复杂适应系统视角下城市“集聚”特性的本质特征，而本节则主要探讨的是以土地为载体的城市“集聚”特征的外在表现。从复杂适应系统的角度看，城市是一定地域内人口自发集聚的结果，这种集聚过程的背后体现的是经济效益，城市越集聚在经济上就越高效。但是，当人口集聚到一定程度以后，人们的生存环境开始逐步恶化，生态环境变得恶劣，这时人们会选择生态条件较好的地方居住，这正是人作为城市主体自适应的地方。城市规划作为一种公共政策，要避免市场化过程中过度强调经济效益而带来的弊端，因此，在城市规划中将难以直接控制的“单位用地面积上的人口数”（人口密度），转化为易于控制的“单位用地面积上的建筑面积”（容积率）进行控制，这样一方面顺应了城市人口分布的自适应特征，另一方面也合理引导城市人口密度分布。在城市规划编制体系中，这属于控制性详细规划的范畴。

容积率又称楼板面积率，或建筑面积密度，是衡量土地使用强度的一项指标，是地块内所有建筑物的总建筑面积之和与地块面积的比值（吴志强，2010）。容积率是最核心的控规控制指标，当人均建筑面积一定时，它直接反映了人口密度，所以容积率可以作为规划师从空间角度调节人口密度分布的有效手段。容积率作为一项典型的区划控制技术，与控规一样，也是在借鉴发达国家和地区的发展经验后才在中国诞生的。容积率最早是在 1957 年芝加哥的城市土地区划管理制度（Zoning Ordinance）中提出和采用的一项重要控制指标，后来也被 1960 年代纽约的区划条例所采用。美、日等国(包括我国台湾地区)称之为 Floor Area Ratio(FAR);美国规划师学会定义 Floor Area Ratio 为“区划地块(Zoning Lot)上允许修建的建筑面积与地块面积之比”;而 Plot Ratio 则作为英国城市规划中使用的名词而在英国及其殖民地国家与地区广泛使用(包括我国的香港地区),它表示“地块上建筑物的总面积与它所占用的地块面积之比”。实际上三者所表述的涵义是相同的。在我国,Floor Area Ratio 这一指标最初被译为“容积率”,始于台湾、香港地区的规划界。随着改革开放之后,土地有偿租让制度的实行以及房地产业的兴起,我国规划学术与管理界在借鉴了美国区划法的经验基础上,逐渐开始将容积率作为规划编制与管理的技术指标。并在 1994 年实施的《城市居住区规划设计规范(GB 50180—1993)》中正式列入了“容积率”一词,标志着容积率一词在我国城市规划界确立了“合法”的地位。这也正是体现了规划师作为城市发展的主体之一,在城市这一复杂适应系统的自组织、自适应过程中发挥的重要作用。

对于如何界定及合理控制城市土地利用容积率的问题,国内不少学者提出了自己的观点,目前主要包括两个方面,一种是从定性的角度研究影响容积率的因素,另一种是从定量的角度研究确定合理容积率的计算方法。在定性研究方面,容积率的确定要考虑城市的合理规模、基础设施的投资和布局、土地的适用性以及土地市场等问题(梁鹤年,1992);而容积率的确定最终是由经济、环境因素共同决定的,容积率的确定受制于对经济利益的追求和美好环境的渴望的矛盾平衡(何强为,1996);但在控制城市土地使用强度时,应将人口密度作为主要控制指标,容积率只能作为辅助指标(梁鹤年,1992)。在定量研究方面,传统确定容积率的方法主要有:环境容量推算法、人口推算法、典型试验法、经验推算法(宋军,1991);在旧城改造中,从房地产开发投入产出结果分析,容积率与城市土地出让价格、房地产开发利润等因素之间存在定量关系(王国恩等,1995);从经济学角度出发,一般容积率的提高会增大土地开发收益,但也存在相反的事实,所以采取合适的容积率,降低开发成本,才是开发商获利的正确方法(陈顺清,1995)。另外,也出现了将定性研究和定量分析相结合的方法,如邹德慈(1994)从容积率的概念着手,提出确定容积率的原则,即:容积率的上限取决于环境质量的最起码要求,容积率的下限取决于开发者能承受的最低楼面地价。从已有的研究成果来看,对于容积率的确定方法,虽然研究侧重点不同,但也形成了比较共同的观点:容积率的确定既要考虑经济因素,也要考虑环境因素,经济因素决定容积率的下限,环境因素决定容积率的上限;在定量分析方面,要和具体的项目相结合,尤其从经济学的角度分析确定容积率的下限,但如何定量分析出容积率的上限,到目前为止没有形成非常突出的结论。

8.3.2 关系

地块适宜容积率的确定与评价模型的核心目的是正确引导城市人口密度的合理分布,因此,容积率的确定应在满足人口密度分布规律的同时,避免人口过于集中而带来环境和交通问题。从系统论的角度看,人口密度体现的是物质系统和非物质系统之间的关系,物质系统中的交通子系统、用地子系统、园林子系统,与非物质系统中的生态子系统、社会子系统、文化子系统、管理子系统、经济子系统相互作用、相互影响,通过各个子系统之间的协调自适应关系最终达到一种相对的平衡状态。在实际应用中,交通子系统对人口密度的影响最直接,城市中交通流的通过能力直接决定了道路周边地块的人口集聚能力,适宜地块的容积率要与交通所能容纳和支撑的人口相匹配。据此,可以建立适宜容积率模型的关系框架(见图 8-17)。

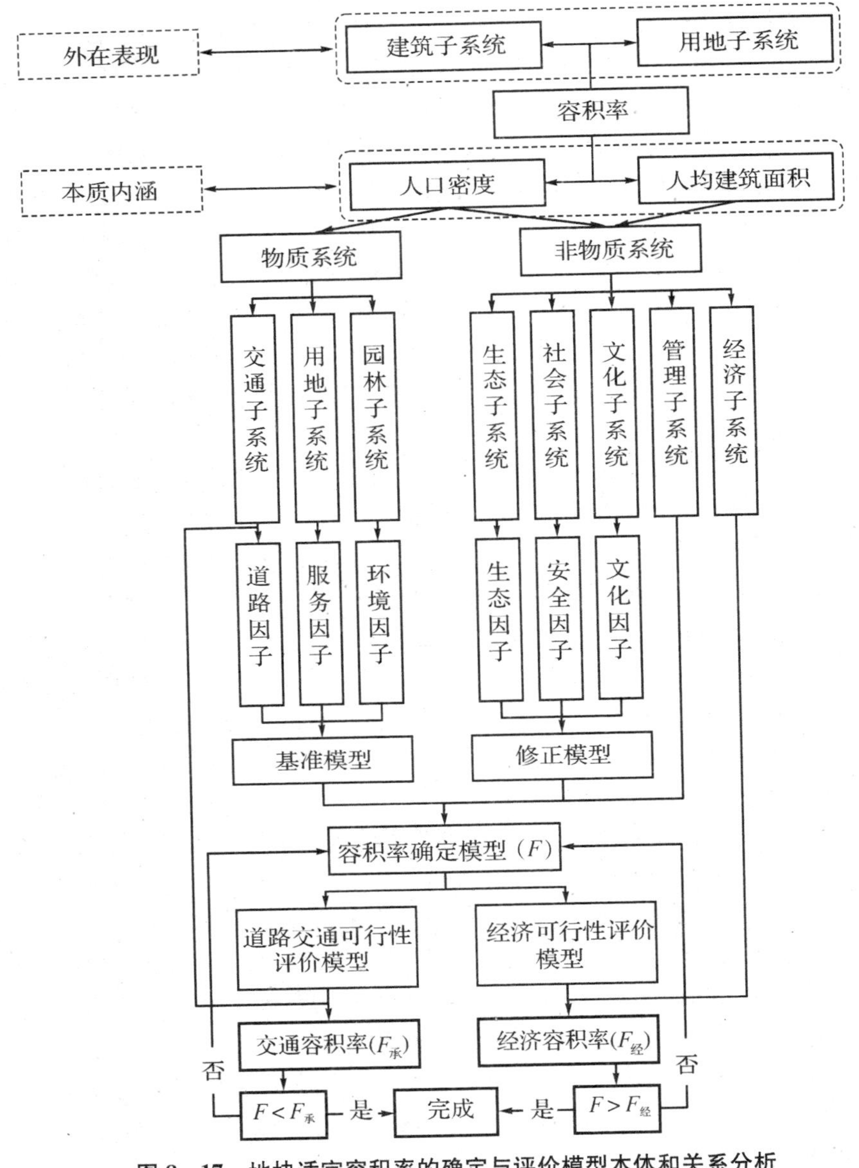

图 8 - 17　地块适宜容积率的确定与评价模型本体和关系分析

1）容积率与物质系统

(1) 交通(道路)子系统

城市中交通条件越好的地方，越能积聚人气和城市功能，人口密度也比其他地方更大，其土地开发价值也越高；同时，土地开发强度越高，人口密度也就越大，对交通的要求也自然而然地越高。对一个地块来说，其周边道路等级越高，交通条件就越好，开发强度往往越大，其所能容纳的人口数也就越多。因此，在交通可承载能力范围之内，交通子系统和人口密度是正相关关系，交通条件越好，人口密度和容积率也越大。

通常可以将城市道路交通系统划分为轨道交通、快速路、主干道、次干道、支路。轨道交通出入口附近交通条件比较优越，根据轨道交通站点服务半径，可将轨道交通站点作为缓冲区，距离站点越近，开发强度越高，距离站点越远，开发强度越低。城市快速路往往不经过城市中心区，有的城市快速路则采用高架路，并限制出入口；所以虽然城市快速路周边用地交通条件优越，但快速路两侧用地开发强度并不一定非常高，因此快速路两侧的用地开发强度要根据具体情况进行分析。城市主干道和次干道两侧用地，交通条件比较优越，其开发强度往往较高。除此之外，城市老城区人口密度高，且道路等设施改造难度大，其现有的道路交通设施很难满足日益增长的交通出行，因而需要对容积率进行交通可行性评价。

(2) 用地子系统

每个城市由于历史发展进程、自然条件约束等因素，都有各自的城市空间结构，但不管城市结构如何，每个城市在空间上都有重要的城市中心和发展轴线。城市用地子系统承载的是城市功能(通常承载着一定的服务功能)，城市功能本质上是人类的活动，如居住功能是人类休息的活动、商业功能是人类购物的活动，等等。在这些活动中，有些是每天需要做的，而有些是几天、几个星期甚至几个月才做一次的；有些活动是每个人都会做的，而有些活动仅仅面向城市中某一部分人群。每天需要做的活动和每个人都要做的活动一般不会形成集聚，在城市中往往比较分散，而人们较少参与的活动和面向部分人群的活动在城市中往往会形成集聚，因为分散的布局在经济上是不合理的。在这种情况下，产生了城市中心和重要的城市轴线，而城市中心和城市轴线也是城市的公共空间，是人流和车流比较密集的地方，这些地方的土地开发强度常常比一般地区要高。所以，城市发展轴线上的土地具有强的可开发性和回报性，在市场机制的作用下，为获取这种潜在的效益，它往往成为城市用地扩张的首选，吸引城市既有功能或新增功能沿轴向空间延伸，从而引导城市在其周边进行高强度的开发。

(3) 园林子系统

园林子系统是城市中的公园、湖泊、河流等具有较好自然环境的地区，城市中园林子系统是将城市中不同规模、不同性质的绿色空间合理组织，使之成为一个具有系统性、连续性及复合功能性的有机整体，从而完善城市的生态、社会和经济效益，因此园林子系统也可以看做城市的环境因子。规划中绿地常常包括防护绿地、街头绿地和公园绿地三种表现形式。从大量的实践中可以得出，城市绿地对城市开发强度有很大的影响，并呈现出随距离增加而逐渐衰减的效应，即距公共绿地越近的地区开发强度往往越高，土地价格也会更高，这种现象尤其在大型景观、生态河流等周边更为突出。

2) 容积率与非物质系统

(1) 生态子系统

城市中一些生态敏感性高的地方一旦受到破坏，则很难恢复，这些地方需要严格保护。城市开发建设应尽量避免对生态敏感度较高地区的影响，统一协调整体开发强度。由于高开发强度的建设要求较好的自然地质条件，出于安全考虑应该避开地质断裂带的地区。通常来说，城市开发强度控制应该遵照因地制宜的观念，以当地的自然生态环境状况为依据，应用生态学原理进行自然环境因子评价。对城市中水域及两侧防护地带，公园、道路两侧防护地带等进行修正，控制容积率，避免高强度开发。

(2) 社会子系统

城市社会子系统与城市安全因子紧密相连，表现为不同的城市安全风险地区不同。城市建设应避免对人类生命财产安全具有威胁的地方，其影响地区应该控制建设，在必须进行建设时，应该控制开发强度。城市邻避设施周边应该进行低密度开发。具有安全隐患的地区和不适合人类居住的地区的人口密度一般较小，同样的条件下，人们更加喜欢安全性高、环境优美的地方。

(3) 文化子系统

城市中能够体现历史文化和地方特色文化的地区应该有针对性的进行保护，避免人口密度和容积率过高而给文化带来破坏。城市中的文化资源往往更能够吸引人们进行观赏和研究，其价值并不是其使用价值，而是其观赏价值和研究价值，这些地方的使用价值往往差于城市新区，而随着人们生活水平的提高，人们经常私自进行改造，不但破坏城市整体景观风貌，也破坏了城市历史文脉。因此，对于有保护价值的历史文化街区、历史文化建筑等，要控制开发强度。

(4) 管理子系统

与其他子系统不同，管理子系统是对人均建筑面积的规定。根据以往的经验和人们的生活舒适度，人均建筑面积往往不能低于某一特定的值，同时为了保证土地的使用集约度，人均建筑面积也存在上限值，因此，管理子系统直接规定了人均建筑面积的上限值和下限值。

(5) 经济子系统

上面的子系统都是对人口密度和人均建筑面积的影响和规定，但基本都是定性的描述，而缺乏具体定量的计算。在确定容积率的过程中，这些子系统的影响和规定是需要的，但对于具体项目的实施缺乏指导性，经济子系统是从项目实施的角度对容积率所做的规定，确保了项目实施的可能性。根据人口密度分布和人均建筑面积确定的容积率体现了城市复杂系统自适应性的一个方面，其自适应性的另一方面是对容积率的评价。若容积率评价后不符合城市发展的其他规律，则需要对容积率重新进行确定，然后再评价，如此循环，直到所有地块的容积率均符合城市发展的一般规律。这样一个循环过程则是城市复杂系统自适应的一个过程。城市建设的主体并不是单一的政府，还包括开发商、规划师等其他主体。城市中的居住、商业地块的开发往往由开发商主导，若地块的容积率不能满足开发商的基本利润需求，此规划方案往往很难实施，因此对容积率的经济可行性评价非常重要。

8.3.3 函数

前面分析了容积率与各物质系统和非物质系统之间的定性关系，此处采用函数的形式表达各个关系模型。

1) 容积率与人口密度

首先从容积率的定义出发，将容积率与人口密度关系的定量分析过程分析如下：

$$F = S_{建} / S_{地} \tag{8-5}$$

$$S_{建} = S_{均} \cdot N \tag{8-6}$$

$$S_{地} = N / D \tag{8-7}$$

由以上公式不难推导出如下公式：

$$F = S_{均} \cdot D \tag{8-8}$$

式中：F 为容积率；$S_{建}$ 为建筑面积；$S_{地}$ 为用地面积；$S_{均}$ 为人均建筑面积；N 为人口数；D 为人口密度。

从公式(8-8)可以分析出，决定容积率的因素是人均建筑面积($S_{均}$)和人口密度(D)，人均建筑面积是规划管理过程中的重要指标，属于管理子系统范畴，人口密度则与多个物质系统和非物质系统相关。因此，容积率的核心是人均建筑面积和人口密度的问题，最终是为了解决"人"的问题，建筑子系统与用地子系统之间的关系只是容积率的外在表现。当 $S_{均}$ 一定时，容积率(F)与人口密度(D)正相关，即人口密度越高，容积率越大。因此，在确定容积率时，要充分考虑人口密度的分布。影响人口密度的因素很多，包括物质系统范畴的交通子系统、用地子系统、园林子系统，以及非物质系统范畴的生态子系统、社会子系统、文化子系统。物质系统对人口具有吸引集聚作用，而非物质系统对人口具有排斥疏散作用。

2）容积率与物质系统

物质系统对容积率的影响主要是遵循微观经济学的效率原则，以交通因子、服务因子和环境因子作为容积率的基本影响因素。理论假设区位条件越是优越，开发强度也就应当越高，这意味着城市公共设施可以得到最为有效的利用。基准模型根据交通因子、服务因子和环境因子的空间格局和影响权重，采取计量化的精细方法，将城市空间划分成为若干容积率分区。

$$F_{交通因子i}=\text{Max}(F_{主干路i},F_{次干路i})=\text{Max}(f_1(d_{主干路i}),f_1(d_{次干路i})) \tag{8-9}$$

$$\begin{aligned}F_{服务因子i}&=\text{Max}(F_{主中心i},F_{次中心i},F_{主轴线i},F_{次轴线i})\\&=\text{Max}(f_1(d_{主中心i}),f_1(d_{次中心i}),f_1(d_{主轴线i}),f_1(d_{次轴线i}))\end{aligned} \tag{8-10}$$

$$F_{环境因子i}=\text{Max}(F_{主绿地i},F_{次绿地i})=\text{Max}(f_1(d_{主绿地i}),f_1(d_{次绿地i})) \tag{8-11}$$

$$F_{基准i}=\text{Max}(F_{交通因子i},F_{服务因子i},F_{环境因子i}) \tag{8-12}$$

式中：f_1 为距离衰减函数；F_i 为 i 点基于各影响因子(交通因子—主干路、次干路；服务因子—主中心、次中心、主轴线、次轴线；环境因子—主绿地、次绿地)的容积率分区值；d_i 为 i 点至对应各影响因子的最短距离；$F_{基准i}$ 为 i 点在基准模型下的容积率分区值。

3）容积率与非物质系统

容积率与非物质系统的关系主要是为了避免过度追求经济效益而带来的弊端，例如有些生态敏感性地区由于生态条件良好而被过度开发，有些城市将安置小区布局在有重大安全隐患的地区，还有一些城市为了卖地不惜将具有深厚文化底蕴的历史街区拆除等，这些都是在市场化过程中缺少合理规划而带来的负面效应。城市规划作为一项公共政策，同时作为城市这一复杂适应系统自适应过程的重要体现，应该努力避免城市开发因过度市场化而对城市生态、文化等带来的破坏。引入生态因子、安全因子和文化因子，探讨其与容积率的关系。

$$F_{生态因子i}=\begin{cases}0 & 在生态敏感区范围内\\5 & 不在生态敏感区范围内\end{cases} \tag{8-13}$$

$$F_{安全因子i}=\begin{cases}0 & 在洪水淹没或地址灾害等不安全区\\5 & 在安全区\end{cases} \tag{8-14}$$

$$F_{文化因子i}=\begin{cases}F_{现i} & 在历史文化保护范围内\\5 & 不在历史文化保护范围内\end{cases} \tag{8-15}$$

$$F_{修正i}=\text{Min}(F_{基准i},F_{生态因子i},F_{安全因子i},F_{文化因子i}) \tag{8-16}$$

式中：$F_{生态因子i}$为 i 点基于生态因子的容积率分区值；$F_{安全因子i}$为 i 点基于安全因子的容积率分区值；$F_{文化因子i}$为 i 点基于文化因子的容积率分区值；$F_{现i}$为 i 点的现状容积率值；$F_{修正i}$为 i 点在修正模型下的容积率分区值。

4) 容积率的确定

在考虑了交通、用地、园林等物质系统对容积率的促进和生态、社会、文化等非物质系统对容积率的抑制作用后，叠加规划道路网，就可确定在物质和非物质系统共同作用下一个地块的适宜容积率。通过加权平均的计算，可以得到每个地块的容积率，并考虑实际情况和用地性质，对局部地块进行调整。

$$F_{地块j} = \frac{\sum_1^n F_{修正i}}{n} \tag{8-17}$$

$$F_j = f_2(F_{地块j}, F_{管理j}, X_j) \tag{8-18}$$

式中：$F_{地块j}$为 j 地块的容积率分区值；n 为 j 地块内的栅格数；F_j 为 j 地块的容积率；$F_{管理j}$为地方城市规划管理技术规定中对容积率的规定；X_j 为 j 地块的用地性质；f_2 为容积率确定函数。

5) 经济可行性评价

经济可行性要求是控制性详细规划编制的一大重点，集中体现在对居住与商业用地的建设强度控制上，过高或过低都不符合科学发展要求。容积率是反映用地建设强度的指标，当用地建设强度过大，人口将会相应增多，基础设施和绿地人均拥有量随之减少，社会配套服务设施无法满足要求，产生一系列社会问题，导致社会效益和环境效益降低，因此往往通过设定容积率的上限值对容积率进行控制。但是如果用地建设强度过低，则会造成土地使用浪费，降低经济可行性。因此，对容积率的经济可行性进行评价，显得十分重要。

地块经济容积率计算后与前面确定的地块容积率进行比较分析，若经济容积率小于规划容积率，则方案可行；若经济容积率大于规划容积率，则需要对容积率方案进行调整，必要时需对整个规划方案进行论证。

根据已有研究成果：

$$F_{经j} = \frac{Q_{地}}{k \times Q_{房}} \tag{8-19}$$

即：

$$F_{经j} = \frac{Q_{地}}{Q_{楼}} \tag{8-20}$$

对此公式进行一般化处理，得：

$$F_{经j} = \frac{Q_{成本}}{Q_{楼成本}} \tag{8-21}$$

对于不同的项目，用地成本价亦不同，例如拆迁费、基础设施建设费用、地块费用等等，视具体情况而定。但每平方米建筑分摊的用地成本价可以通过房价和毛利润率进行计算，即

$$Q_{楼成本} = Q_{房} \times (1-a) - Q_{建} \tag{8-22}$$

因此可以得到：

$$F_{经j} = \frac{Q_{成本}}{Q_{房} \times (1-a) - Q_{建}} \tag{8-23}$$

$$\sigma F_j = F_j - F_{经j} \tag{8-24}$$

$$Y_{经j}=\begin{cases}1 & \sigma F_j>0\\0 & \sigma F_j<0\end{cases} \tag{8-25}$$

若 $Y_{经j}=1$，则方案可行。

式中：$F_{经j}$ 为 j 地块的经济容积率；$Q_{地}$ 为基准地价；$Q_{房}$ 为房价；k 为楼面地价在房价中的比重，$0<k<1$；$Q_{楼}$ 为楼面地价；$Q_{成本}$ 为每平方米用地的成本价；$Q_{楼成本}$ 为每平方米建筑分摊的用地成本价；σF_j 为 j 地块的规划容积率与经济容积率之差；$Y_{经j}$ 为 j 地块的经济容积率评价结果；a 为毛利润率；$Q_{建}$ 为建筑建设单价。

6）交通承载力可行性评价

地块的容积率越大，其所吸引或发生的交通量往往越大，因此对于一个新建项目则要做交通影响评价。而交通量与地块容积率息息相关，可以通过交通影响反推容积率的上限值。

将地块交通承载容积率计算后与前面确定的地块容积率进行比较分析，若交通承载容积率大于规划容积率，则方案可行；若交通承载容积率小于规划容积率，则需要对容积率方案进行调整，将容积率上限更改为交通容积率，必要时需对整个规划方案进行论证。

参照国家《建设项目交通影响评价技术标准》，有以下公式：

$$F_{承j}=S_{建j}/S_{地j} \tag{8-26}$$

$$Q_j=S_{建j}\times R_j \tag{8-27}$$

$$Q_{内j}=Q_j\times b_j \tag{8-28}$$

$$S_{0j}=Q_{内j}\times S_{均}$$

根据上面 4 个公式，很容易推导出：

$$F_{承j}=S_{建j}/(b_j\times S_{均}\times R_j\times S_{地j}) \tag{8-29}$$

$$\sigma F_j=F_j-F_{承j} \tag{8-30}$$

$$Y_{承j}=\begin{cases}1 & \sigma F_j<0\\0 & \sigma F_j>0\end{cases} \tag{8-31}$$

若 $Y_{承j}=1$，则方案可行。

式中：$F_{承j}$ 为 j 地块的交通承载容积率；$S_{建j}$ 为 j 地块的建筑面积；$S_{地j}$ 为 j 地块的地块面积；Q_j 为 j 地块的交通总出行量；R_j 为 j 地块的出行生成率；$Q_{内j}$ 为 j 地块的内部交通出行量；b_j 为 j 地块的内部交通承担系数；S_{0j} 为 j 地块内道路面积；$S_{均}$ 为标准人均道路面积；σF_j 为 j 地块的规划容积率与交通承载容积率之差；$Y_{承j}$ 为 j 地块的交通承载容积率评价结果。

8.3.4 实例

本次研究仍然选择长汀县作为实例，研究范围选择长汀县老城区，即汀州城区。汀州城区在城市形成的历史过程中，逐渐形成自己独特的发展脉络，特别是以卧龙山周边为主体的街巷布局和受现代市场经济影响的建设区域，其容积率控制将直接关系到城市的防洪安全，以及老城文化资源的保护。

1）基准模型构建

根据前面的框架，基准模型的直接目的是进行容积率分区（见表 8－7），此处用 1～5 分别表示不同的地块容积率。

表 8-7 容积率分区赋值

类型	高容积率	中高容积率	中容积率	中低容积率	低容积率
赋值	5	4	3	2	1

在 GIS 平台下分别对交通、服务和环境因子进行分析，根据其得分将地块容积率划分为 3～5个等级，最终得到单因子的地段分值，并输出图像。

(1) 交通因子

道路等级越高，其通达性越好，周边地块的交通条件就越好，其所能容纳的人口数就越高。在长汀规划区范围内，没有轨道交通和快速路，所以在这里只考虑主干道和次干道。

①基于主干道影响的交通条件分区

将主干道作为缓冲区，道路红线以外 80 m 范围内进行高密度开发，赋值 5；道路红线以外 80～200 m 范围内进行中密度开发，赋值 3；其余地方低密度开发，赋值 1，即得到基于主干道影响的容积率分区（见表 8-8、图 8-18）。

表 8-8 基于主干道影响的开发强度赋值

类型	道路红线以外 80 m	道路红线以外 80～200 m	其他区域
赋值	5	3	1

②基于次干道影响的交通条件分区

将规划次干道作为缓冲区，在次干道红线以外 50 m 范围内中密度开发，赋值 3；在次干道红线以外 50～150 m 范围内进行中低密度开发，赋值 2；其他区域进行低密度开发，赋值 1，得到基于次干道影响的容积率分区（见表 8-9、图 8-19）。

表 8-9 基于次干道影响的开发强度赋值

类型	道路红线以外 50 m	道路红线以外 50～150 m	其他区域
赋值	3	2	1

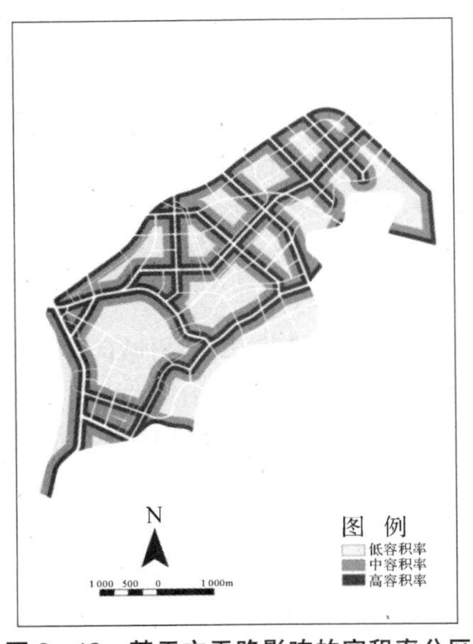

图 8-18 基于主干路影响的容积率分区

图 8-19 基于次干路影响的容积率分区

③基于交通条件的容积率分区模型

基于主干道和次干道的交通可达性，将两个交通条件分区进行综合，建立容积率分区模型，将长汀县分为4个容积率分区：高容积率、中容积率、中低容积率和低容积率，得到基于交通条件的容积率分区。在主次干道重合的地方，取最大值(见图8－20)。

图8－20　基于交通条件的容积率分区

(2) 服务因子

服务层级越高的中心，其容积率越高；发展轴线两边用地的容积率高于其他用地。根据规划结构，确定主要中心与次要中心。

①基于主要中心的容积率分区

根据规划确定的规划结构，对主要中心做300 m缓冲区，主要中心内部进行高密度开发，赋值5；主要中心300 m范围内进行中密度开发，赋值3；其他区域进行低密度开发，赋值1，得到基于主要中心影响的容积率分区(见表8－10、图8－21)。

表8－10　基于城市主要中心影响的开发强度赋值

类型	主要中心内部	主要中心300 m范围	其他区域
赋值	5	3	1

②基于次要中心的容积率分区

次要中心主要是为居住区服务的社区中心，在次要中心内部进行中密度开发，赋值3；在次要中心150 m范围内进行中低密度开发，赋值2；在其他区域进行低密度开发，赋值1，得到基于次要中心影响的容积率分区(见表8－11、图8－22)。

表8－11　基于次要中心影响的开发强度赋值

类型	次要中心内部	次要中心150 m范围	其他区域
赋值	3	2	1

③基于服务条件的容积率分区模型

基于主要中心、次要中心的分区，将两个容积率分区进行综合，得到基于服务条件的容积率分区模型。在容积率重合的地方，取最大值(见图8－23)。

(3) 环境因子

通常情况下，越靠近绿地的土地开发强度越高，并逐渐递减。

①基于主要绿地的容积率分区

卧龙山是长汀的绿心，是城市最主要的绿地公园，在其100 m缓冲区范围内进行中高密度开发，赋值4；在其200 m缓冲区范围内进行中密度开发，赋值3；在其他区域进行低密度开发，赋值1。得到基于主要绿地影响的容积率分区(见表8－12、图8－24)。

表 8-12　基于主要绿地影响的开发强度赋值

类型	主要绿地 100 m 范围	主要绿地 200 m 范围	其他区域
赋值	4	3	1

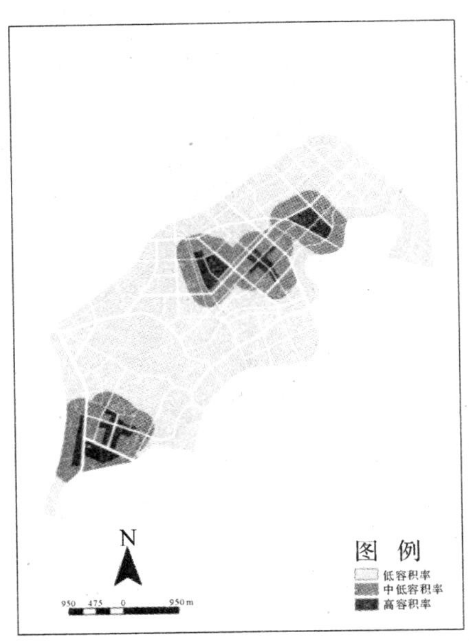

图 8-21　基于城市主要中心影响的容积率分区

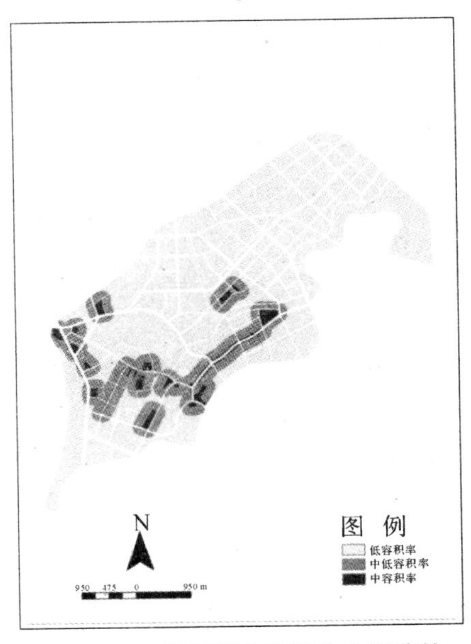

图 8-22　基于城市次要中心影响的容积率分区

图 8-23　基于服务条件的容积率分区

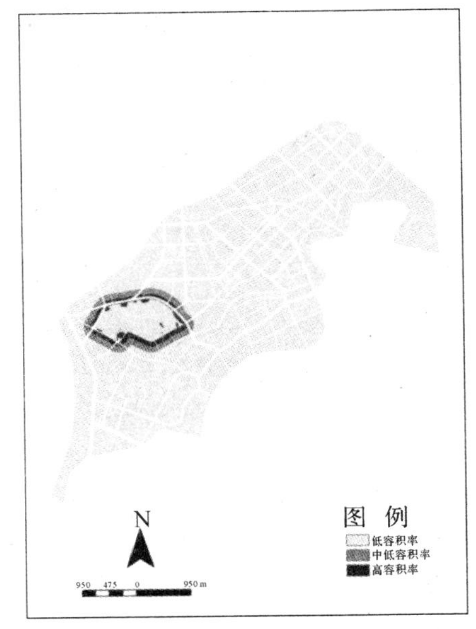

图 8-24　基于主要绿地影响的容积率分区

②基于次要绿地的容积率分区

对其他公园绿地做缓冲区，在 80 m 缓冲区范围内进行中密度开发，赋值 3；在 150 m 缓冲区范围内进行中低密度开发，赋值 2；在其他区域进行低密度开发，赋值 1。得到基于次要绿地影响的容积率分区(见表 8－13、图 8－25)。

表 8－13　基于次要绿地影响的开发强度赋值

类型	绿地 80 m 范围	绿地 200 m 范围	其他区域
赋值	3	2	1

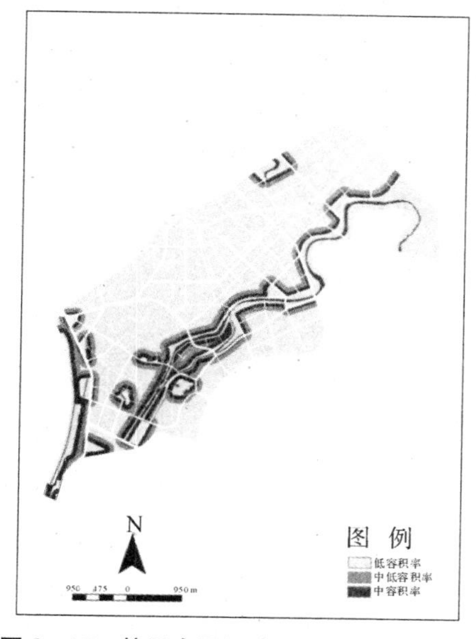

图 8－25　基于次要绿地影响的容积率分区

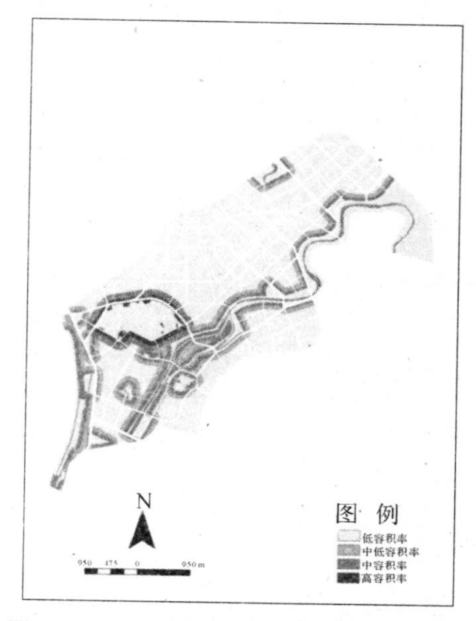

图 8－26　基于环境条件影响的容积率分区

③基于环境条件的容积率分区模型

基于主要绿地、次要绿地的分区，将两个容积率分区进行综合，得到基于环境条件影响的分区模型。在容积率重合的地方，取最大值(见图 8－26)。

(4) 基准模型构建

①基于成对明智比较法的单因子权重计算

成对明智比较法是对一组变量中的变量分别成对比较，然后通过点数分配评分数量化得到权重。其步骤为：

a. 对 n 个变量进行分别成对比较，构造比较矩阵。

b. 对每一组变量分别进行纵向权重标准化。

c. 然后每一组变量分别进行横向权重标准化。

首先对交通因子、服务因子、环境因子分别成对比较，构造比较矩阵。按照比例标度中给出的等级，对交通、服务和环境因子进行两两比较(见表 8－14)，从而判断因素的重要性并根据其得分构成其比例矩阵。

表 8－14　五分位相对重要性比例标度

A 与 B 比	很重要	重要	相等	不重要	很不重要
A 评价值	5	3	1	1/3	1/5

备注：取 4,2,1/2,1/4 为上述评价值的中间值。

然后，将比较矩阵的 3 个因子分别作归一化处理，具体方法是：首先将比例矩阵中的各列数值求和，并用比例矩阵中的每一项除以得到的数值之和，从而得出标准矩阵（见表 8－15），其次，在标准化的比例矩阵中，将各列归一化后的判断矩阵按行相加，计算每一行数值的和。最后，再将向量归一化，由此便得到每个因子的权重（见表 8－16）。

表 8－15 比较矩阵

类型	道路因子	服务因子	环境因子
道路因子	1	3	4
服务因子	1/3	1	2
环境因子	1/4	1/2	1
合计	1.58	4.50	7.00

表 8－16 权重计算

类型	道路因子	服务因子	环境因子	权重
道路因子	0.63	0.67	0.57	0.62
服务因子	0.21	0.22	0.29	0.24
环境因子	0.16	0.11	0.14	0.14
合计	1.00	1.00	1.00	1.00

②基于 GIS 平台空间分析的多因子评价

空间分析是基于地理对象空间布局的地理数据分析技术，以地理目标空间布局为分析对象，从传统的地理统计与数据分析的角度出发，将空间分析分为三个部分：统计分析、地图分析和数学模型。本文依托 GIS 平台，对上面得到的基于交通、服务、环境因子的容积率分区进行分析，得出多因子影响下的综合评价图。

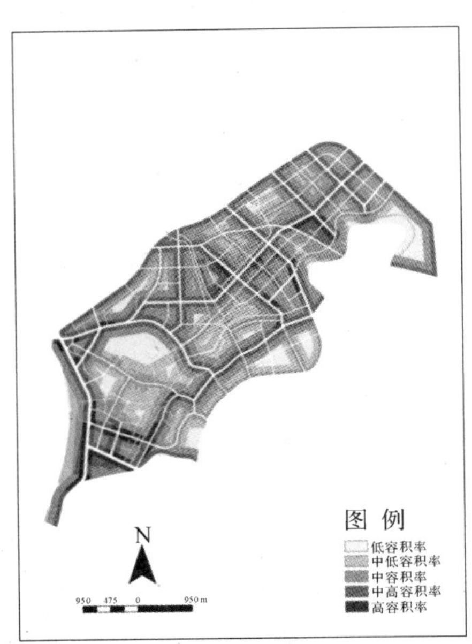

图 8－27 容积率分区基准模型

在 GIS 平台下，使用“栅格计算器”，加权各单因子评价结果，得出最终的评价数据，最后将所得数据根据其所在的范围划分为 5 个等级，分别为：低容积率、中低容积率、中容积率、中高容积率和高容积率。

地段范围所在的等级高低代表了其开发强度的大小，等级越高，对应的开发强度就越高。最终，便得出基于交通条件、服务条件和环境条件的多因子综合评价的容积率分区基准模型（见图 8－27）。

2）修正模型构建

（1）生态因子

对规划区内生态敏感区域进行密度控制，主要包括水域、公共绿地、防护绿地等。水域主要为汀江及其支流；公共绿地主要是卧龙山及规划的多处景观节点；防护绿地主要是道路与汀江两侧的防护区。

（2）安全因子

对长汀县城市安全进行分析，结合长汀县洪水安全格局分析结果，对 20 年和 50 年一遇洪水淹没地区进行必要的开发控制，建立基于安全因子的修正模型。

（3）文化因子

长汀是国家历史文化名城，根据总体规划中划定的历史街区保护范围、古城保护区范围和风貌协调区范围，对需要保护的地区进行控制（见图 8－28）。

图 8－28　修正模型单因子评价图

根据生态、安全和文化因子，对基准模型进行修正，将基准模型和基于生态、安全、文化因子的修正模型进行叠加。叠加时，各地块的容积率以修正模型确定的容积率控制为主，得到基于生态、安全、文化因子的修正模型（见图 8－29）。

3）*地块容积率确定*

在以上修正模型的基础上，叠加用地界线，对每个地块进行加权平均估算，并进行重新分类，得到针对地块的容积率分区（见图 8－30）。

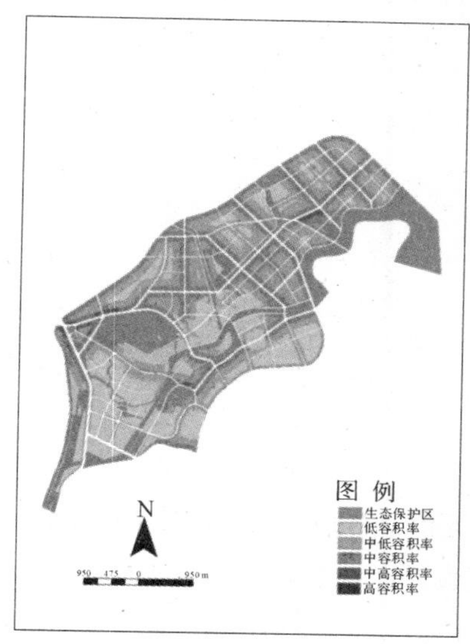

图 8－29　容积率分区修正模型

图 8－30　针对地块的容积率分区

根据《福建省城市规划管理技术规定(2012)》中对容积率的规定，住宅建筑、办公建筑、旅馆建筑和商业建筑的容积率控制存在差异，在根据容积率分区确定具体容积率时，对每类建筑进行区分(见表 8 - 17)。

表 8 - 17　各类建筑容积率指标

建筑类型		容积率
住宅建筑	3 层以下	1.2
	4～6 层	1.8
	7～9 层	2.2
	10～18 层	3.0
	19 层以上	3.6
办公建筑 旅馆建筑	24 m 以下	2.1
	24 ～50 m	3.3
	50 m 以上	5.0
商业建筑	24 m 以下	2.3
	24 ～50 m	3.8
	50 m 以上	5.2

资料来源:《福建省城市规划管理技术规定(2012)》。

考虑到《福建省城市规划管理技术规定(2012)》中对每类建筑的容积率规定，本规划对容积率进行 5 类开发强度划定(见表 8 - 18)，从而获得如图 8 - 31 所示的地块容积率上限确定图。

表 8 - 18　各类建筑的容积率控制

容积率分区	容积率上限		
	住宅建筑	办公建筑、旅馆建筑	商业建筑
高容积率	3.6	5.0	5.2
中高容积率	3.0	4.0	4.5
中容积率	2.2	3.3	3.8
中低容积率	1.8	2.8	3.0
低容积率	1.2	2.1	2.3

4) 经济可行性评价

选择新规划的居住与商业地块进行经济可行性评价，根据地块的不同区位条件，确定每个地块的地价与房价，毛利润率按照 0.3 进行计算，建设单价按照 1 000 元/m^2 进行计算，最终得到每个地块的经济容积率，并与规划容积率进行对比。结果表明经济容积率均小于规划容积率，方案可行(见图 8 - 32、图 8 - 33)。

图 8-31 地块容积率确定

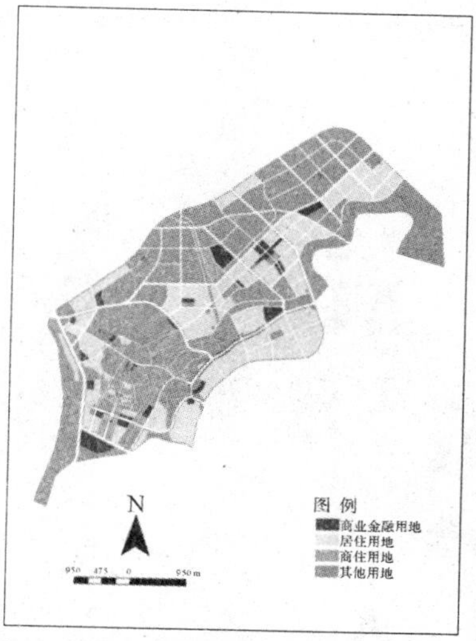

图 8-32 新建居住与商业用地分布图

5）道路交通承载力评价

长汀县城老城区人口密集，各种重要的公共服务设施布局于此，容积率的高低直接影响道路交通顺畅与否，对老城区进行道路交通承载力评价。以主次干路与支路围合的地块作为评价地块，计算每个地块内街巷道路的面积，作为地块内的道路面积（计算方法与现状容积率的计算方法相同）。人均道路用地参照国际上现代化城市的标准，按照 12 m^2/人计算。根据地块大小以及地块用地混合程度，确定内部交通承担系数，从 0.1～0.25 不等。根据《建设项目交通影响评价技术标准》中对不同类别建设项目出行率的规定，确定每个地块的交通出行率。

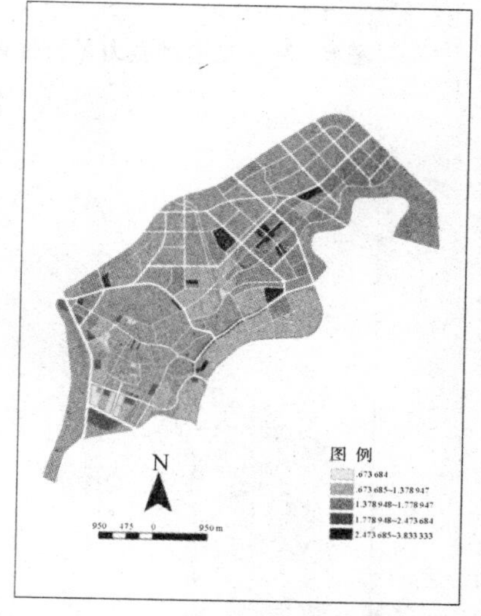

图 8-33 经济容积率与规划容积率对比分析图

根据上面的函数关系，最终计算出每个地块的交通承载容积率。将交通承载容积率与规划容积率进行对比分析，用交通承载容积率减去规划容积率，结果若为正，则方案可行；结果若为负，则需对容积率方案进行调整（见图 8-34～图 8-37）。

调整方案一：加密地块内的街巷道路网，通过增加道路面积，减小交通压力。但长汀老城区有众多历史建筑与历史街区，改造难度与压力大。

调整方案二：减少老城区人口密度，将老城区人口向外围疏导。通过将主要的公共服务设施向老城区外围疏散，如学校、医院等，引导人口从老城区向外围疏散。

图 8-34　交通承载力可行性评价范围

图 8-35　交通承载力容积率

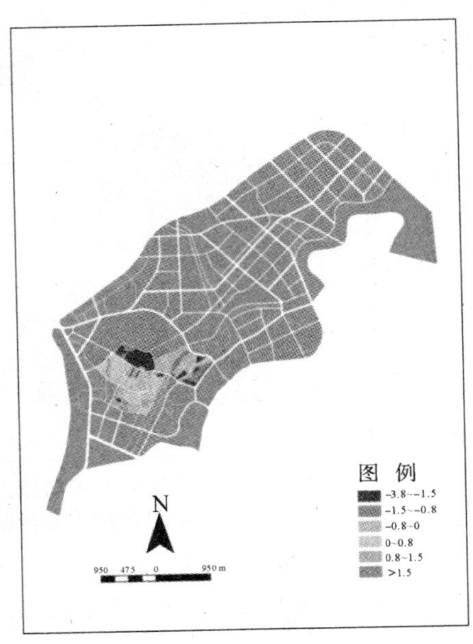

图 8-36　交通承载容积率与规划容积率比较

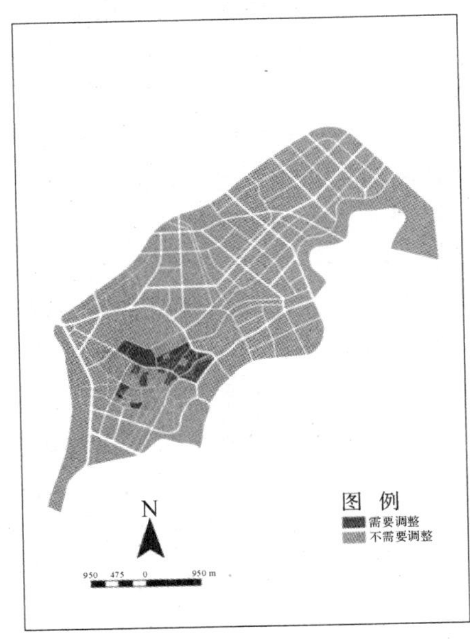

图 8-37　容积率调整范围

9 城市服务设施公平布局的适应调整模型

公平合理的分配有限的公共资源和服务是政府与规划部门最重要的目标之一。传统的城市公共服务与市政设施规划多从供给角度出发，强调空间分布的均等化，只见“地”不见“人”；然而空间本身存在差异，生活在自然用地上的人的社会经济属性与需求更是千差万别，服务设施规划和管理的最终目标应该是满足不同社会群体（人）的公平，而不是纯物质空间上的公平。国家新型城镇化规划（2014—2020）正是基于以人为本的原则，提出通过强化产业就业支撑、提升城市基本公共服务水平、健全防灾减灾救灾体制等措施来提高城市的可持续发展能力，并以此推动新型城镇的建设。

基于上述认识，本章提出了三个面向城市服务设施公平布局的适应调整模型。这几个模型以“人”为核心，突出人的需求，以空间可达性分析作为服务设施公平配置的测度方法，以供需关系分析作为城市社会公平的评价手段，以外部性分析作为环境正义的判别标准；构建包括以提升城市基本公共服务水平为目标的城市公共服务设施公平性分析模型，以健全防灾减灾救灾体制为目标的城市消防设施选址布局优化模型，以强化产业就业支撑为目标的基于供需理论的城市职住平衡分析模型。这一系列城市服务设施公平的适应性调整模型，响应了国家新型城镇化战略，可为城市公共服务设施布局规划提供科学依据，同时也可以为重大公共设施项目选址提供决策支持。

9.1 城市公共服务设施公平性分析模型

2014 年新型城镇化院士专家座谈会提出，要将城镇化的根本目的由资本积累转向社会需求，建立空间与人的积极联系，要面向人的空间需求进行空间生产。公共服务是满足居民发展需求、维持社会系统正常运转的基础条件，日常生活资料的供应、健康生活的保障与特殊人群的救济是满足每个人生存权的基本要求，教育、文化、休闲等活动则满足人们更高层次的发展权的要求。因此，公共服务设施规划是规划以人为本的最直接体现。本节在第 5 章对城市人口密度分布的估算基础上，从居住人口在不同空间区位的分布数量出发，从居民的日常需求出发构建引力可达性指数模型，对城市公共服务设施配置的空间供需关系进行科学的定量评价。

9.1.1 概念

1）公共服务与公共服务体系

公共管理学对公共服务的定义是政府为促进发展和维护公民权益，运用法定权力和公共资源，面向全体公民或某一类社会群体，组织协调或直接提供以共同享有为特征的产品和服务供给活动（卢映川、万鹏飞，2007）。这一定义首先界定了政府作为公共服务供给者的主导地位，明确了公共服务是政府必须履行的职能和责任。其次，明确了公民是公共服务的对象，公众享有公共服务是一项正当的公民权益和客观需求，政府提供公共服务的目的是实现公众利益。作为一项重要的公共政策，城市规划对空间资源的配置和空间行为的安排也必然要以维护和增进公共利益为原则与目标。

从系统科学角度看，公共服务体系涵盖了公共教育、公共卫生、公共安全、公共交通、公共事业、公共福利、文化体育等多方面要素。从本书构建的城市复杂系统框架角度看，公共服务体系可以划分为三种类型，并隶属于城市4个物质与非物质子系统：①维护性公共服务，包括立法、司法、行政、国防等保证国家机器存在和运行的公共服务，公共安全即属于这一类，隶属于城市管理子系统；②经营性公共服务，包括邮电、通信、电力、煤气、自来水、道路交通等，公共交通、公共事业即属于这一类，隶属于城市交通和基础设施子系统；③社会性公共服务，即直接关系到人的发展需求的服务，公共教育、公共卫生、公共福利、文化体育即属于这一类，隶属于城市社会子系统。

2) 公共服务设施

公共服务设施是公共服务衍生出来的概念，是承载公共服务的空间载体，是公共服务资源向服务结果转化的中间环节(李阿萌、张京祥，2011)。在国内城市规划领域，上述维护性公共服务设施一般称作行政管理或公共管理设施；经营性公共服务设施一般称为市政基础设施或市政公用设施；社会性公共服务设施是规划语境中最主要的公共服务设施。2012年住房与城乡建设部发布新版《城市用地分类与规划建设用地标准》(GB 50137—2011)，将原来的“公共服务设施用地”分化为“公共管理与公共服务用地”和“商业服务业设施用地”两大类，从而将政府过去统管的公共设施项目移交给市场，这正体现了新型城镇化对市场主导城镇化过程的要求。

一般情况下，公共服务设施在广义上既包括社会性公共服务设施，也包括市政公用设施，从狭义角度理解则仅包括社会性公共服务设施。所以说，当下中国城市规划语境中，公共服务设施已不再包括商业服务业设施和行政管理设施。从城市复杂系统的角度来看，公共服务是政府向社会公众，即管理系统向社会系统提供产品和服务的过程，而公共服务设施则属于城市物质系统中的基础设施子系统，既是公共资源的载体，也是实现公共服务供给和消费过程的载体。

3) 公共服务设施公平性与可达性

新型城镇化强调了城乡公共服务均等化，具体可通过对公共服务设施的合理配置来实现。由于许多公共设施的空间位置对于居民的日常生活影响巨大，公共服务设施的布局规划成为政府对市民是否能公平、合理和有效提供公共服务的关键。公共服务设施规划是决定各项公共服务设施的空间位置、配置数量、规模和具体设备配置的过程，城市公共服务设施空间优化布局则是对城市公共服务设施规划进行调整的过程，可以促进城市空间结构合理调整、保证城市公共服务设施公平合理地配置(孙德芳等，2013)。公共服务设施规划可分为城市总体规划与详细规划两个阶段。总体规划主要考虑全市性公共设施的布局，详细规划主要安排与市民日常生活关系密切的公共设施布局。对于后者的布局一般位于服务人口的重心，例如医院、学校、社区活动中心等；对于全市性的公共设施，如图书馆、博物馆、科技馆等，则一般布局在便于市民到达的地点，如城市中心；而对于占地规模较大的公共设施，如体育场馆、会展中心、大专院校等则倾向于布局在城市外围地区、交通便捷的地段。

所谓“城市公共服务设施公平性分析模型”，是指在综合考虑人口需求强度和空间区位差异的前提下，对城市现状或规划方案中公共服务设施的供给能力和空间布局进行客观评价，从而优化公共服务设施的选址和布局,制定和调整服务设施规模,提升服务供给水平。因此,该模型能够成为城市公共服务设施规划的重要依据。

9.1.2 关系

从城市复杂系统内部关系来看,城市公共服务设施的配置体现了城市系统的人、地、物及供需双方的关系模式(见图 9-1)。首先,政府向市民征税并承担提供公共服务的责任,政府作为供给主体,对公共服务设施进行合理配置,直接或间接(委托市场)供应公共产品和公共服务。市民作为消费主体,免费或有偿使用公共服务和公共产品。这是城市社会子系统与城市管理子系统在公共服务设施配置过程中的相互关系。其次,在城市基础设施子系统中,公共服务设施可以划分为不同的功能类型和等级规模。对公共服务设施的功能类型、等级规模以及在城市用地子系统中的空间布局进行统筹安排,这就是公共服务设施配置的主要内容。第三,公共服务设施具有区域范围和供给对象的边界,它的供给水平是根据其服务范围内供给对象的需求强度而配置的。因此,城市居住人口密度分布是公共服务设施配置及衡量其公平性与有效性的重要依据。

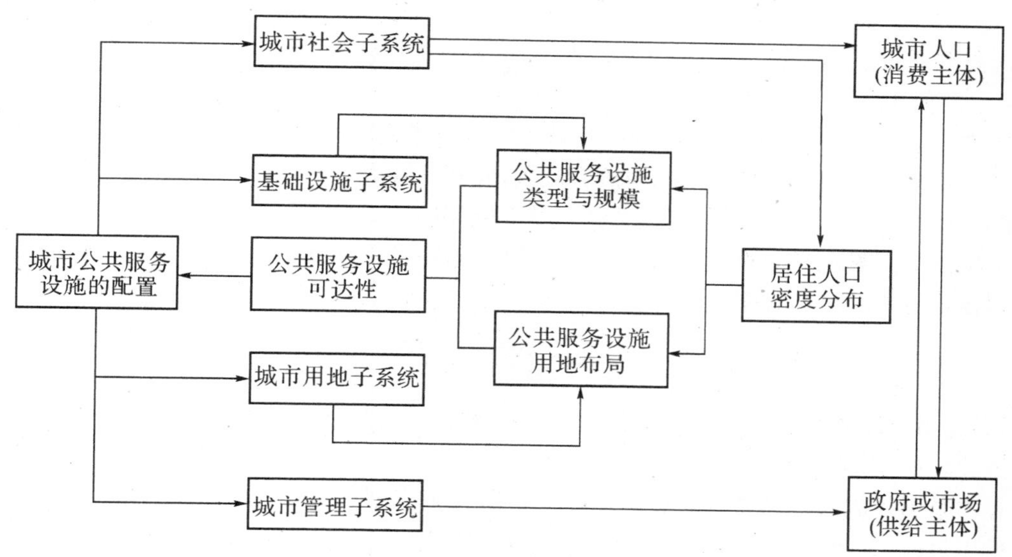

图 9-1 公共服务设施配置与城市系统关系图

公共服务设施的配置与城市居住人口密度分布的耦合关系,即公共服务设施的规模与布局是否和居住人口的数量与分布相互对应,如果不相对应,就是一种失衡或非均等化的关系。由于公共服务设施具有强烈的正外部效应,其供给及空间分布将会影响居民的贫富分布和居住分异,成为"收入隐形增加体"和"基本的再分配机制"(高军波等,2010),并成为引导不同阶层社会群体空间竞争和冲突的重要因素(高军波,2010),因此,公共服务设施的配置只有在数量、质量与空间布局上实现均等化,才有可能让不同收入、不同地域的人群拥有平等的机会去分享公共服务和公共产品。

9.1.3 函数

法国学者拉格朗日(Louis Lagrange)在借鉴牛顿万有引力定律的基础上最早提出了万有引力潜能(Potential)的概念。后来这一概念被引入区域经济和人文地理学,并逐步发展成为研究空间相互作用的经典模型之一。而后由汉森(1959)提出采用引力模型作为可达性的度量方法，他以一个基于引力的势能模型来测度就业便捷度，反映了可达性与供给点的规模以及供给点与需求点之间距离衰减的影响，但未将需求信息考虑进去。因此，威布尔改进了这个模型，考虑了消费者之间的需求竞争。目前地理与规划学界主要引入此模型研究医疗设施的可达性以及就业便捷度。引力可达性改进模型的公式为：

$$a_{ij} = \frac{S_j}{V_j d_{ij}^{\beta}} \tag{9-1}$$

$$A_i = \sum\nolimits_{j=1}^{n} a_{ij} = \sum\nolimits_{j=1}^{n} \frac{S_j}{V_j d_{ij}^{\beta}} \tag{9-2}$$

$$V_j = \sum\nolimits_{k=1}^{m} D_k d_{kj}^{-\beta} \tag{9-3}$$

式中：a_{ij} 为需求点 i 到供应点 j 的引力可达性；A_i 为需求点 i 到所有某类公共设施的引力可达性；S_j 是供应点 j 的供给规模（服务能力），本研究以公共服务设施的用地面积表示；V_j 是人口规模影响因子（服务需求的竞争强度，以人口势能衡量）；D_k 是第 k 个需求点的消费需求（人口规模）；d_{ij}、d_{kj} 是供需两地之间的距离或通行时间；β 是交通摩擦系数（阻抗系数）；n 和 m 分别是供应点和需求点的总数。A_i 的值实际上是研究区内各公共设施对需求点 i 的吸引力的累积值，A_i 的值越大，可达性越好。

学术界认为 β 可以有不同的数学表达式，β 的大小根据服务类型、人群特征等不同而发生变化。佩特斯等(2000)总结了前人的研究成果，发现 β 取值主要集中于 0.9～2.29 之间，且当 β 取值在 1.5～2 之间时，对研究结果影响不大（本例中 β 取值 1.8）。

这里以供需点之间的通行时间（T_i）作为出行成本（d_{ij}），以 OD 成本矩阵法计算所有居民地块到设施地块的出行时间，计算公式如下：

$$T_i = \sum\nolimits_{j=1}^{n} L_j / V_j \tag{9-4}$$

式中：T_i 表示第 i 次出行的时间，L_j 表示出行者通过 j 等级道路的长度，V_j 表示出行者通过 j 等级道路时的平均速度。

在本节引用的长汀县城公共服务设施公平性分析模型案例中，主要引入由威布尔(1976)改进的引力模型（也称为潜能模型）来构建引力可达性指数，并结合时间成本可达性来评价不同居住区位享有的公共服务水平。

9.1.4 实例

1) 长汀城镇发展与公共服务设施现状

长汀县城的建成区涵盖了 17 个行政单元，包括汀州镇的 6 个社区和大同镇的 11 个行政村。根据城镇化发展水平和主体功能的差异，县城可分为 4 类区域（见图 9－2）：由汀州镇构成的老城区、老城区北部以工业用地为主的工业园区、近郊半城市化地区以及远郊非城市化地区。老城区集聚了全县最好的教育、医疗等公共资源，但因人口稠密，设施服务能力过度饱和、不堪重负。老城北部的东街村、红卫村等既分布着腾飞工业园的大片工厂，同时仍保持着农田、农宅等乡村聚落形态，属于半城市化地区，具有广阔的发展空间和优越的交通区位，是承接老城人口外迁和功能外溢的绝佳之地。县城西北的新民村大部分区域以山林绿地为主，仅有少量城镇建设用地，因而在下文的研究中只将其城镇建设用地纳入计算，而整个行政辖区则不列入分析。本研究以长汀县城每个居住地块为基本研究单元，以社区与行政村为中观研究单元，以老城区、工业园区和城市外围组团（即半城市化地区）为宏观研究单元，从定量角度衡量各自的公共服务设施供需情况。

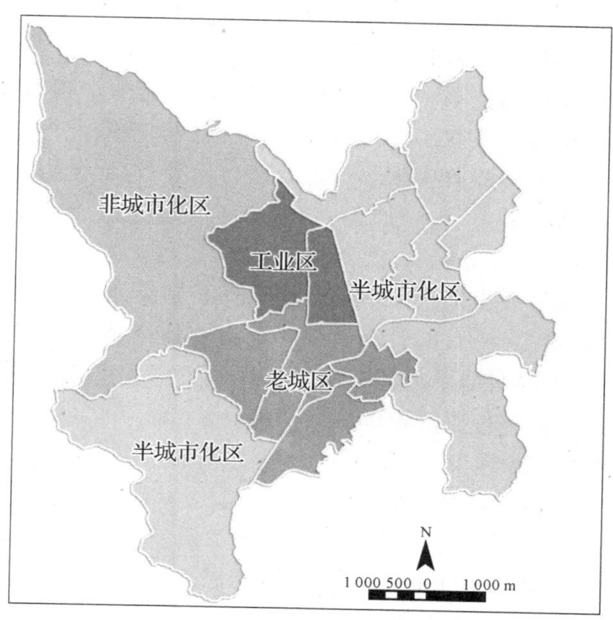

图 9 - 2　长汀县城城镇化发展水平分区图

2）数据来源

本节以长汀县城文化公共设施为例，采用引力可达性指数模型，以公共服务设施引力可达性指数和时间成本可达性来衡量公共服务设施布局的公平性。研究所需数据主要有：①长汀县土地利用现状图及规划图，来源于《长汀县城总体规划修编（2014—2030）》的现状调研数据和规划方案数据；②长汀县城文化设施的现状及规划用地面积，根据《城市用地分类与规划建设用地标准（GB 50137—2011）》，主要包括设施用地，即公共图书馆、博物馆、科技馆、纪念馆、美术馆、展览馆、会展中心、综合文化活动中心、文化馆、青少年宫、儿童活动中心、老年活动中心等设施；③长汀县城分级路网 GIS 数据，提取自长汀县规划建设局提供的县城地形图 CAD 数据及长汀总规道路系统规划图；④长汀县社区及各村行政边界图 GIS 数据，根据长汀县国土资源局提供的《长汀县土地利用总体规划图（2006—2020）》数字化而来；⑤长汀县城居住人口密度分布现状及规划 GIS 数据，来源于第 5 章人口密度模型与规划方案。

3）计算步骤

这里以现状文化设施为例，其他公共服务设施可达性计算的操作步骤与此相同。本研究的可达性是以小汽车交通作为出行方式计算的。

（1）计算居民点与设施点之间的出行时间

首先，根据山地城市的实际情况，赋予主干路、次干路、支路与街坊路等 4 个等级道路相应的行车速度。运用拓扑工具，将道路网的每个交叉口作为节点，创建道路网络数据集（Network Dataset），设置道路网的连通性为任意节点，并添加 Time 属性，赋值方式为各等级道路的线段长度与各自的设计速度之比，即为出行时间。其次，从土地利用现状图中提取出文化设施与居住用地地块，并将其转换成点。运用网络分析工具(Network Analyst)新建 OD 成本矩阵(New OD Cost Matrix)，分别将居民点和文化设施点设置为起始点和目标点，最后求解(Slove)得到任意两个居民点和设施点之间的出行时间矩阵，即以公式(9-4)求出的结果。最后对一些过短而不合理的出行时间进行校正。

在实际情况中，由于居民前往某个公共设施的出行时间有一个阈值，即当超过可接受的出行时间范围时，居民将不会选择本次出行。因此，可以根据经验或调查数据设定一个最大的时间范围，在上文得到的出行时间矩阵中剔除这部分出行选择；这部分出行时间可以理解为无穷大，它的引力可达性等于零。

(2) 根据设施位置确定人口势能

将设施点、居住点与成本矩阵连接，并在出行矩阵表中新增一列 P，按照公式 P(人口势能)＝Popu(人口数)×Time∧(－1.8)计算其值。这里交通摩擦系数 β 取 1.8，计算结果相较 $\beta=1$ 时差异更明显，更易于说明结果。其次，按不同位置的文化设施汇总 P 值，得到的数据列 Sum_P 即为 V_j 的值，即按设施位置确定的人口势能。

(3) 计算引力可达性指数

将上一步的新表按设施位置连接到成本矩阵表，新增一列 a_{ij}(文化设施 j 到居民点 i 的引力可达性)，按照公式 $a_{ij}=S_j\times$Time∧(－1.8)/Sum_P 计算数值，其中 S_j 是各文化设施的占地面积，所得结果即为上文公式中 a_{ij} 的值。然后按居民点位置汇总 a_{ij}，所得结果即为引力可达性指数 A_i 的值。

在得出各居住地块的引力可达性 A_i 后，按照各社区居住地块的面积比例取加权平均值，得到各社区的引力可达性指数。计算公式为：

$$C_i = \sum\nolimits_{j=1}^{n} A_j \times S_j / S_i \tag{9-5}$$

式中：C_i 表示第 i 个社区的引力可达性指数，A_j 表示这个社区中第 j 个地块的引力可达性指数，S_j 表示第 j 个地块的面积，S_i 表示第 i 个社区内居住地块的总面积。

(4) 时间成本可达性的计算

分别以各类公共服务设施作为源，运用成本加权距离法，求出每种公共设施的时间成本可达性分布。

首先，对土地利用现状及道路网数据添加成本属性，参考山地城市的实际情况，对各类型用地和各等级道路赋予相应的时间成本值。土地利用数据应根据各类用地的通行难易程度设置适宜的成本值，如广场用地通行成本值较低，而水域、山体等应设置很高的成本。根据每条道路的实际宽度，生成缓冲区，从而使道路转为有宽度的面状数据。然后依据时间成本值，将各数据通过矢量转栅格(Feature to Raster)工具转为栅格数据，使用镶嵌工具(Mosaic to New Raster)进行叠合，进而生成成本栅格图。

其次，以居住地块作为数据源，使用空间分析(Spatial Analyst)模块中的成本距离(Cost Weighted)工具，计算长汀县城各居民点的通勤时间可达性分布情况。使用重分类(Reclassify)工具，对时间范围的分级重新赋值，可以得出在不同的通勤时间内各居民点的空间可达性分布情况。

本模型的研究技术路线如图 9-3 所示。

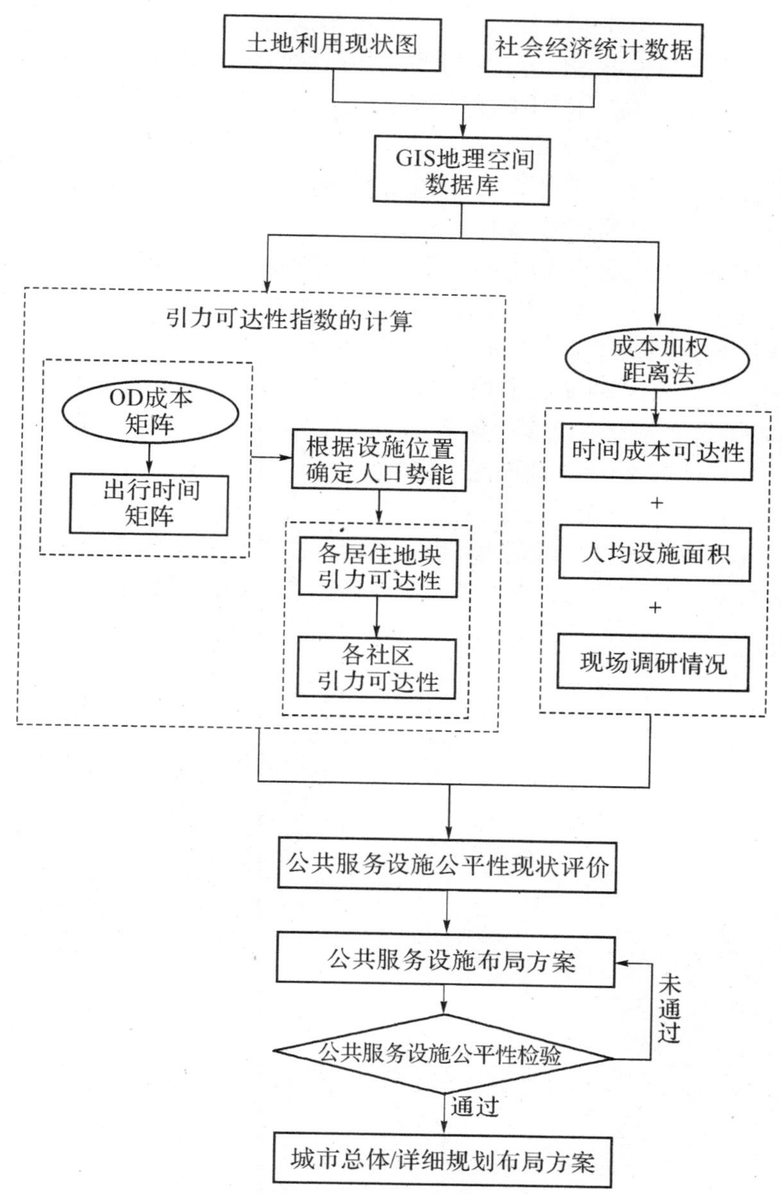

图 9-3 公共服务设施公平性分析模型技术路线

4）结果分析

研究区现状人均文化设施用地约为 0.13 m²/人，对照《城市公共设施规划规范（GB 50442—2008）》，小城市的文化娱乐设施规划用地指标为 0.8～1.1 m²/人，扣除其中的娱乐用地指标（本研究未将娱乐用地和文化设施用地合并，根据标准，娱乐用地约占指标的一半），县城的文化设施用地供给严重不足。值得一提的是，长汀的宗祠、家庙数量众多，且大多集聚在老城内，形成了鲜明的客家祠堂文化（本研究中宗祠、家庙并未纳入文化设施）。祠堂是每个客家宗族大事的见证地与聚居地。因此，祠堂占据了长汀人精神生活的重要部分，甚至取代了部分其他文化设施的作用，这也解释了长汀人均文化设施用地指标偏低的原因所在。

研究区内的文化设施用地主要分布在卧龙山南侧的老城地区，另有两处分别位于卧龙山北侧和黄屋村北部。从引力可达性分析结果看，县城南部和中部地区的文化设施引力可达性明显高于县城北部，老城区除了南门街社区外其余的市区可达性较好。南门街社区因窄且密的路网不适合车行，同时人口密度较高，因此人口势能较高，可达性相对偏低。新民村和罗坊村因靠近老城的文化设施，且人口不多，因而可达性较高。北部几个行政村因没有文化设施分布，出行时间最长，可达性自然最低(见图 9-4)。

随着长汀迈向中等城市的步伐加快，以及人们生活水平提高对精神生活的不断追求，长汀县城应适当增加文化设施的供给。结合老城人口外迁和城市向北拓展的趋势，规划在北部新城新增 3 处文化设施；在老城区，对长汀历史文化、客家文化和红色文化进行整合提升，继续打造一江两岸客家文化展示区，并沿汀府路轴线建设具有景观性的文化娱乐设施。在新版总体规划方案中，县城人均文化设施用地达到了 1.07 m^2/人，接近中等城市文化娱乐设施配建标准的上限(0.8～1.1 m^2/人)，供给规模比现状大幅提升。从引力可达性角度来看，规划与现状的文化设施引力可达性相比，无论是最小值(0.23 与 0.01)、最大值(3.52 与 0.33)还是平均值(0.59 与 0.13)，全县城及各村社单元均有极大程度的提升。从空间布局来看，可达性分布也趋向均匀，最高的依然是老城区，其次是腾飞工业园和北部的东埔村与李岭村，其余城市外围组团则相对偏低(见图 9-5～图 9-7)。

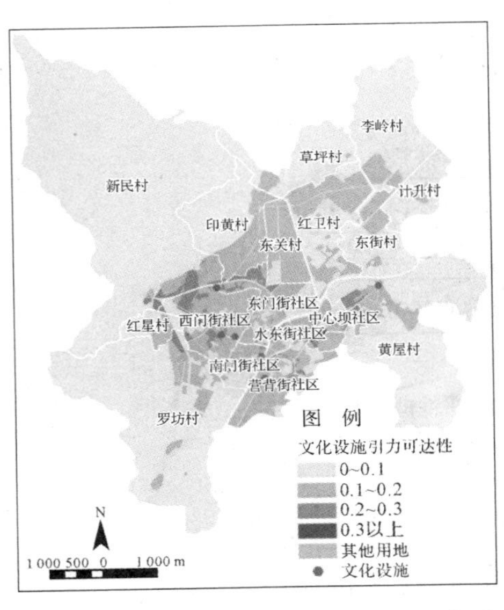

图 9-4　现状文化设施引力可达性分布图

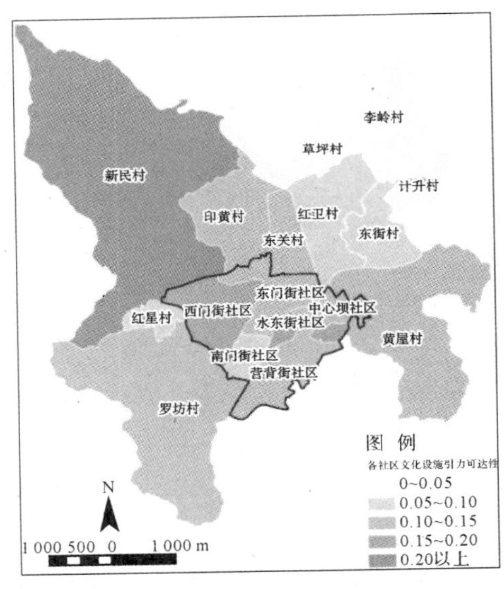

图 9-5　各社区文化设施引力可达性分布图

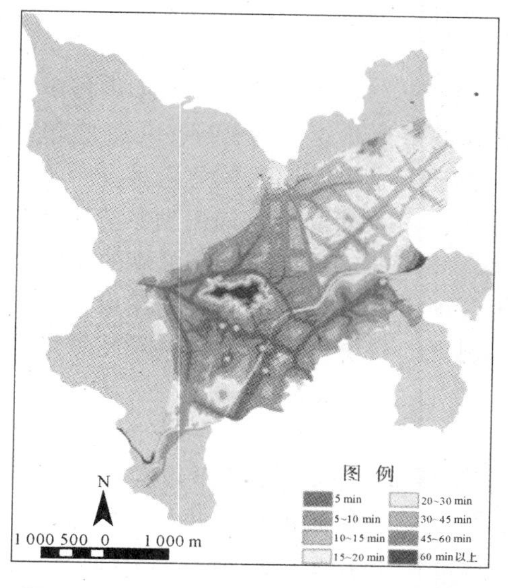

图 9－6 文化设施时间成本可达性分布图

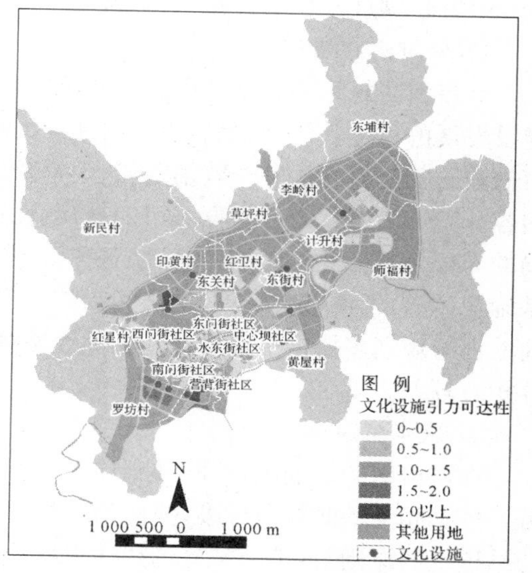

图 9－7 规划文化设施引力可达性分布图

9.2 城市消防设施选址布局优化模型

我国正处于社会转型与城市化加速发展期，随着国民经济的迅速发展与人民生活水平的显著提高，城市人口密度与开发强度不断增大，交通、消防、医疗等基础设施供给难以满足日益增长的城市公共安全需求，加剧的供需矛盾亟待解决。在城市公共安全事件中，城市火灾是发生概率相对较高且对人民的生命财产和社会安全危害严重的恶性事故(王清安，1989；范维澄等，1993)。在诸多火灾事故中，相当一部分只要及时扑救就可以避免更大的损失(王海晖等，1996)，但现实往往由于消防资源配置及调度不当，导致消防部门不能及时赶到火灾现场，丧失火灾早期扑救的良好时机。此外，消防部门所承担的职能正从传统的灭火走向综合防灾，关于消防设施的规划管理及资源优化配置问题的研究刻不容缓。

限于经济与技术水平的制约，我国在消防设施选址布局模型的研究方面远不及美、日、澳等发达国家(Cath Reynolds et al.，2000)。目前，国内外已有研究主要从多目标(A. B. Masood et al.，1998，冯凯等，2006)、集合覆盖(吴军，2006；陈驰、任爱珠，2003)、网络拓扑(邓轶等，2008；俞艳等，2005；S. D. Mark，1995)、离散点位(S. D. Mark，1995；吴姜文，2006)以及最短路径(朱霁平，2002)等方面进行分析，强调算法与计算模拟，重点是基于城市道路网络结构与交通可达性研究消防设施布局空间最优化问题，但对于路网可靠性的研究明显不足，更鲜有从交通可达性与路网可靠性角度全面考虑消防站的时空最优布局。然而在当前几乎所有的城市都存在不同程度交通拥堵的背景下，仅从交通可达性角度来研究消防设施的布局会出现明明距离很近或者理论上只需花费很少的时间即可到达的地区，但由于交通拥堵的原因，可望即不可即的问题。

本节借鉴已有的研究理论与方法，从交通可达性与路网可靠性角度，采用多因子加权叠置分析方法，依据不同通行阻抗因子，构建基于可达性与可靠性时间成本栅格的分时段城市消防站布局及责任区区划优化决策辅助模型，以期实现城市消防设施选址布局优化。

9.2.1 概念

1) 城市消防规划

城市消防规划一直是城市规划的重要组成部分(俞艳等,2005),它是一定时期内城市消防建设发展的目标和计划,是城市消防建设的综合部署和城市消防建设的管理依据。它包括城市的消防安全要求、消防站、消防供水、消防通信、消防车通道、消防装备、紧急避难场所等规划内容。城市消防规划应根据城市的规模、性质和功能分区,在城市功能布局上满足消防安全布局的需要,安排消防站及其消防装备建设规划;结合城市的各项市政规划,在可靠的工程技术基础上,综合考虑城市防火、抗震和人防等需求,安排各项市政消防设施的规划建设。我国当前的消防规划多依据一般规范与实际经验进行编制,规划的科学性、预见性、保障性和可操作性相对较差。

2) 城市消防站布局

在城市消防规划中,消防站布局尤为重要,其内容包括城市消防站选址和消防站责任区划分。依据相关消防规范标准,我国消防站可分为普通消防站和特勤消防站两类。我国城市消防站选址的原则是:消防站应选择在规划区的适中位置和便于车辆迅速出动的临街地段;适中位置指的是应从规划区的火灾危险性出发,依据重点单位、工商企业、人口密度、建筑状况以及道路交通、水源、地形等情况综合设置。因此,城市消防站的选址应考虑消防需求,综合分析城市内用地条件,选择合适的建设用地为消防站选址提供候选。由于城市消防用地与城市其他用地存在一定的空间依附关系,即城市火灾风险高的用地对消防站的需求也就越大,城市消防用地也越应布置在其周边对其进行重点覆盖。同时,城市消防用地还与城市其他用地存在一定的空间排斥关系,即消防站具有负外部性,例如消防站不应邻接布置在具有高爆高燃风险的用地周边以防火灾发生时消防设施直接受到波及,同时由于其会给周边居民带来一定噪声污染与交通临时性的混乱,消防设施也不宜邻接布置在主干路、居住区及人流密集的公共服务设施用地周边。

城市消防站的责任区划分的一般原则是结合地域特点、地形条件、河流、城市道路网结构,不宜跨越河流、城市快速路、城市规划区内的铁路干线和高速公路,并兼顾消防队伍建制、防火管理分区。依据消防站的类型与所在区位不同,普通消防站责任区面积宜为 4～7 km^2,城市近郊区辖区面积不应大于 15 km^2,特勤消防站兼有辖区消防任务的,其辖区面积同普通消防站。

城市消防站布局与责任区划应当建立在科学、合理的空间分析的基础上,然而,中国大多数城市,特别是旧城区,均不同程度地存在消防站布点稀疏、责任区面积过大、站址选择较随意、站址分布不合理等问题,消防延时相当突出(俞艳等,2005)。由于火灾扑救中的资源分布无法与消防站布局规划中的空间概念相统一,从而引发救灾延误以及权责不清等问题(王清安,1989)。

3) 城市消防设施选址布局优化模型

以规划本体论的视角来看:城市消防设施选址布局优化模型的本体是城市消防设施的选址布局;从概念继承关系分析,这一本体继承了城市公共设施布局与城市消防设施这两个本体的特征。如图 9-8 所示,要构建城市消防设施选址布局优化模型必须综合考虑城市公共设施布局的一般特征,例如设施布局的供求关系(设施服务供应能力与设施服务需求水平),设施布局的公平性(设施的可达性与负外部性)等;同时还需要考虑城市消防设施的特殊需求,例如消防的服务能力与服务标准，满足救灾需求的路网可靠性（考虑交通拥堵等影响的实际交通可达性）等。

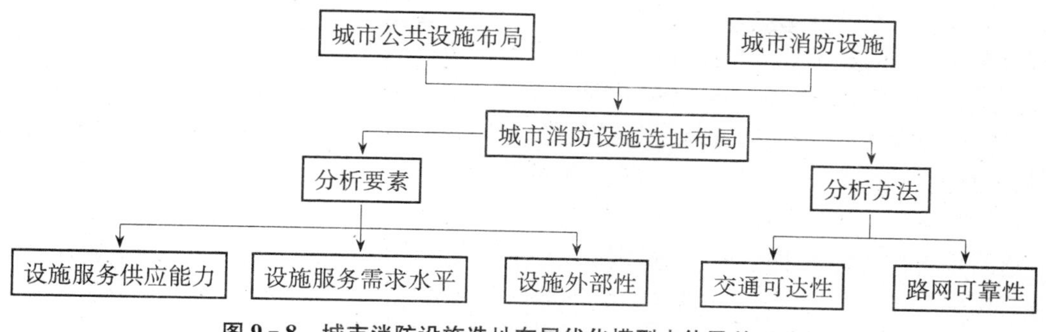

图 9-8 城市消防设施选址布局优化模型本体及关系分析

（1）消防设施服务供应能力与需求水平

城市消防设施的服务供应能力通常是采用消防车辆到达消防站服务区范围内的火灾发生点的行车时间为主要标准。要使火灾损失达到最小，最关键的是消防队接到火警后能够尽快到达火灾现场。我国消防站的布局是以接到报警 5 min 内消防队可以到达责任区边缘为原则，此 5 min 时间是由火灾早起扑灭需控制在 15 min 以内得出的。从国外情况来看，美国、英国的消防部门接到指令出动和行车到场时间大致也在 5 min 左右，日本规定为 4 min。

消防设施服务需求水平与城市火灾风险密切相关，城市火灾愈易发地段对消防设施和消防站的需求就越大。根据城市特点和消防安全的不同要求可以将城市重点消防区分为以下三类：A 类重点消防地区，以工业生产用地、仓储物流用地为主的重点消防地区；B 类重点消防地区，以城市公共服务用地、居住用地为主的重点消防地区；C 类重点消防地区，以对外交通用地、市政公用设施用地为主的重点消防地区。

本研究提出的适应性规划理念强调了在城市消防站点布局规划时，应结合城市总体规划确定的用地布局结构、城市或区域的火灾风险评估、城市重点消防地区的分布状况，普通消防站和特勤消防站应采取均衡布局与重点保护相结合的布局结构，对于火灾风险高的区域应加强消防装备的配置；高层建筑、地下工程、易燃易爆化学物品企业、古建筑较多的区域，应建设特勤消防站。特勤消防站设置宜靠近城市服务区中心。历史城区、历史地段、历史文化街区、文物保护单位等，应配置相应的消防设施。

（2）交通可达性与路网可靠性分析

可达性的概念由 Haasen 首次提出，交通系统将可达性的基本涵义与个体在空间中移动的能力联系了起来（吴扬等，2008）。国外对可达性的相关研究主要侧重于从涵义（Shen Q.，1998）、特征、评价方法（Recker W. W.，et al.，2001）、城市土地利用模式（Badoe D. A. and Miller F.，2000）、社会服务设施（Fazal S.，2001）以及公共交通路线站点规划（Alsnih K. and Hensher D. A.，2003）等方面的应用。我国的城市交通可达性研究主要包括：交通基础设施的演变对可达性的影响（金凤君、王姣娥，2004）、公交最短路径的计算、城市路网结构评价、居民出行可达性的计算机辅助评价等方面。目前，常用的算法包括距离度量法、拓扑度量法、重力度量法以及累积机会法等（吴扬等，2008；祁毅、徐建刚，2006），基于计算机矢量分析较多，而鲜有基于栅格的测度。

网络可靠性最早的研究是 Lee 对电信交换网络的研究(Behr A.,1995)。交通系统作为复杂网络其可靠性研究自 20 世纪 80 年代开始(S. Dai et al.,2007)。交通网络的可靠度是其应变能力大小的一种度量,它是从网络一节点到另一节点在一定服务水平以上的通达概率,是道路网在规定时间和条件下所能提供的满足交通需求的能力。由此可见,路网可靠性在不同的时段其整体可靠性是不同的(Hou L. W. and Jiang E., 2000)。目前路网可靠性的评价指标主要包括连通性、行程时间可靠性与通行能力可靠性。其评价方法主要有状态枚举法、概率图法、全概率分解法、最小路径法、网络拓扑法、MC-Monte Calore 模拟法(Xiong Z. H., 2000),鲜有从空间句法角度进行评价。

道路系统是灾害发生时进行人员疏散、派遣营救人员和运送救灾物资的通道,道路交通状况会直接影响救灾的进程;因此以往的消防站布局与责任区优化方法多是基于道路网络系统分析的。但由于火灾发生源与消防责任区实际应是布满整个城市区域的,且消防车的通行具有极高的优先权,其通行不局限于城市道路,还包括工厂、居住区内部路网以及硬质铺地绿地等(几乎可以是除了建筑物以外的全部陆地),因而传统的基于城市道路的矢量网络分析方法无法完全覆盖整个城市,有其自身的局限性,而基于整个城市面域的栅格分析则可克服该局限,可以作为传统方法的重要补充,共同为消防站布局规划决策服务。

(3) 消防设施外部性分析

消防站作为城市重要的市政工程设施,其布局将会给周边带来一定的负外部效应。消防站的出警将会导致城市道路交通一定程度上的混乱。根据消防规划的相关标准及规范:消防站边界距学校、医院、幼儿园、托儿所、影剧院、商场等人员密集的公共建筑和场所的主要疏散出口不应小于 50 m;在生产、储存易燃易爆物品和有害气体等危险化学品单位的地区,消防站应设置在常年主导风向上方或侧风方向,其边界距上述危险部位不宜小于 200 m;消防站车库门应朝向城市道路,至道路红线的距离不应小于 15 m。此外,城市内重要的水体内也不适于建设消防站,尤其是陆地消防站。运用 GIS 缓冲区分析消防设施的负外部性,可以首先找出不适宜建设消防站的区域,从而保障消防站选址的安全,使其对居民影响最小。

9.2.2 关系

城市消防设施的选址作为城市一项重要的市政工程,涉及多个城市物质与非物质系统,如图 9-9 所示。从非物质要素考虑,城市消防设施的选址既要从经济子系统节约城市成本的角度考虑选址的可行性,还要从管理子系统满足城市消防安全规范的角度考虑选址的规范性,更要从社会子系统保障居民生命财产安全与防控城市邻避风险的角度考虑选址的公平性与可实施性。从物质要素考虑,城市消防设施的选址既要从市政子系统消防设施点角度考虑设施覆盖是否满足规范并节约成本,还要从用地子系统的城市用地火灾风险角度考虑设施选址是否满足消防需求并减少设施的负外部性,更要从交通子系统交通可达性与路网可靠性角度考虑设施的服务范围与供给能力是否满足消防需求。

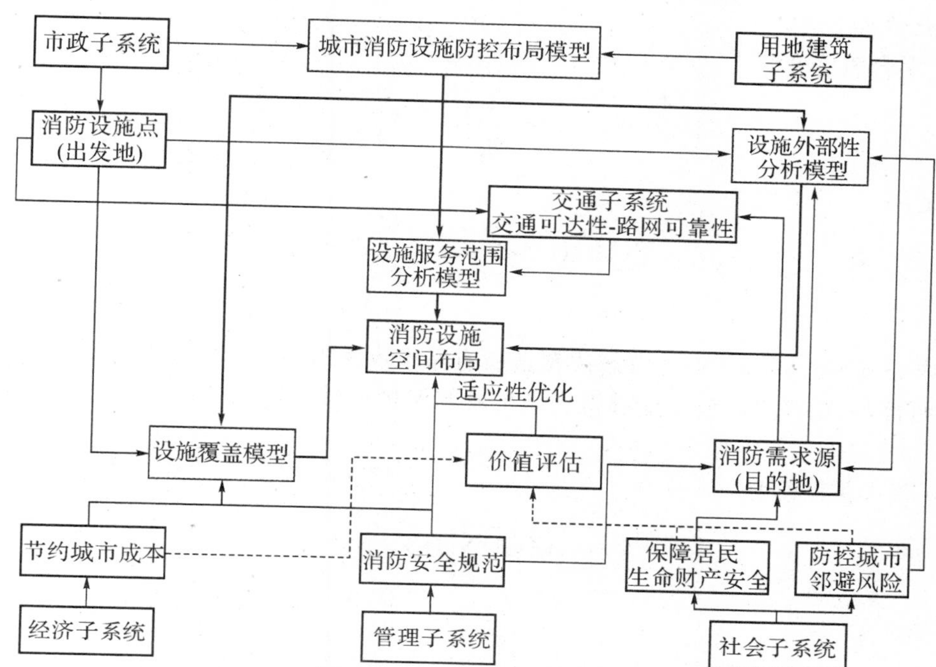

图 9-9 城市消防设施选址布局优化模型与城市各系统关系分析

9.2.3 函数

1) 模型问题抽象与符号定义

消防站布局模型要解决的问题抽象为在 m 个候选消防站点(简称“候选点”)中选择 y 个消防站点(简称“供应点”)为 n 个保护区域(简称“需求点”)服务,使得 y 值或 y 个消防站点定位最合理,还需满足任意一个需求点到供应点的最小时间花费小于该需求点自身的消防时间需求。作出如下符号定义与假设:

$I=\{$需求点$\}$;$J=\{$候选点$\}$;$Y=\{$供应点$\}$。

$$a_{ij}=\begin{cases}1 & \text{需求点 } i \text{ 能够被候选点 } j \text{ 所覆盖,}\\ 0 & \text{需求点 } i \text{ 不能够被候选点 } j \text{ 所覆盖。}\end{cases}$$

$$X_j=\begin{cases}1 & \text{候选点 } j \text{ 布置消防站,}\\ 0 & \text{候选点 } j \text{ 不布置消防站。}\end{cases}$$

C_i:候选点所在的固定投入成本;D_i:需求点 i 所在的固定投入成本。

N:候选点的数量;R_i:需求点 i 的火灾风险。

LU_i:需求点 i 的用地性质;PD_i:需求点 i 的人口密度。

PR_i:需求点 i 的容积率;CQ_i:需求点 i 的建筑质量。

p:需求点 i 到供应点 j 的一条路径;P:从需求点 i 到供应点 j 的一组路径。

q:从需求点 i 到供应点 j 一条路径中的栅格数。

D:栅格的大小;S_i:从一个栅格到另一个栅格的距离值。

V_i:消防车在各个栅格中的行驶速度;T_i:需求点 i 的反应时间需求。

t_i:到需求点所需的时间成本;$\{t_{ij}\}$:从需求点到供应点之间一系列的时间成本集。

$\{t_{pi}\}$:按照路径 p 行驶,从需求点 i 到供应点 j 的时间成本集。

2）数学模型构建

（1）集合覆盖模型

$$\text{Min}\Big[\sum_{j\in J} C_j X_j\Big] \tag{9-6}$$

满足：

$$\sum_{j\in J} a_{ij} X_j \geqslant 1 \qquad \forall i \in I$$
$$X_j \in \{0,1\} \qquad \forall j \in J$$

此求解模型公式(9－6)能够解决覆盖所有需求点所需的最小供应点数量问题。就消防站布局而言，采用该求解模型能够得到满足所有保护区域的需求所应该设置的最少消防站数量。

（2）最大覆盖模型

$$\text{Max}\Big[\sum_{i\in I} D_i Z_i\Big] \tag{9-7}$$

满足：

$$Z_i - \sum_{j\in J} a_{ij} X_j \leqslant 0 \qquad \forall i \in I$$
$$\sum_{j\in J} X_j = y$$
$$X_j \in \{0,1\} \qquad \forall j \in J$$
$$Z_i \in \{0,1\} \qquad \forall i \in I$$

此求解模型公式(9－7)能够解决布局 y 个供应点而覆盖最多需求点的问题。就消防站布局而言，采用该求解模型能够通过布局已知数量的消防站，使各消防站保护范围最大化。

（3）时间限制模型

$$R_i = f_1(LU_i,\ PD_i,\ PR_i,\ CQ_i) \tag{9-8}$$
$$T_i = f_2(R_i)$$
$$t_i \leqslant T_i$$
$$t_i = \text{Min}\{t_{ij}\} \qquad \forall j \in Y$$
$$t_{ij} = \text{Min}\{t_{pi}\} \qquad \forall p \in P$$
$$t_{pi} = \sum_{i=1}^{q} (S_i/V_i)$$
$$S_i \in \{D, [(1+\sqrt{2})/2]D, \sqrt{2}D\} \qquad \forall i \in I$$

通过时间限制模型公式(9－8)转换，消防站选址问题实际上变成了关于消防车行车速度的函数问题，行车速度的制约因素很多，通常包括城市道路自身的结构与通行阻抗能力、城市人口密度与土地利用等两大类。

3）消防车行车速度影响参数设定

由于城市交通系统的复杂性与综合性特征，城市消防车的实际行驶车速需要考虑多方面的影响因素。影响消防车车速的因素总的来说可以分为两类：交通可达性和路网可靠性。交通可达性因素主要集中表现为城市道路、交叉口和城市土地的设计车速。路网可靠性因素主要表现为那些制约消防车实际行驶车速的因子。综合考虑来自南京城市规划交通研究所与南京大学的专家、学者的建议，采取德尔菲法，本书构建了城市消防车行驶车速影响因子的指标体系和分类标准(见表 9 - 1)。

表 9 - 1 城市消防车行驶车速影响因子的指标体系和分类标准

一级指标	二级指标	分类标准	数 值
交通可达性(A)	道路的设计车速(A1)	城市快速路	80 km/h
		城市主干路	60 km/h
		城市次干路	40 km/h
		城市支路	30 km/h
		城市街巷	25 km/h
	交叉口的设计行车速度(A2)	城市快速路之间	48 km/h
		城市主干路与其他道路之间	36 km/h
		城市次干路与其他道路(除了与主干路和快速路)	24 km/h
		城市支路之间或者城市支路与城市街巷之间	18 km/h
		城市街巷之间	15 km/h
	城市用地设计行车速度(A3)	广场和对外交通用地	15 km/h
		居住用地、公共服务用地、工业用地、物流仓储用地、市政工程用地、绿地、特殊用地	10 km/h
		水域和其他用地	0
路网可靠性(R)	道路断面形式(R1)	高架路	1
		四块板的城市道路	0.95
		三块板的城市道路	0.9
		两块板的城市道路	0.85
		一块板的城市道路	0.8
	车道数(R2)	双向两车道	1
		双向四车道	0.9
		双向六车道	0.85
		双向八车道	0.8
	车道平均宽度(R3)	3.75 m	1
		3.5 m	0.9
		3.25 m	0.85
		3 m	0.75
		2.5 m	0.7

续 表

一级指标	二级指标	分类标准	数 值
路网可靠性(R)	道路纵坡(R4)	<5%	1
		5%~6%	0.8
		6%~7%	0.6
		7%~8%	0.4
		>8%	0.2
	路段车辆饱和度(R5)	<0.5	1
		0.5~0.6	0.9
		0.6~0.7	0.8
		0.7~0.8	0.7
		0.8~0.9	0.6
		0.9~1	0.5
		>1	0.4
	交叉口停车等待时间(1/2 信号周期)(R6)	城市快速路之间	0 s
		城市主干路与其他道路之间	45 s
		城市次干路与其他道路(除了与主干路和快速路)	30 s
		城市支路之间或者城市支路与城市街巷之间	15 s
		城市街巷之间	0 s
	交叉口 70 m 范围内的车速阻力系数(R7)	城市快速路之间	1
		城市主干路与其他道路之间	0.7
		城市次干路与其他道路(除了与主干路和快速路)	0.5
		城市支路之间或者城市支路与城市街巷之间	0.4
		城市街巷之间	0.3
	城市用地对车速的影响(R8)	水域及其他用地	1
		防护绿地	0.95
		居住用地、公共绿地、特殊用地	0.8
		公共服务、市政工程设施、物流仓储用地	0.7
		广场和对外交通用地	0.5
	容积率对车速的影响(R9)	一级	1
		二级	0.9
		三级	0.8
	优先度对车速的影响(R10)	一级	1
		二级	0.95
		三级	0.9
		四级	0.85
		五级	0.8

4）不同时段的消防车行驶车速函数表达

通常城市交通状况可以分为高峰时段(A)、夜间时段(B)与其他非高峰时段(C)三种类型。在交通高峰时段，城市道路上经常会出现交通堵塞现象，消防车的车速将被限制到一个极低的速度。与之相反，在夜间消防车的行驶速度可以达到道路的设计车速。

假设 V_1、V_2 和 V_3 为消防车在城市道路、城市道路交叉口和其他城市用地上的行驶车速，K_1、K_2 和 K_3 为特定环境下修正消防车行驶车速的系数，D 为道路交叉口的平均长度。本模型构建了三种城市道路交通状况的消防车行驶车速函数。

时段 A：

$$V_1 = A_1 \cdot R_1 \cdot R_2 \cdot R_3 \cdot R_4 \cdot R_5 \cdot R_7 \cdot K_1；V_2 = D/(2R_6 + D/A_2)；V_3 = A_3 \cdot R_9$$

时段 B：

$$V_1 = A_1 \cdot R_1 \cdot R_2 \cdot R_3 \cdot R_4 \cdot K_2；V_2 = A_2；V_3 = A_3$$

时段 C：

$$V_1 = A_1 \cdot R_1 \cdot R_2 \cdot R_3 \cdot R_4 \cdot R_7 \cdot R_8 \cdot R_9 \cdot R_{10} \cdot K_3；V_2 = D/(R_6 + D/A_2)；V_3 = A_3 \cdot R_9$$

9.2.4　实例

1）研究区域概括

作为江苏省的省会和国家历史文化名城之一的南京，不仅是中国六大古都之一，也是人口最稠密的城市之一。本书选择南京主城区作为研究区域(见图 9－10)，该区面临着因过高的人口密度可能导致的重大火灾风险。同时，南京还是全国重要的综合性工业生产基地，其电子、化工生产率，汽车与机械制造的技术和规模都处于全国领先地位。然而，全市高能耗、高污染的重化工产业占全市工业总产值的 70%；大多数重化工产业位于城市的上风向，部分甚至与居住区混杂，中间缺乏相应的绿化分隔带，这些都大大增加了周边地区的火灾发生的可能性。

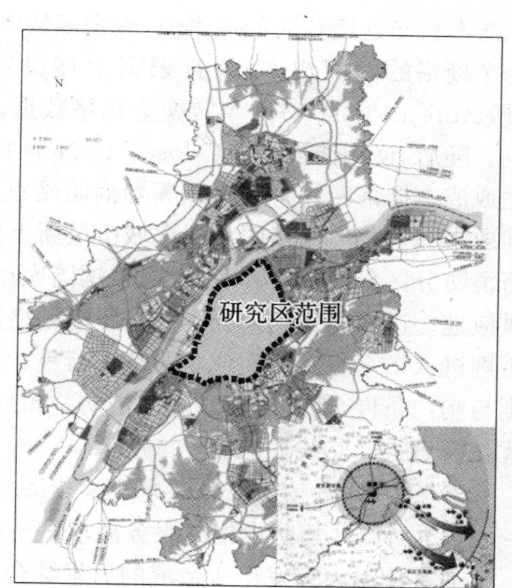

图 9－10　研究区区位(南京市人民政府，2007)

2007 年，南京市主城区共有各类消防站 13 座，存在着消防站现状数量少，服务区域大；消防站位置不合理，出警不畅；消防站规模不达标，生活训练不便，站址用地面积普遍偏小，营区建筑规模普遍偏小；专业站欠缺，消防站类别不完善的问题。

据“南京城市交通发展 2008 年年度报告”数据显示，在不同时段，南京市的交通状况可以分为以下三种类型(见表 9－2)。

表 9 - 2　南京市三种不同时段的交通状况

类　型	说　明	时间段	持续时间(h)
A	高峰时段	07:00～10:00	6
		16:00～19:00	
B	夜间	22:00～06:00(第二天)	8
C	其他时段	06:00～07:00	10
		10:00～16:00	
		19:00～22:00	

2) GIS 数据模型构建

本实例的研究数据来源于《南京城市总体规划(1991—2010)》《南京交通发展白皮书(2008)》《南京城市道路交通发展年度报告(2008)》《南京市火灾保护规划(2002)》《南京市消防站控地规划(2007)》《南京历史文化名城保护规划》和 2007 年南京市区遥感影像图。结合现状调研,可以构建南京市消防保护数据库。

在 ArcGIS 中,对城市用地(包含道路与水域)矢量图层的属性表增加两个字段分别表示消防车行车速度与时间成本值,根据函数确定的不同城市用地的行车速度,通过栅格转换计算每个栅格的时间成本,并且根据上述设定给字段赋值。随后,将各图层通过矢量转栅格(Feature to Raster)命令转换为栅格数据,栅格数据的取值采用刚才建立的成本栅格字段的值。随后,使用镶嵌命令(Mosaic to New Raster)或栅格计算器(Raster Calculator)进行叠合,生成成本栅格图。将已有和规划消防站点作为源点运用 Cost Distance 进行分析得到累积时间成本加权距离栅格图。根据城市最新土地利用规划和文保单位及历史街区的分布图划定城市消防分区分级图。同时,考虑根据国家相关规范和消防站的负外部性划分城市内消防站的供应地。进而将得到的成本加权距离栅格图与上述成果对比,如不满足条件则修改消防站点,否则进入下一步对时间成本距离进行重分类,运用 Allocate 命令参考消防责任区划的基本原则与制约条件,最终得出理想的消防站布局与责任区化图。基于 GIS 栅格模型的消防站布局优化模型技术路线如图 9 - 11 所示。

3) 研究区消防设施的服务需求与供应水平分析

(1) 研究区消防设施的服务需求——火灾重要性分级与分区

通常依据火灾发生所造成的后果综合考虑南京市文保单位分布情况、土地利用情况、人口密度、地块容积率以及国家相关技术规范,研究区火灾等级保护其中的 4 个等级,可将火灾重要性分为 5 个等级(见图 9 - 12、图 9 - 13)。

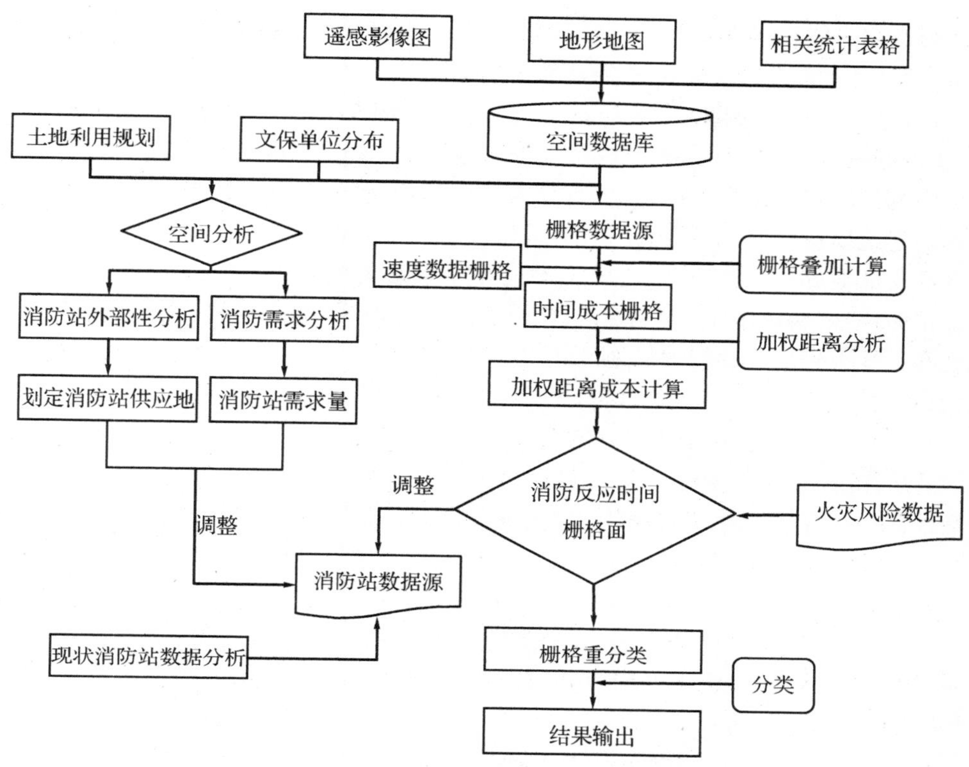

图 9－11 基于 GIS 栅格模型的消防站布局优化模型技术路线

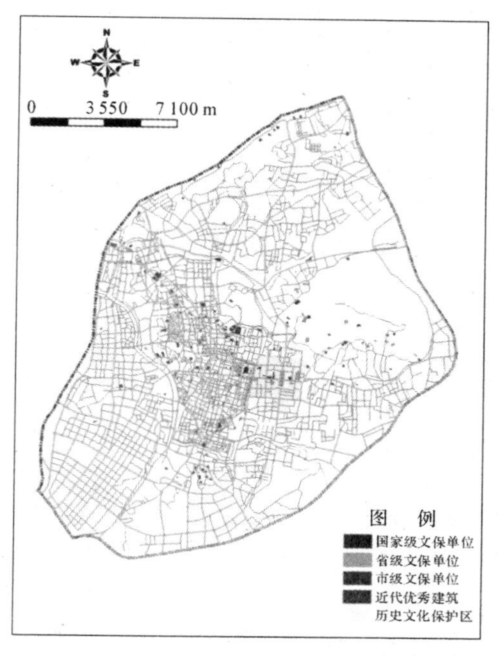

图 9－12 南京市文保单位分布图

图 9－13 研究区消防分区图

一级消防用地：党、政、军办公机关密集区，城市商业中心，历史建筑街区，高层建筑集中消防用地，化工、仓储集中的火灾危险性大、损失大、伤亡大、社会影响大的地区，是城市重点消防地区。研究区内一级地区主要为老城区范围，该范围内拥有大量各级文保单位、民国建筑群、商业中心以及省市级行政办公中心等，且建筑密度与容积率均过高，因此将其划为一级火灾风险区。

二级消防用地：其他历史文化保护区，公共设施、居住用地集中地区，人口密集、街道狭窄地区，未改造的棚户区以及其他火灾危险性很大的地区。通过现状调研以及相关数据分析，可在研究区内划分出两片二级火灾风险区，分别为迈皋桥片区、河西奥体及周边片区。其中，迈皋桥片区内建筑质量较差、街巷间距偏小，火灾风险较大；河西奥体片区为全市重要的公共服务设施及高层商业办公所在地，人流量较大，因此需要加强消防防护。

三级消防用地：科研单位、大专院校、普通工厂集中地区，地下空间、对外交通与市政公用设施用地和其他火灾危险性较大的地区。研究区范围内除了一、二、五级之外的所有用地均为三级消防用地。

四级消防用地：建筑防火条件较好的具有一、二级耐火等级的居住区，零散企业和具有三、四级耐火等级建筑分散地区。研究区内建筑密度均较高，城市防火等级较大，因此该片区内无四级消防区。

五级消防用地：防火隔离带及避难疏散场地，具体表现为水体、绿地和大型公共广场。研究区内拥有大量的绿地公园和水体，是天然的防火隔离或避难场所，因此将其定为五级消防片区。

(2) 基于交通可达性与路网可靠性分析的现状消防站供应能力及责任区划分评价

本书运用高峰小时情况下的消防车行驶函数计算研究区消防车在高峰时段不同路段的行驶速度，如图 9－14 所示。在所有路段的行驶速度中，最低为 10.5 km/h，最高为57.6 km/h，平均值为 14.7 km/h，数据分布相对均匀(见表 9－3)。通过分析可知，在城市中心区高峰时段的行车速度始终低于 20 km/h，在南京西城区(河西)，人口密度较低，其行驶车速高于其他地段。

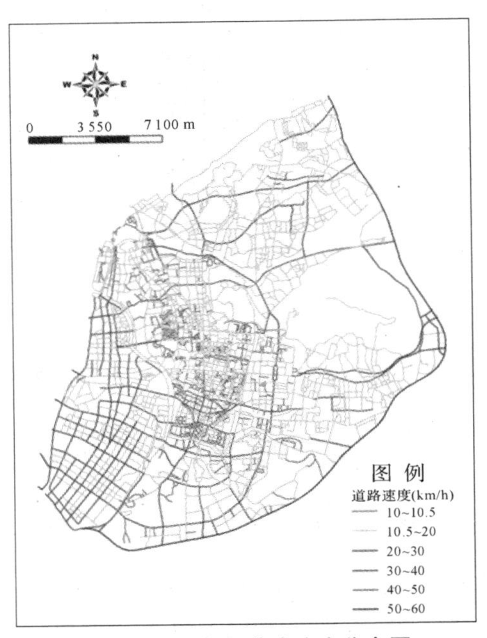

图 9－14　研究区道路速度分布图

表 9－3　南京市道路速度情况一览表

道路速度范围(km/h)	10～10.5	10.5～20	20～30	30～40	40～50	50～60
百分比(%)	18.20	16.50	17.40	17.30	17.40	13.20

在研究区 6 h 的交通高饱和状态下，现状 13 个城市消防站布局只能满足 8.4%的区域，达到国家 5 min 的消防响应时间，平均消防响应时间约为 14 min，远远无法达到火灾早期扑救的目标，因此仍需加强消防站规划建设的力度。紫金山、幕府山等山地森林，应由森林专职消防队承担火灾的初期扑救、组织疏散和救护工作，此外紫金山的防火需要特别关注，应规划设置专业消防站。同时，消防站辖区平均面积为 28 km^2，最大的近 50 km^2，最小的也超过 10 km^2，远高于国家对城市中心区内消防站辖区面积的要求。在城市交通高峰时段，其 5 min 出警范围仅占整个研究区的 7.8%左右。因此可知，研究区内的消防站整体存在着数量少、服务区域

大和位置不合理、出警不畅等缺陷(图 9－15)。

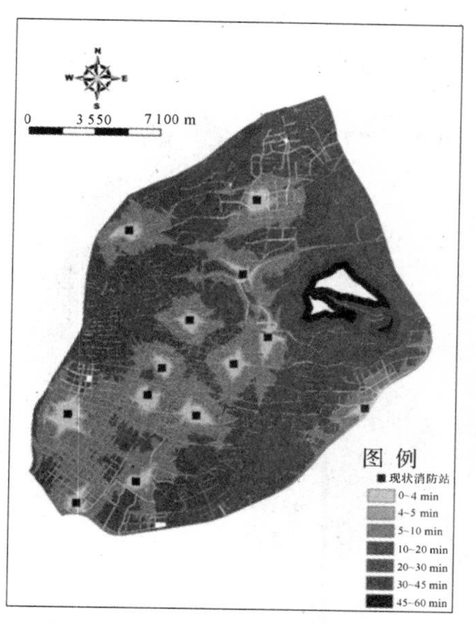

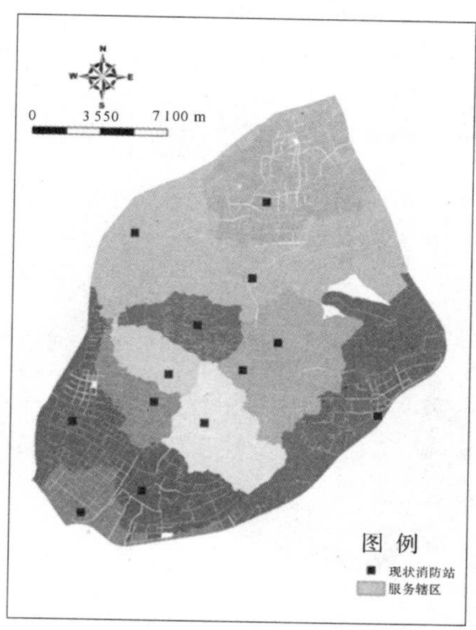

图 9－15 研究区现状消防站消防响应时间和服务范围与辖区划分图

(3) 基于外部性分析的消防站设施供应地选择

基于 GIS 缓冲区分析消防设施负外部性，可在研究区内划分适宜与不适宜建设消防站的区域，具体消防站供应地的划分如图 9－16 所示。

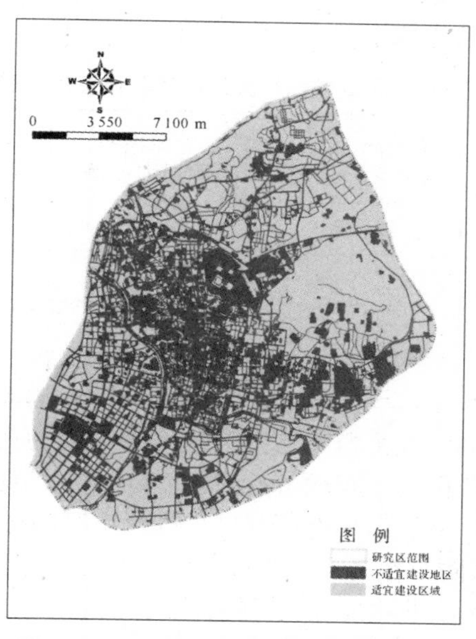

图 9－16 研究区内消防站供应地划分

4) 消防站布局和责任区优化结果分析

采用城市消防设施选址布局优化模型对研究区的消防站重新进行布局调整，按照重点地区重点防护的原则，最终确定保留现状消防站 13 个，保留并适当调整原规划预留的 19 个消防站，同时新增消防站 14 个，才可满足该区域消防全覆盖的要求，具体如图 9 - 17 所示。

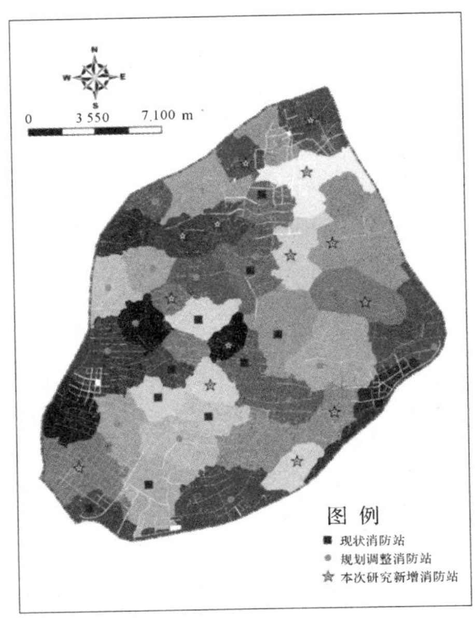

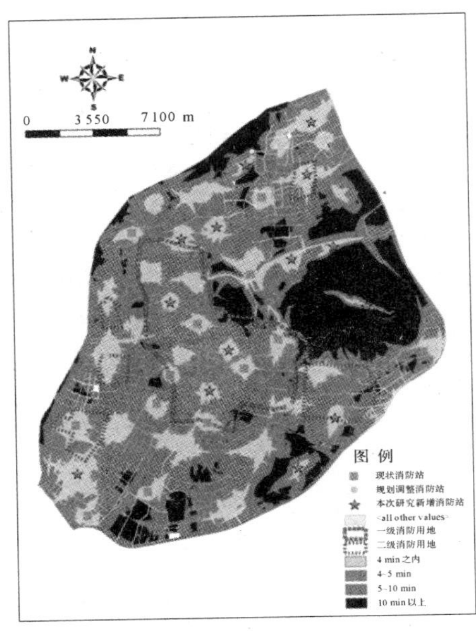

图 9 - 17　调整后的消防站布局及研究区反应时间分布图

模型结果表明：调整后研究区内高峰时段消防设施的平均反应时间缩短为 8 min。消防车 5 min 内能够达到研究区 23%的用地，10 min 内到达研究区内 60%的用地。但是研究区内有玄武湖、紫金山等水域山体，这些区域消防需求等级较低，扣除这些用地后，消防车 5 min 能覆盖研究区 34.5%的用地。具体数据如表 9 - 4 所示。

表 9 - 4　布局优化调整后研究区内消防设施反应时间统计

时间范围	覆盖总用地比例	覆盖除绿地与水系之外的用地	一级消防用地内比例	二级消防用地内比例	五级消防用地内比例
4 min 内	18.78%	21.47%	22.70%	56.22%	2.58%
4～5 min	11.45%	12.98%	14.39%	24.59%	2.04%
5～10 min	48.63%	52.66%	59.90%	19.19%	18.09%
10 min 以上	21.13%	12.89%	3.01%	0.00%	77.29%

此外，据统计，火灾在夜间的发生概率与损失程度一般约为白天的 3～4 倍左右，因此，城市夜间的火灾危害更大。而夜间由于车辆较少，消防车在城市道路上行驶基本能够达到设计车速，比高峰时段的速度要高一倍多，因此研究区内的反应时间可缩短近一倍左右。由此可以看出，在夜间基本可以实现消防车在 5 min 之内到达一级、二级消防用地。同时能够保证研究区 90%左右用地（紫金山与玄武湖除外）的消防反应时间在 5 min 之内。

5）模型拓展及规划应用

本节在适应性规划理念指导下，借鉴已有的研究理论与方法，依据高峰小时、日间非高峰小时与夜间三个时段不同通行阻抗因子构建消防车行驶车速函数；基于交通可达性、路网可靠性原理，采用多因子加权叠置分析方法，构建城市消防站布局优化模型。研究选取南京市主城区为实证区域，分析消防供需关系，综合考虑消防站的负外部性，据此划定了全区消防供应地范围及 4

级需求分区。运用 ArcGIS 软件与 Axwoman 4.0 空间句法分析插件，测算各路段高峰小时消防车行驶速度，在满足国标及南京市具体规范相关规划的前提下，以保护居民生命财产安全和历史文化遗迹为目标，以消防站服务范围最大化为原则，分析评价优化现状消防站布局与责任区划。

该模型从设施的供需关系角度出发，兼顾设施的外部性影响，对于研究城市中观尺度的设施选址布局优化具有较强的应用价值。同时模型通过路网可靠性分析，将传统的中宏观尺度的城市—区域交通可达性分析模型拓展至城市—用地中微观尺度，根据栅格精度可以模拟行车速度在不同等级道路、不同功能道路（道路周边不同用地类型）、不同路段（直行路段与交叉口）甚至不同车道（内侧与外侧车道）的变化。

9.3 基于供需视角的城市职住平衡分析模型

人口和产业的集聚降低了交易成本，提高了社会生产和运行的效率，是城市形成和发展的动力。可以说，集聚反映了城市的本质。然而，如果对这种集聚行为不加以合理的引导和必要的控制，极有可能产生强烈的负外部性。如产业和人口在空间上的集聚发生了分离，就会因通勤距离过长而引发就业机会不均、钟摆式交通、道路拥堵、能源消耗和生态环境恶化等问题，这也使职住分离成为当下极为关注的城市社会与环境问题。尤其是近年来房地产过度开发引发多地出现的“鬼城”“空城”现象已引起社会广泛关注，《国家新型城镇化规划（2014—2020）》明确提出“强化城市产业就业支撑”的要求，对未来城镇化的发展方向指明了思路。本节从职住供需平衡和空间平衡的角度出发，采用就业平衡度与就业空间可达性两种指标结合的方法，对城市职住空间的供需关系和匹配程度进行定量评价。

9.3.1 概念

1）职住平衡

职住空间平衡（Job-housing Spatial Balance）的思想最早可以追溯到霍华德的“田园城市（Garden Cities）”。霍华德（金经元译，2000）认为，当城市发展到一定规模，产生了人口拥挤、交通混乱等城市病时，城市不应再扩张规模，而是应在其周围建设独立的新城，新城内部应配备完善的公共服务和基础设施，并使居住和就业均衡分布，就业地在居住地的步行范围之内。自 20 世纪 60 年代以来，职住空间关系研究逐渐成为经济学、社会学、地理学、城市规划学等多学科共同关注的对象。

地理学界对“职住平衡”的定义是：在一定的地域范围内，居民中的劳动力人口与就业岗位数量大致相等。这一定义包含了两层含义，其一是就业人口需求与就业岗位供给的平衡，即职住供需上的数量平衡；其二是明确了职住平衡具有一定的空间范围，脱离了空间范围谈论职住平衡是没有意义的，职住平衡要求职住用地在空间上就近布局，大部分居民可以通过步行或非机动方式实现短途通勤、就近就业。职住空间关系是指城市居民居住地和工作地之间的社会空间关系（刘望保、侯长营，2013）。这种关系错综复杂，而职住平衡是职住空间关系的一种特殊状态，如前所述，它既包括职住人口规模上的供需平衡，又包括居住用地与就业用地在地理空间上的相互匹配关系。因此，“职住空间平衡”与“职住平衡”意义相同。在城市规划中，与职住空间密切相关的是居住区规划和产业用地规划，这是城市规划的核心内容，是对城市活动中最重要的居住和工作活动的安排。

2）产业布局与城市空间结构的关系

城市的空间结构除了受自然山水等地形条件影响外，很大程度上是由居住与产业用地的规模和布局决定的。不同类别的产业会根据自身特点选择不同的空间区位，从而影响城市的功能结构。工业用地对地形地貌、水文地质及水源能源供应等有特殊的要求，绝大部分工业都需要靠近公路、铁路站场、航运码头或机场等交通运输区域优越的地区。不同类别的工业用地布局方式可以分为以下几种情形：

(1) 分散布局在城市中：通常无污染、运量小、劳动力密集、附加值高的工业可以分散布局在城市中，与其他用地混合分布，促进城市职住平衡。

(2) 集中布局在城市边缘的工业区：通常有一定污染、运量大和占地多的工业倾向于以工业区的方式集中布局在城市外围地区，避免对城市内部其他用地的干扰，也可获得更廉价的土地。

(3) 孤岛式布局：因资源分布、土地制约或政策因素，部分工业用地选址于离主城区有一定距离的地段，如工矿区、作为开发区的工业园区、有安全风险的工业区等。当此类工业用地形成一定规模时，需要居住、服务用地的配套，并与主城区有快速便捷的交通通道。

以商业为主的生活性服务业，一般按服务人口的规模等级，从城市中心、片区中心、居住区中心到社区中心呈网点状的总体布局，具体形态可以是小型的点状集聚、带状的沿街商业或片状的大型商业街区。

生产性服务业的布局一般会经历 4 个发展阶段：①金融、咨询等服务业在城市中心区集聚，形成 CBD；②随着中心城区租金、交通拥堵等负外部性以及行业分工和职能分化，一些产业的办公职能(如研发、会计、商务等)开始向城市外围扩散，而金融、咨询等高端服务业仍集聚在城市中心；③这些向外扩散的产业逐渐在城市郊区的主要交通节点形成集聚区；④CBD 与郊区集聚区形成不同职能分工和等级体系的多核心空间格局。

3) 地租与职住空间布局的关系

基于赫德(Hurd)、黑格(Haig)和李嘉图(Ricardo)等的地租理论，城市地理学领域相继涌现出了三个经典的城市地域结构模式，即伯吉斯(Burgess)的同心环模式、霍伊特(Hoyt)的扇形模式、哈里斯(Harris)与厄尔曼(Ullman)的多核心模式，主要反映了美国城市中不同类型的住宅区、商业区、商务区、工业区的空间布局与地租的关系。1964 年，阿隆索(Alonso, 1964)提出了竞租理论和同心圆模型，后又经穆斯(Muth, 1969)和米尔斯(Mills, 1972)等进一步发展。该模型假定就业地集中位于中央商务区，土地价格从城市中心向外围逐次递减，中心城区居住成本高、居住环境相对较差，但通勤成本较低；反之，城市郊区住房价格较低、居住环境较好，但通勤成本较高。因此居住选择是通勤成本与居住成本相权衡的结果(刘望保，侯长营，2013)。尽管该模型假定的城市单中心、完全市场和就业集中布局已与当代城市发展现实相脱节，但运用这个基本模型框架来审视当前中国绝大多数单中心城市的职住空间关系仍然具有重要意义。

4) 城市职住平衡分析模型

本节提出的基于供需视角的城市职住平衡分析模型是指在基于对城市就业人口密度分布及就业岗位空间分布的基础上，在以平均通勤时间所划定的空间范围内，计算各居住地块的就业供需关系，对城市现状或规划方案中职住供需平衡和空间平衡进行客观评价，从而优化居住用地和产业用地的规划布局，促进居住与就业的协调发展。

9.3.2 关系

从城市复杂系统内部关系角度来看，职住空间关系的演变体现了城市系统中社会、管理、用地和交通四大子系统的关系模式(见图 9-18)，同时也能看到自改革开放以来在计划经济向市场经济转轨、快速城镇化和城市空间重构的大背景下，我国职住空间关系发展变迁的推动机制。

从城市管理子系统的制度设计角度来看，在历经城市土地有偿使用、国企改革与住房商品化

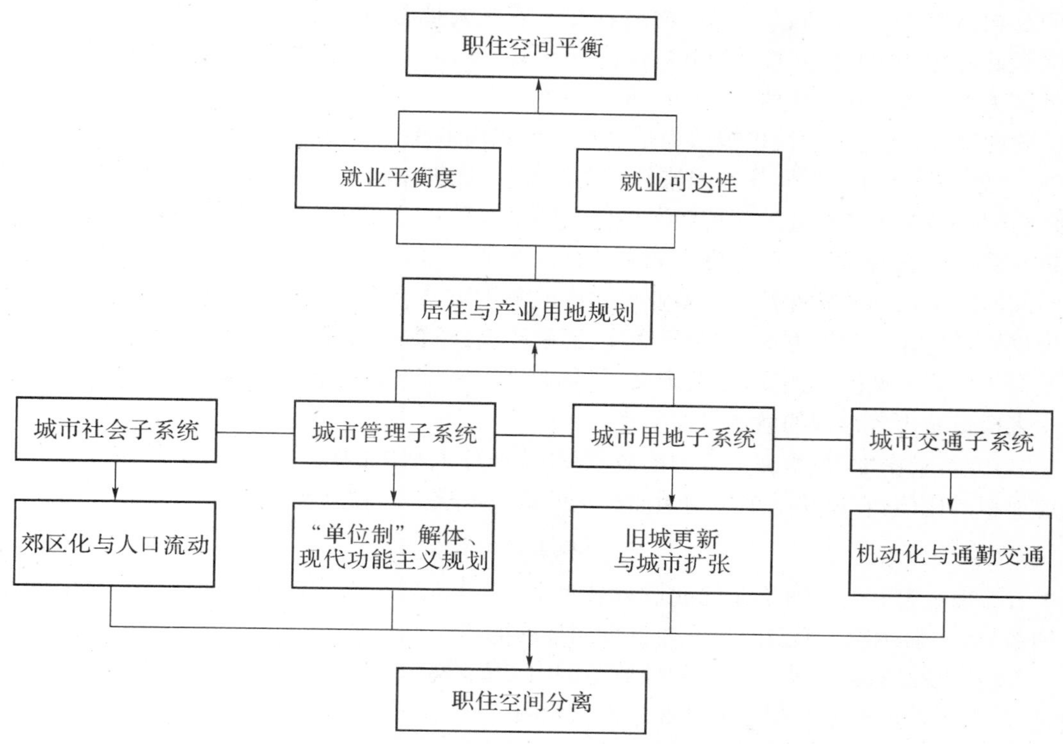

图 9-18 城市各系统要素与职住空间分离的关系

改革之后，传统的城市空间组织模式，即职住一体化的“单位制”空间逐步解体。与此同时，我国城市规划实践却始终承袭着现代功能主义规划的范式，城市空间布局在这种规划范式的主导下呈现出明确的功能分区，传统紧凑混合的土地利用格局变得单一而分明，从而诱发了职住分离现象。

从城市社会和用地子系统空间关系角度分析，自分税制改革以来，土地财政逐渐为地方政府所倚重，在某些地方政府的卖地冲动和开发商追求利润最大化的双重驱动下，城市近郊的“造城运动”迅猛展开，而郊区开发往往会出现大面积的“纯”居住区，缺少相应的基础设施和就业岗位配套。因此，由于城市边缘的扩展和土地价格的挤出效应(赵晖等，2011)，城市郊区不断承接着来自内城的迁出人口，同时也吸纳着来自周边乡镇及外来的移民，形成以居住功能为主的“卧城”。与此同时，旧城更新、“退二进三”等改造项目的实施，又使内城人口不断向外疏散，而大量服务业就业岗位进入内城，以填充改造后更大规模的建筑面积(孔令斌，2013)。

最后，从城市交通子系统的角度来看，随着近十年来汽车保有量的迅猛增长，以及轨道交通、公共交通设施的日益完善，居民通勤的机动性和可达性大幅提升，从而诱导居民选择房价更低、离就业地更远的住宅居住。

9.3.3 函数

职住平衡可以从两个方面进行测度：其一是数量的平衡，即在给定的地域范围内就业岗位数量和居住单元数量是否相等，称为平衡度(Balance)的测量；其二是质量的平衡，即在给定的地域范围内居住并工作的劳动者数量所占的比重，被称为自足性(Self-contained)的测量(戴柳燕等，2013)。前者需要采集经济和人口的普查数据，一般采用“就业—居住”比率，即给定地域范围内的就业岗位数量与家庭数量之比，当比值处于 0.8～1.2 之间时，就认为该地域内职住空间是均衡的(Cervero R. ,1989);而后者往往需要大量的问卷调查作为支撑,一般采用托马斯(Thomas)提出的"独立指数"(Independence Index),即在给定地域内居住并工作的人数与到外部去工作的人数的比值(Cervero R. ,1996)。

除此以外,就业可达性也被认为是反映城市职住平衡程度的一个重要指标(Levinson D. ,1998)。就业可达性是对职住空间错位的直接测度,能够反映城市中不同空间单元的潜在就业人口与周边潜在工作机会的匹配状况(刘志林等,2010)。社区的就业可达性越高,则认为居住人口与就业岗位的匹配程度越好。如果各社区的就业可达性指标差异较大,则表明该城市职住空间匹配关系的异质性较高。就业可达性的测度方法较多,最新的方法如沈青(2007)以引力模型原理构建的测度方法,涉及平衡度、通勤距离、通勤时间等多种指标。

对于就业平衡度的测度,本节定义了"就业需求密度""就业供给密度""就业供需比"三个概念来衡量城市各片区的就业供需关系。

"就业需求密度"是指在一定的地域范围内,居住人口中的就业人口数量与该地域内建设用地面积的比值,它反映了单位地域面积上的就业需求人口数。计算公式为:

$$D_{di}=P_i/S_i \tag{9-9}$$

式中:D_{di} 表示第 i 个空间单元的就业需求密度,P_i 表示第 i 个空间单元的居住人口中就业人口的数量,S_i 表示第 i 个空间单元内建设用地的面积。

"就业供给密度"是指在一定的地域范围内,就业岗位数量与该地域内建设用地面积的比值,它反映了单位地域面积上的就业岗位供给数。计算公式为:

$$D_{si}=W_i/S_i \tag{9-10}$$

式中:D_{si} 表示第 i 个空间单元的就业供给密度,W_i 表示第 i 个空间单元的就业岗位数,S_i 表示第 i 个空间单元内建设用地的面积。

"就业供需比"即一定地域范围内的就业供给密度与就业需求密度之比,它反映了某个地域范围内就业供给与就业需求的关系。其本质上是该地域范围内就业岗位数量与居住人口中的就业人数之比,来源于塞维罗(Cervero,1989)的"就业—居住"比率(JHR),该指标的前提是假设研究区内每户家庭仅有一人就业,每户都有自己独立的住宅。结合中国的实际情况,本节采用"就业供需比"对赛维罗的"就业—居住"比率进行修正。计算公式为:

$$R_i=D_{si}/D_{di} \tag{9-11}$$

式中:R_i 表示第 i 个空间单元的就业供需比,D_{si} 表示第 i 个空间单元的就业供给密度,D_{di} 表示第 i 个空间单元的就业需求密度。R_i 范围在 0.8～1.2 之间视为职住分布较为均衡。

对就业可达性的测度,本节采用各居住小区的平均通勤时间,并定义了"就业岗位覆盖率"和"人均就业岗位"两个指标来衡量。

平均通勤时间的计算公式如下:

$$T_i=\sum\nolimits_{j=1}^{n} L_j/V_j \tag{9-12}$$

$$T_{ave}=\frac{1}{m}\sum\nolimits_{i=1}^{m} T_i \tag{9-13}$$

式中:T_i 表示第 i 次通勤的出行时间,L_j 表示就业者通过 j 等级道路的长度,V_j 表示就业者通过 j 等级道路时的平均速度;T_{ave} 表示平均通勤时间,m 表示所有就业者到所有就业点的通勤次数。

"就业岗位覆盖率"是指在平均通勤时间的出行范围内，所覆盖的就业岗位数占研究区内所有就业岗位数的百分比。计算公式为：

$$A_i = J_i / J \times 100\% \tag{9-14}$$

式中：A_i 表示第 i 个空间单元的就业岗位覆盖率，J_i 表示从第 i 个空间单元中的居民点出发，在平均通勤时间的出行范围内所涵盖的就业岗位数，J 表示研究区内的就业岗位总数。

"人均就业岗位"是指在从某个空间单元的居民点出发，在平均通勤时间的出行范围内，所涵盖的就业岗位数与该空间单元内的就业人口数的比值。计算公式为：

$$B_i = J_i / P_i \tag{9-15}$$

式中：B_i 表示第 i 个空间单元的人均就业岗位，P_i 表示第 i 个空间单元的居住人口中就业人口的数量。

9.3.4　实例

职住分离现象一般发生在大城市和特大城市中，对小城市而言因其本身的用地开发规模较小，职住空间即使分离也不会造成过长的通勤距离。本模型选取福建省长汀县，以说明方法为主。本节采用就业平衡度与就业可达性相结合的方法，构建职住平衡评价分析模型。

1）长汀县的职住空间分布现状

本节选择长汀县城为研究区，将县城建设用地所涵盖的 17 个社区和村级行政单元作为本研究的基本空间单元，其中东门街社区、南门街社区、西门街社区、水东街社区、营背街社区和中心坝社区构成长汀的老城区（即汀州镇），是县城人口、资源最集中的区域。老城北部是腾飞工业园，横跨东关村、印黄村、红卫村和李岭村，集聚了县城主要的工业企业，提供了大量的就业岗位。同时，北部的东街村、红卫村和李岭村仍是乡村的聚落形态，是规划的北部新城、县城未来空间拓展的主要腹地。

2）数据来源

研究所需数据主要有：长汀县土地利用现状图，来源于《长汀县城总体规划修编（2010—2030）》的现状调研数据，并从中提取出居住用地图层和各类产业用地图层；长汀县城各社区人口统计资料，来源于《长汀县第六次人口普查资料汇编》；长汀县分行业就业人数，来源于《长汀县统计年鉴 2011》；长汀县城分级路网 GIS 数据，从长汀县规划局提供的县城地形图 CAD 数据中提取而来；长汀县社区及各村行政边界图 GIS 数据，根据长汀县国土资源局提供的长汀县土地利用总体规划图（2006—2020）数字化而来；长汀县城居住人口密度分布 GIS 数据，来源于第 5 章人口密度模型实例结果。

3）技术路线

长汀县城职住平衡分析模型采用就业平衡度与就业空间可达性两种指标结合的方法，对长汀县城职住空间的现状匹配程度进行分析评价。研究技术路线图如图9－19所示。

本研究模型基于三个前提假设：①假设研究区范围内的所有就业岗位可以被任意居民获得，即就业机会的获取是均等的。②假设任意就业岗位与任意居民之间的通勤时间可以被所有居民接受。这两个前提保证了任意一个居住地块的居民到任意产业地块的工作岗位就业都是可能的。③本研究因缺少居民出行方式的调查数据，故假设所有居民通勤均采取小汽车的出行方式。

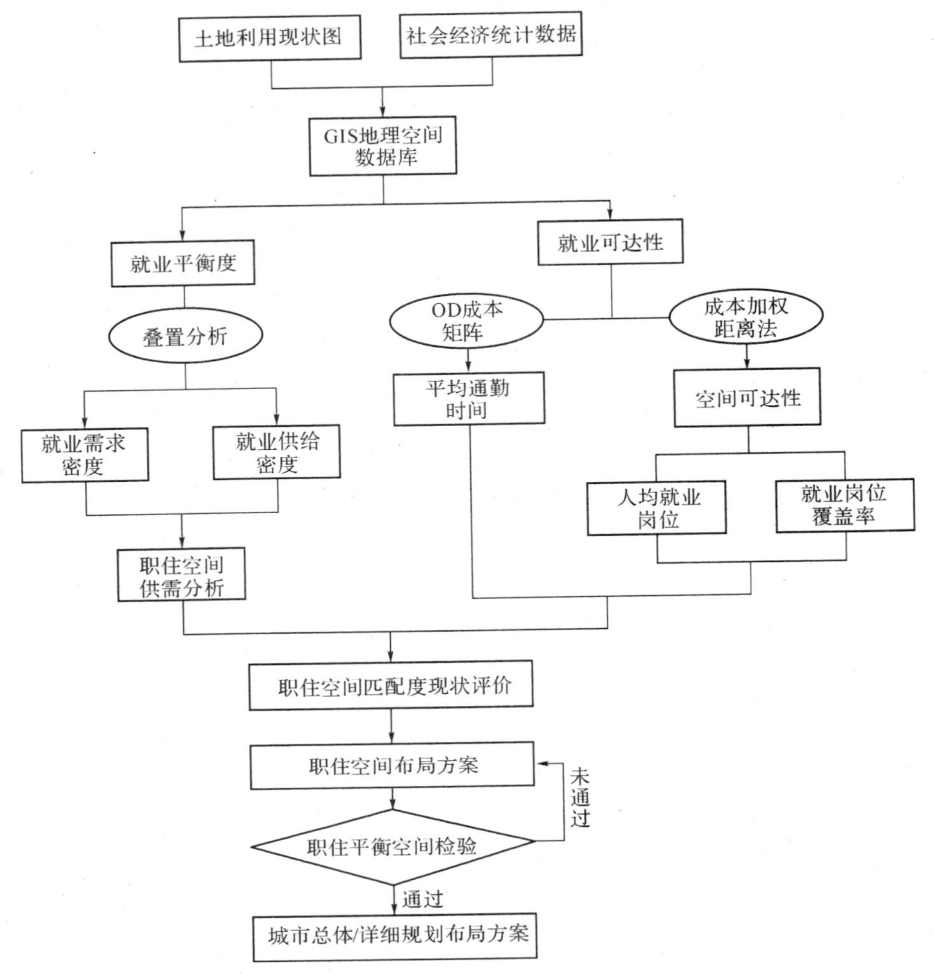

图 9-19　职住平衡分析模型技术路线图

4) 就业平衡度的测度

(1)“就业需求密度”及其空间表达

首先，根据长汀县第六次人口普查数据，统计各社区内男 16～60 周岁、女 16～55 周岁的劳动年龄人口，作为该社区的就业需求人口数。其次，通过 ArcGIS 中的相交(Intersect)、汇总(Summarise)和连接(Join)功能，统计得到每个社区的建设用地面积，并根据公式 9-9 计算得出各社区的就业需求密度(见图 9-20，黑色粗实线为老城区边界)。

(2)“就业供给密度”及其空间表达

根据统计年鉴数据将长汀县各行业就业人数与土地利用图中的用地类型相对应，按照每块用地的地块面积比例分摊每个行业的就业人口，汇总得到各社区的就业岗位数。根据公式 9-10 计算得出各社区的就业供给密度(见图 9-21)。

(3)“就业供需比”及其空间表达

根据上文求出的就业需求密度和就业供给密度，通过公式 9-11 求出长汀县城各社区的就业供需比，如图 9-22 所示。

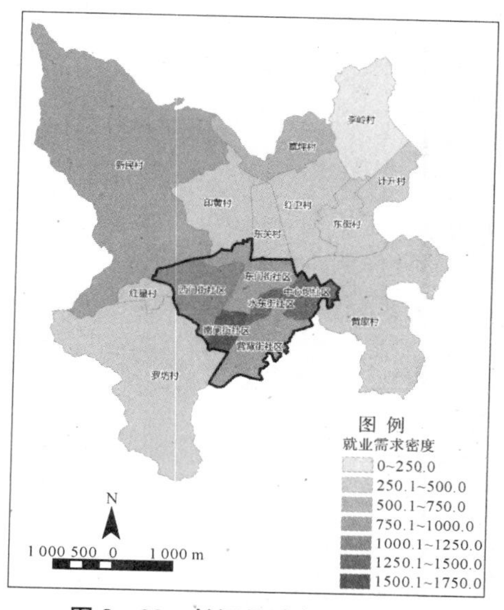

图 9－20　长汀县城各社区就业需求密度分布图

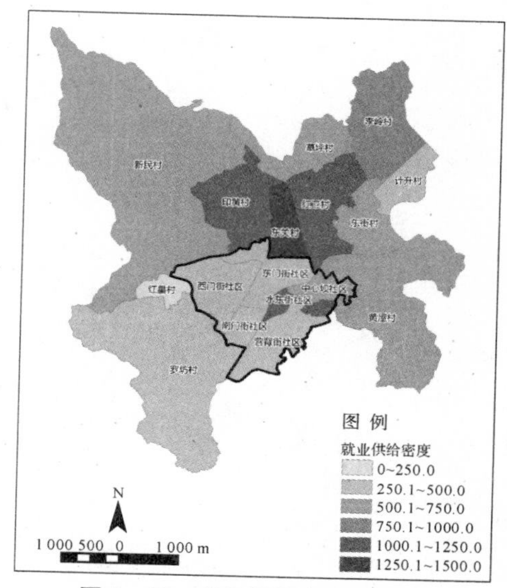

图 9－21　长汀县城各社区就业供给密度分布图

5）就业可达性的测度

（1）平均通勤时间的计算

根据就业机会均等和通勤时间均可接受的假设，计算每个居住地块到所有就业地块的通勤时间，并以此作为计算平均通勤时间的依据。

首先，根据人口密度的分布比例，将各社区适龄劳动人口数分配到每个居住地块上，同时以上文得到的各产业地块的就业岗位数为依据，将劳动人口数据和就业岗位数据分别进行简化处理。本例中将两项数据各除以 100，其中就业岗位数量微小的就业点可直接忽略，因其带来的通勤交通较少，不会影响整体的平均通勤时间。但每个居住点的通勤时间是研究需要得出的结果，因此劳动力人口的最小值取 1。然后通过创建随机点工具（Create Random Points），每个点代表一定数量的劳动力或就业岗位，从而得到通勤交通产生的源和目的地。

其次，求得任意两个居民点和就业点之间的通勤时间矩阵，并对一些过短而不合理的出行时间进行校正。对生成的矩阵表，运用公式 9－12 和 9－13，通过汇总和连接功能得到长汀县城各居住地块的平均通勤时间分布（见图 9－23）。最后通过属性表的统计功能，求得长汀县城所有居民点基于小汽车出行的平均通勤时间为 9.63 min。

（2）就业空间可达性计算

以每个社区内的居民点为源，分别采用成本加权距离法，求出每个社区的就业空间可达性分布（见图 9－24）。

（3）平均通勤半径内所覆盖的就业岗位数计算

在成本距离可达性分析的基础上，以“就业岗位覆盖率”和“人均就业岗位”来衡量长汀县城各社区的就业可达性。

首先，对每个社区的可达性结果以平均通勤时间 10 min 进行重分类，然后使用栅格转面（Raster to Polygon）工具生成各自平均通勤半径的面状图层，使用按位置选择（Select by Location）功能，以就业点图层为目标进行选择，得到通勤半径范围内的就业点数量。通过公式 9－14 和 9－15，分别得到就业岗位覆盖率分布图（见图 9－25）和人均就业岗位分布图（见图 9－26）。

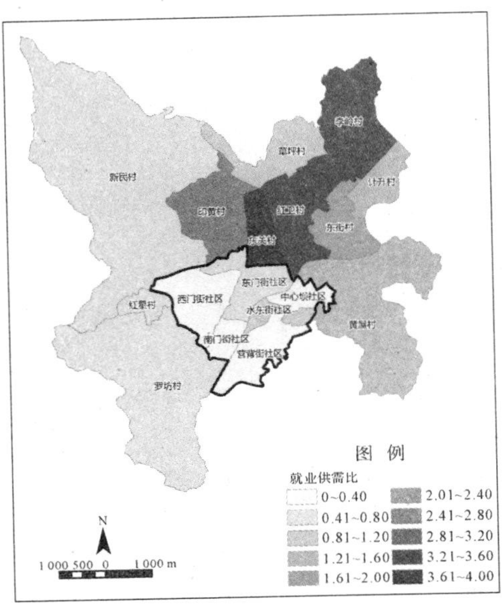

图 9-22 长汀县城各社区就业供需比分布图

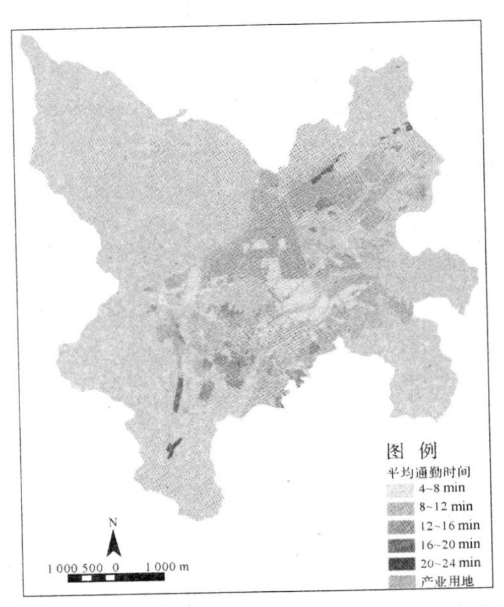

图 9-23 长汀县城各居住点平均通勤时间分布图

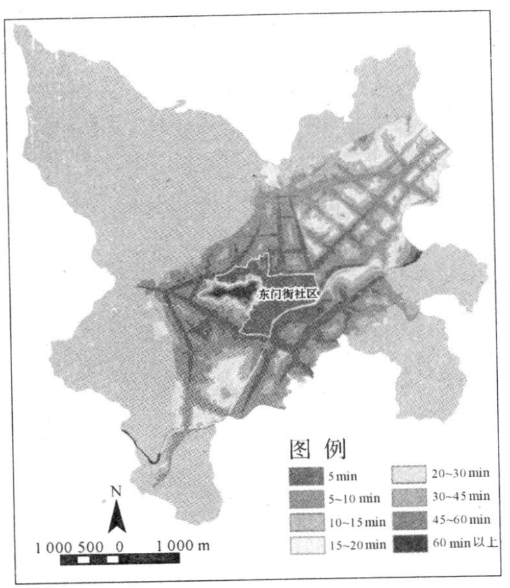

图 9-24 长汀县城各社区就业空间可达性分布图

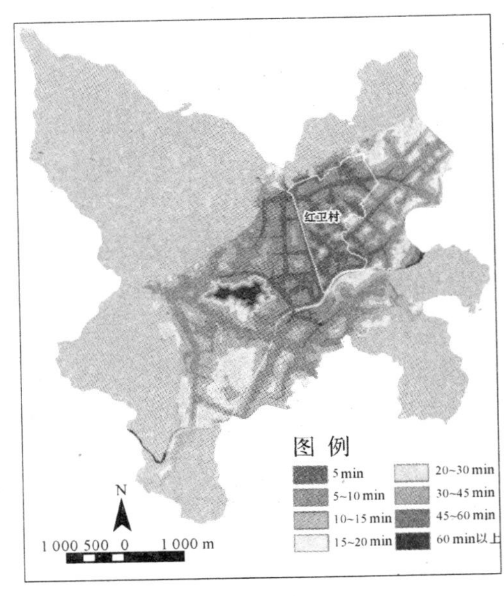

图 9-25 长汀县城就业岗位覆盖率分布图

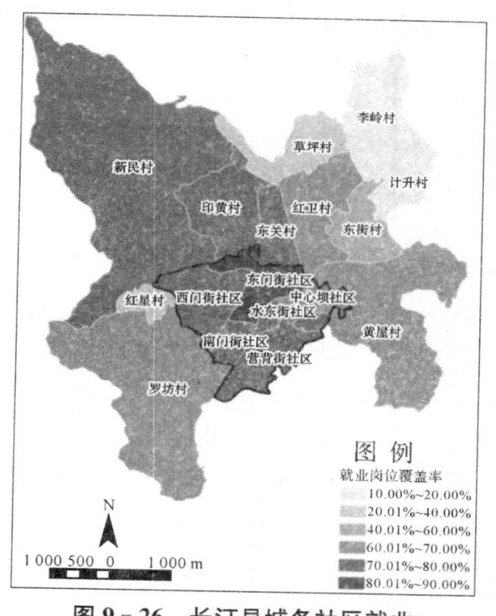

图 9-26 长汀县城各社区就业岗位覆盖率分布图

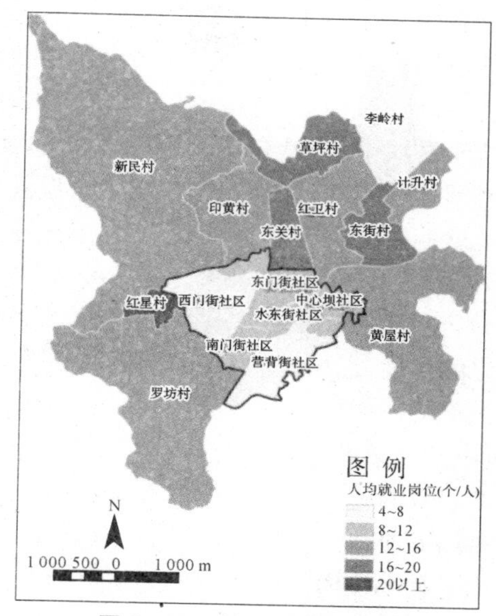

图 9-27 长汀县城各社区人均就业岗位

6）结果分析

（1）就业平衡度评价

从县城北部及外围地区的对比来看，老城区的就业需求密度最高、就业供给密度较低，因而就业供需比是最低的。这是因为老城区的居住用地比例非常高（52.64%），居住人口占县城总人口的 64.54%，在 5.26 km² 的范围内集聚了接近 8 万人，人口密度达到 1.52 万人/km²，城市承载能力严重饱和。同时，尽管老城区用地类型丰富，但能够提供就业岗位的用地总体规模相对于居住用地明显偏小，就业岗位远远不能满足居住人口的就业需求。从就业供需比来看，全县城仅有水东街社区和草坪村处于 0.8～1.2 的合理区间，但前者也仅达到 0.81，而老城区中有 4 个社区均徘徊在 0.2～0.4 的供不应求水平。因此，鉴于老城区土地增量有限、改造成本太高，人口疏解是解决就业供给不足的唯一途径。在降低人口密度的同时，可根据老城的旅游发展需要，适量改造部分居住用地为旅游配套服务用地，增加老城的就业岗位。

另一方面，县城北部的就业供需比最高，就业供给达到就业需求的 3 倍以上。这是因为县城的工业用地基本都集中在腾飞工业园，是县城最主要的就业集聚中心。同时，尽管县城北部有不少新建的住宅小区，但大部分地区仍是以低密度蔓延的乡村聚落形态存在，因此居住人口密度较低，土地利用效率很低，而开发潜力很大。根据就业供需关系，县城北部应规划布局大量居住用地，以承接老城外迁人口及在腾飞工业园就业的本地与外来人口，同时配套服务业用地，完善公共服务设施，增加第三产业的就业岗位。

（2）就业可达性评价

从小汽车出行的平均通勤时间来看，全县就业通勤平均水平为 9.63 min，其中超过平均值的通勤占 43%，不到一半。最远的通勤出行耗时 41.73 min，具有最长平均通勤时间的分别是位于县城南北两端的李岭村（12.64 min）和罗坊村（12.35 min），几乎是最短的东关村（6.5 min）的两倍。总体来看，全县通勤时间较短，职住空间虽分离但距离不远。值得一提的是，兆征路以南的老城地区通勤时间较长，尤其是南门街社区，平均通勤时间达到 12.26 min。

从建筑布局来看，南门街社区具有较高的建筑密度，因此具有较大的交通出行量，但窄而密的路网却不适合车行。尽管如此，狭窄的路网保留了历史自然形成的街巷肌理，改造时应以迁出人口为主，而不是拓宽道路、引入车流。同时，由于东门街社区、中心坝社区、西门街社区、东关村等位于县城中部，具有良好的交通区位，无论往南还是往北通行都很便捷，因此具有最短的通勤时间。从空间可达性来看，越是靠近县城中心的社区，可达性便越好。

从就业岗位覆盖率可以看到，由于交通条件相对较差，县城北部的李岭村(10.8%)、计升村(15.7%)、草坪村(34.6%)、东街村(47.6%)的覆盖率偏低。而老城区除了中心坝社区(68.0%)之外，其余地区就业岗位覆盖率均在75.0%之上，是全县最高的区域。如从人均就业岗位的角度，老城区明显低于周边区域(李岭村除外)，而围绕腾飞工业园的几个村则具有较高的人均就业岗位数，红星村则是因为劳动人口极少而具有最高的指数。从两项指标的比较中，可以看到老城因为地处县城中心，交通条件较好，因而具有很好的就业空间可达性。即虽然老城本身的就业岗位供给不足，但由于交通可达性良好，老城居民能在较短的通勤时间内到达较多的就业地点。但另一方面，由于老城人口基数大，就业需求旺盛，即使交通可达性良好，在平均通勤半径内的就业供给仍然远远低于其他区域。因此，对于老城区而言，疏散人口、降低居住密度是老城职住空间优化的关键措施，而对于偏远郊区而言，新建住宅小区、完善道路网络建设、配套服务业就业岗位，是调整城市职住关系的明智选择。

7) 规划应用

由就业需求密度、就业供给密度和就业供需比构成的就业平衡度指标，它主要是从静态的角度，反映一个完整的职住空间单元本身的就业供给与就业需求的匹配程度。从这个角度去改善某个职住空间单元的就业供需关系，无非是两条途径：一是增加就业供给，提高产业用地的规模或使用效率；二是减少就业需求，降低居住用地规模或居住人口密度。从实际应用角度来看，本例引用的长汀县城规模较小，以社区作为空间分析单元规模相对偏小。运用就业需求密度和就业供给密度来测度城市就业平衡度的方法更适用于地级以上城市，将大城市的分区或组团作为职住平衡分析的空间单元更有意义。

由平均通勤时间、空间可达性、就业岗位覆盖率、人均就业岗位等构成的就业可达性指标，则更多的是从动态的角度考虑，前两者分别反映每个居民点通勤行为的时间成本和交通便捷度，就业岗位覆盖率反映了每个职住空间单元在其平均通勤半径内到达尽可能多的就业岗位的能力，而人均就业岗位则反映了各职住空间单元实际就业供需情况的比较关系。从这个角度去解决职住平衡的问题，则需要综合考虑改善道路交通条件和协调职住空间布局。

上述模型是运用GIS技术手段与实地调研方法，对现状的职住空间平衡程度做出客观评价，能够对城市空间的功能组织与土地利用布局提供一定的规划依据，并对用地布局进行检验，从职住平衡的角度评价各情景、各方案的优劣。

10　城市历史文化空间的适应提升模型

我国城市大多经历了多个社会历史发展阶段，留存了大量的文化遗产。五千年中华文明传承下来的物质与精神财富集中地体现在众多的历史文化名城、名镇和名村中，包括大型古典建筑物和构筑物形体、传统民居与店铺组成的街巷格局、“山水城林”融合一体的景观风貌等物质文化遗产，也包括城市居民所传承的带有地域特色的生活习俗、历史人物与事件、语言与饮食、文学艺术等非物质文化遗产。

起始于 20 世纪 80 年代的改革开放，在推进工业化和城市化快速前进的同时，也使我国许多城市中有特色的历史文化遗存遭受了程度不等的建设性破坏。21 世纪以来，我国规划界已充分认识到城市的历史与文化就是城市的根与魂。通过挖掘、整合城市自身的历史文化资源，重塑城市所在区域独特的文化空间形象，即用城市文化之“神”，塑造城市之“形”(吴志强、李德华，2010)，已成为城市内涵式发展的必由之路。

本章结合三个国家历史文化名城福州、洛阳和长汀的规划需求，从历史文化街区功能重构与社区复兴、城市总体色彩规划与设计、城市文化热点意象空间整合三种不同角度，分别构建了基于街巷轴线的历史街区空间句法分析模型、基于城市建筑分区的色彩敏感性层次评价模型和基于点位分布特征的城市文化地标意象空间影响的综合统计模型。本章的研究试图为彰显城市物质与非物质文化遗产的空间载体特色提供一种融合社会活力、经济繁荣和文化提升的多目标适应协调发展的规划分析手段。

10.1　城市历史文化街区复兴分析模型

我国从 20 世纪 90 年代以来，土地有偿使用制度得到了深入的推广，特别是 1998 年以后，房地产行业快速成长拉动土地需求，土地的级差地租使处于城市核心区的传统历史街区的土地价值迅速升温，成为房地产开发商投资的热点区域。进入 21 世纪后，城市增长方式逐渐从外延扩张转向内涵提升，特别是国家出台了基本农田等耕地保护、历史文化遗产保护和自然生态环境保护等一系列政策，使得城市土地的投放有所减缓，在一定程度上促使房地产商将开发重点转向传统街区的更新改造。然而，近十多年的城市更新改造，大多采用简单推倒、重新再建的模式，更新方案相互雷同，造成一种饱受专家学者批评的“千城一面”的局面。2008 年 1 月 1 日开始实施的《中华人民共和国城乡规划法》第三十一条指出，旧城区的改建，应当保护历史文化遗产和传统风貌，合理确定拆迁和建设规模，有计划地对危房集中、基础设施落后等地段进行改建。这一法规有效地制止了一些城市对老城传统历史街区的“大拆大建”式的更新改造活动。

从历史文化街区复兴角度来看，传统历史街区是稀缺的、有场所感特质的空间，其街巷格局与建筑组合承载着历史上在此生活过的社会群体所创造的文化内涵，可以给历史文化旅游的兴起带来直接经济效益，使得以文化为驱动力的城市历史街区复兴有了推进城市经济与社会发展的可能。因此，利用空间句法，建立城市历史文化街区复兴模型，加强对传统历史街区在城市历史演变中的地位认识，深入挖掘街巷机理和建筑组合所形成的空间环境对街区历史文化遗存内涵的价值体现和形成作用，亦成为历史街区更新改造和功能复兴的关键。

10.1.1 概念

1）历史文化街区

历史文化街区，简称历史街区，亦称传统历史街区，是指具有城市发展历史文化载体的城市区域，由具有历史文化特征的建筑群、传统街道以及广场空间组成，反映了历史文化和城市的特色。从复杂适应系统角度看，城市历史文化街区一般都是历史上城市人口集聚的中心，是城市发生发展较早，活力最强，特色最突出的区域，也是城市发展的历史文脉。早期的历史文化街区是城市发展的主要区域，经过较长时期人口和产业的集聚，不断涌现出一系列具有不同特征的人类活动，从而促使城市空间结构向更大的范围扩展，并最终形成了今天的城市形态。城市历史文化街区成为该城市独特的文化标识，也成为影响当地居民生活方式的重要因素。

2）历史文化遗产

城市规划学认为文化遗产不仅包含历史上遗留的物质遗存，还包含一切与人类发展过程相关的知识、技术、风俗等无形文化资产（吴志强、李德华，2010）。一般来讲，从城市历史文化保护规划角度来看，文化遗产保护等同于历史文化遗产保护，这一定义不仅肯定了以物质实体为主的有形传统文物古迹的保护，而且承认了以非物质实体为主的无形文化遗产的保护，这对于当今快速城市化过程中的城市历史文化保护具有重要的意义。城市文化遗产是经过漫长的历史时期逐渐形成的特色物质文化遗产，是人类历史发展的物质鉴证，而非物质文化遗产却体现了高于物质文化遗产之上的社会活动、风俗和文化等的集成，也是连接人类活动和自然环境之间相互作用的纽带，物质文化和非物质文化的集成保护有利于提升城市文化的品牌效应。

按照我国现行的法律制度，可以将历史文化遗产的保护分为三个层次，即保护文物保护单位、保护历史文化街区和保护历史文化名城（王景慧，2004）。现有历史文化遗产保护层次更多地侧重于物质形态的文化遗产保护，其中文物保护单位是法定保护的名称，《文物保护法》根据文物古迹的历史、科学、艺术价值将其分为全国重点文物保护单位、省级文物保护单位、市级文物保护单位和县级文物保护单位以及未列入保护等级的优秀建筑等，这些文物古迹通常包括古文化遗址、古墓葬、古建筑、石窟寺、石刻、壁画、近现代重要史迹和代表性建筑等；历史文化街区是指保存文物特别丰富，历史建筑集中成片，能够较完整和真实地体现传统格局和历史风貌，并具有一定规模的区域（吴志强、李德华，2010），其特殊的文化肌理、格局和景观代表了该城市发展的文化脉络，是历史文化名城保护的重要组成部分；历史文化名城也是法定保护的名城，《文物保护法》将其定义为保存文物特别丰富，具有重大历史文化价值和革命意义的城市。总体来讲，历史文化遗产的保护是一项复杂的系统工程，需要对三个层次的文化遗产保护进行综合协调，特别是历史建筑保护、城市紫线划定和历史文化保护区的确定，是现今历史文化保护规划的关键。

3）历史文化空间

本书在第一篇中已经界定了文化空间的概念，认为城市规划视角下的文化空间不仅包括城市历史文化遗产本体，还包括城市意向空间和文化场所空间，据此我们认为城市历史文化空间是指城市中以用地系统、建筑系统、交通系统等物质系统为依托，承载着城市居民的精神和文化价值，经过一定的历史时期所形成的特定的文化场所。城市历史文化空间是城市系统中最为特殊和重要的一种空间形态，是空间视角下对历史文化遗产保护的新视角。由于文化空间是非物质文化遗产中的用语，主要用来指人类口头和非物质遗产代表作的形态和样式，其释义离不开非物质文化遗产，因此，城市历史文化空间的保护和规划不能仅考虑物质形态的空间系统，更要考虑物质形态系统之上的各种历史文化、地方风情、科技教育和各种特色的生活方式，这是保持文物保护单位、历史文化街区和历史文化名城活力的重要因素。历史文化空间的纹理特征、空间布局和历史风貌为我们还原和展现当地特色的历史文化、人流集聚和功能分布提供了科学证据，也成为历史文化传承和文化经济复苏的重要途径。

4）空间句法

空间句法是一种通过对包括建筑、聚落、城市和景观在内的人居空间结构的量化描述，来研究空间组织与人类社会之间关系的理论和方法（Bafna S.，2003），早在1974年，比尔·希列尔（Bill Hillier）就用“句法”一词来代替某种法则，解释空间安排是如何产生的，到1977年，空间句法略具雏形，并最终由比尔·希列尔和朱利安妮·汉森（Julienne Hanson）于1984年在《空间的社会逻辑》这本小册子中明确提出（杨滔，2008）。日趋成熟的空间句法分析技术，已经成功应用于商业咨询。理查德·罗杰斯、诺曼·波斯特和泰瑞·法雷尔等知名空间句法事务所也应运而生，在众多的建筑设计、城市设计和城市规划、交通规划项目中雇请空间句法事务所进行空间分析，为设计和规划提供了强有力的技术支持和引导。

空间句法作为一种新的描述城市空间结构特征的计算机语言，基本原理是对空间进行尺度划分和空间分割。空间句法中所指的空间，并不是欧氏几何所描述的可用数学方法来量测的对象，而是描述以拓扑关系为代表的一种关系。空间句法关注的并非是空间目标间的实际距离，而是其通达性和关联性。根据人类能否从空间中的某一固定点来完全感知该空间，可以将空间分为小尺度空间和大尺度空间；根据城市系统内建筑密度和布局方式的不同，可以有三种不同的空间分割方法——当城市系统内建筑或建筑群体比较密集时，一般采用轴线方法，当城市自由空间呈现非线性布局时，则采用凸多边形方法，或者视区分割法。运用空间句法进行空间分割的最终目的是为了导出代表空间形态结构特征的连接图。目前导出连接图的方法有基于轴线地图的方法和基于特征点的方法，其中轴线地图是用一系列覆盖了整个空间的彼此相交的轴线来表达和描述城市形态，特征点指空间中具有重要意义的点，它包括道路的拐点和交接点等。

10.1.2 关系

现代城市作为区域政治、经济、文化、教育、科技和信息中心，在运行层面上包括物质系统和非物质系统，它们有多个子系统作用于历史文化遗产保护工作中（见图10－1），并通过人流、资金流、物资流、能量流和信息流等进行交融。涉及城市文化遗产保护的物质系统包括了用地子系统、交通子系统、建筑子系统等。非物质系统主要是城市中社会、管理、文化、经济等子系统，主要表现在城市文化空间的利用与维护、文化设施的支撑与保护、历史文化的传承与创新、文化产业的兴起与繁荣等活动上。

城市用地中的文化设施用地和文物古迹用地是城市文化系统中重要的一个环节，涉及城市风貌区、历史城区的划定。用地系统同时又是城市社会和管理的约束对象，与城市的非物质系统相互作用。城市交通系统与城市文化空间交集于历史文化街区，街区风貌的保护和街区交通流线的设计是历史文化名城保护的重点内容。在研究城市的历史建筑时，可将建筑类型分为文物保护单位和一般历史文化建筑，其区别在于是否为法规文保单位，是否被定等级为不可移动的建筑物、构筑物（中国城市规划设计研究院，2005）。城市文化保护，按照文化遗产的保护层次可以分为文保单位（包括未定等级但有保护价值的历史建筑）、历史文化街区和历史文化名城。城市更新中，在保护的基础之上也需要激活城市运行的机能。各要素的聚集程度和空间形态是城市总体布局形式和分布密集程度的综合反映，因此需要对城市人口的聚集情况进行分析，以利于提高社区活力和改善城市的人居环境。

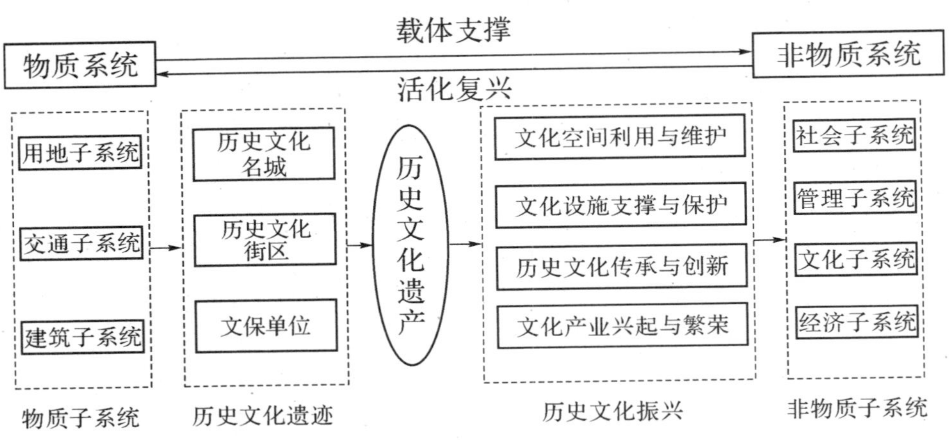

图 10-1　历史文化遗产保护视角下的城市系统相互作用分析图

空间句法是建筑学理论中一支成熟的学派，它从整体论与系统论的角度研究建筑与城市的空间形态，并发现各个空间之间的复杂关系暗合了人类社会认知与组织空间的方式，也在很大程度上吻合社会、经济和文化的空间分布，从空间的角度回答了形式与功能的问题。希列尔研究的“空间”是空间本体，而不是其他非空间因素的空间属性。通过分析空间本体有可能发现形式与功能之间的关系，这不仅有理论意义，也有指导规划设计的实践价值。空间句法中的“句法”借用了它在语言学中的本意，指限制多个空间之间的组合关系的法则（Hiller、Hanson，1984；Hiller，1996）。这里的“句法”仅仅是强调空间之间有效的组合关系即形成这些关系的限制性法则。这种空间组合关系的研究在一定程度上解决了复杂系统研究中局部与整体的关联，也强调了从整体的角度分析空间形态（见图 10-2）。

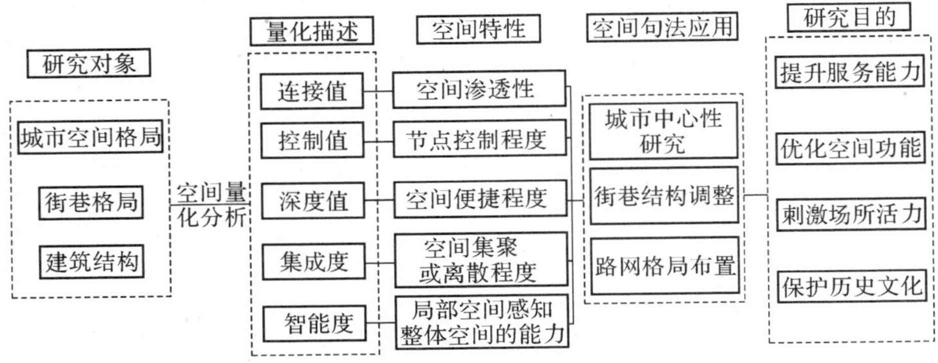

图 10-2　空间句法分析与应用框架

10.1.3 函数

空间句法通过一系列的基本变量来描述空间实体形态的拓扑关系,用来表达空间的通达性和关联性特征,实现对空间的认知和人流运动情况的分析。一般来讲,空间句法表达空间形态的基本变量有:连接值(Connectivity Value)、平均深度值(Average Depth Value)、控制值(Control Value)、集成度(也称作整合度)值(Integration Value)、智能度(Intelligibility Value)等5种。

(1) 连接值

$$C_i = k \tag{10-1}$$

式中:C_i 为连接值,表示与第 i 个空间相连的空间数。在连接图上,节点的连接值是与某节点邻接的节点个数。连接值越高,说明视觉渗透的广度越高,空间渗透性越好,也表示一个人站在空间里看到的邻近空间的数目。

(2) 平均深度值

$$MD_i = \frac{\sum_{j=1}^{n} d_{ij}}{n-1} \tag{10-2}$$

式中:MD_i 为平均深度值,n 是连接图的总结点数;d_{ij} 是连接图上任何两点 i 与 j 之间的最短步距离;平均深度值是指系统中某一空间到达其他空间所需经过的平均最小连接数。

(3) 控制值

$$Ctrl_i = \sum_{j=1}^{k} \frac{1}{C_j} \tag{10-3}$$

式中:$Ctrl_i$ 表示控制值,k 表示与第 i 个结点相连的结点数;控制值表示某一空间对与之相交空间的控制程度或节点之间相对控制的程度,数值上等于连接值的倒数。

(4) 集成度值

$$I_i = \frac{n[\log_2((n+2)/3)-1]+1}{(n-1)(MD_i-1)} \tag{10-4}$$

式中:集成度描述了系统中某一空间与其他空间集聚或离散的程度。集成度越高其便捷程度(可达性)也越高。集成度可分为整体集成度 I_i 和局部集成度 $I_i(k)$。整体集成度表达的是一个空间与其他所有空间的关系,而局部集成度则是一个空间与其他 k 步之内(通常为3步)的空间的关系。

(5) 智能度

$$R^2 = \frac{[\sum(C_i-\bar{C})(I_i-\bar{I})]^2}{\sum(C_i-\bar{C})^2\sum(I_i-\bar{I})^2} \tag{10-5}$$

式中:智能度为相关系数 R^2,$\bar{C}$ 为所有单元空间连接值的均值;$\bar{I}$ 为所有单元空间全部集成度的均值。智能度反映了观察者通过局部空间的连通性来感知空间通达性的能力。局部上连接性好的空间,在整体上集成度也比较高。对于一个局部区域,局部与整体变量的相关关系值大于其所在的整体区域的局部与整体变量的相关关系值,该局部区域是智能的,相反则是非智能的。

10.1.4　实例

1）案例背景与分析流程

我国传统街区的空间形态明显受到了传统文化的影响，特别是古代哲学、政治、社会伦理等因素。"三坊七巷"形成于唐王审知建造的罗城，罗城南面以安泰河为界，政治中心与贵族居城北，平民居住区及商业区居城南，同时强调中轴对称，城南中轴两边，分段围墙，这些居民成为坊、巷之始，形成了今日的三坊七巷。南宋时，由于福州城池面积不断扩大，位于罗城内的三坊七巷已经逐步居于城市的中心区。经济的繁盛与人文的荟萃，也直接地反映在当时三坊七巷中。史书记载，当时有众多的名人陆续居住在三坊七巷和朱紫坊内，使之成为贵族、士大夫的主要聚居地。在随后的历史进程中，三坊七巷作为福州城区重要的文化社区，有着特别浓郁的人文氛围，民俗活动丰富多彩而热烈，社情民风也突显深厚的文化底蕴。

三坊七巷是福州城市重要的历史文化遗产，如何复兴三坊七巷成为 20 世纪 80 年代以来，福州市多任政府的重任，随着全国众多专家参与研究与规划，福州城市千年发展历史的独特街巷格局和建筑风貌所承载的文化品质得到了更为深刻的认识。

基于上述认识，我们采用空间句法技术，通过提取整合度、深度值等指标，探寻福州三坊七巷历史街区在宏观层面上所处的城市区位特征及其随城市演化的空间关系变化、在中观层面街区自身的街巷机理所固有的人流集聚程度与便捷性以及微观层面上建筑内部的中心性与通畅性等特点，探析三坊七巷街区的空间利用方向，以期为传统街区复兴方式提供科学的理论支持。主要分析步骤如图 10－3 所示。

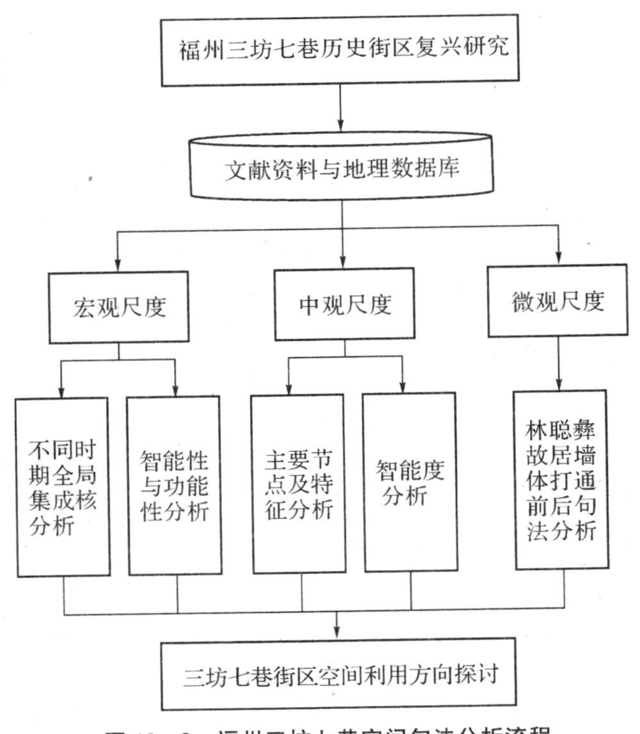

图 10－3　福州三坊七巷空间句法分析流程

（1）提取福州市区不同时期主要街道轴线，建立拓扑关系并进行句法变量计算。选取了 1919 年、1948 年、2004 年市区地图，收集三坊七巷主要街道句法变量数据，计算得到轴线整合度值和平均深度值等。

(2) 将三坊七巷街区内部主要景观节点与主要句法轴线的整合度作相关分析，了解三坊七巷街区的智能性情况，并对历史上功能节点的变化与现实功能作对比。

(3) 通过对三坊七巷传统建筑内部的空间构形进行模拟分析，根据指标差异，对比分析多进式住宅之间墙体隔开与打通后建筑内部空间的格局变化。

(4) 根据不同尺度空间句法主要指标的分析，并将三坊七巷街区的历史建筑风貌、土地利用和建筑质量图层与该区特征点局部整合度插值图层作叠加分析，得到三坊七巷空间保护和利用方向的分区图。

2) 基于空间句法的宏观尺度分析

提取福州城区不同时期的空间集成核，1919 年提取总数的前 10%(6 条)，1948 年提取总数的前 10%(8 条)，2004 年提取总数的前 5%(74 条)。图 10－4 中图例的轴线即为提取出的全局集成核轴线。全局集成核轴线是按照轴线的全局整合度值进行提取的，因此全局集成核都具有最高的全局整合度值，所在位置代表了城市中心性最强的区域。

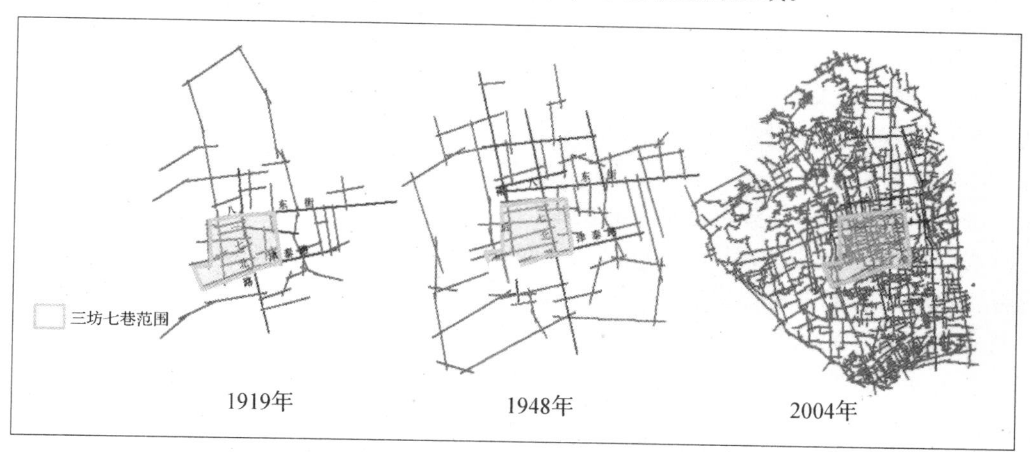

图 10－4　福州市城区三期空间集成核分析图

在民国初期，1919 年的路网系统的集成核表现为由主街津泰路、东街与八一七北路组成的“两横一纵”格局，集成核相交的地区紧邻三坊七巷。到了民国末年，1948 年的集成核规模稍稍扩大，主要沿老镇区主干道发展，并增加了南后街，从内部穿过三坊七巷。2004 年福州市区经过改革开放，城市轴线数量和密度迅速增加，集成核规模和密度得到迅速提高。从路网轴线模型来看，1919 年到 2004 年间，由于受到长期多方面因素的影响，城市主体逐渐向东生长，后期部分集成核逐渐脱离传统街区的束缚，向其他方向拓展，扩大了城区集成核的范围，表现为以三坊七巷坐落的老镇区为中心，沿着东街、八一七北路、五一北路等主干道向东西与南北方向延伸；集成核的形态由 1948 年之前的轴线形式逐渐发展为 2004 年功能完善的环网形式，重要的环状轴线成为城市重要的集成核。

当前福州市区最繁华的街道包括：东街、五一路、津泰路、台江步行街、八一七路等。这些街道大都靠近三坊七巷，也表明城市中心向东稍稍偏移，这与空间句法所反映的结果相互对应。此外整个城市空间拓展明显，传统街区包含于集成核为主的范围内(见图 10－5)。

利用空间句法不仅可以揭示出不同历史时期城市道路轴线(尤其是全局集成核)的变迁情况，还可以分析传统街区道路轴线在整个城市中的智能性和功能性状况。我们以 2004 年福州

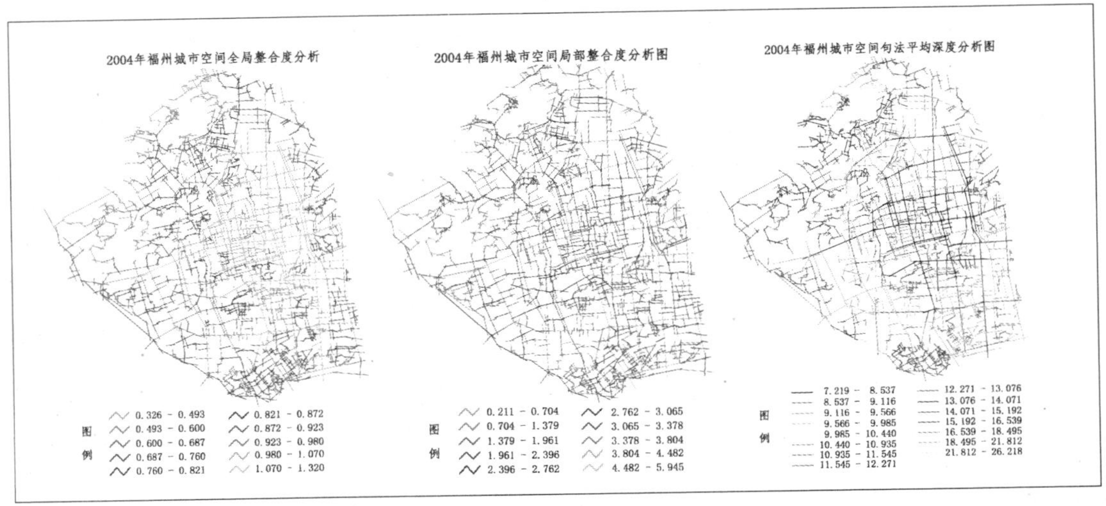

图 10-5　2004 年福州城区空间句法分析图

城区道路轴线为例，分别计算其全局整合度值和局部整合度值，并对其全局整合度与局部整合度进行相关分析（相关性可以反映智能性，因此可以通过计算相关性来间接反映道路轴线的智能性状况），得到 0.01 显著性水平下的相关系数为 0.556，结果表明呈现中度相关性，说明福州市区的整体智能度较好，具有整体空间被感知的能力。通过对局部范围内空间连通性的观察从而进一步获得城市整体可达性信息的能力一般，能够较好地从局部空间特征来感受城市空间形态，具有进一步优化和提高的潜力。同时，2004 年离三坊七巷较近的杨桥东路、东街等都具有相对较高的局部整合度值，说明三坊七巷地区仍是人流密集的地区，这与调研发现这些地段商业发育良好的情况相吻合。

宏观尺度下的空间句法分析表明，三坊七巷及其附近地区在历史上一直是福州市空间集成核的核心和重要的商业中心，也是城市历史沉淀最深厚的地段，成为具有较好中心性、高人流密度与便捷性的“黄金地段”。

3）基于空间句法的中观尺度分析

从文化传承的角度来看城市肌理与城市文脉特色。伊塔洛·卡尔维诺在其名著《看不见的城市》一书中写道“城市不会诉说她的过去，而是像手纹一样包容着过去……”城市肌理并不仅仅是一个关乎视觉、空间感受、形态特征的问题，事实上，城市肌理是城市历史文化的空间形态载体，是城市历史文化的积淀物。凯文·林奇把场所的主要构成因素概括为空间环境自身的围合感和中心感，空间肌理的特征及其与周围环境的连续性和它所展示的时间维度所在地点的功能活动与周边的联系与互补地方文化内涵等。

城市中的场所精神，就是实现城市的物理空间与人的存在论中结构的对应，也就是说城市的空间结构与当地人们所认同的日常生活行为的结构相一致，而这种“生活的结构”是人们在生活、文化中濡染、习得的结果，在当地千百年来人与栖居空间的互动中形成，空间结构与生活结构的一致性正是地方特色作为一个有机整体在城市空间上的体现，也是城市传统街区肌理形成并成为传统的内在动因。街区所具有的历史特征的真实性越强，其场所感越明显，它得到保护与振兴的可能性就越大。

“三坊七巷”地处福州市中心（见图 10-6），是南后街两旁从北到南依次排列的十条坊巷的概称。“三坊”是：衣锦坊、文儒坊、光禄坊；“七巷”是：杨桥巷、郎官巷、安民巷、黄巷、塔巷、宫巷、吉庇巷。占地 40 hm^2，人口约 1.4 万人，现有古民居 268 幢。在这个街区内，坊巷纵横，石板铺地；白墙瓦屋，曲线山墙；布局严谨，匠艺奇巧，集中体现了福州古城的民居技艺和特色，被建筑界誉为规模庞大的“明清古建筑博物馆”。福州传统街区的街道轴线、街巷骨架、水道及道路节点构成整个街区的肌理，延续着城市传统历史文脉，犹如一所大型博物馆，诉说着城市发展的历史，深厚的文化底蕴是促成三坊七巷传统街区内在价值的根本因素。福州市民的生活习性与丰富多彩的社会生活，催生出传统街区中形形色色的文化与民俗。三坊七巷的整体保护尤其重要，这样更能保护它的格局和文脉延续，所以，它的街区的格局与肌理不应变化，应被作为传统文化与历史遗存保护下来。

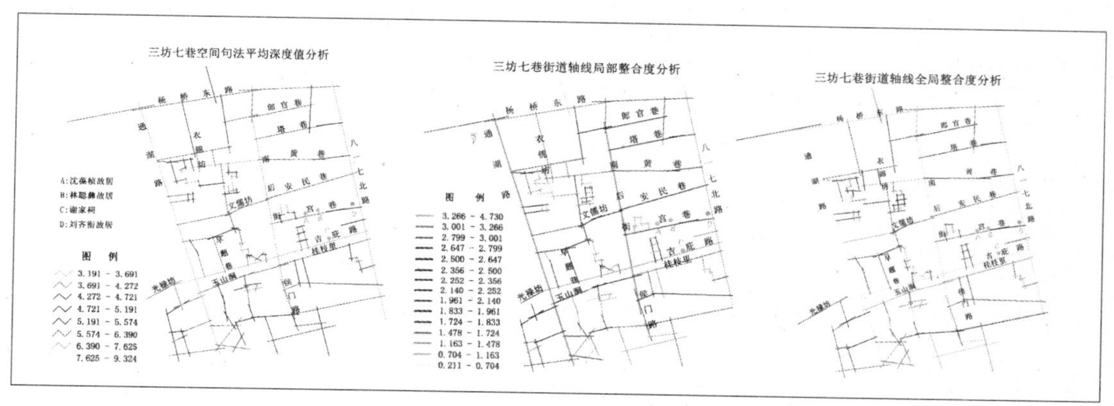

图 10-6 2004 年中尺度空间句法分析图

(1) 三坊七巷主要节点及特征分析

由于三坊七巷区域位于老镇区的核心位置，整个三坊七巷的道路轴线格局成型于明清之前，1919 年以来基本保留了三坊七巷的原始格局，这可以根据不同时期三坊七巷的道路轴线资料对比得到验证，因此为了明显表现三坊七巷周边主要节点及特征，我们仅分析 2004 年三坊七巷中所有的名人故居以及其他相关节点所在道路的轴线特征。如图 10-6 所示，2004 年除南后街、通湖路、八一七北路等主干道以外，三坊七巷内部轴线的局部整合度值相对较低，反映了其内部人流量水平有限，如：黄巷、宫巷、安民巷等。另外，三坊七巷范围内道路轴线的平均深度值都小于 10，包括南后街、通湖路、八一七北路等主干道在内，三坊七巷内部坊巷的深度值均较低，说明其内部通过性很好。综合三坊七巷道路轴线的空间句法特征说明，以居住为主要功能的名居要求安静的环境，强调通过的方便性，对于中心性与人流量要求不高，相反以商业功能为主的南后街，沿街名居很少。另外，三坊七巷间名人故居间的空间分布也受到社会关系因素的影响。如宫巷内的沈葆桢故居、林聪彝故居、刘齐衔故居，因为房屋的主人们世代之间互为姻亲，所以选择相近的地段毗邻而居，甚至于隔墙间开门以相互走动、互通声息，在方便交往的同时，也有利于家族子弟间的熟络与关照。

除了居住功能之外，坊巷间疏散分布有宫庙、祠堂、会馆、戏场等公众场所以及商铺、集市等。从空间句法来看，公共场所多位于居住区路口，节点的局部整合度值较高，以方便八方受众前来顶礼膜拜和休闲娱乐，扩大公共场所的影响力，如谢家祠所在的吉庇路的局部整合度和平均深度。商铺、集市等的空间分布取决于其内在的需求与各种客观因素，通常分布于交通便利、形式显目、人流量大的地方，呈现连续的沿街、沿巷布局。在南后街上，聚集有“米家船”裱褙店等传统手艺店，以及众多的饮食店、杂货店等。

从平均深度值来看，平均深度值小于4的街道（见图10-6）为南后街、文儒坊、通湖路、衣锦坊、光禄坊、吉庇路与八一七北路，这些街道平均深度低，便捷程度高，构成了整个街区的活动中心。其中安民巷、文儒坊内的建筑较为典型，它们所在街道的整合度值都很高，具有较高的人口流量，集中了主要的宗教场所与宗祠等历史建筑，成为该地段重要的商业与文化街道，也是传统节日中经常举行文化艺术活动的场所。从用地构成上来看（见表10-1），商业用地与道路用地占了较高的比重（分别为总面积的9.90%和10.03%）。这些体现了节点与道路空间句法值的对应。从三坊七巷主要的节点、敏感地段与重要建筑的分布来看，知名的公约碑、观音神龛、“石敢当”、巷门等大多位于这些街道上。

表10-1　三坊七巷用地构成分析表

土地使用性质	面积（hm^2）	比　例	土地使用性质	面积（hm^2）	比　例
居住用地	22.17	57.81%	工业仓储用地	1.70	4.43%
商业用地	3.80	9.90%	文化用地	0.30	0.77%
综合用地	1.72	4.49%	教育用地	1.00	2.62%
社区服务用地	0.53	1.38%	公共绿地	0.06	0.16%
行政办公用地	1.99	5.19%	道路用地	3.85	10.03%
市政公用设施用地	0.42	1.09%	河道用地	0.82	2.14%

（2）三坊七巷主要智能度分析

对三坊七巷的全局和局部整合度进行相关性分析，得到0.01显著性水平下的相关性系数为0.85，呈现高度相关性，且全局整合度和局部整合度的值（见图10-5）均匀分布在较大范围内，说明三坊七巷整体智能度很好，整体空间被感知的程度较高，能够较好地从局部空间特征来感受到整体形态结构。特别是南后街、通湖路、光禄坊、津泰路与八一七北路为人流量大的轴线，也是人们经常穿行的街道，街道之间具有巷门标识。

随着城市的生长，原来三坊七巷的中心性得到增强，特别是坊巷内部街道的整合度地位不断上升，使其对城市其他地区的吸引力增强，又反过来加速该街区功能的转变。对传统街区道路的调整等活动会对整个三坊七巷功能的转型产生不可忽视的力量。如东街、八一七北路上有大型的百货商店、影剧院、金融企业（证券公司、银行、旅行社、书店）等，反映了该地段处于福州市中心繁华地段。传统街区正面临着这些功能的侵入与替换，原有的历史风貌与肌理正遭受侵蚀，合理地转换其功能和加强传统街区保护管理是三坊七巷复兴的关键。

中观尺度的空间句法分析表明，三坊七巷作为传统历史街区，它的内部特征不能被破坏，它的坊巷格局、肌理与整体风貌不能被破坏，包括各种历史建筑、核心坊巷、节点（水系、围合空间）敏感地区等，三坊七巷中心性的增强与改造要慎重考虑，根据传统街区建筑实际情况与周边功能情况，适度实现功能的转换。

4）基于空间句法的微观尺度分析

我国古代的城市和建筑的布局都非常重视建筑之间的空间院落的组合变化，建筑组合一般表现为多层次、多院落和多变化。一个院落接着一个院落，从而形成不断发展下去的空间组合形式。从我国不同地区同性质的民居的比较来看，北京的四合院、山西晋中一带的窄形多进深住宅以及安徽徽州地区的民宅等，多是在建筑空间的组合上追求叠屏、封闭、曲折幽静、小中见大的空间环境。从这里我们可以看出，我国传统城市中普遍采用的院落组织的空间形式是传统生活个性观念的强烈反映。

福州传统民居的基本形态，是以天井为中心的三合院形式。这种形态是与福州这一南方地区炎热、多雨、潮湿的河口盆地环境相适应的。同时，三坊七巷位处城市的核心地区，与周边历史形成的窄长坊巷格局相对应，古民居大多表现为以高耸前冲的马头墙分隔围护的高墙深院、重门迭落形式。

若重点从建筑的平面布局入手，三坊七巷中的传统合院式民居古建筑大致可以分为单进式、多进式、组合式三种。单进式三合院是福州三坊七巷传统建筑的基本构成单元，但较少见，以安民巷的程家小院为代表；三坊七巷中的建筑平面要与城市中的坊巷格局相适应，表现出立面狭窄而进深极长的多进式格局，多由单进式三合院沿纵向有机组成，代表建筑为蔡宅；组合式建筑是由合院式建筑往左右及纵深方向同时叠加、延展的结果，此处多由主轴线上的多进合院与侧轴线上的跨院、花厅、书斋、园林池沼等组合而成。

通过对名人故居建筑内部的空间句法分析，可看到各个建筑不同功能的整合度值不一。一般来说，整合度分布模式根据文化的不同而有所不同，但是在同一种文化之内，它们经常会有相同的模式，尽管住宅的几何开关完全不同。功能是通过把它放置在整个布局的某一位置而被空间性地实现。为了反映出居住内部空间功能，将空间单元用点来代替，并编程得到不同功能单元的整合度，以林聪彝故居为例，比较多进式住宅墙体打通前后住宅空间句法特征，以及整个组合式住宅热点空间变化，可为古宅功能调整提供方法参考。

林聪彝故居（见图 10－7）由一个单进式住宅（程家小院）和四处多进式住宅（包括新四军旧址）构成的组合式住宅。分别计算独立的住宅之间的墙体打通前后的空间句法，采用文献方法计算连接度、全局整合度与局部整合度。首先，宅子在打通前都有自己的日常活动中心，一般为厅堂、天井、门廊-大天井-正堂-小天井，它们的全局整合度很高。打通后，四周古宅的全局整合度都降低了，中间宅子全局整合度却大大提高，中间宅子的空间成为整个大宅的活动中心，而且整合度高的空间规模上也较打通之前大。其次，各单体宅院前院、中厅在打通之前是局部整合度高的空间，表示该空间人流穿行频繁。墙体打通之后，原来单独院落的前院后厅的局部整合度降低，中间院落局部整合度增加，说明该空间人流在这些地点出入频繁。最后，我们可以做各种墙体打破后的模拟，各空间整合度应根据功能需要做调整。

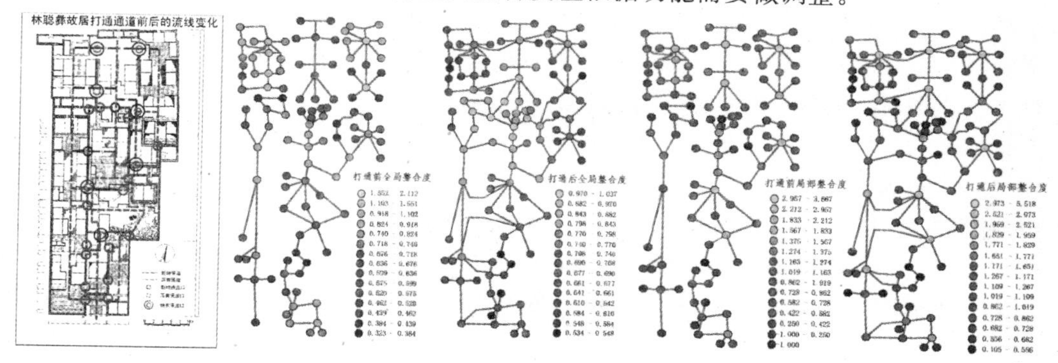

图 10－7 林聪彝故居平面图和墙体打通前后整合度变化图

来源：陈仲光《基于空间句法的历史街区多尺度空间分析研究——以福州三坊七巷街区为例》

微观尺度的空间句法分析表明，通过打通多进式住宅院落的通道，可以提高院落间各类通道的便捷性，并增加人流量，同时院落的热点空间产生相对集聚，可据此根据相应的功能需要进行调整。

5）街区空间利用方向探讨

上述对三坊七巷空间结构的空间句法定量分析，发现了存在三坊七巷空间结构中的一些基本规律和组构现象。三种不同尺度上的空间句法分析的图示结果反映了三坊七巷历史街区特有的区域与演化特征、街巷肌理与文化活动特征、建筑内部通达性特征等。基于这些特征的空间表达，我们综合考虑历史街区和建筑保护的法律要求，以及保护坊巷格局和街区机理的意向，通过对历史建筑风貌、土地利用和建筑质量图层与该区特征点局部整合度插值图层作叠加分析，将三坊七巷复兴的空间利用方向分为严格保护区、弹性调整区和更新改造区（见图10－8），这一研究成果为历史街区保护规划和文化空间复兴实施提供了科学参考。

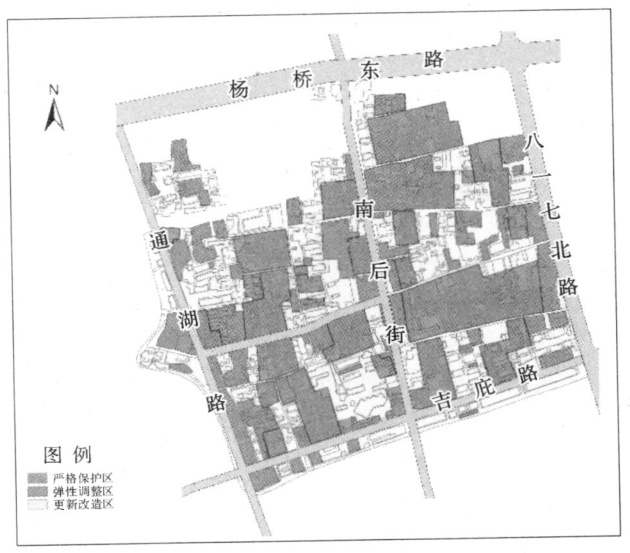

图10－8　基于空间句法的街区空间利用方向分区图

10.2　城市文化空间色彩敏感性评价模型

城市，不论历史长短，都有属于自己的风貌特征。而城市色彩，正像人类的肤色一样，代表着城市受所处的地理环境、居住民族的风俗习惯和社会制度等方面的综合影响而逐渐演化形成的外在标志性特征。因此，城市色彩具有明显的文化内涵。我国一些历史较为悠久的城市，在历史的长河中积淀了代表不同时代特征的色彩风貌，然而，在近30年的快速城镇化过程中却出现了新旧建筑混杂、形体风格不一、建筑色彩混乱等问题，出现"噪色"污染现象，严重影响了城市整体形象。随着人们文化意识的提高，一些历史文化名城，开始尝试通过编制城市色彩规划来破解这个问题。2012年笔者承担了洛阳市色彩专项规划任务，经过深入研究，我们提出了城市文化场所空间的色彩敏感性概念及其分级量化分析方法，实现了对体现城市品质形象的文化空间的色彩重要性评价，为历史文化名城的色彩规划奠定了科学基础。

10.2.1　概念

1）城市色彩

城市色彩是指城市物质空间中所有裸露物体外部被感知的色彩总和，不包括城市地下设施及地面上建筑物内部的色彩，主要由自然色和人工色两部分构成，自然色是指城市中裸露的土地（包括土路）、山石、草坪、树木、河流、海滨以及天空等的色彩；人工色是指城市中所有地上建筑物、硬化的广场路面、交通工具、街头设施、行人服饰等的色彩（杨曾宪，2004）。这一概念，肯定了城市色彩的复杂性，承认除建筑以外的可感知的城市景观也是城市色彩的有效组成部分，这正是城市物质系统中人们所能感知到的用地、交通、建筑、市政和园林等城市子系统的外在视觉特征的综合表达，同时，也是认识城市文化空间的基础。可以说，城市色彩是城市文化空间的重要组成部分，它的形成往往与一个城市历史、文化和制度等密切相关，这对于城市景观的整体保护有着非常重要的意义。

2）色彩敏感性

具有一定文化品质的城市功能空间场所，其建筑等景观的城市色彩特征首先体现了城市的历史文化底蕴；其次，城市的各种功能空间色彩特征还体现了市民对功能场所的视觉景观意象的心理认同，这种认同程度可能随功能空间的主体建筑物或构筑物的文化意蕴而呈现出差别，而通过强烈地色彩表达可能在不同程度上加深这些物质空间的意象。基于这一认知，为了综合分析影响城市色彩的关键要素，体现城市色彩重要区域特征并指导城市色彩空间管制，借鉴第 6 章所阐述的生态敏感性的概念，我们首次提出了城市色彩敏感性概念，意指在城市各种活动场所中人们所见到的城市景象中的色彩发生变化时，引起人们心理上产生景观意象质量的变化程度。这一概念实质上表达了人们从生理和心理上在城市自然生态、人工环境及历史文化等方面对各种功能场所色彩认知的重要性程度，这种认知程度受到当地城市文化空间各种自然和人文因素的综合影响，因此，在选择评价指标的时候必须结合当地历史文化遗产保护的环境特征，以及当地城市居民对城市色彩感知的情况进行综合考虑。色彩敏感性评价分析方法可以作为城市色彩规划中分析色彩空间环境特征的一种不确定分析方法，有利于解决城市色彩规划中要素难以量化的难题，对于表现城市特色，恢复城市特色文化空间具有重要的现实意义。

10.2.2　关系

1）色彩与文化的关系

文化贯穿城市发展的始终，在城市物质与非物质要素相互碰撞、相互适应的过程中形成多种景观风貌特征，沉淀成多种多样的城市文化，如生态文化、历史文化、建筑文化、交通文化、山水文化和民俗文化等等。不同层面的文化物质景观对应着不同外在形式的城市色彩（见图 10－9）。

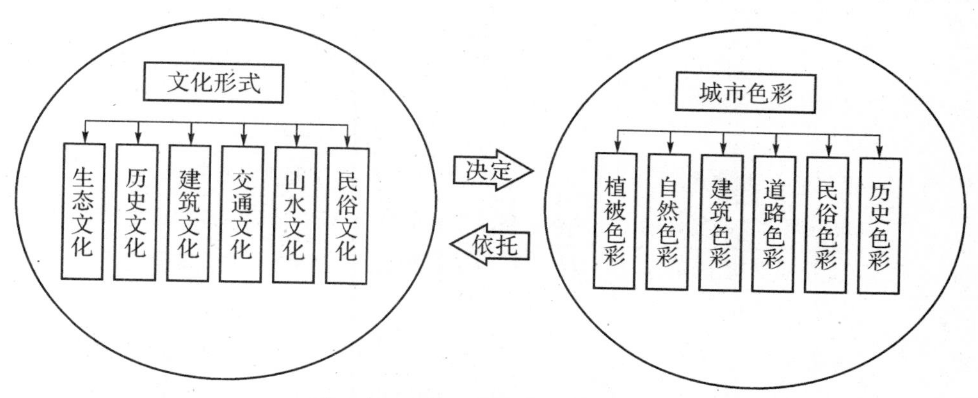

图 10－9　文化与色彩的关系图谱

按照组成城市的实体元素，如建筑物、公园绿化、道路广场、城市家具和自然景观等，城市文化景观风貌可分为历史文化遗存景观、自然山水景观、人工景观三种类型。其中城市历史文化遗存景观为文物保护区、历史文化街区、城市不同历史发展阶段的标志性建筑物或构筑物、地下空间文物埋藏区等；城市自然山水景观主要为山林资源、河流水系两方面内容；城市人工景观集中在城市土地利用类型、功能分区情况、道路与交通枢纽、景观节点与视线廊道、人流集聚空间以及不同高度、形态的建筑。

色彩是文化的一种表现形式。传统的服饰色彩或饮食色彩象征着城市的历史和风俗民情；建筑材质以不同的色彩象征着不同时期城市文化在房屋建造中的沉淀和劳动人民的智慧。色彩是文化的重要内容。不同的文化层面都有与色彩相关的文化元素，色彩伴生于城市发展的每一过程，深刻影响着城市人的行为及心理，直观表现在物质空间的各个角落(见表 10－2)。

表 10－2　文化色彩的表现内容

文化层面	与色彩相关的表现内容
物态文化层	建筑色彩、道路色彩、天空色彩、大地色彩、植被色彩等
制度文化层	历史传承色彩、当代流行色彩等
行为文化层	饮食色彩、服饰色彩等
心态文化层	个人对不同色彩的喜好

2) 色彩与心理的关系

不同的色彩给人以不同的心理感受。厚重感的色彩让人很容易联想到历史建筑以及建筑里发生的故事。如灰色体现出浓郁的文化气息，符合历史地段的民俗风貌，在历史地段的建筑多以深灰色为主色调。灰色也有柔和、高雅的意象。现代化的高科技产品，尤其是金属材质的，几乎都采用灰色来传达高级、技术精密的形象。因此，在现代高层建筑中墙窗外立面常采用灰色调。现代工艺讲究材质，多以夸张、动感的弧线为表现风格，注重外表的突出；古代工艺则讲究手法，以精美的雕刻或细致的钩花表现特色，注重内在的实力。在注重城市品质的当代，中外众多历史文化名城以城市物质形态为载体，以其标志性色彩魅力彰显着城市独特的景观风貌形象(见表 10－3)。

表 10－3　中外部分城市色彩的心理内涵

城　市	标志色彩	原　　因
巴黎	奶酪色系、深灰色系	受温带海洋气候影响，常年阴雨连绵，鲜见阳光 一个“爱流泪的女人”的绰号 选用具有光感十足的奶酪色
罗马	橙黄色系、橙红色系	保持历史遗留的色彩
北京	以灰色调为主的复合色	映衬着皇城根儿的独有气质，体现着政治文化中心的恢弘气势
徐州	“龙腾黄”“青玉绿”	尊重和延续优秀历史、文化和景观优势
哈尔滨	米黄、黄白	受西方建筑文化影响
无锡	清新淡雅的浅色调	江南水乡(民居老宅、市中心商务区、蠡湖新城)
成都	复合灰	雨稠、无风的盆地中，易积灰、阴雨绵绵
广州	中明度、中纯度的色调	地理环境、自然山水、文化内涵
西安	灰色、土黄色、赭红色	与古城的整体自然环境色彩相协调同时又突出鲜明的地域特色
杭州	深深浅浅的灰	营造水墨江南的感觉

3）色彩与城市物质系统的关系

色彩是城市文化物质载体的重要状态属性，它的轻重、明暗与承载色彩的实物形态等特征对城市文化品质与特色的形成有重要的作用。历史与现代建筑、传统与新式街巷、公共设施、道路广场、山水田园等静态物质子系统和交通车流、人流、光声电广告标识等动态物质子系统所构成的城市形态景观正是通过形体和色彩的有机组合来体现城市文化品位的。恰当的色彩表达体现了物质空间的生动活泼，物质空间因为有了色彩的点缀而五彩缤纷。借助于城市物质系统的设计创新，文化与色彩得以关系紧密，城市文化决定了城市色彩的内涵和种类，城市色彩诠释着城市文化而使城市变得更美好（见图 10－10）。

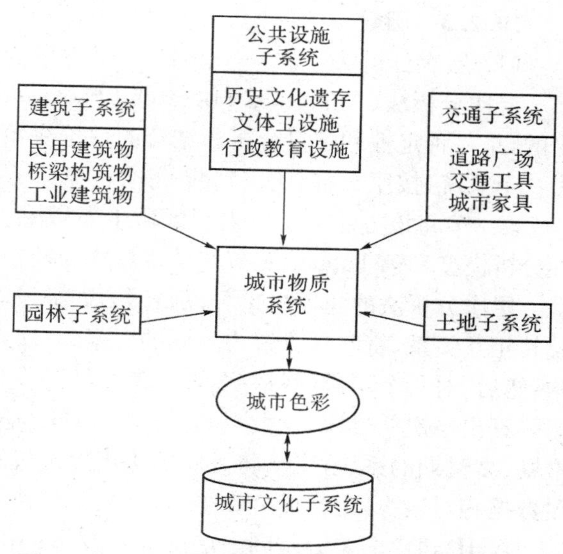

图 10－10　文化、色彩与城市物质系统的关系图谱

4）色彩与建筑的关系

城市物质空间中建筑是最重要的人工元素，城市色彩以建筑色彩呈现为主。因建筑性质、建造年代、建筑形式、建筑高度、所在区域历史等影响因素的不同，建筑色彩是不同的。为保证建筑与周边环境相和谐，建筑色彩的选取还要结合建筑周边环境整体而论，如植被绿化、道路交通、河流山川、地形地貌及周边其他建筑群色彩的协调与统一，对城市景观特色塑造具有重要意义。

城市的文化对包括色彩在内的建筑属性提出一定的要求。色彩点缀了建筑，使建筑特色更加突出，而建筑作为色彩的重要载体，给色彩提供继承和发展的空间。顶面、立面构成建筑形体，在建筑表面色彩的点缀下，与周边环境融合为城市整体风貌景观。因此，决定建筑的主导因素为屋顶、立面、建筑构件及周边环境。相对应的建筑色彩可以分为屋顶色、主色调、辅色调、点缀色和禁止色。其中屋顶色是屋顶的主导色彩；建筑立面由主色调、辅色调、点缀色构成；建筑构件的色彩也是点缀色的组成部分；为使建筑色彩与周边环境相融合，营造和谐的城市环境，提出部分禁止色来避免城市功能风貌区的色彩杂乱，影响视觉景观（见图 10－11）。

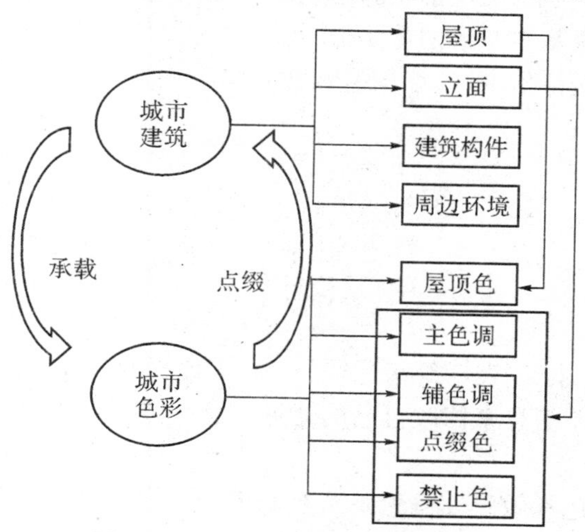

图 10－11　色彩与建筑的关系图谱

10.2.3 函数

(1) 层次分析法

层次分析法(Analytical Hierarchy Process, AHP)是美国学者萨蒂于20世纪70年代提出的,是一种定性和定量分析相结合的评价决策方法(张晓冬等,2010)。AHP把研究对象作为一个系统,按照分解、比较判断、综合的思维方式进行决策,是系统分析的重要工具。本书第6章第1节将该方法初步引入到区域生态敏感性分析建模中,这里进一步结合城市色彩敏感性分析模型和第12章第2节的城市总规与控规一致性评价模型构建做系统性介绍。

层次分析法的建模思想可以归纳为如下逻辑思路。首先,通过分析复杂问题包含的因素及其相互关系,将问题分解为不同的要素;其次,将这些要素归纳为不同的层次,形成多层次结构;然后,对每个层次的每一要素状态特征进行相对重要性程度模糊量化;进而,通过建立判断矩阵算出层次单排序(权数)和总排序。AHP适用于对无结构特性的系统评价以及多目标、多准则、多时期的系统评价,将人脑的决策思维过程量化,所需定量数据信息较少。然而由于定量数据相对较少,定性成分较多,专家的知识修养程度与认知面直接影响分析评价的结果。

AHP建模的关键是同一层次要素权重的确定。一般情况下,采用9级标度来表达因素之间的相对重要性程度。假定上一层元素支配的下一层元素有 n 个,则 n 个元素构成了一个两两比较判断矩阵:

$$\boldsymbol{A}=(a_{ij})_{n\times n} \tag{10-6}$$

式中:a_{ij} 表示元素 i 与元素 j 的重要性之比,则元素 j 与元素 i 的重要性之比为 $a_{ji}=1/a_{ij}$。如果向量 $\boldsymbol{w}=(\boldsymbol{w}_1, \boldsymbol{w}_2, \cdots, \boldsymbol{w}_n)^T$ 满足:

$$\boldsymbol{A}\boldsymbol{w}=\lambda_{\max}\boldsymbol{w} \tag{10-7}$$

式中:$\lambda_{\max}$是矩阵 $\boldsymbol{A}$ 的最大特征根。则 $\boldsymbol{w}$ 为相应的特征向量,归一化后的 $\boldsymbol{w}$ 可以作为权重系数,从而确定层次内的权重。为了保证通过判断矩阵所求取的元素权重具有较高的可信度,需要对判断矩阵进行一致性检验,不符合要求时需要对判断矩阵进行调整。

(2) 德尔菲法

又名专家意见法,是美国兰德公司于20世纪40年代提出的一种主观、定性的系统分析方法(张晓冬等,2010)。该方法依据系统的程序,采取匿名发表意见的方式进行,即专家之间不得互相讨论,不发生横向联系,通过多轮次调查专家对问卷所提问题的看法,经过反复征询、归纳、修改,最后汇总成专家基本一致的看法,作为评估的结果。评估结果的处理计算分为分值评估和等级评估。在等级评估中,计算均值和方差的公式为:

$$\bar{x}=\frac{\sum_{i=1}^{m}x_i n_i}{\sum_{i=1}^{m}n_i-1} \tag{10-8}$$

$$\delta=\frac{\sum_{i=1}^{m}(x_i-\bar{x})^2 n_i}{\sum_{i=1}^{m}n_i-1} \tag{10-9}$$

式中:n 表示评估等级数目,x_i 表示等级序号,n_i 表示评为第 i 等级的专家人数。专家们根据一轮所得出的均值和方差信息来修改自己的意见,从而使均值逐次接近评估结果,同时使方差越来越小。

本研究提出的城市色彩敏感性概念是指在城市中活动的各种人群对城市各种公共场所风

貌特征中色彩发生变化时的感知程度，人们在不同的场所空间所留存的意象对城市整体品质感知的重要性不同，而这种感知是主观定性的。为了提升洛阳古都的文化品位，我们运用层次分析法将主城区物质文化遗产划分为不同类型、不同等级的意象空间要素，进而邀请当地历史文化、城市规划等部门的专家进行访谈和问卷调查，采用德尔菲法来分等级量化各类文化遗存对城市色彩的重要程度。

10.2.4　实例

本次研究以洛阳市色彩规划为例，对城市的色彩敏感性评价分析。主要利用《洛阳城市总体规划(2011—2020 年)》中城市土地利用现状图，以 ArcGIS 为软件工具，通过建立洛阳城市土地利用与城市景观、历史遗存空间范围进行模型主要分析参数提取。结合洛阳市航空影像图像对全市范围内的土地利用进行目视判读，并结合实地验证编制了土地利用现状图，对市域范围内重要景观、建筑物或构筑物进行分析。采用问卷调查及访谈的方法了解市民的色彩感知意象，并结合城市的历史文脉对研究区内代表城市形象的实体从色彩的角度进行重要程度的判定。为了获得以行政区为单元的土地利用图，我们在土地利用底图上勾绘了社区行政边界，将两者同步数字化，建立了洛阳中心城区社区行政区划底图数据库。

1) 洛阳历史文化的物质空间要素梳理

洛阳是我国"七大古都"之一，从夏朝开始共有 13 个王朝在洛阳定都。洛阳既是千余年中国的政治经济中心，又是中国的重工业城市。史学考证知，中华文明首萌于此，道学肇始于此，儒学渊源于此，经学兴盛于此，佛学首传于此，玄学形成于此，理学寻源于此。洛阳是中华姓氏之主根，闽南、客家之根。中华民族最早的历史文献《河图洛书》出自洛阳。汤、武定九鼎于河洛，周公"制礼作乐"，老子著述文章，孔子入周问礼，洛阳历代科学泰斗、学术流派、鸿生巨儒、翰墨精英，更是照耀史册，灿若繁星。以洛阳为中心的河洛文化，是中华民族文化的核心和源头，构成了华夏文明的重要组成部分。

在城市文化空间格局方面，洛阳的中州路沿线是遗址分布的重点区域，因此成为色彩规划控制的重点。东周王城的城址位于邙山以南、洛河以北，为南北长方形。隋唐洛阳城遗址范围内主要历史遗址有隋唐洛阳城遗址、河南府文庙、潞泽会馆、洛阳山陕会馆、洛阳周公庙；省级文物保护单位有河南府城隍庙、安国寺、文峰塔、孔子入周问礼碑；市县级文物保护单位有石牌坊、石狮、邵雍祠堂。位于洛阳市区中东部的老城历史文化街，自公元前 1050 年周公姬旦营建洛邑至今，已有 3 000 多年的历史，老城街也伴随洛阳走过千百岁月，以其悠悠的历史承载了博大精深的河洛文化(见图 10 - 12)。

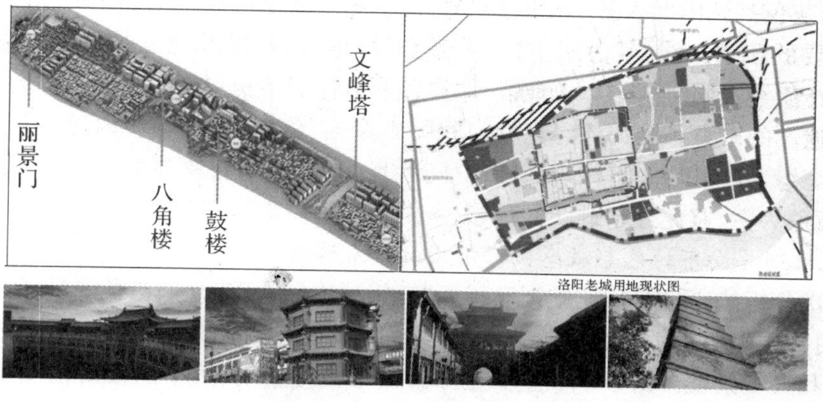

图 10 - 12　洛阳老城区标识性文化要素概况

洛阳在 3 000 多年的发展中形成了多个独具特色的风貌区，风貌区内的主要建筑形成了自己特有的色彩，如俄式建筑风貌区居住建筑多以灰红色为主，工业建筑多为中灰色；老城区建筑多为灰色系。通过对洛阳城市意象的分析，总体上看，洛阳城市色彩的焦点包括 10 大重要城市节点、5 条重要街道以及 4 条重要河流廊道（见图 10－13）。从城市设计的角度对洛阳重要的文化节点、轴线和廊道进行控制，从本地实际需求出发，对影响城市色彩的各项因素分类归纳，选取以文化为主及受文化影响的城市色彩影响因素，根据在城市历史文化中起到的不同程度的作用，分析色彩的敏感性。

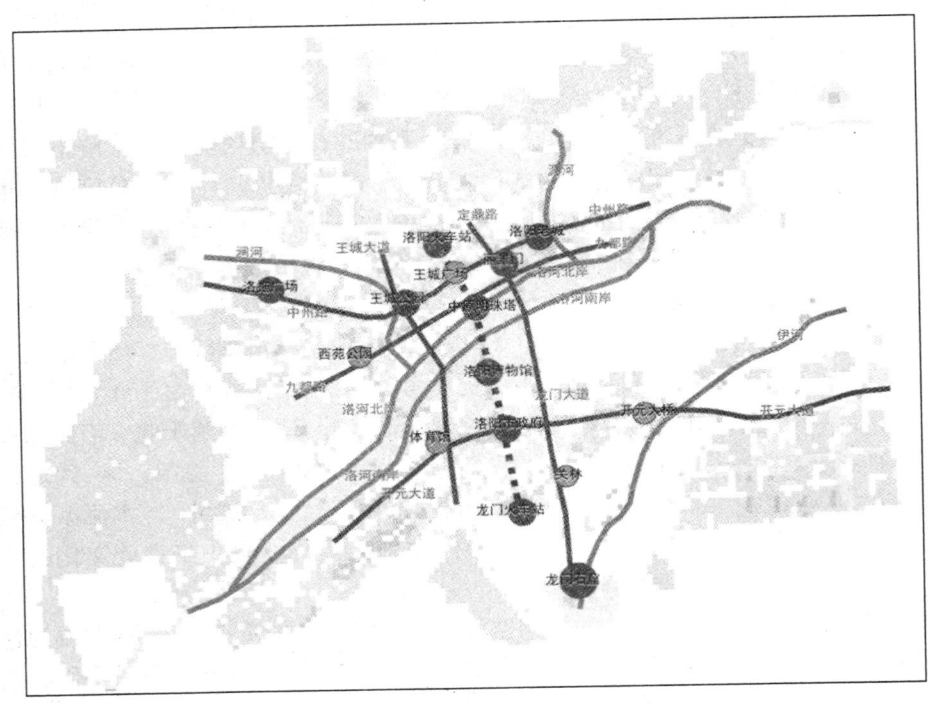

图 10－13　城市色彩意象概况

洛阳的文化离不开洛河、伊河、瀍河、涧河的滋润，河流两岸的文化源远流长。重要的河流廊道也是集合洛阳文化的联系廊道。其中洛河在中国历史上有着显赫的地位，现有的洛河北岸体现了洛阳整体历史文脉，是一条承载历史时空的城市轴线。其北岸色彩主题应体现时间的历史序列，灰色基调内融入各历史时期的特征色彩。洛河流经不同的用地功能区域，是洛河南岸城区重要的亲水岸线，其色彩主题应与地上绿地公园，以及地下的隋唐历史遗迹交相辉映。涧河同样流经不同时期的历史地段，两岸色彩应体现历史风格的过渡，用暗金属色与绿色表达对工业遗产的敬意。瀍河流经老城与回民集聚区，色彩上以低调、内敛的灰色系列为主，配以植被的亮绿，并辅以绿、黄体现回族特征。伊河流经龙门石窟与城市新区，受龙门石窟色调主导，土黄色为主，避免过于跳跃的色彩。

2）文化准则导向下的色彩敏感性评价指标体系构建

根据层次分析法，采用目标、准则和指标“三级层次结构”建立城市色彩敏感性评价指标体系，第一级目标层为色彩敏感性评价，第二级准则层为三个方面的准则：历史文化遗存景观、自然山水景观和人工景观。由于本节主要是探讨城市文化空间，故下面仅对洛阳城市的历史文化遗存景观空间进行要素指标分析。根据上述对洛阳城市文化资源的空间特征梳理，其对城市文化景观产生影响的空间实体可分为：各级文物保护单位、历史文化街区、历史城区、近现代工业建筑、大遗址、地下文物埋藏区等6大类型，从而建立起如图10－14所示的评价框架图。

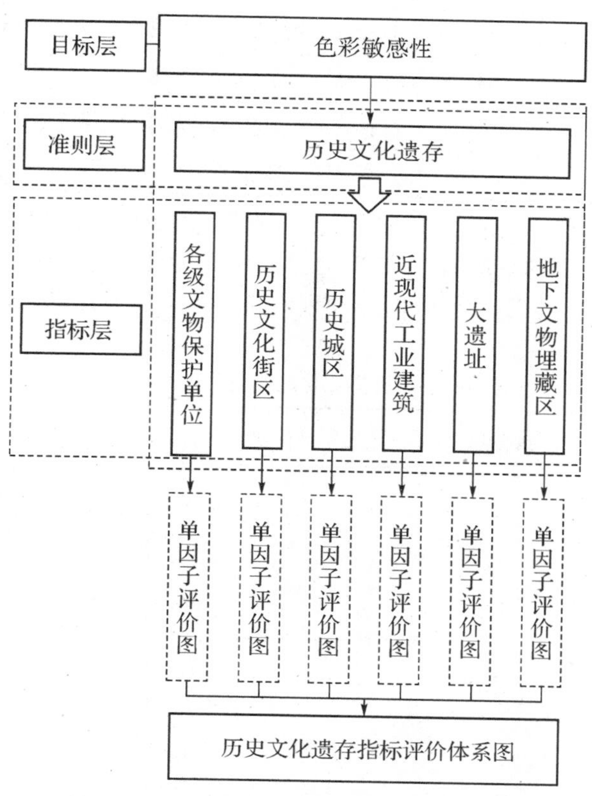

图10－14　历史文化遗存指标评价框架图

建立好评价指标体系后，对指标层中6类文化遗存实体之间的相互间重要性按公式(10－6)进行比较分级量化 。其中，按保护规划要求，各级文物保护单位、历史文化街区、近现代工业建筑和大遗址等4类遗存周边需建立一定宽度的缓冲区作为建设控制地带，以保障控制地带内的建筑与保护本体协调。因此，可以将4类控制地带也纳入到要素指标中进行比较分级，进而采用德尔菲法进行指标权重的综合确定。该方法步骤如下：

(1) 根据模糊数学中定性语言定量化的思想，请20位城市规划领域的专家根据自身经验，分别就各指标对城市色彩形成的敏感性程度对同一类型的指标进行排序(排序时允许有并列)。

(2) 根据排列顺序，专家结合排序结果对各个指标的敏感程度进行赋值，排序越靠前，赋值越高。根据表10－4的重要性标度含义，共有1、3、5、7、9等5个值，各个数值仅代表各个指标的敏感程度的高低，并允许非连续跨等级赋值(如指标A、B、C的敏感程度排序分别为1、2、3，但指标A相比其他两个指标而言重要程度极高，则这三个指标的敏感度赋值可以为9、5、1而非一定为9、7、5)。

表 10－4　重要性标度含义

重要性标度	定义描述
1	表示该元素在高层次元素中起到的作用一般重要
3	表示该元素在高层次元素中起到的作用相对重要
5	表示该元素在高层次元素中起到的作用比较重要
7	表示该元素在高层次元素中起到的作用十分重要
9	表示该元素在高层次元素中起到举足轻重的重要程度

(3) 每一项指标都有 20 位专家的赋值，对这 20 个值由于专家间的认识差别不大，没有采取公式(10－8)和(10－9)的平均值法计算，而是采用更为简单的众值法一次性得到每个指标的最终赋值。从而，完成公式(10－6)的比较判断矩阵构建，建立了洛阳市城市色彩敏感性评价指标体系(见表 10－5)。

表 10－5　历史文化遗存色彩敏感度评分

<table>
<tr><th>准则层</th><th>指标层 1</th><th colspan="2">指标层 2</th><th>色彩敏感度</th><th>选取及赋值原因</th></tr>
<tr><td rowspan="6">历史文化遗存</td><td rowspan="4">各级文物保护单位</td><td rowspan="3">本体保护范围</td><td>国家级</td><td>9</td><td>国家级文物保护单位历史文化价值极高，游客量很大，在当地人及游客心目中地位极其重要，能够体现洛阳历史文化底蕴，对城市色彩形成有关键作用</td></tr>
<tr><td>省级</td><td>9</td><td>省级文物保护单位历史文化价值很高，游客量很大，在当地人及游客心目中地位极其重要，能够体现洛阳历史文化底蕴，与国家级文保单位重要性程度相当，对城市色彩形成有重要作用</td></tr>
<tr><td>市级</td><td>7</td><td>市级文物保护单位历史文化价值较高，游客量较大，在当地人及游客心目中地位较重要，能够体现洛阳历史文化底蕴，重要程度略低于国家级和省级文保单位，对城市色彩形成也有重要作用</td></tr>
<tr><td colspan="2">建设控制地带</td><td>5</td><td>文保单位的建设控制地带的色彩应与文保单位相呼应，保持整体上的和谐。该地区对加深人们对洛阳历史文化的心理认同有重要作用，但程度略低于文保单位本身</td></tr>
<tr><td rowspan="2">历史文化街区</td><td colspan="2">本体保护范围</td><td>7</td><td>历史文化街区是洛阳市历史风貌保存地较为完整的地区，游客量大，在本地人心目中地位较高，对城市色彩形成重要性大</td></tr>
<tr><td colspan="2">建设控制地带</td><td>5</td><td>历史文化街区的建设控制地带的色彩应与历史文化街区相协调，形成本地人和游客对洛阳城市的总体认知，其色彩敏感度略低于历史文化街区本体</td></tr>
</table>

续 表

准则层	指标层 1	指标层 2	色彩敏感度	选取及赋值原因
历史文化遗存	历史城区	金元故城	7	金元故城是洛阳最重要的历史城区，内有东西大街、南北大街等历史街区，是洛阳城市历史的集中体现区域，游客量大、在本地人心目中地位高
		老城地区	5	老城地区是展现洛阳历史更迭的重要区域，同时也是人口密度较高的区域，游客浏览量大，对城市色彩形成的作用略次于金元故城
		瀍河地区	3	瀍河地区是回族聚居区，其建筑色彩是展现民族特色、区别于其他区域的重要手段，因此作为指标之一，重要程度略低于老城地区
	近现代工业遗产	本体保护范围	7	洛阳作为工业城市拥有众多近现代工业遗产，是洛阳城市的标识之一，其色彩也是城市色彩的重要代表
		控制地带	5	为形成与近现代工业遗产相统一的风貌特色，控制范围内的色彩同样较为重要，其重要程度略低于近现代工业遗产本体
	大遗址	本体保护范围	5	洛阳拥有较多大遗址，是洛阳城市的象征，历史地位高，游客浏览量大，其色彩对城市总体色彩的重要性较高
		建设控制地带	3	大遗址是洛阳城重要的历史文化资源，其周边地区的色彩必须进行严格控制。其色彩重要程度略低于大遗址本体
	地下文物埋藏区		3	地下文物埋藏区拥有众多文物遗址，需对其地上色彩进行控制以显示其独特性。相比地上遗址其重要性略低

3）*历史文化遗存单因子分析*

借助 ArcGIS 软件，以洛阳城市土地利用图层数据为操作对象，运用空间分析工具，首先对 6 类历史文化遗存提取本体范围的地块多边形实体；再按照国家文物保护法规定，对文物本体周围按不同的宽度生成缓冲区环带，作为该文物本体外围的建设控制地带。建设控制地带宽度按文物级别划分，范围为 50～300 m。下面分别介绍 GIS 处理获得的各级文物保护单位、历史文化街区、历史城区、近现代遗产、大遗址和地下文物埋藏区等 6 个单因子图层的分析结果。

（1）各级文物保护单位因子。主要包括：隋唐洛阳城遗址、邙山陵墓群、周王城遗址、龙门石窟、关林、白马寺、潞泽会馆、洛八办等。色彩敏感度赋值集中在 5～9 之间，洛阳市各级文物保护单位单因子分析图如图 10 - 15 所示。

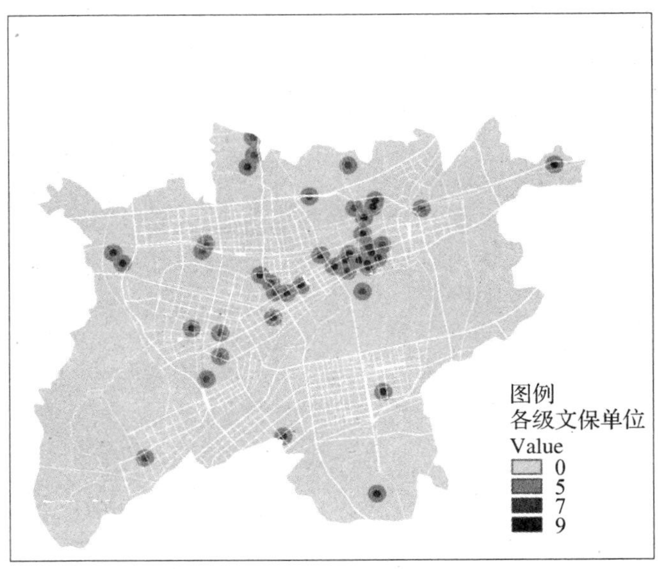

图 10 - 15 各级文物保护单位单因子分析

(2) 历史文化街区因子。根据《洛阳市总体规划(2011—2020 年)》中历史文化街区的有关规划,本体保护范围包括东、西南隅片区、山陕会馆和洛八办片区,建设控制地带是历史文化街区周边地块,共 92.5 hm^2。色彩敏感度赋值集中在 5～7 之间,洛阳市历史文化街区单因子分析图如图 10 - 16 所示。

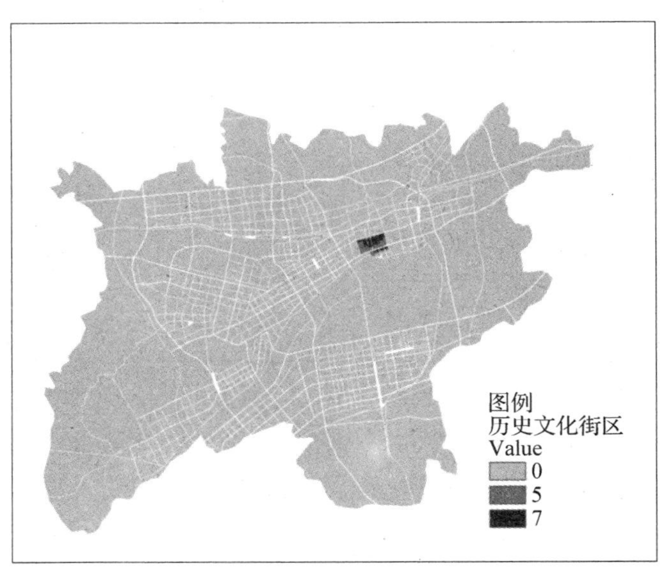

图 10 - 16 历史文化街区单因子分析

(3) 历史城区因子。根据《洛阳市总体规划(2011—2020 年)》确定的历史城区范围为定鼎路以东、焦柳铁路以西、陇海铁路以南、洛河以北的区域。包括金元故城、老城地区和瀍河地区三部分,对历史城区内部色彩进行控制,避免出现过多的现代建筑与历史城区不协调。色彩敏感度赋值集中在 3～5 之间,洛阳市历史城区单因子分析图如图 10 - 17 所示。

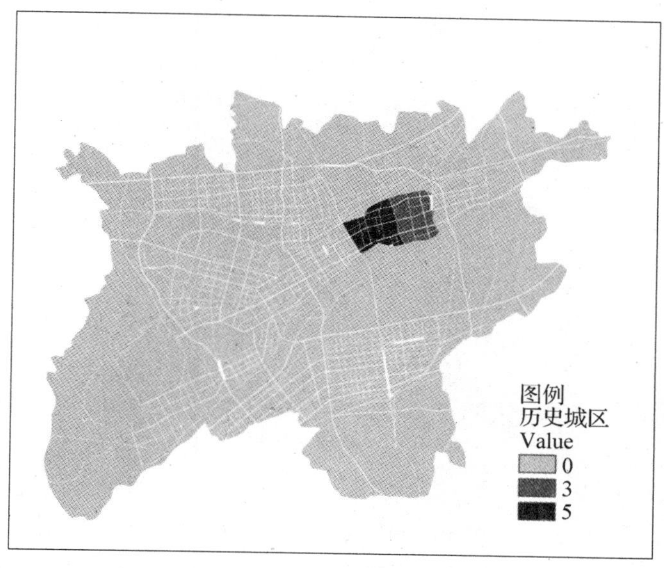

图 10－17　历史城区单因子分析

（4）近现代工业遗产因子。主要是洛阳第一拖拉机厂，其代表了洛阳一个时期的工业文化，结合相关规划，为延续城市文脉，保证近现代工业风貌的完整性，对近现代工业建筑本体及周边 500 m 范围的色彩进行控制。色彩敏感度赋值集中在 5～7 之间，洛阳市近现代工业遗产的单因子分析图如图 10－18 所示。

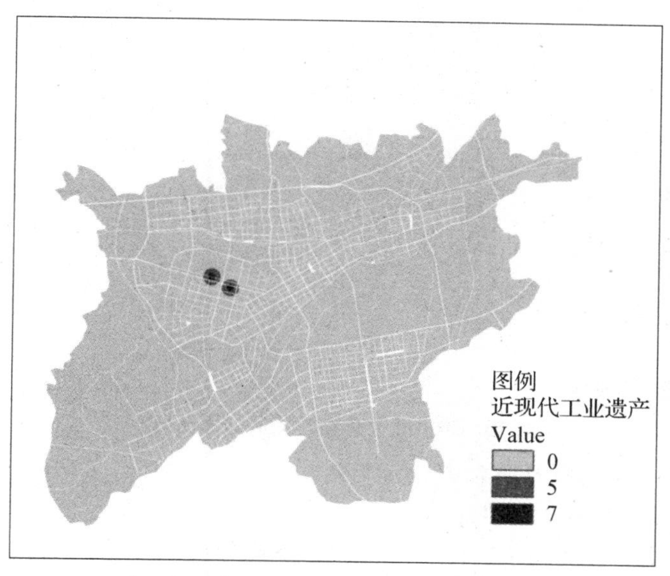

图 10－18　近现代工业遗产单因子分析

（5）大遗址因子。规划范围内的大遗址主要包括：隋唐洛阳城遗址、邙山陵墓群、龙门石窟、关林、汉魏洛阳城遗址（部分）、西苑等，根据《洛阳市城市总体规划（2011—2020 年）》，划定大遗址建设控制地带的范围。大遗址是洛阳城重要的历史文化资源，其周边地区的色彩必须进行严格控制。色彩敏感度赋值集中在 3～5 之间，大遗址单因子分析图如图 10－19 所示。

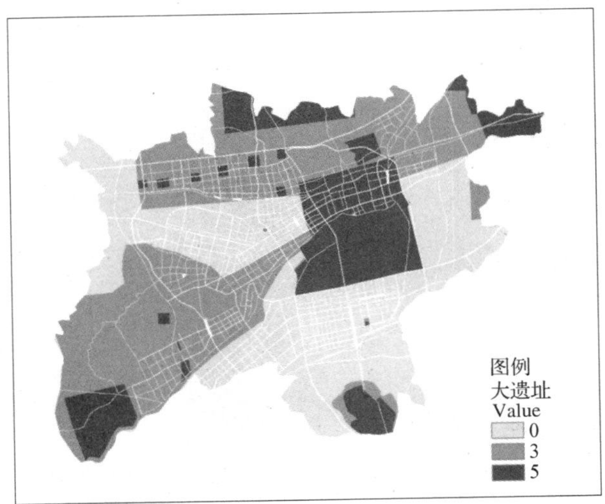

图 10 - 19　大遗址单因子分析

(6) 地下文物埋藏区因子。洛阳市地下文物埋藏区主要是周王城遗址，以及隋唐洛阳城遗址的一部分；应当对其地上的建设进行控制，对其中的绿化色彩需要适当控制。色彩敏感度赋值集中为 3，地下文物埋藏区单因子分析图如图 10 - 20 所示。

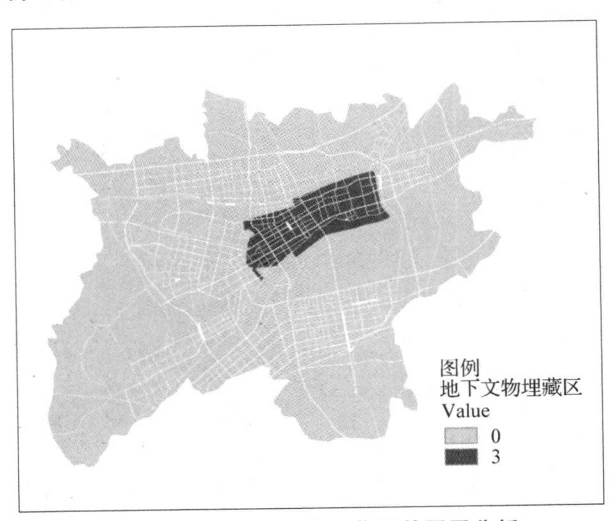

图 10 - 20　地下文物埋藏区单因子分析

4) 历史文化遗存色彩敏感性综合分析与定量评价

(1) 历史文化遗存色彩敏感性综合分析

将历史文化遗存的各类因子进行“取最大值”叠置分析，得到历史文化遗存指标的敏感性评价图。如图 10 - 21 所示，色彩敏感度不低于 5 的区域约占 25%，这些地区的色彩敏感性较高，在规划建设中需要对这些地区的色彩进行重点控制。色彩敏感度高的多位于洛河以北的城区，特别是老城区东西大街两侧，西工区王城大道及涧河两侧，以及龙门石窟风景区。色彩敏感度集中区域为老城历史街区附近以及隋唐城遗址公园区、龙门石窟风景区、周王陵区。这与洛阳市历史文化多集中在老城区相符，悠久的历史造就了洛阳拥有较多遗址及地下文物资源。

图 10-21 历史文化遗存综合因子分析

(2) 历史文化遗存色彩敏感性定量评价

根据上述单因素和综合分析结果的 7 个矢量图层数据，按照得出的重要性标值分别与土地利用现状图进行 ArcGIS 操作，按照代表不同色彩敏感度权重赋值属性，将矢量图转换成栅格，对研究范围内不同权重的栅格数量进行统计，将研究区域内城市组成要素的色彩敏感度的权重矢量化，并建立数学模型 $\rho=N_i/A$ 统计研究区域内色彩敏感度的权重的比重，其中，ρ 为相应色彩敏感度的权重的比重；N_i 表示组成要素用地范围内的色彩敏感度值所占栅格的数量；A 表示研究区域范围内所有栅格的数量。城市文化影响下的色彩敏感性分析最终所得结果如表 10-6 所示。

表 10-6 城市文化影响下的色彩敏感性分析表

一级指标	色彩敏感度	比重
历史文化遗存	9	0.66%
	7	0.62%
	5	24.07%
	3	40.06%
二级指标	色彩敏感度	比重
各级文物保护单位	9	0.66%
	7	0.49%
	5	5.00%
历史文化街区	7	0.14%
	5	0.19%
历史城区	5	1.18%
	3	1.17%

续　表

二级指标	色彩敏感度	比重
近现代工业建筑	7	0.05%
	5	0.28%
大遗址	5	21.67%
	3	41.04%
地下文物埋藏区	3	5.82%

由各项指标所占的栅格数比重得知，总体上讲历史文化遗存中色彩敏感度为7的比重最少，其次为色彩敏感度为9的元素，均不满1%。而色彩敏感度为3的组成元素所占比重最大，为40%以上。其中在各级文物保护单位中色彩敏感度为9的约占0.66%，为7的约占0.49%，为5的约占5%；历史文化街区中色彩敏感度为7、5的元素比重均不足1%；历史城区中色彩敏感度比历史文化街区中的色彩敏感度低，为5、3的元素比重不足2%；而近现代工业建筑中色彩敏感度所占比重不足0.5%；地下文物埋藏区中色彩敏感度为3的元素比重约为5.82%；大遗址的色彩敏感度在5、3的元素所占比重分别为21.67%、41.04%。据此，历史文化遗存中的二级指标，因洛阳大遗址的面积较广、代表朝代兴衰，具有不可替代，独一无二的特点，在敏感性分析中拥有较大的权重。其次为地下文物埋藏区，因其独特的历史意义、区位特点及保护需求，是色彩较敏感区域；近现代工业遗产、历史城区及历史街区是代表城市特色，树立城市形象的直接体现，其建筑形式、建筑风格及建筑色彩都应体现城市的历史文化厚重感，给人以精神的寄托、文明的传承。但地面上的建筑也要兼顾时代的变化与城市发展需求，历史与现代化的交流融会贯通在城市建筑色彩中，特别是代表了城市某一时期历史文化特色、象征城市形象的历史街区、历史城区，建筑色彩的选取也应考虑现代化色彩的点缀，因此其色彩敏感性相对重要。

历史文化遗存是色彩敏感性分析中最重要的决定方面。以文化为基础的研究能准确抓住城市内涵和发展需求，也是城市未来发展的动力源泉。在色彩敏感性分析中，以文化为主导的标志性元素代表了城市形象，也是一座城市的特色所在。在文化的传承过程中，历史给城市遗留下宝贵的财富，用不同的色彩点缀着城市的名片，而历史文化遗存的色彩突显了城市的文明。城市文化以不同的色彩点缀市民的生活，指引着城市未来发展的方向和目标。

10.3　城市文化地标空间影响分析模型

城市地标的兴建自古有之，古代统治者往往不惜人力物力打造城市地标以炫耀其权力和财富。地标在城市空间中占据重要位置，并在精神上起到一定的作用。当时的城市地标空间主要依赖空间形态尺度的宏大和政治地位的煊赫，很多还考虑到自然风水的因素。随着当代城市多元化需求日益增长，城市地标开始具有功能性意义和文化性意义。然而城市地标由于其高度辨识性在城市格局的发展中一直扮演着重要角色，一部分城市地标已经成为城市的名片。

现阶段随着地方政府财政实力的雄厚，为煊赫地方实力而大量兴建地标性建筑物的做法比比皆是。这样的地标性空间对城市空间具有深刻的影响。那么在这样的背景下，如何识别这些地标空间在居民意象空间建构中所具有的真实属性？在城市骨架快速拉开的时候需不需要建设这样的新的地标点？如果需要建造城市地标空间，应该遵循什么样的城市空间组织原则？这些都是当下城市研究者所亟须解决的问题。

10.3.1　概念

1）城市意向空间

城市意象是 20 世纪 60 年代由美国著名学者凯文·林奇在其名著《城市意象》中提出来的，它是通过市民的感受，由物质空间产生的主观心理环境。在这个环境中，市民处理由感应所获得的信息，做出决定并形成在物质空间中的行为。林奇认为城市意象之所以产生是由于城市构成具有被识别的特征，即可识别性（李郇、许学强，1993）。

城市意象空间是指由于周围环境对居民的影响而使居民产生的对周围环境的直接或间接的经验认识空间，是人的大脑通过想象可以回忆出来的城市意象，也是居民头脑中的"主观环境"空间（顾朝林、宋国臣，2001）。通过城市意象来分析城市空间结构，是现代城市空间结构研究的方法之一。与其他城市空间结构分析方法相比，城市意象空间分析的最大特点是重视研究城市内居民个人或群体对城市环境的感应，而感应是人类行为决策的基础。

清晰的可识别的城市环境不仅给人们以安全感还能增强人们内心的认同感。城市意象空间已经成为现代城市空间结构表达的重要工具，它能够重视研究居民个体或群体对城市环境的感应。在《城市意象》一书中，林奇将城市意象空间归纳为 5 个要素：地标（Landmark）、节点（Node）、路径（Path）、边界（Edge）和区域（District）。这 5 个要素并不是孤立存在的。区域由节点构成，受边界的限定，路径贯穿其中，标志散布在内。

2）城市地标

地标作为塑造城市意象的 5 个要素之一，是指在城市空间中具有显著标识性的节点。城市地标可以是物质层面的，也可以是精神层面的。它们是人们认识城市、观察城市、形成印象、便于记忆的外向性参考点。林奇认为，对某一个城市较熟悉的人，越来越依赖地上的标识作为向导来享受城市独特、专一的特色（顾朝林、宋国臣，2001）。通常情况下，地标是指明确限定的具体目标：建筑物、招牌、店铺、山丘等（凯文·林奇，2001）。但究其根本，地标最主要的特征是它们的突出和在一定时间内的稳定存在。

3）城市文化地标

文化地标是城市中因为其文化背景和内容而被记住和识别的节点，是城市文化精神的象征。目前，在全球化社会中，文化已经成为城市间、地域间竞争力的核心。"核"也可以成为一个地区的集中点，是城市结构中具有一定控制地位的存在（凯文·林奇，2001）。而且历史沉淀或文化传承而形成的文化地标是城市中突出并且相对稳定的存在，所以也是一个城市独特性和别他性的保障。因此，本章节着重研究城市中的文化地标。文化地标，是一个地方文化形象的体现，也是城市意象空间中的文化标识和向导（李勍，2012）。

4）城市热点

城市中人流最为密集的区域往往为路网中的节点，如果由 4 条或 4 条以上的主干道路交汇形成的节点，最可能成为市民广场，广场周边的建筑物或构筑物亦成为城市象征的地标建筑。因此，从微观层面看，城市汇聚点可能是节点、地标，或者是意象突出的建筑群；在宏观尺度上则主要表现出点空间属性，如果用遥感热红外影像来探测这些区域，可能呈现出热点的特征，因此，本书称其为"意象热点"。

5）城市文化标识系统

此处讨论文化地标的过程中，将其概括为文化地标系统。1948 年，美籍奥地利裔生物学家路·维·贝塔朗菲创建了系统论，将系统定义为由基本要素所形成的具有一定等级规模结构并且能够和外界环境发生物质和能量交换的整体。在对城市地标空间进行研究的时候，首先要求对城市地标空间进行组织和分解，从而对地标系统自身所存在的等级体系和影响因素进行探究；其次要求我们能够清晰的认识城市地标空间对城市居民认知结构——其周围环境的影响。

10.3.2 关系

城市地标和城市热点是反映城市活力和城市文化特色的重要内容，两者依托于物质系统和非物质系统要素间的相互作用，分别通过营造公共空间和活跃公共活动等形式构造城市意向空间的物理属性和认知模式，形成集标志性建筑和人流集聚特征于一体的城市文化标识系统。从城市复杂系统空间相互作用角度来看，影响城市文化地标塑造的物质要素与非物质要素之间包含三个层次的关系：①从城市物质系统组成角度来看，城市公共实体空间是由建筑、用地、交通和园林等 4 个子系统在空间上有机耦合而成。其物质组成首先包括各种类型的建筑组合；其次是以街道、公共绿地或水域等为主要分割界线的面域街区为依托；进而形成了散布于城市街头巷尾的各种公共广场，包括道路广场、车站广场、滨水广场、绿地广场和公园广场等，通过便捷的交通可达性使得这些城市公共空间成为人流的集散中心。②从市民活动感知的非物质系统体验角度来看，城市公共实体空间要成为城市热点地标必须通过市民在这些公共空间活动中对场所环境的视觉心理感知获得，市民对场所环境景观记忆的生动性、清晰程度与该城市的历史文化遗存特色在这些公共空间中塑造彰显密切相关。人气集聚高的热点地标空间正是市民进行节日庆典、社交休闲、旅游购物等感知城市文化的重要场所，其成为展示城市社会、经济和文化 3 个子系统协调发展水平高低的窗口。③基于上述认知，从全面打造城市文化标识系统角度提出城市文化特色提升的途径，即以城市历史文化遗存保护和利用为指导思想，以彰显文化内涵为抓手，以唤起市民集体记忆为目标，通过城市规划与设计来实现城市每个热点地标可识别的、独特的历史文化特色体验(见图 10－22)。

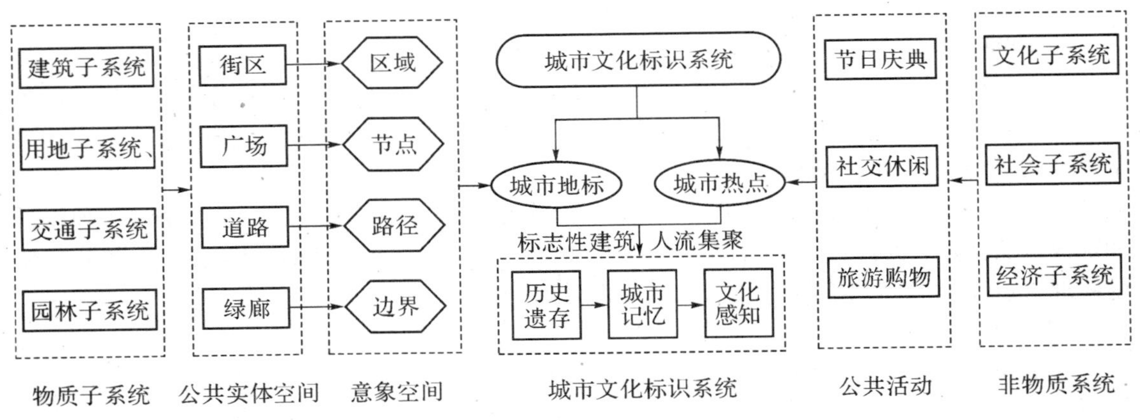

图 10－22 城市系统角度的城市文化地标影响要素关系图

10.3.3 函数

1) 空间句法

空间句法描述空间实体形态的拓扑关系，有利于对文化地标的认知、解读社会的文化内涵。根据空间句法理论，轴线图是将城市的街道网络表达为一组数目最少、长度最长的轴线网络，借此提取分析范围的相关交通轴线，构建轴线拓扑关系图以计算相关变量。在文化地标分析中，主要涉及空间句法的集成度、智能度和协同度三个参数，在本模型的分析中将文化地标的位置叠置在分析图上，以便于反映文化地标和街道集成度之间的关系；集成度和智能度的计算方式可参见本章 10.1.3 的内容，此处不再赘述；协同度是局部集成度和全局集成度的比值，用以衡量局部空间认知整体空间的难易程度。

2）核密度估计

核密度估计(Kernel Density Estimates，KDE)是一种基于非参数统计的密度函数，可用于生成描述点聚集程度的平滑估计面，将离散的、空间趋势不清晰的点要素转化为呈现连续密度变化的表面(刘锐等，2011)，相比于其他插值方式有更高的精度。核密度估计的实质是将研究区域网格化后，计算各网格中心的概率密度估计值，该值取决于距离网格中心一定窗口宽度(又称带宽)内所有的点要素与网格中心的核函数关系。对于二维地理空间点 $p(x, y)$处的概率密度估计函数为：

$$f(x,y)=\frac{1}{nh^2}\sum_{i=1}^{n}K\left(\frac{x-x_i}{h},\frac{y-y_i}{h}\right) \tag{10-10}$$

式中：K 为核函数，常见的核函数包括高斯核函数、三角核函数、均匀核函数等；h 为窗口宽度(带宽)，h 增大时估计点密度的变化趋于平滑，同时也会损失细节，h 减少时估计点密度的变化将突兀不平。在核密度估计中宜根据需要选取合适的核函数及窗口宽度。

3）Ripley's $K(d)$函数

Ripley's $K(d)$函数是分析点空间分布格局的一种常用方法(汤孟平等，2003)。以距离尺度为 x，以不同距离尺度对应的与每个点要素关联的相邻点的平均数量为 y，绘制于坐标图上可得到 Observed - K 曲线，根据其与表征整个研究区域内点要素平均密度的 Expected - K 曲线的关系可以判断点的空间格局形式：当 Observed - K 曲线位于 Expected - K 曲线上方时，点的平均相邻点要素数高于研究区域内点要素的平均密度，表明在该距离尺度下，点要素呈现集聚分布；而当 Observed - K 曲线位于 Expected - K 曲线下方时，表明在该距离尺度下点要素趋于发散。Ripley's $K(d)$函数的计算方法如下：

$$K(d)=A\sum_{i=1}^{n}\sum_{j=1}^{n}\frac{W_{ij}(d)}{n^2} \tag{10-11}$$

式中：n 为点要素的数量，d 为距离尺度，A 为研究区域的面积；当点 i 和点 j 之间的距离 d_{ij} 小于或等于距离尺度 d 时，$W_{ij}(d)$的值为 1，否则为 0。

4）中心点和标准方差椭圆

中心点和标准方差椭圆是描述点空间分布格局的有效工具。中心点 $p(\bar{X},\bar{Y})$可以反映点要素的集中趋势，计算方法如下：

$$\bar{X}=\sum_{i=1}^{n}\frac{X_i}{n}\quad \bar{Y}=\sum_{i=1}^{n}\frac{Y_i}{n} \tag{10-12}$$

式中：n 为点要素的数量，X_i 和 Y_i 分别为点 i 的 x 坐标和 y 坐标。

标准方差椭圆(Standard Deviational Ellipse，SDE)是根据点的平均中心、标准差而生成具有相应中心、长短轴、方向的椭圆，是揭示空间分布格局特征的一种有效方法，可基于中心、长短轴、方位角等基本参数定量描述点群的总体空间轮廓、主导分布方向、延展性等特征，表征其

地理空间分布的主体特征(赵璐等,2014):

$$\tan\theta=\frac{[\sum(X_i-\bar{X})^2-\sum(Y_i-\bar{Y})^2]^2+\sqrt{[\sum(X_i-\bar{X})^2-\sum(Y_i-\bar{Y})^2]^2+4\sum(X_i-\bar{X})\sum(Y_i-\bar{Y})}}{2\sum(X_i-\bar{X})\sum(Y_i-\bar{Y})} \tag{10-13}$$

$$S_x=\sqrt{\frac{\sum[(X_i-\bar{X})\cos\theta-\sum(Y_i-\bar{Y})\sin\theta]^2}{n}} \tag{10-14}$$

$$S_y=\sqrt{\frac{\sum[(X_i-\bar{X})\sin\theta-\sum(Y_i-\bar{Y})\cos\theta]^2}{n}} \tag{10-15}$$

$$Length_x=2S_x \quad Length_y=2S_y \tag{10-16}$$

式中:θ 为方位角,可反映点的主导分布方向;S_x 和 S_y 分别是长轴和短轴的标准差,而 $Length_x$ 和 $Length_y$ 则分别为标准方差椭圆的长轴和短轴。

10.3.4 实例

长汀县城作为国家历史文化名城,拥有省级及以上文物保护单位共计 25 处,其中包括汀州文庙、游氏家庙、汀州府城隍庙、三元阁城楼等省级文物保护单位 19 处,福建省苏维埃政府旧址、中共福建省委旧址(周恩来旧居)、辛耕别墅等国家级文物保护单位 6 处。各类文物保护单位对于有深厚历史沉淀根基的长汀县城有着极其重要的意义,在城市发展、居民认知中扮演着不可或缺的角色,是长汀县历史文化名城的主要组成部分,具备深刻的历史内涵与文化意义。文物保护单位除作为长汀文化的物质载体外还具有非物质的文化辐射力,对长汀历史文化名城的空间结构、城市意象有重要的影响。因此在本实例中,以长汀县历史文化名城的空间格局解构为出发点,将长汀县城 25 处省级及以上文物保护单位视为长汀县城的文化地标予以分析。在分析前,首先对文物保护单位进行分级赋值:省级文物保护单位权重值赋为 1,国家级文物保护单位权重值赋为 2,经矢量化后在 ArcGIS 平台上标识其空间位置,并结合长汀道路网络矢量数据建立文化地标地理空间数据库。本实例运用空间句法分析、核密度估计、Ripley's $K(d)$ 函数及中心点和标准方差椭圆等方法分析文化地标的空间格局,具体的技术流程操作如图 10-23 所示。

对长汀城区的道路网进行空间句法分析,其中局部集成度的拓扑深度 k 定为 3 步。集成度的分析结果如图 10-24 所示,从整体集成度来看,长汀城区的主干道集成度较高,大体上呈现两处集成核:卧龙山以东及中心坝西部的汀江两岸地区、卧龙山东北部的长汀经济开发区,这两处集成核是长汀城区便捷度最高的区域。将文物保护单位作为文化地标点叠置在分析图上,对文化地标和道路集成度之间的耦合关系进行进一步分析,结果发现在汀州古城地区文化地标的分布和街道的集成度存在关联:具有高集成度的兆征路两侧以及卧龙山以东、中心坝西部的汀江两岸地区集中了大多数的文化地标,这是因为在历史发展进程中,文化地标的形成和街道的演化是相辅相成的,传统城区居民的交往行为大多发生在道路上,街道的开敞、舒适和人性的程度决定人流的集聚程度,具有高集成度的传统街道往往汇聚较多的人流,在城市的发展中具备一定的活力,依托具有高可达性的街道,许多在城市中具有举足轻重地位的公共场所的出现,并逐渐演变为城市的文化地标;反过来文化地标的存在也会促进街道人流的集聚,强化街道在整个道路网络系统中的中心性地位,提升街道的集成度,以及人的需求程度,因此可

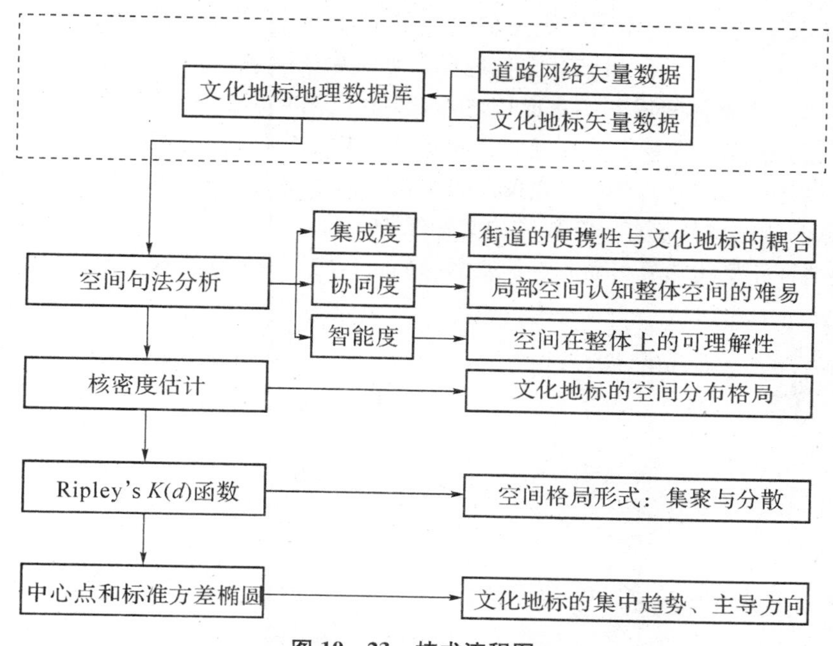

图 10－23　技术流程图

以说，传统老城区文化地标与街道的集成度存在相辅相成、相得益彰、相互促进、紧密关联的关系。然而另一处集成核北部的卧龙山东北的长汀经济开发区为汀州发展的新区，其整体的集成度较高，但缺乏相应的文化地标，呈现出文化地标与城市道路结构演变的空间衔接并不理想、耦合度低，与实体城市空间存在一定的脱节，体现新区和旧区间文化地标分布和街道集成度耦合关系的相异之处。从局部集成度来看，大体和街道的整体集成度呈现类似的空间格局，主要道路具有较高的局部集成度。然而局部集成度的核心结构并不明显，两处具有高整体集成度的集成核在分析中均没有体现出高局部集成度，此外，汀州古城以南的新民街、肖屋塘一带有较低的整体集成度但局部集成度相对较高，具有较好的局部意象性。为进一步了解整体集成度和局部集成度之间的关系，对协同度、智能度进行分析，计算结果如图 10－25 所示。协同度即局部集成度和整体集成度的比值，由图可见协同度较高的区域主要分布在长汀城区的北部及南部等边缘地区，汀州古城的街巷、具有高整体集成度的两处集成核的协同度相对较低，说明这些街巷虽在长汀整体城市意象中具有较强的核心性，但局部意象性较差，难以形成有较强视觉冲击的意象点，随着城市的变迁可能难以保存完整特色，在城市规划中需要加强对这些历史街巷的保护。智能度是局部集成度、整体集成度之间的相关系数，表征空间整体上的可理解性。经相关分析计算得出智能度 R^2 为 0.427 6，在 $p<0.01$ 的显著性水平上是显著的，说明可以从局部空间中理解整体的空间，但和本章 10.1.3 中的案例相比其智能度数值较低（即局部与整体的相关性低），意味着总体空间感相对不强。

对分级赋值后的文物保护单位地标进行核密度估计（Kernel Density Estimates，KDE），在计算过程中，窗口宽度（带宽）制定为 250 m，核函数选取高斯核函数，以文物保护单位级别为权重，具体的操作可在 ArcGIS 平台上 Spatial Analyst 模块中的 Kernel Density 工具实现。计算结果如图 10－26 所示，文物保护单位呈现出明显的“一主一次”空间格局。其中主中心坐落于中心坝西部、泰安桥南侧的汀江东岸，附近集中了中共福建省委旧址（周恩来旧居）、云骧阁和福建省职工联合会旧址三家国家级文物保护单位，以及汀州如意宫、刘氏家庙、黄氏丽园等省级文物保护单位，显然是汀州城区文化地标最为集聚的区域，同时前文的空间句法分析亦发现，此区域是具有高整体集成度的集成核之一，印证了空间句法分析的结论。次中心则坐落于南大街与青云巷交汇处，在较小的区域内集中了汀州紫云公祠、西门赖氏家庙、赖氏坦园祠三家省级文物保护单位，因而成为有一定集聚性的文化地标次中心。位于“一主一次”两个集聚中心之间的兆征路两侧区域分布有一定数量的文物保护单位，但因其分布格局在二维地理空间上相对较分散（沿兆征路呈线状分布而非点状或面状分布），所以未能在空间上形成显著的集聚中心。

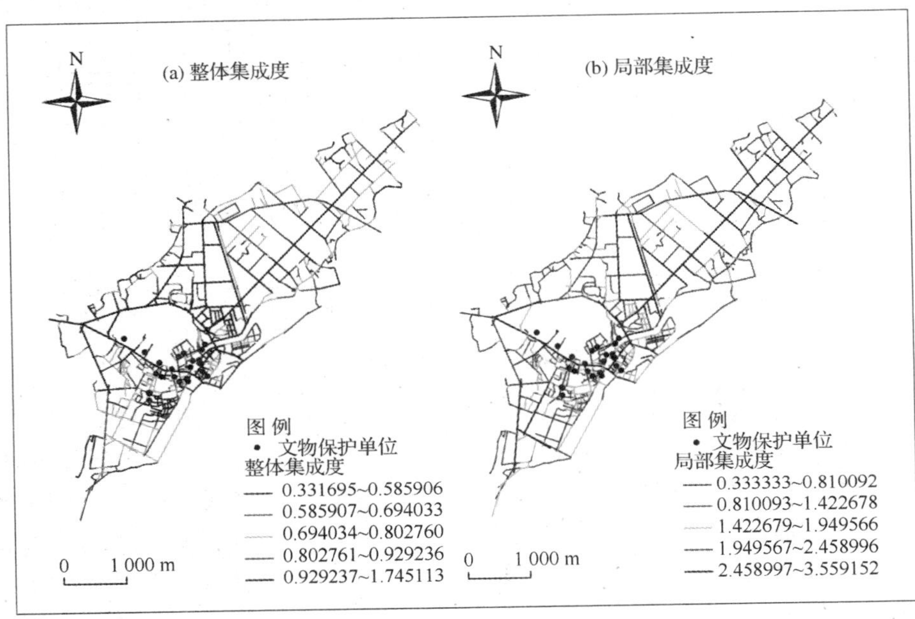

图 10－24　汀州城区街道的集成度及与文化地标的空间关系

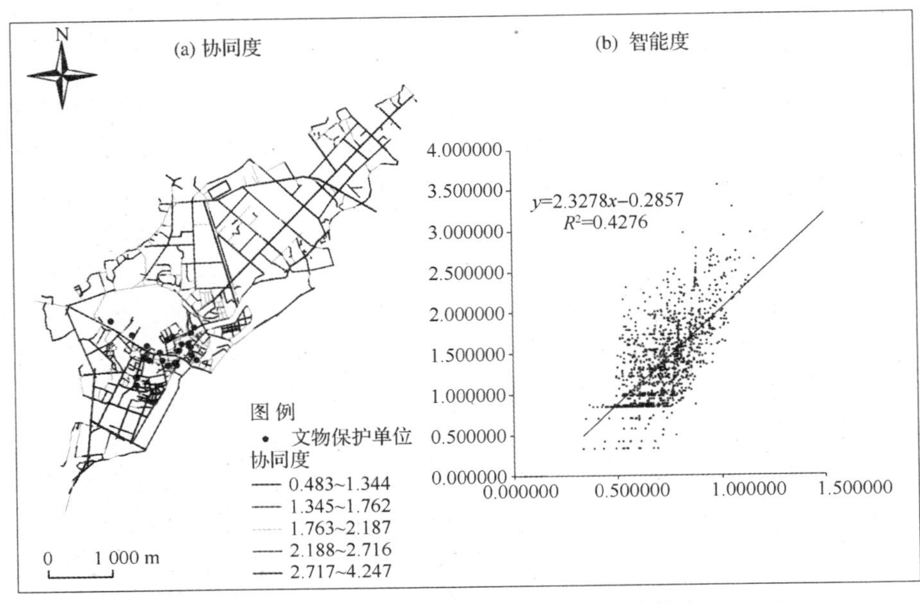

图 10－25　汀州城区街道的协同度与智能度

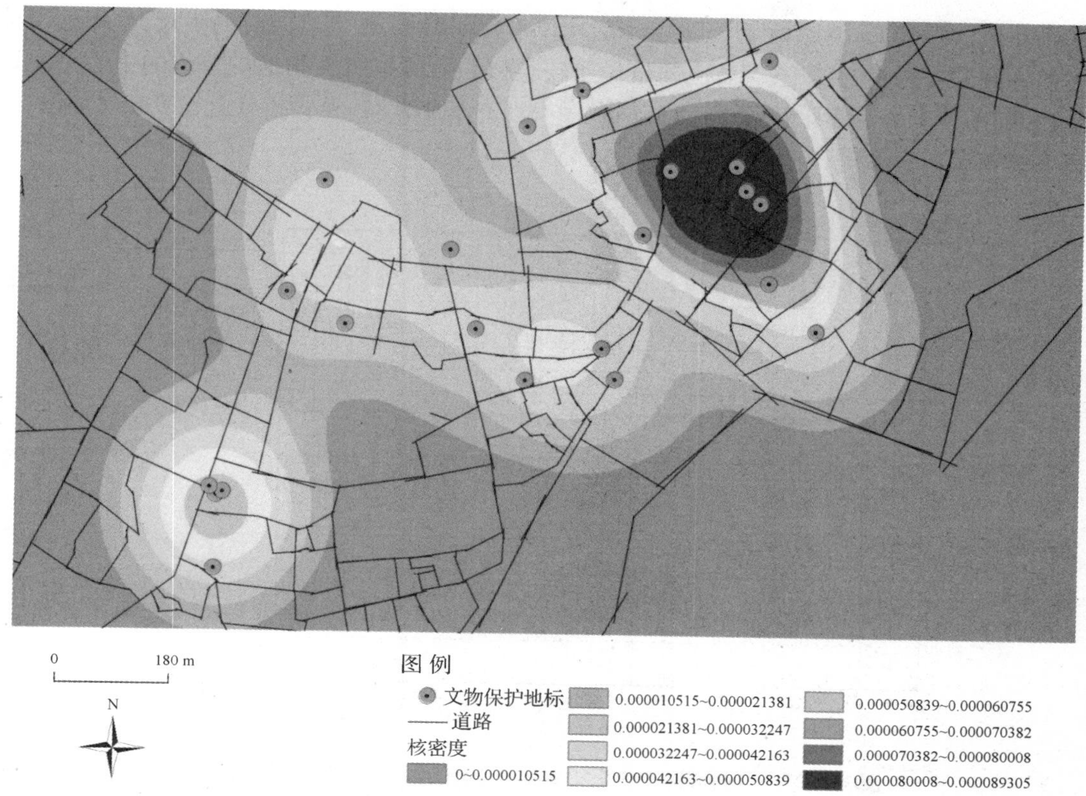

图 10－26　汀州城区文物保护单位的核密度估计计算结果

对文物保护单位地标计算其 Ripley's $K(d)$函数，具体的计算操作可以通过 ArcGIS 平台上 Spatial Statistics Tools 模块中的 Multi Distance Spatial Clustering 工具实现。函数计算结果如图 10－27 所示，可见在 0～400 m 范围内 Observed－K 曲线(实线)位于 Expected－K 曲线(虚线)上方，说明在该段距离尺度内文化地标点呈现集聚状态；而当距离尺度大于 400 m 之后，Observed－K 曲线转变为位于 Expected－K 曲线下方，说明文化地标点的空间格局趋于发散。基于不同置信区间作进一步分析发现：在 $p=0.01$ 的显著性水平下，Observed－K 曲线并没有明显地偏离 Expected－K 曲线，说明文化地标虽呈现出集聚状态，但其集聚程度相对不高；在 $p=0.10$ 的显著性水平下，Observed－K 曲线在 340～380 m 处相对于 Expected－K 曲线有明显偏离，其中在约 350 m 处曲线的偏离最为显著。长汀作为历史文化名城，特别是在汀州古城范围内，步行是主要的交通出行方式。文化地标点聚集效应最显著的距离尺度 350 m 大致相当于步行 5 min 所涉及的范围，也正是人步行的适宜尺度，由此建议以 350 m 作为距离尺度对长汀县城文物保护单位进行分区。

针对国家级、省级及全体文物保护单位分别计算并生成其标准方差椭圆及中心点，结果如图 10－28 所示。省级文物保护单位及全体文物保护单位的标准方差椭圆比较一致，重合部分占标准方差椭圆的面积比例均大于 90%，说明其空间格局相对类似，两者整体表现为“东北—西南”向的空间分布格局，基本覆盖汀州古城范围。而国家级文物保护单位的标准方差椭圆范围明显小于前两者，表明其分布相对较为集中，表现为“西北—东南”向的空间分布格局，且形态也相比前两者更为狭长。从中心点的计算结果来看，省级文物保护单位及全体文物保护单位的中心点比较邻近，彼此相距不到 100 m，均位于兆征路上、长汀县政府的附近，也印证了标准方差椭圆分析得到的结论：两者空间格局比较类似。而国家级文物保护单位的中心点靠近汀江，和前两者中心点相距较远，位于前两者中心点的东北方向，表明相对于省级文保单位，国家级文保单位主要坐落在汀州城区东北。

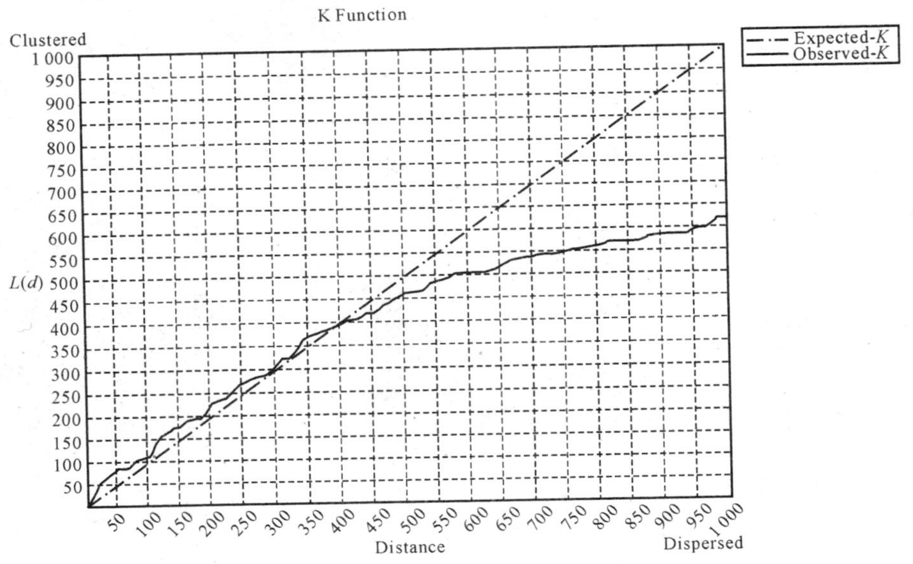

图 10－27　汀州城区文物保护单位的 Ripley's $K(d)$ 函数计算结果

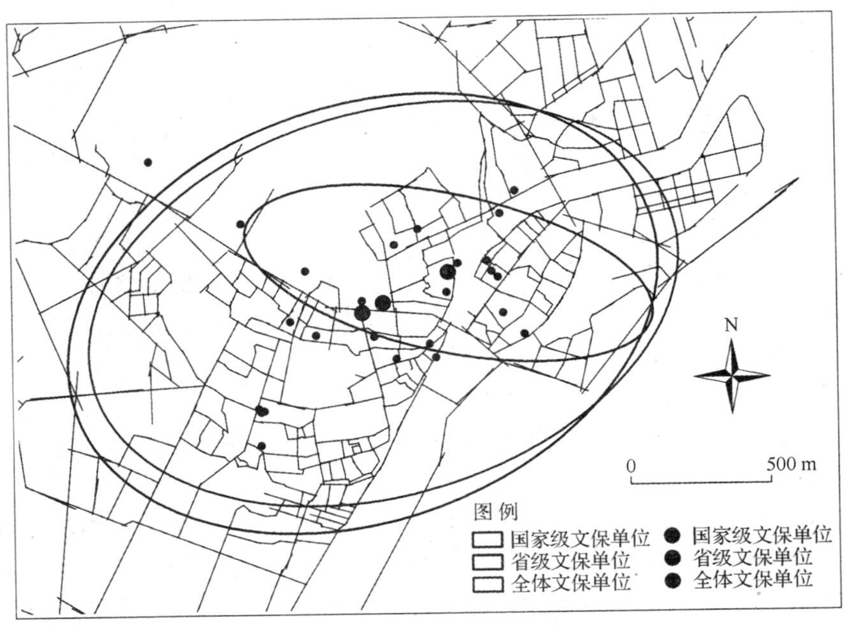

图 10－28　汀州城区文物保护单位的标准方差椭圆及中心点

综合前文，可发现长汀旧区存在道路集成度与文化地标分布的耦合关系，但新区彼此间的空间衔接不强，总体空间感相对较低；长汀文化地标呈现出“一主一次”双中心的分布格局，中心坝西部的汀江东岸处是长汀城区文化地标分布最为集聚的区域；文化地标在小距离尺度上呈现为集聚分布、大距离尺度上则倾向于分散，文化地标点聚集效应最显著的距离尺度为350 m，可根据此距离尺度对长汀的文化地标进行区域划分；省级文物保护单位、全体文物保护单位有类似的空间格局，国家级文物保护单位的空间格局和前两者相异较大，且其分布区域较为狭长。总结上述结论，可认为基于空间句法分析、核密度估计、Ripley's $K(d)$函数及中心点和标准方差椭圆等方法的文化地标空间影响模型能够很好地刻画长汀文化地标的空间格局，为历史文化名城的规划提供更多的科学依据。文化地标承载文化交流、旅游观赏、社会活动等方面的任务，在体现区域社会形态的同时也积极参与社会、文化、物质环境的构建。文化地标融合于长汀的历史文化名城大氛围中，深厚的文化积淀和优美的景观成为城市文化传播、空间聚集的核心，与周边其他设施共同创造极具公共活力的文化区域。长汀的文化地标体现出较明显的核心——边缘结构，聚集性较强，新区文化地标匮乏，如何打破边缘格局及更好地保护和传承历史文化意象，是需要进一步共同探讨的话题。

参考文献

[1] Badoe D A, Miller F F. Transportation-land-use interaction: Empirical findings in north american, and their implication for modeling[J]. Transportation Research D, 2000, 5: 35 - 163.

[2] Bafna S. Space syntax: a brief introduction to its logic and analytical techniques. Environment and Behavior, 35 No. 1, 17 - 29. Jan. 2003.

[3] Behr A, Camarinopoulos L, Pampoukis G. Domination of K-out-of-n systems, IEEE Transaction on Reliability, 1995, Vol. 44(4): 705 - 707.

[4] Buchanan A H. Fire Engineering Design Guide, Centre for Advanced Engineering. University of Canterbury, New Zealand, 1994.

[5] Cervero R. Jobs-housing balance and regional mobility[J]. Journal of the American Planning Association, 1989, 55(2).

[6] Cervero R. Jobs-Housing Balance Revisited[J]. Journal of the American Planning Association, 1996, 62.

[7] Dai S, Chen Y Y, Wei Z H, "Analysis on System Reliability of Complex Public Transit Network," Journal of Wuhan University of Technology (Transportation Science & Engineering), Wuhan University of Technology, Wuhan China, vol. 31, pp. 412 - 414, June 2007.

[8] Deichmann U. Accessibility indicators in GIS[R]. Department for Economic and Social Information and Policy Analysis. United Nations Statistics Division, 1997.

[9] Downs A. The law of peak-hour expressway congestion[J]. Traffic Quarterly, 1962, 16(3).

[10] Ebenezer Howard. To-morrow: A Peaceful Path to Real Reform, 1898.

[11] Fazal S. Land re-organization in relation to made in an Indian city[J]. Land Use Policy, 2001, 18: 191 - 199.

[12] Goodall B. Dictionary of human geography[M]. London, Penguin, 1987.

[13] Hansen W G. How accessibility shapes land-use[J]. Journal of the American Institute of Planners, 1959 (25).

[14] Hillier, B., & Hanson, J. The social logic of space. Cambridge, UK: Cambridge University Press, 1984.

[15] Hillier B. Space Is the Machine: A Configurational Theory of Architecture. [M]. New York: Cambridge Uni- versity Press, 1996.

[16] Hoctor T S, Carr M H, Zwick P D, et al. The Florida Statewide Greenways Project: its realization and political context in Jongman R, Pungetti G, eds. Ecological networks and greenways′ concept design implementation[J]. UK: Cambridge University Press, 2004.

[17] Hou L W, Jiang F. "Study on the Reliability of Urban Road Network," System Engineering, System Engineering Society of Hunan, Changsha China, vol. 18, pp. 44 - 48, Sep. 2000.

[18] Karlqvist A. et al. "Some Theoretical Aspects of Accessibility-based Models." In Dynamic Allocation of Urban Traffic Models[M]. New York: Columbia University Press, 1971.

[19] Kwan M P, Murray A T. Recent advances in accessibility research: Representation, methodology and applications[J]. Geographical Systems, 2003(5).

[20] Levinson D. Accessibility and the Journey to Work[J]. Journal of Transport Geography, 1998, 6(1).

[21] Mackiewicz A, Ratajczak W. Towards a new definition of topological accessibility[J]. Transportation Research B, 2003, 30(1).

[22] Mark S D. Network and Discrete Location: Models, Algorithms and Applications. John Wiley & Sons Inc, New York, 1995.

[23] Masood A B et al. A Multi-objective Model for Locating Fire Stations. European Journal of Operational Research, 1998, Vol. 110, 243 - 260.

[24] Postmaa T J, Liebl F. How to improve scenario analysis as a strategic management tool. Technological Forecasting & Social Change, 2005, (10).

[25] Recker W W, Chen C, McNally M G. Measuring the impact of efficient household travel decisions on

potential travel time savings and accessibility gains[J]. Transportation Research A,2001,35:339 - 369.
[26] Reynolds C, Pedroza J. Systems Options Ltd, Fire Cover Modeling for Brigades-Summary Report, http://www.odpm.gov.uk, FRDG, February 2000.
[27] Ringland G. Scenario Planning: Managing for the Future[M]. Manhattan: John Wiley & Sons,1998.
[28] Rahaf A , David H A. The mobility and accessibility expectations of seniors in an aging population[J]. Transportation Research, 2003 (10).
[29] Shen Q. Spatial technologies, accessibility, and the social construction of urban space[J]. Computer, Environment and Urban Journal of Transport Geography,1998, 4(4).
[30] Walker R, Craighead L. Analyzing wildlife movement corridors in Montana using GIS. Presented at the 1997 ESRI Users Conference,1997.
[31] Xiong Z H. "Study on Theory and Method of Travel Time Reliability about Road Network," unpublished.
[32] [英]埃比尼泽·霍华德;金经元,译.明日的田园城市[M].上海:商务印书馆,2000.
[33] 李·毕理克巴图尔. 区域综合交通运输一体化——运作机制与效率[M].北京:经济管理出版社,2012.
[34] 柏继云,孟军,李放歌.积因子求权重层次分析法在城市排序中的应用[J].数学的实践与认识,2008(24).
[35] 曹卫东,曹有挥,吴威,等.县域尺度的空间主体功能区划分初探[A].水土保持通报,2008,28(2):93 - 98.
[36] 陈驰,任爱珠.消防站布局优化的计算机方法[J].清华大学学报(自然科学版),2003,43(10):1390 - 1393.
[37] 陈春妹,任福田,荣建.路网容量研究综述[J].公路交通科技,2002, 19(3).
[38] 陈焕珍.县域尺度主体功能区划分研究[A].现代城市研究,2013,7:88 - 93.
[39] 陈联,蔡小峰.城市腹地理论及腹地划分方法研究[J].经济地理,2005,25(5).
[40] 陈爽,张皓.国外现代城市规划理论中的绿色思考[J].规划师,2003,4(19).
[41] 陈顺清.容积率的确定及其对土地开发效益的影响[J].武汉城市建设学院学报,1995,12(2).
[42] 陈婷.城市地理本体系统的分析与实现[D].武汉:武汉理工大学,2009.
[43] 陈自新,苏雪痕,刘少宗,等.北京城市园林绿化生态效益的研究[J].中国园林,1998(01).
[44] 陈仲光,徐建刚,蒋海兵.基于空间句法的历史街区多尺度空间分析研究——以福州三坊七巷历史街区为例[J].城市规划,2009(8).
[45] 崔功豪.区域 城市 规划[M].北京:中国建筑工业出版社,2004.
[46] 戴柳燕,焦华富,肖林.国内外城市职住空间匹配研究综述[J].人文地理,2013(2).
[47] 邓轶,李爱勤,窦炜.城市消防站布局规划模型的对比分析[J].地球信息科学,2008,10(2).
[48] 邓羽,蔡建明,杨振山.北京城区交通时间可达性测度及其空间特征分析[J].地理学报,2012, 67(2).
[49] 樊烨,姜华,马国强.基于交通因子视角的区域空间结构演变研究——以长三角地区为例[J].河南科学,2006,24(2).
[50] 方克立,周德丰.中国文化概论[M].北京:北京师范大学出版社, 2010 (3).
[51] 冯凯,徐志胜,杨淑江.消防站布局规划及可视化系统研究[J].消防科学与技术,2006,25(1):97 - 99.
[52] 傅伯杰.土地评价研究的回顾与展望[J].自然资源,1990,(3).
[53] 傅伯杰.土地评价的基本理论问题初探[J].地域研究与开发,1991,10(1).
[54] 付在毅,许学工.区域生态风险评价[A].地球科学进展,2001,16(2):267 - 271.
[55] 范维澄,王清安.火灾科学导论[M].武汉:湖北科学技术出版社,1993.
[56] 高军波,周春山,叶昌东.广州城市公共服务设施分布的空间公平研究[J].规划师,2010, (4).
[57] 高军波.转型期中国城市公共服务设施供给模式及其形成机制研究——以广州为例[D].中山大学,2010.
[58] GB 50357—2005,历史文化名城保护规划规范[S].北京:中国城市规划设计研究院,2005.
[59] 耿金花,高齐圣,张嗣瀛.基于层次分析法和因子分析的社区满意度评价体系[J].系统管理学报,2007(6).
[60] 顾朝林,宋国臣.城市意象研究及其在城市规划中的应用.城市规划,2001,25(3).

[61] 顾珊珊,陈禹.复杂适应性系统的仿真与研究——基于 CAS 理论的交通模拟[J].复杂系统与复杂性科学,2004(01).
[62] 何强为.容积率的内涵及其指标体系[J].城市规划,1996,(1).
[63] 何英彬,陈佑启,杨鹏,等.国外基于 GIS 土地适宜性评价研究进展及展望[J].地理科学进展,2009,28(6).
[64] 胡明伟.交通系统规划与控制[M].北京:中国物资出版社,2010.
[65] 黄方,刘湘南,张养贞.GIS 支持下的吉林省西部生态环境脆弱态势评价研究[J].地理科学,2003,23(1):95-100.
[66] 黄锡荃.水文学[M].北京:高等教育出版社,1993.
[67] 侯玉洁,郭晓林,徐建刚.基于人本思想的城市色彩标识系统研究——以洛阳市为例[C].城市时代 协同规划——2013 中国城市规划年会论文集,中国城市规划学会,2013.
[68] 金凤君,王姣娥.20 世纪中国铁路网扩展及其空间通达性[M].地理学报,2004,59(2).
[69] 金继晶,郑伯红.面向城乡统筹的空间管制规划[J].现代城市研究,2009(2).
[70] 凯文·林奇.城市意象[M].北京:华夏出版社,2001.
[71] 孔繁花,尹海伟.城市绿地功能的研究现状、问题及发展方向[J].南京林业大学学报(自然科学版),2010,02.
[72] 孔令斌.城市职住平衡的影响因素及改善对策[J].城市交通,2013,11(6).
[73] 蒋海兵,徐建刚,祁毅.京沪高铁对区域中心城市陆路可达性影响[J].地理学报,2010,65(10).
[74] 蒋海兵,徐建刚.基于交通可达性的中国地级以上城市腹地划分[J].兰州大学学报(自然科学版),2010,46(4).
[75] 李阿萌,张京祥.城乡基本公共服务设施均等化研究评述及展望[J].规划师,2011,(11).
[76] 李春好,孙永河,贾艳辉,等.变权层次分析法[J].系统工程理论与实践,2000,30(4).
[77] 李聪颖.城市交通与土地利用互动机制研究[D].西安:长安大学,2005.
[78] 李昆仑.层次分析法在城市道路景观评价中的运用[J].武汉大学学报(工学版),2005(01).
[79] 李勍.文化地标:一座城市的 DNA[J].建筑与文化,2012,(9).
[80] 李纪宏,刘雪华.基于最小费用距离模型的自然保护区功能分区[J].自然资源学报,2006(02).
[81] 李平华,陆玉麒.可达性研究的回顾与展望[J].地理科学进展,2005,24(3).
[82] 李郇,许学强.广州市意象空间分析[J].人文地理,1993,8(3).
[83] 李新宇,郭佳,许蕊,等.基于多因子层次覆盖模型的城市公共绿地服务功能等级评价——以北京市规划市区内公共绿地为例[J].科学技术与工程,2010(32).
[84] 李延明.北京城市园林绿化生态效益的研究[J].城市管理与科技,1999,01.
[85] 梁鹤年.合理确定容积率的依据[J].城市规划,1992,(2).
[86] 刘慧,孙世群.SWOT 分析法在城市环境规划中的应用——以安庆市为例[J].环境科学与管理,2011,36(2).
[87] 刘黎明.土地资源学(第 5 版)[M].北京:中国农业大学出版社,2010.
[88] 刘康,欧阳志云,王效科,等.甘肃省生态环境敏感性评价及其空间分布[J].生态学报.2003(12).
[89] 刘敏,方如康,等.现代地理科学词典[M].上海:科学出版社,2009.
[90] 刘锐,胡伟平,王红亮,等.基于核密度估计的广佛都市区路网演变分析[J].地理科学,2011(01).
[91] 刘望保,侯长营.国内外城市居民职住空间关系研究进展和展望[J].人文地理,2013(4).
[92] 刘彦平.中小城镇是新型城镇化关键[J].经济参考报,2013(10).
[93] 刘银波,吴扬,徐建刚.基于交通可达性的扬中市腹地变化测度研究[J].河南科学,2011,29(4).
[94] 刘志林,王茂军,柴彦威.空间错位理论研究进展与方法论评述[J].人文地理,2010(01).
[95] 卢映川,万鹏飞,等.创新公共服务的组织与管理[M].北京:人民出版社,2007.
[96] 罗静,党安荣,毛其智.基于 SOA 的数字城市规划集成平台框架研究[J].计算机工程与应用,2008(23).
[97] 马道明,李海强.社会生态系统与自然生态系统的相似性与差异性探析[J].东岳论丛,2011(11).
[98] 潘竟虎,石培基,董晓峰.中国地级以上城市腹地的测度分析[J].地理学报,2008,63(6).
[99] 芮孝芳.水文学原理[M].北京:中国水利水电出版社,2004.
[100] 祁毅,徐建刚.基于空间可达性栅格建模的公共设施布局规划分析方法[A].创新与发展·2006 高校

GIS 论坛论文集[C]. 北京:科学出版社,2006.
[101] 侍昊. 基于 RS 和 GIS 的城市绿地生态网络构建技术研究——以扬州市为例[D]. 南京: 南京林业大学,2010.
[102] 石飞,徐向远. 公交都市物质性规划建设的内涵与策略[J]. 城市规划,2014(7).
[103] 石飞. 可持续的城市机动性——公交导向与创新出行[M]. 南京:东南大学出版社,2013.
[104] 石飞,陆振波. 出行距离分布模型及参数研究[J]. 交通运输工程学报, 2008(02).
[105] 宋军. 对控制性详细规划的几点认识[J]. 城市规划,1991,(3).
[106] 孙德芳,秦萧,沈山. 城市公共服务设施配置研究进展与展望[J]. 现代城市研究,2013(3).
[107] 汤孟平,唐守正,雷相东,等. Ripley's K(d)函数分析种群空间分布格局的边缘校正[J]. 生态学报,2003(08).
[108] 王宝强,徐建刚,蒋海兵. 基于建设用地适宜性评价的空间管制研究——以南京市金陵监狱地区为例[J]. 现代城市研究,2009,(4).
[109] 王国恩,殷毅,等. 旧城改造控制性详规中容积率的测算——南宁市旧城改造投入产出分析[J]. 城市规划,1995,(2).
[110] 王海晖,朱霁平,范维澄. 中国的消防工作现状分析[J]. 火灾科学,1996,5(2).
[111] 王洪威,徐建刚,桂昆鹏,等. 城市绿地系统生态服务效能评价及优化研究——以淮安生态新城为例[J]. 环境科学学报,2012(04).
[112] 王清安. 城市火灾与燃烧[M]. 合肥:中国科技大学出版社,1989.
[113] 王书玉,卞新民. 江苏省阜宁县生态经济系统综合评价[J]. 生态学杂志,2007(02).
[114] 王炜,陈学武. 交通规划[M]. 北京:人民交通出版社,2007.
[115] 王雪. 生态涵养发展型县域主体功能区划研究——以重庆市丰都县为例[D]. 西南大学,2014.
[116] 王景慧. 中国民族建筑研究与保护[A]. 亚洲民族建筑保护与发展学术研讨会论文集[C]. 中国民族建筑研究会,2004.
[117] 魏一鸣,金菊良. 洪水灾害风险管理理论[M]. 北京:科学出版社,2002.
[118] 吴昌广,周志翔,王鹏程,等. 基于最小费用模型的景观连接度评价[J]. 应用生态学报,2009,20(8).
[119] 吴姜文. 基于离散定位模型的城市消防站优化布局方法[J]. 系统仿真技术,2006,2(1).
[120] 吴军. 消防站优化布局方法与技术研究[J]. 消防科学与技术,2006,25(1):100 - 102.
[121] 吴扬,徐建刚,王振波,等. 基于 GIS 技术的扬中市可达性定量研究——以过江通道的建设为例[J]. 地域研究与开发,2008,27(5).
[122] 吴志强,李德华. 城市规划原理(第四版)[M]. 北京:中国建筑工业出版社,2010.
[123] 吴琼,王如松,李宏卿,等. 生态城市指标体系与评价方法[J]. 生态学报,2005(08).
[124] 肖荣波,丁琛. 城市规划中人口空间分布模拟方法研究[J]. 中国人口资源与环境,2011,21(6).
[125] 徐凌. 城市绿地生态系统综合效益研究——以大连市为例[D]. 辽宁师范大学,2003.
[126] 徐建刚,梅安新,韩雪培. 城市居住人口密度估算模型的研究[J]. 环境遥感,1994(08).
[127] 徐建刚,韩雪培,陈启宁. 城市规划信息技术开发与应用[M]. 南京:东南大学出版社,2000.
[128] 徐俏,何孟常,杨志峰,等. 广州市生态系统服务功能价值评估[J]. 北京师范大学学报(自然科学版),2003(02).
[129] 许有鹏. 流域城市化与洪涝风险[M]. 南京:东南大学出版社,2012.
[130] 许学强. 城市地理学[M]. 北京:高等教育出版社,2009.
[131] 杨勉. 区域铁路网可达性模型研究及应用[D]. 北京:北京交通大学,2008.
[132] 杨涛,程万里. 城市交通网络广义容量应用研究——以南京市为例[J]. 东南大学学报,1992,(5).
[133] 杨滔. 说文解字:空间句法[J]. 北京规划建设,2008(1).
[134] 杨曾宪. 城市色彩规划设计的意义及原则[J]. 城市,2004(1).
[135] 杨志峰,徐俏,何孟常,等. 城市生态敏感性分析[J]. 中国环境科学,2002,(02).
[136] 杨钦宇,徐建刚. 基于引力模型的公共服务设施公平性评价模型——以福建长汀为例[J]. 规划师,2015(7).
[137] 姚士谋,管驰明,房国坤. 高速公路建设与城镇发展的相互关系研究初探——以苏南地区高速路段为例[J]. 经济地理,2001,21(3).
[138] 叶文虎,魏斌,仝川. 城市生态补偿能力衡量和应用[J]. 中国环境科学,1998(04).
[139] 尹海伟,孔繁化. 城市与区域规划空间分析实验教程[M]. 南京:东南大学出版社,2014.
[140] 尹海伟,徐建刚,陈昌勇,等. 基于 GIS 的吴江东部地区生态敏感性分析. 地理科学,2006,26(1).

[141] 俞孔坚,李迪华,刘海龙."反规划"途径[M].北京:中国建筑工业出版社,2005.
[142] 喻良,伊武军.层次分析法在城市生态环境质量评价中的应用[J].四川环境,2002(04).
[143] 俞艳,郭庆胜,何建华,等.顾及地理网络特征的城市消防站布局渐进优化[J].武汉大学学报(信息科学版),2005,30(4):333-336.
[144] 岳德鹏,王计平,刘永兵,等.GIS与RS技术支持下的北京西北地区景观格局优化[J].地理学报,2007,62(11).
[145] 运迎霞,文强.城乡统筹下的县域空间管制规划研究——以河南省舞钢市为例.城市时代 协同规划——2013中国城市规划年会论文集(10-区域规划与城市经济),2013.
[146] 张从果,甄峰,汤培源.港口开发、产业发展与人口城市化——以曹妃甸地区为例[J].城市发展研究,2007,14(5).
[147] 章锦河,张捷,刘泽华.基于旅游场理论的区域旅游空间竞争研究[J].地理科学,2005,25(2).
[148] 张晓冬,等.系统工程[M].北京:科学出版社,2010.
[149] 张小飞,王仰麟,李正国.基于景观功能网络概念的景观格局优化——以台湾地区乌溪流域典型区为例[J].生态学报,2005,25(7).
[150] 张玉虎,于长青,塔西甫拉提·特依拜,等.风景区生态安全格局构建方法研究——以北京妙峰山风景区为例[J].干旱区研究,2008,25(3).
[151] 张宗祜,张文辉.大陆水循环系统演化及其环境意义[J].地球学报,2001,22(4).
[152] 赵晖,杨军,刘常平,等.职住分离的度量方法与空间组织特征——以北京市轨道交通对职住分离的影响为例[J].地理科学进展,2011,30(2).
[153] 赵璐,赵作权.基于特征椭圆的中国经济空间分异研究[J].地理科学,2014(08).
[154] 郑文娜,王锦.城市绿地系统评价研究进展[J].北京农业,2011(33).
[155] 周成虎,万庆,黄诗峰,等.基于GIS的洪水灾害风险区划研究[J].地理学报,2000,55(1).
[156] 邹德慈.容积率研究[J].城市规划,1994,(1).
[157] 朱立志.层次分析法在城市土地集约利用评价指标体系建立中的应用[C].福建省土地学会2009年年会论文集,福建省土地学会,2009.
[158] 宗跃光,张晓瑞,何金廖,等.空间规划决策支持系统在区域主体功能区划分中的应用[A].地理研究,2011,30(7):1285-1295.
[159] 朱霁平,苟永华,廖光煊.城市火灾扑救调度最佳路径分析[J].火灾科学,2002,11(4):201-205.
[160] 朱茵,孟志勇,阚叔愚.用层次分析法计算权重[J].北方交通大学学报,1999,23(5).

第四篇

规划实践创新篇

我国城乡规划领域经过30余年的实践探索,业已建立起一套较为系统有效的城市规划编制与管理体系,为我国的城镇化发展发挥了重要作用。但是,与国际上欧美发达国家相比,我国的城市规划在编制思路、模式、规制、制度和管理等诸多方面都有较大的差距,亟须借助规划学科范式的转变与国际接轨。

本书第三篇构建的规划空间分析模型从空间问题出发,不仅适用于规划方案编制的分析研究,同样适用于规划管理信息系统的决策支持。将第三篇的六大类分析模型进行模块化软件开发,嵌入以信息化高度集成的异构平台来研发规划制定与管理支持系统模块,将对新兴的智慧城市规划领域的信息技术的应用创新有重要的意义。正如第2章所示,智慧型分析模型应直接为规划编制与实施管理提供科学方法,而智慧规划管理是以系统性的规划编制成果为依据的。因此,建立一套为城市规划编制与实施管理部门业务服务的应用信息系统至关重要。

本书发展的适应性规划空间分析模型是建立在2000年以来的我国东部快速城镇化地区的多层面规划实践基础上的。从2003年至今的10多年里,南京大学数字规划团队在闽西革命老区,有着“红色小上海”之称的长汀承担了20余项多层面的城镇规划项目,第三篇的近一半多的分析模型源自于对长汀城市问题的专题研究。因此,本篇第11章系统地介绍第三篇的模型如何作为方案编制的依据来指导长汀规划编制实践的。第12章则以团队10多年来承担的南京市政府和南京市规划局的研究课题为基础,从智慧规划管理角度探讨了面向规划管理业务的编制管理、审批管理和规划管理中的公共参与的空间分析模型集成应用创新开发研究途径。本篇的研究初步展现了本书提出的我国城市规划范式转型下的规划信息技术应用创新模式。

11 福建长汀山地城市系列规划的适应性建模应用

我国30余年的经济高速发展，带来了令世人赞叹的城市化都市景观奇迹。然而，与此同时，支撑城市生存的大江大河流域水资源、水环境普遍出现了枯竭和严重污染等重大问题。而近年来凸现的全球气候变化加剧更是雪上加霜，导致我国城市未来的洪涝及其次生地质灾害风险急剧增加(徐建刚等，2012)。纵览我国城市规划与建设，普遍存在着对城市整体长期面临的自然环境变化带来的安全风险认识不足的严重问题，尤其对于山地城市，地形高低起伏的背景和高山区暴雨频发的情景叠加交织，带来的洪涝和次生地质灾害构成的威胁不断突破原有城市规划的灾害防治标准。同时，我国是一个多山国家，山地城镇约占全国城镇总数的一半；因此，亟须通过科学、合理地规划与设计来提高山地城市的安全性。

南京大学数字规划团队师生以南京大学数字城市与规划工程技术研究中心和南京大学城市规划设计研究院为依托，从2003年承担长汀县国家历史文化名城保护规划与县域城镇体系规划起，至今的10多年里在福建省长汀县共承担了20余项多层次、多类型的规划，其中，先后完成了20多项规划专题研究。在长汀的规划研究中，我们秉承问题导向的研究思路，首先对每一项规划在扎实的现状调查基础上，梳理和聚焦影响城市空间发展和该项规划落实的关键问题；其次，用国家政策导向和可持续发展为核心的规划系列价值观来确定研究的指导思想和整体思路；再次，在遥感、GIS和统计分析软件的支持下，发展与创新定性、定量和空间分析相结合的系统研究方法，构建影响规划关键问题的因子数据空间化分析模型；进而，通过对问卷、访谈、统计、踏勘、测绘和遥感等数据进行整合建库，集成运用GIS多种转换分析模块进行模型运算；最后，对获得的结果图表所表达的规划区空间特征、分布规律或预测情景进行科学解释，作为规划方案编制的重要依据。这一整套规划专题研究的方法与技术已在前三篇有了系统的阐述，本章重点以长汀作为实例，来介绍在具体的规划项目中如何引入适应性规划理念、嵌入模型分析和实现模型的规划方案应用。

11.1 山地城市适应性规划方法途径及系列规划应用

长汀县位于福建省西南部，隶属龙岩市，是国家历史文化名城、客家首府与工贸旅游城市。其自然地理特征为：八山一水一分田、土地资源稀缺，山洪频发、城市安全风险较高，水土流失严重、生态环境脆弱。在长达10余年的长汀系列规划研究中，我们发现长汀作为山地城市受自然条件的约束严重，其城市功能空间布局只有主动地适应山地自然环境，并通过深入分析长汀作为国家历史文化名城和生态示范县等文化与生态资源优势带来的多项优惠政策，抓住区域交通改善的每一次机遇，并对相关规划做出积极地、适应性的调整，才能实现长汀这类山地城市的跨越式发展。

11.1.1 山地城市发展的适应性规律

经过对闽西山地城市长汀发展与规划的长期追踪研究，我们发现从唐代开始，有千年建城史、州县同城的长汀在长期受到自然生态环境条件严格制约的情况下，城市的空间拓展演化呈现出一种“城市适用自然”的典型特征。千百年来，当地的居民对城市所依托的山水环境给予了充分的尊崇与细心的保护，山水城林融合一体的景观特色直观地反映了本书所探索的“城市是一种开放的、与自然相互适应的复杂系统”的典范。通过对长汀城市的系统化研究，我们认识到山地城市规划“适应性”本质为：由政府和市民共同驱动的城市功能空间主体系统是否主动地适应山地自然环境至关重要，可持续的山地城市规划即是在寻找一种适应过程中的“规则”(机理)，如图 11－1 所示。

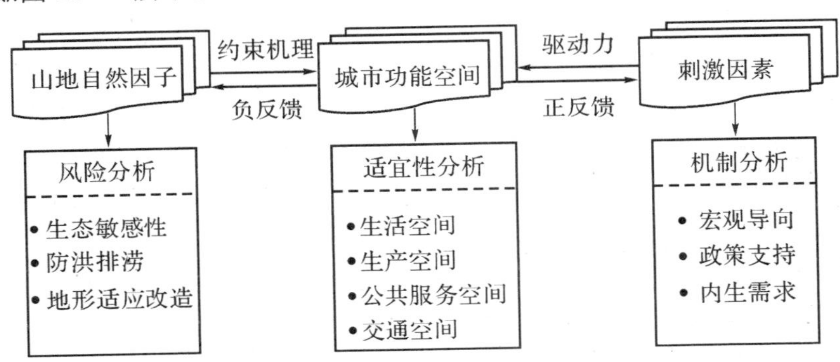

图 11－1　山地城市规划的“适应性”

通过对长汀近 20 年多轮的、从宏观到微观的一系列空间规划编制及其多方面专题研究的规划实践认知，我们体会到随着山地城市规划工作的不断深化，城市的开发建设呈现出城市与自然环境关系的适应性逐渐增强的过程，即伴随着城市开发的具体而详细的落实，空间范围的逐步缩小，时间逐渐推移，规划编制与实施的层次也在逐渐深入，随之而来的是城市功能布局与自然基底协调程度逐渐增高，也可以说山地城市规划对自然环境的适应能力在逐渐增强，如图 11－2 所示。

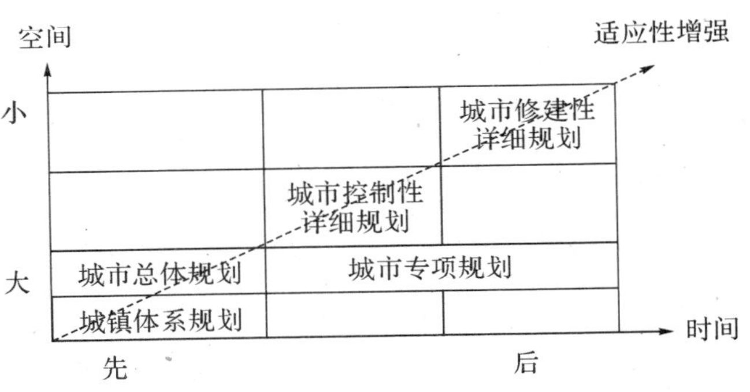

图 11－2　山地城市规划的适应性过程

从山地城市孕育、发展的过程来说，山地用地条件复杂、生态环境敏感度较高的特殊环境是山地城市空间系统形成的重要约束。无论是宏观的城市选址、城市轮廓、城市扩展方向、城市结构，还是中观的城市街道、轴线、肌理都受到了自然环境的极大制约。从历史时期的发展过程来看，山地城市总是呈现出主动与自然地理环境相适应的关系(李旭、赵万民，2010)。独特的自然地理环境以及人类长期适应这种环境而形成的社会文化传统和经济技术形式，使山地城市发展演变具有自身的规律(李和平，1998)。

在城市孕育之初，对于来自物质环境，诸如空间容量、自然生态安全等方面的限定，城市空间要素的聚集最先都是一种自然选择的适应性结果，其后才是对自然有限的改造。山地自然环境始终影响着城市功能空间系统的演化过程，无论在微观上空间要素的量与质有着怎样的积累，宏观上空间结构有着怎样的延伸，依山就势、因地制宜的发展路径始终左右着演化进程（王中德、赵万民，2011）。因此，大多数山地城市都形成了“有机分散、分片集中、分区平衡、多中心、组团式”的体现中国山地城市人和自然高度密集融合和山水文化的哲学理念的山地城市空间结构（黄光宇，2004）。

城市复合生态系统理论认为，城市是以人类行为为主导、自然生态系统为依托、生态过程所驱动的社会—经济—自然“复合生态系统”。因此城市规划必须考虑城市的社会经济发展应与自然环境相适应。从原始社会到信息社会，城市（聚落）这一复合生态系统，通过人类适应行为的调整，而与自然的关系也发生了根本性变革。

从 CAS 视角来看，城市功能空间主体主动适应山地自然环境，山地城市规划即是在寻找一种适应过程中的“规则”，主要体现在城市功能空间布局的需求和自然基底条件的约束这两大方面。因此，以我国现有的对城市功能区用地自然条件评价分类体系为基础，结合山地城市自然环境特征，可以分成如表 11 - 1 所示的 4 大类多个特征因子。

表 11 - 1　山地城市自然环境特征因子表

自然环境类型	特征因子
地形地貌	地貌形态类型、高度、坡度、沟谷密度等
流域水动力	流域形态、坡面、河床、降雨、径流等
下垫面	风化壳、植被、土壤、农田等
地质灾害	地震带、滑坡体、泥石流等

11.1.2　山地城市适应性规划方法体系构建

1) CAS 研究范式下的城市规划主体行为界定

城市规划学作为一门综合性很强的独立学科，在长期的社会实践中，已发展成较为系统的知识体系。《雅典宪章》所奠定的传统核心理论“功能分区”体现了传统线性科学的还原论思想，而随后发展的沙里宁的有机疏散理论、《马丘比丘宪章》的功能混合理念与复杂系统的非线性、整体性认识论不谋而合。因此，运用复杂系统理论方法探究城市系统演化的内在规律与动力机制，将推动城市规划学科的变革（仇保兴，2009）。

基于这一认识，本章将复杂适应系统（CAS）中主体对环境适应性的行为作用模式引入城市规划过程中。首先，将城市功能空间看成由规划师、城市建设者以及规划管理者通过过程化的城市规划编制、实施和管理等系列活动而成为具有能动性的主体；其次，将城市功能结构的不断优化看成功能空间主体的不断学习与发展的自适应过程；再次，将城市的每一次过程化的规划看成主体的一次行为活动，将规划中采用的原理和方法技术看成功能空间主体的行为规则；从而最终将复杂适应系统的研究范式引入到城市规划的具体问题研究中。

2) 基于 CAS 理论的山地城市适应性规划方法途径

基于上述城市规划空间功能主体的界定，针对当代我国山地城市空间增长中的自然环境灾害安全风险突出的现实问题，本书提出了探寻山地城市系统对自然环境适应性演化规律的下列方法技术途径。

（1）通过从流域自然环境演化的动力过程角度分析每个因子对不同城市功能区的影响程度，来分别提取其主要特征因子的量化值；进而，运用生态系统理论，探讨自然因子交互综合作用对各种城市功能区的安全约束机理，提出基于生态位理论的功能空间所处的自然环境风险价值意义及量化模式。

（2）根据城市规划基本原理，引入复杂适应系统理论建立的聚集、非线性、流、标识等方法，分 4 大类功能主体来分别探讨各种自然因子单项和多项组合情景下的对功能区的物质财产和生命的威胁风险大小和破坏程度高低；进而，提出不同功能主体布局在城市不同空间部位下的适应性程度；进一步，探讨不同城市形态下、不同功能空间组合模式下的自然灾害对安全威胁和破坏的强弱增减程度；最后，总结归纳出城市功能主体行为与自然地理环境的适应性作用模式。

（3）以用地适宜性评价和生态敏感性分析模型为城市安全适应性系统分析原型，探讨功能主体行为与自然环境多因子适应性综合评价模型的规则化科学表达形式；对已有的城市公共功能空间的洪水淹没风险分析模型、城市生产功能空间的地形适应性改造分析模型等进行规则化改进，并融入多因子适应性综合评价模型体系中。

（4）在 GIS 空间分析技术支持下，以上述多因子适应性综合评价模型为基础，探讨山地城市适应性规划方法实现的技术途径：首先，以城市规划编制办法中各类规划图的比例尺要求为依据，探讨山地城市不同尺度规划中空间元胞栅格的大小，确定规则及各类自然因子属性值生成一般性方法；其次，运用山地自然环境因子对各种城市功能区的安全约束机理及量化模式，科学确定因子量化等级权重；进而，根据山地城市功能主体行为与自然地理环境的适应性作用模式，探讨适应性多因子综合评价模型的科学表达形式，构建融合规划原理和复杂性科学理论的基础性规划分析模型。

11.1.3 基于长汀规划实践的山地城市适应性规划框架

1）规划实证区域长汀概况

（1）源远流长的国家历史文化名城

新西兰作家路易·艾黎（中国汀州客家研究中心，2010）曾说："中国有两个最美丽的山城，一个是湖南的凤凰，一个是福建的长汀。"长汀地处闽赣边陲要冲（见图 11－3），是一座拥有千年历史的、秀丽的"山水"古城（见图 11－4），宋朝汀州太守陈轩（长汀县地方志编纂委员会，1993）将之形象地描述为："一川远汇三溪水，千嶂深围四面城。"长汀作为我国 124 个国家级历史文化名城之一（见图11－5），汉代置县后，从盛唐到清末一直是闽西的政治、经济、文化中心，也是州、郡、路、府的驻地，亦是客家人主要聚居地和发祥地（何绵山，1998），享有"客家大本营"和"客家首府"之称（谢重光，2002）；同时长汀又是著名的革命老区，为中国 21 个革命圣地之一（何郑莹、裘行洁、徐建刚，2005）。1994 年，

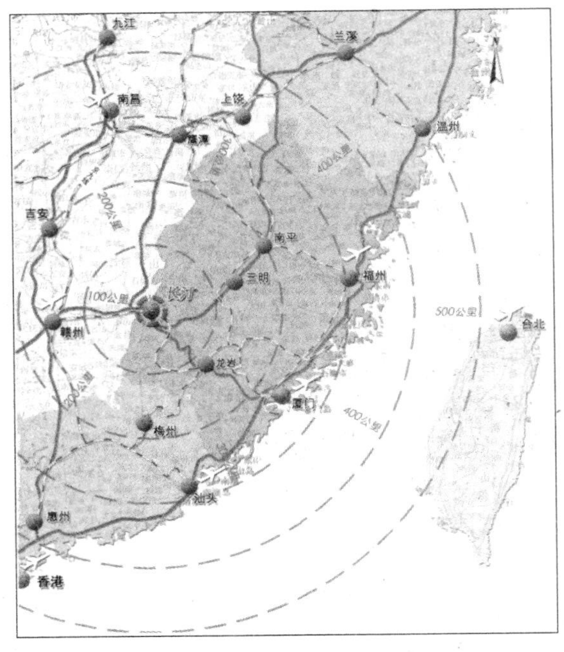

图 11－3 长汀区域位置图

长汀被国务院公布为第三批国家级历史文化名城。她以客家文化、革命文化与历史文化而闻名遐迩，是兼具近代史迹名城、地方特色及民族文化为一体的文化名城(董鉴鸿、阮仪三,1993)。

图 11-4 远眺长汀古城

图 11-5 长汀城墙与汀江

(2) 水土流失治理的典范

长汀还以其水土保持工作而驰名中外。长汀是全国丘陵红壤区水土流失最为严重的县份之一，水土流失面积达 975.154 km²，占全县山地面积的 37.7%，水土流失历史之长，面积之广，程度之重，危害之大，居福建省之首。长汀县河田镇早在 20 世纪 40 年代初就与陕西长安、甘肃天水一起被列为全国 3 个重点水土保持试验区(龙岩水土保持事业局,1999)。长汀严重的水土流失问题引起了历届福建省委、省政府的高度重视，1983 年，省委、省政府把河田镇列为全省水土流失治理的试点，长汀开始了大规模的水土流失治理；特别是从 2000 年起，省委、省政府多年持续把长汀水土流失治理列入为民办实事项目(黄聚聪等,2007)，再次掀起长汀水土流失治理的新高潮。2000—2010 年，长汀治理水土流失面积 78 524 hm²，项目涉及 9 个乡镇，118 个村，22 条小流域，减少水土流失面积 43 060 hm²，使当地的生态环境大为改善。2011 年中央联合调研组调研福建长汀水土保持工作，长汀治理模式与成效被水利部誉为是中国水土流失治理的品牌，被中国水土流失与生态安全院士专家考察团誉为是南方水土流失治理的典范(见图 11-6)。在当今生态文明建设的国家战略需求下，水土保持立法也开始吸纳“长汀经验”，2013 年 11 月 28 日，福建省人大常委会会议审议的《福建省水土保持条例(草案)》就将长汀县水土流失治理的成功经验吸纳到条例草案中(郑昭,2013)。

图 11-6 以马尾松为先锋树种的长汀水土流失治理

2）长汀系列规划编制简介

南京大学城市规划设计研究院受长汀县人民政府委托，从 2003—2014 年，先后在长汀编制了包括城镇体系规划、城市总体规划、城市控制性详细规划、城市修建性详细规划、专项规划等法定规划以及多项非法定规划（见表 11-2），应用多种规划空间分析模型开展了大量的山地城市适应性规划实证。

表 11-2 南京大学编制的长汀县系列规划一览表

规划层级	项目名称	项目开始时间
城镇体系规划	长汀城镇体系规划	2003
城镇总体规划	长汀县城市总体规划（2006—2020）	2006
	长汀县城市总体规划（2009—2030）	2009
	福建省长汀县县城总体规划（2011—2030）	2011
	福建省长汀县县城总体规划（2014—2030）	2014
	长汀县新桥镇总体规划（2010—2030）	2009
	长汀县河田镇总体规划（2010—2030）	2009
	长汀经济开发区扩区总体规划（2009—2030）	2009
城市控制性详细规划	长汀历史街区控制性详细规划	2005
	福建（长汀）稀土工业园控制性详细规划	2009
	长汀经济开发区扩区控制性详细规划	2010
城市修建性详细规划	长汀建设街历史街区修建性详细规划	2006
	长汀新桥镇滨江宜居与渔庄休闲板块修建性详细规划	2009
城市专项规划	长汀历史文化名城保护规划	2003
	福建（长汀）稀土工业园防洪排涝规划	2010
	福建省长汀县县城近期建设规划（2011—2015）	2011
	福建省长汀县绿地系统规划	2011
	福建省长汀县公交系统规划	2011
非法定规划	长汀县城市发展概念规划	2009
	福建（长汀）稀土工业园概念性城市设计	2009

3）山地城市适应性规划框架

在长汀的十多年规划编制实践中，我们运用 RS、GIS 和统计分析等技术，发展了一系列称之为“山地城市适应性规划分析方法”。该类方法遵循“环境友好”“资源节约”“生态安全”与“服务公平”的总体目标，综合运用包括生态敏感性分析、建设潜力分析、灾害风险性分析、用地适宜性分析、交通低碳化分析、设施可达性分析与土地适应性改造分析等规划空间分析方法，并将这些分析方法与模型应用于从“城镇体系规划——城市总体规划——城市控制性详细规划——城市修建性详细规划——城市专项规划”的整个规划编制体系中，如图 11－7 所示。

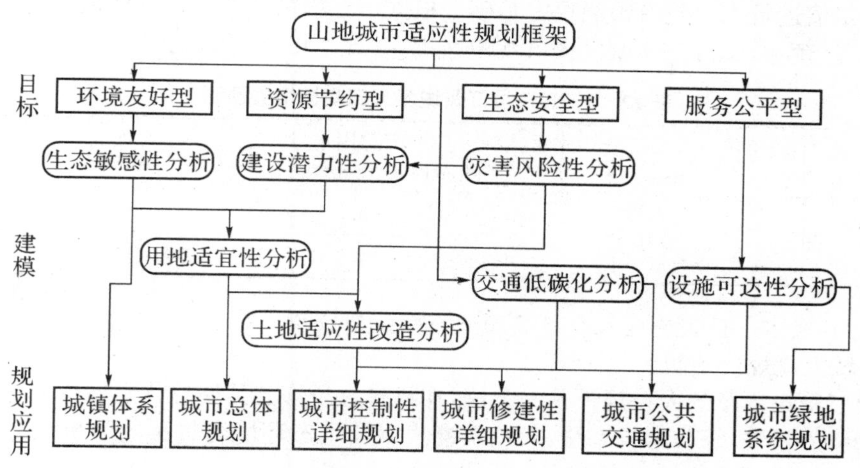

图 11－7　山地城市适应性规划分析方法与规划应用

11.2　城市—区域发展规模的适度调控模型规划应用

11.2.1　城市—区域适宜人口规模预测模型应用

城市—区域适宜人口规模预测模型可以用来分析评估城市—区域内所能容纳的极限人口与适宜人口规模，为在城市总体规划中确定合理的城市人口规模提供依据。

1）长汀县域人口容量估算

一个地区的人口预测是难以精确的，长汀县未来发展要以吸引外来人口为主，其人口的增长更具有很大的不确定性。但是有两点可以确定：一是从长汀县经济的可持续增长角度看，长汀县更多需要的是素质较高的人口。二是从维系长汀县良好的生态环境看，长汀县人口的增长要受到该地区生态容量的限制，如果人口无节制扩张，不仅长汀县居民的素质得不到保障，而且长汀县最为宝贵的生态基质将会遭到毁灭性的破坏，后果不堪设想。因此，估算该地区的生态容量显得尤为重要。基于保护长汀县生态基质、提高人口素质的理念，在此，我们从多种方法中选取空间逾渗理论来估算长汀地区的生态容量。

空间逾渗理论是指当所有城镇的建成区面积达到该地区总面积的 50% 以上时，城镇空间即会发生过量转变，将会迅速连绵形成一体，难以再实施区域生态修复。长汀县全县域现有土地总面积 3 089.88 km^2，根据第三篇第 6 章城市—区域生态敏感性分析模型，长汀县的生态非敏感区、低敏感区、中敏感区面积分别为 108.54 km^2、14.89 km^2 与 23.18 km^2，可建设用地总量约为 146.61 km^2。基于长汀县所在地区的自然和社会环境特征、长汀县未来经济发展的需要和我们对长汀县的发展定位相匹配，根据空间逾渗理论，从生态极限的角度看，长汀县城镇化地区的建设用地不应超过 73.3 km^2。

按照长汀县城乡人均 100 m^2 建设用地进行计算，考虑长汀县未来远景的发展需要，确定长汀县县域远景极限人口为 73.3 万人。

2）基于水环境容量限制的长汀汀州城区人口容量估算

水环境容量源于环境容量，是指某一水环境单元在特定的环境目标下所能容纳污染物的量，也就是指环境单元依靠自身特性使本身功能不至于破坏的前提下能够允许的污染物的最大量(张永良等，1991)。水环境容量的大小不仅与水体特征、水质目标及污染物特性有关，还与污染物的排放方式及排放的时空分布有密切关系。估算长汀县汀州城区水环境容量，为基于该环境容量值进行人口规模预测奠定基础。根据第三篇第 5 章城市—区域适宜人口规模模型预测结果，经预测，长汀汀州城区人口规模在 17.3 万～18.3 万人之间(见表 11－3)。

表 11－3　长汀县汀州城区人口规模情景预测

城市总污水量 ($1\times10^4 m^3/d$)	城市单位人口综合用水量指标 (m^3/人·d)	城市总用水量 ($1\times10^4 m^3/d$)	污水产生系数	人口规模 (万人)
8.3	0.6	13.8	0.8	17.3
8.8		14.7		18.3

3）长汀县城市—区域适宜人口规模预测模型规划应用

(1) 县域人口规模预测

依据第三篇第 5 章的人口规模预测方法，在福建省长汀县县城总体规划(2011—2030)中，综合运用趋势外推法、综合增长率法、灰色系统法以及生态环境容量法的分析结果，最终得到长汀县域人口规模预测结果如表 11－4 所示。

表 11－4　长汀县域人口规模预测结果

年份	趋势外推法 (万人)	县计生委预测数 (万人)	灰色系统模型法 (万人)	生态容量法	推荐规模 (万人)
2015	54.754	55.2	54.3	确定人口容量为 73.3 万人	55
2020	56.809	57.4	56.4		57
2030	60.919	—	61.1		61

(2) 长汀县城区人口与用地规模预测

长汀县“十五”期间经济快速增长，地区生产总值年均增长 11.2%，出现所谓的“长汀现象”，在福建省 2005 年度“经济发展十佳”县(市)评比中跃居榜首。特别是第二产业增长迅速，增加值实现 8 亿元，5 年年均增长 19.2%。工业化对于城市化的推进作用是显而易见的，长汀工业的迅猛发展必将导致城市化水平的迅速提高。“十一五”规划对长汀县的功能定位，要求在已有的经济发展的基础上，重点“打造三个中心，构筑五大平台”。长汀要成为“厦门—龙岩—长汀”高速公路沿线城镇发展轴上的重要节点，龙岩市域的副中心城市和闽西经济增长极，必须加快发展，大力推进城镇建设，增强自身的吸引力，吸引大量的外来人口，成为对接沿海辐射内地的福建省西部重镇。大交通体系的日益完善，长汀成为重要的交通节点，逐步形成以 319 国道，漳龙、龙长高速公路和赣龙、龙厦铁路等为骨架的束状交通系统，也成为大量的人流、物流的集散地，城市的吸引力大大增强。

因此，在以上背景下，综合考虑长汀城镇人口的影响因素，比较以上人口预测方法，认为从经济发展水平以及对劳动力需求的角度预测长汀未来城市化水平和城市规划区人口规模具有较好的准确性。综合以上人口预测结果，在确保城市发展留有一定弹性发展空间的前提下，确定规划期内长汀城市规划区总人口规模为 2015 年：22 万人；2020 年：26 万人：2030 年：35 万人。进一步依据第三篇第 6 章城市—区域生态敏感性分析模型与汀州城区人口环境容量估算模型，考虑长汀县各城区未来发展潜力。规划至 2030 年，汀州城区、策武城区与河田城区的人口规模分别为 18 万、9 万与 8 万人。

目前，长汀的城市用地规模已经超过上版城市总体规划所提出的 2010 年的用地规模。2008 年现状城镇建设用地面积为 17.38 km^2，其中建成区面积 14.94 km^2（含卧龙山），人均城市建设用地现为 106.6 m^2/人。由于县内多为山地丘陵、用地紧张，因此，根据《国家城市用地分类与规划建设用地标准》中的城镇人均建设用地标准，并考虑长汀的用地现状以及城市性质，将规划近期（2015 年）人均用地指标定为 115 m^2/人，中期（2020 年）人均用地指标定为 110 m^2/人，远期（2030 年）人均用地指标定为 100 m^2/人。

根据 2015 年 22 万、2020 年 26 万、2030 年 35 万的人口规模预测数；预测到 2015 年，长汀县城镇建设用地的总量控制在 25.3 km^2；到 2020 年，控制在 28.5 km^2；到 2030 年，控制在 35 km^2 以内。

11.2.2　城市居住人口密度估算模型应用

城市居住人口密度估算模型可以用来分析评价城市建成区范围内的人口分布状况与密集程度，为在城市总体规划以及历史文化名城保护规划中制定人口疏散建议提供依据。

1）古城人口疏散

长汀古城内现状居住人口过多，不仅影响古城内的人居环境质量，也严重破坏了古城的传统风貌。只有疏解古城内人口数量，降低人口密度，才能缓解用地紧张和交通拥挤的状况，才能从根本上解决长汀古城建设与发展的矛盾。依据第三篇第 5 章城市居住人口密度估算模型，长汀县老城区人口分布密度如图 5－10 所示。

2）人口疏散预测

（1）保护区域人口疏散预测

在长汀古城人口疏散中，主要考虑了《长汀历史文化名城保护规划》中对于古城保护分级的划定，通过与其他历史文化名城人口密度作比较，对不同保护范围内人口密度重新设定，预测人口疏解数据。经预测，长汀古城至 2015 年需迁出 3 744 人，至 2030 年需迁出 7 164 人。

（2）社区人口疏散预测

具体到不同保护层次的社区内部，综合考虑古城内各社区的规划期末的规划土地利用性质与规划确定居住用地的容积率（依据第三篇第 9 章的城市地块适宜容积率确定模型结果），对古城内部居住用地重新分级，各社区内部不同居住用地等级的人口密度进行重新设定，得出不同社区内应疏散的人口（见表 11－5）。

表 11－5　各社区人口疏散预测

社区	现状人口(人)	现状人口密度(人/hm^2)	规划人口密度(人/hm^2)		规划人口(人)		人口疏散(人)	
			2015	2030	2015	2030	2015	2030
西门	16 793	183	186	175	17 137	16 070	＋344	－723
南门	10 278	220	191	148	8 901	6 898	－1 377	－1 377
东门	14 721	169	183	170	15 963	14 867	＋1 242	＋146
水东	5 294	155	99	70	3 402	2 400	－1 892	－2 894
营背	18 333	195	185	210	17 356	19 766	－977	＋1 433
中心坝	6 685	155	130	115	5 600	4 939	－1 085	－1 746
总计	72 104	—	—		68 360	64 940	－3 744	－7 164

注：其中“＋”表示可增加人口，“－”表示需迁出人口。

3) 人口疏散建议

长汀古城内部人口居住密度目前为 182 人/hm²,必须进行严格调控。主要的控制手段是将院落居住密度控制在 4～7 人/100m²。将居住人口大于 7 人/100m²(即人均居住用地在 15 m²以下)的院落降低到此标准之下,停止建设三层以上的居住建筑。

在人口疏散过程中,结合《长汀县历史街区保护规划》中对古城建筑保护程度的分级,考虑房屋产权关系和古城居民收入水平,制定不同的人口疏散政策。对公有产权住宅,按照相关政策进行易地安置或货币安置;对私有产权住宅,需要拆除或改变用途的建筑,由实施主体按照政策给予产权人补偿。规划实施主体在对收购的建筑进行保护整修后,在有利于保护街区历史文化的前提下,进行出租或公开拍卖,以吸引一定的外来中高收入阶层的人入住。

11.2.3 城市影响腹地划分模型应用

城市影响腹地划分模型可以用来分析评估城镇之间的发展联系强度,为在城市总体规划中划分经济区,制定行政区划调整建议提供依据。

1) 乡镇发展潜力综合评价

根据第三篇第 6 章城市影响腹地划分模型,并考虑长汀县的实际情况,选取 4 类共 17 项评价指标(见表 11-6),运用主成分分析法,综合评价长汀县各乡镇的发展综合规模(见表 11-7)。主成分分析得到综合反映城镇发展规模的 3 个主成分(分别命名为:集聚水平、基础产业水平、平均指数),累积变量解释高达 83.64%。综合发展能力指数是集聚水平指数、基础产业水平指数和平均指数三者的函数,综合反映城镇发展规模水平。

表 11-6 城镇发展规模评价指标体系

指标类型	指标名称	说　　明
人口指标	镇域人口	
	镇区人口	
	城市化率	镇区人口/镇域人口
经济社会指标	国内生产总值	
	农民人均纯收入	
	财政收入	
	人均财政收入	
	农业总产值	
	林业总产值	
	牧业总产值	
	工业总产值	
	工农业总产值密度	工农业总产值密度/镇域面积
	乡镇企业总产值	
	第三产业总产值	
交通条件	交通区位	按交通线路与城镇的邻近关系分为 5 分、3 分、1 分
资源条件	土地资源	采用耕地面积作为参考指标
	旅游资源	省级(5 分),县级(2 分),其他(1 分)

表 11-7 城镇发展能力评价汇总表

乡镇名称	集聚水平指数	位次	基础产业水平指数	位次	平均指数	位次	综合发展能力指数	位次
汀州镇	3.658	1	−1.298	17	−0.036	9	1.279	1
河田镇	0.439	3	1.972	1	−1.513	17	0.639	2
大同镇	0.731	2	0.943	3	−0.028	8	0.593	3
濯田镇	−0.047	7	1.956	2	−0.666	13	0.526	4
南山镇	0.081	5	0.920	4	0.633	6	0.391	5
童坊镇	−0.008	6	0.644	5	0.798	5	0.284	6
新桥镇	0.266	4	0.046	9	0.594	7	0.187	7
四都镇	−0.198	8	0.052	7	1.301	2	0.074	8
古城镇	0.293	10	0.043	10	0.919	4	0.072	9
馆前镇	−0.381	12	0.064	6	1.874	1	0.064	10
涂坊镇	−0.280	9	0.048	8	−0.067	10	−0.106	11
策武乡	−0.296	11	0.041	11	−0.298	12	−0.140	12
红山乡	−0.770	17	−0.697	14	1.148	3	−0.412	13
三洲乡	−0.426	13	−0.566	12	−1.545	18	−0.517	14
宣成乡	−0.571	15	−0.897	15	−1.130	16	−0.637	15
庵杰乡	−0.456	14	−1.158	16	−0.845	14	−0.641	16
羊牯乡	−0.823	18	−0.684	13	−1.010	15	−0.660	17
铁长乡	−0.627	16	−1.420	18	−0.129	11	−0.718	18

根据表 11-7 发展能力指数和结果排序，结合定性评价，规划对全县 18 个乡镇的发展潜力划分为 4 级：①一级城镇：汀州镇；②二级城镇(6 个)：大同镇、河田镇、濯田镇、南山镇、古城镇、涂坊镇；③三级城镇(5 个)：新桥镇、童坊镇、馆前镇、策武乡、四都镇；④四级乡镇(6 个)：红山乡、羊牯乡、宣成乡、三洲乡、铁长乡、庵杰乡。

2) 城镇空间相互作用与空间组合特征

为确定各城镇综合规模，本章选取镇域人口、镇区人口、国内生产总值、财政收入、工业总产值、第三产业总产值、乡镇企业总产值等 7 个指标，通过 SPSS 进行主成分分析。通过计算获得各乡镇综合规模指数，并对数据进行 1～10 标准化，如表 11-8 所示。

表 11-8 长汀县 18 个乡镇综合规模指数

乡镇名称	铁长乡	羊牯乡	庵杰乡	宣成乡	三洲乡	红山乡	馆前镇	四都镇	古城镇
综合规模	1.00	1.26	1.35	1.37	1.91	2.38	4.52	4.57	4.73
乡镇名称	策武乡	新桥镇	涂坊镇	童坊镇	南山镇	濯田镇	大同镇	河田镇	汀州镇
综合规模	4.87	5.08	5.11	5.52	6.00	6.61	6.91	7.12	10.00

由表 11－8 可以发现沿国道、省道分布的乡镇发展能力较强，规模较大，而远离交通干线的乡镇则发展规模较小，在空间上表现出明显的交通导向性，城镇综合规模与其空间经济联系的通畅度与可达性密切相关。

将上面分析获得的城镇综合规模指数代入引力模型公式，乡镇间的距离采用时间距离。求取各乡镇之间的引力作用量，取引力作用在平均值以上的引力作用线，在 ArcGIS 9.0 中进行连接并可视化，结果如图 11－8 所示。

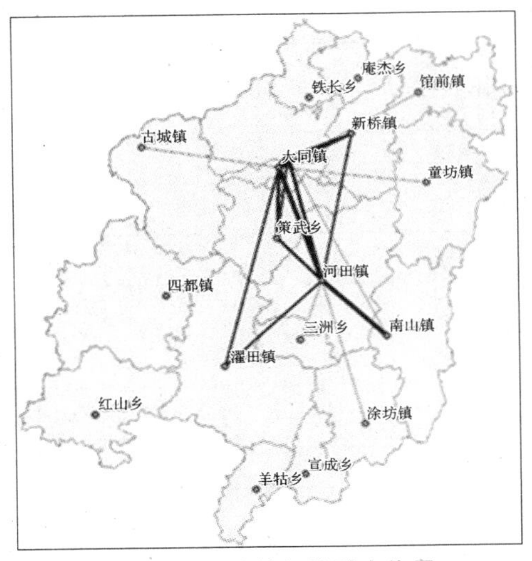

图 11－8 城镇间的引力作用

结果表明：长汀县城镇空间联系较强的区域主要出现在以汀州镇、大同镇为核心，沿 319 国道、龙长高速向两侧延伸的交通带内；该区域是长汀县域经济活动相对活跃，人员、信息、物质交流最为频繁的地区；铁长乡、庵杰乡、红山乡、羊牯乡、宣成乡等由于地处偏远，与中心城镇的联系很弱。

选取坡度和最短可达时间距离作为城镇扩散的阻力因子，划分城镇影响区，来反映各城镇的辐射强度（见图 11－9）和腹地范围（见图 11－10）。

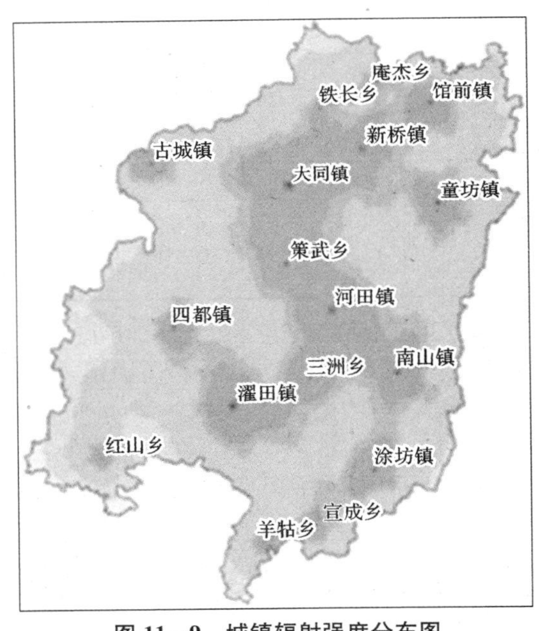

图 11－9 城镇辐射强度分布图

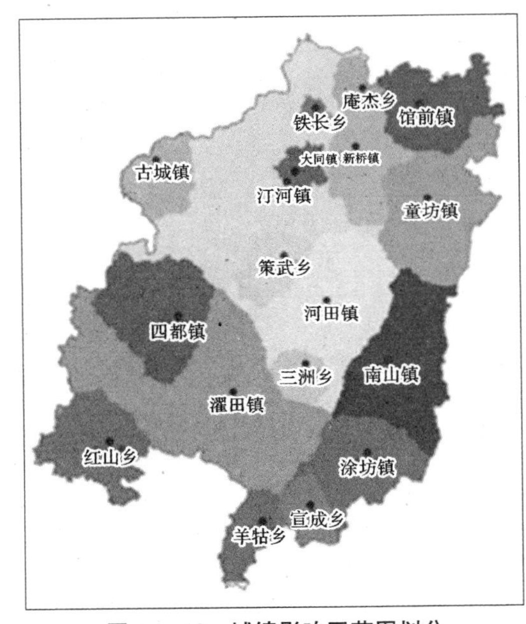

图 11－10 城镇影响区范围划分

3）行政区划调整建议

按照新型城镇化原则，为了促进人口和产业向城镇集聚，优化城镇空间布局，实现基础设施和社会设施的共建共享，规划提出城镇发展应打破行政区划界线，根据城镇影响腹地划分模型的结果，以城镇的吸引辐射腹地范围开展行政区划调整。把某些规模较小的乡镇，按照经济联系的密切程度和经济联系方向，与实力较强、区位重要、有较好发展前景的镇进行适当归并，同时保留被撤并乡镇原有的集镇区，作为农村综合社区建设。

近期2015年，大同镇撤并入至汀州城区。中期2020年，铁长乡撤并入汀州城区，三洲乡撤并入河田镇，宣成乡撤并入涂坊镇，羊牯乡撤并入濯田镇，庵杰乡撤并入新桥镇，策武乡调整为策武镇。由于汀州、策武所在地区建设用地潜力有限，远期土地资源紧缺将成为城市扩展的一大门槛，而河田镇用地未来潜力巨大，土地资源丰富。同时，龙长高速公路出入口和赣龙铁路货运站等重要基础设施均位于河田镇，为其带来便捷的交通；此外，随着策武片区的建设与开发，河田镇与主城区的联系更加方便快捷；因此规划于2030年，将河田镇、策武镇并入中心城市，形成“一城两片”的空间格局。

11.3 城市—区域生态支撑的适宜评价模型规划应用

11.3.1 城市—区域生态敏感性分析模型应用

城市—区域生态敏感性分析模型可以用来分析评估城市—区域的生态条件，鉴别生态敏感或生态脆弱区域，为在城市总体规划中制定空间管制规划，划定各类区域提供依据。

1）县域生态敏感性分析结果

依据第三篇第6章的城市—区域生态敏感性分析模型，极高与高生态敏感区属于脆弱生态环境区，极易受到人为破坏，而且一旦破坏很难恢复，此类区域可作为禁建区；中生态敏感区属于较为脆弱的生态环境区，较易遭受人为干扰，造成生态系统的扰动和不稳定，此类区域可以作为限建区，宜在指导下进行适度的开发利用；低生态敏感区，对生态环境的影响不大，可作为适建区，可以用作强度较大的开发利用。

基于以上分析（见表6-2），可作适建区（低生态敏感区）的土地面积为14.89 km^2，占全县面积的0.48%；作为限建区（中生态敏感区）的土地面积为23.18 km^2，占全县面积的0.75%；而禁建区（极高和高敏感区）的土地面积为2 960.15 km^2，占全县面积的95.28%（见图6-4）。

2）县域空间管制规划

按照长汀县的发展策略和未来发展方向，依据生态敏感性评价模型结果，将县域空间划分为严格保护空间、引导发展空间、规划调控空间三大类（见表11-9）。

表11-9 各类空间面积及其占规划区的比重

管制空间		面积(km^2)	比重(%)
严格保护空间	基本农田保护区	259.62	8.40
	自然保护区	207.54	6.69
	水源保护区	490.37	13.82
	生态恢复区	69.01	2.22
	基本生态控制区	394.72	12.77
	洪水淹没禁止建设区	1.80	0.06
引导发展空间	引导城市建设空间	12.24	0.39
	引导农业发展空间	1604.51	52.78
规划调控空间	规划调控空间	59.07	1.90

(1) 严格保护空间

严格保护空间主要是指生态敏感性极高和生态敏感性高的区域，生态环境脆弱，极易受到破坏，且一旦破坏后很难修复，主要包括基本农田保护区、自然保护区、水源保护区、基本生态控制区、洪水淹没禁止建设区和生态恢复区。

①基本农田保护区：主要是指现有耕地加规划期末开发的耕地，减去建设用地占用和农业用地内部结构调整占用的耕地，再减去位置偏远、质量较差（坡度>25°）的耕地。水土流失区、水源保护区内不宜作为基本农田建设用地。主要位于县域的中、北和东部，面积约为259.62 km^2，占县域总面积的8.40%，约占全县耕地面积的88.7%。在本区内将严格禁止建设开发活动和一切可能导致农业生产环境破坏的活动。

②自然保护区：主要位于县域的北、东和西部，规划面积207.54 km^2，占到县域总面积的6.69%。自然保护区在维护区域生态环境、保护生物多样性等方面都将起到重要的作用，是生态敏感性极高的区域，一旦破坏，极难修复，因此，严禁一切在该区域内的建设、开发活动。

③水源保护区：该区包括各城镇的水源地，主要按照河流的流域确定，总面积约为490.37 km^2，占县域总面积的13.82%。该区主要分布于县域内北部的七里河、郑坊河、铁长河和汀江上游河段，以及中部浏源河等河流中上游区域，此区域内严格控制开发、建设活动，以及任何可能对环境和水源造成污染的活动。

④生态恢复区：主要是指长汀水土流失比较严重的地区，位于县域的中部和东南部，规划面积69.01 km^2，占县域总面积的2.22%。该区内以生态恢复为主，适宜种植林木，将水土流失的面积逐步减少；禁止建设活动，以阻止生态环境进一步恶化，促使生态状况尽快好转。

⑤基本生态控制区：规划将长汀县域内高程500 m以上或者坡度大于25°的地区作为全县的基本生态控制区范围。规划面积为394.72 km^2，占县域总面积的12.77%。该类区域里的农田需要进行退耕还林。

⑥洪水淹没禁止建设区：根据相关专题研究，划定城市洪水淹没区，确定城市洪水淹级禁止建设区范围，规划面积为1.8 km^2，占县域总面积的0.06%。

(2) 引导发展空间

引导发展空间主要是指生态敏感性处于中级的区域，生态环境比较脆弱，表现为生态系统的扰动和不稳定，可以作为控制发展区或过渡区，宜在指导下进行适度的开发利用。主要包括引导城市建设空间和引导农业发展空间。

①引导城市建设空间

规划该部分面积为12.24 km^2，占县域总面积的0.39%。该部分用地位于现状主要城镇的周围，规划将目前城镇建成区以外的部分农田转化为引导建设用地，其功能以发展经济、吸纳农村人口为主。当然，该区域的开发也不是盲目的扩建，应在长汀县社会经济发展的需要和政策的指导下进行有条件的开发建设。

②引导农业发展空间

规划该部分面积为1 604.51 km^2，占县域总面积的52.78%。该部分现状主要为农用地及自然林地，其功能主要为未来长汀的农业发展提供后备力量。该区域的开发必须在生态可行的前提下进行。

(3) 规划调控空间

规划调控空间主要是在县城建成区以及各乡镇已有主要居民点的基础上进行规划调控，该类开发空间面积为 59.07 km²，占县域总面积的 1.9%。该区发展空间生态敏感性最低，对生态环境的影响不大，可作大规模或强度较大的开发利用。

11.3.2 城市生态网络构建模型应用

城市生态网络构建模型可以用来分析评估城市生态系统的空间完整性与结构性，寻找城市发展过程中需要保护的潜在生态廊道，为在城市总体规划与城市绿地系统专项规划中制定开敞空间与廊道规划，明确空间景观体系提供依据。

1) 汀州城区生态网络构建模型结果

依据第三篇第 6 章的城市生态网络构建模型，采用最小耗费路径分析方法，利用生态源地斑块数据和制作生成的消费面数据，得到长汀县汀州城区的潜在生态网络，见图 6-18。

2) 汀州城区空间景观规划

(1) 景观格局规划

汀州城区延续古城历史文脉，体现山、水、城的有机联系，发掘古城历史文化景观风貌，协调北部腾飞工业园区及城市新区建设与历史文化名城保护之间的关系，形成了体现传统与现代风貌交融、自然与人文交融的城市生态景观格局。规划汀州城区总体景观架构为“一轴三带，六古三今，两区四点”(见图 11-11)。

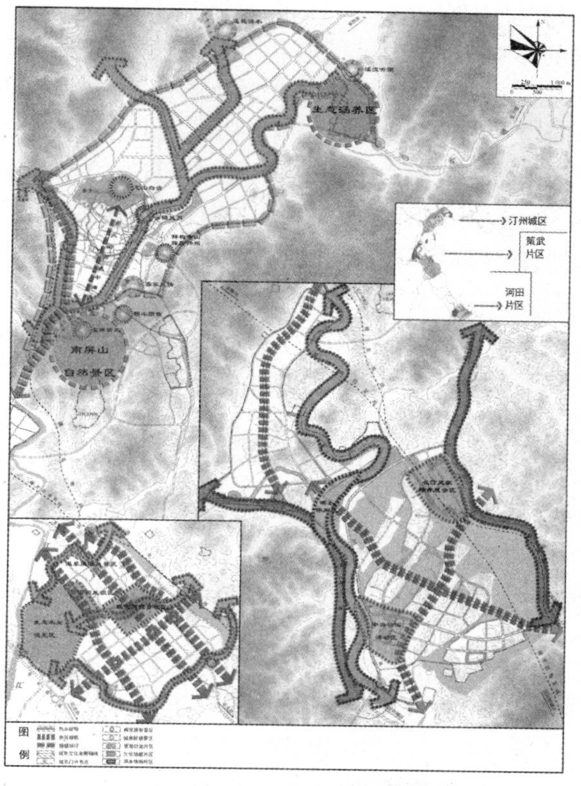

图 11-11 长汀景观系统规划图

"一轴":南大街古城中轴线,规划在原有的中轴线基础上延伸、强化。规划的中轴线为:北极阁—汀州试院—三元阁—南大街—宝珠门—客家文化中心—中轴路—汀州广场—汀州湿地公园。"三带":指沿汀江、西河和郑坊河水系建设的三条滨河风光带。

"六古":是汀州古城原有的景点,包括龙山白云、云骧风月、拜相青山、霹雳丹照、朝斗烟霞、宝珠晴岚。"三今":新增景区,包括莲花浴水、溪流听雨、客家风情。

"两区":汀江上游的生态涵养区和南屏山自然风景区。"四点":在长汀县道路系统中的4个重要的出入口处加强其景观建设,形成4个重要的城市景观节点,给进入长汀的人留下美好的第一印象。

(2) 开敞空间与生态廊道规划

长汀的开敞空间包括两个部分:一部分是由自然山体及河湖水系及滨水空间组成的自然软质开敞空间体系,另一部分是由城市广场、街心公园、社区间公共活动区组成的城市硬质人工开敞空间体系。

针对自然软质开敞空间,要依托城市生态绿肺卧龙山向城市延伸形成绿楔,以及组团间大尺度的开放绿地,重点打造汀江两岸滨水景观,将城市水系所形成的自然开敞空间和城市人工的开敞空间有机结合,为居民提供休闲游乐场所。在条件具备的地区结合现状的农田与果林,通过艺术化的景观设计,形成有生态价值、观赏价值和经济价值的田园景区。在城市建设中同时要保证自然开敞空间的连续性和自然景观廊道的视线通透性,保证城市通风与景观效果。严格控制建筑与水岸的距离,避免城市建设对绿化空间的侵占。对汀江、郑坊河、莲花河等河流两岸及山体周边地区,宜采取低密度建设,同时要控制建筑体量。汀江上游用地由于地质条件以及洪水淹没等因素的影响不适合进行大规模的开发,宜建设滨水生态绿地,为城市保留成片的自然的滨水景观环境。充分发掘区域水网的景观价值,结合河道防护绿地营造亲水岸线。

组团内部的开敞空间,要强调可停留性,为城市居民提供游览休闲、增强周边居民的心理凝聚力的场所。以城市广场作为载体,融合长汀古城历史特色,发扬客家传统文化,注入时代精神,激发城市活力,建设多样化的文化休闲场所。在居住组团匀质设置小型街头游园,加强住区可识别性和归属感,营造良好的住区环境。系统规划和设计城市开敞空间,通过运用绿化配置、色彩搭配、建筑体量造型、点缀富有客家文化主题的室外公共艺术品和设置标志性景观等城市设计手段来营造长汀悠久的历史文化、源远的客家文化、丰富的革命文化等"三位一体"的文化氛围。

11.3.3 城市洪涝灾害风险分析模型应用

城市洪涝灾害风险分析模型可以用来分析评估城市开发过程中可能遇到的洪涝灾害风险,明确高风险区域及风险等级,为在城市总体规划、城市控制性详细规划中制定与自然水系及洪水淹没风险相适应的土地利用规划与市政规划提供依据。

1) 稀土工业园洪水淹没风险分析结果

运用第三篇第6章的城市洪涝灾害风险分析模型,发现福建(长汀)稀土工业园存在以下洪水淹没风险:

(1) 稀土工业园一期建设区域淹没风险(见表6-11、图6-30)。统计可知,一期园区上方断面 A_1-A_1、$A_1'-A_1'$、B_1-B_1 的径流参数均较大,由于水库位置离工业园区较远,水库下游以及其他支流的汇水并不受水库的调节作用,因此仍有大量的汇水需要途经工业园区,其占园区雨水总量的13.9%。工业园区经过土地平整,下垫面条件改变,雨水无法下渗,考虑到越来越频繁的强降雨天气,必然会增加雨水管道的排涝压力。

(2) 园区 A、B 两条支流下游的策武乡洪水风险较大(见图 11-12)。通过较大的 A 支流出口断面的相关径流参数可知,当遭遇百年一遇的强降雨时,出口断面流速高达 0.83 m/s,河口水面面宽 100 m 以上,平均水深更是达到了 0.85 m,而水库的调洪能力很小。因此策武乡防洪压力很大。

(3)在自然状况下,研究区 50 年一遇洪水对下游已经有一定的威胁,当一期工业园进行土地平整之后,研究区下垫面发生改变,形成更多的地表径流,进而可能造成更大的洪水威胁。

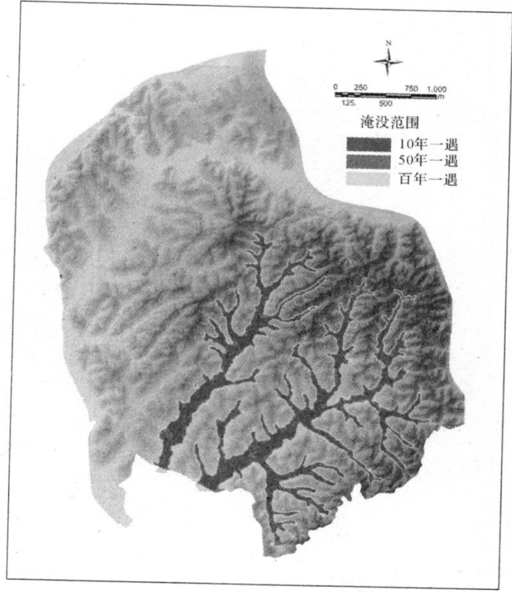

图 11-12　稀土工业园淹没区划

2) *稀土工业园土地利用规划方案适应性调整*

2010 年 10 月,依据上述模型分析洪水淹没风险定量结果,对 2009 年底编制的原土地利用规划方案进行了以主动适应防洪安全为土地平整基本原则的方案调整:

(1) 台地调整:设计的初步方案由原规划方案的 1 个台体分为 31 个台地地块,最小台地面积为 4.4 hm^2,最大台地面积为 44.5 hm^2,平均台地面积为 20.7 hm^2,总面积约 642 hm^2。保留自然沟渠,延续自然肌理,水系走向基本平直,不会对河床产生剧烈的冲刷作用,也不会在急转弯处产生溢流等现象(见图 11-13、图 11-14)。

(2) 土地利用规划调整:将原来的保留山体,变为保留沟谷,根据新的台地调整方案,调整规划路网与用地布局(见图 11-15)。

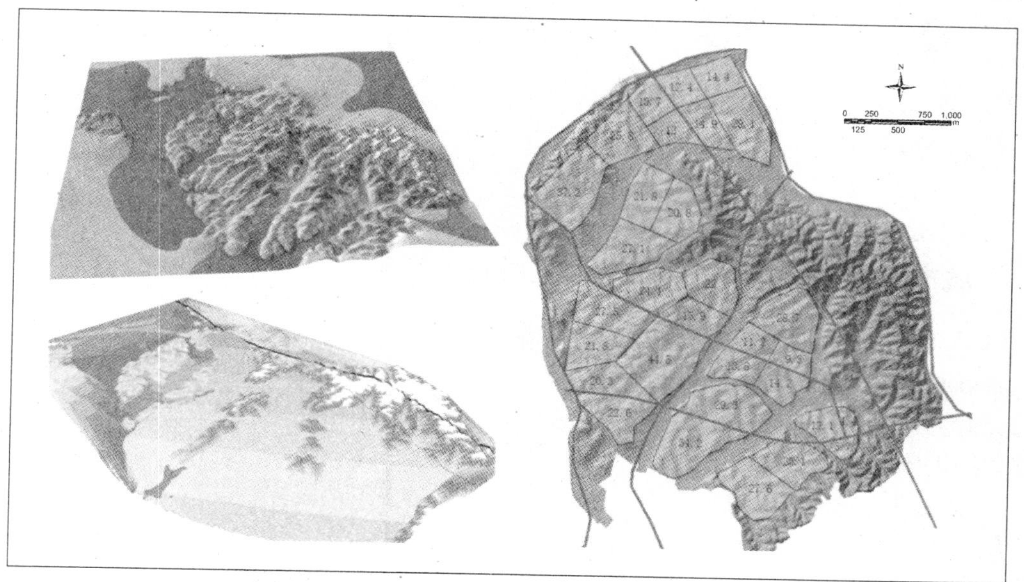

图 11-13　新旧方案台体调整对比示意图

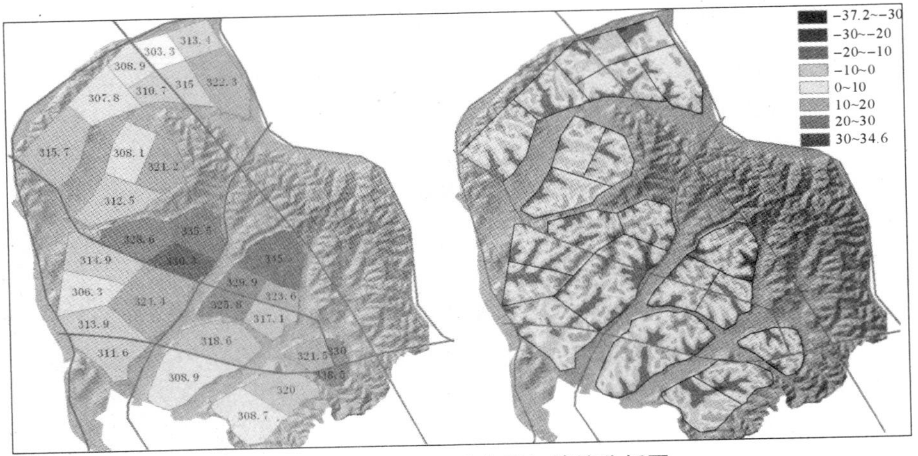

图 11 - 14　台体平均高程与填挖分析图

图 11 - 15　稀土工业园土地利用规划方案调整图

11.4　城市—区域交通网络的适应优化模型规划应用

11.4.1　城市—区域交通可达性分析模型应用

城市—区域交通可达性分析模型可以用来分析评估城市在区域中的交通可达状况，寻找制约交通可达性改善的关键线路与节点，为在城市总体规划中制定完善的交通网络与交通枢纽规划提供依据。

1) 县域可达性分析结果

运用第三篇第 7 章交通可达性模型评价长汀县域交通情况(见图 11 - 16)，发现布局在国道、铁路、省道沿线的乡镇可达性较好，县域内初步形成"X"型的点轴交通格局。而其他乡镇的交通可达性呈单向特征，表现为除了与国道省道连接方向较好外，彼此之间连通性不强，主要原因是这些乡镇之间连接的道路等级较低，向外延伸的县乡道多为断头路，且由于其周围多为山脉环绕，公路的非直线系数较高，因此交通可达范围呈孤立的点状分布。故下一步县域交通建设的重点应放在增加各边远乡镇的连通道路，连接断头的县乡道路上，为县域经济发展创造交通支撑条件。

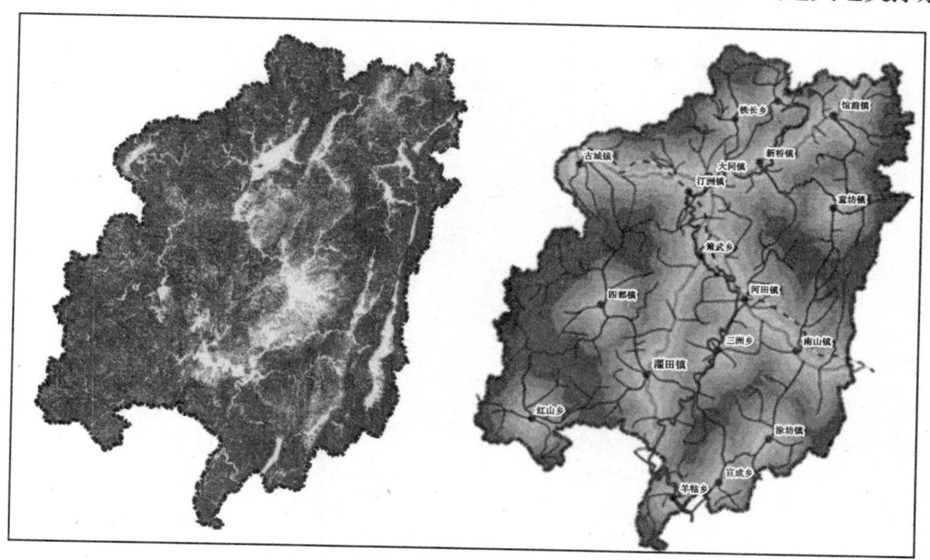

图 11－16 长汀县域各乡镇交通可达性分析结果

2）县域公路及交通枢纽规划

(1) 综合交通布局

综合考虑现状交通情况，以实现县域交通网络化为目标，合理确定长汀县综合交通网络，形成以公路“两横一纵五联”、铁路“一横一纵”、水运“一纵”为骨架的交通总体布局(见表 11－10、图 11－17)。

表 11－10 长汀县公路、铁路、水路网络规划一览表(2030 年)

交通方式	层次	线 路	行政等级	基年技术等级	规划技术等级	经过或直接辐射主要乡镇
公路	二横	龙长高速公路	国道	高速公路	高速公路	涂坊、河田、策武、古城
		319 国道	国道	二级	二级	南山、河田、策武、汀州、古城
	一纵	富下线	省道	等外	二级	濯田、策武、汀州、新桥、馆前
	五联	馆前—南山—濯田	县道	四级	三级	馆前、童坊、南山、涂坊、濯田
		新桥—童坊	县道	四级	三级	新桥、童坊、连城县
		红山—铁长	县道	四级	三级	红山、四都、策武、汀州、大同、铁长
		红山—河田	县道	四级	三级	红山、濯田、河田
		古城—涂坊	县道	四级	三级	古城、四都、濯田、涂坊
铁路	一横	赣龙铁路及其复线				南山、河田、策武、汀州、古城
	一纵	长汀至永安铁路				大同、新桥、馆前
水运	一纵	汀江水运		七级	七级	濯田、河田、策武、汀州、大同、新桥

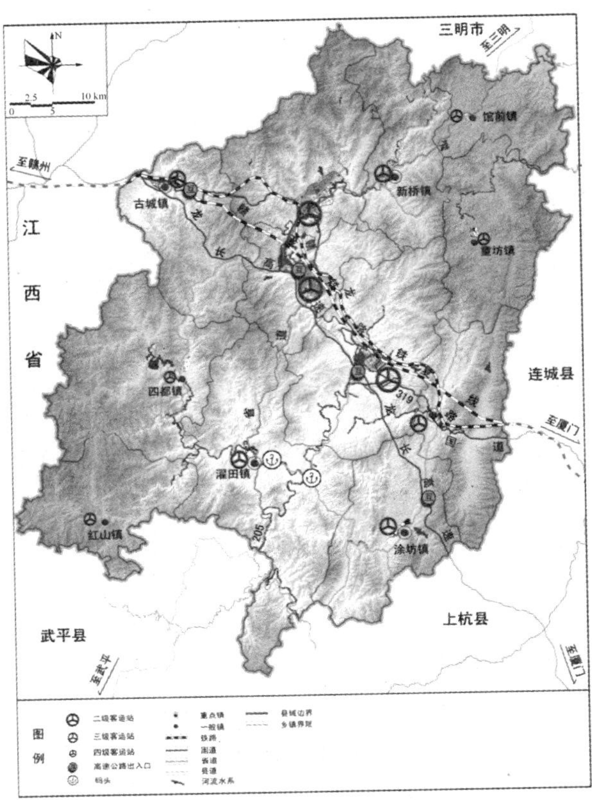

图 11-17　长汀县综合交通规划图

(2) 县域公路线路规划

加强长汀交通枢纽建设,形成以中心城区为中心,对接沿海、扩展腹地、沟通区内各乡镇、连接区外各县市发散状的大交通格局,使长汀从“内陆型”交通体系向“开放型”交通体系转变。

县城范围内原有二级公路 319 国道,自县城西北引入,呈东南向通过,为联系瑞金和连城的主要通道。此外 205 省道,自县域南部引入至县城,由东北出县域向三明方向贯穿南北。

龙长高速公路从东南至西北穿越全县,在县城南面有高速公路连接线通往龙长高速。龙长高速公路指龙岩至长汀高速公路,是国家重点公路干线厦门至成都高速公路的重要路段,福建省高速公路干线网“三纵四横”的主要组成部分,我国江西等内陆地区通往福建东南沿海地区的一条重要国防交通干线,也是龙岩市继漳龙高速公路龙岩段之后的第二条开工建设的高速公路。

未来将完成省道富下线长汀段公路二级改建工程,形成长汀县与宁化方向、武平方向的南北向主通道;完成省道 205 富下线改建工程,由濯田改道,经濯田刘坑、策武当坑,策武乡政府驻地、策武红江,在策武南坑附近接入国道 319 线,改建完成后将大大缩短濯田与汀州和其他乡镇的通达时间,改善各乡镇与县城的经济联系。改造低等级公路,新建铁长大东坑——新桥公路,建设标准为四级。

(3) 交通枢纽规划

结合县域铁路站场现状以及赣龙铁路复线的线形,规划全县主铁路客运站于策武城区,并具备一定的货运功能。同时于河田城区设立一处以货运为主、客运为辅的铁路站场。结合各乡镇现状客运站规模和客流量，全县共规划设立 12 座公路客运站，其中二级客运站 3 座，分别位于汀州城区、策武城区、河田城区，三级客运站 5 座，分别位于古城镇、南山镇、新桥镇、涂坊镇和濯田镇，四级客运站 4 座，分别位于四都镇、红山镇、管前镇和童坊镇。

11.4.2　城市道路网络评估模型应用

城市道路网络评估模型可以用来分析评估城市的交通可达状况，寻找制约交通改善、导致交通拥堵的关键线路与节点，为在城市总体规划中制定完善的道路系统规划提供依据。

1）长汀县城道路网络评估分析结果

依据第三篇第 7 章城市道路网络评估模型（见图 7－16），长汀老城区路网负荷评价结果为中等，需要改善调整。长汀老城区道路网络体系不完整，易发生交通拥堵。过境车辆穿越城区，与城市内部交通相互干扰。城区内缺乏停车场地。尤其是支路网需要进一步加密，同时打通断头路，让支路成网成片。

2）中心城区道路系统规划

（1）道路网络规划

汀州城区形成“两横六纵一环”的布局（见图 4－38），其中“两横六纵”指由 8 条主干道构成的道路网体系，“一环”指由快速路构成的环路。河梁工贸新城片区主次干路形成“三纵六横”的方格网布局；龙岩稀土工业园片区主干路形成“两横一纵”的方格网布局。河田片区主次干路和支路呈方格网布局，主干路形成“两纵三横”的布局。

（2）快速路

鉴于长汀多组团中心组织模式，其组团之间距离超过 30 km，因此有必要建立城市快速路形成连续交通流，提高通行能力和行车速度。快速路红线宽度为 52 m。快速路提高了组团间交通能力，减少了城市穿过交通量，有效处理了城市对内交通与对外交通的关系，同时也刺激了交通需求的增长，促使服务地区的人口增加和土地开发。

（3）主干道

城市主干道系统承担着内外交通联系的重要职责。主干道红线宽度分别为 52 m、40 m、36 m、32 m、30 m、24 m 和 20 m，断面形式多样。汀州城区构建“两横六纵”8 条主干道的主干道系统，策武城区依据原有道路路型结合城市快速路设计“两横一纵”的主干道系统，而河田城区则形成“三横两纵”的方格网布局主干道系统。交通型主干道与生活型主干道合理布置，有效缓解城市交通压力。主干道为连接城镇各主要分区的干道，以交通功能为主，宜采用机动车与非机动车分隔形式。

（4）次干道

次干道以各片区为单元自成网络，起着连接主干道和支路的过渡作用，主要解决各区内部交通问题。次干道红线宽度分别为 50 m、40 m、30 m、24 m、20 m、16 m、15 m 和 12 m，断面形式也较为多样。次干道连接主干道和支路，两侧可设置公共设施，并可设置机动车和非机动车的停车场、公共交通站点和出租汽车服务站。

（5）支路

支路主要承担组团内部交通功能，并为划分街区使用，同时还起到提高交通可达性、增加道路密度的作用。支路红线宽度设计有 36 m、30 m、24 m、20 m、16 m、15 m、12 m、10 m、8 m、6 m 和 5 m。区域贯通的城市支路线型原则上不允许调整或阻断。

(6) 断面形式

道路断面形式如表 11－11 所示。

表 11－11 道路断面形式一览表

序号	断面形式	红线宽度(m)	横断面尺寸(m)			
			机动车道	非机动车道	人行道	绿化带
1	A－A	52.0	14×2	5.0×2	4.5×2	2+1.5×2
2	B－B	50.0	10×2	—	5.0×2	20
3	C－C	40.0	11.5×2	3.5×2	3.5×2	1.5×2
4	C′－C′	40.0	11.5×2	3.5×2	2.5×2	2.5×2
5	D－D	36.0	10.5×2	3.0×2	3.0×2	1.5×2
6	E－E	32.0	8.5×2	3.0×2	3.0×2	1.5×2
7	E′－E′	32.0	7.5×2	3.0×2	3.0×2	2+1.5×2
8	F－F	30.0	7.5×2	3.0×2	3.0×2	1.5×2
9	G－G	24.0	9.0×2		3.0×2	—
10	G′－G′	24.0	8.0×2		4.0×2	—
11	H－H	20.0	6.5×2		3.5×2	—
12	H′－H′	20.0	7.5×2		2.5×2	—
13	I－I	16.0	4.0×2		4.0×2	—
14	I′－I′	16.0	5.0×2		3.0×2	—
15	J－J	15.0	4.5×2		3.0×2	—
16	K－K	12.0	4.0×2		2.0×2	—
17	L－L	10.0	5.0×2			—
18	M－M	8.0	4.0×2			—
19	N－N	6.0	3.0×2			—
20	O－O	5.0	2.5×2			—

11.5 城市用地功能的适宜拓展模型规划应用

11.5.1 城市用地适宜性评价模型应用

城市用地适宜性评价模型可以用来分析评估区域范围内适合城市开发建设用地的分布与开发强度，为在城市总体规划中划定四类区域，编制完善的空间管制规划提供依据。

1) 规划区建设用地适宜性评价结果

建设用地适宜性评价分为三大类，即适宜建设区、限制建设区和禁止建设区。根据第三篇第 8 章的城市用地适宜性评价模型结果，划分规划区为适宜开发区、中密度开发区、低密度开发区及禁止开发区。

2) 规划区空间管制规划

为保证城市的可持续发展，综合工程地质、用地适宜性、资源保护、城市安全、生态敏感性等因素，结合总体规划用地的实际状况，对城市发展区划定为禁止建设区、限制建设区、适宜建设区和城市建成区，并提出不同的控制管理要求，用于指导规划区内的开发建设行为(见图11-18)。

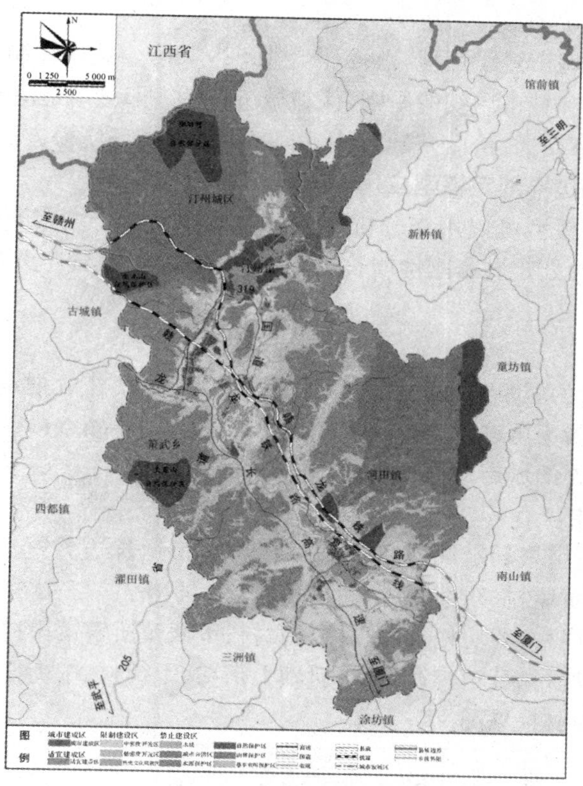

图 11-18　长汀规划区空间管制规划图

(1) 禁止建设区

禁止建设区主要包括基本农田保护区及严格禁建的水域、卧龙山和南屏山风景名胜区、汀江上游水源地保护区、城市分洪区、山林保护区，该区的面积为 490.01 km²。具体管制要求为禁建区范围内应禁止城镇建设行为，对处于城市分洪区范围内的一些农村居民点应及时拆迁。对基本农田应严格保护，任何单位和个人不得随意改变或占用，确实需要占用的，必须经国务院批准，并进行占补平衡。

(2) 限制建设区

限制建设区是指需要限制建设行为的地区，宜适量建设。根据限制程度的不同分为中密度开发区、低密度开发区以及历史文化保护区。主要包括规划范围东南部的水土流失生态恢复区、汀江两岸生态廊道、河田镇周边丘陵地区以及老城区内的古城保护区等区域，该区面积为 145.57 km²。具体管制要求为限建区范围内应以保护自然资源和生态环境为前提，制定相应的建设标准，严格控制建设规模和开发强度。严格控制规划范围东南部的水土流失生态恢复区、汀江两岸生态廊道等地区的开发建设行为，不得建设与生态建设无关的项目。

(3) 适宜建设区

适宜建设区是指禁止建设和限制建设以外的未建设地区，主要分布在大同镇中部与汀州镇东部、策武乡 319 国道两侧以及河田镇的南部地区。该区的生态敏感性较低，地质条件较好，适宜进行城市建设，该区的面积为 39.08 km^2。具体管制要求为城市建设应严格按照城市总体规划要求进行，优先满足基础设施用地和社会公益性设施用地的需求。

(4) 城市建成区

城市建成区为现状城市建设用地，总面积为 19.20 km^2。具体管制要求为建成区内的建设应遵循延续城市文脉和城市风貌的原则，保护城市特色。旧城改造应本着统一开发、集中改造的原则，重点改善城市交通、市政基础设施、居住环境、保护环境等方面，创建生态宜居城市。

11.5.2　城市增长边界划定模型应用

城市增长边界划定模型可以用来分析评估区域范围内适合城市开发建设用地的分布范围，为在城市总体规划中划定城市刚性增长边界，明确增量规划与存量规划的用地范围，确定城市规划区提供依据。

1) 模型划定结果

依据第三篇第 8 章的城市用地适宜性评价模型结果，将禁建区划定为城市增长边界中的"刚性"边界，即城市发展不可逾越之界限。使用 ArcGIS 中的 eliminate 工具对模型结果进行人工修正，可以得到最终的城市刚性增长边界(见图 8－12)。

2) 城市规划区划定

依据刚性边界分析结果划定规划期末(2030 年)城市增长边界：包括原汀州镇全部辖区；原大同镇所辖师福村、黄屋村、东埔村、东街村、计升村、李岭村、红卫村、草坪村、印黄村、东关村、南里村、南寨村、新庄村、罗坊村、红星村、新民村；策武镇所辖策田村、红江村、德联村、陈坊村、河梁村、李城村、南坑村、黄馆村；河田镇所辖上街村、下街村、中街村、南塘村、朱溪村、明光村、松林村、罗地村、露湖村(见图 11－19)。

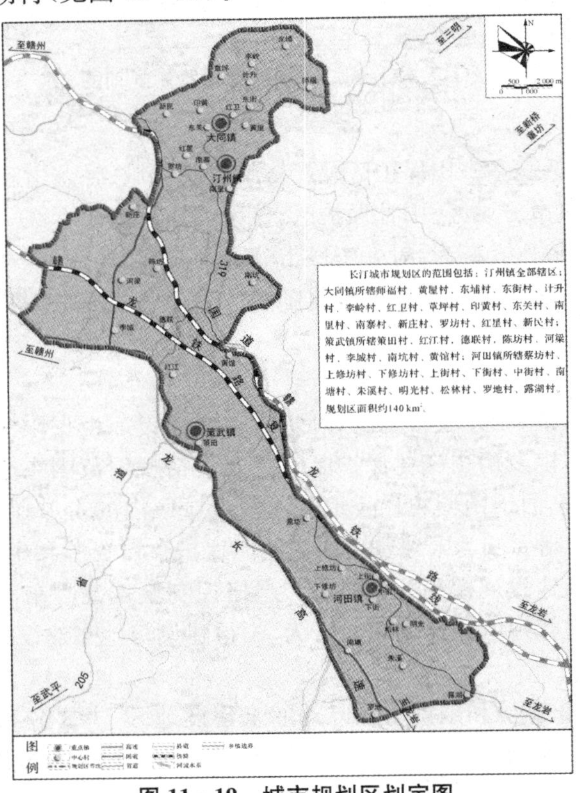

图 11－19　城市规划区划定图

11.5.3　城市适宜容积率划定模型应用

城市适宜容积率划定模型可以用来分析评估城市建设用地范围内各地块基于用地性质、交通容量、土地开发效益以及景观视觉廊道等要素的合理容积率分布范围，为在城市总体规划以及城市控制性详细规划中制定土地利用开发强度管制规划，确定各类用地或各地块的开发强度提供依据。

1）模型分析结果

依据第三篇第8章的城市地块适宜容积率确定模型，确定长汀汀州城区规划各用地的容积率上限指标（见图8-31）。

2）土地利用开发强度管制规划

（1）老城区

因其靠近历史文化保护区，为保证历史街区风貌不被破坏，应对建筑高度及密度进行控制，以高度不超出历史建筑为准，一般为6～9 m。包含历史街区的地区，为保证风貌协调，建筑高度要严格控制。位于主城边缘的地区，应适当控制高度以营造良好的城市天际线，且周围是高度不大的山地，降低建筑高度可以使山体得到显露。

（2）其他区域

居住及商业建筑密度及限高较老城区更宽松，有利于土地的集约利用。但是依据长汀地形特点，为体现山地城市风貌，对建筑高度还是要进行一定限制。而且根据长汀发展水平，不适宜建造过多高层建筑，住宅应以多层与小高层为主。区域性商业中心，可适当对建筑高度的限制放宽，新区中心最高商务建筑可达100 m。

对于工业用地容积率的控制，既要避免过度建设，又要充分利用土地，做到土地的集约利用，避免建设花园式工厂，所以应给出上下限或区间。

（3）其他控制要求

靠近卧龙山的地区和靠近汀江的地区，依据显山露水的原则，应进一步控制建筑高度及密度，区内有河流的，绿地率一般要求达到40%，以营造良好的滨水景观。位于城市绿带附近的地区，为凸显城市绿带，应降低建筑高度。

公共绿地，对建筑高度要进行一定限制。较低的高度控制可以为游憩的市民营造良好的休闲环境。

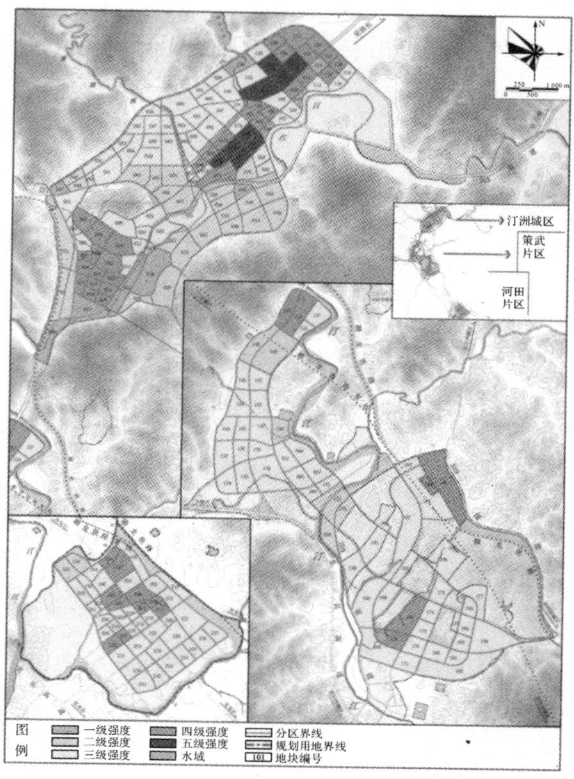

图11-20　土地使用强度管制规划图

体育用地，要保证绿化覆盖率，同时应对建筑高度严格控制，以营造开敞舒适的运动环境（见图11-20）。

11.6　城市服务设施公平的适应调整模型规划应用

11.6.1　城市公共服务设施公平性分析模型应用

城市公共服务设施公平性分析模型可以用来分析评估城市各类公共服务设施的服务水平以及居民享有公共服务的均等化程度，为在城市总体规划中制定公共服务设施规划，确定各类公共服务设施的服务等级与服务规模提供依据。

1）教育设施公平性分析结果

长汀县城人均教育设施用地约为 3.93 m^2/人，对照《城市公共设施规划规范 GB 50442—2008》，小城市的教育科研设计设施规划用地指标为 2.5～3.2 m^2/人，教育设施用地大幅高于配置标准。研究区内的教育设施用地集中分布于老城内，同时外围区域也散落地分布着几所学校。从引力可达性的视角看，老城及东街村、黄屋村、新民村的教育设施可达性最好，老城北部的 3 个行政村次之，南北两端的 5 个村相对偏低。从出行时间成本的角度看，除了北部的李岭村、草坪村和计升村以外，其余各社区在 10 min 的出行半径内基本都能达到 1 所及以上学校。

依据第三篇第 9 章城市公共服务设施公平性分析模型，长汀汀州城区的教育设施平均供给水平较高，空间布局上北部学校偏少。设施布点的公平性较好(见图 11－21)。然而，各点教育质量的不平衡引发的问题较为严重：我们发现长汀一中作为稀缺的优质教育资源，集聚了过多学生，不但造成学校的超负荷运转，也加剧了老城的交通拥堵等问题，而来自乡镇的陪读家庭更对县城的住房、就业和公共服务供给能力造成了较大压力。

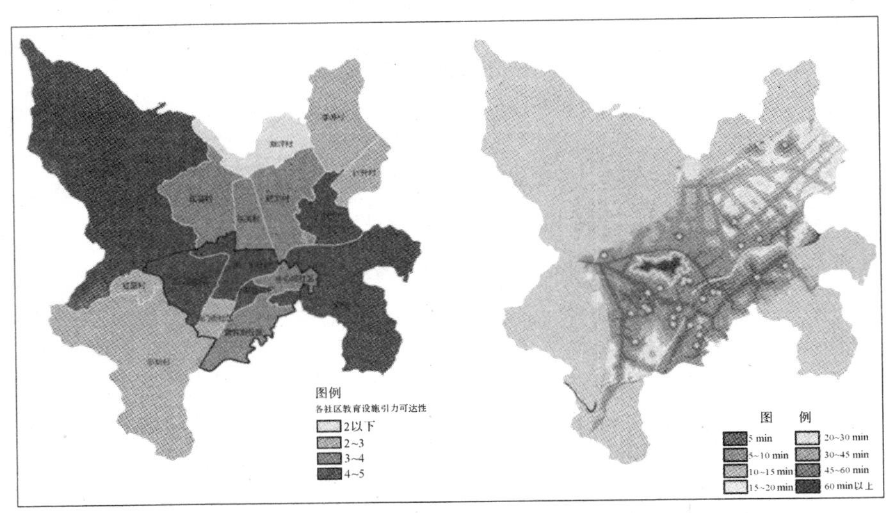

图 11－21　各社区教育设施公平性分析图

2）教育设施规划

(1) 教育事业的发展目标是满足中小学教育就近入学的要求，增加社区级中小学校。形成较有规模的中等职业教育机构，满足群众基本职业技能进修的要求。促进教育资源的优化，形成县级教育中心。

(2) 对教育资源进行重组，调整中小学、幼儿园的布局，根据各等级学校的服务半径，保证中小学在社区中的合理配置。满足各社区学生就近入学的需求。改善教育基础设施的条件，保证教育设施的人均用地指标。注重县城中等教育设施的不同等级设置，形成县级中学与社区级中学协调发展的格局。面向全县范围招生的中等教育学校有长汀一中、长汀二中、龙山中学、龙宇中学与长汀职业技术学校。

(3) 规划教育设施用地面积 98.34 hm^2，占城市建设用地的 2.81%，人均用地 2.81 m^2。

(4) 规划新增汀州城区的罗坊小学、黄屋小学、大埔小学；策武片区的德联中学、德联小学；河田片区对河田中学、河田二中进行扩容增加学校用地与校舍面积。在策武新火车站南侧规划布置稀土科教培训与研发用地(见表 11－12、图 11－22)。

表 11－12　中心城区中学汇总表

片区	学校名称	所属居住片区	选址	用地面积(hm^2)	班级	辐射人口(万人)	备注
汀州城区	长汀一中	古城居住片区	原址	10.8	50	7.5	高级中学
	长汀二中	城东居住片区	原址	7.7	70	5	完中
	长汀三中	古城居住片区	原址	2.5	20	2.1	初级中学
	长汀四中	汀西南居住片区	原址	2.5	20	3	初级中学
	龙山中学	汀西南居住片区	原址扩建	5.3	60	3	十二年一贯制
	龙宇中学	北部中心居住片区	原址扩建	8.0	75	5.3	完中
	大埔中学	莲花居住区	原址扩建	5.1	50	3.7	完中
策武片区	德联中学	中部汀江水岸居住片区	选址新建	8.5	80	6	完中
	策武中学	策武居住片区南侧	原址	3.5	30	2	初级中学
河田片区	河田中学	河北居住片区	原址扩建	7.8	50	5	完中
	河田二中	河南居住片区	原址扩建	5.8	30	2.2	初级中学

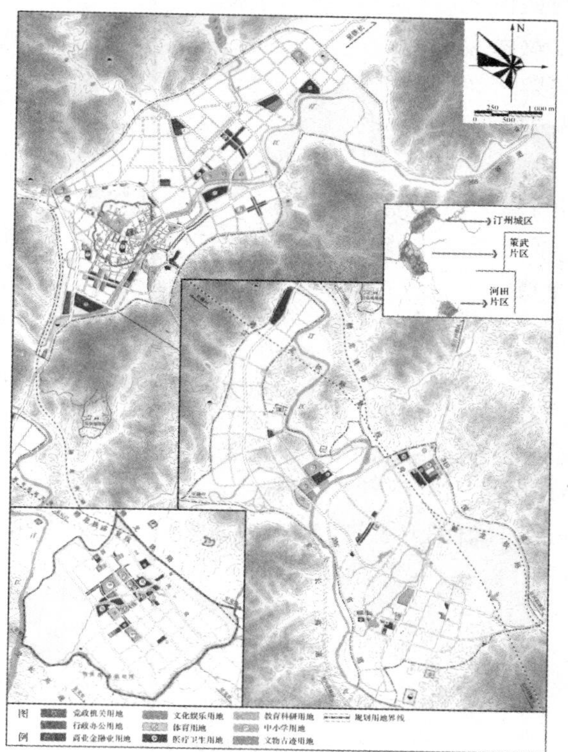

图 11－22　长汀公共设施规划图

11.6.2 城市消防设施选址布局优化模型应用

城市消防设施选址布局优化模型可以用来分析评估城市消防设施的服务水平与覆盖范围，为在城市总体规划中制定消防规划与综合防灾规划提供依据。

1) 消防工程现状与问题

(1) 消防工程现状：汀州城区有消防站 1 座，位于西外街 1 号，占地面积 2 500 m^2，属于一级普通消防站，拥有 3 辆消防车(3.5 t)，消防编制人员 18 人。河田片区无消防站，只有兼职消防队。供水管网稳定性差，消防栓数量很少。

(2) 消防工程的主要问题：①消防站位置欠妥，现状消防站位于卧龙山南麓，属于本次规划的卧龙山生态保护区范围。②车辆需要更新，消防站数量少。③老城区建筑密度大，耐火等级低，道路狭窄，消防车不易通行。文物价值高，不能轻易改造。④腾飞工业园区有许多纺织服装企业，易燃品多，也是消防重点单位。

2) 消防工程规划

(1) 消防站规划：按照每座消防站服务 4～7 km^2、接警 5 min 内赶到火灾现场的消防规范，依据第三篇第 10 章城市消防设施选址布局优化模型，规划汀州城区设 3 座消防站；策武城区设 3 座消防站；河田城区设 1 座消防站。其中，汀州城区火车站附近设 1 座特勤消防站，占地近 8 000 m^2，并作为县城和县域的消防指挥中心。其他消防站为一级普通消防站，占地约 6 000 m^2。

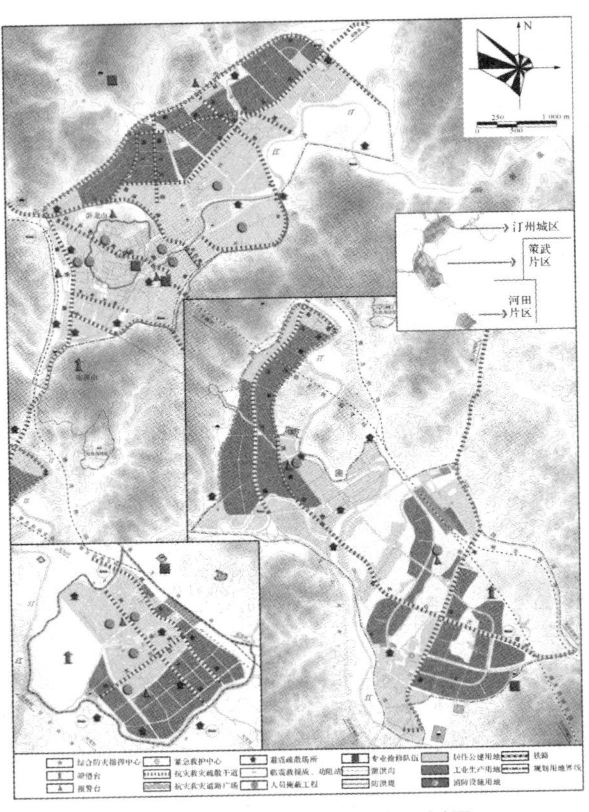

图 11－23 城市综合防灾规划图

(2) 消防供水规划：城区给水主干管上设消火栓，消火栓间距不超过 120 m。充分利用汀江、红卫河与西河，以及河田片区的刘源河、朱溪河以及南山河(即罗地河)等河流作为天然消防水源，并保障消防车取水通道，配备必要的天然水源取水设备。

(3) 消防装备规划：每座消防站配备 2 辆以上消防车，其中包括 1 辆泡沫消防车；特勤消防站配备云梯消防车 1 辆；配备消防防毒面具和氧气设备等，提高消防安全性。

(4) 消防通讯规划：按规范要求建设城区公用电话亭，以便群众火灾报警；消防部门设立专线与政府、公安、供水、供电、卫生、交通等部门联系。确保报警快捷、接警迅速、调度准确和扑救及时(见图 11－23)。

11.7 城市历史文化空间的适应性保护与复兴规划

长汀的城址从唐朝以来发生多次变迁，至明清时形成了“佛挂珠”式的汀州城墙及城市格局。新中国成立后，长汀县政府领导高度重视古城保护，早在1984年的城市规划中，就明确了以保护建设历史文化名城作为城市的性质，确定了保护古城，建设新区的原则，引导城市向城郊发展。1990年长汀申报国家历史文化名城，1994年被批准为第三批国家历史文化名城。1995年长汀县政府委托福建省城乡规划设计研究院编制了《长汀县城区历史文化名城保护规划》，对历史文化名城的保护起到了指导作用。2001年又委托重庆城市规划设计研究院编制了《长汀县城市总体规划》，提出了长汀的城市性质为国家历史文化名城、山水旅游城市，对历史文化名城进行了专门的分析研究。另外，还编制了乌石巷历史街区、水东街区、东大街区、南门街区等历史街区的整治改造规划。这些规划的制定为长汀历史文化名城的保护提供了保障。为加强对历史文化名城的保护管理，于2000年制定了《长汀县历史文化名城保护管理规定》，2003年6月又结合具体情况的变化对该管理规定进行了修订，形成《长汀历史文化名城保护管理暂行规定》等法规，为历史文化名城保护提供法律保障。

随着改革开放的深入，长汀的经济和社会得到了迅速的发展。与此同时，长汀的城镇建设也日新月异，古城传统风貌在大规模建设中受到冲击。针对这一情况，通过编制《保护规划》来保护长汀历史文化名城，延续长汀历史文化风貌特色，统筹安排各项建设活动，促进历史文化名城保护与发展的协调统一十分必要(阮仪三等，1999)。因此，2003年南京大学城市规划设计研究院受长汀县人民政府委托编制了《长汀历史文化名城保护规划》，并于2004年5月22日通过了专家评审。

11.7.1 适应自然山水的古城保护规划框架

《长汀历史文化名城保护规划》在保护思路上顺应了古城营建一千多年来已形成的尊崇自然、适应自然、将城市与山水自然融为一个整体的风水文化理念，提出了生态与文化融合的保护体系，即：以恢复汀州“三山两水一轴三圈”的历史风貌为重点，突出保护古城范围内历史文化遗存。以老城为中心，保护古城的空间和传统风貌。以汀江和西河、古城墙为纽带，联系三山、古城和周边山岳风景区，形成历史文化与旅游文化两个体系。

根据长汀现存历史街区形成的年代特点，历史文化内涵的不同，充分考虑保护其文脉与肌理，在传统居住建筑为背景衬托下，在空间上自然划分为4片各具特色的历史街区，并以此4片历史街区保护构成了长汀古城保护的骨架(见图11-24)，明晰的显现出长汀历史发

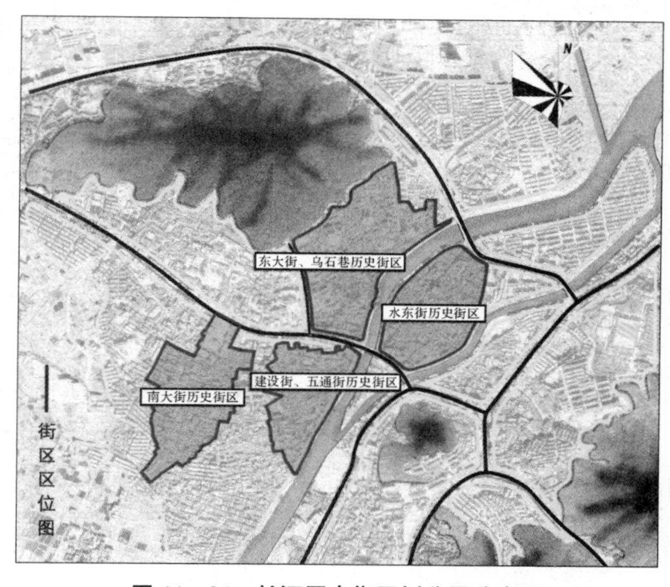

图11-24 长汀历史街区划分及分布图

展时序的脉络。

长汀历史文化名城保护体系分为 4 个层次：第一层次为文物古迹保护，包括文物保护单位、文物保护点与传统建筑的保护；第二层次为历史街区保护，指保存有一定数量和规模的历史构筑物且风貌相对完整的街区，包括南大街、五通巷、东大街、水东街等 4 个历史街区，面积 52.2 hm^2；第三层次为古城保护区，包括古城墙范围内的原汀州古城和水东街片区，即“一城一片”；第四层次为环境协调区，指长汀历史文化名城所依托的环境。东以太平桥、东环路、梅林大道为界，南达隘口，西至火车站，北以北环路为限。

长汀历史文化名城保护应通过深入挖掘长汀历史文化价值，坚持“抢救、保护、继承、发扬”的方针，抢救濒临毁坏的珍贵文物古迹及具有传统地方特色的街巷和古城格局，科学保护历史文化遗存的原真性(见图 11－25)。以系统保护与重点保护相结合为原则，将城市发展各个历史时期的遗迹、传统建筑、革命旧址以及山川、名胜等有机地结合起来，形成完整的保护系统。在此基础上，特别注重要保护长汀古城格局风貌的“三山两水一轴三圈”特色(见图 11－26)；保护长汀古城墙和 4 个历史街区；保护长汀历史上形成的非物质要素包括地方传统工艺与特产、客家民俗风情、文学艺术和民俗活动等内容。

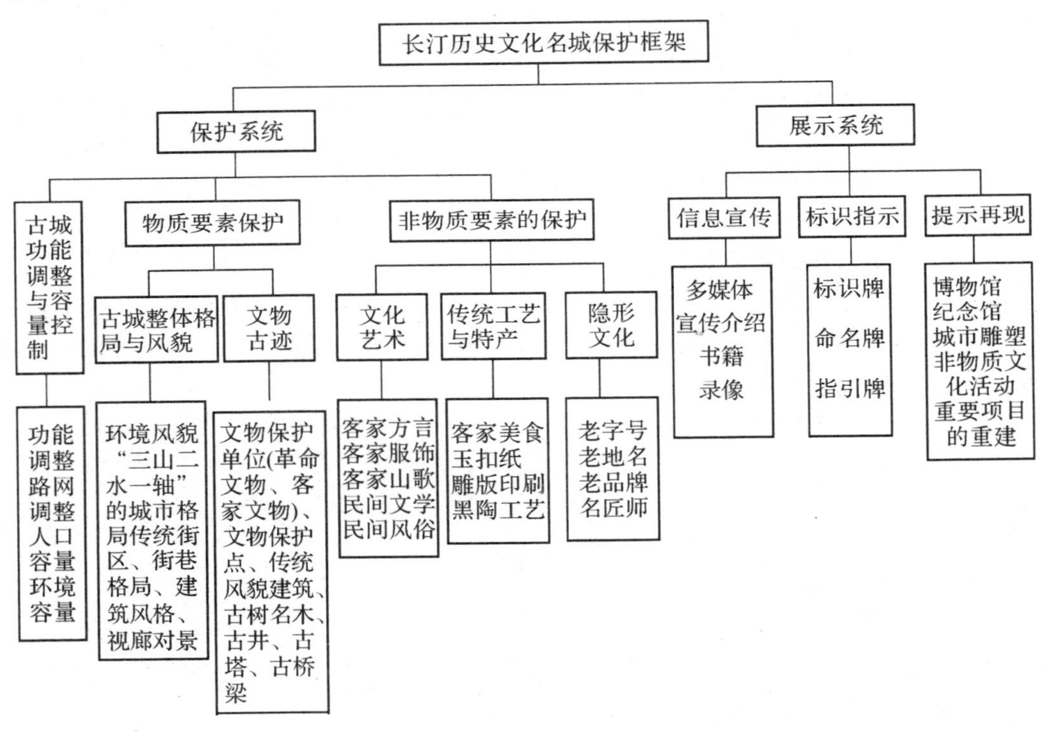

图 11－25　长汀历史文化名城保护框架

图 11 - 26　长汀历史文化名城山川形胜保护图

11.7.2　适应文化地标的古城保护与开发

1）城市文化地标空间影响分析模型结果

依据第三篇第 10 章城市文化地标空间影响分析模型与第三篇第 5 章城市居住人口密度估算模型分析结果(见图 10 - 27、图 5 - 10)：长汀东大街与水东街历史街区既是文保单位分布最密集的区域又是人口密度最高的区域，规划应对其重点疏散密集的居住人口，同时将旅游观光景点植入该区域，作为点状开发区域；汀州古城中轴线以及南大街历史街区属于文保单位与人口分布较集中的区域，规划应注重对历史轴线的传承与延伸，作为线状开发区域；而店头街历史街区应作为体验古城生活的区域，作为面状开发区域。

2）基于文化地标的古城保护与开发重点

以重要的文化地标为核心，对长汀历史文化名城古城内的建筑高度进行控制，包括视廊与视界的保护、建设高度的分区与控制。

保持景观价值较高的视点、视域和视廊的通视性，不得被高大建筑物遮挡；对城市重要或标志性的历史文化景点，从传统的可视角度划定视线通廊，并控制视廊内的建筑高度以达到保护古城历史风貌的目的；保持古城范围内三个层次的制高点，即卧龙山北极阁、南屏山和拜相山的制高点，作为全城的观景点。加强古城环境协调区内山体绿化，创造长汀县城的绿色屏障，在风貌协调区内严禁乱砍滥伐，开山采石，破坏环境风貌；公路及铁路穿过地段，应同时恢复绿化；保护卧龙山以及周边山体绿化，整治拜相山环境，拆除有碍观瞻的建筑，使得长汀真正成为青山绿水的自然环保型地区(见图 11 - 27)。

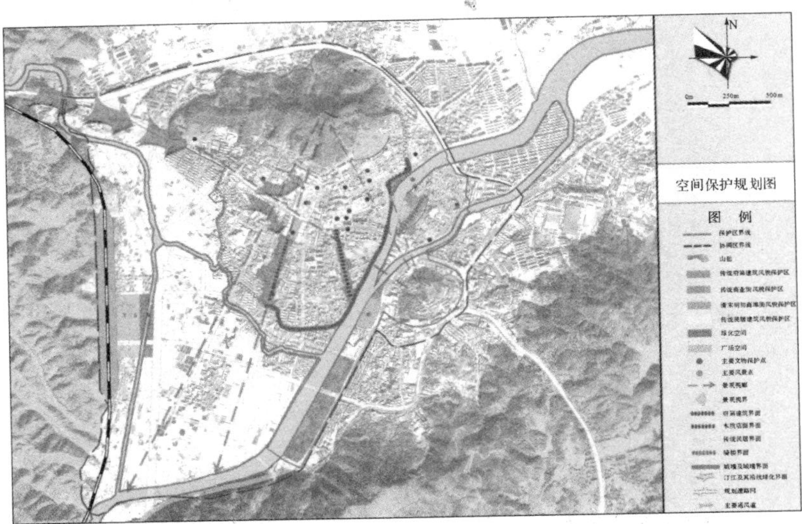

图 11 - 27　长汀历史文化名城空间保护规划图

长汀古城保护区内的建设高度按 5 种类型进行控制，具体分为：文物本体建筑高度控制区、限高 6～9 m 区、限高 15 m 区、限高 18 m 区和高度不限区（见图 11 - 28）。文物建筑本体高度控制区是指文物保护单位或文保点本体建筑周边的一定范围，其内的建筑物高度不得高于文物建筑本体高度，其具体界线与各文物保护单位的规划紫线范围重合。其分布主要集中在古城墙范围内和水东街片区。限高 6～9 m 区内建筑高度以 9 m（高度约等于古城墙高度）为限，主要包括古城墙内和水东街片区除文物建筑本体控制区、兆征路沿线新建公共建筑外的城市建设地区。限高 15 m（约等于 5 层单元住宅的高度）区包括古城墙范围外西南部 1 个街区，以及位于古城墙内的学校、机关等公共建筑分布区、拜相山周边地区，建筑高度不得超过 15 m。限高 18 m（约为兆征路两侧现有新建建筑的高度）区包括古城东北部、南部以及兆征路沿线的新建公共建筑地带，建筑高度控制在 18 m 以下。规划过境公路以东至赣龙铁路沿线，以及卧龙山北面为高度不限区，其内的建筑高度不作具体的控制要求。

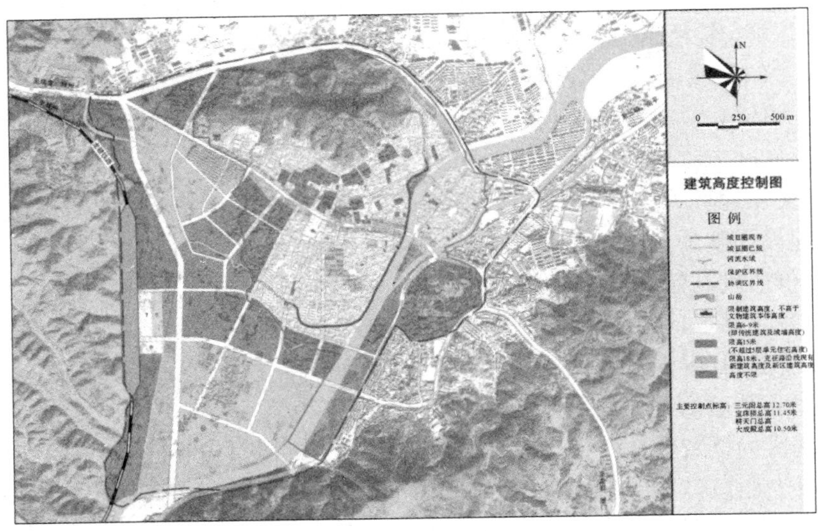

图 11 - 28　长汀历史文化名城建筑高度控制图

11.7.3　适应街巷空间的历史文化街区保护与复兴规划

1）历史街区复兴分析模型结果

依据第三篇第10章城市历史街区复兴空间句法分析模型，长汀历史街区路网街巷空间的整体集成度较低但局部集成度较高，同时协同度与智能度均较低（见图11-29、图11-30）；这说明长汀历史街区的内部街巷系统相对完善，但是街区内部街巷空间与城市交通衔接以及街区与街区之间的衔接较弱，这些历史街区没有成为城市文化景观的核心，总体的空间感不强。

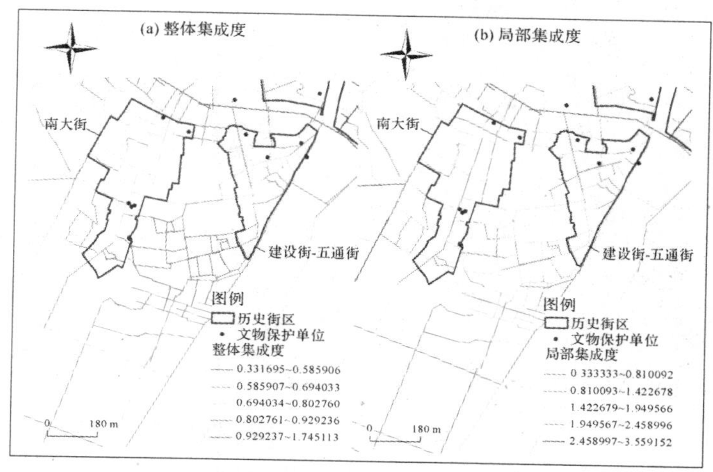

图11-29　汀州城区街道的集成度及与文化地标的空间关系

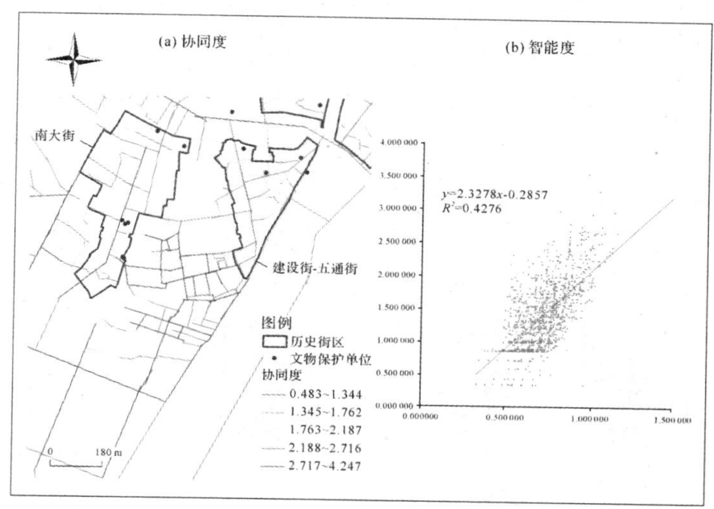

图11-30　汀州城区街道的协同度与智能度

2）历史街区保护与复兴规划

从整体上加强历史街区与城市道路以及历史街区之间的沟通联系，同时为了实现引导古城人口疏散的目的，逐步搬迁位于南大街与建设街历史街区之间的汀州医院至城市新区，缓解古城的压力，并以此为契机打通南大街与店头街之间的道路新巷。

南大街历史街区的保护与复兴，首先注重街区与城市外部的衔接，重点打造三元阁与宝珠汀文化广场，强化城市主要轴线；接着拆除看守所，建设以成龙先生捐赠的古建筑、成龙学馆为核心的卧龙书院；最后恢复南大街的众多大宅院的历史风貌(见图 11 - 31)。

图 11 - 31　南大街历史街区控制性详细规划

建设街-五通街历史街区的保护与复兴，首先应注重打造街区的主要入口与滨水界面，恢复古代的牌坊与码头，加强与城市的衔接；同时依托街区的核心、被评为中国十大名街的店头街的品牌资源，改造店头街两侧的用地功能，强化商业服务职能；最后打通历史街区的街巷空间，增加街区的活力与人气，增加街区的集成度(见图 11 - 32)。

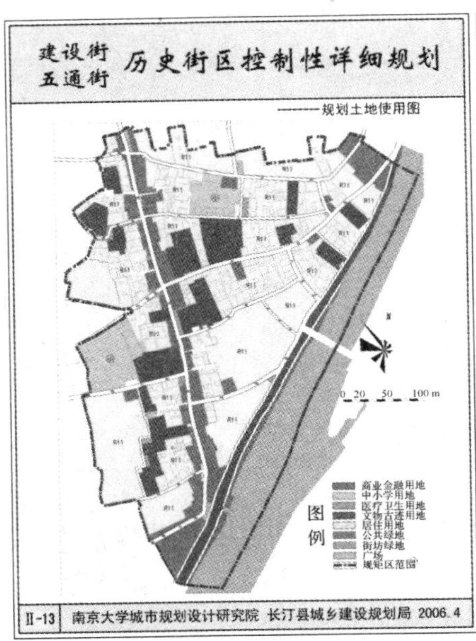

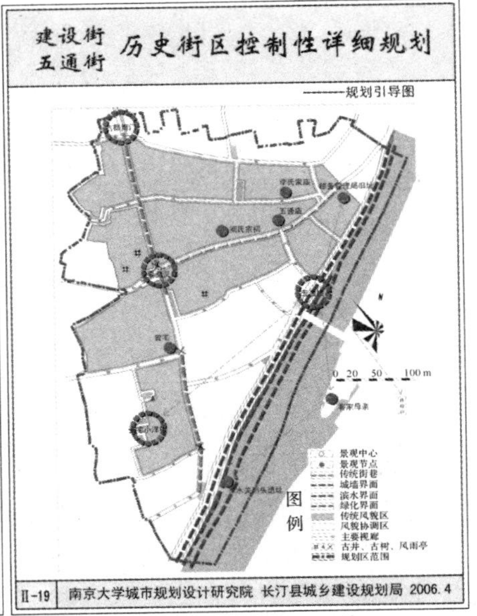

图 11 - 32　建设街-五通街历史街区控制性详细规划

12 南京城市规划信息化管理的智慧创新研究

南京作为我国六朝古都和长三角副中心城市，在近 30 年的经济高速增长中，城市发展格局出现了翻天覆地的变化。时至今日，以老城区为核心的功能高度集中的空间发展模式引发了城市历史文化保护、生态环境优化、产业发展、社区发展以及文教卫公共服务需求等一系列相互关联的系统性问题，并在空间上产生了前所未有的矛盾。由于多种利益主体对空间资源配置的影响，使得规划的编制和实施呈现出错综复杂的态势，典型地反映了城市作为开放的复杂巨系统特征。我们在对南京城市发展问题和规划编制管理的多方面研究中，深刻地体会到了城市物质空间巨变所带来的不同社会群体的利益冲突而引发的“城市病”。

基于南京上述的现实背景和我国新型城镇化转型发展的趋势，本章首先以 CAS 理论为指导，通过引入多主体建模方法，构建了基于居住、开发、服务和设计四类主体的城市微观动力系统理论模型，从城市空间增长的微观主体驱动机制角度对“自下而上”规划模式进行实质性、前瞻性的研究，并初步构建了面向智慧业务管理的规划支持系统框架；进而，以我们最近十年承担的南京市规划管理信息系统设计等课题的研究成果为基础，重点针对我国规划编制管理中普遍存在的上下位规划不一致、规划方案评选科学性不足、规划公共参与程度低和效果差等现实问题，以数字规划平台为支撑，运用 GIS 空间数据处理与分析技术，发展了一系列针对规划方案与现实差距，如何进行适应性优化调整的分析评估和预测模拟模型。具体结合南京的 4 个具有多种空间尺度、面向不同类型主体的实证案例，发展了上下位规划编制一致性评价、应征多方案比选、辅助选址决策支持的综合应用性评估模型；最后，作为学术前沿探索，尝试建立大数据和空间数据挖掘方法进行智慧城市规划过程模拟的应用创新研究，通过以南京 2007 年编制的总体规划方案为参照系，进行南京主城区空间增长趋势的适应性模拟，探析规划公众参与及其实施预测评估的智慧型方法。

12.1 城市微观主体系统建模与规划信息化管理的智慧创新

随着新型城镇化战略的提出，我国城市化进程进入了由“自上而下”模式向“自下而上”模式的转变阶段。根据城市化发展理论和新型城镇化“以人为本”的政策导向，我国城镇化的空间增长速度将有较大程度的放缓，城市规划则由增量规划转向增量与存量规划并重，城市化动力机制将由政府强力推进转向市场需求自然驱动，城市空间增长已开始呈现出多种主体进行利益博弈的复杂状态。因此，我国的城市规划范式亟待在理论、方法、技术和管理应用多层面上的转型，亟须建立一套由城市多元主体共同作用的微观动力驱动的城市空间增长和演变机制，进而在城市规划编制与管理中有效运用城市大数据等智慧城市技术手段，真正建立起能满足城市规划公众参与的决策支持信息化平台。

12.1.1 城市空间增长模拟研究进展

近年来，无论是西欧北美等西方发达国家或是发展中国家，城市都在经历着分散化空间演变过程。传统的城市空间增长研究无法解释新的问题，其在空间信息表达、微观机制挖掘、不确定性描述等方面存在着明显的不足。近年来，随着对城市复杂系统的逐步认知，从微观动力机制的角度去认识并模拟城市空间增长成为最新的发展方向。

国际学者对现代城市复杂系统的研究表明，城市空间增长作为一个城市地域空间增长的时空过程，是一个动态开放、自组织与他组织共同作用的不断发展演化的非均衡系统（Allen & Sanglier，1981；White & Engelen，1993；Batty & Xie，1994），是城市空间复杂性在城市形态上的反映。城市空间在增长演化的过程中体现出了初值敏感性与非线性演化、不可逆性与不规则周期性、不确定性、渐变性与突变性等复杂特性。城市的空间扩散形式也不仅局限于传统郊区化过程所体现的围绕城市核心的紧凑扩散，分散化的扩散模式也大量显现，城市的空间增长被推进到城市的最边缘，增长发生的区位也更加趋于随机、蛙跳式的增长，土地利用也显得功能单一（Roberto et al.，2002），最终造成城市未来空间形态的不确定性和随机性。城市空间增长的这些复杂特性极易造成规划目标与发展结果相冲突，进而使城市的发展失去有效控制，为城市的规划设计以及规划的实施管理带来极大的挑战。

城市空间增长作为城市化进程中城市形态以及土地利用等方面所发生变化的集中反映，对于其过程、机制、模拟的研究一直被广泛关注。国外学者在这方面的研究经历了从现象描述到机制探索，从静态分析到动态分析，从定性描述到定量分析，从单学科研究到多学科综合研究，从宏观动力机制探索到微观动力机制探索，从本国研究到国际研究的过程，并在理论与实践的研究过程中形成了一系列的城市空间增长理论。同时相关的城市空间增长模拟模型也经历了从静态模型向动态模型，从非地理参考模型向地理参考模型，从单一模型向集合性模型，从宏观动力学模型向微观动力学模型发展的历程，并且形成了体系庞杂的城市空间增长模拟模型家族。

国内的城市空间增长微观动力机制与模拟研究也是在城市空间分散化的演变过程中，为了应对城市生长管理中面临的城市空间形态不确定性和随机性等新问题而逐步发展起来的（陈睿、吕斌，2007），并且提出应用一系列基于分形、元胞自动机（CA）、主体等概念的离散微观动力学模型。但国内相关的研究尚处于起步阶段，仍存在一些不足之处，主要表现在：①国内的研究多是在实证分析的基础上对城市空间增长微观动力机制的总结，缺乏系统性的理论分析。鲜有从复杂城市系统的本质出发来系统分析城市空间增长过程中各微观驱动因素运行过程的研究。②国内机制分析和模拟研究多脱离城市空间增长的宏观动力机制而孤立开展，对二者之间的耦合机制以及模拟的研究还很缺乏。③目前国内研究多以离散微观动力学模型的应用或是改进应用为主，缺乏对模型运行的背景动力机制进行系统分析与探讨，模型难以支撑准确的城市空间增长模拟预测。④在模型的构建选择上，国内一直以来是以 CA 为主体的模拟模型研究，由于元胞本身在空间上的不可移动性，使其在模拟复杂城市空间系统的空间增长过程时不具备足够的性能和实用性，相关的应用还存在分析粒度较粗、模型构成不完整、实证分析不足等方面的缺陷，研究成果难以有效地用于支撑实际的城市规划工作。

城市空间地域的增长具有动态性、非线性、不确定性和多样性等复杂特征，这是规划工作者不可回避的事实，同时也为城市规划的编制与实施带来了巨大的挑战，常常导致规划的目标与规划的实施相脱节，最终的发展结果也面目全非。因此，驱使城市空间增长的种种不确定因素和结果的客观存在，需要规划工作者不断吸纳科学技术的最新成就，改造和完善非确定性城市规划的思想和方法，从而最大可能地减小规划与实际的裂隙。城市空间增长的微观动力问题深层次地反映了城市空间发展的本质规律，把握这种系统运行的本质规律对于解释城市空间增长的复杂性、提高规划编制的合理性、论证规划实施的可行性，进而引导城市的合理发展、保持城市的可持续发展能力意义非凡。

12.1.2 城市空间增长微观动力系统理论框架构建

城市空间增长作为城市系统发展演化的一种重要表现，其本身是一个复杂的、动态的系统过程。从 1933 年的《雅典宪章》到 1977 年的《马丘比丘宪章》，再到 1982 年的《内罗毕宣言》，现代城市规划理论发展的过程中蕴含了人们对于城市空间增长复杂特性的逐步确认过程。基于复杂系统科学和城市规划学对城市复杂性的本质认知的共识，城市空间增长微观动力系统应运而生。

1）城市空间增长微观动力机制

自 20 世纪 30 年代以来，随着现代城市规划理论的不断发展完善，城市空间增长的复杂特性开始逐步为人们所认知，1933 年的《雅典宪章》中强调了人类对环境的主观选择和规划，也认识到人的活动是城市复杂混乱的成因，强调了人对环境的作用（李德华，2001）。40 多年的发展将《雅典宪章》的主观性体现出来，城市化的加速，使城市空间增长演化问题复杂并违背宪章所预期的目标，显然其并未预见到城市空间增长演化的复杂性；为此，1977 年《马丘比丘宪章》（李德华，2001）中指出："不要为了追求分区清晰而牺牲城市的有机构成，'人的相互作用与交往是城市存在的基本依据'，必须努力去创造一个综合的、多功能的环境"，对城市构成不能拼接，空间增长形式的非线性等典型复杂性特征有了充分的认识；1982 年的《内罗毕宣言》（马光，2000）指出："环境、发展、人口和资源之间的紧密而复杂的相互关系，以及人口的不断增加，特别在城市地区内对环境所造成的压力已为人们所广泛认识。只有采取一种综合的并在区域内做到统一的办法，并强调这种相互关系，才能使环境无害化和社会经济持续发展"，这意味着对城市空间增长复杂性的认识不仅是对城市内居民或人的能动、适应、需求的认识，更是对人的组织和集团行为及其结果的认识，是对城市空间增长演化过程中城市环境及城市主体与环境复杂相互作用的认识，由此城市空间增长驱动过程的复杂性开始被关注并逐步认识。

基于上述现代城市规划理论对城市系统性和复杂性的认知，结合 CAS 的复杂系统认知范式，城市空间增长过程可以被认为是一个在政府发展规划的约束下由理性人之间及环境之间的交互作用过程。更进一步来看，城市空间增长可以被看做是由众多具有适应性的城市微观主体之间（个人、企业、政府、社会团体等）以及主体与城市地理空间环境之间相互作用所形成的积累和集聚，其微观动力的一般过程表现为城市微观主体在一定的约束条件下，为实现自我效用的最大化，通过主动决策和行为去影响其他主体和改造城市地理空间环境，并且能够在行动中不断学习，积累经验，获得知识，主动地、适应地改变自己的决策和行为。同时城市地理空间环境在这一过程中受城市微观主体行为的驱使不断变化，在客观上形成城市的空间增长，并以此反作用于城市微观主体，影响他们的决策与行为（Li et al.，2015）。在整个过程中，城市微观主体的决策和行为在一定的时空约束下产生并影响着城市的空间增长，同时城市的空间增长演化又不断地在影响城市微观主体的活动，两者处于一个不断互动的状态，共同推动着城市的空间增长演化。

城市空间增长本质上是人类社会经济活动在空间上的反映，从宏观的角度上来看，它是众多复杂的自然和人文因子驱动下的人口经济和土地利用的转变过程，集中体现为城市在空间上的蔓延、郊区的城市化、远郊卫星城建设等多个方面(顾朝林、陈振光，1996；吴莉娅，2004)，尤其是在我国，城市空间增长被认为是土地有偿使用以后为获得最高的土地收益而实现的土地利用的局部空间转移过程(Wu and Webster，1998)，城市人口对空间的需求成为城市空间增长的最初动力(Li et al.，2003)。为此，我们将城市空间增长的这一主要宏观表现映射至上述对城市空间增长微观动力过程的一般认识，以城市空间增长过程中的城市用地类型转化为着眼点，将城市空间增长过程具体看做是城市微观主体对不同区位的选择和改造，进而使得城市内部及周围的用地类型不断发生转化的过程。

在这一过程中，形形色色的城市微观主体，即由不同规模、性质、结构组成的社会群体，如政府、开发商、各类社会团体等，为满足各自的要求并追求各自利益的最大化，综合考察城市的社会、经济、环境等多方面的因素，以特定的城市区域空间为载体，对城市及其周围的不同区位进行选择和改造，最终大量看似相互独立的区位选择与改造行为所造成的城市用地类型转化涌现为城市的空间增长。反过来，以城市空间增长的形式体现和衍生出来的，包括自然环境、建成环境等在内的环境变化又反作用于城市微观主体的空间选择与决策，从而形成相互作用的反馈运动。同时，城市微观主体的智能特性又使得他们在相互作用的基础上不断积累经验、优化决策、共同进化，即城市微观主体的学习能力使得他们的决策路径呈现出动态变化的特性。

由此可见，城市中大量异质微观主体的适应性行为及其与城市地理空间环境之间以城市用地类型转化为媒介的相互作用和反馈构成了城市空间增长的微观动力，不断驱使着城市的空间增长演化。不同的城市微观主体在这一过程中担当着不同的角色，其对于各城市用地类型的作用性质与作用方式各不相同，即不同的城市微观主体在城市用地区位的选择与改造过程中表现出各异的适应性行为。同时，从宏观角度来审视的诸多城市空间增长的驱动因素，如经济因素、自然环境因素、技术因素、社会因素、政策规划因素等则通过改变城市不同区位的区位条件，影响不同区位的区位吸引力，进而影响到城市微观主体的适应性行为过程，并且城市微观主体的适应性行为之间又相互影响，最终体现为城市微观主体之间以及城市微观主体与城市地理空间环境之间的相互作用。

2) 城市空间增长的微观动力系统组织

城市空间增长微观动力系统的组织不仅包含基本的驱动要素，即城市微观主体系统、城市地理空间环境系统、相关政策规划调控系统，也包括建立各驱动要素间的相互适应关系基础上的过程要素，即驱动要素的适应过程，这 4 个基本要素共同构成了不断运行中的城市空间增长微观动力系统(Li et al.，2015)。

(1) 城市微观主体系统

城市是人类聚居形式的一种，其本身是一个以人为主体，以环境为依托的有机系统。作为城市空间增长微观动力系统中的动力主体，城市微观主体系统本身包含了城市微观主体及其复杂适应行为两个基本要素。一方面，城市微观主体代表了城市中具有智能、目的和意志的人类群体，具有适应性，能主动适应并改造城市环境，建设城市系统，推动城市空间增长。由于城市空间增长涉及家庭、企业、开发商、社会团体、政府等诸多由城市人通过不同方式组合而成的机构单元，他们有着各不相同的行为方式，表现为在城市空间增长过程中具备不同的参与能力。每一类城市微观主体是由多个城市个体通过一定的方式组合而成的多个体聚集单元，其在城市空间增长过程中如同单独的个体那样行动，处于同类城市微观主体中的每个人的适应性和智能性是通过组织来表达，如家庭成员的居住地选择行为最终是通过整个家庭的搬迁行为来体现、企业的生产区位选择体现了所有企业职工的区位选择与行为等。因此，在城市空间增长微观动力机制的研究过程中，我们依据不同类型主体在城市空间增长过程中发挥的作用，提出并界定了与城市空间增长过程密切相关的 4 类微观主体：城市居住者主体、城市服务者主体、城市开发者主体、城市设计者主体作为城市微观主体系统的基本组成单元。

城市微观主体的复杂适应行为涉及城市空间增长过程中城市居住者主体居住地的搬迁、城市服务者主体对其拥有的企业生产服务地的选址搬迁、城市开发者主体对城市各类住宅及其商服用地的开发、城市设计者主体对城市基础设施布局与功能结构规划的制定等一系列行为活动，城市微观主体驱动模型正是对这些行为活动特征与机制在微观视角下统一的予以描述，而城市的空间增长演化也正是众多看似独立的城市微观主体复杂适应行为的综合结果。不同类别的城市微观主体受其自身属性特征和行为目的的不同有着各自不同的复杂适应行为机制，如居民主体在居住区位的选择上与企业在生产区位的选择上所反映出来的行为差异、不同类别的家庭在居住区位的选择行为上所反映出来的差异等，这些机制各异的城市微观主体的复杂适应行为在城市空间增长的过程中不断地并行发生和相互影响，最终反映为城市微观主体系统的整体适应行为，直接作用于城市的空间增长演化。因此，城市微观主体的复杂适应行为是城市微观主体系统在城市空间增长过程中的根本活动方式，同时也可看做是城市空间增长微观驱动机制的外在体现形式(见表 12 - 1)。

表 12 - 1 城市微观主体系统的基本要素

基本要素	要素特征	覆盖的描述对象	要素作用
城市微观主体	智能性、适应性、逐利性、空间性、社会性、经济性	家庭、企业、开发商、社会团体、政府	系统的基本组成单元
复杂适应行为	受城市微观主体驱动、行为机制复杂、行为目的明确、具有反直观性	与城市用地区位选择与改造有关的适应性行为活动	系统参与城市空间增长的基本方式

城市微观主体系统正是由大量在城市空间增长过程中发挥不同作用的、不同类型的城市微观主体共同组成的有机系统，并以一个整体的形式通过各微观主体的复杂适应行为所综合产生的整体适应性行为参与到城市空间增长的微观驱动过程中。

从本书界定的城市十大子系统角度看，城市微观主体系统是城市非物质系统在人的个体活动层面的综合表达，涵盖了城市由个人、家庭、社会团体等不同层次的介主体所表现出的对城市空间演变的社会行为模式，本质上反映了城市社会子系统、经济子系统、文化子系统和管理子系统的内部能动性对城市空间增长与演化的推动机制，属于城市发展与演变的内生力量。

(2) 城市地理空间环境系统

城市空间增长以特定的地理空间环境为载体，其本质是人类社会与地理空间环境之间的时空耦合过程在空间维度上的表现。从微观的视角来看，它一方面为城市空间增长过程中大量城市微观主体的复杂适应行为活动提供了空间载体和环境反馈，另一方面也是城市微观主体复杂适应行为的主要作用对象并受其影响而发生状态上的改变，是城市空间增长的自然物质基础，在城市空间增长的过程中发挥着重要的条件功能、资源功能和环境功能作用。因此在城市空间增长微观动力机制的研究中，城市地理空间环境既是城市空间增长重要的驱动要素，同时也是动力机制的驱动结果，是城市空间增长微观动力系统中的重要组成部分。

本研究将城市地理空间环境系统分为自然环境和建成环境两个部分，其二者共同构成城市空间增长的空间环境。自然环境包括地质、地貌、水文、气候、动植物、土壤等自然要素，是城市微观主体空间定位与移动的空间载体。在城市空间增长过程中，它既表现出特殊的支撑作用，又体现出一定的制约力和影响力。在支撑作用方面，自然环境中具有一定地质地貌和水文、植被条件的土地，经过城市微观主体的开发，成为具有不同人类区位活动适宜性的承载空间，进而成为城市空间增长最重要的环境、条件、资源和要素；在制约力和影响力方面，自然环境中的各组成要素都直接或间接地影响和制约城市空间的发展，主要体现在区域中的城市选址，城市本身的空间特色和空间功能的环境质量三个方面(段进，1999)，从宏观上看，它们通过在城市发展的空间方向上构成地理障碍和地理通道，成为城市空间变动的基础条件，如城市的空间增长方向在一定程度上受制于山体、湖泊、河流、海洋等的自然要素的分布、城市空间的增长速度与规模受制于城市的地形条件和水资源条件；从微观上看，自然环境通过其各组成要素所形成的空间环境状况来影响和制约城市微观主体的区位选择与开发的决策，成为城市微观主体复杂适应行为的影响因素之一，最终反映在城市的空间增长演化中，如地质条件的差异会影响到政府对于城市用地发展布局的规划，地基承载力较弱的或不稳定的地段、坡度较大的地段不适于某些用地类型的开发；自然环境好的区域更容易吸引居民入住等。

与自然环境不同，建成环境是以人工为主导的地理空间环境系统，指构筑在城市自然环境基础上的人类建设成果，包括交通设施、水利设施、绿地广场等一系列城市公共基础设施以及已建居民区、商业区、工业区等供人类居住、工作、休憩、消费、娱乐的建构筑物等。它们的建设与更新均来源于城市微观主体建设行为，同时也影响着城市微观主体的复杂适应行为。建成环境通过影响城市的土地价值、通达性、环境等区位要素直接影响投资者、企业以及居民的空间选择与决策。这些决策又反过来影响到当地的土地价值、通达性、环境等，从而形成相互作用的反馈运动。例如，交通的便利、公共基础服务设施的完善等良好的建成环境吸引城市居民和企业在某一区位的空间集聚，产生正的集聚效应，进一步促进集聚，而大量城市居民和企业的过度集中又将导致交通拥挤、环境污染等，从而导致城市空间的扩散并随之带来郊区建成环境的改善，而空间的扩散又带来新区位上城市微观主体及活动的集聚，如此城市微观主体与建成环境之间不断相互作用，促进建成环境改善的同时也推动了城市的空间增长。

此外，城市地理空间环境系统在空间上是一个有着相对明确边界的地理空间环境。城市空间增长在一段时间内是一个嵌入特定发展目标，在相对稳定的地理空间环境范围内的城市化过程。尤其我国的城市发展多是在政府所编制的城市规划的约束和指导下进行，而城市规划本身需要对城市的发展进行预测、并预留出发展空间，保持规划的弹性和控制，规划边界往往大于城市系统的建成范围，同时针对城市的发展状况，规划边界可以在规划编制和修改中进行调整，它既不像景观边界那样时刻变化，也不像行政边界那样难以调整，对城市空间增长的研究来说，相对准确和可行，城市的规划边界也成为一个重要的城市空间增长边界参考。因此，城市地理空间环境系统以城市规划区的范围为基础边界，同时为应对城市空间增长过程中所表现出来的如随机增长、非线性增长等空间复杂特性，城市地理空间环境系统的边界在其基础边界上进一步向外扩展延伸一定尺度，将所有可能参与到城市空间增长中来的城市周边地理空间环境包括进来，形成一个适当大于城市规划边界的实体区域。

从本书界定的城市系统圈层组织模型来看，城市地理空间环境系统包含了城市系统表层的生态、用地、建筑、交通、基础设施和园林等 6 个子系统物质要素共同组成的空间环境。其一的自然环境要素是生态子系统的一部分，城市的空间增长所受到的自然环境条件的制约可以采用前述的生态敏感性分析方法来评价。其二的建成环境要素则是城市物质系统的全部，同时作为人类城市活动的物质载体凝聚了城市微观主体共同创造的不可移动的财富，而成为主要的城市公共资源。如何为城市微观主体，即市民，公平、合理地配置这些公共资源成为当代中国城市规划的核心任务。本书第三篇的可达性、空间句法等分析模型为解决此类问题提供了有效地基本手段。

(3) 相关政策规划调控系统

城市空间增长演化始终受到两个力的制约与引导：无意识的自然生长发展及有意识的人为控制，两者交替作用而构成城市生长中多样性的空间形式与发展阶段(顾朝林，2000)，这其中有意识地人为控制更多地表现为国家、地方政府通过制定和颁布一系列与城市发展有关的政策、制度、规划等对城市的空间增长进行干预调控，使得城市空间增长在很大程度上是一个在特定背景下的空间组织过程。尤其在我国，国家的区域发展政策、城市管理体系和地方政府行为等政策规划因素对我国城市空间增长尤为明显，是我国城市空间增长的一个重要驱动因素。相关政策规划调控系统即是指这些对城市空间增长起到干预调控作用的政策、制度、规划等的组合，是城市空间增长微观动力系统中处于宏观层面的驱动要素，承担着有机联结微观驱动与宏观调控的重要作用。

在城市的发展过程中，影响城市空间增长的政策、制度、规划多种多样，从推行的主体上来看，不仅有国家和地方政府制定和发布的各项与城市空间增长有关的政策、制度、规划，同时也有许多区域性组织机构、社会团体等提出的与城市空间增长有关的各项制度和约定。然而，与其他西方市场经济国家不同，我国政府对城市空间资源有着极强的控制力度和广度，政府作为城市发展过程中制度的决定者、规划的制定者、政策的颁布者，是相关政策规划调控系统的主要驱动主体。如表 12－2 所示，给出了城市空间增长影响较大的相关政策规划内容。

表 12－2　相关政策规划调控系统的主要内容

政策/制度/规划类型	制定单位	与城市空间增长相关的内容	主要作用
城市国民经济与社会发展规划	国家、省(区市)和城市政府	区域产业布局、区域发展策略、基础设施建设、空间开发与合作等	城市空间增长的总体指导原则
城市总体规划	城市政府	城市性质规模、空间结构、发展方向、对外交通、用地布局等	城市空间增长的具体制约规则和指导方向

续 表

政策/制度/规划类型	制定单位	与城市空间增长相关的内容	主要作用
各级土地利用总体规划	城市政府及下级各政府机构	土地供需分析、土地利用结构和布局调整	设定城市空间增长的可行规模
土地政策	国家、省(区市)和城市政府	城市用地的开发	城市空间增长的专项约束规则
人口政策	国家、省(区市)和城市政府	城市性质规模	间接影响城市空间增长的速度与规模
住房政策	国家、省(区市)和城市政府	居住用地、部分商服用地的供求变化	间接影响城市空间增长的速度与方向

从相关政策规划调控系统的运行方式来看,它一方面通过影响城市微观主体系统中各类主体的复杂适应行为来间接作用于城市的空间增长演化,如经济发展政策、城市规划、土地与住房制度等的侧重都会引起各类城市微观主体在用地区位的决策和开发上的改变,造成城市的土地利用结构、产业结构和人口结构的变动,影响城市功能结构的转变,从而导致城市空间的增长变化,如哈维通过对巴尔的摩城市的详细研究,证明郊区发展与市中心的衰退都与政府的财政供应有关。"超级财政机构在地方住房的组织和许多'城市问题'中担当了重要的角色"。在这个过程中,财政网络与政府干预起了协调者的作用(保罗·诺克斯、斯蒂文·平齐,2005);另一方面,某些城市发展的政策规划中会通过开发大型项目、建设公共基础设施等方式直接改变城市的用地结构与布局,进而影响城市人口、产业的分布,促进城市的空间增长,如政府在城郊地区的道路交通设施、绿地广场等的建设一定程度上拓展了城市的建成区域,直接影响了城市的空间增长。同时,城市空间增长过程中城市微观主体的行为过程以及由于城市空间增长而引发的城市地理空间环境的新变化也会在一定程度上影响相关政策规划系统中城市发展策略、城市规划等的调整和制定,形成一个相互作用、不断反馈的动态过程。

相关政策规划调控系统属于城市十大子系统中管理系统的核心部分,体现了城市系统在正常发展中的核心调控能力。由于城市微观主体系统在市场力的牵引下主导了城市社会子系统与经济子系统的运行,微观主体系统的各种利益群体在空间上对公共资源争夺日趋激烈,从而导致城市社会、经济和环境等在空间上高度交织的问题更为复杂、更为棘手。因此,相关政策规划调控系统对城市物质系统的调控能力显得至关重要。数字城市和智慧城市的兴起正好为提高这一调控能力提供了有力的支撑,本章的实证研究正是为这一目标而上下求索。

3）驱动要素的复杂适应过程

微观视角下的城市空间增长动力系统是由一系列相互依存、相互作用的驱动要素构成的整体，各驱动要素间的相互作用产生了相互之间的复杂适应过程，并最终驱动着城市空间的复杂增长。各驱动要素的复杂适应过程是一个以某一驱动要素为主体包含主动适应和被动适应两个层面含义的综合适应过程。其中，城市微观主体的复杂适应行为一方面体现为被动地考虑其周围的地理空间环境、相关的政策规划、其他城市微观主体具有相同目的的决策行为等多项因素的综合过程，另一方面也表现为谋求自身的发展与最大利益而对城市地理空间环境进行改造、对相关的政策规划进行调整、对其他城市微观主体产生影响的主动适应过程；城市地理空间环境的适应过程则主要体现为环境改变和环境反馈两个基本过程。环境改变过程是城市地理空间环境在各类城市微观主体的适应性行为以及相关政策规划的直接作用下而表现出来的被动变化过程，是城市空间增长过程最为直观的景观变化过程，集中体现为城市周边非建设用地向建设用地的转化过程；环境反馈过程是指在城市空间增长过程中地理空间环境的各组成要素作为城市微观主体决策的重要影响因素而产生的反馈作用过程，如地形被改造，可能直接诱导洪水出现而导致用地功能被调整，这是城市地理空间环境适应过程较为主动的一个方面；相关政策规划的适应过程包括了相关政策规划的调控与调整过程，其中相关政策规划的调控过程是指政府通过制定相关的城市发展政策规划来影响城市微观主体的决策与行为或直接作用于城市地理空间环境变化的过程。同时在城市空间增长的过程中，城市社会、经济、文化以及用地环境的不断变化，又会使得政府对原有的相关政策规划进行调整以适应城市发展建设中的新变化。

4）城市空间增长的微观驱动过程

城市空间增长微观动力系统的运行过程，表现为对城市空间增长“自下而上”的持续驱动，是一种以城市微观主体为中心的微观驱动过程。尽管在这一过程中，直观上看凭借总体的、宏观的限制及各项决策“自上而下”的应用影响着城市的空间增长演化，但城市微观主体是城市空间增长过程中城市用地类型转化的直接驱动者，这些驱动要素的影响最终都转化为城市微观主体进行城市用地区位选择与开发的直接或间接作用。因此，城市空间增长的微观驱动过程以城市微观主体为中心，将不同驱动要素的复杂适应过程联结在一起，并总体上可以归纳为相互交织的 5 个层次：环境、主体、行为、过程、模式（见图 12 - 1）。环境是城市空间增长在宏观尺度上的影响因素或驱动力；模式是人们可以直接观察到的城市空间增长演化的结果；主体是参与到城市空间增长过程中的所有城市微观主体；过程表明城市空间增长的历时性和动态性；行为是城市微观主体为适应环境而进行的活动，主体之间存在着双向的博弈行为，体现为城市空间增长微观动力系统中各类驱动要素的复杂适应过程。在此基础上，整个驱动过程可以描述为：在环境刺激和约束下的主体行为共同创造过程，过程塑造模式，模式反映为环境的改变，环境的改变又再次刺激和约束主体去适应新的变化，如此不断循环往复。其中，主体、行为和过程构成了城市空间增长微观驱动力的核心层次。主体是行为的实施者，行为的时空实现表现为过程，而模式是过程的快照。

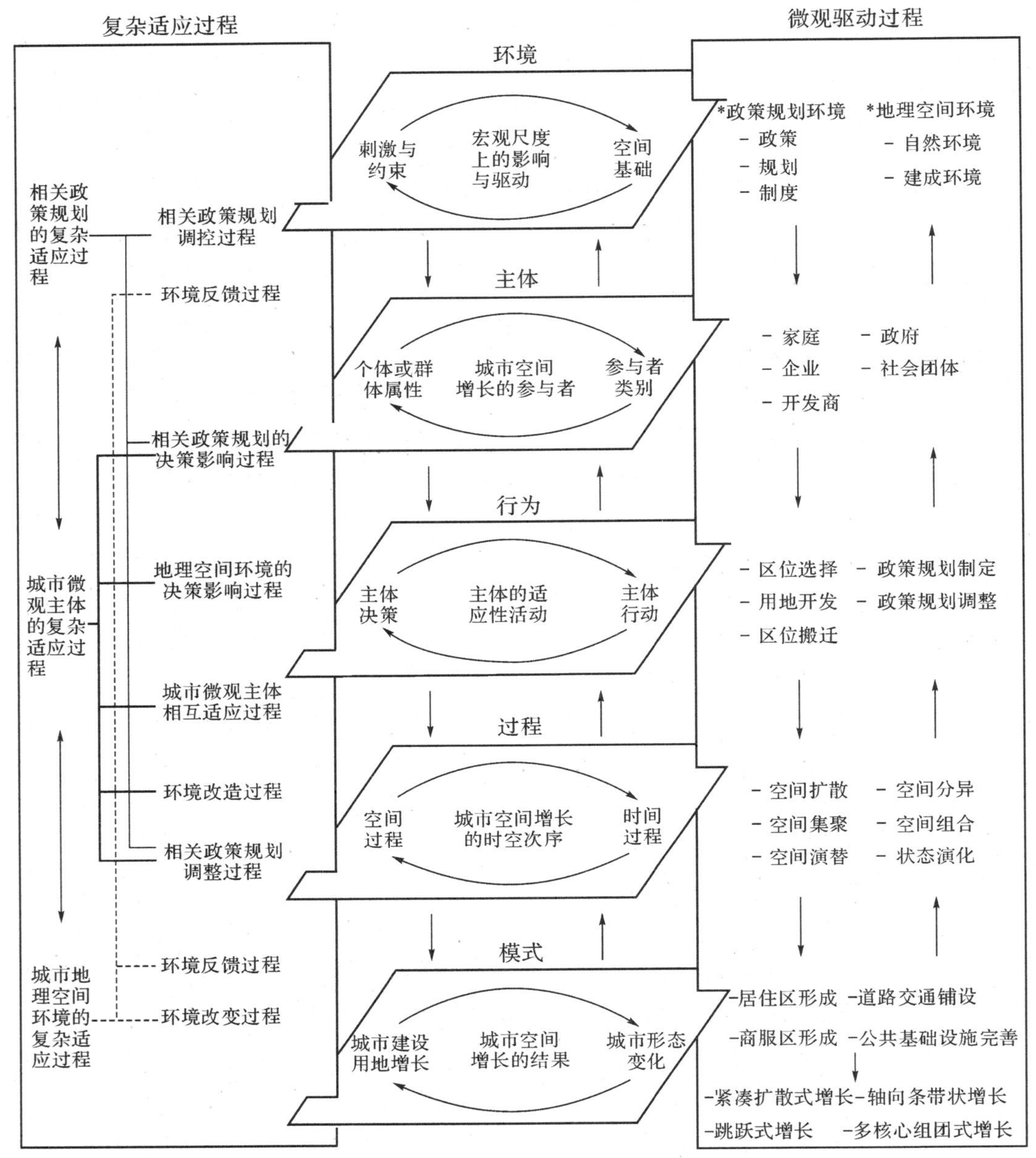

图 12-1　城市空间增长的微观驱动过程

12.1.3　规划支持系统研究进展与智慧城市规划管理框架构建

上述城市微观动力系统概念模型为城市规划学科提供了一种将城市作为复杂系统在地球表层如何进行时空演化的模拟方法。因此，对于城市规划与管理中出台的每一项调控城市发展、化解城市问题的公共政策就可以通过模拟方法预测其可能产生的效应，根据模拟结果与政策原来设想的误差进行评价，即可对政策进行适应性调整，从而使得公共政策更为科学和有效。城市规划体系的每一项规划成果都是一项城市空间发展的公共政策，城市微观动力系统也可以运用于各种规划情景的模拟和仿真，本书所建立的每一个空间分析模型正是为这里展开讨论的城市发展模拟奠定基础。如何进行规划仿真模拟还需要 GIS 等空间信息技术的强力支持，为此，城市规划与信息技术结合的一个新的学科分支和前沿方向——规划支持系统(Planning Support System，PSS)应运而生。

1) 规划支持系统概述

规划支持系统(PSS)是一种决策支持系统。最早由 Harris 在 1989 年提出相关概念。Brail R. K. 和 Klosterman R. E.(2001)在《Planning Support Systems: Integrating Geographic Information Systems, Models and Visualisation Tools》一书中，对数个 PSS 样例、原理及其搭建和使用首次进行了具体的、实践性的描述。Stan Geertman 和 John Stellwell 等(2003)，在《Planning Support Systems in Practice》一书中通过来自世界各地的大量实例，介绍了 PSS 的应用现状和前景。他们都认为，PSS 包括了很多地理信息工具，这些工具彼此松散，但是都为了支持公开的或者私密的规划过程(或者部分过程)，这些过程又都是在一定尺度上完成的。钮心毅(2006)认为，规划支持系统的产生与国外城市规划界两个认识上的重要变化有关。一是对计算机在城市规划中作用的看法变化，二是对城市规划本体的认识，从"为公众规划"到"与公众一起规划"的变化。他同时认为规划支持系统本身并不做出决策，也不直接推荐出最佳方案，只是在各个阶段规划的过程中提供支持。规划支持系统不是一种在城市规划中新的计算机技术，而是一种在城市规划中应用计算机技术的新途径，一种运用计算机辅助规划的新方法。

PSS 与 GIS、SDSS(空间决策支持系统)内容上的共同点大于不同点，主要基础理论也是如此。Harris 和 Batty(1993)提出，PSS 框架包括三组组件：①当前手头规划任务和问题的叙述，包括对数据的汇编；②通过分析、预测和规定来了解规划过程的系统模型和方法；③将基础数据转变为信息从而为建模和设计(循环过程)提供驱动力。

H. Detlef Kammeier(1998)认为规划不像其他学科，可以进行缩小试验，规划效果如何靠实践检验，但是不可以试验。他同时认为，应将规划分析的方法技术计算机化，在多种决策支持体系之间进行连接，从而搭建 PSS 来支持规划决策。Ian D. Bishop 在 1998 年对 PSS 当时的状况进行了分析，他认为当时的 PSS 不是系统(System)，而是工具(Utilities)。提出实现系统集成的关键在于对数据的通用访问和系统模块间的平滑转换。Klosterman(1997, 1999a)、Brail 与 Klosterman (2001)认为 PSS 已经成长成为整合的信息系统和软件的框架，它综合了三个传统 DSS(Decision Support System，决策支持系统)的部分——信息、模型和可视化，并且将它们进行实现。

在规划领域，现有 GIS 应用仍然多数局限于空间查询与专题制图，而且，现有 GIS 工具过于复杂，可靠性差，且与大多数规划任务不兼容(不互通)，GIS 软件结构采用的是技术驱动而不是面向用户(Nedovic-Budic, 1998; Geertman, 2002; Uran et al, 2003)。规划人员的实践操作需求与 GIS 方法和技术的供给不匹配，导致了新的规划分析模式的出现，这一方式即是被冠之为 PSS——规划支持系统(Geertman et al,2004)。国内外学者普遍认为，GIS 在 PSS 中起着驱动的作用(Reed et al, 2006；杜宁睿等，2005)，绝大多数的现有 PSS 概念原型和试验系统也是搭建在 GIS 平台之上的。PSS 经过数十年的发展，根据侧重点不同可以分为两类：侧重分析与建模的 PSS 与侧重可视化与协作的 PSS。PSS 在 3 个应用层次上具有广泛的应用前景，包括战略规划、土地利用与基础设施规划以及环境规划(Gary Higgs,2003)。

2) 国外规划支持系统开发与应用

在发达国家的大都市地区，增长管理和可持续发展已经被广泛认为是保持生活品质的关键环节(Daniels, 1999;van der Valk, 2002),PSS在其中扮演着越来越重要的客观分析、科学支持的作用。近年来欧美出现了不少冠以PSS的系统,包括部分专有系统和部分通用软件系统。这些PSS在目标、功能、内涵、结构和技术上差异很大。Geertman和Stillwell(2003)对一些典型的系统进行了特征上的总结和描述:

(1) 一些PSS的系统目标是加强公共规划中的公众与利益者参与,有些系统被用来进行规划过程中的建筑许可统一管理,另外一些系统被用来告知公众城市中局部地区的规划方案和策略,还有一些系统被用来支持一些特定形式的规划,包括战略规划、土地利用和基础设施规划以及环境规划,例如:PSSD(Planning System for Sustainable Development)是一个用来支持在Baltic Sea地区改善政策中的可持续性的专业规划师任务的系统(Hansen, 2001)。它包括一系列集中放在Web上工具,包括最佳实例、可持续性指示、关联理论、科学文档、支持工具、元信息和地理数据和验证的方法。这些工具彼此关联,用来将一个规划问题转换为一个其下层的理论问题,并且选择合适的方法、工具和数据,通过元信息来处理这个问题;另一个规划支持系统SPARTACUS (System for Planning and Research in Towns and Cities for Urban Sustainability)将土地利用、交通和环境融为一体进行同时的规划。它将土地利用和交通模型(MEPLAN)与一系列城市可持续性指标、GIS栅格方法计算的一些指标以及MEPLUS数据库和展示模块以及决策支持工具(USE - IT)联系在一起,对模拟引入的经济、社会和环境因素的改变进行评估。

(2) 在功能上,有的PSS对未来进行建模和模拟,模拟包括人口分布和土地利用模式等,另外的一些PSS提供工具对未来的空间结构进行建模,还有的一些PSS仅是纯粹的使用一切可能的方法,进行可视化,例如:GAMe(The New Jersay Growth Allocation Model)系统主要针对用户选择的政策可能对局部增长产生的影响进行评估,同时计算土地利用模式的改变所引起的成本。通过使用GAMe,用户可以了解各种土地利用政策是否可以达到他们在增长管理目标方面的目的,并且知道一些相关的土地利用模式所产生的相关成本。通过不断的循环尝试、评估和政策调整,从而最终达到合适的目标和成本的均衡;K2VI(Key to Virtual Insight)则是一个纯可视化的PSS,它通过将CAD数据和GIS数据进行VR三维可视化,创造切实的虚拟体验,以帮助规划决策。

(3) 在内容方面,有些PSS被定义为一个“工具箱”,但是另外一些PSS只针对特定任务,开发非常特殊的软件组件去执行这些特定的任务,例如:英国地方政府和区域交通部所使用的MIGMOD是一种处理国家层面战略规划的PSS,它采用两个模型系统,一个用来产生流量,另外一个用来分配流量。每个模型都有若干变量,这些变量在使用前通过历史数据校准,然后投入系统运算。用户可以通过这个系统,了解每种影响因素的变化会在空间和数量的分配产生何种后果;另一个系统BIPC(Build Infrastructure Potential Cost)被用来帮助规划人员和管理决策者用来整合土地利用和基础设施规划。通过包括各种指标如管道管径之类参数的设置,系统可以计算各种成本的空间分布,从而帮助决策者制定规划。

(4) 在结构上,PSS有非常松散的和相对整合的两种类型。例如:WadBos系统是整合型的代表,它通过一个整合的用户界面,对Wadden Sea地区(荷兰北部)的地理过程进行预演。这一地区是重要的自然保护区,但是也有重要的经济功能,比如渔业、油气开采和交通运输。通过PSS,用户同样可以发现不同政策带来的区别,从而帮助政策的制定和规划的实施。SketchGIS系统则是松散型的代表,它是一个独立的工具箱用来支持参与型规划的第一阶段,主要功能是建立和评估未来的空间场景。通过各种工具，SketchGIS 可以处理各种异构的数据，引入多学科的模型，并进行分析和评估。

(5) 在技术方面，一些 PSS 是独立的程序，比如"What if?"，另外一些却以融入 Internet/Intranet 等不同形式出现，例如 WBBRIS 通过网络的链接可以使用户接收到各种城市与规划的动态信息。

除上述之外，近年来欧美出现的一些较为常见且具有较高实用性的规划支持系统还包括 INDEX、CommunityViz、TITYgreen、GB-Quest、NatureServe Vista、AEZWIN、RAMCO、Expert Choice、BLM ePlanning、DEFINITE、GeoChoice 等，它们在目标、能力、内容、功能和结构上都有巨大的差异。另外，在规划支持系统的重要功能方面——参与性规划过程支持的发展中，一些新的事物包括电子会议室(Laurini, 1998)、GIS 支持的协作决策工具(Nyerges et al, 1997)、基于 Web 的合作空间规划协调系统(Gordon et al, 1997; Shiffer, 1992)和各种规划任务的支持工具(Geertman, 2002a; Hopkins, 1998、1999; Kammeier, 1999; Klosterman, 1999b; Singh, 1999)等都在一定程度上被冠以 PSS 的名称。

Stan Geertman 和 John Stellwell 等(2003)对 PSS 开发与应用提出了如下建议：①PSS 应该作为规划过程和前后相关部分的一个整合体；②在满足规划过程和前后相关部分的需求的同时，PSS 也应该满足公共用户和利益相关人的需求；③应该从多学科的角度解决问题；④PSS应该重视用户，让用户觉得他们很重要；⑤PSS 的界面应该对用户特性敏感，对它与用户交流的信息敏感，对提供信息的使用方式敏感；⑥PSS 应该特别对手头的规划问题给予重点重视；⑦PSS 应该是吸引人的，它们应该满足参与者的需求和期望，并且允许参与者愉快地使用它们。这些建议其实也是 PSS 概念框架不断发展的过程和重要组成部分。

3) 我国规划支持系统研究与应用现状

在我国，PSS 的发展基本处于初始的阶段，相关的文献资料很少。2005 年之前，仅见对国外相关概念和应用系统的零星介绍(杜宁睿、李渊，2005)。叶嘉安等(2006)在《地理信息与规划支持系统》一书中，首次在国内对 GIS 支持下的规划支持系统进行了较完整的介绍，涉及土地利用的遥感监测、土地适宜性评价、景观仿真、日常行政管理、空间相互作用模型、设施区位选择和优化配置、元胞自动演化、大尺度城市模型、基于案例的推理、基于知识的系统等领域。龙瀛(2007)在《规划支持系统原理与应用》一书中，从国际研究进展、系统具体分析、系统设计开发基础，到国际应用和笔者的实践，对规划支持系统进行了全面而系统的介绍，涉及区域与城市规划、土地利用规划、市政规划、水资源规划、生态环境规划、交通规划等领域。祁毅(2010)应用 PSS 框架，在 GIS 平台上通过模型设计和程序开发实现，创建了矢量/栅格集成的空间可达性测度模型，能对城市公共交通条件下的可达性进行多种测度，并比较不同交通、用地方案下的可达性水平，以支持规划决策。

总的来说，国内目前在 PSS 的研究和开发应用领域尚处在起步阶段，鲜有成熟的、可运行的系统。有些宣称是规划支持系统的系统实际并不具有较完整的 PSS 功能特征，更多的是规划管理方面信息化的成果(潘安等,2006)。公众越来越强的参与规划的要求及其城市建设管理对规划科学性要求越来越高，这使得我国大城市的规划设计机构和规划管理部门都在探索各种计算机辅助的规划编制和管理办法。目前，计算机辅助规划信息化管理系统已经在各地规划管理部门逐渐普及，城市数据和信息的基础建设也日臻完善，这些，都为规划支持系统普及与推广创造了良好的环境。

4) 面向智慧城市规划的 PSS 框架构建

综上所述，以专业性 GIS 信息平台为技术支持，将规划空间分析模型进行集成开发来构建 PSS 是智慧城市规划方法应用的有效途径。在参与南京城市规划信息化管理创新的相关课题研究中，我们认为智慧城市规划不能仅局限于城市规划管理业务，必须从为整个城市服务的城市地理空间信息框架入手，在选用包括大数据、云计算、SOA、ICT 新设备等众多新技术的同时，构建南京城乡规划数据仓库。应着力建设社会经济数据库、资源环境数据库、政策法规数据库、空间动态监测数据库和规划管理模型库等多源异构的、多领域的规划相关主题数据库，拓宽规划数据库体系，提供智慧规划决策的信息化支持。

智慧型城市规划信息化管理平台必须以 GIS 空间分析功能模块为基础，建立一整套面向解决城市空间问题的规划分析模型体系，进而开发面向规划编制与管理不同阶段的 PSS 原型，再集成到由城市大数据、云计算和数据仓库等具有动态采集和深度挖掘数据的新一代规划信息化平台，才能通过规划编制与管理实践的反复修正，真正实现城乡规划领域的智慧创新管理。本书提出的基于适应性空间分析模型的智慧城市规划方法在上述规划数据仓库支持下，有可能开发成为支持城市规划编制与管理全过程的 PSS。这里，我们结合南京智慧型规划管理信息化的顶层设计要求，运用原型化的软件设计方法，初步建立了面向城市规划业务全过程的智慧型 PSS 框架。

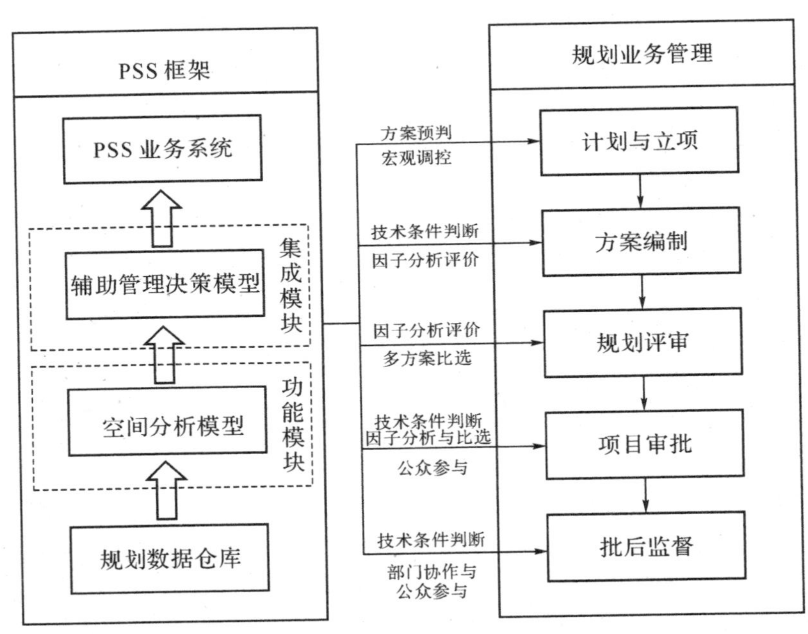

图 12-2　面向规划业务全过程的城市规划管理决策支持系统框架

如图 12-2 所示，我国城市规划局的规划管理业务包括了从规划编制立项到批后监管全过程，本书所构建的空间分析模型通过参数化与分析计算模块化设计可集成到 GIS 软件模块中组成规划分析模型库；进而，通过对规划业务部门的数据流程和空间分析应用模式的提炼，构建业务管理决策模型，形成面向管理业务的 PSS 建设框架；最后，通过专业化开发，形成面向每一业务处室的规划管理应用系统。业务应用系统的主要功能如下：

(1) 在规划任务的计划与立项管理阶段，适应性规划分析模型以宏观与微观关系、社会热点问题、上位规划和相关法律法规分析为依据，在立项过程中就开始发挥重要支撑作用。在哪里开展城市规划项目，开展什么类型的项目，核心重点和价值意图导向是什么，是这一阶段的关键问题。

(2) 在规划方案编制阶段，通过上篇介绍的各种空间分析评价模型、辅以层次分析等决策支持方法，形成目标集中的选址、评估比选等专项辅助决策模型，支持帮助规划方案编制过程中开展方案设计。本书所述的大多数模型都能够在这一阶段发挥作用，例如，人口用地规模确定、地块内设施点位置优化和出入口设置，都需要在明确的价值导向下建立定量化模型加以测算从而提供方案设计的依据，保障其可靠性。

(3) 在方案评审阶段，多方利益主体经常将以面对面的形式进行直接碰撞，借助多主体、多视角的方案比选模型，协调各方利益，优选、调整、确定包容性的规划方案。

(4) 在方案审批阶段，各种技术性指标分析模型提供可行性判断，同时针对核心矛盾和规划意图下的关键问题，由审批部门借助分析模型行使行政权力；同时，包括城市空间增长动态模拟模型在内的各个模型能帮助公众理解空间规律和空间过程，管理信息系统向公众提供审批和管理信息，帮助公众行使法律法规所赋予的权利参与规划决策。

(5) 在批后监督阶段，各类技术指标性模型和空间评价模型在现场监督、违规管理、应急处置及实施调整等事件过程中依然能够发挥各自作用，帮助应对形势变化和突发问题，协同多方矛盾、减少各类矛盾冲突。

基于以上认识，本章以下章节拟通过对城市空间增长的微观动力分析与模拟研究，并以南京为实例开展实证分析，将模型应用于南京市城市空间扩散增长过程的模拟和预测中，实现规则转换和虚拟城市的互操作，在明晰了南京城市空间增长过程以及在现有政策规划下未来空间发展趋势的同时，初步摸清了城市空间增长的微观动力过程及空间主体、环境间的相互作用机制；此外，研究建立的模型结果能够为城市规划工作者开展面向多主体规划公众参与的城市"培养皿"的实验提供具体的模型基础与实验手段，通过推演各种主体相互作用下的多种城市未来发展的情景模式，进而评价规划编制的合理性以及规划实施的可行性，为城市规划工作者进行城市空间的合理规划与管理提供科学依据，也为城市决策者通过制定相应的城市发展政策恰如其分地干预其发展和演变方向提供智慧型决策支持方法与手段。

12.2 设计者主体视角的城市总规与控规一致性评价模型

在上节城市空间增长微观动力系统的理论模型所界定的相关政策规划系统中，对城市空间增长起直接引导和控制作用的是城市规划成果。而城市规划成果的出台是以城市规划设计与管理工作者为核心的城市设计者主体对城市系统各个方面反复地学习认知和探索研究的结果。然而，进入 21 世纪以来，我国在快速城市化过程中，在土地财政和房地产业过度市场化的助推下，总规与控规的编制逐渐脱节，出现总规对控规引导控制不力，控规不能体现总规战略意图的弊端。时至今日，许多城市发展出现了空间布局四处开花而极不合理、公共资源配置不足而又不均等、土地等资源浪费严重、交通拥堵和环境污染加剧等严重问题。

为了将偏离方向的城镇化扭转上正确的发展轨道，党中央及时地提出了新型城镇化的战略，并于 2014 年 3 月发布了《国家新型城镇化规划(2014—2020 年)》。该《规划》不仅提出了我国新型城镇化发展的指导思想和发展目标，并制定了农业转移人口市民化、城镇化布局和形态优化、城市可持续发展能力提高、城乡发展一体化、城镇化发展体制机制完善和规划实施等诸多方面的大政方针，为扼制上述城市问题指明了途径。然而，对各个具体城市如何具体地落实新型城镇化思路和目标，我们认为首先必须建立科学的城市规划编制与管理新方法，这就需要对目前总规与控规不一致的问题特征、负面影响大小和危害程度做出科学判断。为此，我们引入城市复杂系统的适应性理论思路与定性定量相结合的建模评价方法，提出以城市空间公共利益大小为两规一致性的基本评价标准，构建了两规用地类型在空间上的相同性、相容性和相似性评价模型。

12.2.1 城市设计者主体与城市规划编制管理

1）城市设计者主体的空间调控行为

在我国，城市空间增长微观动力系统中的城市设计者主体不仅是国家各级政府的代理，实行对本地区发展的宏观调控与管理，同时也是一个追求可支配收入最大化的经济组织，并且还承担着代理本地区非政府主体和组织的角色（金丽国，2007）。所以，从以城市用地变化为核心的城市空间增长模式来看，城市设计者具有城市土地所有权拥有者、管理者、受益者等多重身份。因此，城市设计者主体的行为模式与其自身及其他主体的利益关系密不可分，并集中体现为对城市发展的空间调控行为，使得城市空间增长过程在人为调节的干预下逐步朝着理性的方向发展。

城市设计者主体的空间调控行为主要包括主体的政策行为、规划行为和建设行为三个方面。其中，政策行为是最核心和最高层次的空间行为，为规划行为和建设行为提供前提和依据，规划行为同时又为建设行为提供指导和规范，建设行为需要服从规划的统一安排。城市设计者主体的政策行为和规划行为通过引导或约束城市中其他主体的行为来实现对城市空间增长微观动力的调度，其建设行为则是主体直接参与驱动城市空间增长的行为。从主体的行为过程来看，城市设计者主体的各类空间调控行为同样是建立在多因素综合决策基础上的适应性行为，具有学习与适应性的特征，这也使得新中国成立以来我国各地城市政府的空间调控决策和行为表现出了环境适应、目标追求、榜样学习、试点推广、偏误修正、周期摆动、上下互动等调整轨迹特征（姜怀宇，2006）。然而，在城市空间增长的微观动力系统中，由于城市设计者主体的空间调控行为在城市空间增长过程中发挥着特殊的主导作用，并且其空间调控行为往往在一定的时间周期内相对较为稳定，因此，本节以城市设计者主体的规划行为中形成的具有法律地位的规划编制规范为切入点，来探讨其对空间调控行为的内涵以及对城市空间增长的驱动路径。

城市设计者的规划行为是其指导城市空间发展的重要调控行为，其通过为城市的发展建设提供明确的发展策略、建设目标、管理规范等，间接地对城市的空间增长演化进行有意识的主动干预。在我国改革开放至今的30余年的城市发展过程中，自上而下的规划模式使得城市未来空间结构和空间形态的发展状况融入了规划者对其有意识的控制，城市的发展和空间增长演化更加体现为是一种嵌入规划目标的发展演化，城市设计者按照城市规划体系制定一系列从宏观到微观的规划对城市的空间增长进行理性管理，努力使之符合城市发展的长远目标和社会公众利益。

在城市空间增长的微观动力过程中，我国城市设计者的规划行为还主要表现为其对各级国民经济与社会发展规划、省域城镇体系规划、各级土地利用总体规划、经济区规划、都市圈规划、城市总体规划、城市发展战略规划、城市分区规划、城市各类专项规划、城市详细规划等的制定、实施、修编和调整。这些规划直观上看从城市发展的不同层面引导与调控着城市空间形态的形成与变化，但其最终都转化为从城市空间发展原则、可行规模、空间发展框架、空间布局、空间功能组织等方面直接或间接地对包括其自身在内的城市中大量微观主体对区位选择决策与改造行为的影响，进而对城市的空间增长起到较强的引导与调控作用。

城市设计者的投资建设行为是其直接参与城市用地开发，推动城市增长的空间行为，其主要包括城市公共基础设施的建设、开发区建设、新城建设和巨型工程的建设等。从城市公共基础设施的建设来看，其作为便利人们从事生产、经营和生活的公共产品，具有极大的外部经济性，必须以政府投资为主，而其也以城市用地规模增长载体和诱导设施的形式与城市空间的增长密切相关；开发区和新城的建设是城市发展到一定规模时，在规模不经济效应和扩散效应的影响下向城市外围的空间扩散，是城市增长的重要空间载体，带动着城市空间的快速扩张；巨型工程建设则是城市在面临某些大事件或大规模的发展建设驱动需求时，在大规模投资的基础上进行的大型工程项目建设，其对城市内部区域吸引力的提升促进了城市的空间增长。城市设计者的这些投资建设行为，由于其行为结果对城市空间增长的重要影响，成为城市设计者进行城市发展空间调控的重要行为手段(见表 12-3)。

表 12-3 城市设计者主体的建设行为

建设行为	建设项目	建设行为	建设项目
公共基础设施建设	道路交通基础设施	新城建设	大学城
	城市公共空间		居住新城
	水利基础设施		产业新城
	能源基础设施		综合性新城
	通讯支撑设施	巨型工程建设	综合型巨型工程
	公共基础设施		基础设施型巨型工程
开发区建设	经济技术开发区		生产型巨型工程
			消费型巨型工程

从对城市空间增长的微观驱动路径来看，相对于其政策行为和规划行为对城市空间增长的间接影响，城市设计者的建设行为更多的是由于其在很多情况下实现了城市用地类型由非城市用地向城市用地的转化，从而造成城市设计者主体对城市空间增长演化的直接推动。同时，城市设计者的建设行为也在完成城市发展各项建设的同时，从基础设施配套、生态环境优化等方面改变了城市中不同地域的区位条件，使得城市中各类微观主体对于不同地域区位优劣的原有认知发生改变，进而影响到其未来的区位决策与改造，最终涌现为对城市空间增长的宏观调控。

2）城市规划编制管理

我国城市设计者的规划与建设行为的直接驱动主体是城市规划编制与管理部门，即城市规划设计院的规划师和委托规划任务的城市规划局官员，因而，城市规划编制成为城市空间增长的源头和行动纲领。我国城市规划体系中，从空间层面上可分为总体规划和详细规划两大类。2006 年 4 月起施行的、原国家建设部颁布的《城市规划编制办法》将总体规划分为市域城镇体系规划和中心区总体规划两部分，而详细规划则明确划分为控制性详细规划和修建性详细规划两个上下层面。城市总体规划(以下简称总规)作为控制性详细规划(以下简称控规)的上位规划，应在城市发展定位、人口规模、产业方向、城乡空间布局、城市土地利用、人口分布和公共服务设施、基础设施的配置等方面指导控规的深化编制，使城市各种资源配置在规模与分布上实现空间定位与指标量化，以满足城市具体开发项目的空间落实。

城市空间增长的产生方式首先是通过规划成果中对现状用地类型的改变实现的，2010 年 12 月住房与城乡建设部发布了编号为 GB 50137—2011 的《城市用地分类与规划建设用地标准》的新国标。在该标准总则中的第二条，明确的表述为适用于城市和县人民政府所在地镇的总体规划和控制性详细规划的编制、用地统计和用地管理工作。在该术语中的第一条，就开宗明义地界定了城乡用地的基本概念："指市(县)域范围内所有土地，包括建设用地与非建设用地。建设用地包括城乡居民点建设用地、区域交通设施用地、区域公用设施用地、特殊用地、采矿用地等，非建设用地包括水域、农林用地以及其他非建设用地等"。这里与 1990 年用地标准相比，即在城市用地层面上增加了城市发展的区域空间支撑要素，实现了城乡空间的融合和全覆盖。可以说，城市用地的这一顶层分类设计意义非凡，表面上看，为城市规划中频繁涉及的非建设用地与建设用地的转换关系提供了科学的界定，实质上，这是打破了我国几千年来禁锢在人们头脑中的城乡分离观念篱笆，实现城乡统筹或城乡一体化战略的实质性步骤。因此，可以将该标准定义的城乡用地、建设用地和非建设用地的三个术语看着是城乡规划领域中用地子系统的第一类本体概念。

城市规划自从诞生就认定其是公共利益的守护神，也一直为维护公共利益而努力着。然而，城市规划中的公共利益一直是一个不确定的概念，行业领域内也一直没有作出明确的界定和进一步的解释，城市规划中如何界定公共利益以及如何维护公共利益成为规划管理过程中极易引起争议的事情。如何让城市规划公共利益进一步走向理性、科学、确定和高效，是当代中国城市规划领域迫切需要解决的重大问题(王芙蓉，2011)。城市土地作为人类影响最为深刻的土地利用系统，直接关系到人口、经济、社会、资源与环境的协调发展。从城市规划编制、城市规划实施到批后监督管理，引发的社会矛盾、利益博弈和寻租腐败等问题的根本均源自于对土地空间的争夺。而在城市规划中正是通过对土地不同使用性质的空间界定来实现土地的使用价值，同时也明确了该土地对城市所有市民社会活动的影响大小，从而，通过对用地不同性质、区位、地价和市民活动频度及其价值的定量比较与评估是界定公共利益大小的科学途径。

在总规编制中用地规划编制是核心，往往分到大类或中类，只在城市中心区或某些发展目标明确甚至用地目标已经明确的区域才细分到小类，而控制性详细规划中，用地一般划分到小类；同时由于控规是面向实施的规划，一方面，客观上由于总规规划期限较长，在城市快速发展过程中难以预见城市未来发展条件的变化，另一方面在以经济建设为中心的目标导向下，主观上政府与开发商的利益诉求在某种程度上达成了一致，这两方面都导致了控规对总规用地调整情况的出现。然而，对于用地调整合理性的评判至今尚无统一的标准，即对于用地调整之后是否实现了总规与控规用地的衔接并无评判标准，从而导致了总体难以对城市空间战略的有效实现。鉴于城市规划作为公共政策的属性逐渐为大众所接受，以及城市规划对于保障公共利益的重要性等社会共识，本研究着重从保障公共利益角度对控规在调整总规用地中的种种情况进行合理性评价，进而建立评价总规与控规用地衔接的标准。

3) 城市用地特征剖析

(1) 总规中的用地规划特征

总规中与用地紧密相关的属性指标特征体现在以下三个方面：

①用地总量特征。从确保用地总量及保持城市用地可持续性角度对城市用地进行安排，主要包括:划定四区范围，并制定空间管制措施;研究中心城区空间增长边界，确定建设用地规模，划定建设用地范围。对各类用地所占的比例做出引导性规定。

②用地强度特征。从土地承载及城市整体风貌角度对城市用地进行安排，主要包括:确定建设用地的空间布局，提出土地使用强度管制区划和相应的控制指标(建筑密度、建筑高度、容积率、人口容量等)。

③用地功能(性质)特征。从土地用途及城市功能完善角度对城市用地做出安排，包括:对区域用地、公共服务设施用地、交通设施用地、绿地、文保用地、居住用地、基础设施用地、综合防灾与公共安全保障用地、旧区范围、地下空间等方面做出全局性和引导性的安排。

(2) 控规中的用地规划特征

控规中与用地规划密切相关的属性指标特征包括两大类:

①用地细分。各地块的土地使用性质及其兼容性等用地功能控制要求;基础设施、公共服务设施、公共安全设施的用地规模、范围及具体控制要求等。

②控制指标。在控规阶段需要重点确定各地块建筑高度、建筑密度、容积率、绿地率等用地指标;另外还包括基础设施用地控制线(黄线)、绿地范围控制线(绿线)、历史文化街区和历史建筑保护线(紫线)、地表水体保护和控制界线(蓝线)等"四线"控制要求。

基于以上的认识，本研究认为对总规与控规衔接性的评价，不能仅做简单的相同性比对，还应对符合公共利益的调整用地进行相应的评价，即后文提到的相容性评价和相似性评价。

12.2.2 总规与控规用地的空间关系剖析

1) 总规与控规用地衔接要素

基于上述对两规的用地特征分析，参照《城市用地分类与规划建设用地标准(GB 50137—2011)》，进一步对比现有总规层面(含分区规划)和控规用地分类划分及强制性内容，从总规与控规用地相关的众多内容中选取能够明确作为城市十大子系统空间载体的、最为重要的内容作为总规与控规用地衔接评价的主要要素，本研究提出了三个方面下的三个层次评价要素体系，即在用地总量、用地强度和用地性质三大方面下根据用地的不同空间特质及其对城市功能作用的不同再细分为 11 个中类，54 个小类要素。具体包括:

(1) 用地总量要素划分

其中类由四区划定要素、规划区范围和用地构成三方面组成。下一层面的具体量化数据的小类划分为:①四区划定要素包括已建区、适建区、限建区和禁建区四小类的面积;②规划区范围面积;③用地构成由居住、公服设施、商业设施、工业、交通设施、公用设施、物流仓储和绿地等 8 类用地的面积比例来界定。

(2) 用地强度要素划分

其中类仅划分为土地使用强度管制区划，小类则按建筑密度分区、建筑高度分区和容积率分区三方面的面积量化来界定。

(3) 用地性质要素划分

以现代城市土地利用特点为基础，以城市市民主体的生态安全、生活保障和休闲服务的需求导向来划分中类，界定了自然生态保护、文化遗产保护、基础保障设施、公服设施、绿地、商业服务设施和其他等 7 大方面。小类则以城市规划用地类型国家标准中的中小类为基础按中类的 7 大方面重新归类(见表 12 - 4)。

表 12-4 用地性质要素分类

要素中类	要素小类	要素中类	要素小类
自然生态保护要素	自然保护区用地	公服设施要素	行政办公用地
	水源保护区用地		文化设施用地
	风景名胜保护区用地		体育用地
	基本农田保护区用地		医疗卫生用地
	自然水域用地		社会福利用地
	水库用地		外事用地
	坑塘沟渠用地		宗教设施用地
	农林用地用地	绿地要素	公园绿地
文化遗产保护要素	文物保护单位用地		防护绿地
	历史优秀建筑用地		广场用地
	历史风貌保护区用地	商业服务设施要素	商业设施用地
基础保障设施要素	铁路用地		商务设施用地
	公路用地		娱乐康体用地
	港口用地		公用设施营业网点用地
	机场用地	其他要素	居住用地
	交通设施用地		旧区改造用地
	供应设施用地		保障性住房用地
	环境设施用地		工业用地
	安全设施用地		物流仓储用地

2）总规层面用地与控规用地衔接关系

根据总规中对各类用地的强制性要求，可以将总规与控规用地衔接的空间关系分为三种：①范围强制性要素的完全相同，即范围与位置均相同；②布局强制性和非强制性要素的部分相同，即位置一致、范围不相同等情况。这里包括两种情况：一是用地属性变化，但却符合公共利益需求，另一种是原用地属性变了，却出现在周边一定范围内。因此，总规层面与控规用地衔接可以分为相同、相容与相似三种定位（空间）关系。

（1）相同衔接

总规与控规用地相同衔接主要指在控规用地规划中，仅对总规中的用地进行了细分，或针对用地强度而言，各项指标是在总规确定的强度范围内。在空间上表现为总规与控规在同一空间位置用地属性相同（见图 12-3）。

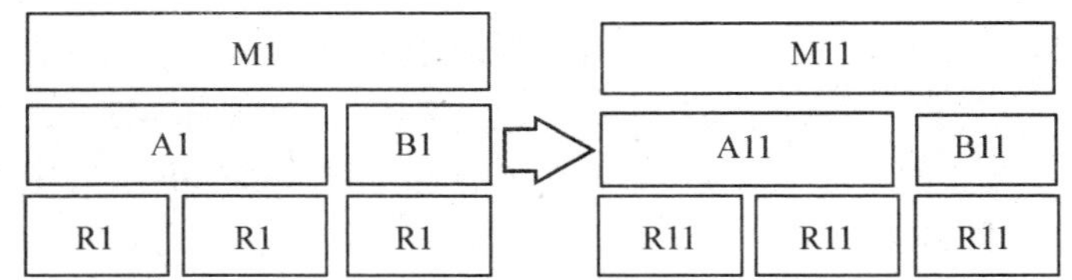

图 12-3 总规与控规用地"相同"关系示例

由此可见，总规与控规用地“相同”的关系是最大程度地实现了总规与控规用地之间的衔接，而且对于范围强制性用地要素而言，用地“相同”应当是对其衔接进行认定的主要依据。而对于总规布局强制性和非强制性用地要素而言，用地“相同”是其衔接的最高层次，不相同而满足相容或相似条件也应作为其衔接的形式，只是对衔接的贡献不一样。

(2) 相容衔接

与控规中用地兼容性概念相似，主要指控规在对总规用地进行调整的过程中，某些用地要素在满足公共利益不受损的前提下可以变成其他要素，变换之后并不影响城市整体功能。在空间上表现为总规与控规在同一空间位置用地属性不同(见图 12-4)。

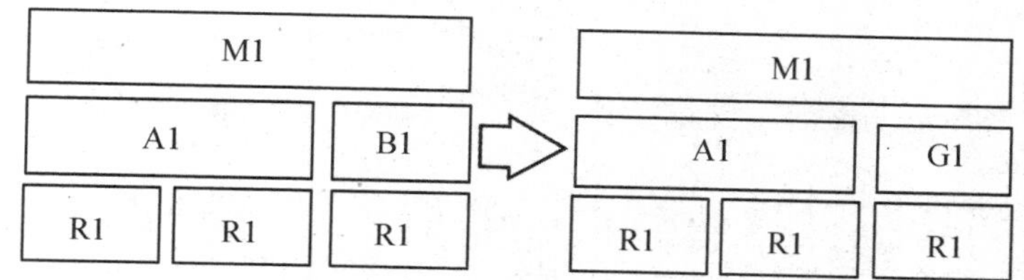

图 12-4 总规与控规用地“相容”关系示例

由此可见，对于总规布局强制性和非强制性用地要素而言，“相容”也是用地衔接的一种形式，但是不同类型的用地可以相容的用地不同，本研究主要从公共利益保障方面确定各类用地的相容性。同时即使各类用地属性调整在相容范围内，其对用地衔接的程度也是不一样的，这与此类用地要素的强制性程度或相同性要求有一定关系。

(3) 相似衔接

总规中某些用地要素的强制性要求较低，控规在体现总规意图的前提下，对总规中确定的用地要素进行了一定的调整，但这种调整主要体现在空间位置的微移，即根据控规实际需要，在不损害公共利益的要求，将某一属性用地置换到了其他位置。在空间上表现为控规与总规在同一空间位置用地属性不同，而是与附近空间位置的用地属性相同(见图 12-5)。

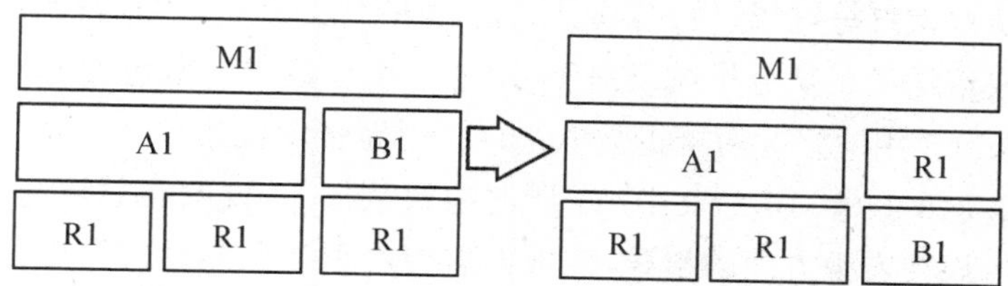

图 12-5 总规与控规用地“相似”关系示例

与用地相容衔接类似，相似衔接是对布局强制性和非强制性用地要素非“相同”部分的补充评价，即“相似”的空间关系也认为是此类用地要素的衔接形式之一，只是其对衔接的贡献应根据其强制性程度在“相同”的基础上做一定程度的折减。

12.2.3 总规与控规编制方案的一致性评价模型构建

根据上述建立的总规与控规用地衔接的空间关系概念模型，进一步运用层次分析法，以南京市浦口区桥北地区为例进行总规与控规编制方案的一致性评价模型构建。

1）构建层次分析模型

根据用地衔接指数的构成，本研究构建了包含 M、A、B、C 等 4 个层次关系的层次分析模型，并在此基础上确定专家打分方式。专家打分中两两对比矩阵的衡量尺度划分为 5 个等级（绝对重要、十分重要、比较重要、稍微重要、同样重要），分别对应 9，7，5，3，1。为了提高打分结果的准确度和矩阵的一致性，在专家填写对比矩阵前，要求其先对要素进行排序，这可方便专家后面填写对比矩阵，另一方面，当矩阵未通过一致性检验时，可为其提供修正的依据（见图 12－6、表 12－5）。

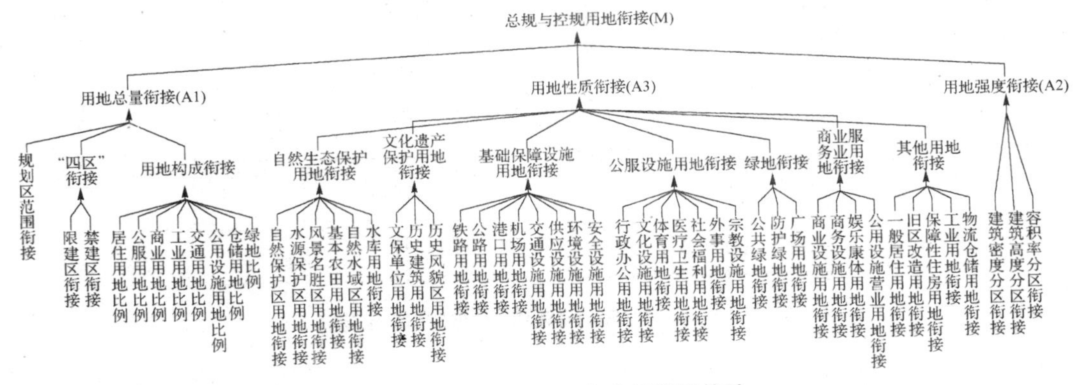

图 12－6　用地衔接层次分析模型构建

表 12－5　用地衔接专家打分表构成（以总目标层 M 中的 A1、A2、A3 目标层为例）

影响因素	请按照重要性进行排序（排名可并列）	项目	用地总量衔接 A1	用地强度衔接 A2	用地强度性质衔接 A3
用地总量衔接 A1		用地总量衔接 A1			
用地强度衔接 A2		用地强度衔接 A2			
用地强度性质衔接 A3		用地强度性质衔接 A3			

2）群决策分析权重结果

通过对十多位专家打分结果进行群决策分析，并将结果修正之后，得到用地衔接评价体系中各层次要素的权重结果。从分析结果来看，用地衔接指数（M）所包含的三项分目标：“用地总量衔接指数”（A1）、“用地强度衔接指数”（A2）、“用地强度性质衔接指数”（A3）所占的权重分别为 0.466 0、0.218 2、0.316 2，其中 A1 所占的权重最大，说明在总规与控规用地衔接中，需要强调总规对控规在宏观方面的指导，控规也需要着重强调与总规所确定的用地总量原则相一致；A2 所占的比重最低，这一方面由于目前在总规层面对于用地强度方面的考虑较少，另一方面，在总规层面强调用地强度的规定一般在城市老城区、中心区或是特定地区，或是其他对强度需要特别控制的区域，整体层面的强度控制在总规层面则不是特别重要。

从各准则判定层来看，禁建区、规划区范围等总规强制性要素所占的权重较高，由于用地性质中所包含的准则要素较多，导致各用地性质要素在总规与控规衔接中所占的比重不高，但其整体对于总规与控规用地衔接的作用却较大（A3 所占比重 0.312 6）（见表 12－6）。

表 12－6 用地衔接评价体系各层次要素权重分析结果

总目标	分目标层	目标判定层	准则判定层
总规与控规用地衔接 M:1.000 0	用地总量衔接 A1:0.466 0	“四区”衔接 B1:0.213 1	限建区衔接 C1:0.039 5
			禁建区衔接 C2:0.173 6
		规划区范围衔接 B2:0.132 6	规划区范围衔接 C3:0.132 6
		用地构成衔接 B3:0.120 3	居住用地比例 C4:0.014 8
			公共管理与公共服务设施用地比例 C5:0.020 4
			商业设施用地比例 C6:0.010 3
			工业用地比例 C7:0.007 2
			交通设施用地比例 C8:0.015
			公用设施用地比例 C9:0.021 4
			物流仓储用地比例 C10:0.007 3
			绿地比例 C11:0.023 9
	用地强度衔接 A2:0.218 2	土地使用强度管制区划衔接 B4:0.218 2	建筑密度分区衔接 C12:0.069 7
			建筑高度分区衔接 C13:0.050 7
			容积率分区衔接 C14:0.097 8
	用地性质衔接 A3:0.316 2	自然生态保护用地衔接 B5:0.086 4	自然保护区用地衔接 C15:0.021 8
			水源保护区用地衔接 C16:0.028 5
			风景名胜保护区用地衔接 C17:0.012
			基本农田保护区用地衔接 C18:0.009 6
			自然水域用地衔接 C19:0.007 5
			水库用地衔接 C20:0.007
		文化遗产保护用地衔接 B6:0.080 5	文物保护单位用地衔接 C21:0.036 1
			历史优秀建筑用地衔接 C22:0.034 3
			历史风貌保护区用地衔接 C23:0.010 1
		基础设施保障用地衔接 B7:0.045 7	铁路用地衔接 C24:0.008 7
			公路用地衔接 C25:0.005 8
			港口用地衔接 C26:0.005 4
			机场用地衔接 C27:0.010 0
			交通设施用地衔接 C28:0.003 2
			供应设施用地衔接 C29:0.003 5
			环境设施用地衔接 C30:0.003 3
			安全设施用地衔接 C31:0.005 8

续 表

总目标	分目标层	目标判定层	准则判定层
总规与控规用地衔接 M:1.000 0	用地性质衔接 A3:0.316 2	公服设施用地衔接 B8:0.035 5	行政办公用地衔接 C32:0.001 7
			文化设施用地衔接 C33:0.006 2
			体育用地衔接 C34:0.004 4
			医疗卫生用地衔接 C35:0.009 2
			社会福利用地衔接 C36:0.007 4
			外事用地衔接 C37:0.003 6
			宗教设施用地衔接 C38:0.003
		绿地衔接 B9:0.039 4	公园绿地衔接 C39:0.013 5
			防护绿地衔接 C40:0.019 3
			广场用地衔接 C41:0.006 6
		商业服务设施用地衔接 B10:0.017 9	商业设施用地衔接 C42:0.004 2
			商务设施用地衔接 C43:0.003 1
			娱乐康体用地衔接 C44:0.002 5
			公用设施营业网点用地衔接 C45:0.008 1
		其他性质用地衔接 B11:0.010 8	一般居住用地衔接 C46:0.001 7
			旧区改造用地衔接 C47:0.002 3
			保障性住房衔接 C48:0.005 0
			工业用地衔接 C49:0.001 0
			物流仓储用地衔接 C50:0.000 8

12.2.4 南京市浦口区桥北地区两规方案衔接评价

梳理南京改革开放以来的总规和控规成果，我们选择了浦口区桥北地区为两规方案衔接评价的实证对象。数据包括两个阶段的总规和控规：①在“南京 91 总规调整版”指导下编制的《浦口区城市总体规划(2002—2020)》(简称“浦口 02 总规”)，以及以此为主要依据于 2005 年 7 月公示的《浦口区桥北地区控制性详细规划》(“桥北 05 控规”)。②2007 年南京市新一轮总规修编于 2009 年形成规划成果(“南京 09 总规”)，2011 年，桥北地区依据“南京 09 总规”对“桥北 05 控规”进行修编，形成了“桥北 11 控规”。根据前文所建立的总规与控规用地衔接评价理论与方法，运用 ArcGIS 软件平台，建立两规用地空间数据库，进而运用 GIS 分析工具，提取评价模型所需数据。具体思路如下：

首先，将“桥北 05 控规”与其所依据的“浦口 02 总规”中的相同地域部分进行数字化并提取衔接评价所需的指标值，并根据指标体系确定的指标权重进行评价。

其次，将“桥北 11 控规”与其所依据的“南京 09 总规”中的相同地域部分进行数字化并提取衔接评价所需的指标值，在此基础上得出“桥北 11 控规”与控规的衔接程度。

最后，对同一地区不同时期总规与控规的衔接程度差异进行分析，对浦口区桥北地区总规与控规衔接程度的变化及其深层次原因进行探究。

1）用地总量衔接指数 M(A1)

“浦口 02 总规”中关于“四区”(B1)的规定太过模糊，难以对其进行辨识，在本文中默认其与“桥北 05 控规”是相一致的。而从“桥北 05 控规”的由来可以看出，在规划区范围(B2)方面，“桥北 05 控规”并未超出总规所确定的浦口区的规划范围，故而认为在这方面两者也是完全一致的。所以本小节着重对用地构成(B3)进行评价(见图 12-7、图 12-8、表 12-7)。

故而，研究区用地总量衔接指数：M(A1)＝M(B1)＋M(B2)＋M(B3)＝0.213 1＋0.132 6＋0.062 1＝0.407 8。相对于其对总目标的权重 0.466 0 而言，在用地总量上衔接率约 87.51%，衔接指数较高。

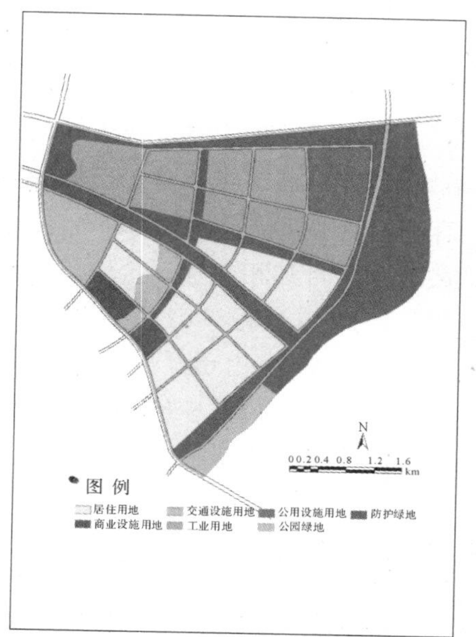

图 12-7 “浦口 02 总规”中用地规划图

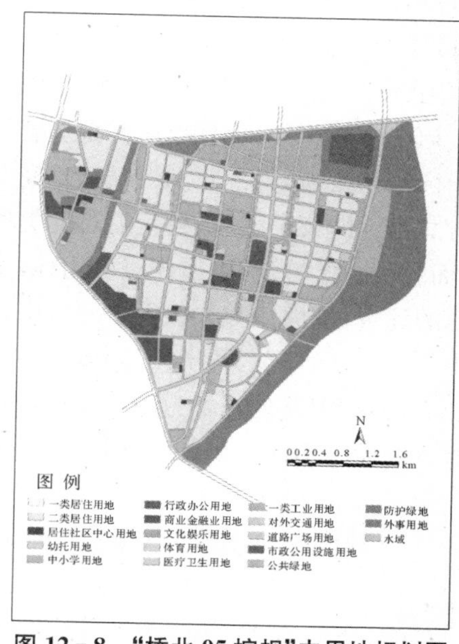

图 12-8 “桥北 05 控规”中用地规划图

表 12-7 研究区在用地构成(B3)中各项指标值(“浦口 02 总规”与“桥北 05 控规”)

用地分类	“桥北 05 控规”面积(hm^2)	“浦口 02 总规”面积(hm^2)	评价体系中要素编码	指标值	对总目标的权重	对总目标的贡献
居住用地	593.97	416.12	C4	0.700 6	0.014 8	0.010 4
公共管理与公共服务设施用地	101.16	0.00	C5	0.000 0	0.020 4	0.000 0
商业服务业设施用地	96.72	37.78	C6	0.286 1	0.010 3	0.002 9
工业用地	61.95	357.92	C7	0.1731	0.007 2	0.001 2
交通设施用地	281.54	200.40	C8	0.711 8	0.015	0.010 7
公用设施用地	42.68	84.19	C9	0.506 9	0.021 4	0.010 8
物流仓储用地	0.00	0.00	C10	1.000 0	0.007 3	0.007 3
绿地	584.34	746.28	C11	0.783 0	0.023 9	0.018 7
总和	1 842.69	1 842.69			0.120 3	0.062 1

2) 用地强度衔接指数 M(A2)

"浦口 02 总规"中尚未对规划区的建筑高度、容积率、建筑密度等用地强度方面做出相应的规定和说明，故而只能认为"桥北 05 控规"与"浦口 02 控规"在用地强度方面是完全衔接的，即研究区用地强度衔接指数 M(A2)=0.218 2(A2 对于总目标的权重)。

3) 用地性质衔接指数 M(A3)

在对用地性质衔接进行评价时，将"桥北 05 控规"与"浦口 02 总规"进行比对，主要对"浦口 02 总规"中的各用地类型，根据上一节对各准则的判定标准进行相同、相容、相似性评价，得出各指标对总目标的贡献率，并进一步计算用地性质衔接指数。

(1) 相同性评价

相同性评价是所有用地类型都需要进行的一项评价，故而在 ArcGIS 中进行空间分析时，将"浦口 02 总规"中的所有用地类型都进行空间比对。在总规与控规中均未出现的评价体系中的指标值默认为与"桥北 05 控规"是完全一致的，指标值为"1"即该指标对总目标的贡献率与其对总目标的权重相同，也无需对此类用地进行相容和相似性评价。在"浦口 02 总规"中未出现，而"桥北 05 控规"中出现过的用地，由于在后续相容性评价和相似性评价中可以涉及该类用地的评价，故而认为在相同性评价中该指标值为"0"。例如，在"浦口 02 总规"中公共设施用地主要分布于研究区西南侧，未区分商业或是公共服务设施用地，由于其呈集中分布，且在"桥北 05 控规"中此处规划为商业服务业设施用地，故将"浦口 02 总规"中的该类用地认定为商业服务业设施用地。如此公共管理与公共服务设施用地相同性指标值则为"0"(见表12-8、表 12-9、图 12-9)。

表 12-8 "浦口 02 总规"与"桥北 05 控规"用地性质相同的指标对总目标贡献率

用地分类	相同的面积(hm^2)	浦口"02"总规中面积(hm^2)	评价体系中要素编码	对总目标的权重	指标值	折减系数	对总目标的贡献
工业用地	34.21	357.92	C49	0.001 0	0.095 6	1	0.000 1
公用设施用地	15.59	84.19	C29-C31	0.012 6	0.185 2	1	0.002 3
交通设施用地	79.98	200.40	C28	0.003 2	0.399 1	1	0.001 3
居住用地	220.55	416.12	C46	0.001 7	0.530 0	1	0.000 9
绿地	472.16	746.28	B9	0.039 4	0.632 7	1	0.024 9
商业服务业设施用地	29.59	37.78	B10	0.017 9	0.783 2	1	0.014 0
公共管理与公共服务用地	0	0	B8	0.035 5	0.000 0	1	0.000 0
自然水域用地	0	0	C19	0.007 5	0.000 0	1	0.000 0
总和	852.08	1 842.69		0.118 8			0.043 6

表 12-9 "浦口 02 总规"与"桥北 05 控规"中未涉及的各类性质用地指标对总目标贡献率

用地分类	评价体系中要素编码	对总目标的权重	指标值	折减系数	对总目标的贡献
自然生态保护用地(除 C19)	B5	0.078 9	1	1	0.078 9
文化遗产保护用地	B6	0.080 5	1	1	0.080 5
铁路用地	C24	0.008 7	1	1	0.008 7
公路用地	C25	0.005 8	1	1	0.005 8
港口用地	C26	0.005 4	1	1	0.005 4
机场用地	C27	0.010 0	1	1	0.010 0
旧区改造用地	C47	0.002 3	1	1	0.002 3
保障性住房用地	C48	0.005 0	1	1	0.005 0
物流仓储用地	C50	0.000 8	1	1	0.000 8
总和		0.197 4			0.197 4

从相同性评价结果来看，"浦口 02 总规"各类用地中，商业服务业设施用地、绿地、居住用地三类用地与控规的衔接相同的比例较高，其次为交通设施用地和公用设施用地，工业用地相同比例较低，主要是因为在"桥北 05 控规"中对总规中的工业用地进行了大规模的调整。

(2) 相容性评价

对"浦口 02 总规"与"桥北 05 控规"中性质不同的用地进行相容性评价，主要参照前一节中的相容性评价方法及用地相容性对照表，将性质不同的用地进行相容性比对，可以得出各类用地的相容性空间分布及各指标的相容性指标值，根据评价体系中各指标的权重及折减系数，计算各类用地在相容性方面对总规与控规衔接总目标的贡献率(见图 12-10～图 12-12)。

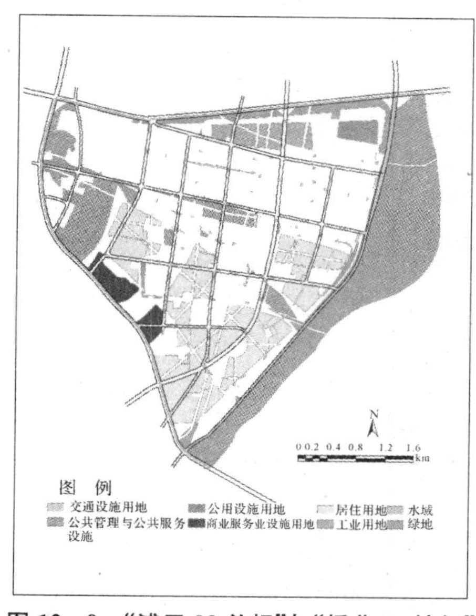

图 12-9 "浦口 02 总规"与"桥北 05 控规"相同用地分布

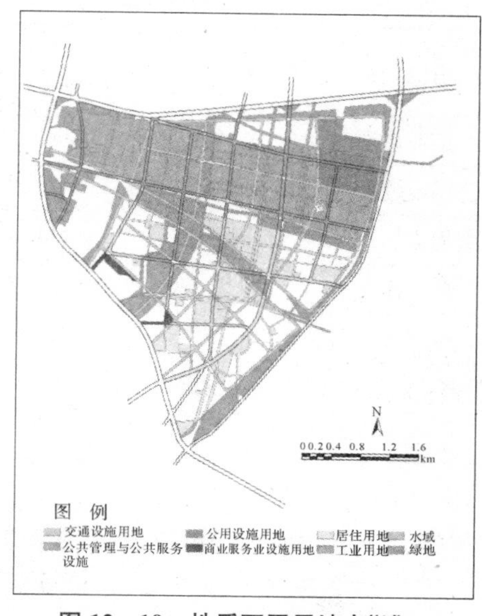

图 12-10 性质不同用地在"浦口 02 总规"中分布

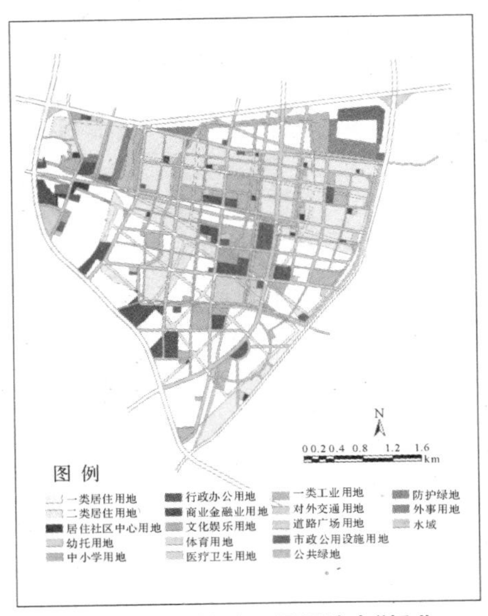

图 12 - 11　性质不同用地在"桥北 05 控规"中分布

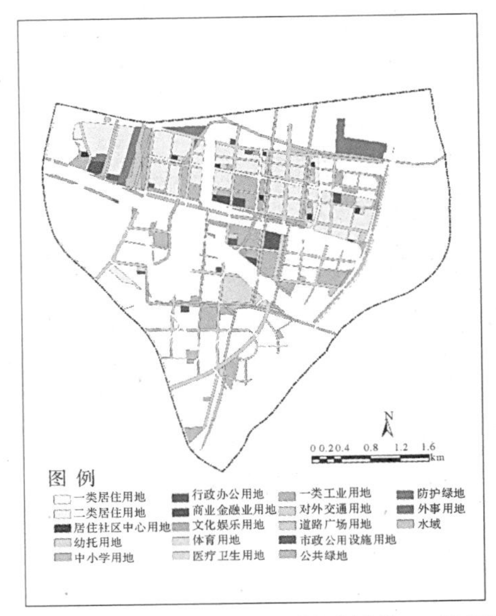

图 12 - 12　"浦口 02 总规"与"桥北 05 控规"性质相容用地分布

从评价结果及相容性用地空间分布来看，"浦口 02 总规"与"桥北 05 控规"中相容用地比例较高的是工业用地，主要是在"桥北 05 控规"中对"浦口 02 总规"中的工业用地进行了大量的调整，将研究区北部的工业用地多调整成为了以生活功能为主的用地，而此类用地在公共利益贡献率方面是高于工业用地的。其次，相容性指标值较高的是公用设施用地和居住用地，其中公用设施用地主要分布于研究区东北角，由于其位置的移动导致其相同性指标值较低，而相容性指标值较高(见表 12 - 10)。

表 12 - 10　"浦口 02 总规"与"桥北 05 控规"用地性质相容的指标对总目标贡献率

用地分类	相容的面积(hm^2)	浦口"02"总规中面积(hm^2)	评价体系中要素编码	对总目标的权重	指标值	折减系数	对总目标的贡献
工业用地	323.71	357.92	C49	0.001 0	0.904 4	0.500	0.000 5
公用设施用地	34.08	84.19	C29 - C31	0.012 6	0.404 8	0.500	0.002 6
交通设施用地	29.11	200.40	C28	0.003 2	0.145 3	0.500	0.000 2
居住用地	168.80	416.12	C46	0.001 7	0.405 6	0.500	0.000 3
绿地	29.99	746.28	B9	0.039 4	0.040 2	0.167	0.000 3
商业服务业设施用地	8.19	37.78	B10	0.017 9	0.216 8	1.000	0.003 9
总和	539.88	1 842.69		0.111 3			0.007 7

(3) 相似性评价

根据上一节相似性评价的方法，在对"浦口 02 总规"和"桥北 05 控规"进行评价时，首先选取需要进行相似性评价的用地，从总量变化来看，"浦口 02 总规"中的工业用地、公用设施用地、绿地三类用地的总量在"桥北 05 控规"中是减少的，故而着重对这三类用地进行相似性评价(见图 12 - 13、图 12 - 14)。

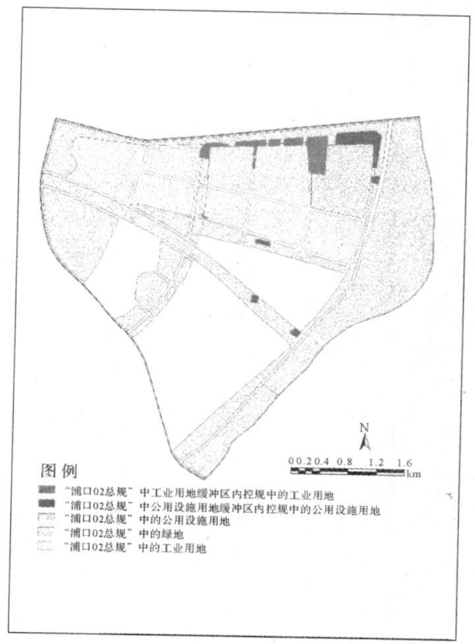

图 12 - 13　相似用地在“桥北 05 控规”中的分布图

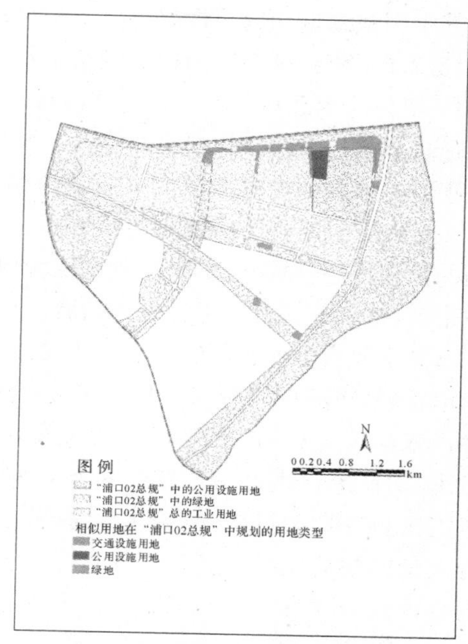

图 12 - 14　相似用地在“浦口 02 总规”中的分布

通过对三类用地进行缓冲区分析可见，在公用设施用地和工业用地缓冲区范围内，“桥北 05 控规”中也有此两类用地分布(除去相同和相容的用地)，且这部分用地在“浦口 02 总规”中主要为交通设施用地、公用设施用地和绿地。故将这部分相似用地作为与“浦口 02 总规”中交通设施用地、公用设施用地和绿地的相似用地进行计算，结果如表 12 - 11 所示。

表 12 - 11　“浦口 02 总规”与“桥北 05 控规”用地性质相似的指标对总目标贡献率

用地分类	相容的面积(hm^2)	浦口“02”总规中面积(hm^2)	评价体系中要素编码	对总目标的权重	指标值	折减系数	对总目标的贡献
公用设施用地	9.074 0	84.19	C29 - C31	0.012 6	0.107 8	0.500	0.000 7
交通设施用地	12.481 4	200.40	C28	0.003 2	0.062 3	0.500	0.000 1
绿地	25.433 6	746.28	B9	0.039 4	0.034 1	0.167	0.000 2
总和	46.989 0			0.055 2			0.001 0

(4) 用地性质衔接指数计算

在相同性、相容性、相似性评价的基础上，根据评价体系所确定的原则，只需要将三项评价中各指标对总目标的贡献进行简单相加，即可得到用地性质衔接指数 M(A3)＝0.249 7，相对于其满分 0.316 2 而言，在用地性质上的衔接率仅为 78.97%，若总规中用地类型较全，此项评分将更低。

4) “浦口 02 总规”与“桥北 05 控规”用地衔接评价结果

通过用地总量、用地强度、用地性质三方面的评价，得出“浦口 02 总规”与“桥北 05 控规”用地衔接指数为：

M＝M(A1)＋M(A2)＋M(A3)＝0.407 8＋0.218 2＋0.249 7＝0.875 7。

其中用地总量和用地强度衔接率相对较高，用地性质衔接率相对较低，为 78.97%。

12.2.5 研究区规划衔接评价结论及启示

1) 不同时期总规与控规衔接情况结果对比

通过类似的方法，对“南京 09 总规”与“桥北 11 控规”进行同样的比较（见表 12－12），并从中发现一些有趣的现象。从南京桥北地区不同时期的两轮总规与控规用地衔接评价结果来看，“南京 09 总规”与“桥北 11 控规”之间的衔接性整体上比“浦口 02 总规”与“桥北 05 控规”之间的衔接性好，总评价结果前者比后者明显偏高，同时从用地总量（主要是用地构成）和用地性质来看，前者的评价结果也高于后者，显示出后者控规对总规的用地调整较多。

这种变化一方面由于在“南京 91 总规”及“南京 91 总规调整版”规划背景中，南京城市并未加速发展，在南京的整体规划中，主城仍是城市发展的重点，浦口区在南京城市发展中的重要性尚未体现，故而缺少对研究区的宏观把握。同时“浦口 02 总规”出于对浦口经济发展的考虑，对研究区发展特征把握不足，规划了较多工业用地（“桥北 05 控规”中调整较大），在研究区自身发展过程中，当上位总规与自身发展相矛盾时，就出现了在控规层面对用地进行大量调整的情况。另一方面，由于 2000 年前后研究区自身发展的定位尚不明确，加之规划管理的技术手段和方法尚不完善，从而导致总规对于控规的引导和调控作用难以发挥。

随着南京城市不断发展，城区范围逐渐向外扩张，研究区的发展条件越来越成熟，不论是从城市整体，还是从研究区自身发展角度来看，研究区的发展定位和目标越来越明确。在“南京 09 总规”中将浦口作为了南京的副城，强调浦口对南京城市发展的作用，同时也将研究区作为南京城市的组成部分，对其用地进行了相对深入的思考。同时随着公众意识的逐渐形成，当涉及公众利益时或自身利于受到损害、规划实施与原规划方案或控规与总规方案不相符时，公众逐渐将上位规划作为维护自身利益的依据。这些都促成了“桥北 11 控规”更加注重与上位规划（“南京 11 总规”）的关系（见表 12－12）。

表 12－12 研究区不同时期总规与控规用地衔接评价结果

评价指标构成	“浦口 02 总规”与“桥北 05 控规”衔接评价指标值	“南京 09 总规”与“桥北 11 控规”衔接评价指标值
总规与控规用地衔接评价结果 M	0.875 7	0.937 8
用地总量 A1	0.407 8	0.429 6
用地强度 A2	0.218 2	0.218 2
用地强度性质 A3	0.249 7	0.290 0

2) 城市总规与控规用地衔接建议

(1) 城市总规应实现刚性与弹性相结合

从前面梳理的总规用地规划的特征可以看出，在用地规划方面总规面面俱到，几乎实现了城市规划区甚至城市范围的用地全覆盖。但由于城市总规的年限一般为 15～20 年，现阶段中国城市快速发展，地区发展条件千变万化，在总规层面难以准确把握各种变化，不能将规划区用地规定得过于刚性；但总规作为把握城市发展方向的宏观性规划，为了保障城市的健康发展，对于影响城市健康的重要用地却需要进行强制性的规定，这就是总规的“有所为”与“有所不为”，也即是总规的“刚性”与“弹性”的适度把控。

总规层面的用地刚性在空间上应当解决两方面问题，一方面是“本区域应该为何类用地”的问题，另一方面是“本区域不能为何类用地”的问题。解决这两方面的问题之前，应首先明确在总规层面需要强制的用地类型，可以通过本文中确定用地要素刚性或者用地的公共利益贡献性的方法来确定。在确定总规刚性用地的基础上，弹性用地的问题也迎刃而解了。故而总规需要进一步强化刚性用地强制性，弹性用地的引导性，使总规切实指导控规的编制。

(2) 城市控规需把握规划与实施的关系

控规作为承接宏观规划与实施性规划的中间层次规划，在规划体系中占有重要地位，是规划管理的重要依据。相比总规，控规在用地方面的规定更为细致，在总规确定用地强制性规定的基础上，控规应严格按照总规的强制性要求进行强制性用地的规划，对于总规中的非强制性用地，控规中则可以根据地区经济社会发展情况进行合理的规划和调整，以期使其既与总规衔接，又能切实指导地区发展。

(3) 潜力发展地区应在总规中提前考虑

对于城市郊区或边缘区等具有较大发展潜力的地区，在城市总规中应提前对其用地，特别是强制性用地进行规定，使其在城市发展条件变化的情况下也能有较好的适应性。

12.3 主体适应性视角的详细规划多方案比选模型研究

城市各类开发区的蛙跳式空间增长模式带来了城市空间的快速蔓延，引发了一系列的城乡发展问题，当下的新型城镇化新常态阶段将实施严格的控制。然而，在大都市郊区，有一类农业科技园区的开发方兴未艾，对推动我国新四化中的农业现代化具有重要的带动作用。从2010年初起，我们团队通过概念方案投标竞争，承担了南京农业大学白马教学科研基地的详细规划，并负责将投标的6个方案进行综合提炼。4年来，我们通过与委托方南京农业大学决策者及其规划建设管理部门的密切交流，对南京农业大学这类自主开发建设和服务运行为一体的城市开发者和服务者主体的行为特征有了较为深刻的认识。其中，该规划从招投标开始到后期方案的多次调整，一直围绕如何优化配置规划基地的已有土地资源并使多种功能空间的组织结构更为科学合理这一基本问题进行。为了破解这一带有普适性的规划问题，根据投标时所建立的用地适宜性评价模型，对6个方案进行了空间量化对较分析，建立了一种基于GIS空间分析的、面向规划编制方案评估管理的多方案比选评估模型(桑玉昆等，2014)，为城市设计者、开发者和服务者主体如何在规划编制、评估和实施中的智慧分析与决策提供方法支撑。

12.3.1 大学科教园区主体的价值导向及其规划模式构建

被称为“农业硅谷”的江苏省白马农业高新技术产业园区位于南京市溧水区白马镇。南农大科教基地位于园区北部，便利的交通区位条件，大学品牌拉动效应及强力的科研后盾，使之成为白马农业高新产业园的重要“孵化器”。相应地，南京农业大学作为国内一流的以农业为特色的综合性院校，在国家、地方政府、国内外科研机构和地方龙头企业等多主体支持下举全校之力建设白马科教园区，这在一定程度使得南农白马基地成为当代中国本土大学科教园区建设的范本。南农大白马基地详细方案编制中由城市开发者、设计者和服务者等多方面主体进行充分沟通、科学论证和适应性调整形成了面向主体适应性的规划模式。

1) 南农大科教基地开发建设的价值认知

进入21世纪以来，伴随着科学技术的发展和生产力的进步，人类社会面临着第二次转型——工业文明时代向知识经济时代的转变。在工业文明时代提升国家和地区的核心竞争力的关键是资本和技术，而在以知识为资产和知识决策为导向的知识经济时代，其提升核心竞争力的关键则是以知识、信息和文化为代表的软实力(刘绛华，2006)。在这种背景下，国家大力实施科教兴国发展战略，高等教育发展和企业研发创新逐渐成为国家、区域和城市发展的重点(王宁等，2001)，大学也逐渐成为城市产业发展的智力驱动。在这个过程中，大学传统意义上的形态开始受到社会经济力量的挑战，并在市场、政府等多元因素的影响下催生了一个城市新群落形式——“大学科教园区”。大学科教园区作为集合智慧、孵化和创业于一体的“产、学、研”一体化平台，开始作为一种知识经济体(Knowledge Economy)或文化经济体(Cultural Economy)植入现有城市空间(顾朝林，2006)，其高效的组合方式为城市和地区的繁荣注入了新的活力，他的存在不仅有利于大学自身的建设和发展，还有利于地方传统产业的升级，更有利于新兴产业的孵化和新的经济增长点的培育，这也使得大学科教园区成为一个城市和地区产业发展的硅谷。

南农大白马教科基地总占地面积5 200余亩。从宏观区域角度来看，规划区地处长三角腹地。长三角地区作为我国经济最为发达的地区之一，其广阔的市场前景、强大经济实力与科技创新能力必将为基地的发展提供巨大的潜力。从南京市域尺度来看，基地位于南京市南部(见图12－15)与高淳区和江宁区南北毗邻，通过以南京主城为中心的GIS交通可达性分析(见图12－16)可以看出南农白马教科基地处于南京主城区1 h经济圈内，特别是伴随着南京市行政区划的调整，南京主城的功能外溢效应和经济拉动的作用将愈加明显。从溧水区层面来看，南农白马教科基地位于溧水区东南部的白马镇(见图12－17)。近年来，伴随着溧水区经济的迅速发展，产业集群化发展初见成效，已拥有农业产业园、航空产业园、影视创意产业园等多种产业集聚基地。同时，白马镇作为中国有机农业发展第一镇，目前，白马农业高新技术产业园区(农业硅谷)已成为南京市现代农业科技园区、江苏省最大的有机农业示范基地，这将为白马基地的发展奠定坚实的基础。

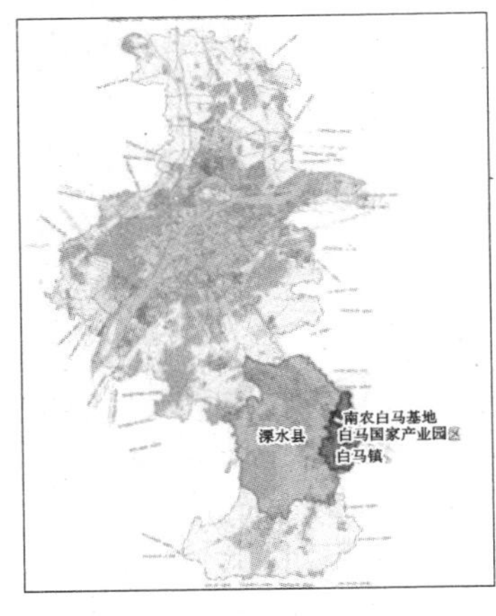

图12－15　基地在南京市的位置图图

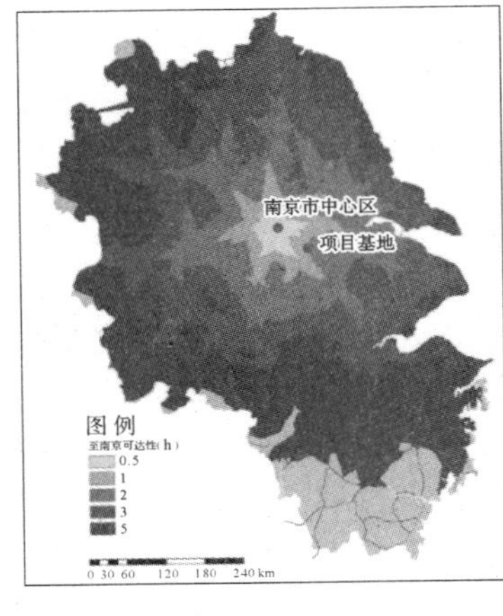

图12－16　基地与南京的时空关系图

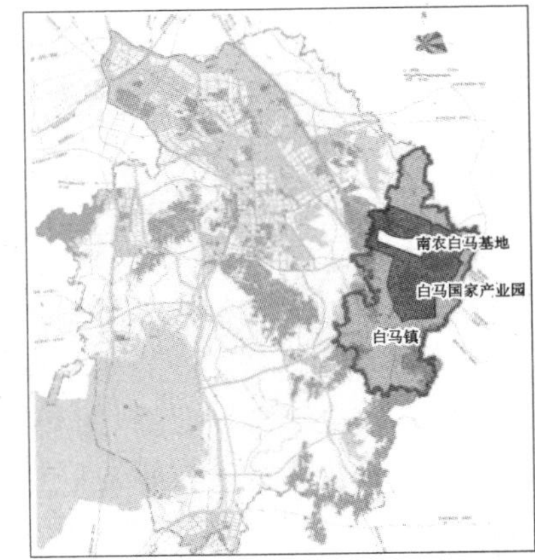

图12－17　基地与溧水区和白马镇的关系

在上述开发背景下，2012年庆祝110周年建校之际，南京农业大学校领导班子结合高校发展需求提出了“世界一流、中国特色、南农品质”的发展理念，提出要把人才培养、科研研究与生产实践结合起来，依托南农大学科、人才和智力优势，与企业和科研机构在人才培养、技术开发、产品更新、技术咨询和信息引进等方面进行广泛合作，提高自身办学质量和科研成效的同时促进当地的社会经济发展。但是这样一种理念亟须建设产学研一体化新校区作为空间支撑，南农大白马教科基地的建设则恰恰弥补了这方面的需求。

从校园规划角度看，传统意义的校园规划中，其功能空间组合往往仅局限于对教学、生活和科研等基本功能空间的设计，也已形成较为固化的布局模式。而大学科教园区作为产、学、研等多功能一体的空间载体，其规划建设不仅要满足其当代大学校园从封闭到开放、人本主义回归和文化回归等需求，还应充分满足其研究成果直接转化为产品过程中商品的经济性和社会性需求。因此，大学园区的规划首先要立足于对其产、学、研领域性质、特点、规模以及三者之间的关系分析来确定园区性质与规划目标；其次，要从多个空间尺度上探求各种功能要素之间的相互作用规律，这包括：在区域层面与所依托的城市间的共生关系，在园区整体空间布局上的产、学、研、游、住等多功能的组合模式，以及在详细规划设计上对功能建筑、景观和文化符号等多元要素进行有机的串联和整合。可以说，传统的校园规划模式已经不能满足目前大学科教园区多功能高度综合的规划设计要求，探求一种综合性兼具适应性的大学科教园区规划建设模式迫在眉睫。

2）大学科教园区规划中的适应性主体关系分析

按照前述的城市复杂系统理论，大学科教园区规划建设涉及规划师、政府、高校、企业、研究机构等不同具有“活性”的主体，他们之间形成了广泛而且紧密的联系，其中任何一个主体的决策发生变化都会影响其他主体做出相应的变化；其次，在规划建设过程中这些主体都在不断地通过参观学习或经验借鉴来对自身的观点或者建设想法进行完善或改变；第三，整个规划过程是一个开放的过程，主体与其所处的环境是密切联系的，不同的主体会根据自身所处的人文或者自然环境做出相应适应性反映；最后，整个规划系统是不断发生变化的，通过分析研判规划问题往往会对未来趋势做出正确判断并通过一定的策略予以解决。

基于对CAS理论核心思想的理解，这里首先界定影响大学科教园区规划的适应性主体关系。由于大学科教园区规划的特殊性，其主体的组成应包括两个层面上的主体，除城市规划层面上主体要素所组成的主体系统以外，还应包括产学研合作层面上的主体要素。产学研合作的主体是直接参与科学技术转化为生产力的能动性要素，即产学研合作机制的直接参与者。根据前文对产学研机制的分析不难得出，政府、高校、科研机构和企业是产学研机构中不可或缺的四类主体（见图12-18(b)），这四大主体在其合作中各自扮演者不同的利益角色。

为了便于适应性研究，本研究尝试将规划师所代言的空间主体视作一个过程化能动性主体，将政府、高校、企业、研究机构等看作参与大学科教园区规划中的其他适应性主体（见图12-18(c)）。其中，高校作为大学科教园区规划建设的主要组织者，在五个主体中处于主导地位；企业和科研机构作为高校的合作主体，在规划中会根据自身利益价值去向提出空间建设需求；政府在整个过程中担当推动、沟通、协调和监督角色的同时还会从管理者和社会利益代言者的角色出发取向对规划提出具体要求；规划师代言的空间主体往往是将以上4个主体的诉求空间化，同时规划师在规划过程中也会起到一定的协调和纽带作用。

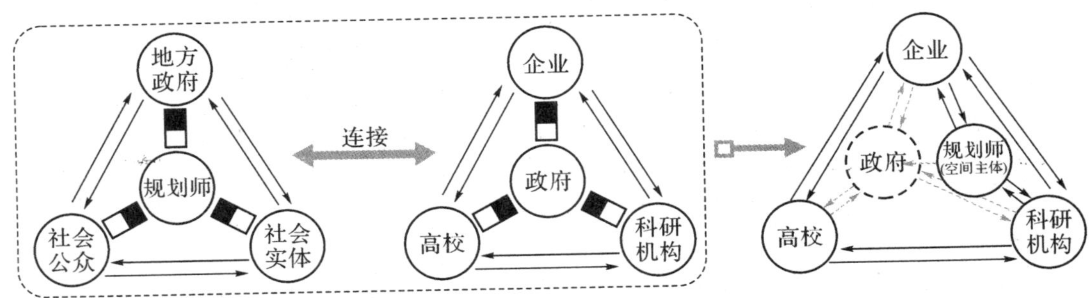

(a) 城市规划中的四大主体　(b) 大学科教园区中四大主体　(c) 大学科教园区规划中的五大主体

图 12-18　大学科教园区规划中多元适应性主体关系示意图

3) 适应性主体的规划需求分析

在大学科教园区规划建设中，由于政府、高校、研究机构和企业主体自身价值取向的不同，其需求往往会相互矛盾或相互抵触，这必将对需求的落实和规划建设带来不可预知的阻力。为解决这个问题，本文试图建立主体需求博弈与协同机制，通过主体对话和规划师协调等途径寻求多元主体需求协同的最优方案，也就是说空间主体与主体适应性的表现是：空间主体所落实的功能组合是一种多元主体集体理性的表达，是一种最佳的需求组合(见图 12-19)。

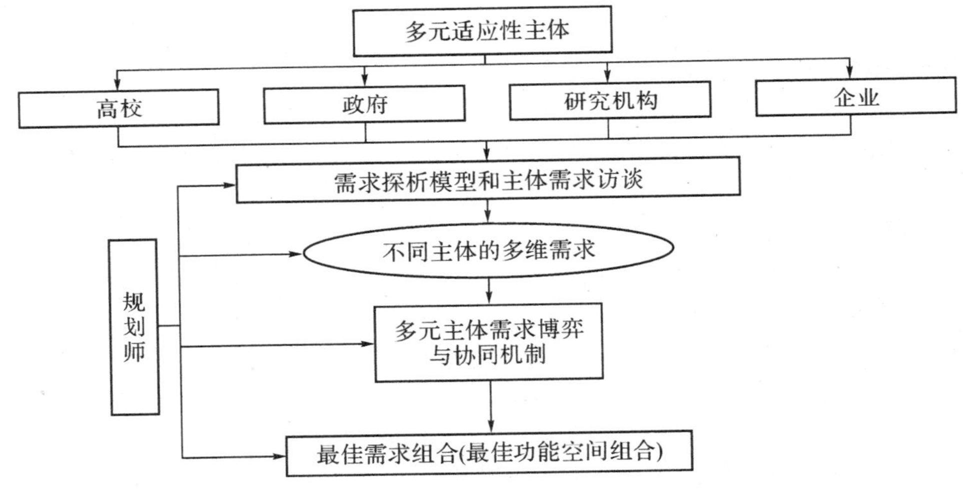

图 12-19　空间主体与其他主体适应性研究思路

在现实中，高校、政府、研究机构和企业作为不同的社会角色，其所承担的职责、享有的权利和追逐的利益也不尽相同，虽然主体存在诸多的差异，但是其在需求方面仍然隐含着一定的规律性和统一性。在市场经济体制的背景下，"人性假设"理论认为个体或主体存在一定的"自利性"和"利他性"，同时主体的"利他性"往往是建立在"自立性"的基础之上的，这与美国心理学家马斯洛归纳提出的"需求层次理论"可谓是不谋而合。

为理性探求多元主体在不同层次的需求，本研究引入马斯洛"需求层次理论"，并通过归纳演绎将其生理需求、安全需求、社会需求、尊重需求和自我实现需求等 5 个层面的需求综合为主体三个层次的需求，即第一层基本需求，主体为自身生存而产生需求，这主要体现在主体对于经济层面的需求；第二层高级需求，主体自身发展、并希望提升自身社会关注度和知名度的需求；第三层最高需求，主体得以自我实现，将自身利益与社会利益有机统一，在为自身创造价值的同时也为社会创造价值做出实际贡献，为社会认可的需求。城市规划作为一种公共政策，作为一种对未来的城市图景描述的一种形式，应该考虑发展的长远利益。所以，规划应该充分考虑不同主体三个层次的需求并在规划中予以落实体现。

在前文构建的"需求探求机制"研究的基础上，依托"主体需求层次"模型，分别对大学科教园区规划中高校、政府、企业和科研机构四个主体在三个理论层面上的需求进行分析（见表12-13），并在此基础上对主体可空间化的需求进行空间层面上的探索。

表 12-13　理论层面主体不同层次需求一览表

类型	基本需求	高级需求	最高需求
高校	满足现状学校教学、科研，满足校区拓展中生活、教学、科研及其他配套设施的空间需求	考虑学校长远发展，预留弹性发展空间，结合自身定位，适当考虑"产、学、研"融合发展	融入地方社会分工，为地方教育实力、经济产业创新实力等贡献自己的力量
政府	通过"产、学、研"模式获得利益分成，获得财政收入的增加	并通过"产、学、研"模式产生的效益带动地方发展，满足自身职能需求	在"产、学、研"框架下融入地方产业链条或产业集群，参与社会分工
企业	利用高校的创新能力为自身产品的创新提供动力，提高剩余价值	在就业、培训等方面与高校合作，满足自身发展中人才需求	回馈社会，为地方就业、社会进步和经济发展等贡献力量
科研机构	利用高校"产、学、研"为自身研究创造条件，并从中获得利益分成	依托高校为自身发展储备人才力量，通过"产、学、研"模式发展自身实力	融入地方发展框架，为地方发展提供科技支撑，为社会进步贡献力量

通过以上分析，可以概括出不同主体需求的主要空间类型（见表12-14），但是需要指出的是，按照文中界定的"需求探析机制"，在实际规划实践中还需对主体需求进行访谈调研，这会在实证研究中针对特定需求予以充分体现。

表 12-14　主体空间需求一览表

类　型	空间需求
高校	校园空间（包括生活、教学、办公、服务配套等空间），科研空间，高校发展的弹性储备空间，创业培训空间，科普展示空间，企业入驻空间，科研机构入驻空间等
政府	企业发展空间，公共服务平台、市民公共活动空间，与地方旅游、产业等相链接的功能空间等
企业	创新创业空间，科研空间，产品孵化空间，生产空间，培训空间，生活配套空间，管理服务空间
科研机构	科研空间，生活配套空间，管理服务空间，人才培训空间，科普展示空间

4）空间主体与自然环境的适应性规划模式

在CAS思想内核中，适应性包括主体间的相互适应性和主体与环境间的相互适应性，规划空间主体所处的客观环境可分为自然环境和人文社会环境两部分，在这个基础上结合上文对于主体功能需求的探求，空间主体与自然环境的适应性将主要体现在功能空间在自然生态导向下的适应性布局，对于人文社会环境的适应性则主要体现在空间设计中多元文化的适应性植入(见图 12－20)。

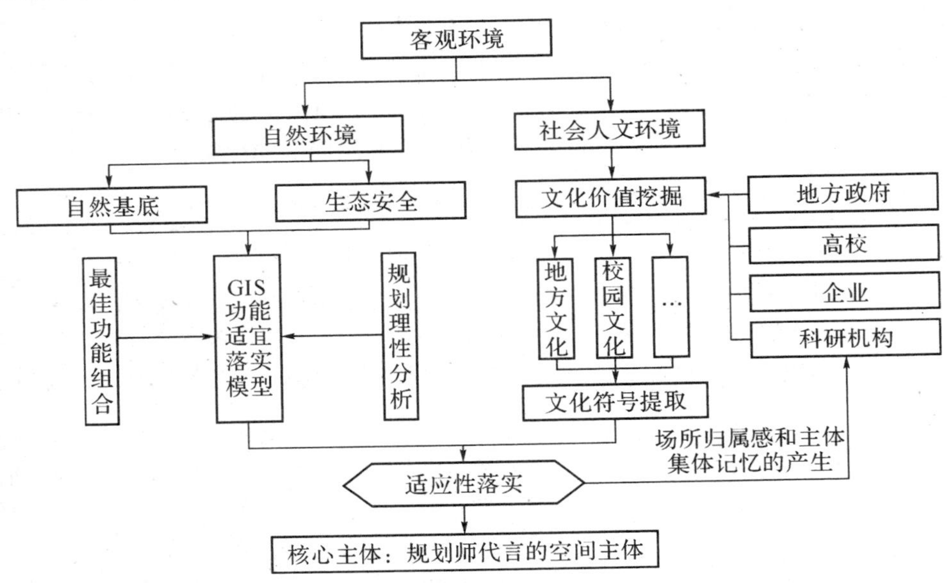

图 12－20　空间主体与客观环境的适应性模式

伴随着全球化生态环境问题的不断凸显，城市规划领域对自然环境的重视程度也不断增强，如何改变长期以来约束城市规划行为的“人类中心观”建立生态思维显得尤为重要和迫切，在这种背景下，可持续发展模式和生态设计理念等一系列关注与环境共生的研究方法备受学者推崇(仇保兴，2009)。在空间主体与自然生态环境进行适应的过程中，用地适宜性评价方法是将各个主体诉求的功能需求在空间上进行适应性规划落实的基础，农业大学科教园区的农业田间实验、教学科研创新、农耕文化环境营造等功能均需要以自然生态条件为支撑，选择合适的地形、水文、土壤和植被等自然条件进行有机的功能布局。为此，我们在 GIS 空间分析技术方法支持下，为参与投标竞争的南农大白马教科基地详细规划的概念方案建立了一种功能主体空间适宜性分析模型。

12.3.2　自然生态导向下的空间功能主体适宜性模型构建与实现

本书第三篇第 8 章详细地介绍了用地适宜性评价模型构建方法，这里对方法原理就不再阐述。国内外学者在土地适宜性评价领域开展了很多有效的研究和探索，研究方法越来越趋向复杂性和综合性。用地适宜性评价研究对象也不断丰富，半城市化地区、城乡结合部、农村居民点、旅游地、城市新城以及生态脆弱性地区引起越来越多学者关注，但目前在农业科技园区尺度上进行用地适宜性分析较少。

1) 模型构建的方法流程

目前的城市用地适宜性评价模型，在因子选取上，主要侧重于规划区的地形、水系、植被、社会经济发展、景观生态、城市道路交通等，但结合微流域水生态安全格局量化指标的研究较少。本模型结合白马基地实际情况，将水生态安全格局因子融入农业科技园区建设用地适宜性评价指标体系(见图 12－21)，这有助于园区土地在水生态安全的限制约束下达到优化配置和利用，从而提高土地利用效率。模型在构建 GIS 用地适应性定量评价的基础上，充分考虑规划空间布局的理性要求，采取定性与定量相结合的方法探讨空间主体与自然生态环境的适应性机制。模型构建的方法流程包括以下几部分：

（1）构建用地适宜性评价体系

鉴于影响功能用地适宜性分析的因素较多，为使分析结果更为科学合理，本文采用多因子评价的方法进行研究。根据科学性、综合性、层次性、简洁性和数据可获取性等原则，本文从三个层面构建规划区用地适应性评价指标体系：目标层(A)，反映出不同功能用地适应性的最终评价结果；准则层(B)，包括自然因子和环境因子两类因素指标；指标层(C)，是对准则层指标的细化，主要包括水生态安全因子、高程、坡度、噪声和现状土地利用等 5 个因素指标(见图 12－22)。

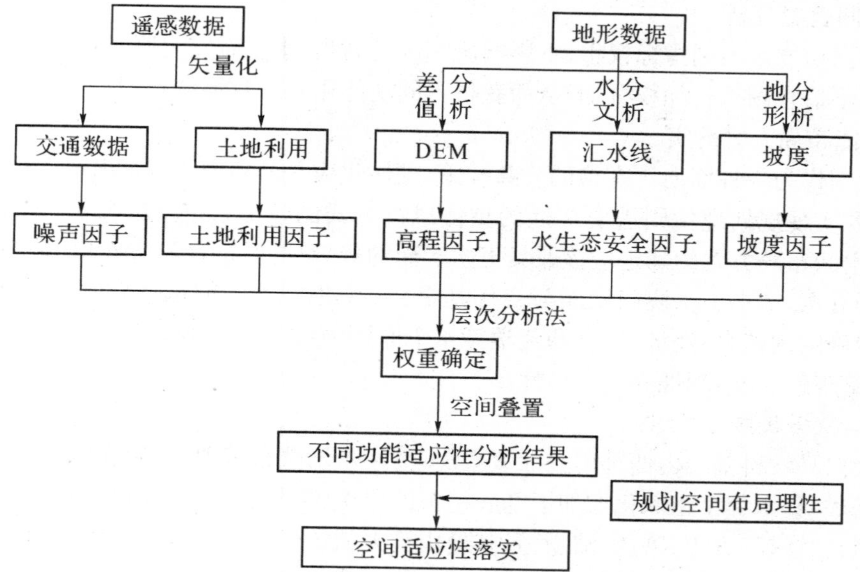

图 12－21 自然生态导向下空间主体的功能适宜性模型

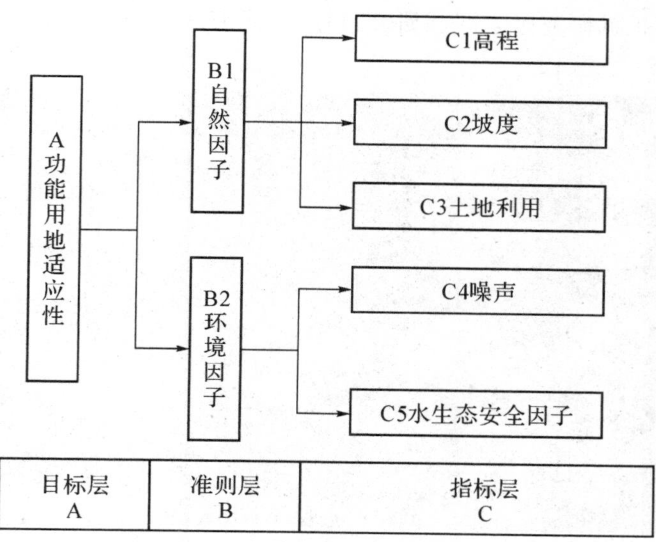

图 12－22 功能用地适宜性评价因子集

(2) 确定各因子权重

为了更加准确评价不同功能用地适宜性，本文采用层次分析法(AHP)进行因子权重确定，基本过程大概如下：首先，构建判断矩阵，根据不同功能适宜性指标体系结构关系进行判断分析，通过专家小组讨论、评分，判断矩阵表示针对上一层中的某元素而言的评价层中各元素相对重要性的状况，分别构造出不同用地功能不同指标体系的比较判断矩阵。然后，将判断矩阵每一列归一化之后按行相加，对向量标准化求特征向量，即为权重。最后，为了检验层次分析法所得权重是否基本合理，需要对判断矩阵进行一致性检验。当随机一致性比率(CR)<0.1 可以认为判断矩阵有满意的一致性，反之，重新调整判断矩阵的元素，直至判断矩阵一致性检验达到要求为止。

(3) 空间叠置分析

结合不同功能区不同指标权重，将影响研究区的高程、水生态安全因子、坡度、土地利用和噪音等单因子适宜图进行加权叠加，从而获得不同功能用地适宜性结果图。

(4) 功能布局方案落实

城市规划作为一种面向于实施的公共政策，理性化应是其思维方式的基础，在城市规划实践过程中，要实现规划理性则需要广泛的整体思维方式的转变(孙施文，2007)。基于这种观点，在规划空间布局方案的确定应该兼具更多层面的规划理性，定量与定性相结合最终确定规划功能布局方案，本书引入澳门发展与合作基金会《21 世纪澳门城市规划纲要研究》的成果，将其研究中确定的整合、经济、安全和美学等 4 个原则演绎为空间规划的 4 个布局理性，即整合理性、经济理性、安全理性和美学理性。

2) 模型数据获取与处理

南农大白马教科基地内西部山丘曲线柔美，大小水塘散布其中；大片优质农田形成基地的自然绿色基底，乔木等小型绿化增加了基底植被的层次感，与农田和水塘共同构成基地内良好的生态环境。“矮丘、方田、密树、清塘”是基地内最大的景观特色。本研究采用的 1∶500 基础地形数据来自于实地测绘，通过在 GIS 平台上设置投影参数、配准，生成不规则三角网(TIN)，最后转化成数字高程模型(DEM)；土地利用数据和道路数据根据现状遥感图像目视解译结合实地调研验证获取，根据研究区实际和研究目标，将研究区域土地利用分为五类：居民区、农田、基塘、林地和水体(见图 12-23)。

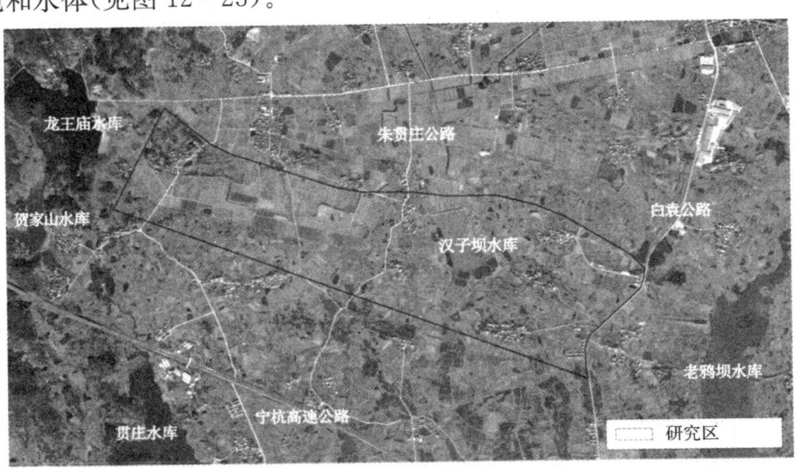

图 12-23 基地水系及周边水库分布图

3）用地适宜性评价因子选取与指标计算

根据南农白马教科基地规划要求，研究区主要配置生活、公共服务、农业实践、展示和教学等5类功能区。生活功能主要满足科教园区师生日常居住生活需求，公共服务功能以为师生提供科学研究服务为主，农业实践功能重在提供农业教学实践空间，展示功能是科研教学成果展览区域，教学功能能够为师生教学提供场所。

（1）自然因子选取

自然因素是研究区用地空间布局和发展演变的基础，包括高程、坡度、气候、地质条件、土地利用现状等。根据现有数据资料，研究选取高程、坡度和土地利用现状3个自然要素作为科教园区用地适宜性评价的因子。该地区地形和坡度变化较大，且用地现状相对较为破碎和复杂，选取这3个影响因子能够反映科教园区不同功能的自然地理特征，也反映区域环境的敏感程度。

（2）环境因子确定

科教园区布局在地形复杂，暴雨气候密集的地区，且距离城市道路较近，故水生态安全和噪声对科教园区布局影响较大。功能分区需要考虑暴雨天气地面径流情况，防止暴雨径流对科教园区的负面影响。噪声对于学习生活造成一定的影响，在功能布局之前，应该考虑道路交通引起的噪声对园区教学生活的影响。

（3）因子权重确定

本研究采用层次分析法（AHP）进行因子权重确定（见表12－15）。

表12－15　不同功能区不同指标权重

项目	生活功能	公共服务	农业实践	展示功能	教学功能
水生态安全	0.24	0.28	0.18	0.21	0.12
高程	0.10	0.13	0.15	0.16	0.17
坡度	0.17	0.18	0.20	0.21	0.22
噪声	0.29	0.17	0.12	0.13	0.30
土地利用	0.20	0.24	0.35	0.30	0.19

（4）水生态安全格局计算

城市暴雨径流是复杂的自然现象，与人类经济活动息息相关。本文通过对研究区进行微流域划分进而提取汇水线，根据汇水线缓冲特征分析，判断研究区不同区位受到暴雨径流的影响程度，进而确定水生态安全性高低。首先，根据原始地形数据生成数字高程模型，结合ArcGIS水文分析模块，对数字高程模型数据进行洼地填充；其次，通过将中心栅格8个邻域栅格编码，确定水流方向；进而，基于水流方向提取汇流累积量；最后，设定一定的阈值提取汇水线。本文用地适宜性水生态安全格局根据距离汇水线距离确定，距离汇水线越远，水生态安全性越高，反之距离越近，水生态安全性越低。

（5）噪声影响计算

城市交通噪声主要包括汽车、火车、飞机和道路施工机械的噪声，影响范围较大。交通噪声是线污染，呈柱面波扩散。声压级与车流量成正比，与距离的一次方成反比，与车速的4次方成正比，具体计算公式如下（何尧振，1982）：

$$L_m = 10\lg\left(\frac{N}{s}\right) + 30\lg\left(\frac{V}{60}\right) + C \tag{12-1}$$

式中：L_m 表示无限量汽车流的噪声声压集中值(dB)；N 是车流量(双向)(辆/h)；s 为受声点与车辆间距(m)；V 是车速；C 为常数，与车辆鸣号次数、街道两侧建筑类型、非机动车和行人密集程度等因素有关(dB)。本文所在溧水区车流量选择 800 辆/h(双向)，V 为 50 km/h，s 根据距离道路大小而定，C 选取 36 dB。

目前按照我国规定道路交通干线两侧适用区域的国家标准昼间值是 70 dB，则噪声质量的污染指数分指数通过下式计算(曾宏，2009)：

$$P_N = \frac{L_{eq}}{L_0} \tag{12-2}$$

式中：L_{eq} 为测得的昼间平均等效等级；L_0 为道路交通干线两侧适用区域的国家标准昼间值，值为 70 dB。噪声质量的污染指数分越低，适宜性越高；反之，适宜性越低。

(6) 准则图层标准化处理

由于各指标的量纲、数量级及指标的正负取向均有差异，且为了能真实反映指标之间的关系及其差异性，需对初始数据做归一化处理。指标值越大对用地适宜性越有利时，采用正向指标计算方法；指标值越小对用地适宜性评价越有利时，采用负向指标计算方法处理：

$$\text{正向指标：} x'_{ij} = \frac{x_j - x_{\min}}{x_{\max} - x_{\min}}\text{；负向指标：} x'_{ij} = \frac{x_{\max} - x_j}{x_{\max} - x_{\min}}$$

本研究中水生态安全格局和噪声采用正向指标计算法，高程、坡度采用负向指标计算方法。其中土地利用分别赋值，居民区、农田、基塘、林地和水体分别赋值为 1、0.7、0.5、0.2 和 0。

4) 模型实现与结果应用分析

在 ArcGIS 软件平台支持下，上述模型数据处理和实现步骤如下：首先根据遥感数据解译出土地利用现状和道路数据，结合地形数据，在 GIS 平台下创建 DEM 模型，提取汇水线和坡度；再运用土地适宜性评价方法，选取评价要素和评价因子，建立研究区不同功能用地适宜性评价体系，利用 AHP 方法确定各因子的权重，利用 GIS 技术评价因子进行整合、叠加运算，计算并制作出不同功能用地适宜性图。

判断和明确不同功能用地适宜性的高低，能够更好进行下一步不同功能布局方案的评价，对研究区城市规划的功能配置和布局具有现实指导意义。本研究依据表 12 - 15 确定的权重，分别对研究区生活功能、公共服务功能、农业实践功能、展示功能和教学功能进行评价。再利用 ArcGIS 软件的空间分析技术，将研究区 5 个不同功能划分为高、较高、中等、较低和低 5 个等级，以便对研究区功能用地适宜性空间差异和规律进行分析(见图 12 - 24)。在下面分析中，基地被南北穿越的朱贯庄路分为东西两部分(见图 12 - 23)。

(1) 生活功能用地适宜性分析

从图 12 - 24(a)看出，研究区东部高程稍高，噪声影响较小，生活功能用地适宜性整体较高，其中用地适宜性一般及以上区域占研究区面积的 78.34%，主要分布在朱贯庄路以东，现状土地利用类型主要为居民区和农田；生活功能用地适宜性较低和低值区域分布在朱贯庄路以西，占总面积的 21.66%，这与该区域高程较高，水系密集，水生态安全格局较低有关。

(2) 公共服务功能用地适宜性分析

从图 12－24(b)看出，研究区西部水系较多，且汇水线密集，对公共服务功能影响较大，因此适宜性一般及以上区域主要集中在研究区东部，占研究区面积 75.57%，现状用地类型主要为居民点和农田；公共服务用地适宜性较低和低区域主要分布在朱贯庄路以西，占研究区 24.43%。

(3) 农业实践功能用地适宜性分析

从图 12－24(c)看出，农业实践功能用地适宜性受土地利用条件影响较大，因子权重相较其他因素最高，因科教园区现状多为农田，故农业实践用地适宜性一般及以上区域分布比较均衡，占研究区 90.56%，现状以农田居多；农业实践用地适宜性较低和低区域主要分布在研究区西南部分，占研究区 9.44%。

(4) 展示功能用地适宜性分析

从图 12－24(d)看出，受土地利用、坡度和水生态安全等因素影响，展示功能适宜性一般及以上区域主要集中在朱贯庄路以东，占研究区 79.28%，现状以居民点和农田为主。展示功能适宜性较低和低区域集中在研究区西北角，占 20.72%，现状以林地和农田为主。

(5) 教学功能用地适宜性分析

从图 12－24(e)看出，教学功能用地适宜性受噪声和坡度影响较大，朱贯庄路以西道路较多，且坡度总体较陡，因此用地适宜性一般及以上区域分布在朱贯庄路以西较多，占研究区 82.95%，现状多为居民点和农田；教学功能适宜性较低和低区域主要在研究区西南角和西北角，占 17.05%，主要以林地和农田为主。

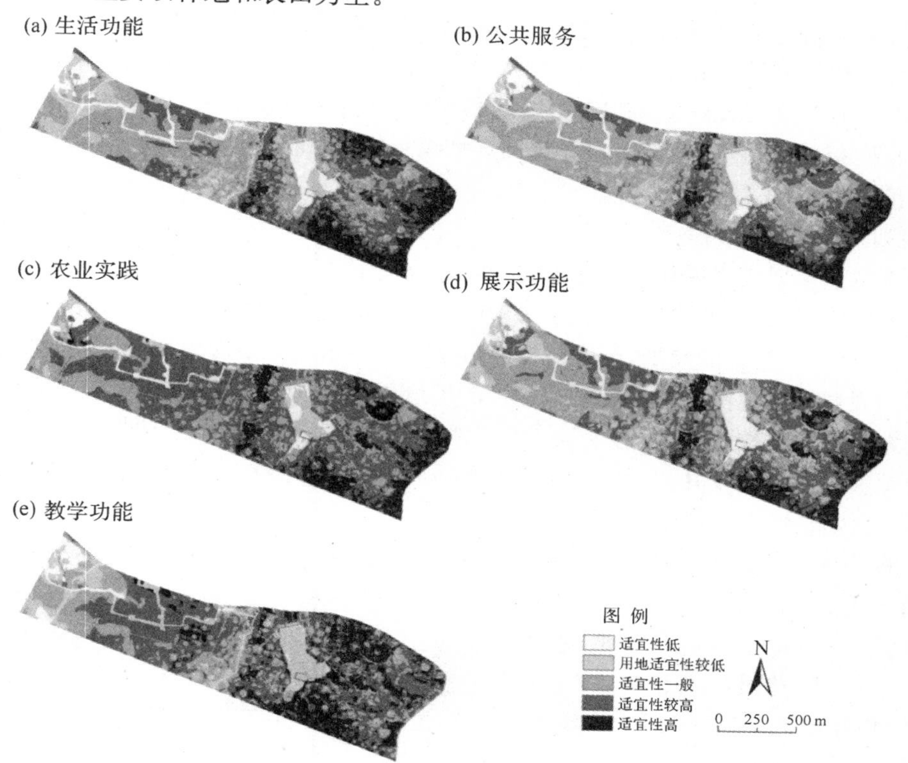

图 12－24　不同功能用地适宜性图

表 12-16 不同功能用地适宜性分析结果

功能布局	统计指标	适宜性低	适宜性较低	适宜性一般	适宜性较高	适宜性高
生活功能	面积(hm²)	27.5	45.54	124.58	95.02	44.53
	占研究区比重(%)	8.15	13.51	36.95	28.18	13.21
公共服务	面积(hm²)	28.78	53.59	134.99	83.16	36.66
	占研究区比重(%)	8.54	15.89	40.04	24.66	10.87
农业实践	面积(hm²)	16.91	14.91	87.13	174.96	43.26
	占研究区比重(%)	5.02	4.42	25.84	51.89	12.83
展示功能	面积(hm²)	30.51	39.35	115.38	112.12	39.81
	占研究区比重(%)	9.05	11.67	34.22	33.25	11.81
教学功能	面积(hm²)	13	44.48	80.67	138.57	60.45
	占研究区比重(%)	3.85	13.19	23.93	41.1	17.93

12.3.3 生态价值主导的规划多方案评估模型构建

上述以南农大白马教科基地为实证对象构建的农业科技园区用地适宜性评价模型实现结果分析表明：应用 GIS 地形数据和 RS 遥感数据，在已有用地适宜性评价模型的基础上，将水生态安全因子融入农业科技园区建设用地适宜性评价指标体系，结合高程、坡度、噪声和土地利用等评价因子，构建功能用地适宜性空间定量模型，通过对生活功能、公共服务、农业实践、展示功能和教学实践等功能用地适宜性进行定量评价，从而为规划方案的编制提供了科学依据。我们以此分析为基础所编制的南农大白马教科基地详细规划投标方案的中标表明了功能用地适宜性评价模型的应用价值。在该规划的正式编制中委托方要求将 6 个投标方案进行综合，促发我们意识到，从规划编制管理和实施评估两方面可采用该模型对参与竞标的多个方案进行生态适宜性水平的科学定量评估，将有助于提高规划编制与管理的科学性。为此，我们创建了一整套定量评价方法(桑玉昆等，2014)。

1) 规划编制的价值论与适应性认知

规划方案是规划价值观和规划视角的空间综合决策的表达。鉴于大多数规划由其规划自身性质决定或在规划初期通过对现状和历史的调研分析之后必然会存在一个相对较为明确的规划目标，故对一个特定的规划，经常需要通过某一个视角或者多视角来评价其规划成果的效果和水平。规划多方案比选的过程即是这种测度过程的表现形式。

在规划多方案比选过程中，必须确定某一视角，并将其具体化为若干指标，评价规划方案在各个指标上的满足程度并注意关注其中的矛盾和瑕疵，给予综合评价，以获得方案间的相对位次结果，择优选择或相互取长补短优化方案。

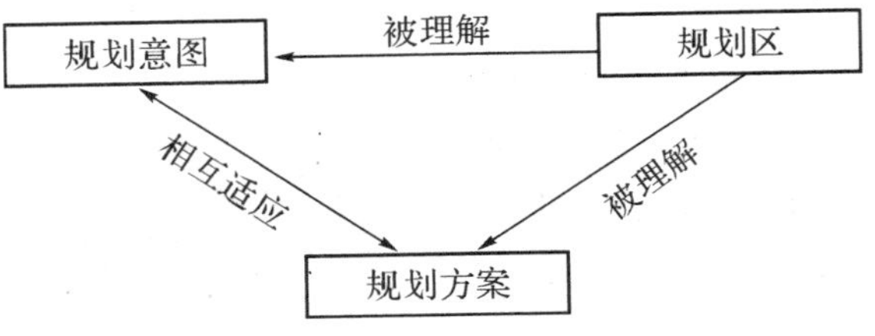

图 12-25 规划意图与规划方案相互适应过程

从空间角度，上述过程又可以演化为一个空间评价过程，即首先以某种方式划分空间单元，并对每个空间单元的规划方案成果给予评分，并最终获得方案的总评分，以能够相互比选。这一过程中，规划方案不断理解、适应规划意图，同时评价者和规划者也通过循环工作和多个方案更加理解规划区的现状和未来的可能情景，这是规划方案与规划意图间的相互适应(见图 12－25)。

2) 规划方案的用地适宜性量化评估模型原理

根据不同功能用地适宜性分析，结合不同规划方案，分别计算规划方案不同功能区的用地适宜性值，最后将不同功能区的用地适宜性值求取加权平均，得到每个规划方案总用地适宜性值，并将不同方案用地适宜性值进行对比分析。具体公式如下：

$$a_i = \frac{\sum_{i=1}^{n} b_i \times area_i}{\sum_{i=1}^{m} area_i} \tag{12-3}$$

$$S_i = \frac{\sum_{i=1}^{m} a_i \times ar_i}{\sum_{i=1}^{m} ar_i} \tag{12-4}$$

式中：a_i 是每个规划方案中不同用地功能适宜性值；b_i 为不同用地功能适宜性分类值(分为 5 类，值分别为 1,2,3,4,5)；$area_i$ 为对应用地功能适宜性分类值所占面积；S_i 为规划方案总用地适宜性值；ar_i 对应不同规划方案不同用地功能面积值。

3) 模型实现技术路线

在上述不同功能用地适宜性评价分析基础上，按上述公式，对每一方案中的不同用地功能分别计算其用地适宜性分值，再汇总得到不同方案的综合用地适宜性总分值，进而对比评估得到最优用地功能布局方案。图 12－26 表示本研究案例模型实现的技术路线。

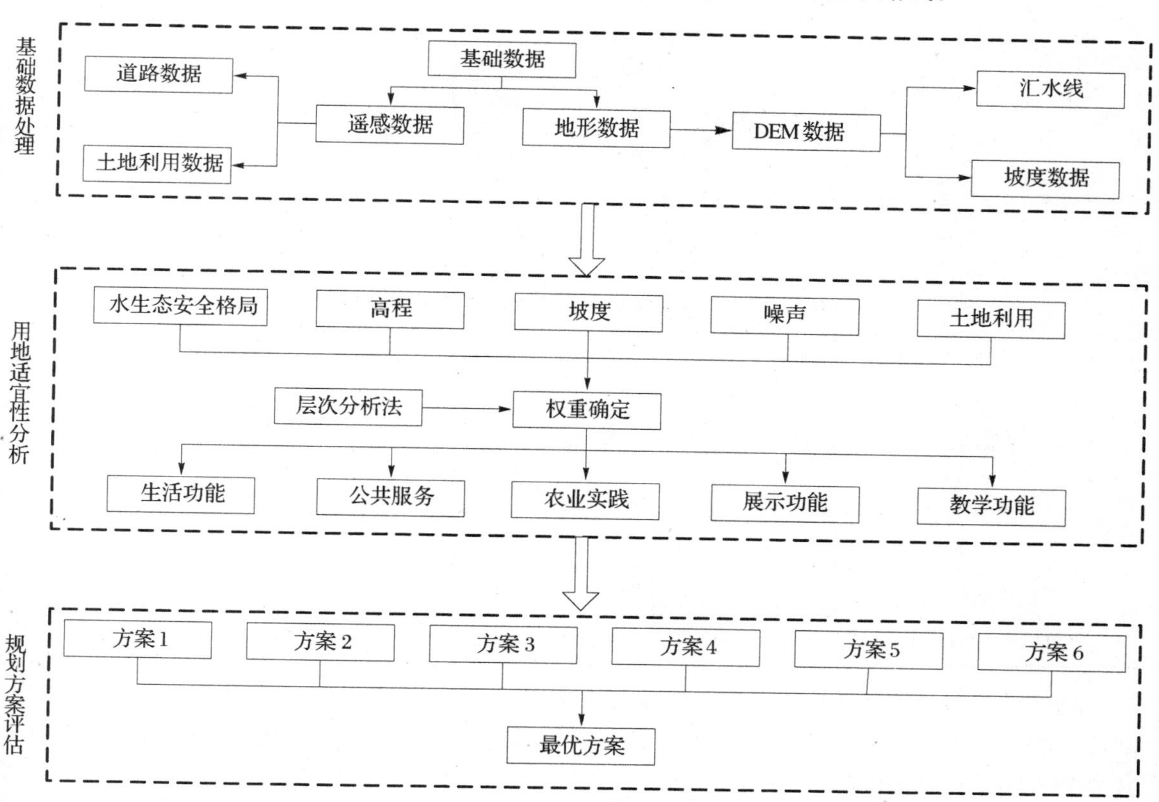

图 12－26　模型实现技术路线图

4）实证规划方案评估与实施

评价单元的获取和适宜性值的计算是规划方案综合适宜性判断的基础。本研究通过对不同规划方案功能分区图进行数字化处理，将不同规划方案不同功能分区地块作为基本评价单元(见图 12－27)。通过将基本评价单元与不同功能用地适宜性图进行叠置分析，结合公式(12－3)，并利用 ArcGIS 的空间分析功能进行加权计算，分别计算不同方案不同功能分区的用地适宜性值(见表 12－17)。最后，结合公式(12－4)，分别加权计算不同规划方案总用地适宜性值(见表 12－17)，从而判断最优功能配置规划方案。

从表 12－17 可以看出，方案 1 农业实践功能用地适宜性整体最高，方案 2 公共服务功能用地适宜性整体最高，方案 3、方案 4 和方案 5 教学功能用地适宜性最高，方案 6 公共服务功能适宜性最高。根据表 12－17 最后一列计算结果可以发现，方案 6 总用地适宜性值最高，这说明从功能用地适宜性角度评估不同功能区规划方案，方案 6 属于最佳方案。

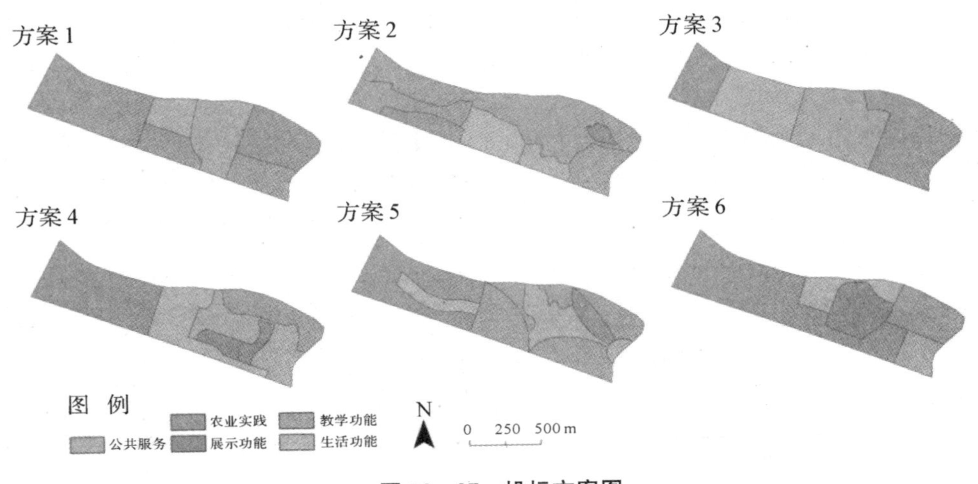

图 12－27 投标方案图

表 12－17 不同方案不同用地适宜性分析结果

不同功能用地适宜性	方案 1	方案 2	方案 3	方案 4	方案 5	方案 6
生活居住	2.91	3.19	3.02	3.25	2.96	3.24
公共服务	2.76	3.91	2.96	3.18	2.59	4.18
农业实践	4.07	3.59	2.97	3.33	3.27	3.52
展示功能	—	3.53	—	3.56	3.82	2.64
教学功能	3.38	3.49	4.15	4.14	3.85	4.16
总用地适宜性	3.35	3.48	3.36	3.42	3.42	3.51

功能区用地适宜性评价并确定最优规划方案，对研究区功能配置具有现实指导意义。本研究根据上述用地功能最佳方案，对白马教学科研基地修建性详细规划提供支撑，最后按照上述规划方案进行功能布局(见图 12－28)。

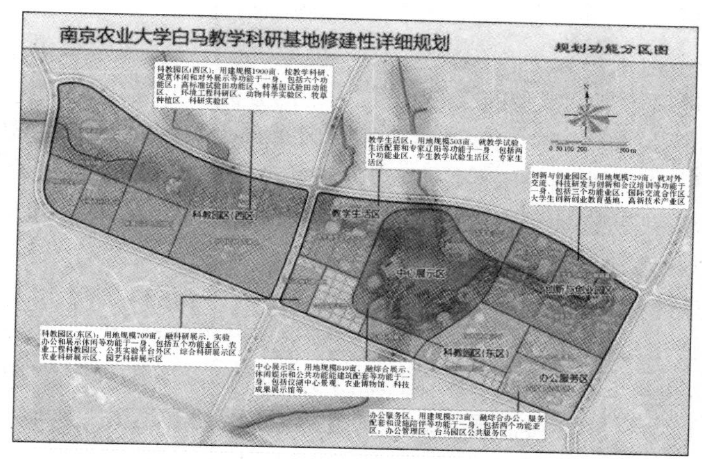

图 12-28　南京农业大学白马教学科研基地规划功能分区

12.4　城市规划辅助选址决策支持系统

在我国城市规划管理体制中,《中华人民共和国城乡规划法》规定了"一书两证"是城市规划实施管理的基本制度,即城市规划行政主管部门核准发放的建设项目选址意见书、建设用地规划许可证和建设工程规划许可证。其中,以划拨方式提供国有土地使用权的,按照国家规定需要有关部门批准或者核准的建设项目,建设单位在报送有关部门批准或者核准前,应当向城乡规划主管部门申请核发选址意见书。

建设选址的过程实质是城市发展、更新的新元素与城市的现有元素、现有结构相互适应、相互契合的过程。在实际工作中,选址条件包括自然、经济、人文、社会、用地和建成环境等多方面的因素,需要全盘考虑城市设施、自然生态、景观协调、经济发展等多方因素,是典型的城市规划空间分析模型的集成应用对象。由于目前的规划信息化水平较低,对城市发展状况与规划成果之间没有建立起有机的空间关系,规划选址工作还主要靠决策者定性判断,国内的规划管理信息系统还不能准确地定位和定量的表达可供选址地块的周边空间环境现状条件、未来规划的定位与选址条件要求三者之间的协调关系。

本书第三篇构建的空间分析模型大多数有助于规划决策管理人员对可供选择土地的选址某方面条件适宜程度的判断,通过对不同的建设项目选址条件的归纳,将可能建立起一整套辅助选址决策支持模型。2012 年我们在承担《南京市规划用地选址辅助决策支持系统》的课题研究中,初步建立了一套基于规划管理角度的选址多因子分析流程。由于建设项目选址存在较大的复杂性,本研究以该流程为基础,借助前文所构建的城市规划适应性分析模型方法,综合集成多种空间分析模型功能,以南京市消防站选址为例,构建辅助选址决策支持模型的原型系统。

12.4.1　规划选址的空间影响因子提取与分析

选址的过程是对各种条件的考察、匹配和综合分析评价的过程。不同的设施选址要求存在明显的差异,不能用一套权重进行辅助决策支持。为此,我们借助前文所构建的城市规划适应性分析模型体系,综合各种模型特点,剖析不同影响因子对选址项目产生的空间影响特征,为辅助选址决策支持系统的构建提供科学依据。

1）选址因子分类

选址的建模步骤一般可分为流程确定、因子提取、因子分析和定量求值等几个阶段。其中，影响因子是选址决策支持模型的核心要素，因子的分类和分析计算是整个模型构建的关键环节。依据因子对选址是否有决定性的影响可将因子分为限制性因子和影响性因子两大类。选址限制性因子是指具有明确限制性特征，当处于某种状态时项目无法建设的因子，如面积大小不足、用地性质相斥等；选址影响性因子是指具有影响优劣大小，但不是限制性无法建设的因子，如交通条件好坏、地价高低等。

因子在参与具体选址评价中可采取定性和定量两种情况，即可分为客观因子和主观因子。客观因子指根据城市空间信息，能够使用定量空间数据进行表达的因子，如面积、产值、高度、密度、距离、速度、时间等。主观因子指难以以明确的尺度用定量数值简单地进行表达但又具有重要价值的因子，如景观美感、风貌协调程度、地域认同感、生活习俗延续性等。

2）选址流程及影响因子体系构建

根据对规划局管理业务部门的调研，规划项目选址工作基本遵循以下三个步骤过程：

（1）意向区域确定

初步给出选址的意向方位和范围。以项目方意愿和决策方意愿为主，参考政策导向因素，对项目在城市空间的宏观区位进行框定。

（2）可用地块筛选

以项目性质决定的刚性建设条件如用地性质、基础设施要求、空间布局要求等为主，对可控、可直接量化的因素，参考规划建设设计标准和要求，筛选可选地块。

（3）最优地块比选

主要对经历第一、第二步筛选后的备选地块，考察其各方面建设适宜性水平，并运用加权评价方法，在备选地块中进行多方面的比较，确定更符合需求和有利发展的优选方案。

在三步骤选址过程中，每一步骤所涉及的决策判断因素存在较为明显的差别。为更好地贴近用户的选址操作思维习惯，我们将选址辅助决策系统对应以上三个步骤分为三个建模层次逐层深入地设计计算方法，由于各个层次的用地筛选需要考虑的因子基本具有相似的影响作用方式和计算处理方法，对三个层面的因子归纳后得到三类因子（见图 12 - 29）。

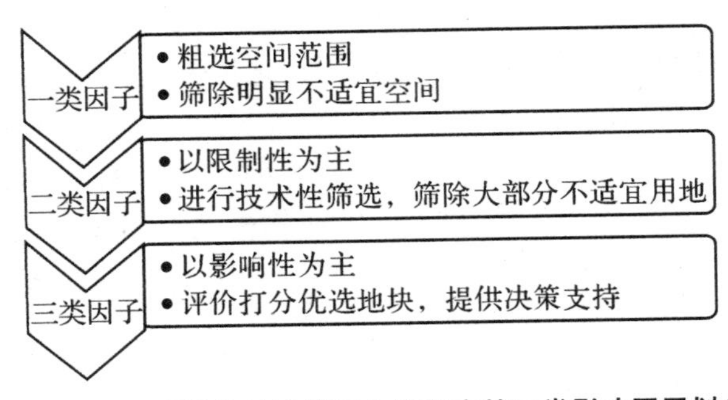

图 12 - 29　项目选址决策三个步骤中的三类影响因子划分

上述第 1 步中所涉及的一类因子，面向项目宏观区位筛选，确定与项目意向匹配的行政区划或产业园区。因子体系包括行政区划、功能定位与产业引导、政策优惠 3 个一级因子，之下细分 10 个二级因子。在项目立项阶段，根据立项方要求，对项目倾向于偏好落户的园区、行政区划等空间区域范围大致选定，并提取这一范围内的可建设地块（备选地块）及其周边的自然环境、用地、交通、社会经济等其他城市空间系统信息供下面两个步骤使用。表 12－18 即是根据南京近期规划空间发展单元结合管理模式确定的项目选址一类因子分级情况。

表 12－18　南京市规划项目选址一类因子分级表

一级因子	二级因子	因子描述	因子源数据
行政区划	项目责任行政区	规划建设项目主要责任所属行政区（一般以各区县为单位）	城市总体规划及相关规划
	规划单元	建设项目意向选址所在规划单元	城市总体规划及相关规划；相关分区控制性详细规划
	委托管辖范围	由上级行政部门委托代管，并有指定建设在某区划范围内的要求	综合处规划管理资料
功能定位与产业引导	功能分区与组团设置	城市规划中的用地功能布局引导要求	城市总体规划及相关规划
	省级以上园区、开发区	意向布局在某工业园区、农业园区、科技园区、物流园区或大学城范围内	城市总体规划及相关规划
	产业发展引导要求	规划产业布局中对于相应产业划定的引导范围	城市总体规划及相关规划（尤其是产业发展规划）
政策优惠	十大平台	意向布局在园区公共服务十大平台、贸易市场十大平台政策的重点实践区	城市总体规划及相关规划；城市发展战略规划
	一谷两园	意向布局在南京“一谷两园”软件产业聚集区：中国（南京）软件谷、南京软件园、江苏软件园	相关专题规划
	保障类住房安置区	意向布局在规划划定的保障性住房安置区范围内	城市总体规划

第 2 步中所涉及的二类因子面向筛选符合项目要求的可用地块，共 43 个二级因子，均为客观性因子，涉及刚性较强的建设限制因素，对于地块是否可作为备选用地有明确的决定性作用；在算法上通常是根据各因子给定的判别条件或空间阈值对用地的可建设性做出是非型判断，多以现状资料为数据源，少数因子涉及与规划控制的协调性。在第二层次的筛选中，辅助决策者综合考察自然环境、建设现状和规划控制等方面的限制要求，在存量用地中筛选出可用备选地块。

第 3 步中所涉及的三类因子面向对多个符合条件地块的评价比选，共 55 个二级因子。其中，包括客观性因子和少部分主观性因子，涉及弹性较大的建设影响因素，对于地块是否可作为备选用地无决定性作用，在备选用地的优化选择过程中需要纳入考虑，以丰富选址决策过程、提升选址决策的合理性与经济性。在第三层次的筛选中，将三类因子归纳到 7 个准则层之下，采用 AHP 评价分析法构建评价矩阵，针对所有的备选用地给出评分，辅助用户确定用地选址的优选方案。

二/三类因子均为针对地块的影响情况设定的，因此均可按照：①自然条件；②规划条件；③区位与交通条件；④设施配套条件；⑤社会经济因素；⑥安全防护条件；⑦政策条件共 7 个方面进行清单式归纳，因篇幅所限，略去详表。

3）选址影响因子间相互关系分析

上述三种因子分类是在三个维度上进行的划分，互有交叉，其中：一类、二类和三类因子的划分以模型流程步骤为主要区别，在不同阶段发挥作用。在三种类型因子中均有限制性、影响性因子。其中，一类、二类因子中限制性为主，影响性为辅；三类因子中相反。在客观和主观因子选择中，为了保证模型的可操作性，大多数因子是客观因子，主观因子较少，且绝大部分以影响性因子的方式出现，在三类因子中帮助方案优选，个别在其他类别中出现。

在选址辅助决策模型中，二类因子直接决定地块是否进入备选方案列表，各自独立地对备选用地符合条件与否进行筛选，相互之间关系简单；三类因子内部存在较为复杂的层次和相互影响关系，需要按照一定规律进行组织，并且为每个因子制定相应的量化与标准化规则，以适当方法将这些因子的影响作用综合到辅助选址决策过程中，帮助用户做比选和判断。为体现因子组成间的可辨识性和可理解性，按照聚类分析的基本原理，以及 AHP 评价方法的要求，将 55 个三类因子归纳到 5 个一级准则层之下，包括直接经济效益性、环境友好与生态效益性、生产生活便利性、人文社会性以及规划一致性（协调性与公平性）。其中，生产生活便利性包含的因子数目较多，其下划分交通便利性、日常生活便利性、设施配套状况 3 个二级准则层。具体因子归类情况见表 12 - 19。

表 12 - 19　因子归类一览表

一级因子	二级因子（影响性）	一级准则_归类 1	二级准则_归类	一级准则_归类 2
自然条件	植被	环境友好、生态效益性	/	/
	地下水应用情况	环境友好、生态效益性	/	直接经济效益性
	城市日照情况	环境友好、生态效益性	/	/
	空气质量	环境友好、生态效益性	/	/
规划条件	地块规划用地类型（兼容性）	规划一致性（协调性与公平性）	/	/
	建筑风貌控制	规划一致性（协调性与公平性）	/	/
	建设时序与用地预留	规划一致性（协调性与公平性）	/	/
	特定意图区	规划一致性（协调性与公平性）	/	人文社会性
	城市发展方向与政策	规划一致性（协调性与公平性）	/	/
	城市空间景观塑造	环境友好、生态效益性	/	规划一致性（协调性与公平性）
	生态破坏程度	环境友好、生态效益性	/	/
	是否占用生态廊道	规划一致性（协调性与公平性）	/	环境友好、生态效益性

续　表

一级因子	二级因子(影响性)	一级准则_归类 1	二级准则_归类	一级准则_归类 2
区位与交通条件	城市主要交叉口	生产生活便利性	交通便利性	/
	城市广场	生产生活便利性	日常生活便利性	/
	路网密度	生产生活便利性	交通便利性	/
	周边车流量	生产生活便利性	交通便利性	直接经济效益性
	轨道交通线网密度	生产生活便利性	交通便利性	/
	与地铁站点距离	生产生活便利性	交通便利性	/
	与市中心的距离	生产生活便利性	日常生活便利性	/
	与最近公共服务中心的距离	生产生活便利性	日常生活便利性	/
	与最近商业中心的距离	生产生活便利性	日常生活便利性	/
	与最近绿地公园的距离	生产生活便利性	日常生活便利性	环境友好、生态效益性
	公交线网	生产生活便利性	交通便利性	/
	与公交站点距离	生产生活便利性	交通便利性	/
设施配套条件	供水保障情况	生产生活便利性	设施配套状况	/
	雨污管网配套情况	生产生活便利性	设施配套状况	/
	电力供给保障情况	生产生活便利性	设施配套状况	/
	燃气保障情况	生产生活便利性	设施配套状况	/
	电信网络保障情况	生产生活便利性	设施配套状况	/
	教育设施配套	生产生活便利性	设施配套状况	/
	文体设施配套	生产生活便利性	设施配套状况	/
	医疗卫生设施配套	生产生活便利性	设施配套状况	/
	社会福利设施配套	生产生活便利性	设施配套状况	/
	宗教设施	人文社会性	/	生产生活便利性
	周边商业业态及配套情况	生产生活便利性	日常生活便利性	/
社会经济因素	拆迁安置成本	直接经济效益性	/	/
	地价成本	直接经济效益性	/	/
	服务与辐射吸引范围	直接经济效益性	/	/
	片区人均收入	直接经济效益性	/	/
	居民汽车保有量	直接经济效益性	/	/
	人均消费水平	直接经济效益性	/	/
	居民偏好	人文社会性	/	/

续 表

一级因子	二级因子(影响性)	一级准则_归类1	二级准则_归类	一级准则_归类2
社会经济因素	居民出行习惯	人文社会性	/	/
	人口数	人文社会性	/	/
	人口(年龄)构成	人文社会性	/	/
	人口平均受教育水平	人文社会性	/	/
	预期人口规模	人文社会性	/	/
	社区管辖与社区服务	人文社会性	/	/
	人口老龄化程度	人文社会性	/	/
	周边就业岗位	生产生活便利性	日常生活便利性	人文社会性
	贫困人口占总人口的比重	人文社会性	/	/
	家庭可支配收入	直接经济效益性	/	人文社会性

12.4.2 评价模型系统运行流程设计

模型确定的评价体系通过逻辑地描述评价模型及其数据输入输出及用户交互(参数设置)、计算和给出结果的步骤及方式。分析操作(用户交互)步骤如图12－30所示。

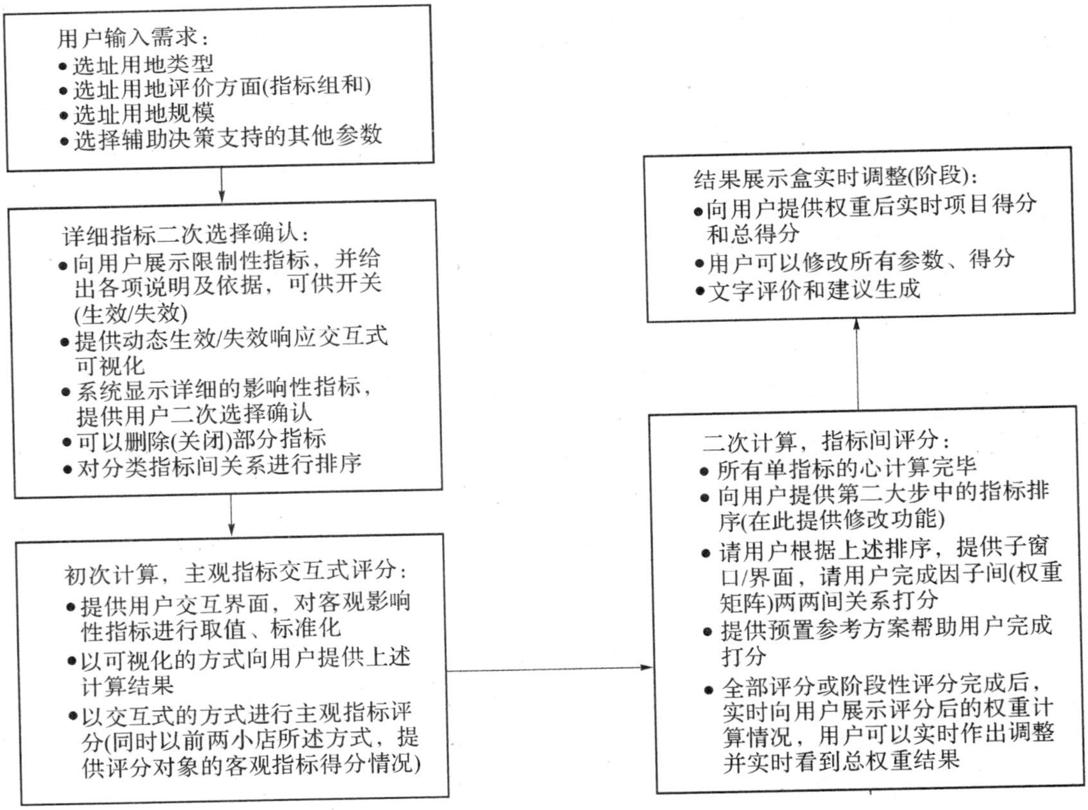

图12－30 分析操作(用户交互)流程图

1) 因子评分计算方法

三类因子参与选址辅助决策的过程,将以综合评分比选方式实现,分为对客观因子的评分和对主观因子的评分两部分(见图 12－31)。客观性因子直接从空间数据、统计数据取值,经过相应计算处理和标准化得出评分;主观性因子采用 9 标度法在每个因子上对每一个候选对象(用地)进行专家打分,并最后汇总。

2) 客观因子评价计算

客观因子评价值计算分为两步(见图 12－32)。

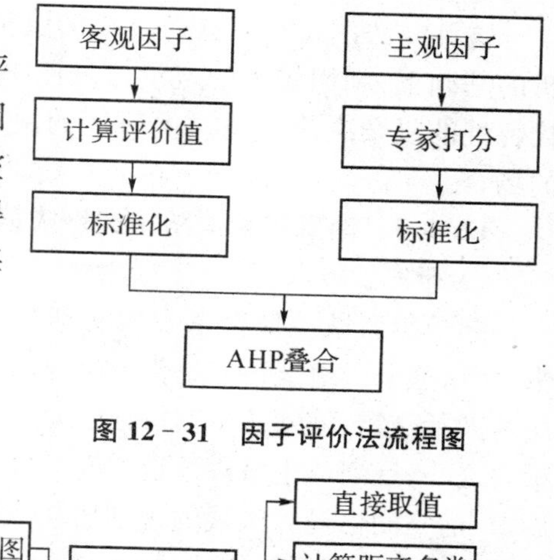

图 12－31 因子评价法流程图

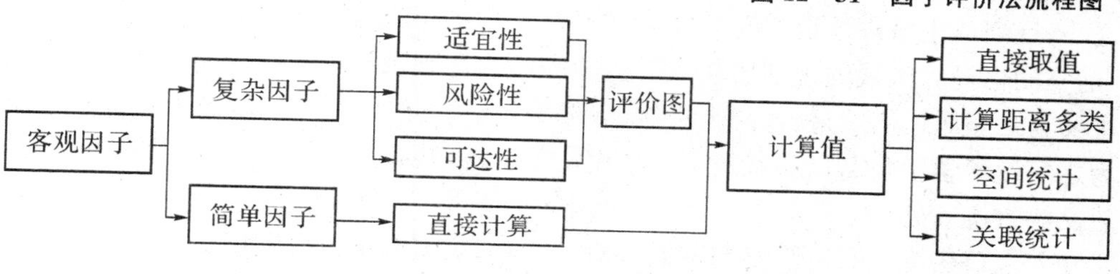

图 12－32 客观因子评价计算流程图

首先,相对复杂的因子如设施服务水平、环境影响、灾害风险等,具有独立的分析模型,模型计算结果可以表现为一张强度图,表示空间上各个位置的评价值高低。现对简单的因子如最近公交站点距离、用地类型、地均产值等,不需要使用模型计算,直接进入第二步。

其次,根据因子特点,需要在分析对象的空间位置和范围基础上,对因子空间分布进行取值,取值方式包括:①距离,取得某种距离值作为评价值,可能包括空间距离、时间距离、心理距离等。②统计,根据分析对象地块的范围,统计范围内因子影响值的分布特征,取最大、最小、均值或其他参数,作为评价值。③关联统计,主要为社会经济类服务,通过关联一定范围内的其他空间或非空间信息,统计获得评价值,如统计获得一定范围内的人口结构特征、产值岗位特征等因子信息。

3) 因子值标准化(归一化)

标准化的目的在于使得因子间量纲一致、可比。本工作中,仅需要对客观性因子的直接取值进行标准化,根据不同的因子、值域特征、量纲特点,建议综合采用以下 4 种标准化方法(可组合使用):

(1) 极大值或极小值标准化:当取值含义近似线性,边际效益不显著,地区间不具有可比性时采用。

(2) 定界极差标准化:给定极差标准化的上界和下界,并对数据进行标准化。

(3) 对数标准化:当因子值递增且边际效益显著递减时采用。

(4) 指数标准化:主要针对距离敏感性因子使用

4) 因子值加权组合

对三类因子采取 AHP 评价分析法。由程序实现有辅助的 AHP 决策分析过程,首先提供评价位次,由专家通过 9 标度评分法对因子树同一枝下的同级因子间进行打分,程序自动进行 AHP 分析计算,并确定最后的综合评分。

这种方法的特点是在对复杂的决策问题的本质、影响因素及其内在关系等进行深入分析的基础上，利用较少的定量信息使决策的思维过程数学化，从而为多目标、多准则或无结构特性的复杂决策问题提供简便的决策方法。尤其适合于对决策结果难于直接准确计量的场合。

12.4.3 南京市区消防站选址决策系统原型构建与实现

1）研究区概况

燕子矶新城地处南京主城北部滨江地区，规划用地面积为 19.3 km^2。自新中国成立以来，南京燕子矶地区一直是化工企业、大型仓储企业的主要集聚区，这里生产、生活功能混杂，用地犬牙交错，城郊结合部特征明显。如今，燕子矶新城已被规划列为南京城市建设十大功能板块之一，逐渐从主城边远地段转变成城北核心区域之一，规划将形成“一带、三心、六片区、多廊道”的空间格局。区域内规划居住人口达 26 万人，达到现有人口数量的 1.5 倍。新城居住用地主要为二类居住用地、住宅混合用地、保障房用地。此外，这一地区内现有多所大专院校，规划为之配设了学生公寓。新城内历史文化资源丰富，共有文物保护单位 7 处、主要文物古迹和一般文物古迹 8 处。

伴随着人口密度与开发强度的增加，该片区的消防需求变得愈发重要，早期的由工业企业负责消防的专业站消防布局模式将更改为城市普通消防站布局模式，现状该片区只有 1 座消防站，远远满足不了地区开发的需求。根据《南京市城市总体规划(2011—2020)》《南京市消防站控地规划》和《燕子矶新城区(Mcb020)控制性详细规划》，研究区内未来规划新增 3 座消防站，本节选用消防设施选址布局优化模型对现状和规划的 4 座消防站防控火灾的能力和辖区范围进行分析，同时对新增消防站的选址方案进行比选。

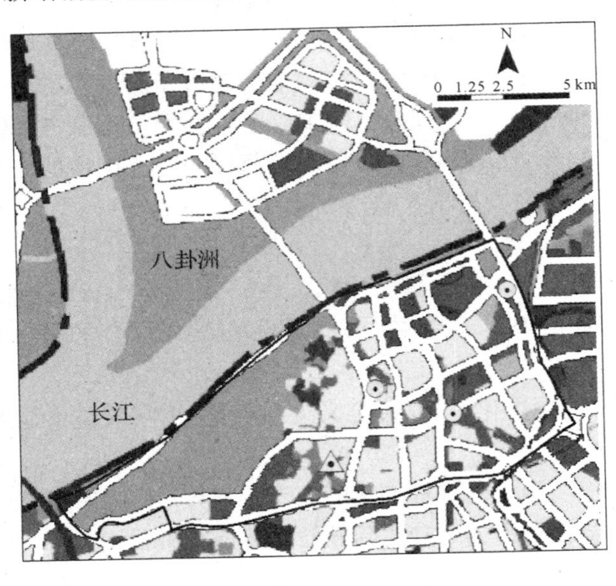

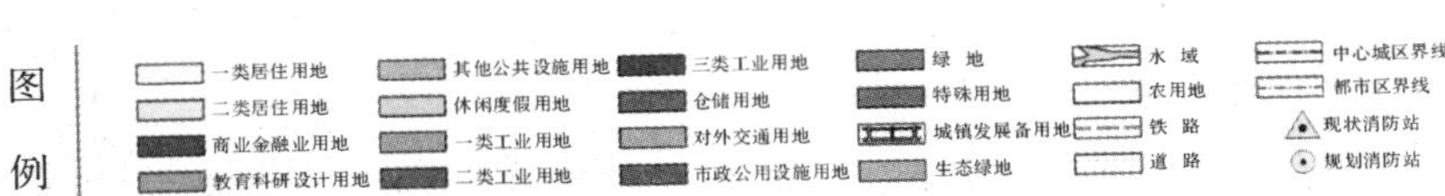

图 12-33 燕子矶新城(黑色实线范围)土地利用规划图

资料来源：南京市城市总体规划(2011—2020)

2）城市消防规划及其选址管理模式

城市消防规划的审批管理主要包括"一书两证"，即城市消防站选址意见书、消防站建设用地规划管理与消防站建设工程规划管理。其重点是城市消防站的选址意见书的核发。城市消防站的选址应在城市消防专项规划的指导下，在编制城市控制性详细规划时或编制后，进行确定。城市消防站的选址在详细考虑每个消防站具体服务需求时，更需要考虑相关的限制性条件。其中限制性条件主要包括：既要交通出警方便，又要较小的影响日常交通，距离道路红线大于 15 m；远离易燃易爆场所 200 m 范围外；不能布置在临近学校、医院、幼儿园、托儿所、影剧院、商场等人员密集的公共建筑和场所的主要疏散出口 50 m 范围内等要求。此外，规划进行消防站选址时应充分考虑用地的性质、开发强度与兼容性等指标，道路系统与市政配套的可靠性与承载力，噪声等污染指标以及城市景观的要求。

城市消防规划的监督管理主要强调对规划实施管理部门以及建设单位的监督、处罚和责任，其中对建设单位的建设行为的监督管理也是常规意义上的批后管理，例如验线、验收、违法建设查处等。在智慧城市规划管理的框架下，未来各种传感器的普及、大数据的广泛应用，在未来的消防管理时应注重结合实时交通数据与火灾灾情评估，开展城市消防实时责任区划（见图 12 - 34）。

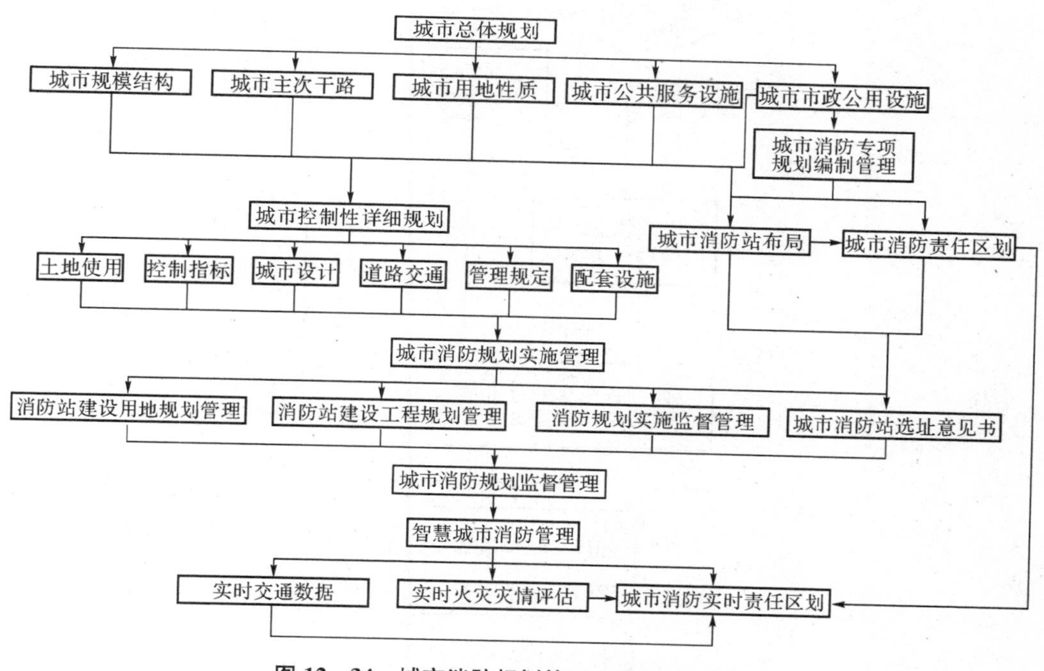

图 12 - 34 城市消防规划管理层级与主要任务

3）消防站选址辅助决策支持系统运行流程

消防站选址过程在辅助选址决策支持模型支持下，以下述方式运行（见图 12 - 35）：①根据项目要求，确定项目用地规模等基本相关技术要求，划定大致的选址意向区域和重点覆盖对象，并确定覆盖水平；②根据各项基本技术指标要求，筛选目标区域内的可用地块或对目标区域划分的不同位置区域斑块进行选取；③使用欧氏空间距离计算、交通网络分析、时间距离可达性计算、与风险水平加权后得到不同候选地块或区域斑块设置站点的覆盖水平值；④根据取值，排序并给出建议；⑤根据选址系统建议，用户可以更容易地发现较合适的选址位置，并进一步的通过地块内部调节，出入口位置设置等提出具体选址意向和意见要求，避免违规选址或在选址中出现严重的技术性疏失。

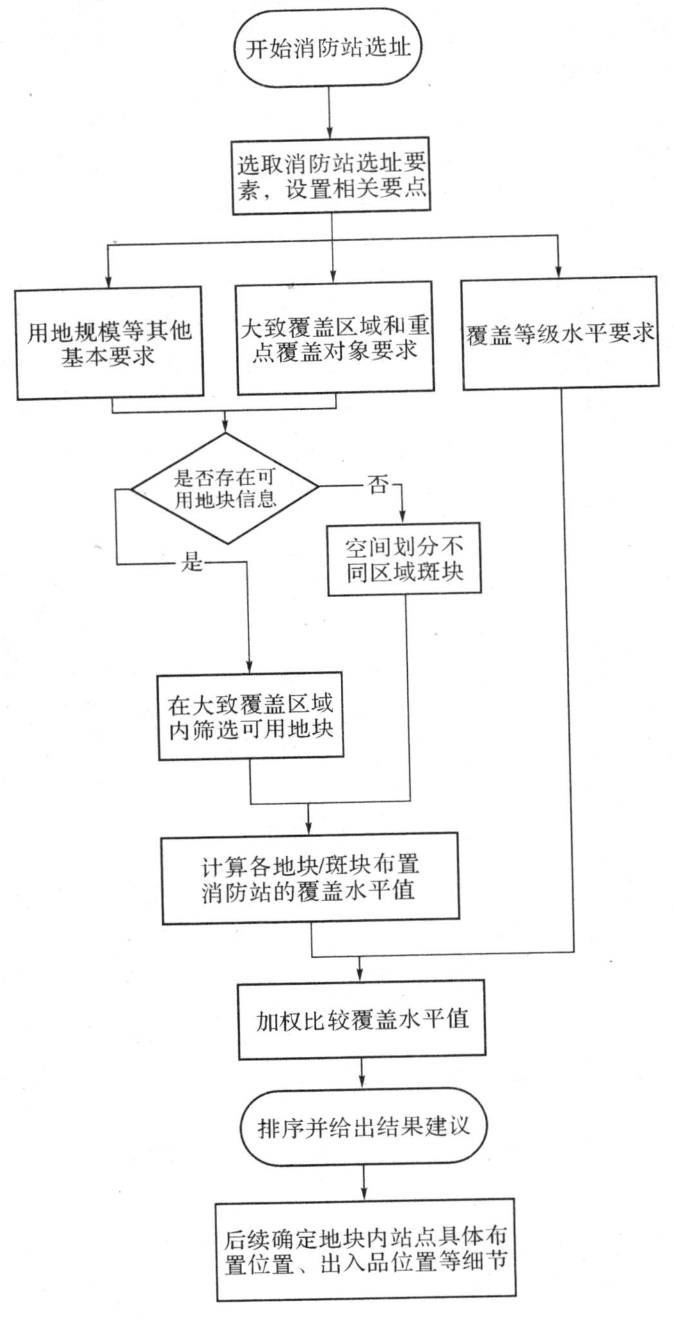

图 12-35　消防站选址决策模型运行过程

4）消防站选址辅助决策支持系统运行结果

（1）研究区火灾分区

根据燕子矶新城文保单位分布情况、土地利用情况、人口密度、地块容积率以及国家相关技术规范，研究区划分为二、三级消防区，除了位于迈皋桥片区和东北部属于二级片区，其余全部属于三级地区（见图12－36）。其中二级地区包括历史文化保护区，公共设施、居住用地集中地区，人口密集、街道狭窄地区以及其他火灾危险性很大的地区；三级地区包括科研单位、大专院校、普通工厂集中地区、地下空间、对外交通与市政公用设施用地和其他火灾危险性较大的地区。

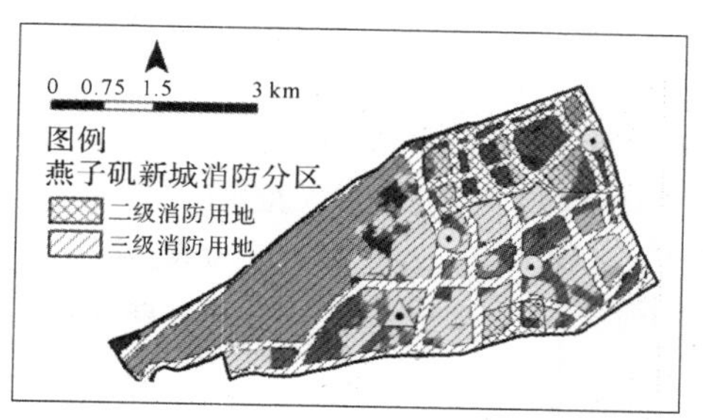

图12－36 研究区隶属的消防分区示意图

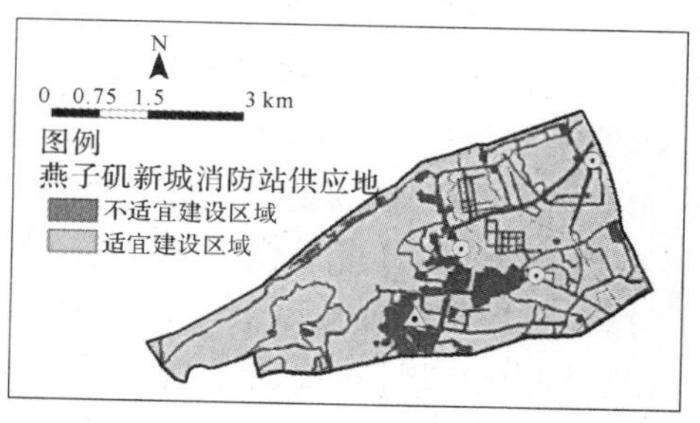

图12－37 研究区内消防站供应地划分示意图

（2）供应地选址

城市消防站空间布局除了需考虑其本身需求之外，还应分析城市内用地条件，为消防站提供供应地。城市消防站将会为周边居民带来一定噪声污染，消防车的出警也将会对城市交通造成临时性的混乱，这些都是消防站负外部性，也是确定其供应地的首要考虑因素。北京园林科学研究所的研究结果显示，对于以减噪为目的的隔声林带来说，效果最大的是面向声源40～50 m的一段。从节约土地和经济角度出发，这类林带的宽度一般不超过50 m。因此，本次研究将消防站周边50 m范围内作为负外部区。因消防车出警易导致城市交通的混乱，规划应使其远离城市人流量大的地区，尤其需要与学校、医院、幼儿园、托儿所、影剧院、商场等人员密集的公共建筑和场所的主要疏散出口保持50 m以上。同时消防站还应距离城市道路红线外15 m。基于上述原则，在研究区内划分了适宜与不适宜建设消防站的区域（见图12－37）。

（3）交通道路情况分析

据《南京城市交通发展年度报告》数据显示，在不同时段，南京市的交通状况可以分为三种类型。在交通高峰时段，在城市道路上经常出现交通堵塞现象，消防车的车速将被限制到一个极低的水平。与之相反，在夜间消防车的行驶速度可以达到道路的设计车速。如果在交通高峰时段消防车能够在规定响应时间内到达火灾地点，那么就可以认为研究区内的消防站需求已经满足。通过分析南京市机动车在高峰时段的1 370个路段的行驶速度，我们发现在这些数据中，最低的为10.5 km/h，最高的为57.6 km/h，平均值为14.7 km/h。样本数据分布相对均匀。在与城市用地中的行车速度进行极大值叠加，可以生成时间成本消费面状栅格数据，为下一步分析做准备（见图12－38、图12－39）。

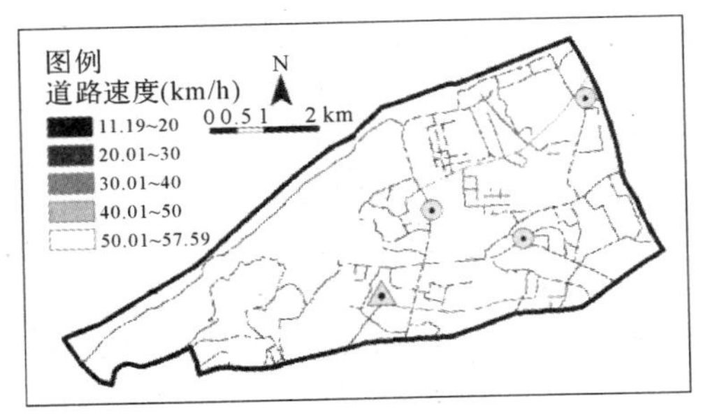

图 12-38 研究区道路速度图

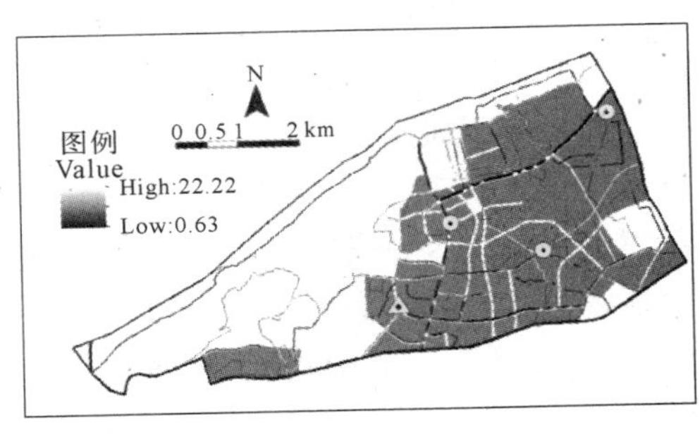

图 12-39 时间成本消费面图

(4) 消防站响应时间及责任区分析

选址模型分析结果表明：该区 4 个消防站(现状 1 个，已有规划新增 3 座)的平均辖区面积约为 4.9 km²，最大的接近 7 km²，符合国家对城市中心区内消防站辖区面积的要求(见表 12-20、表 12-21)。但模型结果同样表明：只有约 24%的区域可以满足规定的 5 min 的消防响应时间，平均反应时间为 10 min 左右(见图 12-40、图 12-41)，无法达到火灾早期扑救的目的，因此仍需补充规划建设消防站。

表 12-20 消防站辖区面积一览

消防站编号	1	2	3	4
面积(km²)	6.9	2.9	5.6	4

表 12-21 消防站响应时间与对应的责任区面积一览

响应时间(min)	0~4	4~5	5~10	10~20	20~30
面积(km²)	2.9	1.7	7	5	2.7

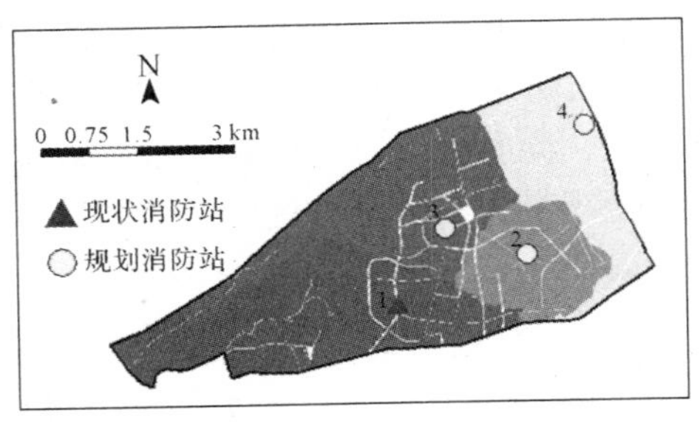

图 12-40 研究区消防站辖区划分图

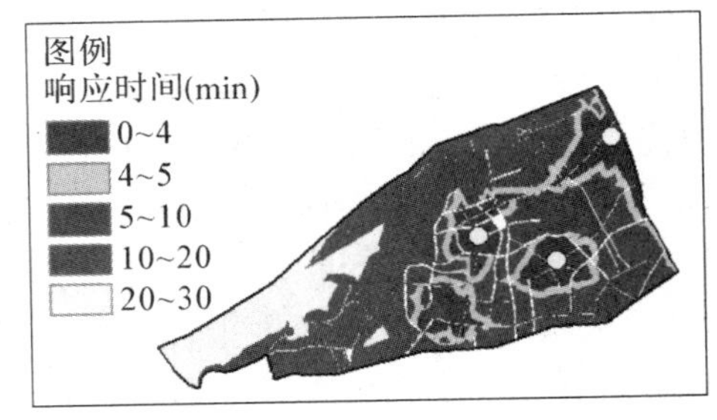

图 12-41 研究区消防站响应时间图

(5) 消防站选址优化多方案比选

方案一：在幕府山风景区西南面方家坡附近增设 1 座消防站，新增该消防站后，研究区内有将近 30%的区域可以满足规定的 5 min 的消防响应时间，平均反应时间为 8 min 左右，10 min内能够达到研究区 70%以上的用地。增设该消防站后平均辖区面积为 3.9 km²，最大的辖区约为 4.5 km²，满足国家对于消防站布置的基本规定(见图 12-42、图 12-43)。

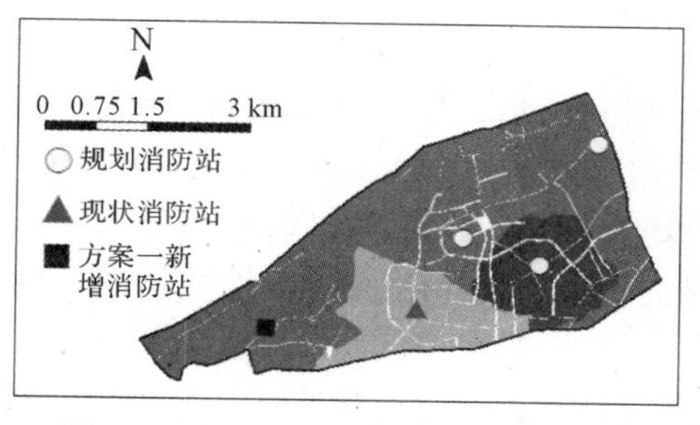

图 12 - 42　方案一消防站辖区划分图

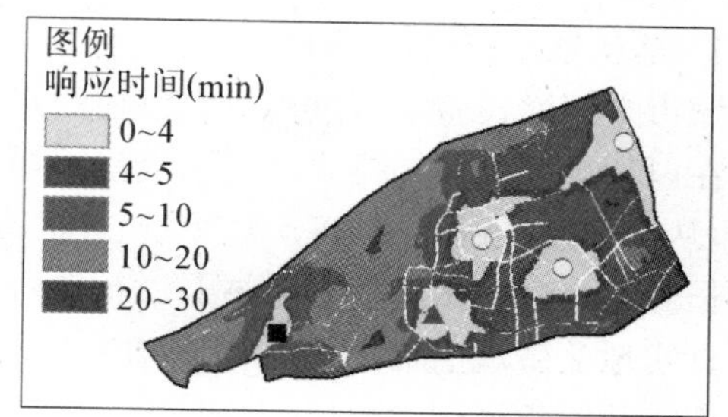

图 12 - 43　方案一消防站响应时间

方案二:在新燕街附近增设 1 座消防站,新增该消防站后研究区内约有 27%的区域可以满足规定的 5 min 的消防响应时间,平均反应时间为 9 min 左右,10 min 内能够达到研究区 65%以上的用地,新增消防站后最大的辖区面积在 6 km^2 左右(见图 12 - 44、图 12 - 45)。

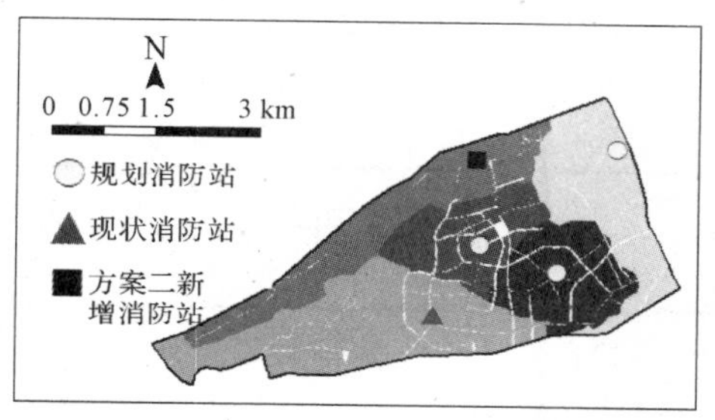

图 12 - 44　方案二消防站辖区划分图

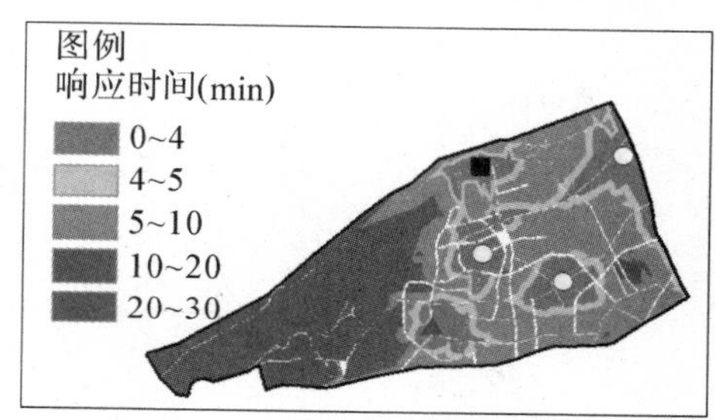

图 12 - 45　方案二消防站响应时间

确保消防车能够在火灾发生的前期能够尽快地赶赴现场,是降低火灾带来损失的决定性因素,在道路交通状况一定的情况下,消防站的布局直接决定了这一因素,从该角度出发,方案一比方案二更为合理。

消防站的布局选址同时牵涉到了限制性因子和主观性因子,限制性因子主要考虑消防站给周边带来一定的负外部效应,主观性因子则包括区位、地价、可操作性等等,应由规划管理部门组织相关领域的专家对影响因素进行打分。结合上述的影响因子,构建相应的指标评价体系,通过辅助选址决策支持模型的评估方法得到新增消防站的合理选址位置。

12.5　基于多主体驱动的南京市城市空间增长模拟研究

在本章第一节所构建的微观动力系统理论框架基础上,本节进一步结合南京的实证分析,构建基于多主体驱动的南京市城市空间增长时空演化量化模拟模型,并以 2007 年编制的南京总体规划成果为基础,结合网上对市民择居意愿的调查分析,以 GIS 平台为支撑,建立量化模拟模型的空间数据库,进行 PSS 原型系统开发,实现了对南京市 2020 年城市空间增长的情景模拟。

12.5.1　南京城市空间增长的时空演化模型构建

以南京市主城区空间增长模拟为目标,本研究将城市空间增长看成是城市中众多主体对不同区位选择和改造过程,首先,建立城市内部不同类型的主体以及行为环境相互作用的总体概念模型;进而,对城市影响巨大的相关政策规划设计为空间参数化的情景想定建模方式;再次,构建了基于效用最大化原理结合离散选择模式的主体空间决策模型;最后,以承担城市主要功能的用地类型作为地理环境因子对城市边缘区备选用地类型转化的影响概率来实现地理环境的影响作用。

1）总体概念模型

城市空间增长微动力过程概念模型的建立是模型应用系统研发的基础，该概念模型的建立是在以复杂系统认知范式分析城市空间增长微动力过程的基础上，运用多主体建模（MAS）思想，从主体系统、相关地理环境系统、相关政策规划情景想定三个有机组成部分构建城市空间增长微动力过程概念模型（见图 12－46），通过构造环境、主体对象和各种关系集合的方式更加真实地从微观上描述城市空间增长的动力过程，解释城市空间特征的形成。基于 MAS 的城市空间增长微动力模拟模型包括三个构成部分：相关地理环境因素抽取与概念建模，城市微观主体的抽取及主体系统概念模型的构建，相关政策、规划情景想定模型构建（Li et al.，2015）。

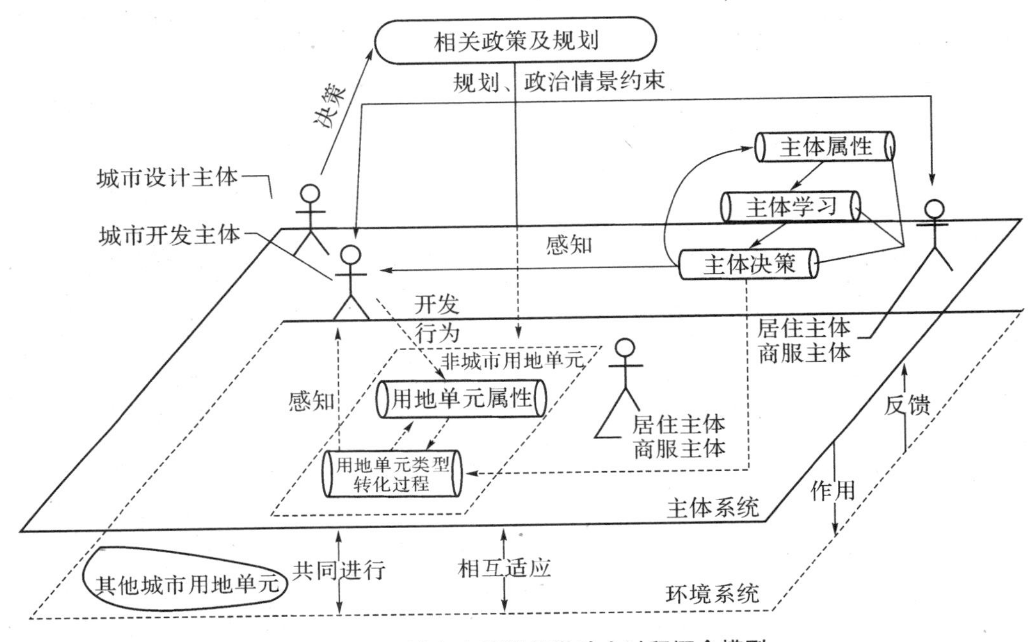

图 12－46　城市空间增长微动力过程概念模型

2）相关政策规划情景想定建模

城市空间增长过程是一个在特定政策和规划的引导和约束下的城市用地扩展过程，政策和规划在城市空间发展中发挥着重要的调控作用。因此，本研究中将相关政策规划情景想定模型作为整个城市空间增长过程模拟的控制调节器，为其提供特定的政策、规划情景。鉴于目前尚未有模型能够精确模拟这类因素的影响过程，本研究依据相关政策、规划对城市空间增长的影响路径，即它一方面以直接影响的方式（如公共设施、交通设施等的建设）改变用地单元类型，另一方面通过影响各城市主体的决策进而影响用地单元的类型转化，而在模型中将其解析为两个部分，即全局性外部参数和局部性内部参数。其中，局部性内部参数可分解为引导性参数和约束性参数两种类型。

（1）全局性外部参数建模

全局性外部参数用于描述直接作用于城市土地利用类型变化的政策规划因素对城市空间增长趋势的显著影响。本研究中将该类参数具体理解为对城市发展规划中关于城市发展方向和重点发展区域两个方面的描述，并采用基于 CA 的建模方法对全局性外部参数进行建模。该模型处于城市空间增长模拟模型的顶层，模型运行的结果形成以城市二维格网元胞空间及其状态变化概率为基本组成的城市空间增长方向概率层和城市空间增长引导概率层，对后文中基于多主体的模拟模型运行结果起到总体控制的作用，保证整个城市空间增长微观动力模拟模型的运行结果与城市实际的空间增长相贴近。

对于该模型的具体构建过程，借鉴国内外学者已广泛成熟开展的基于 CA 模型模拟城市建设用地发展或大都市区的城市用地扩展(Batty et al.，1999；周成虎等，2001；黎夏等，2007；张新焕等，2009)，重点将元胞、元胞空间及其状态转换引入模型构建，首先，采用空间栅格数据模型来表示模型的二维元胞空间，元胞的大小即为栅格数据的空间分辨率，将研究区外围边界所包含的区域作为模型的元胞空间，元胞的大小与模型中的图像数据分辨率以及多主体模型中的栅格单元大小保持一致，使得该模型能够与已有空间数据、遥感影像、其他多主体模型等相匹配。其次，将每个元胞状态定量化的表达为城市用地转换概率，并将其作为元胞的属性信息。第三，对元胞空间的邻域范围和转换规则进行定义。对于城市发展方向的模拟基于张新焕等人的观点，即认为城市空间发展的趋势为今后城市空间的增长方向奠定了基础，城市现有的空间格局是经过一定时期演变而成，具有它自身的合理性并且在今后一段时间内仍有向此方向发展的惯性(张新焕等，2009)。为此模型将整个元胞空间划分为 8 个象限并为其制定优势扩散规则，即基于过去一段时期内城市空间在 8 个方向上增长情况，根据年均变化幅度值确定城市在各个方向上的空间增长趋势，并将数值标准化到 0～1 之间表示城市用地扩展的方向概率值，原有发展趋势较好的方向将获得更高的空间增长概率，反之则获得较低的空间增长概率；对于城市重点发展区域的模拟，本模型认为城市发展规划在多数情况下可能会使城市不遵循原有的发展趋势，通过对城市区域内某些重点区域的规划设计和倾向性投入，使城市空间产生跳跃式的增长，因此城市空间增长的模拟需要在模型的顶层对城市规划中的重点发展区域进行模拟，将这些重要的规划内容体现在图层上以有效控制基于多主体的模拟模型运行结果。为此模型依据研究区的城市发展规划，对整个元胞空间内与重点发展区域所对应的元胞进行提取并为其制定优势生长规则，即基于优势发展元胞的提取结果，对其赋予特别优势概率，并将数值标准化到 0～1 之间表示城市用地优先增长的概率值，使得某些重点发展区域内即使没有已城市化单元的诱导，也能有较高的概率优先转化为城市用地单元，吸引城市微观主体的进入。最后，基于 CA 的全局性外部参数模型根据元胞空间内各元胞的状态转换规则，并行计算各元胞的属性状态，计算结果表达为城市空间增长方向概率图层和城市空间增长引导概率图层，以用于整个城市空间增长微观动力模拟模型最终用地转化时的总体控制，有效发挥相关政策规划因素对城市空间增长的全局性调控。

(2) 局部性内部参数建模

局部性内部参数建模用于描述相关政策规划对城市空间增长过程中主体行为的影响机制，其基本的影响路径是通过直接参与主体的决策和学习过程来影响主体的空间决策行为，进而影响城市空间的增长。局部性内部参数中，引导性参数描述相关政策规划对城市周围土地利用方向的引导作用，包括以基础设施建设、公共服务建设内容直接相关区域期望通达性、期望绿地率、规划 CBD 影响等；约束性参数体现相关政策规划对土地开发行为的制约作用，包括土地保护等级、自然人文保护区域分布等(见图 12 - 47)。

①引导性参数建立

将各类政策规划中对于不同区域未来通达情况、景观情况、距 CBD 的距离、公共设施覆盖度(教育覆盖情况、医疗覆盖情况度)等的规划建设，作为引导城市微观主体空间决策行为的重要规划预期因素，在分别对其进行空间影响评价的基础上（见表 12－22），使其成为主体空间决策时众多参考因素当中的一类，模拟其对城市空间增长微观动力过程的引导性作用。

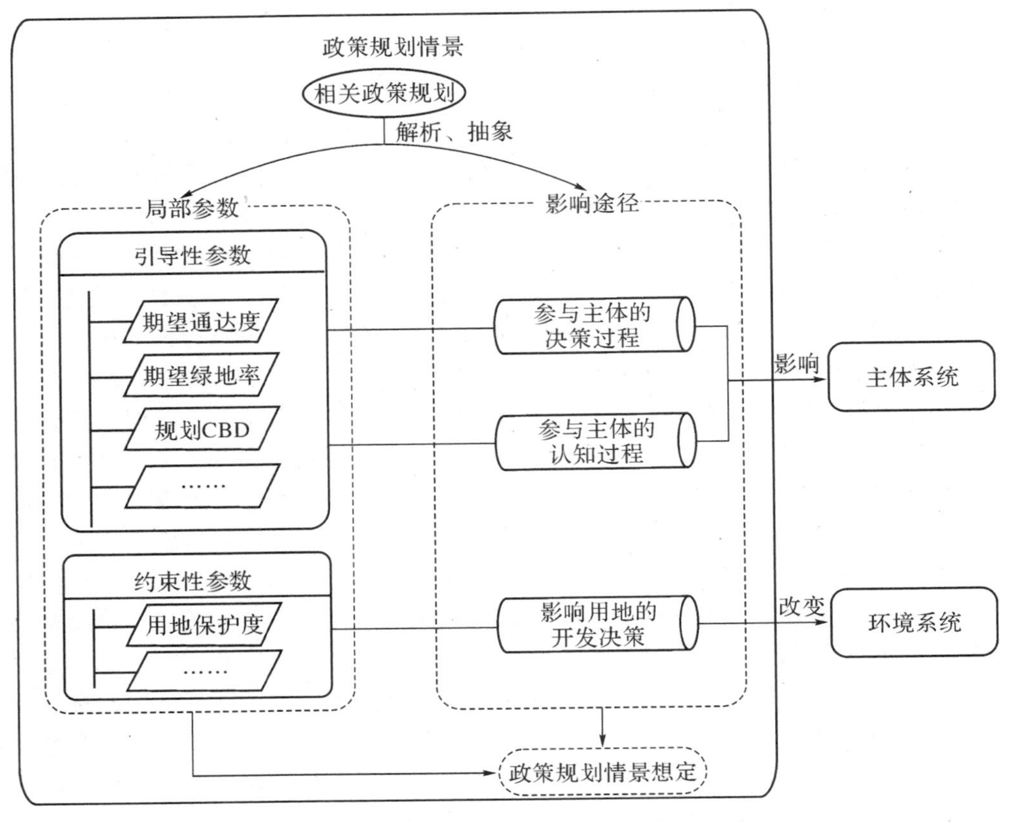

图 12－47　相关政策规划情景想定模型中的局部性内部参数

表 12－22　城市空间增长微动力模拟模型引导性参数列表

参　数	分值	计算公式	计算依据
规划通达度	1～100	$f=\begin{cases}5, d>d_0\\100\times(d_0-d)/d_0, d\leqslant d_0\end{cases}$ d_0 为距离阈值，表示不同交通类型的最大影响距离； d 为距离，表示用地单元距离最近道路的距离	道路网规划，地铁规划分级评价，加权叠加
规划绿地分布	1～100	$f=f_0\times(1-r_i/r_0)^2$ r_i 表示用地单元距离绿地的距离	目标年绿地分布
规划 CBD 影响	1～100	$f=\begin{cases}5, d>d_0\\100\times(d_0-d)/d_0, d\leqslant d_0\end{cases}$ d_0 为距离阈值，表示最大影响距离；d 为距离，表示用地单元距离 CBD 的距离	商业中心规划

②约束性参数建立

将限制和约束城市空间增长的政策规划条件作为城市空间增长微动力模拟模型的约束性参数，主要包括重点保护区域分布、潜在污染分布等级、其他条件等，在分别对其进行空间影响评价的基础上(见表 12－23)，使其成为影响用地开发决策的众多参考因素中的一类，模拟其对城市空间增长微观动力过程的约束性作用。

表 12－23 城市空间增长微动力模拟模型约束性参数列表

参数	分值	计算方法	计算依据
重点保护区域	(0,1)	空间包含判断	文物保护范围、生态建设保护区、基本农田保护区
地质条件	(0,1)	空间包含判断	地质灾害易发区域
潜在污染分布等级	1～100	$f=\sum f_0\times(1-r_i/r_0)$ r_i 表示用地单元距离潜在污染源的距离	噪音：高架、机场 空气、水：化工、垃圾掩埋和焚烧场
其他条件	1～100	$f=\sum f_0\times(1-r_i/r_0)$ r_i 表示用地单元距离其他地点的距离	殡葬用地分布、历史事件

3）主体系统建模

主体是城市空间增长微动力过程中发挥关键能动作用的要素，主体的空间决策与行为是城市空间增长在微观层面上的源动力，因此模拟城市空间增长微动力过程的关键问题之一是如何对主体进行适当的抽象与描述，并说明各类主体是如何探测外部信息并对此做出反应。

(1) 主体空间决策过程

城市中的主体是具有自主决策能力的个体，从微观上看，城市空间增长这一过程中所涉及的主体决策行为可以描述为在一定时空约束下的区位选择行为，主体的空间决策过程可以看做是主体在参考多个决策因子的基础上，对用地单元进行空间选择以追求个人效用最大化的过程。为此，本研究基于效用最大化原理结合离散选择模型来建立主体空间决策模型。将 50 m×50 m 栅格形式表现的空间用地单元作为主体空间决策模型中的决策对象，对主体以区位选择为目的的空间决策过程进行模拟，最终的决策结果表现为由各用地单元被主体选择的概率组成的概率向量，具体的建模过程包括以下几个关键环节(见图 12－48)。

①基于熵化权与 AHP 法的主体决策影响因子权重向量确定

在主体决策过程中，用地单元的用地效用分析函数构建主要是考虑主体区位选择的各种影响因素，不同影响因子对不同类主体进行区位选择的作用不同。因此，影响权重的设定既要在充分调查分析的基础上考虑主体对不同影响因子的偏好，也要考虑各影响因子值的客观差异对于主观选择的影响。所以，本研究采用基于 AHP 的主观权重和基于熵化权的客观权重相结合的方法综合确定主体区位选择影响因子的权重。

a. 基于 AHP 法的主体决策影响因子主观权重分析。以最佳区位选择为目标层，以交通通达度、绿地分布率、教育资源分布、医疗资源分布、文化环境等因素构建标准层，以若干表述上述因素的因子构建措施层(见图 12－49)。并采用 Satty 9 标度体系，确定每一层中各要素

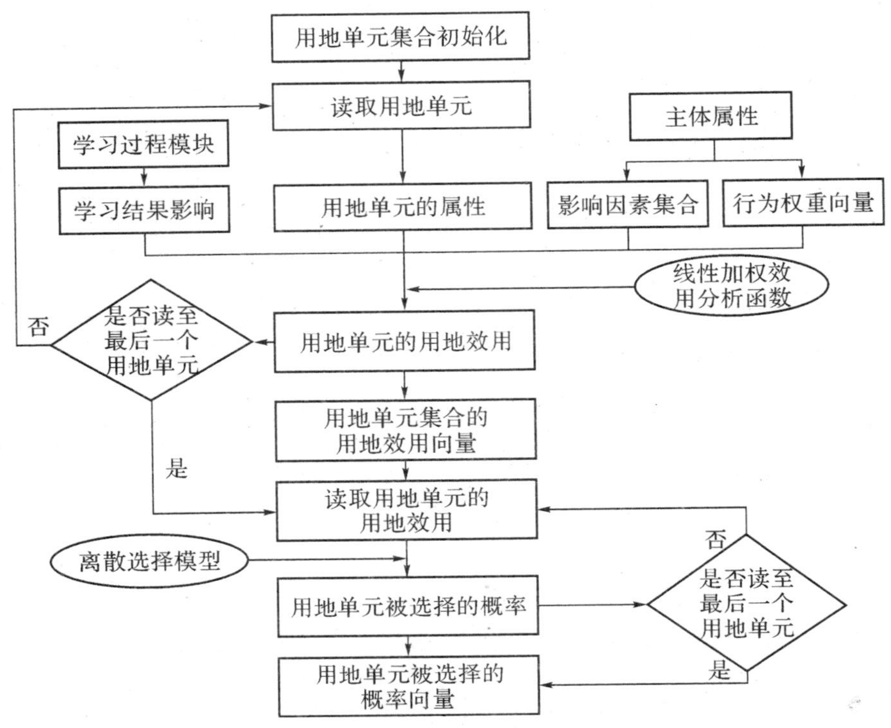

图 12－48　基于效用最大化的主体空间决策模型

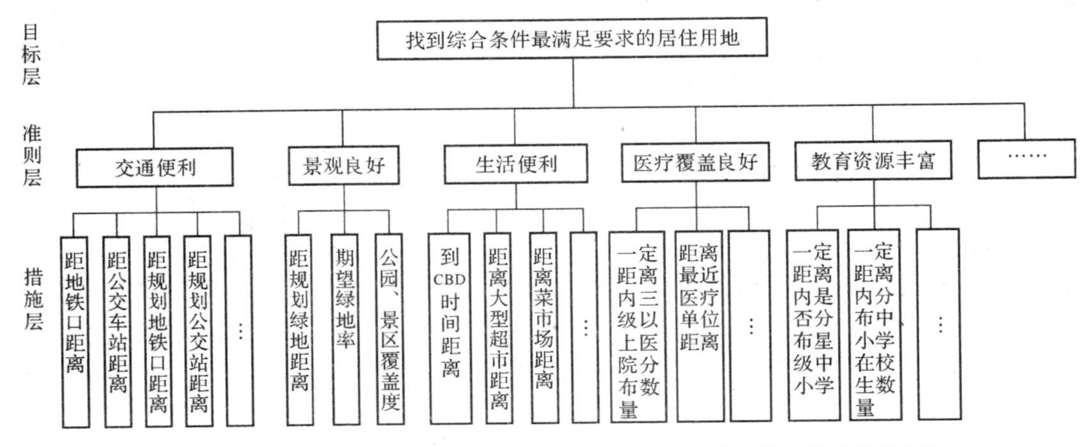

图 12－49　空间区位选择的 AHP 层次结构图(以居住主体区位选择为例)

的相对重要性标度，采用方根法计算矩阵中各行几何平均值。由上至下逐层顺序加权即可得到每个元素的层次总权重。在应用上述权重向量计算结果，需要对权重向量的合理性进行检查，采用两两比较判断矩阵进行一致性检验，以确定其合理性。

b. 基于熵化权法的主体决策影响因子客观权重计算。熵是信息论中关于不“确定性”的度量，信息量越大，不确定就越小，熵也越小。根据信息熵的定义，计算各因素的信息熵。

$$E_k = -N \cdot \sum_{m=1}^{M} (f_{mk} \cdot \ln f_{mk}) \tag{12-5}$$

式中：M 为总的位置数，$N=\frac{1}{\ln M}$，$f_{mk}=\frac{|a_{mk}|}{\sum_{m=1}^{M}|a_{mk}|}$，$a_{mk}$ 为第 m 个位置第 k 个影响因素的值，并假定：当 $f_{mk}=0$ 时，$f_{mk}\cdot\ln f_{mk}=0$。

根据各因素的信息熵计算各因素的信息熵权。

$$H_k=\frac{1-E_k}{K-\sum_{k=1}^{K}E_k} \tag{12-6}$$

式中：K 为因素的总个数。

c. 客观权重修正主观权重计算。现有的权重确定方法主要是依据主体的特征来确定主体在居住地选择决策时对各种客观条件的偏好，比较典型的是在专家打分或依调查统计数据进行分析时，其结果大多缺少对于客观条件空间布局状况的考虑，或即便有所考虑，也多为凭借主观判断。实际情况中，主体在进行区位选择时对客观条件的考虑，在一定程度上会受到客观条件自身分布状况的影响。因此，本研究中采用客观权重修正主观权重，同时，考虑到主体本身具有有限理性特征，因此修正力度也不宜过大。故采用线性加权方法计算综合主客观因素的综合权重。

$$\omega_i=a\omega_{si}+b\omega_{oi} \tag{12-7}$$

式中：ω_i 为第 i 个因素统一主客观因素的综合权重，ω_{si} 为第 i 个因素的主观权重，ω_{oi} 为第 i 个因素的客观权重，a 为主观权重的重要程度，b 为客观权重的重要程度，且有 $a+b=1$。

a，b 参数的确定对于最终的综合权重有一定的影响，考虑到主体进行区位选择时，主体的主观意向将发挥很重要的作用，因此在客观权重对主观权重的修正过程中，客观权重的重要程度可以参照该因素主观权重在所有因素主观权重中的比重，同时客观权重与主观权重的一致性也应被考虑在其中，在这里一致性的分析采用主观权重与客观权重的归一化之差来反映。

$$b=\left|\omega_{si}/\sum_{i=1}^{n}\omega_{si}-\omega_{oi}/\sum_{i=1}^{n}\omega_{oi}\right|\cdot\omega_{si}/\sum_{i=1}^{n}\omega_{si}, \qquad a=1-b \tag{12-8}$$

式中：n 为因素的总个数，ω_{si} 为第 i 个因素的主观权重，ω_{oi} 为第 i 个因素的客观权重。

对式 12－9 计算得到的各因素的综合权重，经下述公式归一化处理后，即可获得各因素的归一化综合权重。

$$\lambda_1=\omega_i/\sum_{i=1}^{n}\omega_i \tag{12-9}$$

式中：λ_i 为第 i 个因素的归一化综合权重，n 为因素的总个数，ω_i 为第 i 个因素的修正后综合权重。

②用地单元的用地效用分析函数构建

用地单元的效用分析函数将遵循效用最大化原理，在主体区位选择影响因素分析的基础上（见表 12－24），通过建立线性加权效用分析函数来实现。主体在空间决策过程中对备选用地单元的用地效用评估通过该函数来实现。

$$U_{ai}=\sum_{j=1}^{N}K_{aj}X_j+\varepsilon,\sum_{j=1}^{N}K_{aj}=1 \tag{12-10}$$

式中：i 为用地单元编号（$i=1,2,\cdots,n$）；n 为用地单元总个数；a 为同类主体的编号（$a=1,2,\cdots,M$）；M 为同类主体的总数；U_{ai} 为主体 a 对第 i 个用地单元进行评估所获得的用地效用值；j 为影响因子的编号（$j=1,2,\cdots,N$）；N 为影响因子的总个数；K_{aj} 为主体 a 的第 j 个影响因子的影响权重，代表了主体 a 对第 j 个影响因子的偏好程度；X_j 为第 j 个影响因子的标准化值；ε 为随机影响因子。

其中，影响因子的选择依主体区位选择目的的不同而存在差异，如居住区位选择中，绿地、通达性、人口密度、教育分布、医疗分布、期望通达性等指标可作为影响因子分析；商服区位选择中，通达性、人口密度等指标可作为影响因子分析，而主体学习的结果以影响因子的形式参与到主体的决策过程中。各影响因子的权重分别取自主体对应的行为权重向量。

表 12-24 主体区位选择影响因素分析

参数	分值	计算公式	计算依据
通达度	1～100	$f=f_0^{(1-r_i)}$　r_i 表示用地单元距离道路的距离	道路网现状，地铁分布分级评价，加权叠加
绿地分布影响	1～100	$f=f_0\times(1-r_i/r_0)^2$ r_i 表示用地单元距离绿地的距离	绿地分布现状
医疗机构覆盖度	1～100	$f=\begin{cases}5, d>d_0\\100\times(d_0-d)/d_0, d\leqslant d_0\end{cases}$ d_0 为距离阈值，表示最大影响距离；d 为距离，表示用地单元距离医疗机构的距离	医疗机构分布数量、等级分级评价，加权叠加
教育资源覆盖度	1～100	$f=f_0^{(1-r_i)}$　r_i 表示用地单元距离中小学校的距离	中、小学分布数量、等级分级评价
CBD 影响	1～100	$f=\begin{cases}5, d>d_0\\100\times(d_0-d)/d_0, d\leqslant d_0\end{cases}$ d_0 为距离阈值，表示最大影响距离；d 为距离，表示用地单元距离 CBD 的距离	商业中心分布

③基于用地效用分析的用地单元被选择概率计算

本研究将用地单元被选择的概率表述为主体通过决策对用地单元的选择情况。即将离散选择模型引入主体的空间区位选择决策，基于用地效用建立 logit 决策多项式，进行各主体选择备选用地单元的概率计算。

$$P_{ai}=\exp(U_{ai})/\sum_{i=1}^{n}\exp(U_{ai}),\ \sum_{i=1}^{n}P_{ai}=1 \tag{12-11}$$

式中：U_{ai} 为主体 a 对第 i 个用地单元进行评估所获得的用地效用；P_{ai} 为主体 a 选择第 i 个用地单元的概率。

④备选用地单元的类型转化概率计算

在这一计算过程中，参考全概率公式建立主体决策影响下备选用地单元的类型转化概率的计算公式（12-12）。

$$P_i = \sum_{a=1}^{M} P_{ai} \cdot P_a / M \tag{12-12}$$

式中：P_{ai} 为主体 a 选择第 i 个用地单元的概率；P_i 为第 i 个用地单元在主体决策影响下的类型转化概率；P_a 为主体 a 参与用地选择的概率，这里所有主体都将参加用地选择，所以取其值为 1。

最终，通过前两个步骤计算获得各主体分别选择每个备选用地单元的概率后，第三个步骤综合分析各备选用地单元在所有主体决策的影响下发生类型转化的概率，并最终给出主体影响下用地单元发生类型转化的概率向量，完成整个模型一个时间周期的主体决策过程模拟。

4）地理空间环境系统建模

地理环境是城市空间增长的根本运行基质，在该环境下城市微观主体及其集群通过与相关地理环境因素进行不断交互，最终涌现出城市空间增长这种宏观现象，并以城市边缘区土地利用类型转化为最直接体现。

（1）地理环境概念模型构建

以城市土地利用类型转化为基本出发点，抽取城市用地中的居住用地、商服用地、工业用地、公共设施用地、道路交通用地、城市绿地、非建设用地等作为城市空间增长微动力过程模拟的主要支撑地理环境因素并建立地理环境概念模型（见图 12－50）。模型中通过格网化各类用地的空间分布来为城市主体提供活动空间和行为对象。每个独立的用地单元是模型的最小用地转化单元，并且以用地单元属性、属性更新原则、被动感知过程和适应过程来定义每个用地单元对象。其中，用地单元属性由一组表征该用地单元当前的类型、状态等的变量组成，主要在主体行为的影响下发生变化。用地单元类型转化空间过程表述用地单元在受到主体行为影响时的用地类型转化过程。

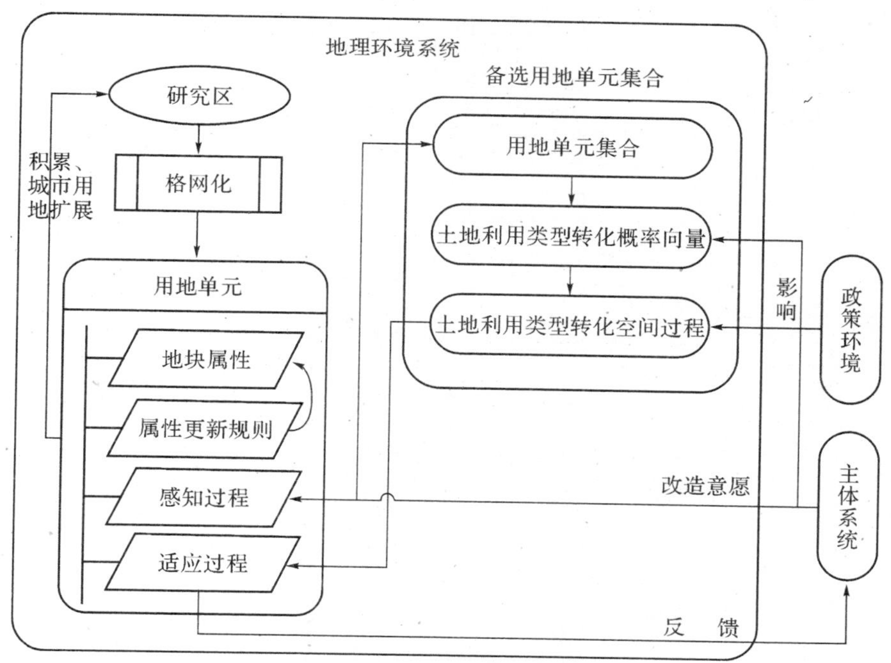

图 12－50 地理环境系统概念模型

(2) 环境系统的组成与结构

城市中各种土地利用类型共同构成环境系统，主要包括居住、商服、工业、公共设施、道路交通、公园绿地以及非建设用地等地理环境因素。模型中以其他非建设用地向居住用地、商服用地、公共设施用地等的转化来表述城市空间向外扩展这一过程。

(3) 土地利用类型转换空间过程

主体在进行空间区位决策的过程中不可能将相关的信息完整掌握，其决策产生的意愿还需在特定的时空约束下实现，包括主体间的用地竞争、现有用地类型的限制、规划的约束、开发商的收益等等。转化模型将微观主体决策结果置于特定的时空约束环境下，模拟用地单元的土地利用类型转化过程。模型采用多概率综合计算的方式进行用地单元类型转化概率的计算，并基于条件随机模型完成待转化用地单元的选择，图 12 - 51 中以居住用地和商服用地的选择为例给出了土地利用类型转化空间过程模型的构建过程，具体可描述为以下几个关键环节。

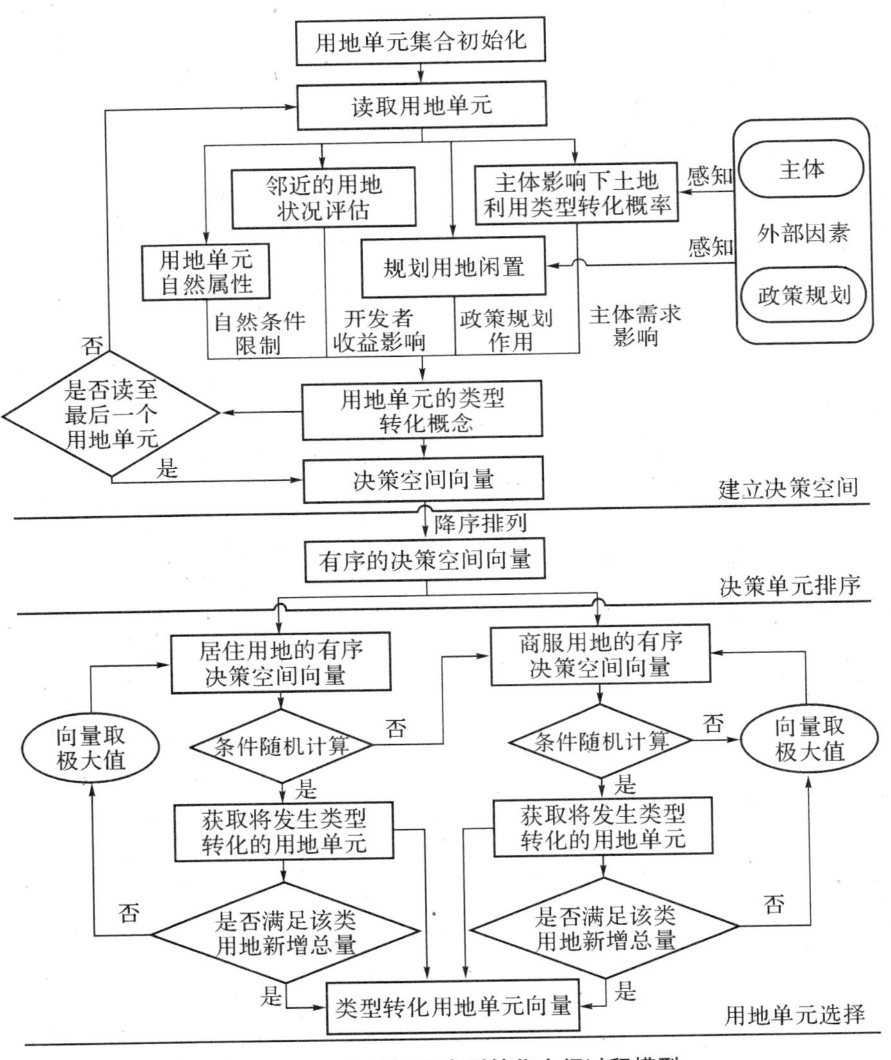

图 12 - 51　土地利用类型转化空间过程模型

①构建决策空间向量。决策空间向量建立在决策空间计算的基础上。本研究采用用地约束参考系数、各因素影响下的用地类型转化概率分别量化表征用地约束和各类因素对用地单元类型转化的影响，计算备选用地单元的类型转化概率，建立备选用地单元的类型转化概率向量，构成决策空间。

$$T_{it} = K_i \cdot P_{it} \cdot P_{itr} \cdot P_{itb} \tag{12-13}$$

式中：i 为用地单元编号（$i=1,2,\cdots,n$）；n 为用地单元总个数；t 为用地单元的类型（$t\in\{rz, bz\}$），rz 表示居住用地类型，bz 表示商服用地类型；K_i 为第 i 个用地单元关于现有用地类型限制及规划约束的参考系数；P_{it} 为主体影响下第 i 个用地单元转化为 t 类用地的概率；P_{itr} 为第 i 个用地单元受周围居住用地的影响而被投资转化为 t 类用地的概率；P_{itb} 为第 i 个用地单元受周围商服用地的影响而被投资转化为 t 类用地的概率；T_{it} 为第 i 个用地单元转化为 t 类用地的概率。式中的 P_{itr} 与 P_{itb} 表征了开发者收益影响下的用地单元类型转化概率，采用邻近用地状况的评估进行替代计算。

$$K_i = \begin{cases} 0 & \text{if} \quad t_i \in \{wz, hz, pz\} \\ 1 & \text{otherwise} \end{cases} \tag{12-14}$$

式中：t_i 为第 i 个用地单元的类型；wz 表示水域类型；hz 表示山体类型；pz 表示规划约束用地类型（此处示例性地给出部分约束因素，实际的建模中还会对其进行扩充修正）。

$$P_{itr} = \sum_{3\times 3} N(\text{resident}_i)/3\times 3 - 1 \tag{12-15}$$

式中：$\sum_{3\times 3} N(\text{resident}_i) = 0$ 时，P_{itr} 取值为 0.5；$\sum_{3\times 3} N(\text{resident}_i)$ 表示第 i 个用地单元周围 3×3 窗口内居住用地的单元数。

在依次计算完各备选用地单元的决策空间后，将其组合构成决策空间向量。

$$T_t = \{T_{1t}, T_{2t}, \cdots, T_{it}, \cdots, T_{nt}\} \tag{12-16}$$

②降序排列决策空间向量。根据决策空间向量中各决策单元的数值大小，对决策空间向量进行降序排列，构成 $T_{t\text{-order}}$。

③构建类型转化用地单元向量。土地单元用地类型转化向量构建在发生类型转化的用地单元被选择的基础上，本研究基于随机比例原则来建立条件随机模型挑选发生类型转化的用地单元。该方法可模拟受主体有限理性特征的影响，在进行最终决策时最优方案不一定被选中的情形，但同时又确保了选中最优方案以及较优方案的概率较高。

$$\text{transform}_i^{rz} = \begin{cases} \text{true} & \text{if}(q \leqslant T_{irz} \text{ and } q \geqslant T_{ibz}) \\ & \text{if}(q \leqslant T_{irz} \text{ and } q \leqslant T_{ibz} \text{ and } T_{irz} \geqslant T_{ibz}) \\ \text{false} & \text{otherwise} \end{cases} \tag{12-17}$$

$$\text{transform}_i^{bz} = \begin{cases} \text{true} & \text{if}(q \leqslant T_{ibz} \text{ and } q \geqslant T_{irz}) \\ & \text{if}(q \leqslant T_{ibz} \text{ and } q \leqslant T_{irz} \text{ and } T_{ibz} \geqslant T_{irz}) \\ \text{false} & \text{otherwise} \end{cases} \tag{12-18}$$

式中：i 为用地单元编号（$i=1,2,\cdots,n$）；n 为用地单元总数；rz 表示居住用地类型；bz 表示商服用地类型；q 为[0,1]区是内的任意随机数；$T_{irz} = \max(T_{t\text{-order}})$ 且 t 取值为 rz；$T_{ibz} = \max(T_{t^-\text{order}})$ 且 t 取值为 bz；transform_i^{rz} 表示第 i 个用地单元是否会转化为居住用地；

$transform_i^{bz}$ 表示第 i 个用地单元是否会转化为商服用地。

最终，通过条件随机模型筛选决策空间向量以提取所有发生类型转化的用地单元，建立类型转化用地单元向量。

12.5.2 GIS 支持下的模型实现

微动力的空间过程体现在主体的状态、空间位置随时间变化，主体的行为所造成的其他主体在状态、位置上的改变以及其周围环境的变化，为此基于多主体和时间过程的 GIS 建模技术方法成为目前建立这一空间过程模型的有效手段。

1) 城市微观主体与空间数据对象之间的关系识别

在本模型实现过程中，需要对主体特征和主体间并发的相互作用进行描述与实现，这就需要依赖面向对象的编程和实时多任务的操作系统。当主体模型需要用到表达真实世界的空间数据时，则需要 GIS 空间数据模型和空间分析功能的支持。因此，为了建立有效表达复杂空间结构和丰富动态过程的模型，主体过程模型与 GIS 数据组织和分析功能的耦合就成为必然。二者耦合的关键在于明确主体层次过程和空间数据之间的关系，进而明确主体过程模型与 GIS 动态数据集成需要建立的关键关联，并描述这些关联如何影响动态地理系统的表达。

为了更好地理解和解决耦合过程中的概念和技术问题，Brown et al. (2005) 总结了影响 GIS 动态数据库和主体过程模型相结合的四类主要关系(见图 12 - 52)，即身份关系、因果关系、时序关系和拓扑关系。

(1) 身份关系

通过在一个主体和一个或多个空间对象之间定义身份关系，GIS 技术可以用来存储地理范围和对象属性。与主体相关的空间对象可以作为 GIS 对象存储在空间数据库中，如多边形、点、线或栅格单元。一个主体可以和一个或多个空间对象相关，也存在一些空间对象和主体两者均无相关的情况。

基于主体的建模技术可以用来表现主体的行为和相关对象的变化。与主体相关的空间对象可以移动或变化，与主体相关的对象的属性可以变化，而这些变化均会保存在 GIS 的点、线、面、栅格数据中。无论主体是否与空间对象相关联，他们自身的行为均会相互影响。随着模型的运行，主体能够更新自身的位置、形状、属性，并影响空间数据库内容和显示的变化。

(2) 因果关系

很多模型中，主体和它作用的空间对象之间虽然没有身份关系，但主体有能力通过行为来影响空间对象或它们的属性。主体的行为可以引起空间对象属性和位置的变化，也可以引起某一域(如某一栅格)属性的变化。

在城市空间增长的微动力模拟建模过程中，抽象出的城市居住者、城市服务者、城市开发者和城市设计者与表达地理环境系统的空间对象(栅格)之间并没有身份关系，但却存在着显著的因果关系。其中，城市开发者以房地产开发建设为主要行为直接改变地理环境系统的类型或功能，表现为显著的直接因果关系；城市设计者以规划土地利用范围、方向与用途为主要行为通过引导城市开发者的开发行为以及城市居住者和城市服务者的选择行为而间接地引导地理环境系统的类型或功能的改变，表现为显著的间接相关；而城市服务者与城市居住者一方面受前两类主体的引导采取一定的空间决策行为，另一方面也通过自身的空间决策行为反哺城市设计者和服务者的行为，表现为反馈式间接相关。

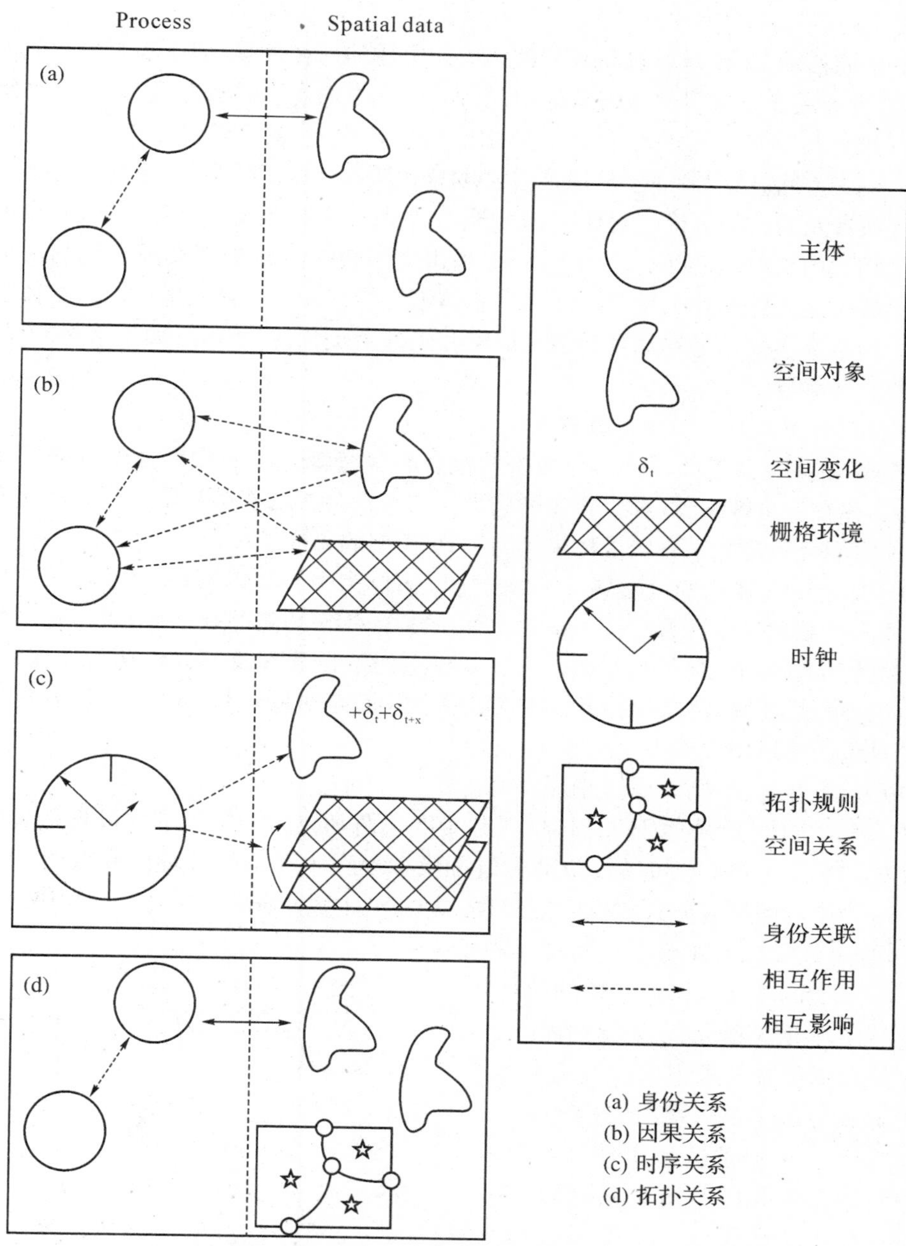

图中所示为概念关系，不涉及具体实现(Brown et al.,2005)

图 12-52　空间数据模型与主体过程模型耦合的四类关系示意

(3) 时序关系

在耦合的空间过程—数据模型中，主体行为引发的空间对象属性或位置的更新是完全时间触发的，这两者都可以用同步和异步方法来处理。在涉及高频率、短时间间隔微观模拟(如交通流)时，时序关系的分析十分重要，异步性处理方式更为合适。鉴于本研究中所涉及的微观行为仍在较长时间间隔水平上，因此，使用完全同步的处理方式来模拟主体的并发行为和地理环境数据的更新与显示，这样也避免了复杂的建模过程。

(4) 拓扑关系

空间对象的移动，无论是通过与其直接相关的主体的内在过程，抑或来源于其他主体的作用，都有可能需要关于现实世界或对象间空间关系的基本信息。一般而言，某一移动是否合意或现实可行需要以下信息：①一组空间对象之间的拓扑关系，或是它们与另外一组空间对象之间的拓扑关系；②空间对象之间的空间联系程度，可能由距离计算、交互代价、可视化情况来决定。

本研究所涉及的微动力模拟建模中，对于拓扑关系的考虑主要包括以下方面：土地利用类型转换时与相邻用地单元之间拓扑关系，土地利用类型转换时对规划期望土地利用类型与现状土地利用类型之间的拓扑关系等。如某个主体不可能移动到已被其他(类型)主体占据的位置，同样的，当某个主体计划移动到周围可以某些条件最优化的位置，比如生活便捷程度、教育覆盖程度更高等条件。

2) 以 GIS 为中心的模型实现过程

主体模型与 GIS 模型的耦合可分为松散耦合和紧密耦合。松散耦合以可交换文件传递为主要形式，存在计算效率低、难于直接利用数据的查询分析功能等局限。现有的研究中更趋向于采用紧密耦合的形式来实现主体模型与 GIS 模型的集成应用。

主体模型与 GIS 模型的紧密耦合又可分为以主体为中心和以 GIS 为中心的两种耦合方式。以主体为中心的紧密耦合方式可以在主体中使用 GIS 功能的软件库，当存在身份关系时将空间对象及其属性与主体进行封装。也可以将空间数据管理及其分析功能在模型中实现。以 GIS 为中心的紧密耦合方式用 GIS 接口和用户界面实现主体的功能和模型，这种方式允许在 GIS 工具包的图形用户界面中交互运行模型。

(1) 以 GIS 为中心的紧密耦合模式

空间环境是主体行为的载体与对象，现有 GIS 软件所支持的空间数据模型及其处理空间数据的能力均能满足城市空间增长微动力过程模拟模型中对空间环境的高效组织和处理要求。以 GIS 为中心的耦合方式建模的模式为：以 GIS 对空间数据的强大的分析和表达能力为基础，利用面向对象技术建模主体特征、属性和行为，以时间为驱动，利用主体的属性变化以及与主体相关的空间对象的属性、状态的存储和变化来共同记录和反映主体行为所带来的地理环境系统的变化和更新。在以 GIS 为中心的模型实现过程中，主体与空间数据对象的身份关系、因果关系和拓扑关系可以用图 12－53 简单描述。其中，身份关系在数据建模时进行定义，因果关系由预定义规则进行定义与更新，并在数据库中以时间为标识进行保存与显示，拓扑关系为用户定义的规则与空间数据库自身的拓扑判断共同定义，并随时间周期变化进行更新。

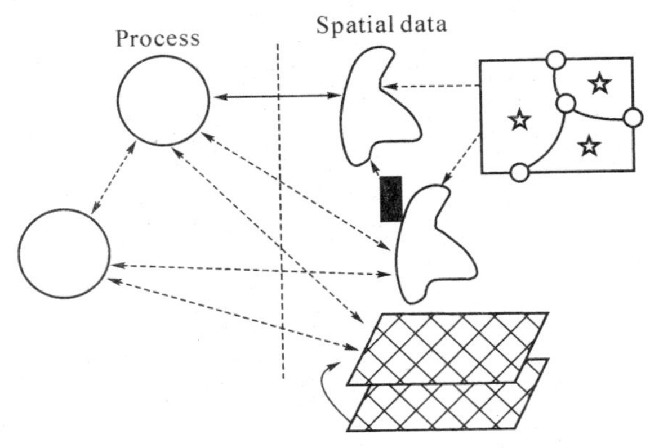

图 12－53　以 GIS 为中心的模型实现中身份关系、因果关系和拓扑关系组合图示(图例同 12－52)

(2) 以 GIS 为中心的模型运转流程

在规范主体与空间数据之间关系的基础上，采用面向对象的建模方法，在 GIS 环境下以主体对象的空间位置属性作为耦合点，以主体对象与空间数据对象之间的关系为纽带，链接主体对象与空间数据对象，实现空间数据模型和基于多主体的空间过程模型的紧密耦合，建立一体化的综合模型框架，将主体系统模型、环境系统模型、相关政策规划情景想定模型置于该框架中(见图 12-54)，为城市空间增长微动力过程模拟模型的设计实现提供逻辑模型框架基础。

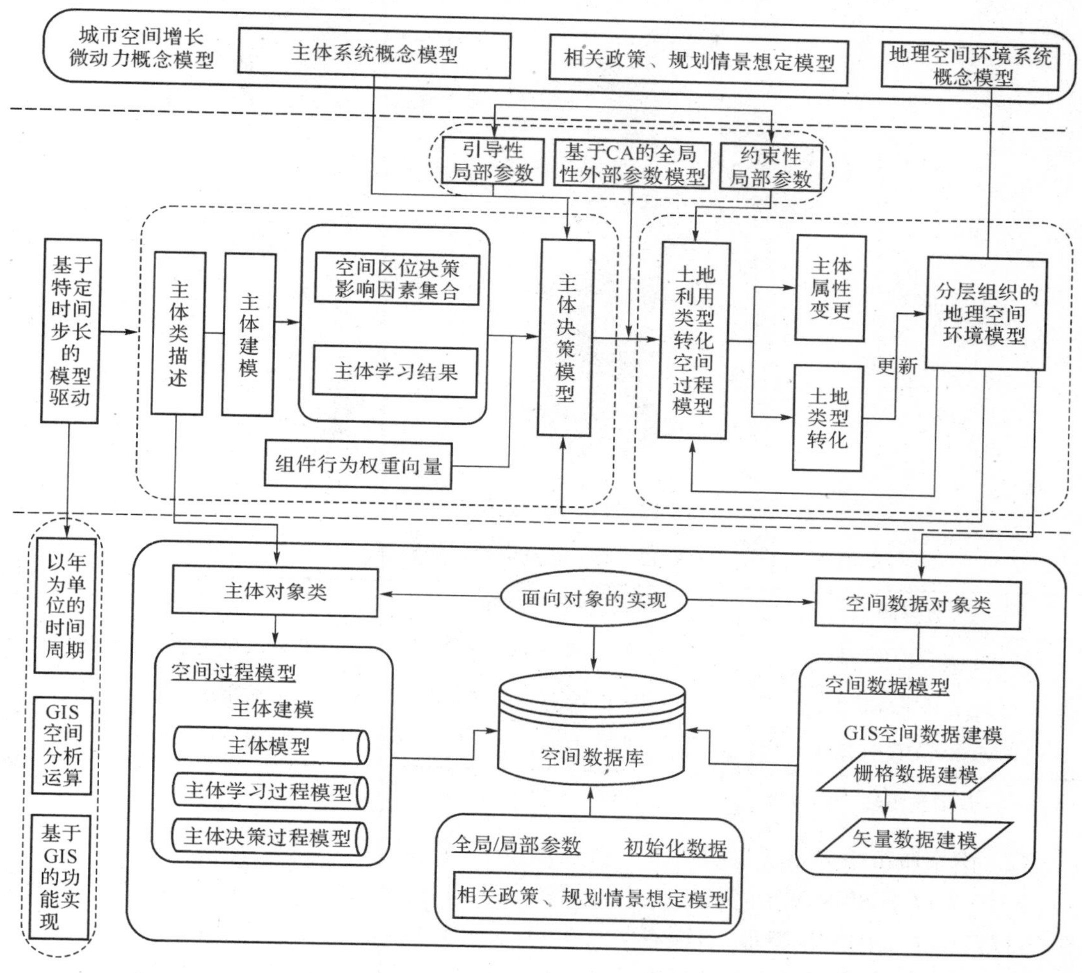

图 12-54 面向对象的空间过程模型和空间数据模型紧密耦合框架

12.5.3 南京市城市增长过程模拟

1) 南京城市空间增长的基本态势

(1) 模拟空间范围与数据基础

本文的研究区为《南京市城市总体规划(2007—2020 年)》所划定的都市区范围，南京都市区包括玄武、白下、秦淮、建邺、鼓楼、下关等六城区，浦口区、栖霞区、雨花台区、江宁区全部和六合区大部，以及溧水县柘塘地区，总面积约 4 388 km^2(见图 12-55)。

本研究收集了卫星遥感影像、航片、数字高程模型、土地利用现状图和统计年鉴等资料(见表 12-25)。其中，航片和卫星遥感影像主要用于提取南京城市用地动态变化信息，分析城市用地变化的时空特征；30 m 分辨率数字高程模型(DEM)用来进行地形分析；土地利用现状图用于检验遥感影像信息提取精度、分析城市用地变化的时空特征、模拟城市空间增长。收集的南京市经济社会统计数据，相关的规划图件、研究报告，用于进行相关的分析和处理。

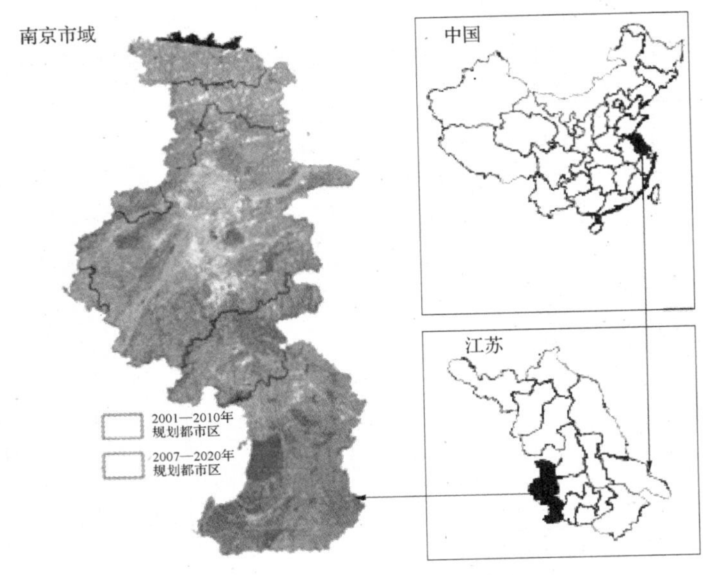

图 12－55　研究区位置示意图

表 12－25　研究中使用的数据

数据源	数据获取时间	数据用途
卫星遥感影像、航片	1949—2007 年间十余景	获取城市用地动态变化信息
土地利用现状图	1986、1996、2001、2007 年	获取城市用地动态变化信息
DEM(30 m)统计年鉴 *	2000、1949—2009 年	地形分析辅助相关分析

* 资料来源：南京市统计信息网。

(2) 南京城市空间增长过程

1949 年以来，南京城市经历了一个外部扩展和内部重组的组合过程，城市边界演进过程中，不仅产生了新的结构特征，其原有的结构特征逐渐被修正，南京城市用地扩展在这样一种内外作用下整体上表现出一定的时序特征。根据从航片、卫星影像、土地利用现状图中提取的城市用地信息来统计城市用地面积。经比较，1949—2007 年，南京城市用地规模扩大了约 14 倍，主要集中在 1979 年以后，其中，1979—2007 年扩大了约 7.5 倍。总体来看，1949—2007 年，南京市城市空间在各个方向上均有一定增长，其中，在西北、东南和东北方向上增长显著(见图 12－56、图 12－57)(李飞雪等，2007)。

从城市空间增长的实际结果与南京城市总体规划的目标来看，1990 年代以来的南京城市空间增长表现出与城市总体规划目标的显著差异性。2000 年南京城市的用地面积已达 307.25 km^2，而其中仅有 213.54 km^2 的城市用地位于 1980 年的《南京城市总体规划(1981—2000)》中划定的城市规划区内；而 2007 南京城市的用地面积为 687.47 km^2，其中位于 2001 年调整的《南京城市总体规划(1991—2010)》中划定的城市规划区内的城市用地仅有 423.48 km^2，城市空间增长的结果与总体规划目标的差异不仅存在，而且处于逐渐拉大的趋势。这也在一定程度上反映出处于经济转型期的南京城市空间增长的复杂性及其正向化的发展趋势。

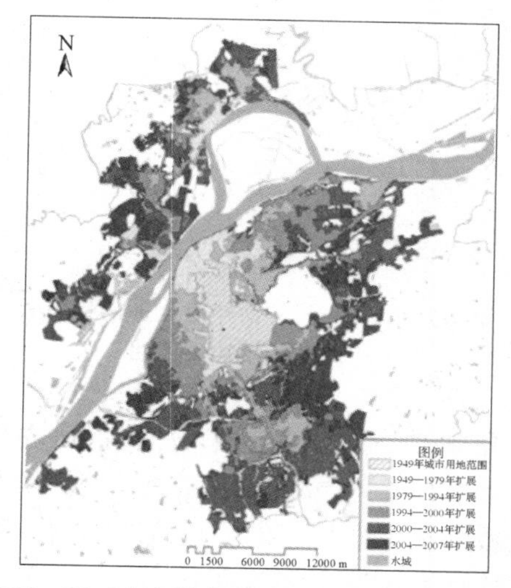

图 12-56 南京城市用地增长(1949—2007 年)

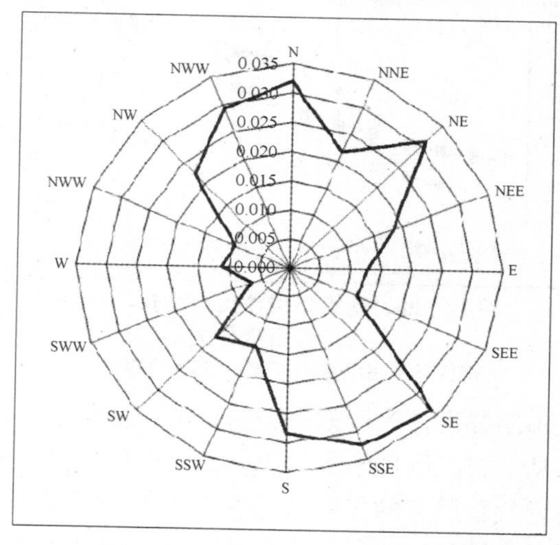

图 12-57 1949—2007 年 16 方向用地扩展强度

2) 南京城市空间增长的微观动力机制

南京的城市空间增长过程是一个复杂的动力系统过程。研究选取 20 世纪 90 年代以来,进入快速城市化发展周期的南京城市空间增长进行分析,考虑南京作为古都和特大城市的复杂性,为了探索未来将起更大作用的"自下而上"的规划模式,采用以点带面综合研究思路,对城市微观主体系统的适应过程分析予以简化,着重对居住主体在城市空间增长过程中的适应过程进行分析。

(1) 南京城市微观居住主体系统的适应过程

20 世纪 90 年代以来,随着南京经济社会的快速发展以及国家户籍政策、土地政策、住房政策改革的不断落实,在城市空间增长过程中,一方面,南京人口的迅速增长促进了城市居住用地需求的不断增加,使得城市居住用地不断增长,城市居住者主体数量的增加对居住用地形成了强有力的推动(见图 12-58);另一方面,城市居住者主体驱动下的居住用地增长在南京城市建设用地的增长中扮演了极为重要的角色(见图 12-59),居住用地增长的速度和规模直接影响着城市空间增长的强度。与此同时,南京居住者主体的居住区位行为相比 1990 年代之前有了较大的自主性,市场调控作用逐渐参与到居民的住房选择当中,居住主体更多地综合自身的需求、支付能力等条件选择居住地点(陈燕、王飞,2009),个体的选择能力和主观愿望在居住区位选择上发挥更大的作用,并通过影响城市居住区位的开发选择以及对相关政策规划形成反馈进而促使其调整,逐渐显现出对城市空间增长的影响。城市居住者主体的居住区位行为驱动成为南京城市空间增长的一股重要推动力量。

从居住者主体的行为动因来看,1990 年代以来的南京城市居住者主体的居住区位行为源自城市中不同类别主体对来自不同方面环境变化的适应。2009 年,本研究运用互联网问卷调查方式,对南京 1 358 个城市居住者主体的居住区位行为进行抽样调查发现,改善居住条件、外来人口的刚性住房需求、住房投资以及拆迁安置构成了主体居住区位行为的主要需求牵引,在样本中的被选择比例分别为 38.81%、24.37%、19.66%、11.12%(见表 12-26)。在此基础上,对各类主体居住需求的形成原因进一步探究表明:改善居住条件是伴随南京市居民生活水

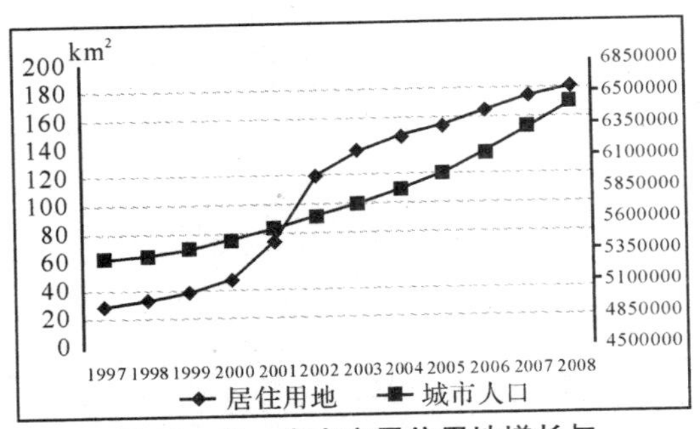

图 12-58 南京市居住用地增长与人口数量变化关系

* 资料来源：南京统计年鉴(1997—2008)

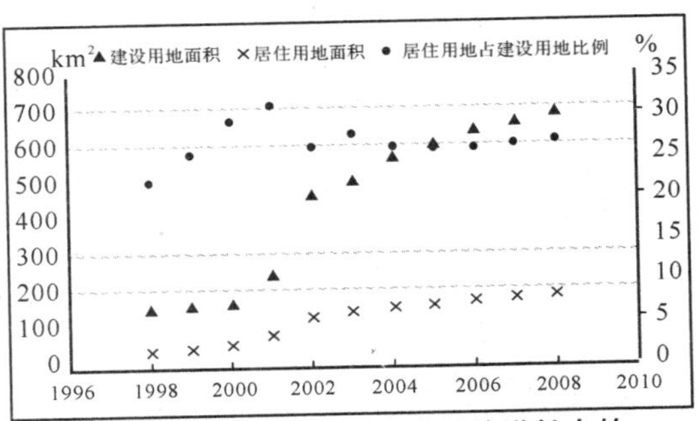

图 12-59 南京城市建设用地增长中的居住用地比例变化

资料来源：南京统计年鉴(1998—2008)

平不断提高而产生的一类主体的住房需求。从 1998 年到 2008 年，南京城市居民的可支配收入从 7 018 元上升至 23 100 元，居民的消费能力和消费水平大大提高，改善型的消费需求开始逐渐代替原有的保障型的生活需求，表现在到郊区购置面积大环境好的住房成为相当一部分居民的居住区位行为目标，加之银行推行住房按揭贷款政策，使得按揭购买住房成为改善型住房需求牵引下居住区位行为的主要实现途径(陈哲，2007)。其次，进入 21 世纪，南京城市总体规划引导下的南京都市圈的建设，在增强南京对周边地区辐射的同时，也促使南京郊县和周边中小城市的人口进入南京，每年净流入南京的人口规模都在 10 万人以上，外来人口的增长速度明显高于户籍人口，且呈现出年龄构成轻、家庭化的特点。持续、较大规模的外来人口在增加南京城市居住者主体数量的同时，形成了外来人口的住房刚性需求，进而产生了大量以此需求为牵引的主体居住区位行为，对南京城市居住用地的增长起到重要的推动作用。第三，住房投资是自 1998 年住房商品化改革以来，南京居住者主体中逐渐产生的一种以赢利为目的的居住区位行为，尤其是近几年来，随着南京住房价格的不断上涨，住房投资在居住者主体的居住区位行为中所占比例越来越高，成为触发居住者主体居住区位行为的一个重要因素。第四，南京"退二进三"产业政策和各期城市规划引导下的旧城改造和城市基础设施建设，使得城区内产生大量需要安置的拆迁户，仅 2000 年到 2002 年 9 月间城区内完成国有土地的房屋拆迁面积 218.4 万 m^2，产生拆迁户 3.5 万户(童本勤等，2003)。大量拆迁户对新住所的需求，使得此类居住者主体的居住区位行为在很大程度上带动了南京城市周边地区用于建立拆迁安置房的居住用地的增长。

表 12-26 南京城市居住者主体居住区位行为抽样调查的变量基本构成及分析

项 目		在样本中的频数及比例	
		频数	比例(%)
年龄	35 岁以下	472	34.76
	35～55 岁	561	41.31
	55 岁以上	325	23.93
文化程度	初中及以下	236	17.38
	高中大专	393	28.94
	本科及以上	729	53.68

续 表

项 目		在样本中的频数及比例	
		频数	比例(%)
居住区位行为动因	改善居住条件	527	38.81
	外来刚性住房需求	331	24.37
	住房投资	267	19.66
	拆迁安置	151	11.12
	其他	82	6.04
居住区位决策因素	生活环境	1 032	75.99
	生态环境	636	46.83
	社会环境	527	38.81
	交通便利度	1 309	96.39
	与 CBD 距离	846	62.30
	道路规划	1 017	74.89
	绿地规划	486	35.79
	CBD 规划	779	57.36
	自身的择居经历	644	47.42
	他人的择居结果/建议	714	52.58
	其他	158	11.63
样本总量		1 358	—

* 备注:居住区位决策因素中各因素的样本频率统计自问卷中被置于前六位的因素;问卷中要求答卷者在充分考虑住房价格与各居住区位决策因素关系的基础上作出选择。

抽样调查的结果显示,在区位因素方面,交通便利度和生活环境是目前各类主体在择居行为过程中普遍关注的区位条件,在样本中的出现比例分别达到 96.39%和 75.99%,反映在南京各区的住房价格差异上,江宁区交通设施和超市、学校、医院等基本生活环境配套的相对不足以及江北浦口区、六合区与主城区的交通不便,使得此三区对城市居民主体的吸引力不足,住房价格普遍较低。其次,居住区位与 CBD 的距离也是主体择居行为的重要参考因素,在样本中的出现比例为 62.30%。这也使得南京城市居民的居住区位选择呈现出明显的向心性,对应于南京市住房价格空间分布的总体趋势,围绕新街口、湖南路等城市 CBD,南京市的住房价格向外逐渐递减,表现为白下区、鼓楼区和玄武区的住房均价明显高于周边各区的住房均价(赵静等,2007)。第三,抽样调查中由道路规划、绿地规划、CBD 规划为代表构成的城市发展规划也反映出对主体进行居住区位选择的显著影响,在样本中的出现比例分别占到 74.89%、35.79%、57.36%。从近年来各类规划发布一段时期后,南京市住房价格在空间上的变化来看，规划给居住者主体带来的预期效应十分明显，尤其涉及城市重大公共基础设施建设的规划对相关地段的居住区位优势提升明显，例如地铁 1 号线和 2 号线的规划自发布之日起就对其沿线区域的住房价格起到了明显的带动作用，河西、江宁地区自 2001 年以来的居住生活区定位则使得其对城市居住者主体的吸引力大大提高，并因此而对南京居住空间的增长与格局变化产生根本性的引导作用。第四，近年来随着南京城市居民生活水平的提高，区位生态环境也逐渐成为主体居住区位行为过程中的一个重要关注因素，体现在抽样调查的结果中生态环境因素在样本中的出现比例占到 46.83%。许多中高收入居住者主体的居住区位指向开始偏向于区位条件一般，但环境质量较优的地段，如中山陵风景区、玄武湖附近的高档公寓、别墅群等，在住区用地结构上也表现为高绿地率、低容积率、大面积户型特征。此外，调查中自身的择居经历和他人的择居结果/建议在样本中 47.42% 和 52.58%的出现比例也反映出学习因素对主体最终居住区位指向的特殊影响。总体而言，南京城市居住主体对不同区位条件的偏好程度大体上由高到低依次为交通便利度、生活环境、与 CBD 的距离、城市发展规划、生态环境、社会环境，而学习因素在这一过程中发挥重要作用。同时，从抽样调查数据中处于不同年龄阶段的主体对居住区位决策因素进行排序的结果分析来看(见表 12 - 27)，不同类别居住者主体的居住区位行为表现出对不同影响因素的偏好差异，其不仅表现为不同类别居住者主体排在前六位、前三位的居住区位决策因素在组成上有所差异，同时也反映出不同类别居住者主体对各个因素的关注程度也有不同。

从居住者主体的行为过程来看，住房商品化改革以来的主体居住区位行为体现出较强的自主性，无论何种需求牵引下的居住区位行为都表现为居住者主体在自身属性特征的基础上以居住区位决策为核心的环境适应过程，既包括了对地理空间环境的适应，也包括了对相关政策规划环境的适应，并因此在时空上积累出城市居住空间的增长变化与格局分异。依据上述分析，南京居住者主体的居住区位行为是一个在综合权衡区位因素、学习因素、内部因素的基础上选择最符合自身意愿的居住区位的过程。

(2) 城市空间增长微观动力系统及其运行

①城市空间增长微观动力系统构建

基于上述解析，借助前文中对城市空间增长微观动力系统的理论探讨构建如图 12 - 60 所示的南京城市空间增长微观动力系统。整个微观动力系统以城市微观主体系统为中心，包括城市地理空间环境系统和相关政策规划调控系统，各系统间通过城市微观主体系统适应过程建立起来的相互适应关系，使得各系统的组成部分成为一个有机的整体，共同对南京城市空间增长自下而上地进行驱动。

南京城市地理空间环境系统包含了南京都市发展区范围内的自然环境和建成环境。在自然环境方面，南京依山枕江，城区内外的紫金山、清凉山、狮子山、鸡笼山、老山、幕府山等多座山体，长江、秦淮河、滁河等河流，玄武湖等湖泊以及南京紫金山麓、玄武湖周边等地良好的自然景观均对南京城市空间增长产生显著的影响，并在微观上通过对城市微观主体适应性行为的直接或间接影响发挥着特殊的驱动作用。在建成环境方面，南京市多年发展积累下来的道路、桥梁、供水、供电、医疗、教育、体育等基础设施和公共设施以及为数众多且规模不一的居住区、商业区、工业区共同构成了对城市微观主体适应性行为的人为环境影响，进而对未来城市的空间增长产生一定的影响。

表 12－27 南京城市居住者主体居住区位行为抽样调查的主体分类结果分析

在样本中的频数及比例

被置于前六位的居住区位决策因素在样本中的频数及比例

居住主体类型		生活环境		生态环境		社会环境		交通便利度		与CBD距离		道路规划		绿地规划		CBD规划		自身的择居经历		他人的择居结果/建议		其他	
		频数	比例	频数	比例	频数	比例	频数	比例	频数	比例	频数	比例	频数	比例	频数	比例	频数	比例	频数	比例	频数	比例
年龄	35岁以下	338	72%	211	45%	161	34%	458	97%	283	60%	411	87%	167	35%	347	74%	111	24%	288	61%	57	12%
	35～55岁	441	79%	267	48%	195	35%	546	97%	369	66%	383	68%	197	35%	307	55%	329	59%	289	52%	43	8%
	55岁以上	253	78%	158	49%	171	53%	305	94%	194	60%	223	69%	122	38%	125	38%	204	63%	137	42%	58	18%

被置于前三位的居住区位决策因素在样本中的频数及比例

居住主体类型		生活环境		生态环境		社会环境		交通便利度		与CBD距离		道路规划		绿地规划		CBD规划		自身的择居经历		他人的择居结果/建议		其他	
		频数	比例	频数	比例	频数	比例	频数	比例	频数	比例	频数	比例	频数	比例	频数	比例	频数	比例	频数	比例	频数	比例
年龄	35岁以下	230	49%	121	26%	67	14%	427	90%	123	26%	204	43%	25	5%	107	23%	48	10%	57	12%	7	1%
	35～55岁	247	44%	158	28%	81	14%	443	79%	182	32%	244	43%	42	7%	113	20%	85	15%	77	14%	11	2%
	55岁以上	211	65%	79	24%	48	15%	264	81%	76	23%	117	36%	29	9%	64	20%	59	18%	24	7%	4	1%

被置于前三位的居住区位决策因素在样本中的频数及比例

居住主体类型		生活环境		生态环境		社会环境		交通便利度		与CBD距离		道路规划		绿地规划		CBD规划		自身的择居经历		他人的择居结果/建议		其他	
		频数	比例	频数	比例	频数	比例	频数	比例	频数	比例	频数	比例	频数	比例	频数	比例	频数	比例	频数	比例	频数	比例
年龄	35岁以下	47	10%	5	1%	0	0%	349	74%	24.	5%	9	2%	0	0%	38	8%	0	0%	0	0%	0	0%
	35～55岁	102	18%	28	5%	7	1%	304	54%	47	8%	16	3%	0	0%	54	9%	0	0%	0	0%	3	1%
	55岁以上	47	14%	13	4%	7	2%	213	66%	24	7%	5	2%	0	0%	16	5%	0	0%	0	0%	0	0%

相关政策规划调控系统是由 20 世纪 90 年代以来对南京城市空间增长直接或间接产生调控作用的各项政策、制度、规划共同组成的城市发展调控环境。其中既包括主要对南京市的政策与规划产生重要指导作用的上级政府的各类政策和规划，也包括对南京市各类微观主体的适应性行为产生影响的各类政策制度，如人口/户籍政策、土地政策、住房政策、地方经济政策等，还包括了对南京各类微观主体的适应性行为和城市地理空间环境系统产生直接影响的各个层次的城市与区域规划等。在本文的研究中对相关政策规划调控系统中各项政策、制度、规划的调控作用进行集中简化处理，将其统一归结为城市总体规划对城市空间增长的调控，其他政策、制度、规划对城市空间增长的调控也多是通过各期城市总体规划予以实施。因此，改革开放以来南京市进行的四次城市总体规划修编与调整成为 20 世纪 90 年代以来南京城市空间增长微观动力系统中的主要调控因素。

②城市空间增长微观动力系统运行

如图 12 - 60 所示，南京城市微观主体系统处于整个系统运行的中心，其适应过程带动了整个微观动力系统各个要素的运转，最终在空间上涌现出城市的空间增长。尽管从宏观上看，南京城市空间的形成与增长主要归因于相关政策规划调控系统的驱动，但究其根本而言，一方面相关政策规划调控系统本身就受到城市设计主体行为的影响，不仅各项相关政策、制度、规划的落实、制定和实施通过设计主体来实现，其对微观主体系统和地理空间环境系统的适应也表现为设计主体对它的反馈和调整。另一方面，相关政策规划调控系统作用的发挥体现为城市微观主体系统对它的适应，其对城市空间的直接或间接影响都必须通过城市微观主体系统来进行传递。而南京城市地理空间环境变化中的城市空间增长是各类微观主体适应性行为的综合空间效应，是城市系统中的各类微观主体不断克服自然、改造自然的结果。

基于此，1980 年代以来，南京市在 1981 版总体规划实施控制的圈层式城镇群体的发展布局框架下，依托已有的主城建成环境有序发展。1991 版总体规划提出“以长江为主轴，东进南延，南北响应；以主城为核心，结构多元，间隔分布”的发展思路，并着力开展主城、江宁、六合、溧水和浦口等六大开发区的投资建设和以绕城、宁连、宁合等高等级公路为代表的公共基础设施建设，加之土地有偿使用制度的确立和城市户籍政策的放宽，一方面使得城市服务主体和开发主体的数量快速增加，其空间行为自主性加强，区位选择在设计主体的政策、规划和建设行为的引导下，选择结果体现出向城区和近郊区集中的双向流动趋势，主城区商服用地增长、工业用地下降的同时，外围地区产生以开发区为主要单元的工业用地增长；另一方面促进城市人口迅速增长，造成微观动力系统中的居住主体数量迅速增加，居住用地需求快速增长，但居住主体的空间行为自主性不强，居住区位的选择受制于单位的福利分房制度，居住用地以主城区内的增长为主，同时与商服用地共同产生建设用地增长的乘数效应，不断提升主城区在城市微观主体适应过程中的区位优势。在这些微观驱动要素的推动下，到 1990 年代末南京城市空间得以快速增长，但部分规划目标与实施效果之间存在差异，规划调控比例仅为 69.5%，并有逐渐下降的趋势（张振龙，2009），外围城镇的发育和建设速度还是相对缓慢，主城加速聚集的趋势没有得到根本扭转，城市空间增长的复杂性在这一时期有着突出的体现。

进入 21 世纪以来，随着国家城市发展方针由“严格控制大城市发展规模”向“积极稳妥推进城镇化发展”的调整，在江苏省城镇体系规划和南京都市圈规划的引导下，南京设计主体驱使下的相关政策规划调控系统也随之转变，加快旧城改造和“退二进三”产业结构调整的城市发展策略实施，并在 2001 年对 1991 版南京城市总体规划进行调整，更加强调“轴向发展、组团布局、多中心、开敞式”的城市空间发展战略，规划建立除主城（包括河西新城区）外包括江宁区

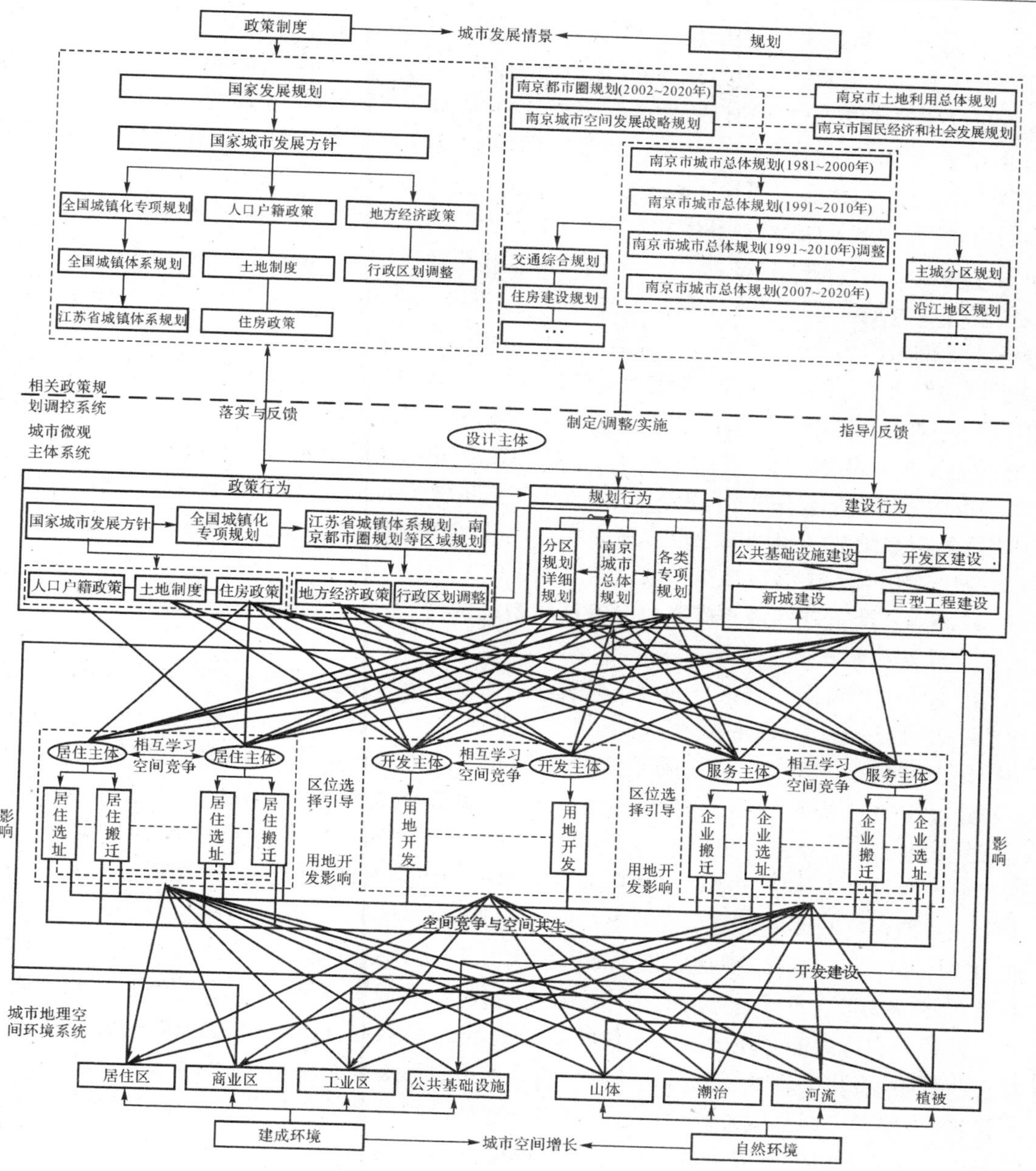

图 12－60 南京城市空间增长的微观动力系统

东山镇、仙西和江北 3 个新城区在内的、以绿色生态空间为间隔、以便捷的交通相联系的“多中心”城市空间布局，并且在这一规划的指导下，设计主体在进行区划调整的同时，加大了三个新城区及其与主城区之间连接部的基础设施建设投入。以交通基础设施建设为例，2001 年到 2005 年交通基础设施的投资年均增长 20%（刘敬，2004），分别建成沪宁、宁马、宁高等高速公路，完成主城区与新城区之间的多条道路快速化改建以及长江二桥、三桥、地铁 1 号线的建成通车。同时设计主体在已有开发区建设完善的基础上，进一步开展江宁滨江经济开发区、雨花经济开发区、栖霞经济开发区等的投资建设，引导各类服务主体和开发主体的区位选择向城市外围倾斜，推进南京城市东扩南延和北部响应。

此外，2000 年以来居住主体空间行为的自主性也大大加强，其居住区位行为的结果在空间上呈现出以向主城区集中为主，同时逐步向郊区扩展的趋势。河西、奥体、江宁、江北等近郊区域在设计主体的规划和建设行为的支撑下，以其各自在生活环境、生态环境、交通便利度、住房价格等方面的区位优势对居住主体构成较强的吸引力，促使大量居住主体的居住区位行为发生适应性变化，促进了居住用地规模增长迅速。尤其近年来主城区的可用建设用地空间逐渐减少，使得地域开阔、景观环境相对较好、地价较低的城市外围新城的居住用地开发迅速，城市居民购房出现郊区化趋势，居住用地出现沿主要交通线路向郊区扩展的趋势，如地铁 1、2 号线的建成极大地促进了沿线居住用地增长。与此同时，城郊地区居住用地的增长也使得其对服务主体的吸引力增强，丰富了城郊地区的城市用地扩展方式。时至今日，南京市基本形成了以主城为核心，以主城及其外围副城、新城为主体，以绿色生态廊道相间隔，以高效便捷的交通相联系的多中心城市发展格局。2008 年南京城市空间增长的设计主体在分析城市发展现状的基础上，将近年来主体与用地空间适应性的复杂变化反馈至相关政策规划调控系统，启动2007 版总体规划的修编工作，再次对南京城市空间增长的相关政策规划调控系统进行调整，为南京城市系统的空间增长设定了新的发展目标，并将通过为南京城市微观动力系统的运行注入新的变化对未来的城市空间增长产生显著的影响。

12.5.4 南京空间增长模拟的 PSS 原型系统构建

1）系统架构及基本流程

依据前文中对南京城市空间增长微观动力系统要素界定与空间量化分析，该模拟 PSS 原型系统采用 Visual Basic＋ArcEngine 为开发平台，设计与开发分别实现了主体系统的设计与初始化、地理空间环境系统的初始化与更新和相关政策规划情景的设定（见图 12－61），系统以非建设用地向居住、商服、公共设施等用地的转化来表述城市空间向外扩展这一过程。系统运行的基本流程包括：①在预设一年为基本步长，以规划基期年为系统运行的初始时间点，主体系统中的每个主体依据地理空间环境系统和相关政策规划情景的状态完成空间决策，通过决策改变地理空间环境系统当前状态的同时也改变自身的空间状态，并更新地理空间环境系统和主体系统。②更新后的地理空间环境系统其对主体系统的影响发生变化，同时主体系统的更新使得参与空间行为决策的主体数量发生改变，进而影响下一个时步长内主体系统的空间决策行为和行为的空间效应。③如此不断循环最终得到目标年研究区可能的城市空间增长状态。其中，将相关政策规划情景映射为南京城市总体规划对城市用地、城市人口等方面的规划构想，将地理空间环境系统中的自然环境和建成环境分别映射为分层组织的栅格化数据，主体系统则包含了以家庭或企业为单位的大量城市微观主体。

2）系统运行过程

原型系统运行的具体过程可以描述为以下几个步骤（见图 12－62）：

(1) 地理空间环境系统初始化

以 50 m×50 m 格网为地理环境基本单元划分研究区域，在基期年研究区各类型土地利用分布的基础上，选择居住、商服、工业、公共设施、道路交通、园林绿地以及非建设用地等地理环境因素作为系统运行基质，实现包括各类环境因子影响度空间化、备选用地单元初始化和系统时间标识初始化等。

环境因子影响度空间化，首先通过数据的栅格化等完成各类环境因子空间分布的初始化，然后借助第三篇构建的各种 GIS 空间分析技术方法对各类环境因子进行影响评价，包括对现

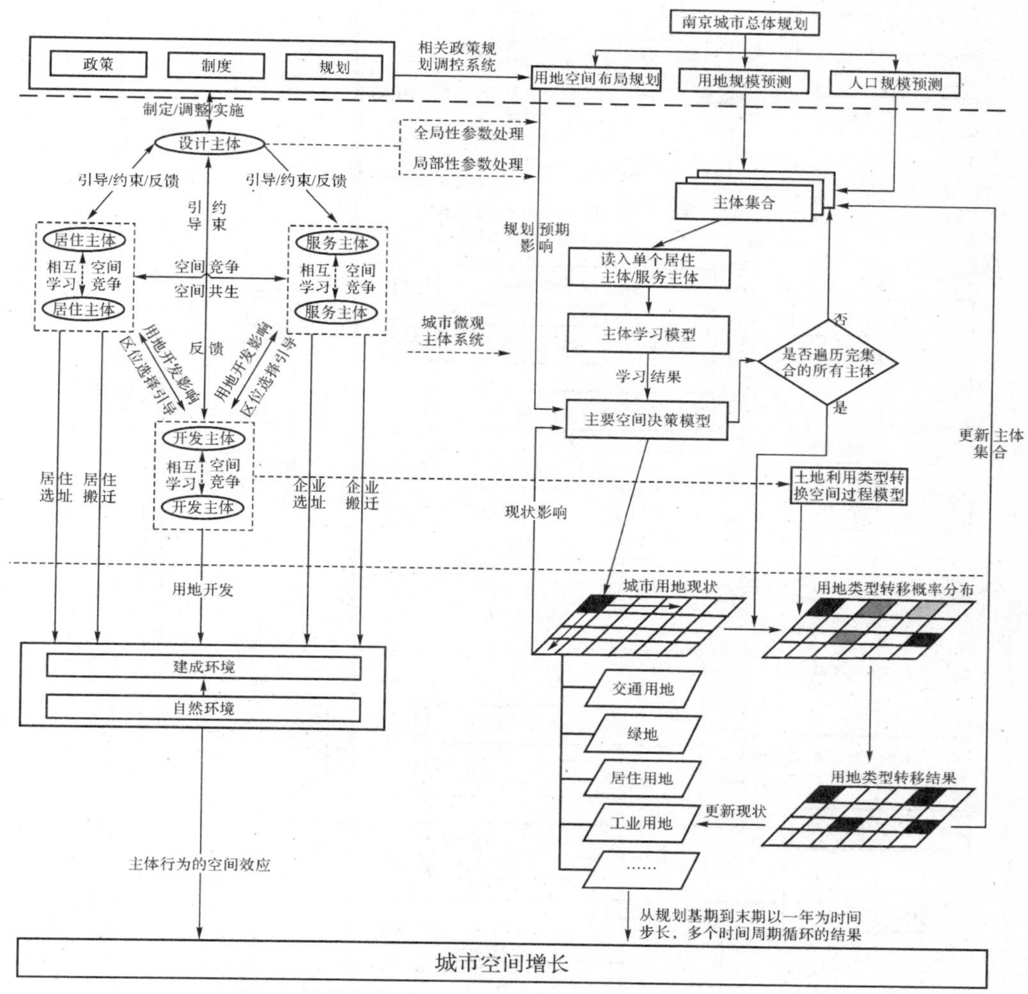

图 12-61　南京城市空间增长微观动力模拟原型系统构建及其基本框架

状与规划两个方面的交通、CBD、绿地、医疗机构、教育机构等要素空间影响进行评价。

备选用地单元入库和其主体吸引力值初始化，从遥感影像中提取南京城市发展区内的非建设用地为备选用地单元，提取建立交通、居住、工业、园林绿地等建立用地条件数据层，以评价备选用地单元适宜情况，参与计算备选用地单元吸引力指数。

用地条件数据层主要包括交通网络、公共设施、环境质量、教育资源的分布等。①交通网络，用于评价备选用地单元的交通便利程度，将城市道路交通分为主干道、支路等不同类型设置不同权重，采用距离衰减函数计算各备选栅格单元的交通便利程度，表达其对主体的空间吸引力。②公共设施，主要考虑因素包括到医院、娱乐设施、商业中心等公共设施的距离，均采用距离衰减函数计算其空间吸引力。③环境质量，主要考虑绿地分布、高等院校分布。④教育资源分布，主要考虑中、小学校和图书馆的分布，由于教育机构分布对学区的影响巨大，对主体居住区位选择的影响巨大，因此，将教育机构分布从公共设施部分提取出来单独进行考虑。

系统时间标识初始化，建立以规划基期年为起始、以一年为单位的系统运行时间周期。

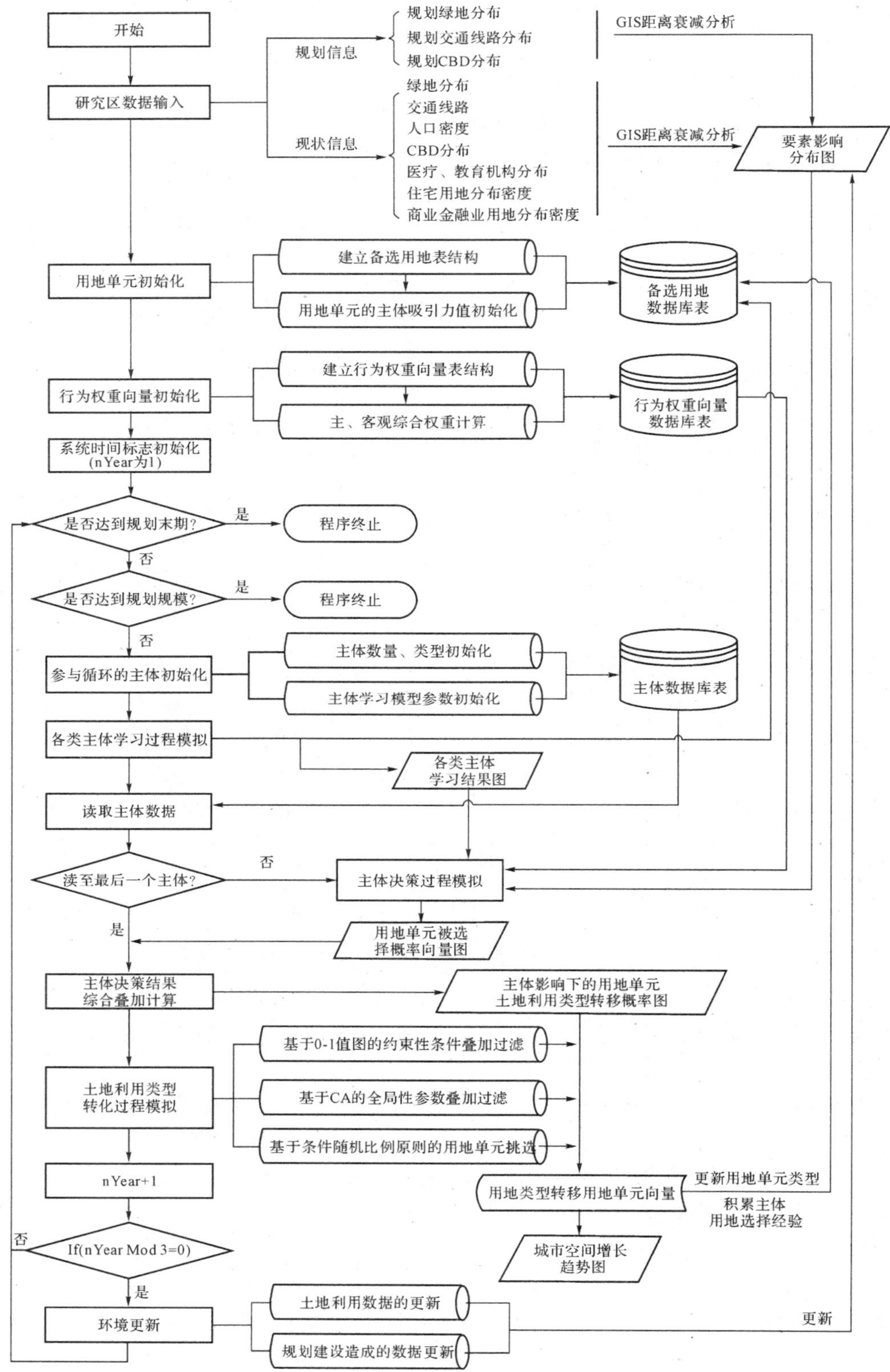

图 12－62　南京城市空间增长微观动力模拟原型系统流程图

(2) 主体系统初始化

包括主体初始化和行为权重向量初始化。其中,主体初始化主要按照不同的主体类型对其数量进行初始化。系统中对居住主体,以家庭为单位设计主体的属性和行为,将主体类别简化为按家庭生命周期的三阶段进行划分,将家庭结构并入年龄结构进行考虑,设定中年家庭、青年家庭和老年家庭并以第五次南京市人口普查资料中的年龄结构数据确定各类居住主体的比例关系。每个时间循环周期的居住主体数量则依据规划预测的居住用地规模总量以及年度居住用地的增长分配系数并结合年度人口增长与居住用地增长的对比关系数据进行估算。主体的居住区位决策因素与之前的环境因子影响度空间化结果相对应,选择现有周边环境、交通便利程度、与CBD的距离等因素,以及城市发展规划中预期的环境因素、规划交通便利程度、与规划CBD的距离等主体学习因素。周边环境因素选择医疗机构、教育机构、公园、已有居住区等因子,并对规划和现状的因子分别予以考虑,其中教育机构分布,主要考虑中、小学校和图书馆的分布;对服务主体,以企业为单位设计主体的属性和行为,主体类别简化为第三产业中的住宿和餐饮业、第二产业中的制造业。每个时间循环周期的服务主体数量则依据统计数据中的年平均企业增量进行估算。主体的区位决策因素同样与之前的环境因子影响度空间化结果相对应,选择交通通达度、基础设施支撑度、空间集聚、规划交通、规划绿地、规划CBD等影响因素。对开发主体和设计主体,系统将其定位为概念性主体,主要是关注其适应性行为的最终结果,不对其类型和数量进行初始化。

行为权重向量初始化用于设定不同影响要素的权重初始值,系统首先采用前文的社会调查数据结合相关文献中的研究数据进行主观权重赋值,再利用现状用地的空间数据进行客观权重修正,最终建立各类主体的行为权重向量表。

(3) 政策规划情景想定系统初始化

根据模拟时段的不同,以目标年城市总体规划等提出的用地规模、用地范围和用地类型作为政策规划的数量化和空间化参数以全局参数和局部参数的形式参与模拟。全局参数通过城市空间增长方向概率层和城市空间增长引导概率层总控土地利用转化方向和区域,首先依据12.5.3对南京城市空间增长方向的分析结果,建立南京城市8个方向的增长概率值(见表12-28),在基于CA的全局性外部参数模型的模拟下进行城市发展方向概率层的计算;其次将规划中提出的重点发展区域采用基于CA的模拟方法反映在城市空间增长引导概率层中。局部参数通过影响主体空间决策,约束土地利用类型转化。其中,公共设施用地规划、绿地布局等作为城市设计者的行为直接决定上述用地类型目标年的空间布局。

表12-28 南京市城市8个方向的增长概率值

方向	NW	N	NE	E	SE	S	SW	W
概率值	0.09	0.06	0	0.58	0.48	0.47	1.00	0.33

(4) 主体适应性行为过程模拟

各类主体用地选择学习模拟的基础上,根据空间用地单元的吸引力,基于效用最大化空间决策模型,完成选址决策行为。主体的选址决策结果将导致备选用地单元被选择的概率提高,并影响其他主体的决策行为。

(5) 土地利用类型转换模拟与地理环境系统更新

在用地单元被选择概率计算的基础上,各类主体利用基于随机比例原则的条件随机模型挑选发生类型转化的用地单元，完成土地利用类型转换，更新地理空间环境系统并对环境因子影响度空间化进行重新计算，新的结算结果将被用于下一个循环周期中的主体空间决策。

12.5.5 嵌入规划目标的南京市城市空间增长模拟

1）模拟初始条件与规划目标

以 2007 年南京市城市用地分布作为模型基本输入，其土地利用现状分类在《南京市城市用地分类和代码标准》的基础上进行适度归并形成（见图 12－63）。城市空间增长嵌入的规划目标为 2007 版南京城市总体规划所确定的城市用地规模与分布（见图 12－64）。预测目标 2020 年南京市城市空间增长情况，主要模拟的用地类型包括居住、商业金融业、工业；而对外交通、道路广场、绿地等用地主要受城市设计者的决策影响，因此参考规划目标确定。

根据 2007 版南京城市总体规划文本，2007—2020 年南京市城市建设用地共增加 246.56 km^2（见表 12－29）。根据 2007 年南京市土地利用现状图量算，商业金融业用地面积占公共设施用地面积的比例约为 27%，据此估算，2007—2020 年南京市商业金融业用地约增加 3.23 km^2，2007—2020 年南京市居住、商业金融业、工业、仓储业用地规划增加 121.38 km^2。

在空间规划布局上，居住用地主要布局在主城和江北、东山、仙林三个副城；商业金融业用地主要布局在铁路南站商业中心，河西商业中心两个市级中心，以及东山、仙林、江北三个副中心，并结合居住片区分布建设一批地区级商业中心；规划工业用地主要以国家级和省级开发园区为载体在三个副城内布局，并在外围新城布局，重点形成 6 个工业片区。

2）参数与模拟条件设定

根据 2007 年南京市城市土地利用图、交通图设定南京城市空间增长模拟的初始地理空间环境，以 2007 版南京城市总体规划所确定的 2020 年城市用地规模、范围和布局，设定相关政策规划调控系统中的全局参数、引导性局部参数和约束性局部参数，并结合前文社会调查结果初始化主体系统和主体区位决策影响条件（见表 12－30），其中，主体区位决策影响条件主要包括现状与规划目标年的绿地分布影响度、交通通达性、CBD 分布影响度、公共资源分布影响度、居住用地分布密度、商业用地分布密度等（见图 12－65～图 12－72）。

表 12－29 南京市城市用地规划规模（2007—2020）

用地类别	2007 年用地面积（km^2）	2020 年用地面积（km^2）	2007—2020 年用地面积的变化（km^2）
居住用地	156.88	241.50	84.62
公共设施用地	95.82	107.80	11.98
工业用地	176.81	199.70	22.89
仓储用地	13.56	24.20	10.64
对外交通用地	40.43	45.50	5.07
道路广场用地	94.38	132.80	38.42
市政公用设施用地	17.37	14.90	−2.47
绿　地	62.37	149.60	87.23
特殊用地	24.72	13.00	−11.72
城市建设用地	682.34	928.90	246.56

注：来源于《南京城市总体规划（2007—2020）》文本。

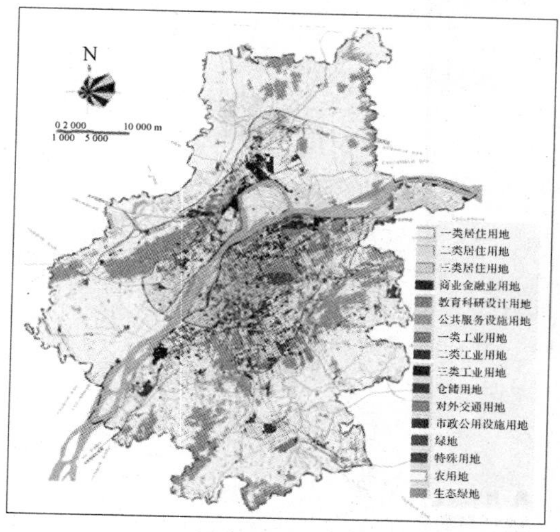

图 12-63　南京市土地利用现状图(2007 年)

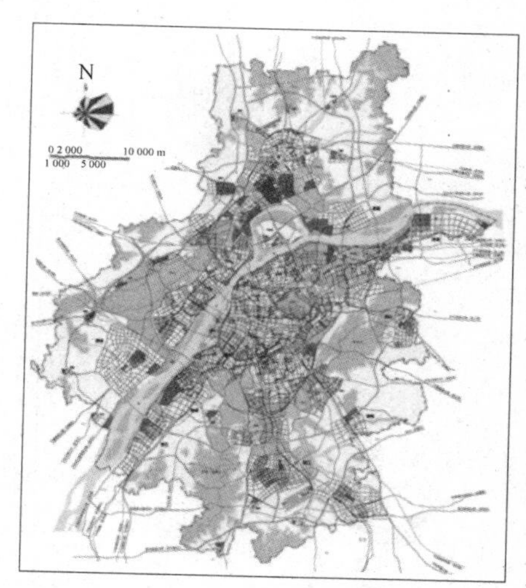

图 12-64　南京市土地利用规划图(2020 年)

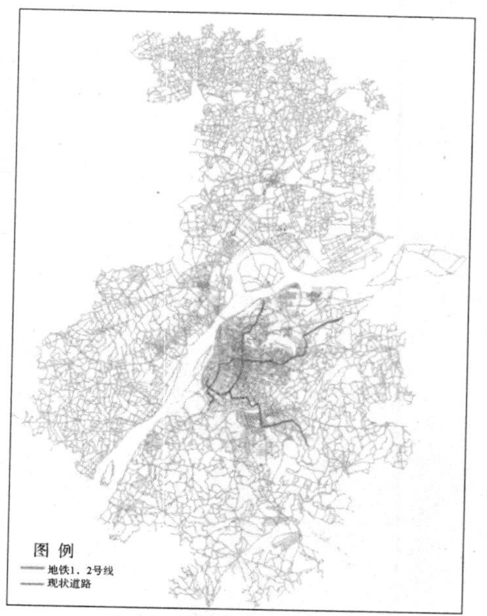

图 12-65　南京市道路交通分布(2007 年)

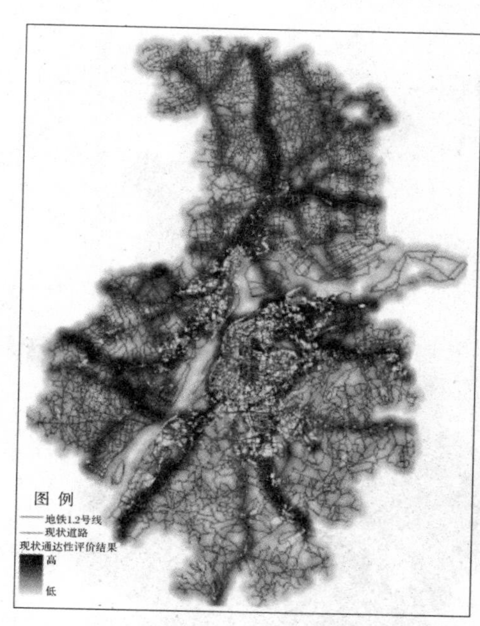

图 12-66　南京市交通通达性评价结果(2007 年)

图 12-67　南京市城市绿地分布(2007 年)

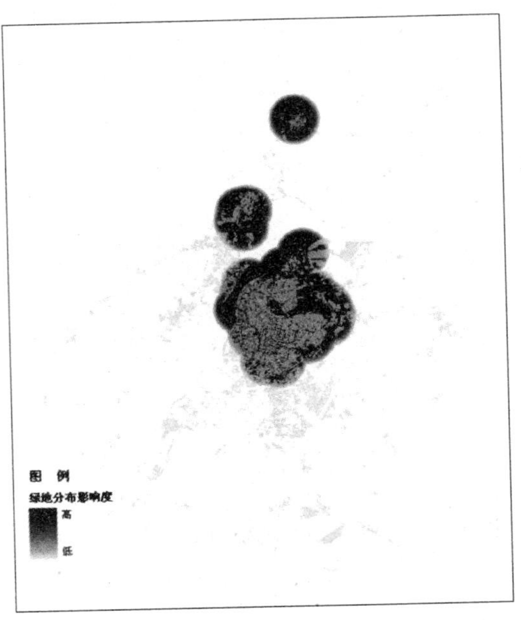

图 12-68　南京市城市绿地影响度评价结果(2007 年)

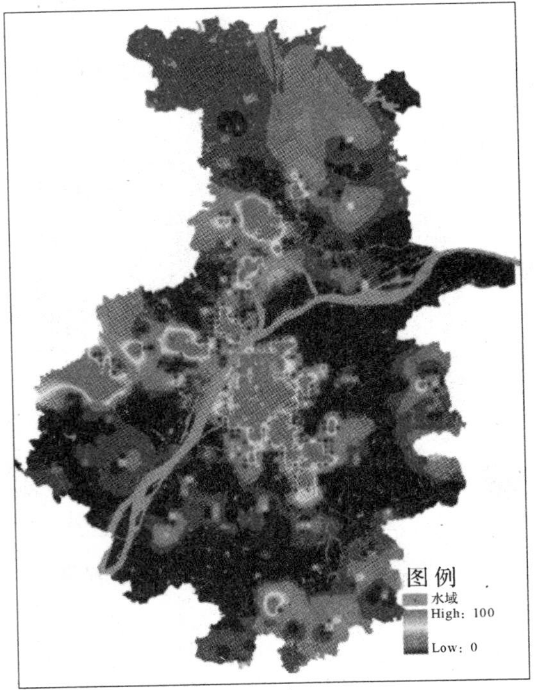

图 12-69　南京市商业用地分布密度(2007 年)

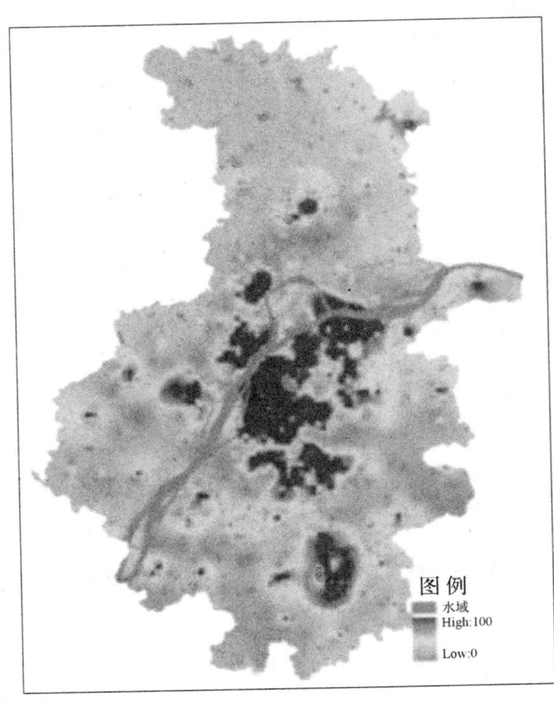

图 12-70　南京市居住用地分布密度(2007 年)

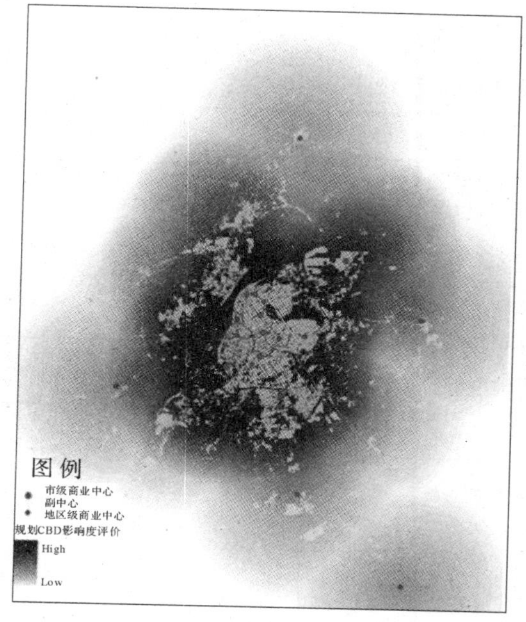

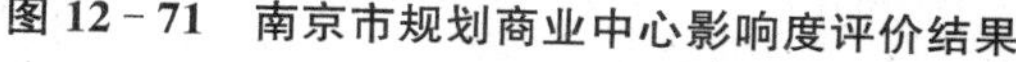
图 12-71 南京市规划商业中心影响度评价结果

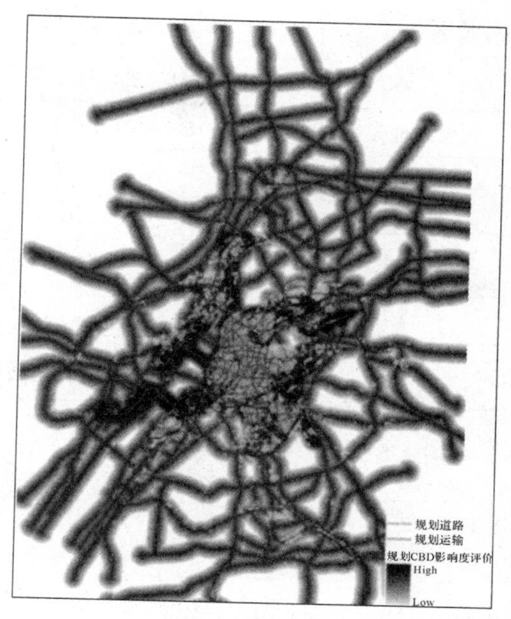

图 12-72 南京市规划道路影响度评价结果

表 12-30 南京市城市空间增长模拟模型主要参与因子与全局参数

参　数	设计数据与计算过程
通达度	分级道路现状分布，地铁 1、2 号线分布，加权叠加
绿地分布影响	绿地分布现状
医疗机构覆盖度	医疗机构分布数量、等级分级评价，加权叠加
教育资源覆盖度	中、小学分布数量、等级分级评价
CBD 影响	商业中心分布
商业金融业用地分布密度	商业金融业用地分布情况
居住用地分布密度	居住用地分布情况
期望通达度	道路网规划，地铁规划分级评价，加权叠加
期望绿地分布	目标年绿地分布
规划 CBD 影响	商业中心规划
规划用地类型引导	规划用地范围
规划用地规模调控	规划期内城市用地增加规模的基础上增加 5%弹性规模
生态保护区域	生态保护区范围

3）模拟结果与分析

将上述参数与图层数据，代入模型系统软件进行模拟实现，南京市 2020 年城市空间增长情况模拟结果如图 12-73 所示，模拟结果统计表明：2007—2020 年南京市居住用地、商业金融业用地和工业仓储业用地共增加 127.45 km^2。其中，居住用地增加 94.50 km^2，商业金融业用地增加 4.79 km^2，工业仓储业用地增加 28.16 km^2（见表 12-31）。主城区新增 19.26 km^2，副城区新增 65.71 km²,新城区新增 20.56 km²,新市镇新增 14.37 km²(见表 12-32)。

表 12-31 主体模型模拟南京市城市建设用地面积(2020 年) (单位:km²、%)

用地类别	2007—2020 年新增用地面积	规划一致面积	规划目标一致率
居住用地	94.50	68.63	72.62
商业金融业用地	4.79	3.08	64.27
工业和仓储用地	28.16	21.99	78.10
合 计	127.45	93.70	73.52

表 12-32 南京市新增城市建设用地空间分布(2007—2020 年) (单位:km²、%)

用地类别	一主三副					新城区	新市镇	其他	合计
	小计	主城区	仙林副城	东山副城	江北副城				
2007—2020 年新增用地模拟结果	84.97	19.26	21.64	11.62	32.45	20.56	14.37	7.55	127.45
一致面积	61.10	13.28	16.08	8.77	22.97	16.52	11.16	4.93	93.70
一致率	71.91	68.95	74.32	75.45	70.78	80.34	77.63	65.28	73.52

从模拟结果的空间分布上看,副城区新增用地面积占全市新增用地面积的比例超过了50%,"一主三副"区域新增用地占全市新增用地的比重约 67%,可见,在规划的调控和引导下,该区域将成为南京城市空间增长的主要区域。

从模拟结果与规划目标的对比情况来看,新增用地与规划目标一致率约 73.5%,与规划目标保持了良好的一致性,说明在规划目标对个体决策行为及其累加形成的城市空间增长发挥了良好的调控作用。在响应规划目标的同时,个体的自主性、适应性也发挥了重要作用,造成模拟结果与规划目标之间的差距。

分析各地类的模拟结果与规划目标的一致水平,新增居住用地、商业金融业用地、工业和仓储用地与规划目标的一致水平分别为 72%、64%、78%。在对规划目标的响应强度上,工业和仓储用地响应最为明显,其次是居住用地,再次是商业金融用地。这与模拟模型中居住主体、服务主体适应性的差异密切相关。

分析各区域新增用地与规划目标的一致水平,主城区约为 69%,副城区约为 73%,新城区达到 80%,新市镇达到 77%。与规划目标一致水平的空间差异,反映出规划目标调控力在本研究区的空间差异,这一调控力在新城区和新市镇的作用强于在主城区和副城区的作用,这也表明城市空间增长对于规划目标的响应在不同区域的差异。在副城区中,仙林、东山和江北的规划目标一致水平分别为 74%、75%和 71%,也体现出一定差异,这主要与各区域现状条件相关。

总体来看,通过该模型模拟的南京市城市空间增长结果能够在发展规模等条件约束下,反映城市空间增长的潜在方向,能够描述一定政策规划条件下城市空间的发展情况。同时,模拟结果也表明,在不同区域,城市规划的调控效果存在一定差异。比较发现,在主城区和副城,模拟结果与规划目标的一致水平相比新城区和新市镇要低,也就是说,在主城区和副城,城市空间增长对于规划目标的响应相比新城区和新市镇稍弱。究其原因,可能是在发育较为成熟的城市区域，主体进行空间区位选择时的灵活性、主动性和随机性更明显；而在新城区等新兴发展区域以及距离主城区偏远的区域进行空间区位选择时，主体自身的主动性和灵活性下降，而表现为对规划更为明显的响应，因而在这些区域的模拟结果中，规划的调控效力表现更为强烈。这种差异性恰恰也反映出城市空间增长过程中不同类型个体的决策和行为的复杂性，以及由此形成的城市空间增长过程的复杂性。

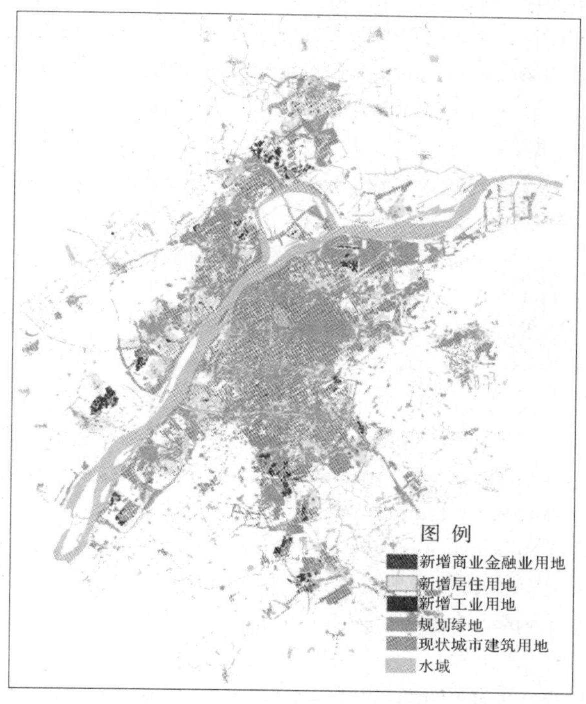

图 12－73　嵌入规划目标的南京市城市空间增长模拟结果图(2020 年)

12.5.6　主要研究结论

本研究引入复杂系统科学思想，构建城市微观动力系统模型，从概念模型、逻辑模型、数据模型到南京城市应用原型的技术实现，是城市复杂适应系统研究的一种探索与开拓。

在 GIS 技术支持下提出并设计了城市微观主体适应性行为过程模拟模型，发展了一种主体学习建模与主体空间决策建模相耦合的建模思路，丰富了城市空间发展的预测方法，为城市规划的智慧管理和决策展示了新的方法途径。

采用面向对象的 GIS 空间分析思路，结合 GIS 空间统计分析方法将城市空间增长过程中城市微观主体适应性行为所产生的空间效应对应至 GIS 空间数据栅格单元中，建立了以主体系统模型为中心的城市空间增长模拟 PPS 原型系统，将为南京市城乡规划新一代平台中面向规划公众参与和实施评价的智慧型 PPS 开发提供技术创新途径。

由城市各种利益群体组成的多主体相互间适应性行为的探索研究是我国城乡规划未来必将转型的“自下而上”规划模式的基础，基于多主体微观动力系统驱动的城市空间增长模拟及其原型系统开发应用研究切合了当代中国新型城镇化以人为本、尊崇自然和保护好生态环境的价值导向，是智慧城市规划层面的一种应用创新研究示范。

参 考 文 献

[1] Allen P M, Sanglier M. Urban evolution: self—organization and decision—making [J]. Environment and Planning A, 1981, (13).

[2] Batty M, Xie Y, Sun Z. Modeling urban dynamics through GIS—based cellular automata, Computer[J]. Environmental and Urban Systems, 1999, (23).

[3] Camagni R, Gibelli M C, Rigamonti P. Urban mobility and urban form: the social and environmental costs of different patterns of urban expansion [J]. Ecological Economics, 2002(40).

[4] Daniels T. When City and Country Collide: Managing Growth in the Metropolitan Fringe[M]. Island Press, Washington, DC, 1999.

[5] Gary Higgs. Book review: Planning Support Systems in Practice[J]. International Journal of Geographical Information Sciences, 2004(18)

[6] Geertman S. Participatory planning and GIS: a PSS to bridge the gap[J]. Environment and Planning B: Planning and Design, 2002a(29).

[7] Geertman S, Stillwell J. Planning support system: an inventory of current practice[J]. Computers, Environment and Urban Systems, 2004(28).

[8] Gordon T, Karacapilidis N, Voss H, Zauke A. Computer—mediated cooperative spatial planning, in Timmermans, H. (Ed.), Decision support systems in urban planning[M]. E. & F. N. Spon, 1997.

[9] Hopkins L. Progress and prospects for planning support systems[J]. Environment and Planning B: Planning and Design (Anniversary Issue), 1998.

[10] Hansen V1, Yi P, Hou X, Aldahan A, Roos P, Possnert G. Iodide and iodate (129I and 127I) in surface water of the Baltic Sea, Kattegat and Skagerrak[J]. Sci Total Environ. 2011(12).

[11] Hopkins L. Structure of a planning support system for urban development[J]. Environment and Planning B: Planning and Design, 1999(26).

[12] Kammeier H. New tools for spatial analysis and planning as components of an incremental planning—support system[J]. Environment and Planning B: Planning and Design, 1999(26).

[13] Klosterman R. The What if collaborative planning support system[J]. Environment and Planning B: Planning and Design, 1999b(26).

[14] Laurini RGroupware for urban planning: an introduction[J]. Computers, Environment and Urban Systems, 1998, 22(4).

[15] Li F X, Liang J, Clarke K C, et al.. Urban land growth in eastern China: a general analytical framework based on the role of urban micro—agents' adaptive behavior. Regional Environmental Change, 2015, 15 (4).

[16] Nedovic—Budic Z. The impact of GIS technology[J]. Environment and Planning B: Planning and Design, 1998(25).

[17] Nyerges T, Jankowski P. Adaptive structuration theory: a theory of GIS—supported collaborative decision making[J]. Geographical Systems, 1997, 4(3).

[18] Reed M. Perkins, Wei—Ning Xiang. Building a geographic info—structure for sustainable development planning on a small island developing state[J]. Landscape and Urban Planning, 2006, 78(4).

[19] Shiffer M. Towards a collaborative planning system[J]. Environment and Planning B: Planning and Design, 1992(19).

[20] Singh R. Sketching the city: a GIS—based approach[J]. Environment and Planning B: Planning and Design, 1999(26).

[21] Uran O, Janssen R. Why are spatial decision support systems not used? Some experiences from the Netherlands[J]. Computers, Environment and Urban Systems, 2003(27).
[22] Van der Valk A. The Dutch planning experience[J]. Landscape Urban Plan, 2002 (58).
[23] White R, Engelen G. Cellular automata and fractal urban form: a cellular modeling approach to the evolution of urban land—use patterns [J]. Environment and Planning A, 1993 (25).
[24] Wu F, Webster C J. Simulation of land development through the integration of cellular automata and multicriteria evaluation [J]. Environ Planning B: Plan Design, 1998(25).
[25] [美]保罗·诺克斯,斯蒂文·平齐. 城市社会地理学导论[M]. 北京:商务印书馆,2005.
[26] 长汀县地方志编纂委员会. 长汀县志[M]. 北京:生活·读书·新知三联书店,1993.
[27] 陈阜,王喆. 我国农业科技园区的特征与发展方向[J]. 农业现代化研究,2002,23(2).
[28] 陈睿,吕斌. 城市空间增长模型研究的趋势、类型与方法[J]. 经济地理,2007, 27(2).
[29] 陈燕,王飞. 实证取向的城市居住空间分异现象探讨——基于对南京住区调查的分析[J]. 贵州社会科学,2009(11).
[30] 陈哲. 南京城市用地的空间变动研究[D]. 南京师范大学,2007.
[31] 董鉴鸿,阮仪三. 名城文化鉴赏和保护[M]. 上海:同济大学出版社,1993.
[32] 杜宁睿,李渊. 规划支持系统(PSS)及其在城市空间规划决策中的应用[J]. 武汉大学学报(工学版), 2005, 38(1).
[33] 段进. 城市空间发展论[M]. 南京:江苏科学技术出版社,1999.
[34] 顾朝林,陈振光. 中国大都市空间增长形态[J]. 中国方域:行政区划与地名,1996,(1).
[35] 顾朝林. 集聚与扩散:城市空间结构新论[M]. 南京:东南大学出版社,2000.
[36] 何绵山. 八闽文化[M]. 沈阳:辽宁教育出版社,1998.
[37] 何尧振. 城市规划与噪声控制[J]. 城市规划,1982(05).
[38] 何郑莹,裘行洁,徐建刚. 福建长汀特色分析与保护[J]. 规划师,2005,21(6).
[39] 黄聚聪,张炜平,李熙波. 福建长汀河田水土流失原因综述[J]. 亚热带水土保持,2007,19(2).
[40]黄光宇. 山地城市空间结构的生态学思考[A]. 重庆市首届工程师大会论文集[C]. 重庆市科学技术协会,2004.
[41] 姜怀宇. 大都市区地域空间结构演化的微观动力研究[D]. 东北师范大学,2006.
[42] 金丽国. 区域主体与空间经济自组织[M]. 上海:上海人民出版社,2007.
[43] 马光. 环境与可持续发展导论[M]. 北京:科学出版社,2000.
[44] 李德华. 城市规划原理(第三版)[M]. 北京:中国建筑工业出版社,2001.
[45] 李飞雪,李满春,刘永学,等. 建国以来南京城市扩展研究[J]. 自然资源学报,2007,22(4).
[46] 李和平. 山地城市规划的哲学思辨[J]. 城市规划,1998(3).
[47] 黎夏,杨青生,刘小平. 基于 CA 的城市演变的知识挖掘及规划情景模拟[J]. 中国科学,2007 (D辑).
[48] 李旭,赵万民. 从演进规律看城市特色的衰微与重构[J]. 城市规划学刊,2010(2).
[49] 刘绛华. 软实力——知识经济时代核心竞争力的关键[J]. 求实,2006(12).
[50] 刘敬. 南京郊区城市化发展问题研究[D]. 南京农业大学,2004.
[51] 龙瀛. 规划支持系统原理与应用[M]. 北京:化学工业出版社,2007.
[52] 马光. 环境与可持续发展导论[M]. 北京:科学出版社,2000.
[53] 钮心毅. 规划支持系统:一种运用计算机辅助规划的新方法[J]. 城市规划学刊,2006(02).
[54] 潘安,李时锦,唐浩宇. 全过程的数字规划支持系统(DPSS)研究[J]. 计算机应用与软件,2006(01).
[55] 秦正茂. 城市总体规划与控制性详细规划用地衔接评价体系研究[D]. 南京大学,2012.
[56] 祁毅. 规划支持系统与城市公共交通[M]. 南京:东南大学出版社,2010.
[57] 仇保兴. 复杂科学与城市规划变革[J]. 城市规划,2009(4).

[58] 阮仪三，王景慧，王林. 历史文化名城保护理论与规划[M]. 上海：同济大学出版社，1999.
[59] 桑玉昆，赵丹丹，蒋金亮，等. 基于功能用地适宜性的农业科技园区规划方案评价[J]. 农业工程学报，2014(10).
[60] 童本勤，李侃桢，何流. 南京市人地关系合理性研究[J]. 经济地理，2003，23(3).
[61] 孙施文. 中国城市规划的理性思维的困境[J]. 城市规划学刊，2007(2).
[62] 王成金，张岸. 基于交通优势度的建设用地适宜性评价与实证——以玉树地震灾区为例[J]. 资源科学，2012(34).
[63] 王芙蓉，徐建刚，贺云翱，等. 基于 GIS 的江苏省域范围历史中心城市区域影响力研究[J]. 遥感信息，2011.
[64] 王宁，宋江海. 高等教育园区规划设计的探索——以宁波(鄞县)高等教育园区规划设计为例[J]. 规划师，2001，17(5).
[65] 王中德，赵万民. 西南山地城市公共空间规划设计适应性理论与方法研究[M]. 南京：东南大学出版社，2011.
[66] 吴莉娅. 中国城市化理论研究进展[J]. 城市规划汇刊，2004，(4).
[67] 谢重光. 闽西客家[M]. 北京：生活·读书·新知三联书店，2002.
[68] 徐建刚，桂昆鹏，祁毅，等. 山地城市适应性规划建模分析方法探析[J]. 城市与区域规划评论，2012(1).
[69] 薛继斌，徐保根，李湛，等. 村级土地利用规划中的建设用地适宜性评价研究[J]. 中国土地科学，2011，25(09).
[70] 叶嘉安，宋小冬，钮心毅，等. 地理信息与规划支持系统[M]. 北京：科学出版社，2006.
[71] 杨东峰，王静文，殷成志. 我国大城市空间增长基本动力的实证研究——经济发展、人口增长与道路交通[J]. 人口资源与环境，2008(05).
[72] 曾宏. 城市交通噪声预测评价系统的设计与实现[J]. 地理空间信息，2009，7(02).
[73] 张新焕，祁毅，杨德刚，等. 基于 CA 模型的乌鲁木齐都市圈城市用地扩展模拟研究[J]. 中国沙漠，2009，(5).
[74] 张永良，刘培哲，等. 水环境容量综合手册[M]. 北京：清华大学出版社，1991.
[75] 张振龙. 论城市空间增长——以南京都市区为例[D]. 南京大学，2009.
[76] 张晓冬，等. 系统工程[M]. 北京：科学出版社，2010.
[77] 赵静，濮励杰，胡晓添. 城市住房价格空间差异研究——以南京市为例[J]. 现代管理科学，2007，(2).
[78] 赵之枫. 基于互动理念的现代农业园区规划研究[J]. 城市规划，2013(11).
[79] 郑昭. 水土保持立法吸纳“长汀经验”[N]. 福建日报，2013-12-01.
[80] 中国汀州客家研究中心. 中国历史文化名城：长汀[M]. 厦门：厦门大学出版社，2010.
[81] 周成虎，孙战利，谢一春. 地理元胞自动机[M]. 北京：科学出版社，2001.

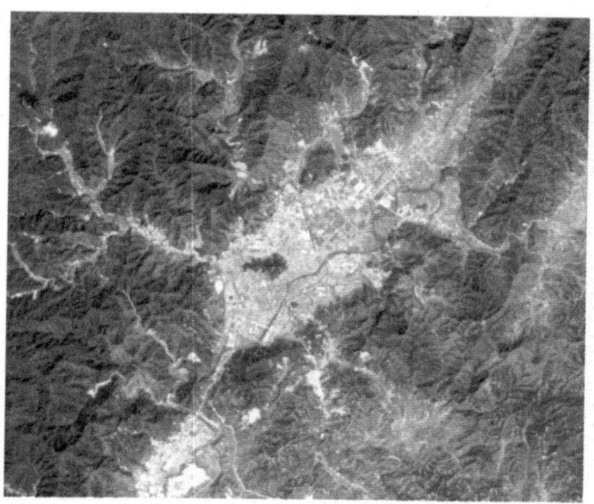

图 3-4　长汀县(部分)Landsat8 影像(432 波段合成)

图 3-5　长汀县(部分)Spot5 影像

图 3-6　长汀县(部分)IKONOS 影像

图 3-7　长汀县(部分)GE 影像(来源:Google Maps)

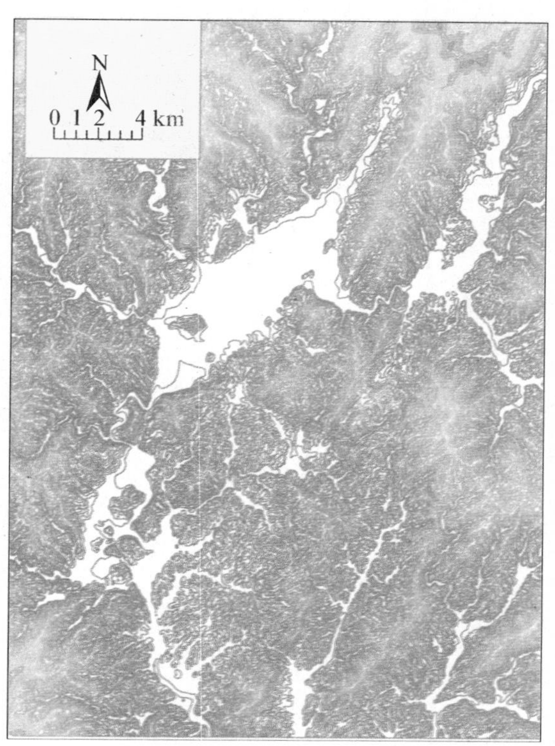

图 4-24　用等高线表示基础地形信息示例

图 4-26　用不规则三角网(TIN)表示基础地形信息示例

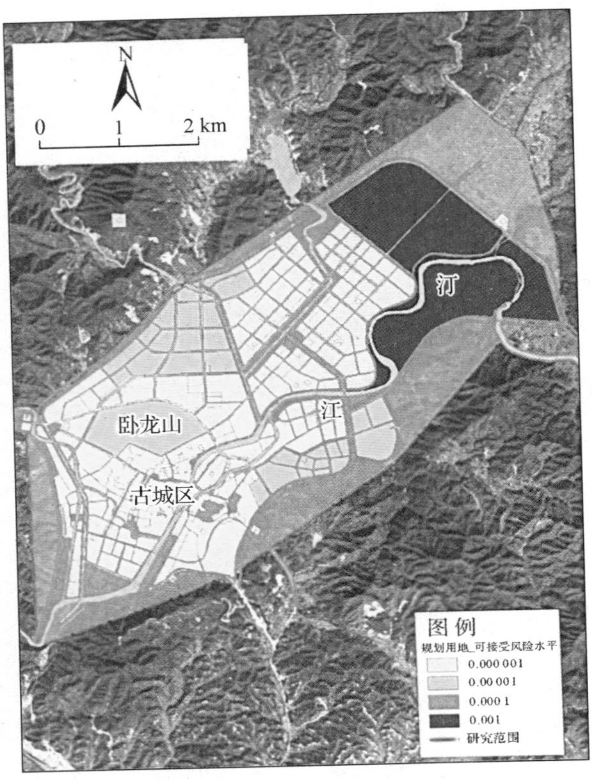

图 4－30　规划用地可接受风险值图

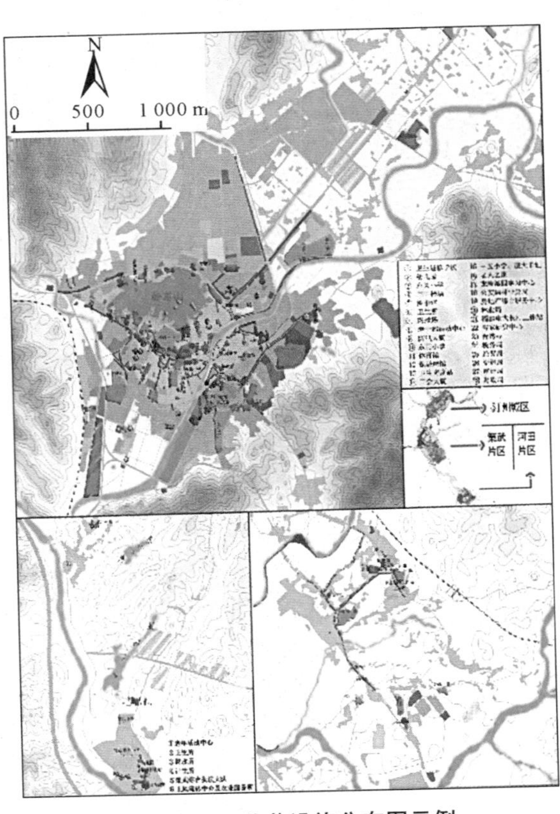

图 4－33　公共设施分布图示例

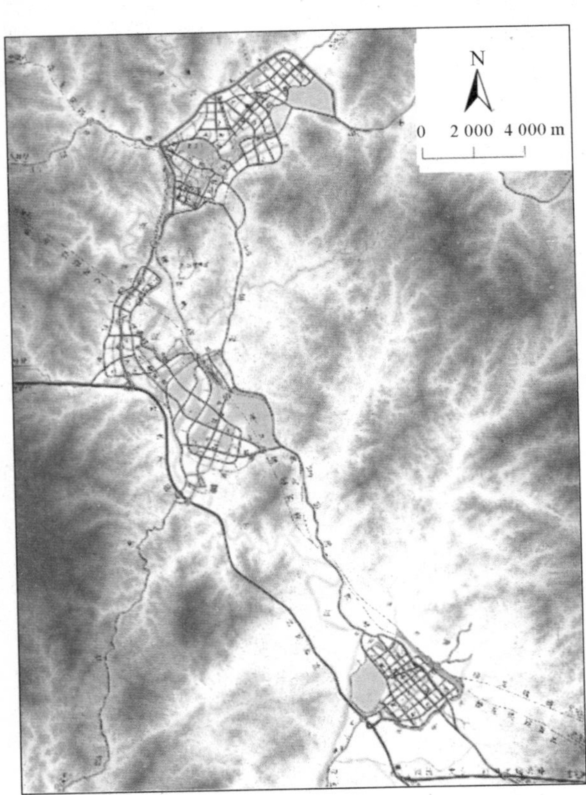

图 4－37　综合交通规划图示例

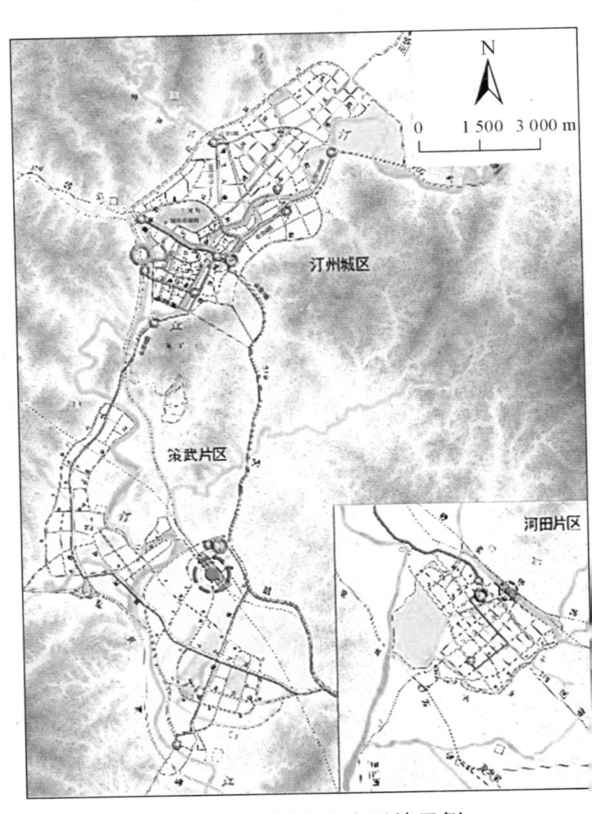

图 4－39　城市公交系统示例

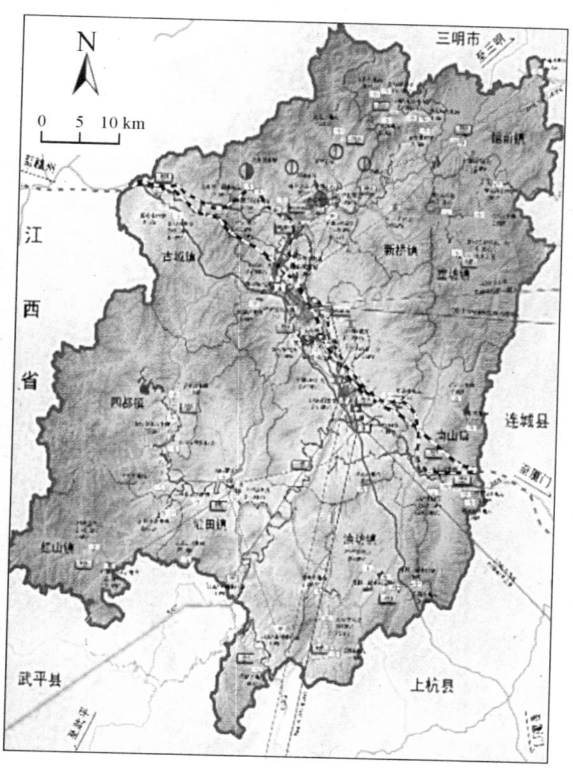

图 4－34　重要基础设施规划图示例

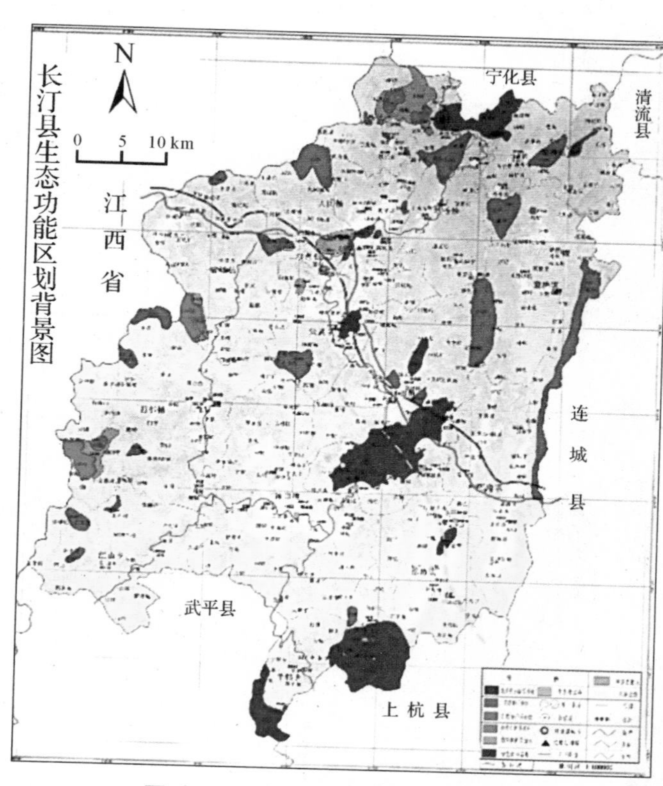

图 4－41　生态功能区划背景图示例

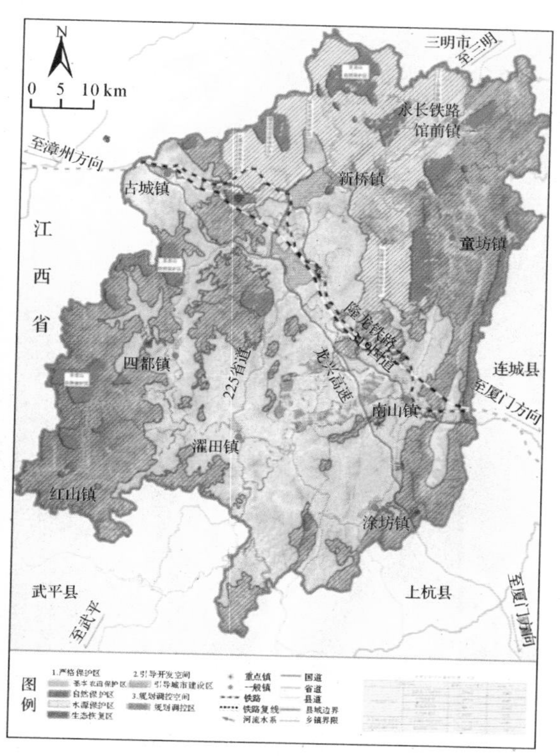

图 4－42　空间管制区划图

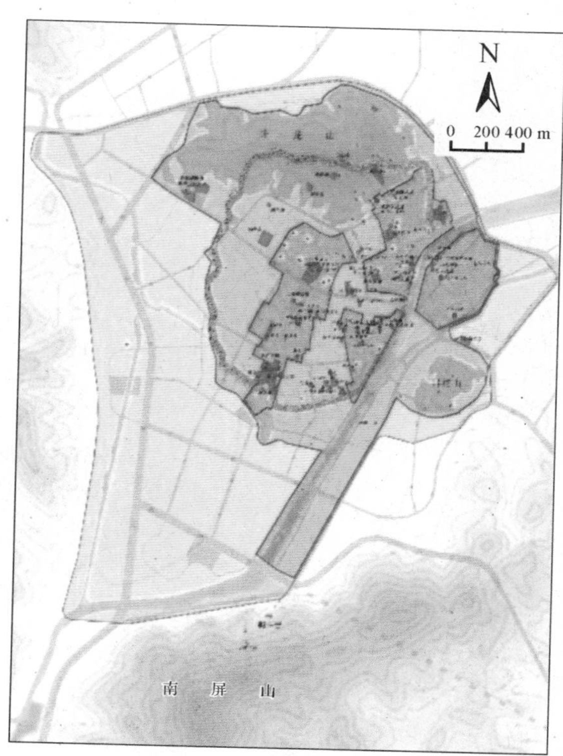

图 4－43　历史文化名城保护规划示例

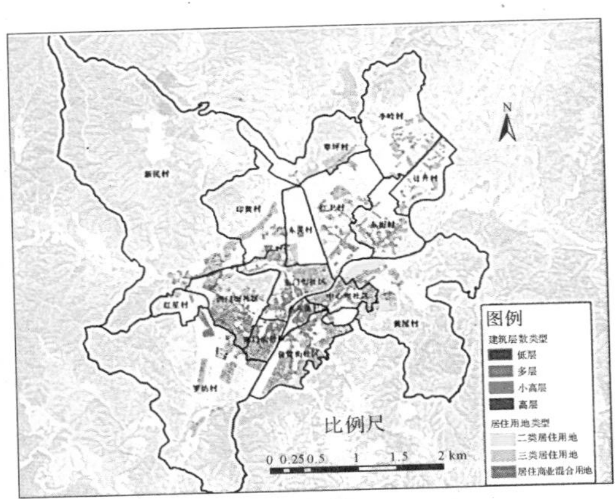

图 5-4 居住用地类型与建筑层数分布图

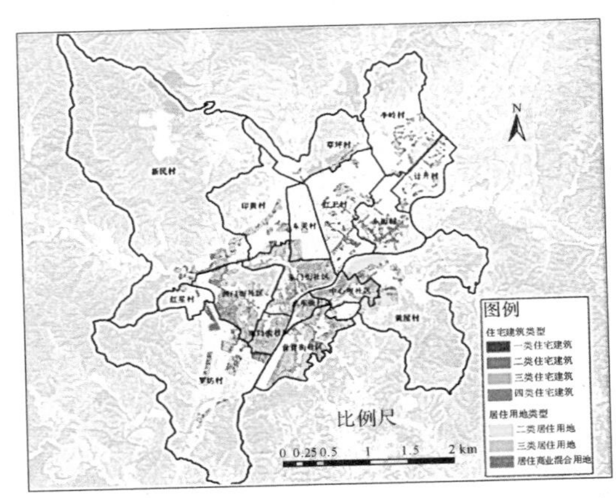

图 5-5 居住用地类型与建筑类型分布图

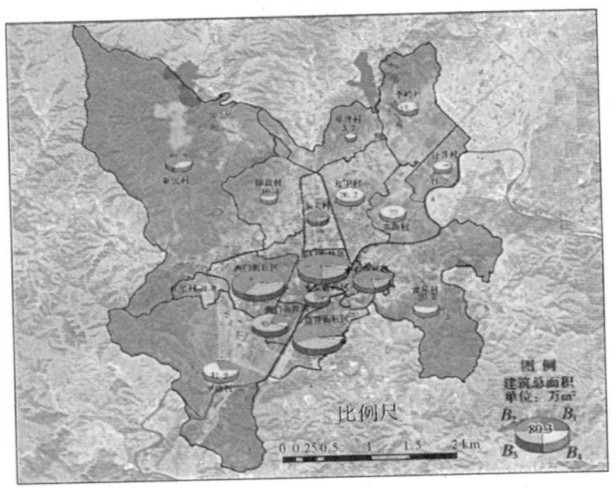

图 5-8 长汀县样本区建筑总面积构成图

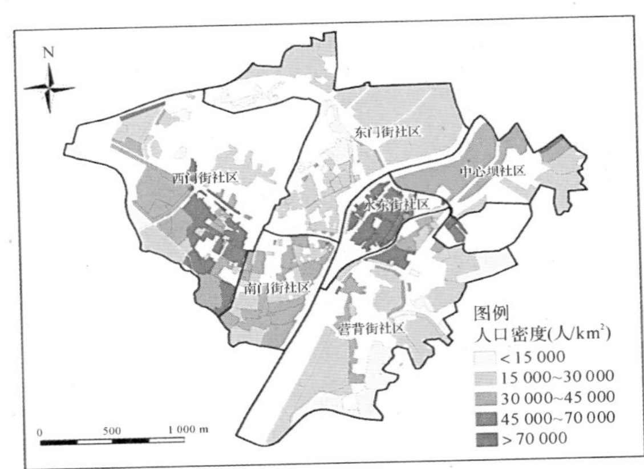

图 5-10 长汀县主城区 6 个社区居住人口密度分布图

图 5-13 长汀县古城中心区住宅层数分布图

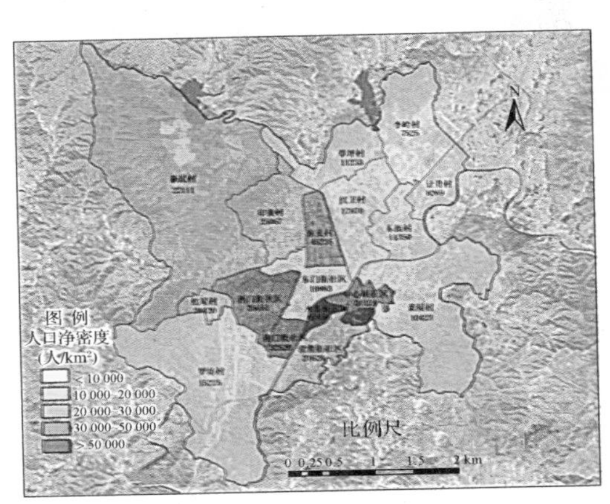

图 5-12 长汀县样本区人口净密度分布图

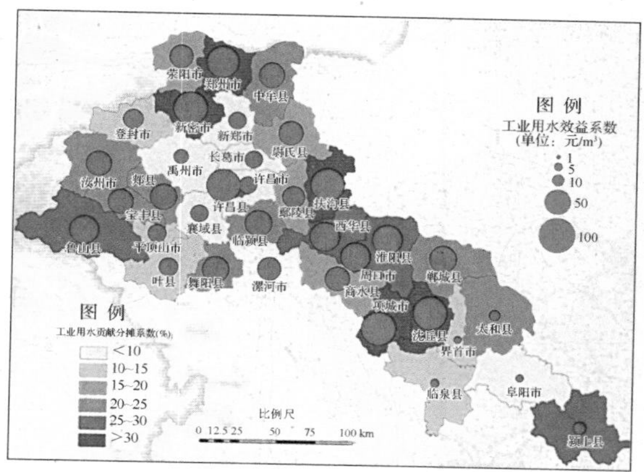

图 5－24　2007 年沙颍河流域工业用水效益

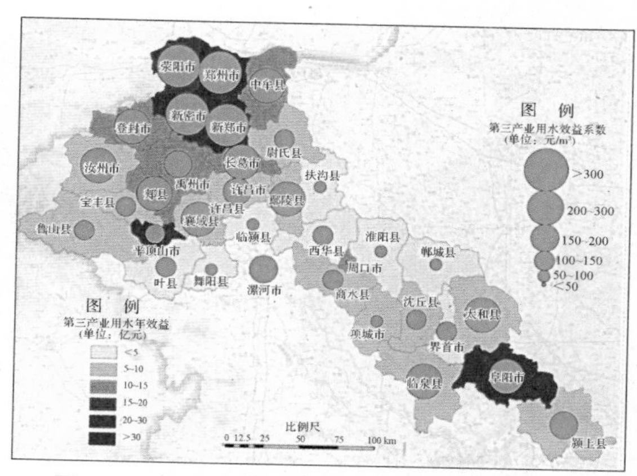

图 5－25　2007 年沙颍河流域第三产业用水效益

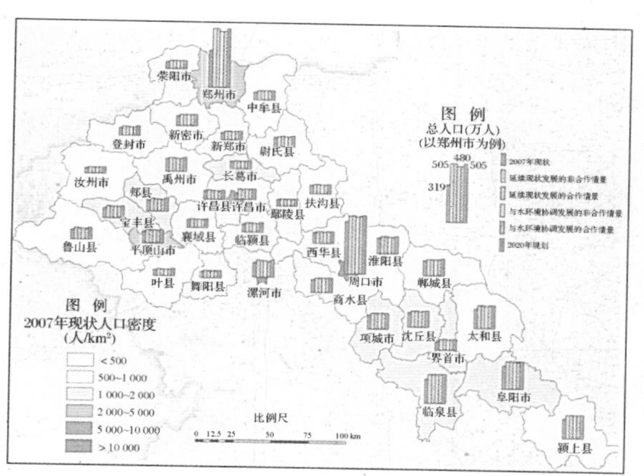

图 5－26　沙颍河流域城市群人口规模多情景分析

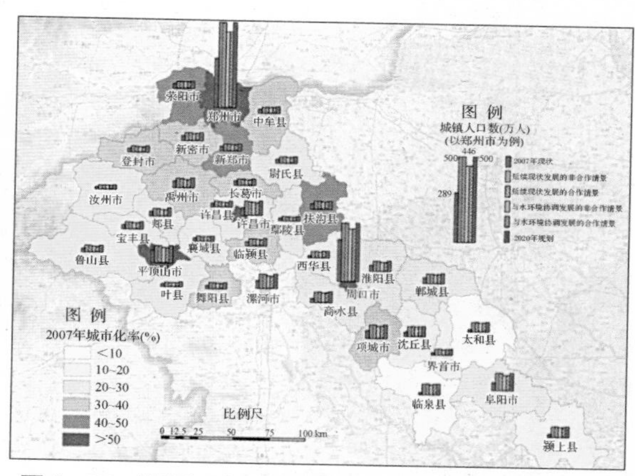

图 5－27　沙颍河流域城市群城镇人口规模多情景分析

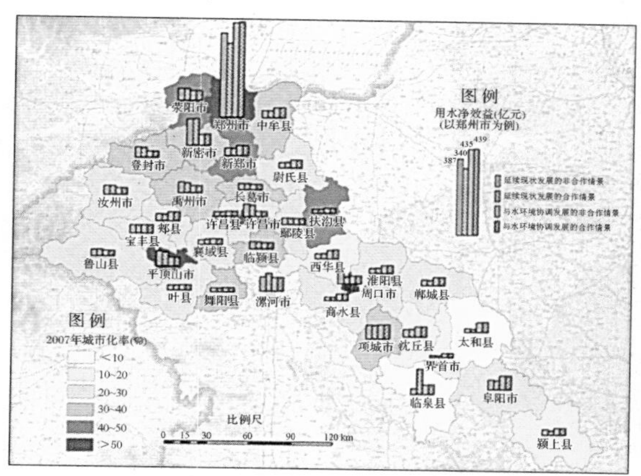

图 5－28　沙颍河流域城市群用水效益多情景分析

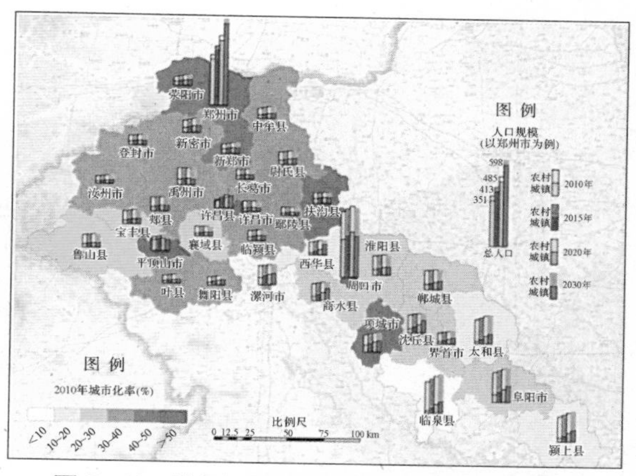

图 5－29　沙颍河流域城市群适宜人口规模分析

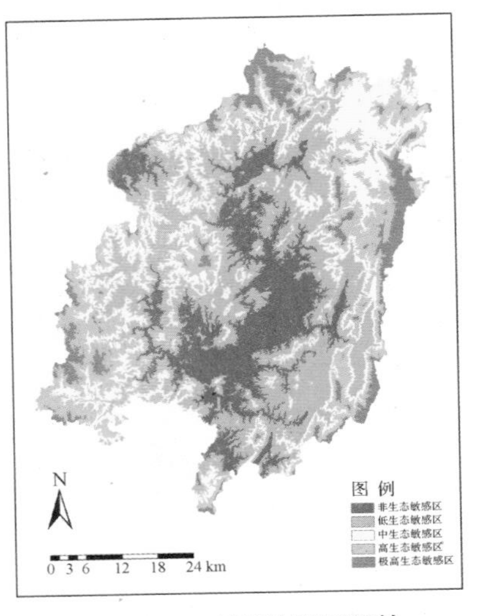

图 6－3　基于高程因子的长汀生态分区图

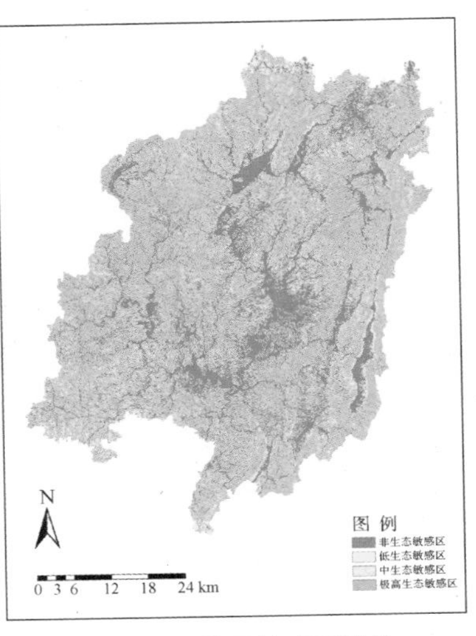

图 6－4　基于坡度因子的长汀生态分区图

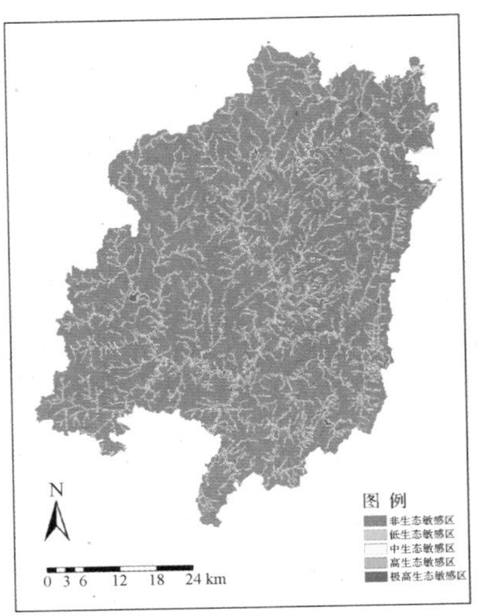

图 6－5　基于水系因子的长汀生态分区图

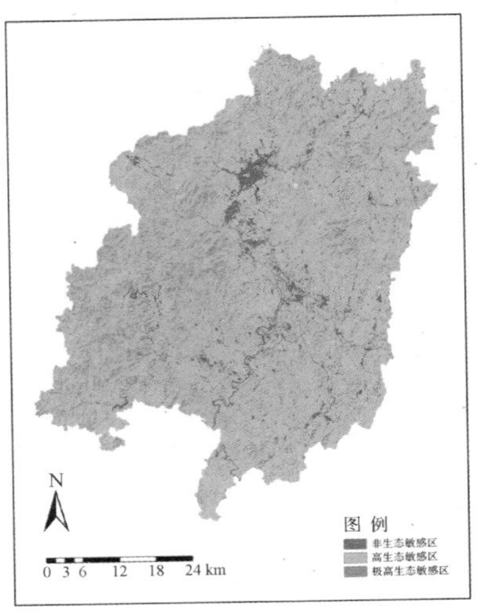

图 6－6　基于森林因子的长汀生态分区图

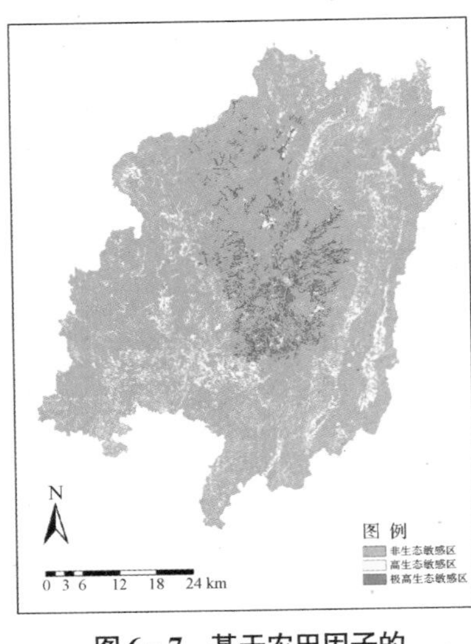

图 6－7　基于农田因子的长汀生态分区图

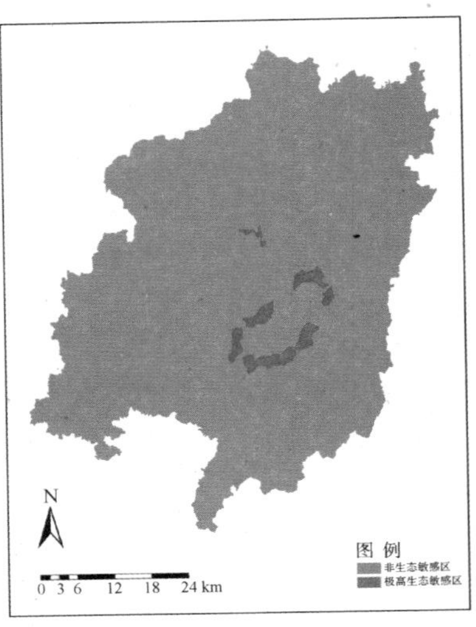

图 6－8　基于水土流失因子的长汀生态分区图

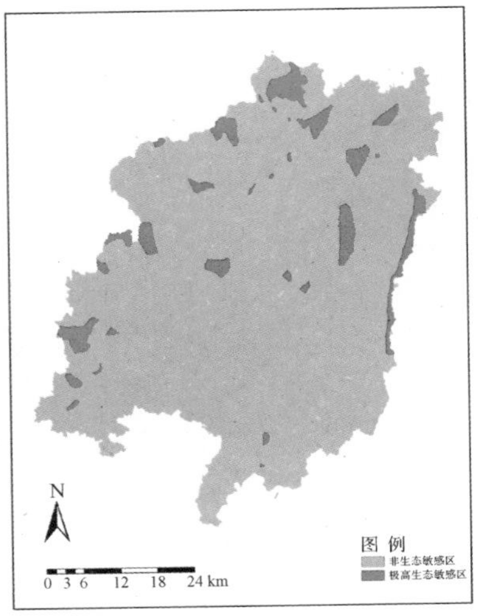

图 6－9　基于自然保护区因子的长汀生态分区图

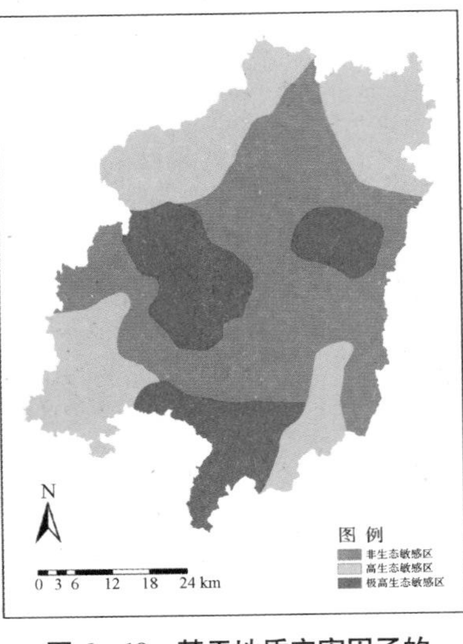

图 6－10　基于地质灾害因子的长汀生态分区图

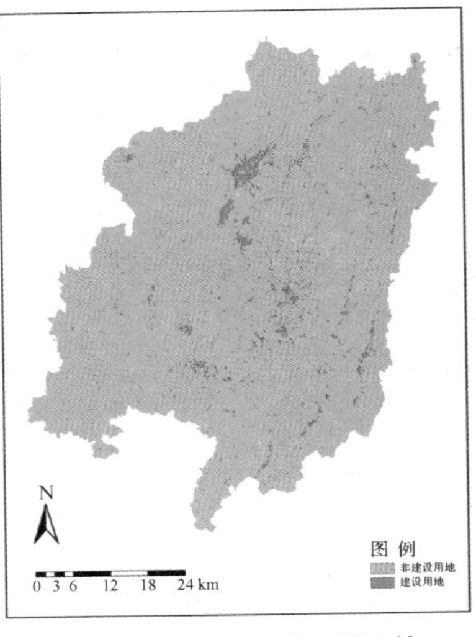

图 6－11　基于建成区因子的长汀生态分区图

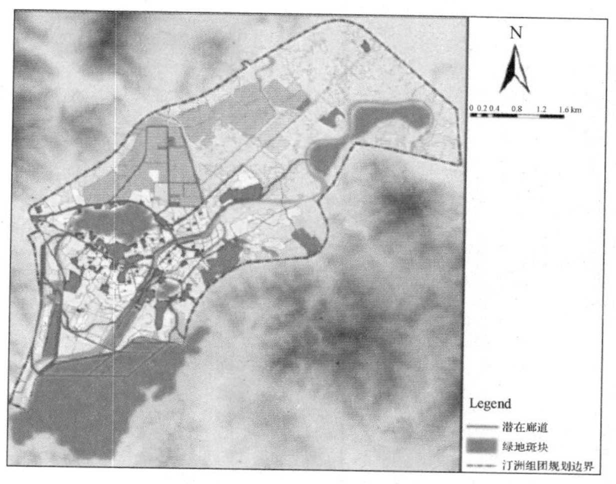

图 6-18　长汀县中心城区的潜在生态廊道模拟分析

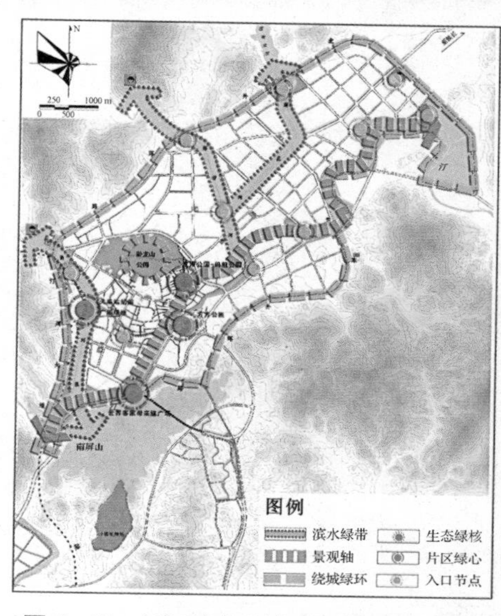

图 6-19　长汀县中心城区生态网络示意图

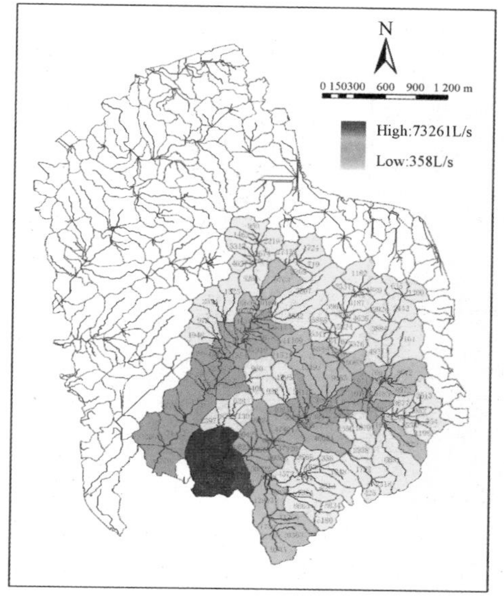

图 6-28　微流域 50 年一遇降雨流量图

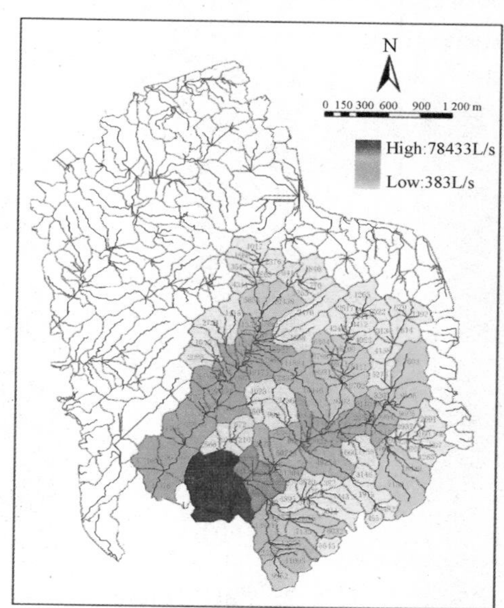

图 6-29　微流域 100 年一遇降雨出口流量图

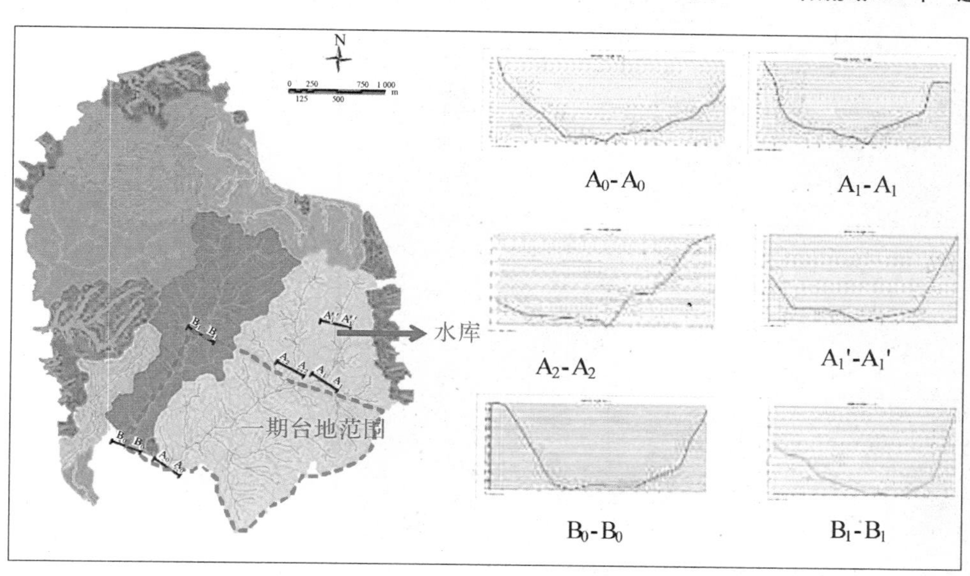

图 6-30　断面位置及剖面图

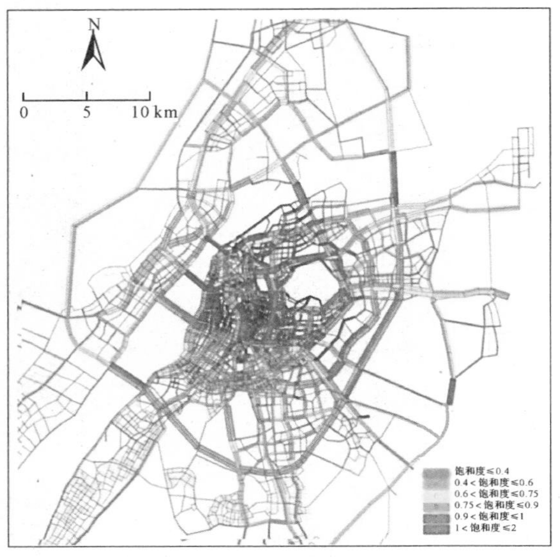

图 7-23　情景一测试结果

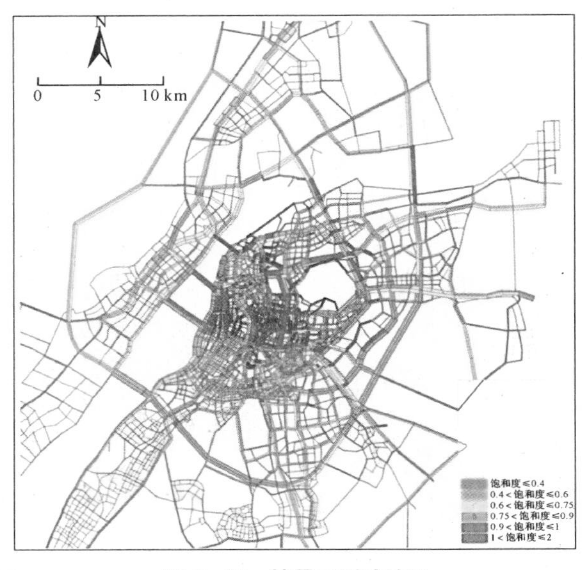

图 7-24　情景二测试结果

图 7-25　情景三测试结果

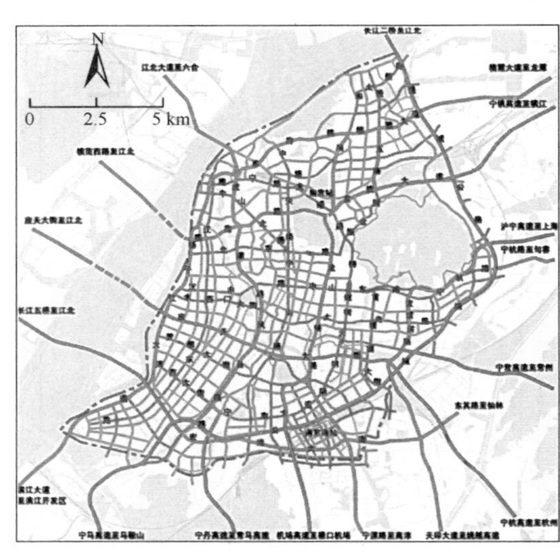

图 7-26　南京市主城区快主次干路网规划图

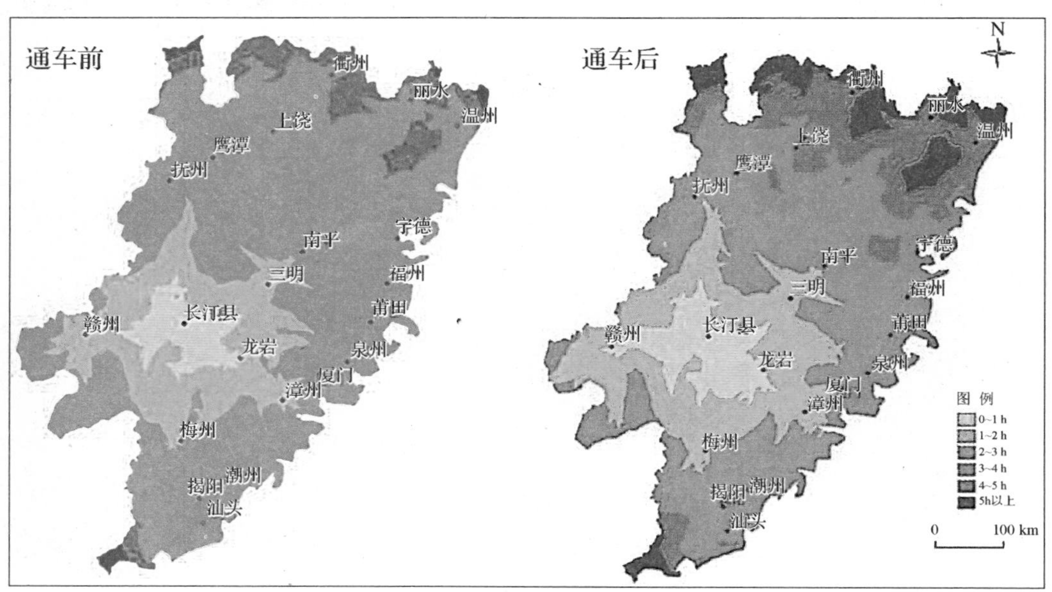

图 7-30　赣龙铁路复线建成前后长汀交通可达性变化对照

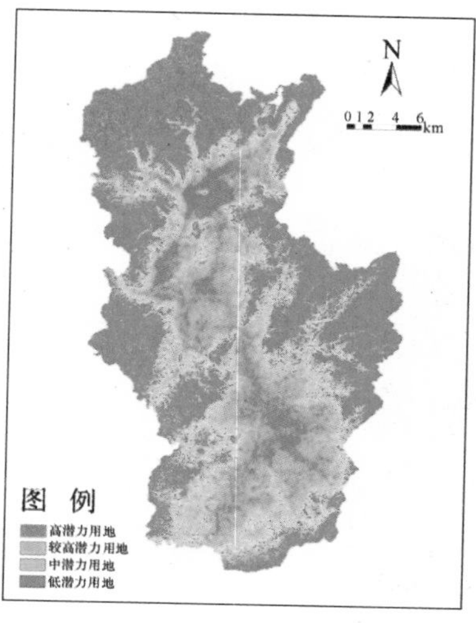

图 8－7　用地潜力因子综合评价图

图 8－8　用地阻力因子综合评价图

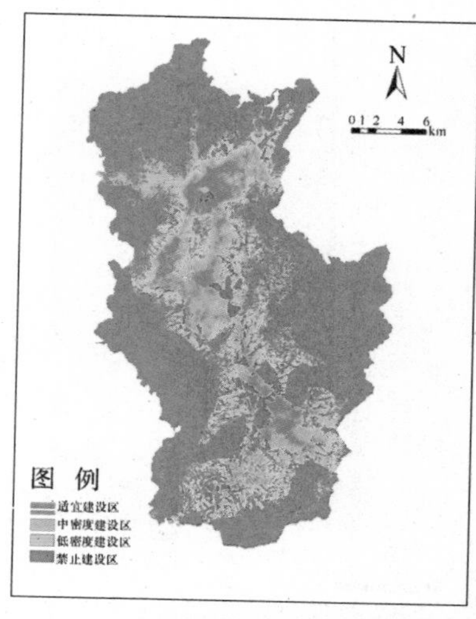

图 8－9　建设用地适宜性评价图

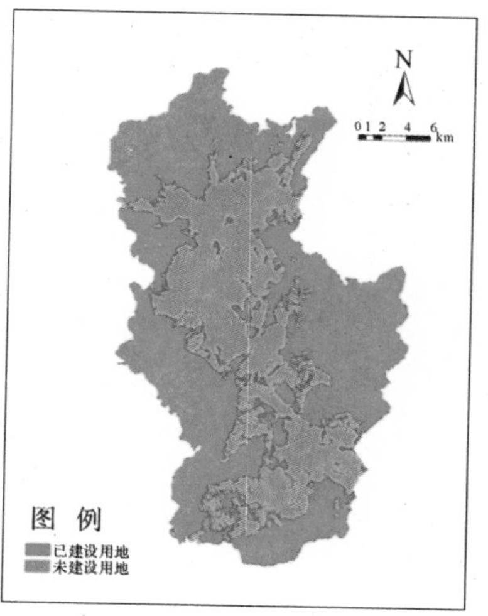

图 8－12　刚性增长边界

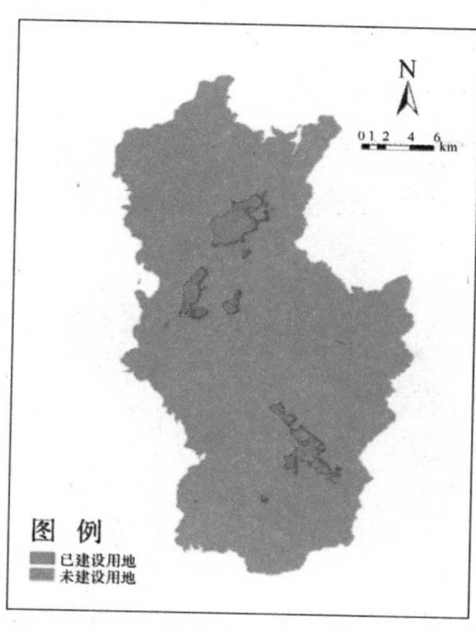

图 8－13　弹性增长边界(至 2020 年)

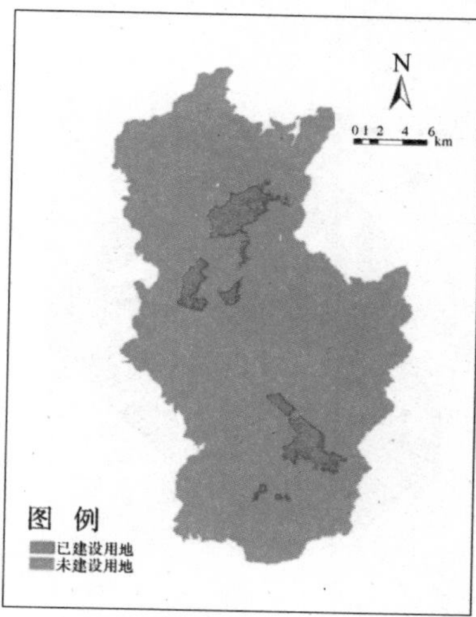

图 8－14　弹性增长边界(至 2030 年)

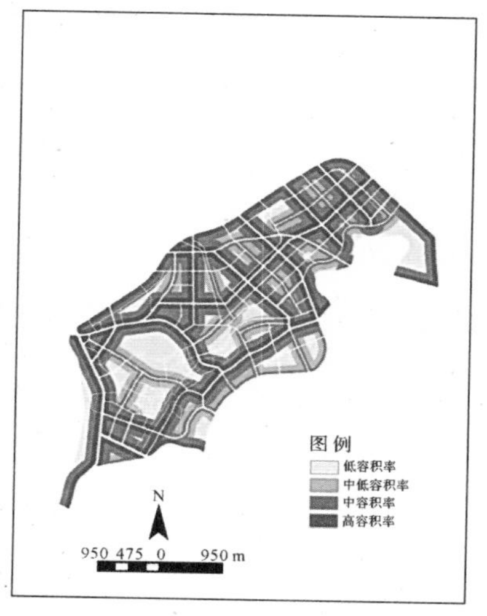

图 8－20　基于交通条件的容积率分区

图 8－23　基于服务条件的容积率分区

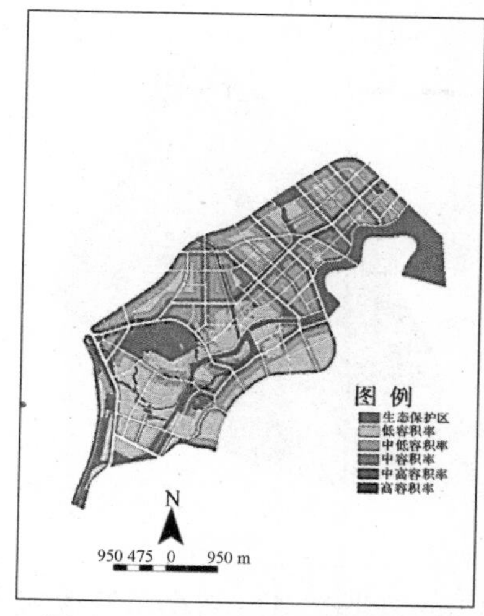

图 8－29　容积率分区修正模型

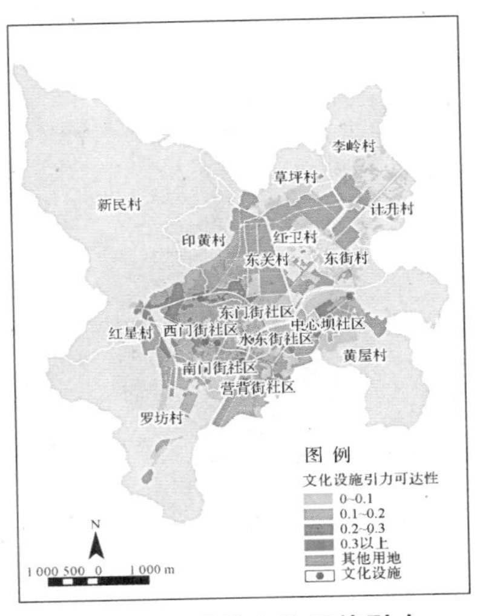

图 9－4　现状文化设施引力可达性分布图

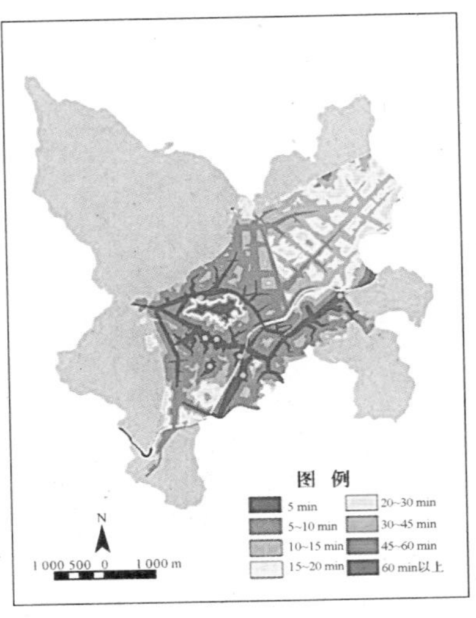

图 9－6　文化设施时间成本可达性分布图

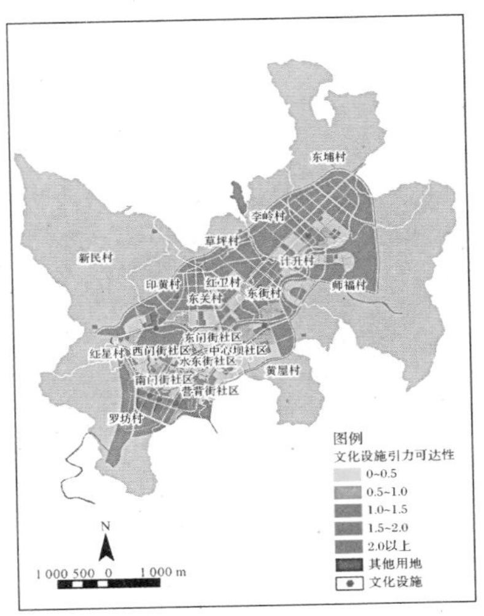

图 9－7　规划文化设施引力可达性分布图

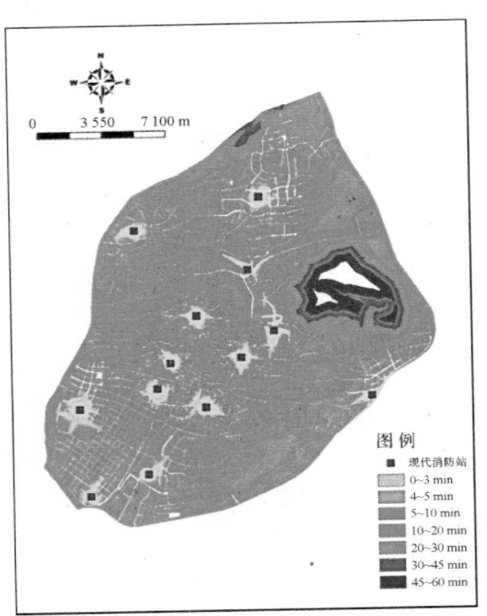

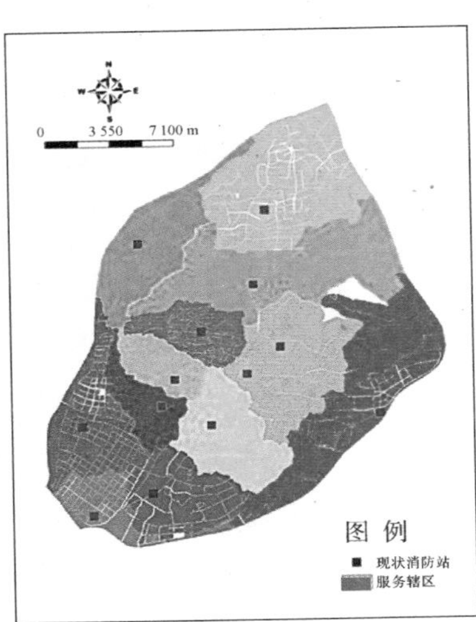

图 9－15　研究区现状消防站消防响应时间和服务范围与辖区划分图

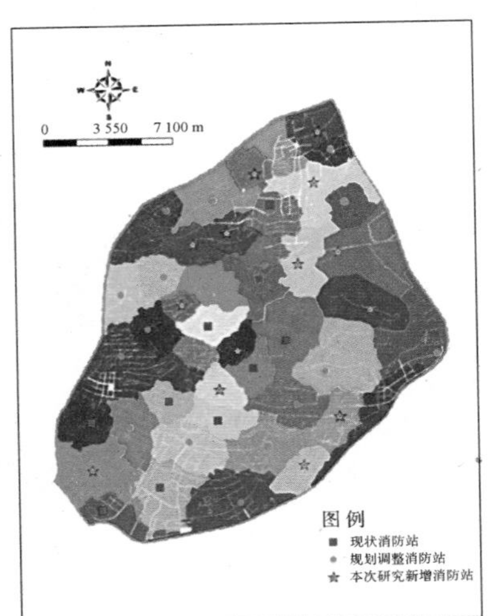

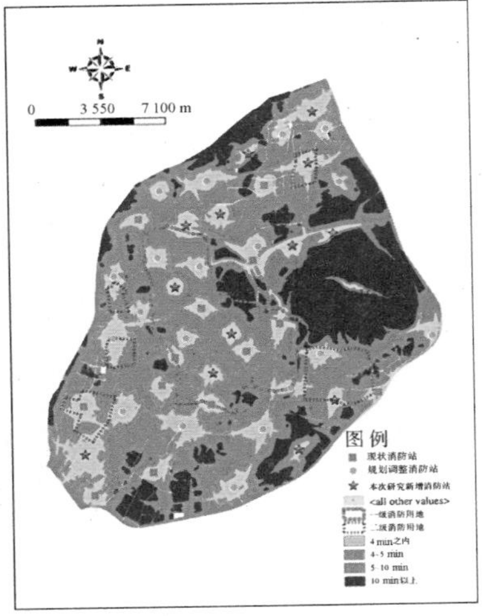

图 9－17　调整后的消防站布局及研究区反应时间分布图

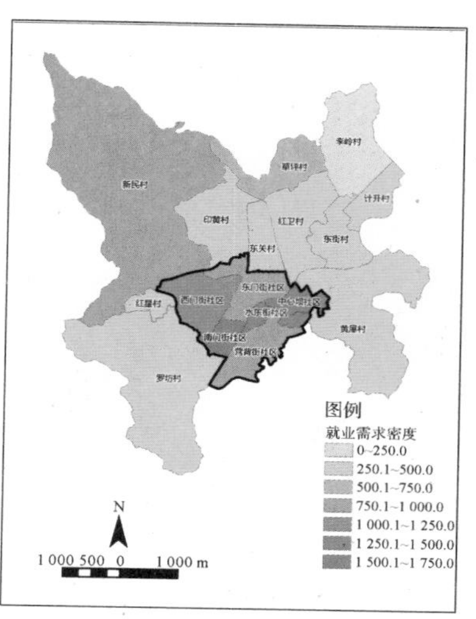

图 9－20　长汀县城各社区就业需求密度分布图

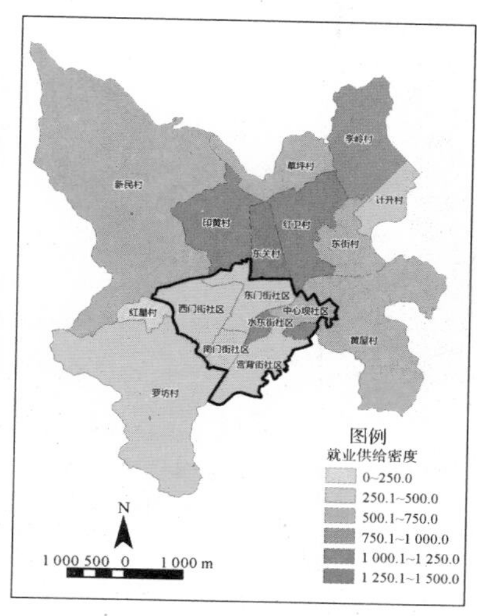

图 9－21　长汀县城各社区就业供给密度分布图

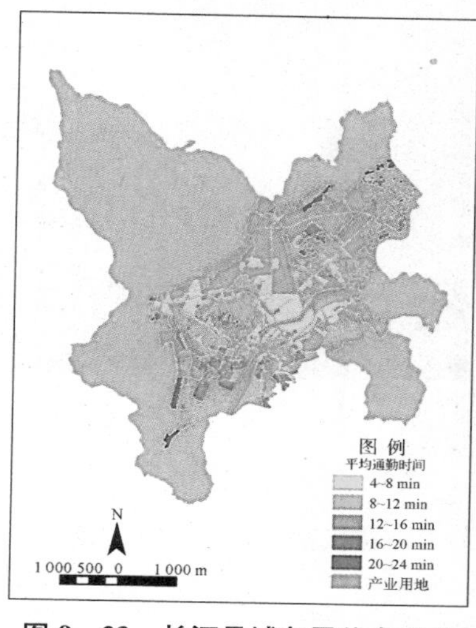

图 9－23　长汀县城各居住点平均通勤时间分布图

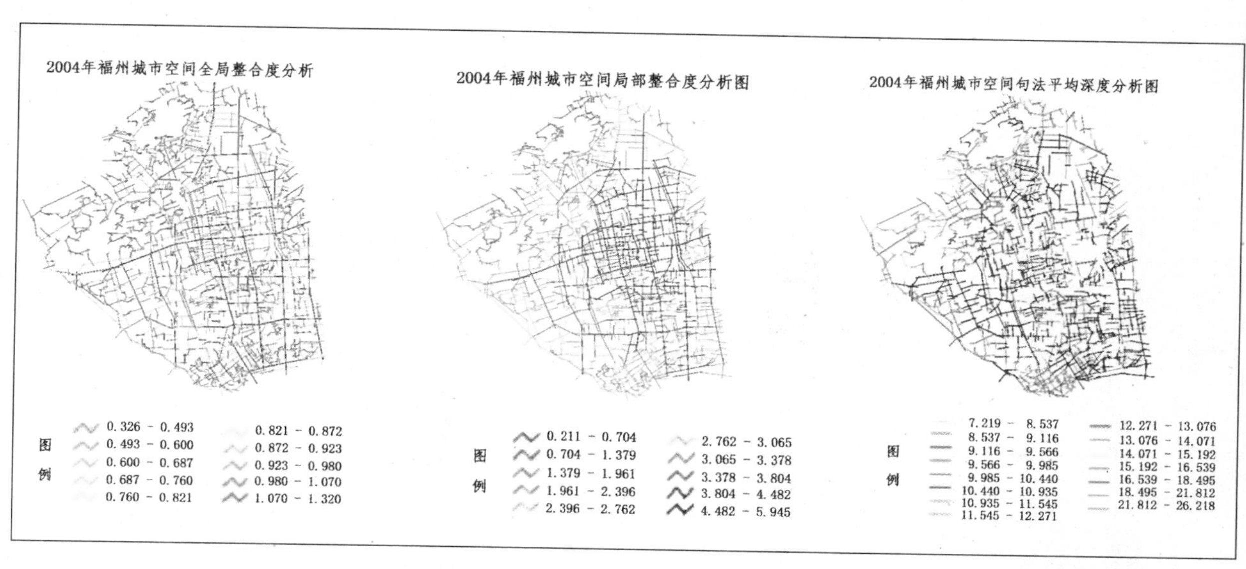

图 10－5　2004 年福州城区空间句法分析图

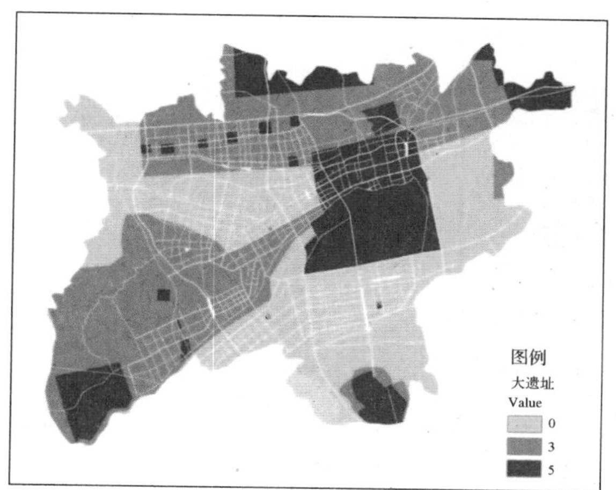

图 10－19　大遗址单因子分析

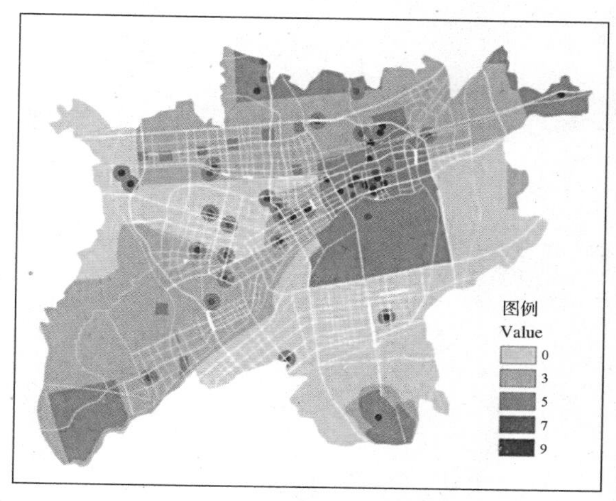

图 10－21　历史文化遗存综合因子分析

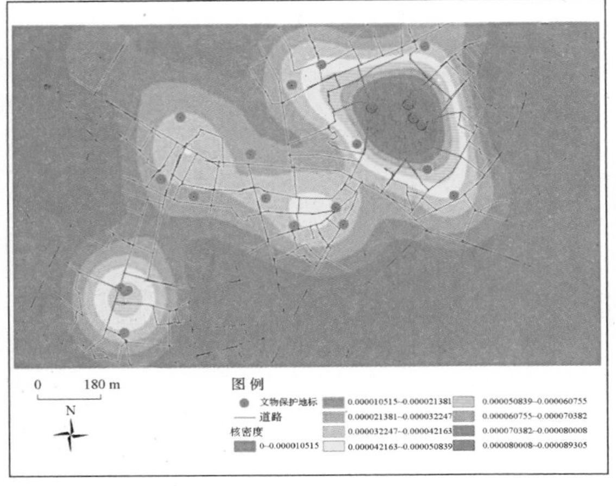

图 10－26　汀州城区文物保护单位的核密度估计计算结果

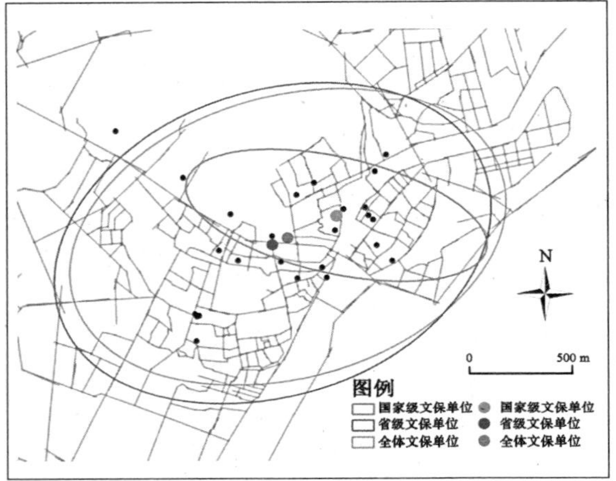

图 10－28　汀州城区文物保护单位的标准差椭圆及中心点

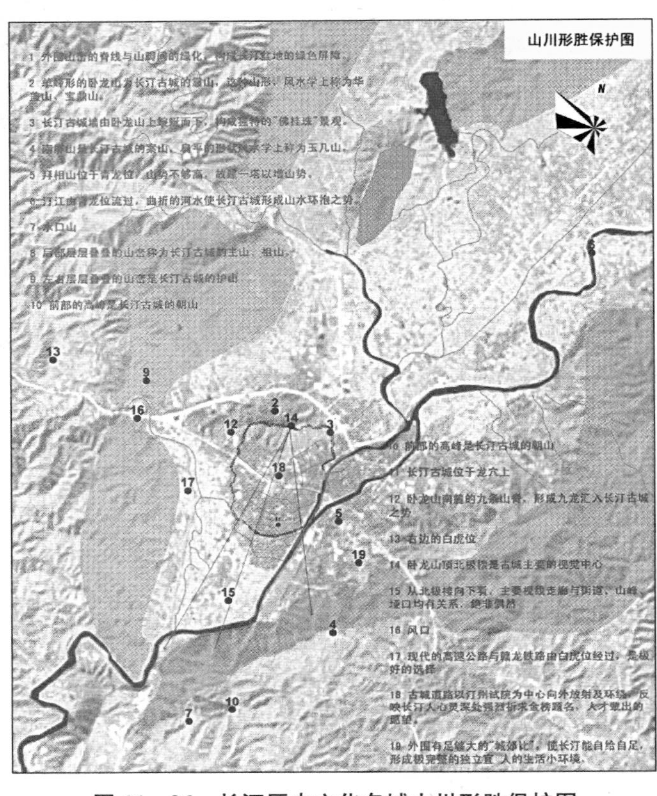

图 11－26　长汀历史文化名城山川形胜保护图

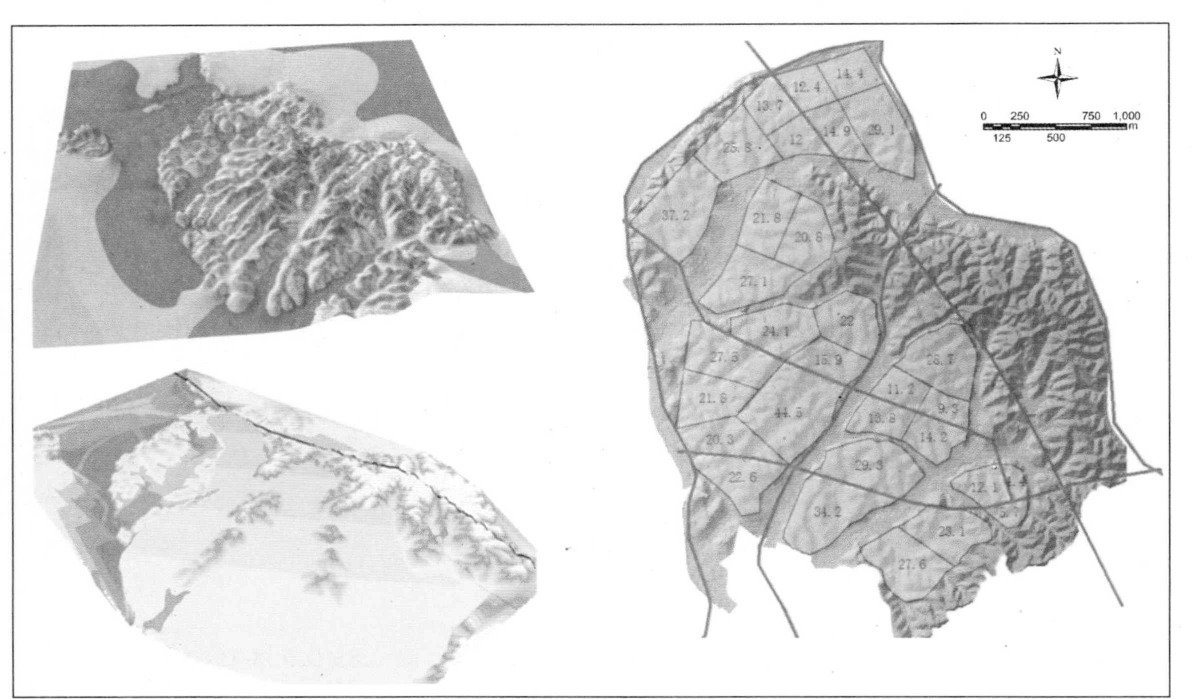

图 11－13　新旧方案台体调整对比示意图

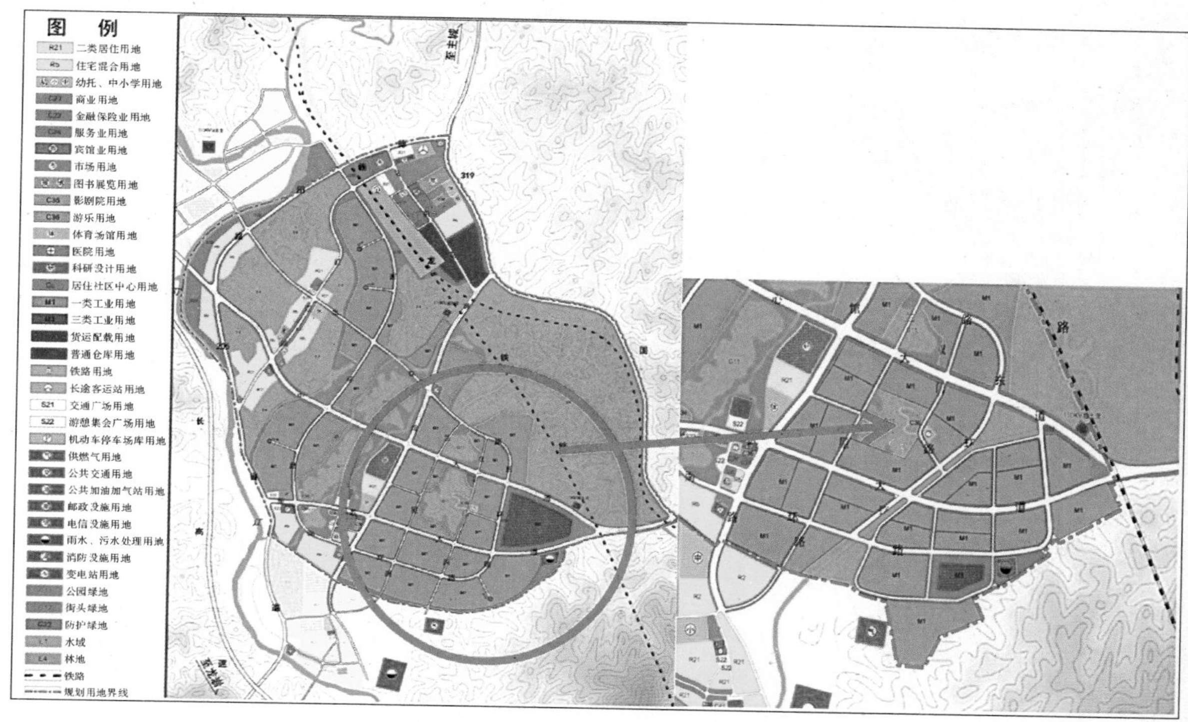

图 11－15　稀土工业园土地利用规划方案调整图

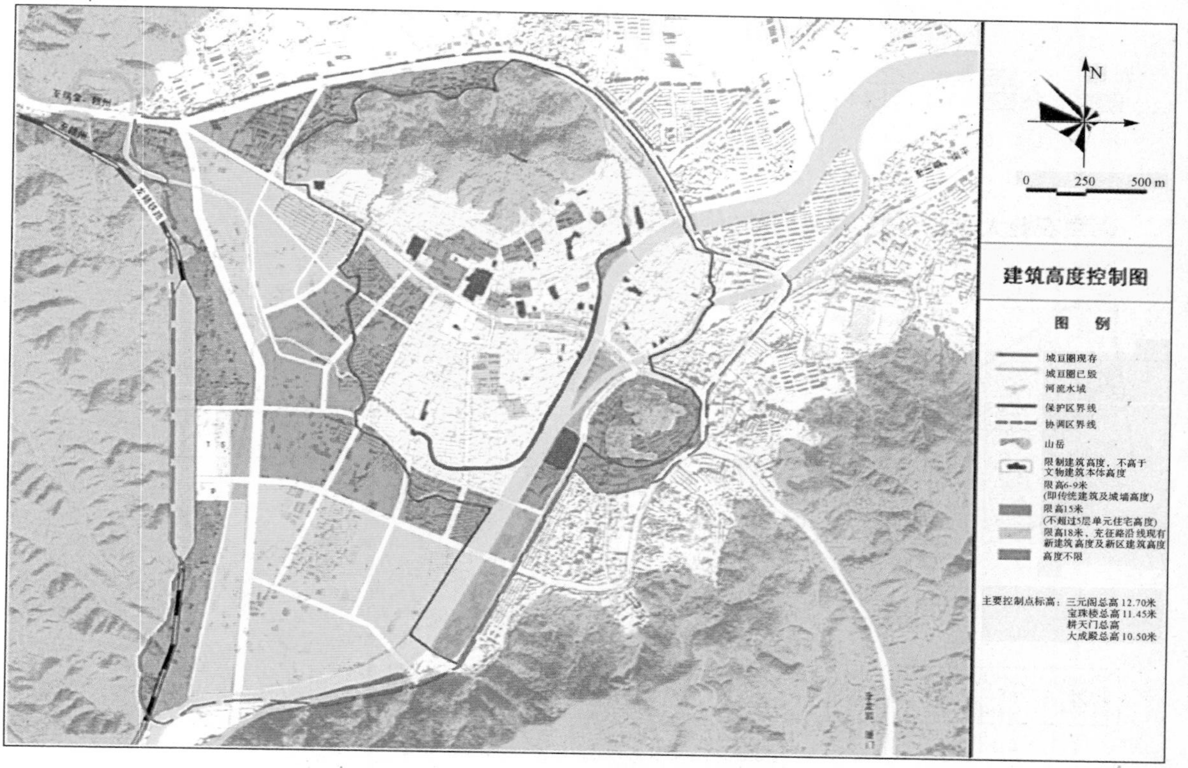

图 11－28　长汀历史文化名城建筑高度控制图

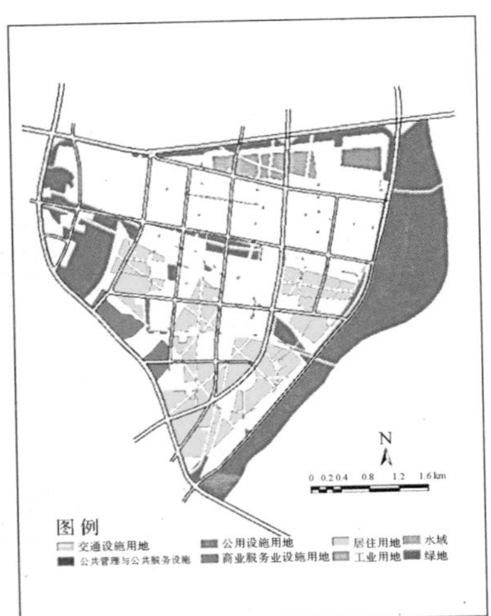

图 12-9 "浦口 02 总规"与"桥北 05 控规"相同用地分布

图 12-10 性质不同用地在"浦口 02 总规"中分布

图 12-11 性质不同用地在"桥北 05 控规"中分布

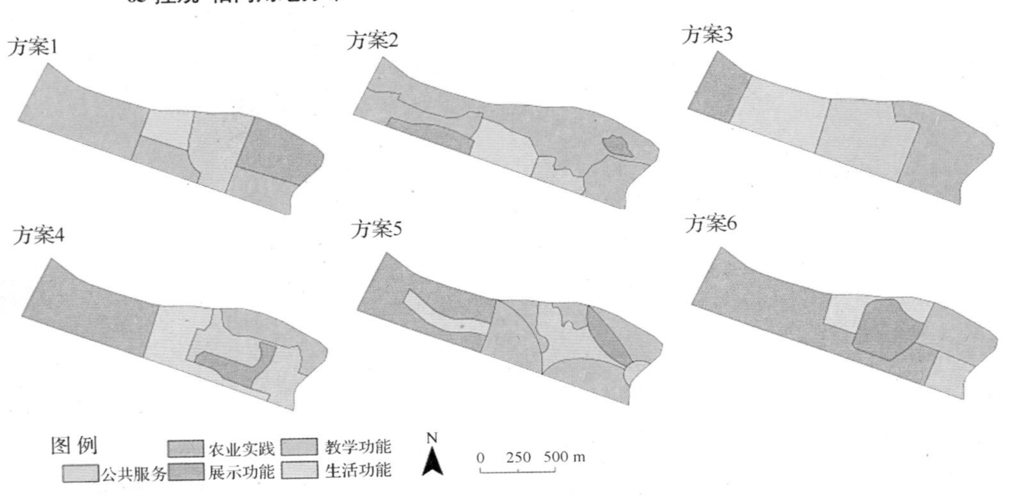

图 12-27 投标方案图

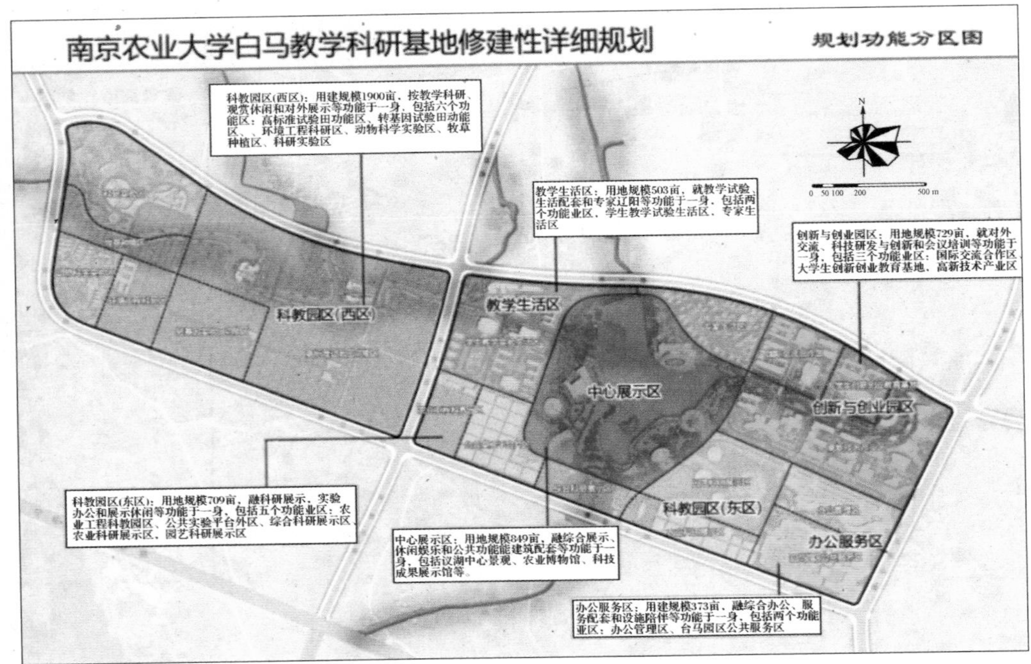

图 12-28 南京农业大学白马教学科研基地规划功能分区

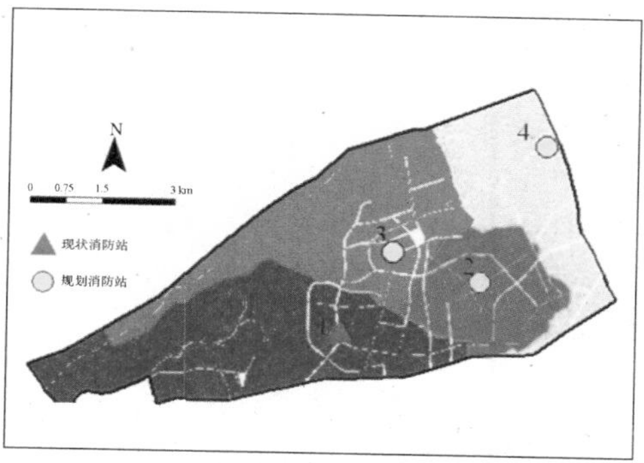

图 12-40　研究区消防站辖区划分图

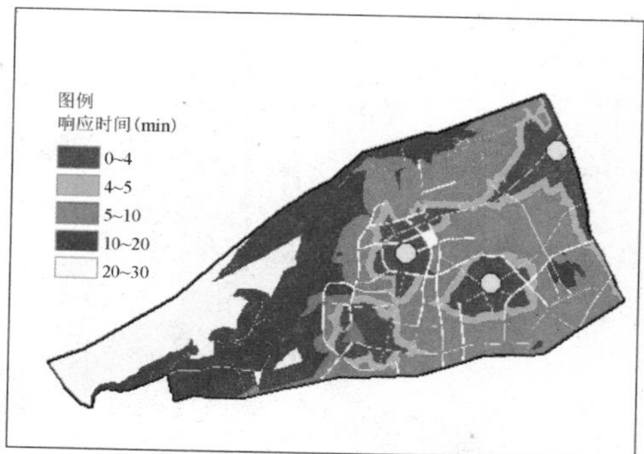

图 12-41　研究区消防站响应时间图

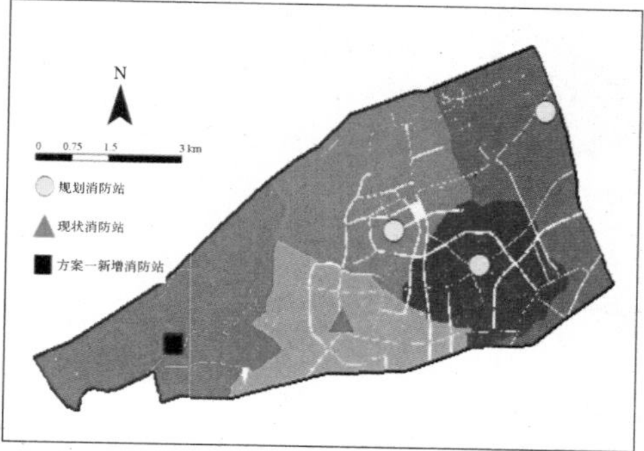

图 12-42　方案一消防站辖区划分图

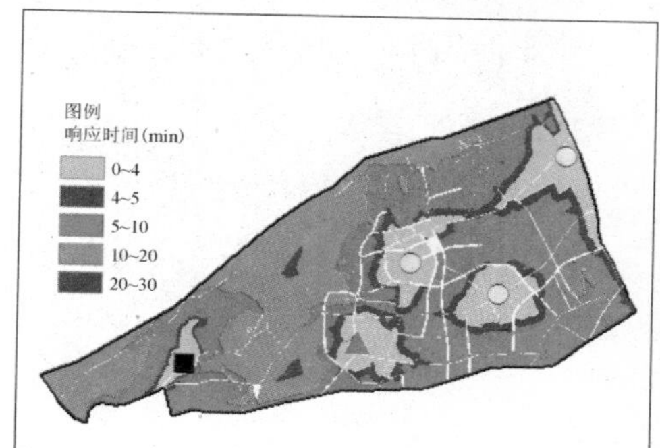

图 12-43　方案一消防站响应时间

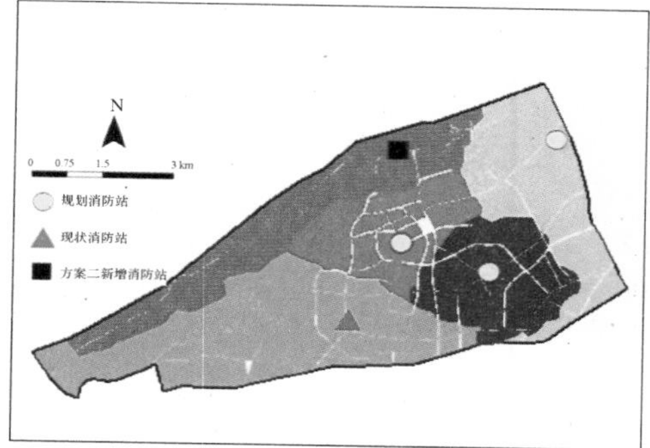

图 12-44　方案二消防站辖区划分图

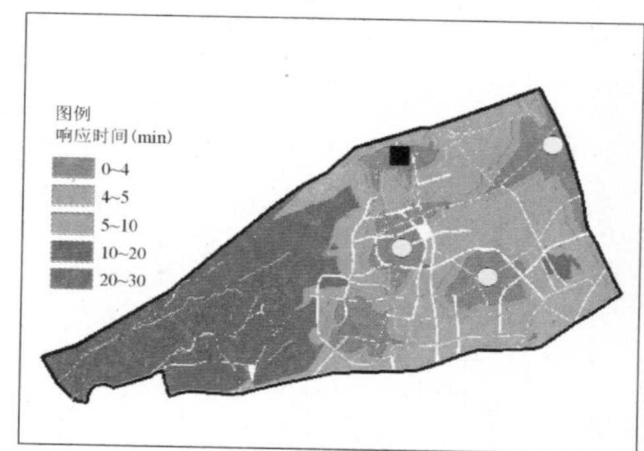

图 12-45　方案二消防站响应时间

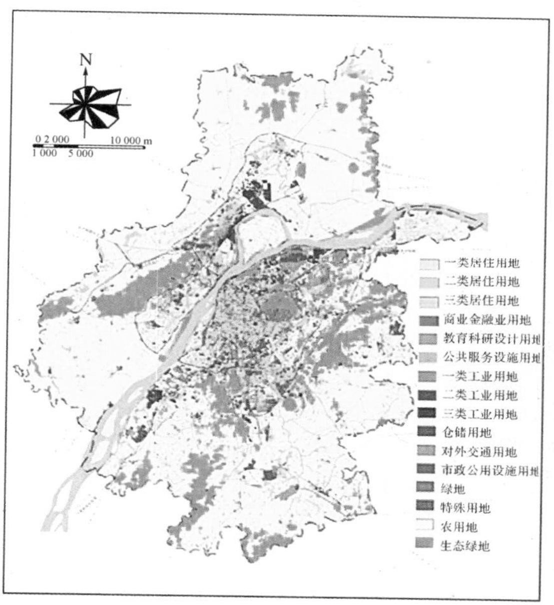

图 12-63　南京市土地利用现状图(2007 年)

图 12-64　南京市土地利用规划图(2020 年)

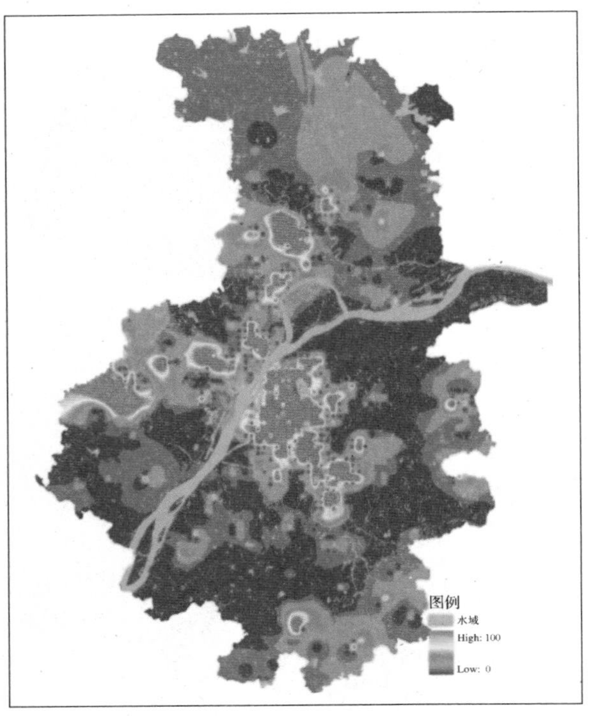

图 12－69　南京市商业用地分布密度(2007 年)

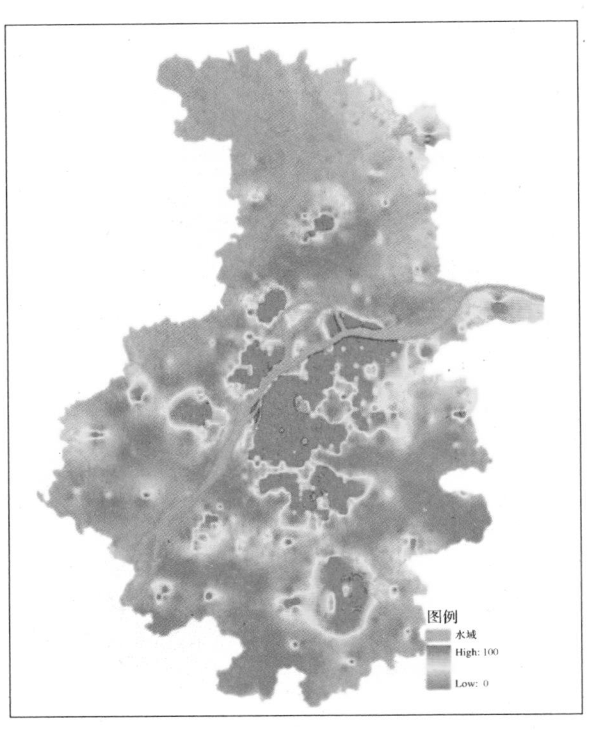

图 12－70　南京市居住用地分布密度(2007 年)

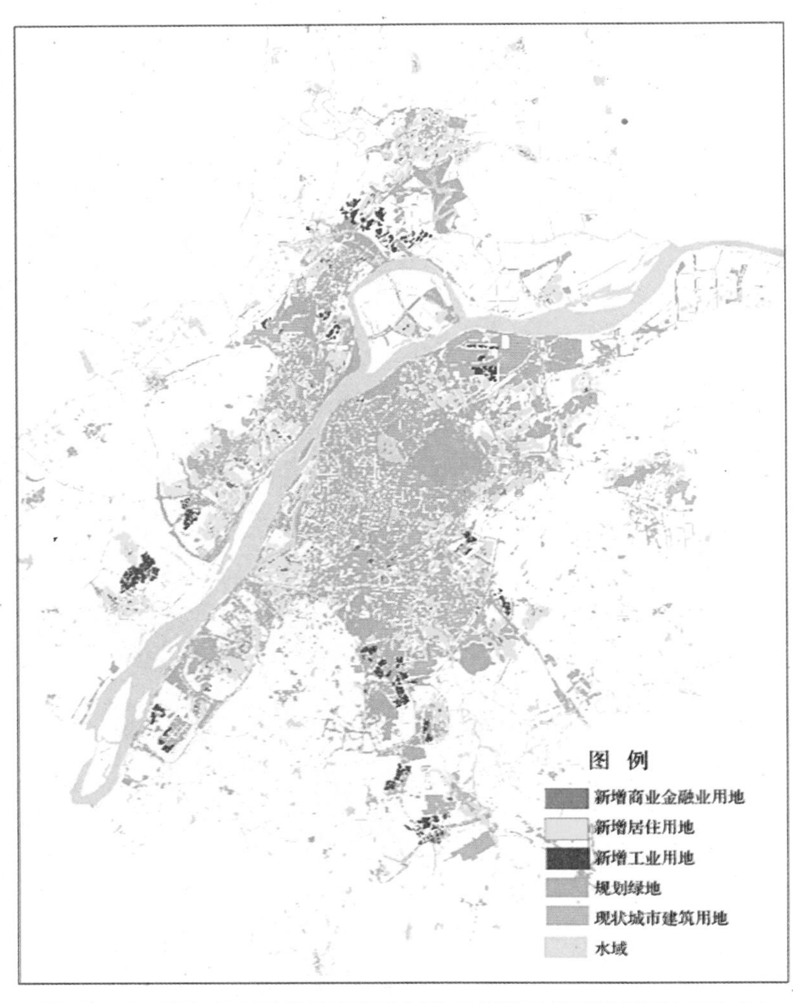

图 12－73　嵌入规划目标的南京市城市空间增长模拟结果图(2020 年)